U0210143

Library of Western Classical Architectural Theory
西方建筑理论经典文库

塞利奥建筑五书

[意] 塞巴斯蒂亚诺·塞利奥 著
刘畅 李倩怡 孙闯 译

Library of Western Classical Architectural Theory
西方建筑理论经典文库

塞利奥建筑五书

[意] 塞巴斯蒂亚诺·塞利奥 著
刘畅 李倩怡 孙闯 译

中国建筑工业出版社

2013年度国家出版基金项目

著作权合同登记图字：01－2012－8809号

图书在版编目(CIP)数据

塞利奥建筑五书/(意)塞利奥著；刘畅，李倩怡，孙闯译．—北京：中国建筑工业出版社，2011.3
(西方建筑理论经典文库)
ISBN 978－7－112－12663－7

Ⅰ.①塞…　Ⅱ.①塞…②刘…③李…④孙…　Ⅲ.①建筑学－文集　Ⅳ.①TU－53

中国版本图书馆CIP数据核字(2010)第238131号

Sebastiano Serlio on Architecture, Volume one, books Ⅰ-Ⅴ of "*Tutte l'opere d'architettura et prospetiva*", translated from the Italian with an Introduction and Commentary by Vaughan Hart and Peter Hicks

丛书策划
清华大学建筑学院　吴良镛　王贵祥
中国建筑工业出版社　张惠珍　董苏华

责任编辑：董苏华
责任设计：陈　旭　付金红
责任校对：王金珠　关　健

西方建筑理论经典文库
塞利奥建筑五书
[意] 塞巴斯蒂亚诺·塞利奥　著
　刘　畅　李倩怡　孙　闯　译
*
中国建筑工业出版社出版、发行（北京西郊百万庄）
各地新华书店、建筑书店经销
北京嘉泰利德公司制版
北京顺诚彩色印刷有限公司印刷
*
开本：787×1092毫米　1/16　印张：33　字数：641千字
2014年12月第一版　2014年12月第一次印刷
定价：**99.00**元
ISBN 978－7－112－12663－7
(19932)

目录

中文版总序

“西方建筑理论经典文库”系列丛书在中国建筑工业出版社的大力支持下，经过诸位译者的努力，终于开始陆续问世了，这应该是建筑界的一件盛事，我由衷地为此感到高兴。

建筑学是一门古老的学问，建筑理论发展的起始时间也是久远的，一般认为，最早的建筑理论著作是公元前1世纪古罗马建筑师维特鲁威的《建筑十书》。自维特鲁威始，到今天已经有2000多年的历史了。近代、现代与当代中国建筑的发展过程，无论我们承认与否，实际上是一个由最初的“西风东渐”，到逐渐地与主流的西方现代建筑发展趋势相交汇、相合流的过程。这就要求我们在认真地学习、整理、提炼我们中国自己传统建筑的历史与思想的基础之上，也需要去学习与了解西方建筑理论与实践的发展历史，以完善我们的知识体系。从维特鲁威算起，西方建筑走过了2000年，西方建筑理论的文本著述也经历了2000年。特别是文艺复兴之后的500年，既是西方建筑的一个重要的发展时期，也是西方建筑理论著述十分活跃的时期。从15世纪至20世纪，出现了一系列重要的建筑理论著作，这其中既包括15至16世纪文艺复兴时期意大利的一些建筑理论的奠基者，如阿尔伯蒂、菲拉雷特、帕拉第奥，也包括17世纪启蒙运动以来的一些重要建筑理论家和18至19世纪工业革命以来的一些在理论上颇有建树的学者，如意大利的塞利奥；法国的洛吉耶、布隆代尔、佩罗、维奥莱－勒－迪克；德国的森佩尔、申克尔；英国的沃顿、普金、拉斯金，以及20世纪初的路斯、沙利文、赖特、勒·柯布西耶等。可以说，西方建筑的历史就是伴随着这些建筑理论学者的名字和他们的论著，一步一步地走过来的。

在中国，这些西方著名建筑理论家的著述，虽然在有关西方建筑史的一般性著作中偶有提及，但却多是一些只言片语。在很长一个时期中，中国的建筑师与大学建筑系的教师与学生们，若希望了解那些在建筑史的阅读中时常会遇到的理论学者的著作及其理论，大约只能求助于外文文本。而外文阅读，并不是每一个人都能够轻松胜任的。何况作为一个学科，或一门学问，其理论发展过程中的重要原典性历史文本，是这门学科发展历史上的精髓所在。所以，一些具有较高理论层位的经典学科，对于自己学科发展史上的重要理论著作，不论其原来是什么语种的文本，都是一定要译成中文，以作为中国学界在这一学科领域的背景知识与理论基础的。比如，哲学史、美学史、艺术哲学，或一般哲学社会科学史上西方一些著名学者的著述，几乎都有系统的中文译本。其他一些学科领域，也各有自己学科史上的重要理论文本的引进与译介。相比较起来，建筑学科的经典性历史文本，特别是建筑理论史上一些具有里程碑意义的重要著述，至今还没有完整而系统的中文译本，这对于中国建筑教育界、建筑理论界与建筑创作界，无疑是一件憾事。

在几年前的一篇文章中，我特别谈到了建筑创作要“回归基本原理”（Back to the basic）的概念，这是一位西方当代建筑理论学者的观点。对于这一观点我是持赞成态度的。那么，什么是建筑的基本原理？怎样才能够理解和把握这些基本原理？如何将这些基本原理应用或贯穿于我们当前的建筑思维或建筑创作之中呢？要了解并做到这一点，尽管有这样或那样的可能途径，但其中一个重要的途径，就是要系统地阅读西方建筑史上一些著名建筑理论学者与建筑师的理论原著。从这些奠基性和经典性的理论著述中，结合其所处时代的建筑发展历史背景，去理解建筑的本义，建筑创作的原则，建筑理论争辩的要点等等，从而深化我们自己对于当代建筑的深入思考。正是为了满足中国建筑教育、建筑历史与理论，以及建筑创作领域对西方建筑理论经典文本的这一基本需求，我们才特别精选了这一套书籍，以清华大学建筑学院的教师为主体，进行了系统的翻译研究工作。

当然，这不是一个简单的文字翻译。因为这些重要理论典籍距离我们无论在时间上还是在空间上，都十分遥远，尤其是普通读者，对于这些理论著作中所涉及的许多西方历史与文化上的背景性知识知之不多，这就需要我们的译者，在准确、清晰的文字翻译工作之外，还要格外地花大气力，对于文本中出现的每一位历史人物、历史地点及历史建筑等相关的背景性知识逐一地进行追索，并尽可能地为这些人名、地名与事件加以注释，以方便读者的阅读。这就是我们这套书除了原有的英文版尾注之外，还需要大量由中译者添加的脚注的原因所在。而这也从另外一个侧面，增加了本书的学术深度与阅读上的知识关联度。相信面对这套书，无论是一位希望加强自己理论素养的建筑师，或建筑学子，还是一位希望在西方历史与文化方面寻求学术营养的普通读者，都会产生极其浓厚的阅读兴趣。

中国建筑的发展经历了 30 年的建设高潮时期，改革开放的大潮，催生出了中国历史上前所未有的建造力，全国各地都出现了蓬蓬勃勃的建设景观。这样伟大的时代，这样宏伟的建造场景，既令我们兴奋不已，也常常使我们惴惴不安。一方面是新的城市与建筑如雨后春笋般每日每时地破土而出，另外一个方面，却也令我们看到了建设过程中的种种不尽如人意之处，如对土地无节制的侵夺，城市、建筑与环境之间矛盾的日益突出，大量平庸甚至丑陋建筑的不断冒出，建筑耗能问题的日益尖锐，如此等等。

与建筑师关联比较密切的是建筑创作问题，就建筑创作而言，一个突出的问题是，一些投资人与建筑师满足于对既有建筑作品的模仿与重复，按照建筑画册的样式去要求或限定建筑师的创作。这样做的结果是，街头到处充斥的都是似曾相识的建筑形象，更有甚者，不惜花费重金去直接模仿欧美 19 世纪折中主义的所谓“欧陆风”式的建筑式样。这不仅反映了我们的一些建筑师在建筑创作上缺乏创新，尤其是缺乏对中国本土文化充分认知与思考基础上的创新，这也在一定程度上反映了，在这个大规模建造的时代，我们的建筑师在建筑文化的创造上，反而显得有点贫乏与无奈的矛盾。说到底，其中的原因之一，恐怕还是我们的许多建筑师，缺乏足够的理论素养。

当然，建筑理论并不是某个可以放之四海而皆准的简单公式，也不是一个可以包治百病的万能剂，建筑创作并不直接地依赖某位建筑理论家的任何理论界说。何况，这里所译介的理论著述，都是西方建筑发展史中既有的历史文本，其中也鲜有任何直接针对我们现实创作问题的理论阐释。因此，对于这些理论经典的阅读，就如同对于哲学史、艺术史上经典著作的阅读一样，是一个历史思想的重温过程，是一个理论营养的汲取过程，也是一个在阅读中对现实可能遇到的问题加以深入思考的过程。这或许就是我们的孔老夫子所说的“温故而知新”的道理所在吧。

中国人习惯说的一句话是“开卷有益”，也有一说是“读万卷书，行万里路”。现在的资讯发达了，人们每日面对的文本信息与电子信息，已呈爆炸的趋势。因而，阅读就要有所选择。作为一位建筑工作者，无论是从事建筑理论、建筑教育，或是从事建筑历史、建筑创作的人士，大约都在“建筑学”这样一个学科范畴之下，对于自己专业发展历史上的这些经典文本，在杂乱纷繁的现实生活与工作之余，挤出一点时间加以细细地研读，在阅读的愉悦中，回味一下自己走过的建筑之路，静下心来思考一些问题，无疑是大有裨益的。

吴良镛

中国科学院院士
中国工程院院士
清华大学建筑学院教授
2011 年度国家最高科学技术奖获得者

致　谢

我们应当感谢下列在翻译此部著作各个阶段给予帮助的诸位先生：帕特里克·博伊德（Patrick Boyde）教授（剑桥大学）、戴维·沃特金（David Watkin）博士（剑桥大学）、约瑟夫·里克沃特（Joseph Rykwert）教授（宾夕法尼亚大学）、罗伯特·塔韦纳（Robert Tavernor）教授（巴斯大学）、马里奥·卡尔博（Mario Carpo）博士（日内瓦大学）、约翰·梅德曼（John Meddemen）教授（帕维亚大学）、艾伦·代伊（Alan Day）博士（巴斯大学）、詹姆斯·麦奎兰（James McQuillan）博士（布拉格大学）和尼尔·利奇（Neil Leach）博士（诺丁汉大学）。凯瑟琳·斯托里（Catherine Storrie）对一些文本问题提出了有价值的建议。耶鲁大学出版社的吉莲·马尔帕斯（Gillian Malpass），及伊丽莎白·达·普拉蒂（Elisabetta Da Prati）和珍妮弗·努特金斯（Jennifer Nutkins）博士也为此项翻译工作提供了无法估量的支持。

我们还应当对剑桥大学善本部门和巴黎的法国国家图书馆的员工致以特殊谢忱。下列图书馆的管理员同样应该得到我们的谢意，他们是：伦敦大英图书馆、伦敦大学沃伯格学院图书馆、剑桥大学建筑系图书馆、蒙特利尔的加拿大建筑中心图书馆、牛津的女王学院图书馆、巴斯大学图书馆。

本翻译工作得到了不列颠研究院和伦敦大学历史研究学院二十七基金给予的研究基金支持，同时巴斯大学建筑和土木工程学院赞助了与本工作有关的差旅。剑桥的威斯敏斯特学院三一会堂为翻译工作者提供了在剑桥期间的住宿，并开放图书馆设施。

缩写与编辑说明

Arch.	指收藏在乌菲齐的佩鲁齐的图纸。其后的“fig”指的是 A.Bartoli 的《佛罗伦萨乌菲奇设计图中的罗马古代纪念建筑》(*I monumenti antichi di Roma nei disegni degli Uffizi di Firenze*),卷 2,罗马(1914—1922 年)。
Arte Antica	《古代艺术百科全书》(*Enciclopedia dell'Arte Antica*),七卷本,罗马(1958—1966 年)。
Nash, E., *Pic, Dic*.	《古罗马图解词典》(*Pictorial Dictionary of Ancient Rome*),二卷本,伦敦(1968 年译本)。
Pliny, *Nat, Hist.*	老普林尼(Caius Plinius Secundus),《自然史》(*Natural History*)。
Vitr.	维特鲁威(Marcus Vitruvius Pollio),《建筑十书》(*On Architecture*)。

所有行文中,出现在整个正文中的未加括号之页码(罗马数字或阿拉伯数字)是此译本所据版本的页码(如《版本说明》中所列)。带括号的数字指的是 1618—1619 年版本的全集页码。脚注、导言和注释中,关于塞利奥各书的页码编号指的是 1618—1619 年版的页码。

[ ]中文字为意大利文版本中佚失文字。

英文版翻译说明

尽管所有各书的标题页中，塞利奥都被命名为“萨巴斯蒂亚诺”(Sabastiano)，我们还是按照现代惯例始终统一使用“塞巴斯蒂亚诺”(Sebastiano)。在所有可能的情况下，塞利奥的原文都得到了逐字翻译，他变换使用的“我”和“我们”的字眼也得到了保留。尽管文意决定句读，我们的翻译也在很大程度上跟随他原来的句子结构。鉴于塞利奥频繁罗列尺寸数据，我们按照建筑构件自身的、从墩座墙到檐口的次序来“组织”或“建构”译文的断句。通过这个方法，我们得以匹配塞利奥为自己制定的目标，让文本和图样联姻。大部分文本中都带有主要由塞利奥自己定义的技术词汇和建筑学词汇。在注意避免术语混淆和重复的同时，这个特点也被保留了下来。为了面向建筑师和工匠，塞利奥有意地使用了简明的文风（致欧洲皇室的介绍辞文风则相反），与此一致的译文风格则是我们重要的追求方向。

版本说明

为了翻译《建筑学》(Architettura)，我们找到了在塞利奥指导下修订、改正、刊印的最后那些版本，包括：更换了扉页和勘误表的第一书和第二书的1545年的第一版；第三书1544年的第二版；1544年第四书的第三版；1547年第五书的第一版。至于插图，使用的则是第一、二、三、五书的第一版和第四书的第二版。复制图版的版本来源则是巴黎（法国）国家图书馆收藏的这些版本的副本。

英文版标题说明

当塞利奥在第四书首页提出他撰写七书的计划时，整个著作被说成一部建筑学“规则”集成，如塞利奥所说“这些规则被划分成为七本书”(Book Iv fol. 126r)。从而每一本书都被赋予了一个明确主题的书名——第一书《关于几何学》，第二书《关于透视法》，第三书《关于古迹》，第四书《关于五种建筑形式》，第五书《关于神庙》,第六书《关于人的所有住宅》,第七书《关于选址》。不过，这种为整部书的命名在第四书一开始就遭到了篡改，标题页上赫然写着“关于五种建筑形式的建筑学通用规则”。 在法国出版的第一、二和第五书，标题更加背离原来的计划。第一书被称为《论建筑学》，本书的主题则用法文写成了副标题，而第五书也使用了同样含混的标题《论建筑》。

第一、二书使用连续页码和第三、四、五书交叉引用的现象都明显说明这几部书原本要让读者一起阅读（第一至第五书也确实在塞利奥的有生之年一道出版了，时值 1551 年）。然而，除了塞利奥早期提到的“规则”集成之外，没有任何实际证据表明他曾想把七书作为一整本出版，而如果他真这么做，整本书体量定然过于巨大。在没有整本出版物，也没有塞利奥统一制定标题的情况下，我们使用了 1584 年、1600 年和 1618—1619 年各版本所用标题，即 *Tutte l’opere d’architettura... di Sebastiano Serlio*，译作《塞巴斯蒂亚诺·塞利奥论建筑》。

导　言

博洛尼亚的塞巴斯蒂亚诺・塞利奥

塞巴斯蒂亚诺・塞利奥于 1475 年 9 月 6 日出生在博洛尼亚，1554 年在法国枫丹白露去世。用今天的标准来看也可算作长寿了。[①]在他一生大部分的时间里，无论是在罗马、威尼斯还是巴黎，塞利奥一直专心致力于陆续撰写并出版他那套日后注定具有高度影响力的丛书，即后来被命名为《塞巴斯蒂亚诺・塞利奥建筑学和透视学全集》的著作。[②]此书获得了巨大的声誉，究其原因大致是因为书中登载了关于三人喜剧、悲剧、讽刺剧布景和罗马混合柱式的插图，其中关于混合柱式的描绘更是确定了五种柱式的规范，这种规范力一直持续到 17 世纪晚期克洛德・佩罗对柱式的重新厘定。[③]

塞巴斯蒂亚诺是皮匠巴尔托洛米奥・塞利奥（Bartolomeo Serlio）的儿子，早年接受了专业绘画训练。1511—1514 年间，塞利奥在佩扎罗开始了职业生涯，后来迁居到罗马，师从他最重要的老师，艺术家兼建筑师巴尔达萨雷・佩鲁齐（Baldassare Peruzzi）。1527 年罗马陷落之后，塞利奥又搬到了威尼斯，尽管现在的观点认为浩劫期间他是居住在博洛尼亚的。[④]驻留威尼斯的日子里，塞利奥显然也视研究进度所需而返回罗马。在一封写给埃尔科莱・德斯特（Ercode d' Este）大公的信中，塞利奥不仅在致谢师承的段落中介绍了他最先

---

① 对塞利奥一生的基本评价是 W. B. Dinsmoor，《塞巴斯蒂亚诺・塞利奥写作残本》（The Literary Remains of Sebastiano Serlio），《艺术会刊》（*Art Bulletin*），卷 24（1942），第 55–91 页（第一部分），第 115–154 页（第二部分）。另参见 C.Thoenes，主编《塞巴斯蒂亚诺・塞利奥》，米兰（1989 年）。塞利奥的父亲经常被毫无根据地说成是一位画家；另参见 G.Saraceno，他的拉丁文译本《博洛尼亚的塞巴斯蒂亚诺・塞利奥的建筑学五书》（*Sebastiani Serlii Bononiensis De Architectura Libri Quinque...A Joanne Carolo Saraceno ex Italica in Latinam linguam nunc primum translati atque converse*）中的献词书信，威尼斯（1568—1569 年），**第 2 页正面，这里塞利奥的父亲被描写成为一位"皮革匠"。另参见 F. P.Fiore 主编《塞巴斯蒂亚诺・塞利奥论建筑的第六、七和第八书在摩纳哥和维也纳的手稿》（*Sebastiano Serlio architettura dvile libri sesto, settimo e ottavo nei manoscritti di Monaco e Vienna*），米兰（1994 年）。

② 随后在此导言中使用《建筑学》。关于此书书名的注释参见第 39 页。

③ 关于克洛德・佩罗反对毕达哥拉斯比例的问题，参见他的《古典建筑的柱式规制》（*Ordonnance des Cinq Espèces de Colonnes*），巴黎（1683 年）：《根据古人方法的五种柱子的柱式》（*Ordonnance for the Five Kinds of Columns after the Method of the Ancients*），I. K. McEwen 译，圣莫尼卡，1993 年。关于这个问题，参见 J. Rykwert 的《最早的现代人》（*The First Moderns*），伦敦（1980 年），第 148–149 页；E.Harris 的《大不列颠的建筑书及其作者，1556—1785 年》（*British Architectural Books and Writers 1556–1785*），剑桥（1990 年），第 368–371 页，第 505–506 页。

④ 参见 L. Olivato 的《当塞利奥位列威尼斯 500 名建筑爱好者前半的时候：马尔坎托尼奥・米希尔的名录》（Con il Serlio tra i dilettanti di architettura veneziani della prima metà del'500. Il ruolo di Marcantonio Michiel），载于 J.Guillaume 主编《文艺复兴时代的建筑论著》（*Les traitès d' architecture de la Renaissance*），巴黎（1988 年），第 247–254 页。

出版的第一书《建筑学》(尽管当时命名为“建筑第四书”),而且暴露了他自己的行踪:

> 在罗马,承蒙保罗三世,马克西姆教皇之栽培,我得以师事安东尼奥·达·桑迦洛(Antonio da Sangallo),桑师于罗马城中营造流芳无算,阅历深厚,建筑学、他学兼精……还得以仰聆雅各布·梅勒基诺(Jacopo Meleghino)教诲,梅师籍贯费拉拉,尤擅建筑艺术。(fol. III)

梅勒基诺在保罗三世任教皇时期的1534—1549年间曾经是御用建筑师,可以就此推算,1534—1537年这《建筑第四书》刊行前的三年正好与塞利奥回罗马研习的时间相吻合。塞利奥在威尼斯加入了彼得罗·阿雷蒂诺(Pietro Aretino)的圈子[①],圈子里的人包括提香和雅各布·珊索维诺(Jacopo Sansovino)。在他写给埃尔科莱·德斯特大公的信中也感谢了这段日子给予他的帮助,他写道,“穷居威尼斯,于身于心,受益至矣。”至于这个时期的塞利奥的建筑作品则仅存少数实例。1527—1531年,他曾经设计过威尼斯公爵宫图书馆的顶棚(《建筑第四书》末尾《建筑学》中绘有插图)。马尔坎托尼奥·米希尔(Marcantonio Michiel)亲眼所见,他还曾在1532年前为乔瓦尼·德布西·卡里亚尼(Giovanni de'Busi Cariani)给安德烈亚·迪·奥多尼(Andrea di Oddoni)住宅绘制的图拉真历史壁画设计了建筑背景。[②]1534年,塞利奥与提香和福尔图尼奥·斯皮拉(Fortunio Spira)合作参与了新柏拉图主义哲学家弗朗西斯·乔治(Francesco Giorgi)改造雅各布·珊索维诺所做的圣弗朗西斯·德拉·维尼亚(San Francesco della Vigna)的比例设计。[③] 1536年,塞利奥受雇为圣罗科学校(Scuola di San Rocco)新木制顶棚设计的顾问;1539年,他还和米凯莱·圣米凯利(Michele Sanmicheli)和朱利奥·罗马诺(Giulio Romano)一同参加了著名的维琴察巴西利卡改造的设计竞赛,而当时的获奖者是安德烈亚·帕拉第奥。[④] 研究者认为,塞利奥的设计作品正

---

① 参见C. Cairns的《彼得罗·阿雷蒂诺和威尼斯共和国:关于威尼斯阿雷蒂诺和他的圈子的研究,1527—1556年》(*Pietro Aretino and the Republic of Venice: Research on Aretino and his Circle in Venice 1527–1556*),佛罗伦萨(1985年)。J. Onians的《意义的载体》(*Bearers of Meaning*),剑桥(1988年),第299–301页。M. Tafuri的《威尼斯和文艺复兴》(*Venice and the Renaissance*),剑桥,麻省(1989年编)。参见阿雷蒂诺为第四书写的导言。

② 参见W. B. Dinsmoor的已引用著作,第64页。

③ 参见D. Howard,《雅各布·珊索维诺:威尼斯文艺复兴时期的建筑师和资助人》(*Jacopo Sansovino: Architecture and Patronage in Renaissance Venice*),纽黑文(1975年),第66–74页。A. Foscari, M. Tafuri的《16世纪威尼斯圣弗朗西斯·德拉·维尼亚教会的和谐与冲突》(*L' Armonia e i conflitti.La chiesa di San Francesco della Vigna nella Venezia del Cinquecento*),都灵(1983年)。关于乔治,参见R. Wittkower的《人文时代的建筑原则》(*Architectural Principles in the Age of Humanism*),伦敦(1988年版),第25页,第104–107页;F. Yates的《伊丽莎白时代的神秘哲学》(*The Occult Philosophy in the Elizabethan Age*),伦敦(1979年),第29–36页。

④ 关于这个时期塞利奥的工作,参见M. N. Rosenfeld的《塞巴斯蒂亚诺·塞利奥:论居住建筑》(*Sebastiano Serlio: On Domestic Architecture*),纽约(1978年),第18–19页。

是他的《建筑学》(《建筑第四书》,第 154 页正面)中那幅威尼斯式的建筑立面插图的基础。[①]约翰·奥奈恩斯(John Onians)宣称塞利奥对威尼斯文化的影响是“简短而有力的”,他认为塞利奥影响了提香的建筑表现法,阿雷蒂诺和瓦萨里对建筑的描述也源于塞利奥,更为重要的是,塞利奥还影响了珊索维诺同时代的造币厂设计(造币厂,街区内还包括圣马可图书馆和小敞廊(Loggetta)。[②]

塞利奥此时鲜于创作设计的现象大概要归因于他的当务之急是系列作品的第一本《建筑学》的出版,即 1537 年以《建筑第四书》面世的著作。塞利奥已然 62 岁了,而面前仍然堆积着那么多与出版这本论著有关的事务。在这第一本书中,五种建筑柱式规范将塞利奥 20 多年前起在罗马的那些工作联系在了一起。实际上他 1528 年从威尼斯当局取得的透视图中对一些柱式版画的版权使用权的事实说明出版计划早在正式出版 10 年前便已萌生[③],进而这本书还预先发布了即将陆续出版的 7 部著作,塞利奥也将为此劳作终生,直至 1554 年辞世。

埃尔科莱·德斯特大公仅有限地赞助了塞利奥的《建筑第四书》的第一版,而第二、三版的出版费用则是由阿方索·达瓦洛斯(Alfonso d'Avalos),查理五世驻威尼斯大使资助的。[④] 因此,塞利奥被迫为他的《建筑学》寻找另一位赞助人。1539 年,他向英国国王亨利八世寻求帮助。同年,阿雷蒂诺代表塞利奥给法国驻威尼斯大使 L·德·巴伊夫(Lazare de Baïf)写信,求助于弗朗索瓦一世。[⑤] 阿雷蒂诺的努力最终成功了,法国国王决定赞助塞利奥系列著作中接下来的那本关于罗马帝国古代遗迹的书。这本书被命名为《建筑第三书》,于 1540 年依然在威尼斯面世。塞利奥在他献给弗朗索瓦一世的信中表达了他希望能够调查法国古罗马遗迹的迫切心情。他还暗示这些法国遗迹之伟大庄严可以与罗马的相媲美。在法王御妹纳瓦尔女王与法国驻威尼斯新大使纪尧姆·佩里塞尔(Guillaume Pellicier)[⑥]一些通信联系之后,法国允诺提供 300 金克朗的资助,塞利奥遂于 1541 年移居法兰西。那一年圣诞节后的第二天,

---

① 此观点是 M. N. Rosenfeld 在《麦克米兰建筑师百科全书》的“塞巴斯蒂亚诺·塞利奥”条目中提出的,伦敦(1982 年),第 37 页。另参见第四书第 153 页背面注释。

② J. Onians 的已引用著作,第 287–299 页。

③ 在 Veneziano 的帮助下,塞利奥制作了柱础、柱头和额枋的雕版;W. B. Dinsmoor 对此做了图解,已引用著作,图 1–6,第 64–65 页。参见附件 1。

④ 参见附件 2。

⑤ 阿雷蒂诺在 1539 年 11 月 13 日给巴伊夫写信:参见 P. Aretino 的《彼得罗·阿雷蒂诺先生书信第二书》(*Il secondo libro delle lettere di M. Pietro Aretino*),威尼斯(1542 年):巴黎(1609 年),第 106 页正反面。阿德埃玛(Adhémar, J.)《阿雷蒂诺:弗朗索瓦一世的艺术顾问》(Aretino:Artistic Advisor to Francis I),《沃伯格和考陶学院院刊》(*Journal of the Warburg and Courtauld Institutes*),卷 17(1954 年),第 311–318 页。

⑥ G. Pellicier 在 1540 年写信给纳瓦尔女王:参见 G. Pellicier 的《法国驻威尼斯大使纪尧姆·佩里塞尔政治通信,1540—1542 年》(*Correspondance politique de Guillaume Pellicier ambassadeur de France a Venise*, 1540–1542),A. Tausserat-Radel 主编,巴黎(1899 年),第 11–12 页。

塞利奥在枫丹白露就职御用建筑师（塞利奥在枫丹白露应召为“首席画师兼建筑师”）。尽管令塞利奥深感遗憾的是弗朗索瓦一世身为意大利战争主要的倡导者之一，法国宫廷仍旧是欧洲文艺复兴人文主义中心，其标志即1530年法王成立了法兰西学院以鼓励教授人文主义哲学，以及法王对本韦努托·切利尼（Benvenuto Cellini）、弗朗西斯·普里马蒂乔（Francesco Primaticcio）和罗索·菲奥伦蒂诺（Rosso Fiorentino）的资助。[①]事实上达·芬奇临终前的几年便是在法国度过的，1519年去世于昂布瓦斯。塞利奥在枫丹白露供职的时间也是他实际建筑的创作期。1541—1550年间，他为法王及其宫廷成员完成了一系列的建筑设计。仅一般认为在枫丹白露城堡，塞利奥就设计了松树洞窟（Grotte des Pins）和圆舞会厅，前者并未按照塞利奥的设计完成建设，而后者由吉勒·勒·布雷顿（Gilles Le Breton）于1541年开始建设并最终由菲利贝尔·德洛姆（Philibert de L'Orme）完成于1548年。还是在枫丹白露，塞利奥完成了埃尔科莱·德斯特大公弟弟伊波利托（Ippolito）的住宅，大费拉拉。大费拉拉建于1544—1546年之间，老天注定塞利奥将在此度过最后的日子。塞利奥也为弗朗索瓦一世在皮德蒙特和佛兰德设计过军用营地。在勃艮第，他还为克莱蒙－托内雷的安托万伯爵（Count Antoine de Clermont-Tonnerre）设计了昂西－勒－弗朗（Ancy-le-Franc）城堡；在里昂，一座证券交易所和商业广场也被认为是塞利奥的作品。在这些设计当中，只有圆舞会厅和昂西－勒－弗朗城堡保留了下来。不过，塞利奥的大费拉拉的那种三面围合一座近似方形庭院前设一道矮墙的模式，在后来成为法国民居建筑的典型式样。[②]

随着1547年亨利二世登基，法国兴起了一股国家主义情绪，抵触意大利艺术家。1548年3月，塞利奥的职位被菲利贝尔·德洛姆取代。1550年前的某天，塞利奥搬家去了里昂。此行很可能是追随1540年后担任里昂大主教的伊波利托·德斯特，而且由于里昂当时是绘画艺术的中心，此行的目的还可能包括发表《建筑学》未刊著作。正是在里昂，1550年，一位叫做雅各布·斯特拉达（Jacopo Strada）的曼图亚的文物研究者兼艺术品经销者见到了穷困潦倒、身心俱疲的主人公（尽管盗版《建筑学》广泛传播、大获成功），他买下

---

① 参见A. Blunt的《法国的艺术和建筑，1500—1700年》（*Art and Architecture in France*），伦敦（1953年），第3章；L. Heydenreich的《达·芬奇，弗朗索瓦一世的建筑师》（Leonardo da Vinci, Architect to Francis I），《伯灵顿杂志》（*Burlington Magazine*），卷94（1952年），第277-285页；L. M. Golson的《塞利奥、普里马蒂乔和建筑洞穴》（Serlio, Primaticcio and the Architectural Grotto），《工艺美术公报》（*Gazette des beaux arts*），卷77（1971年），第95-108页。

② 参见P. Du Colombier的《重新发现的塞利奥第六书和文艺复兴时期的法国建筑》（Le sixième livre retrouvé de Serlio et l'architecture francaise de la renaissance），《工艺美术公报》，卷12（1934年），第42-59页；J. Gloton的《塞利奥的著作及其对法国的影响》（Le traité de Serlio et son influence en France），载于J. Guillaume主编，已引用著作，第407-423页；M. N. Rosenfeld的《埃弗里图书馆版的第六书论居住建筑中的塞巴斯蒂亚诺·塞利奥的晚期风格》（Sebastiano Serlio's Late Style in the Avery Library Version of the Sixth Book on Domestic Architecture），《建筑史家学会会刊》（*Journal of the Society of Architectural Historians*），卷28（1969年），第155-172页；W. B. Dinsmoor已引用著作，第141-150页。

了塞利奥第七书的手稿及插图，并接下来在塞利奥去世大约20年后的1575年安排出版。斯特拉达也买下了塞利奥关于防御工事的那本书的手稿[①]，据斯特拉达所言，这本书也出版了，只是至今未见刊本存世。《建筑学》第六书的手稿也是斯特拉达经手的。关于塞利奥在里昂现身最后的记录是1552年，后来斯特拉达在第七书介绍部分中宣称塞利奥死于枫丹白露。[②]

乔治·瓦萨里（Giorgio Vasari）在《佩鲁齐一生》中的记述严重影响了塞利奥的名声。据传塞利奥继承了这位艺术大师的图纸，而《建筑学》本身也是抄袭之作：

> 巴尔达萨雷多数财产的继承人是博洛尼亚的塞巴斯蒂亚诺·塞利奥。此先生撰写了关于建筑学的第三书和关于罗马古代遗物及其实测数据的第四书。这些书中，一些巴尔达萨雷的作品被直接作为插图使用，另一些则也为作者提供了巨大的帮助。[③]

把第三、第四书次序搞错这一细节暴露出瓦萨里对塞利奥这些著作并不十分熟悉。切利尼在他的《建筑学教程》（*Discorso dell' architettura*）中的评述就更不客气了："由于（巴尔达萨雷的）作品的所有权仍然归属上文提到的巴蒂斯亚诺，他把它们印刷了出来。尽管这些书没有按照巴尔达萨雷原本精心设计的次序出版，这依然能够带来巨大的利益。"[④] 事实上，鉴于佩鲁齐死于《建筑第四书》出版仅前一年的1536年，而出版准备工作早已经持续了多年，大师定然已经同意了塞利奥的出书计划。塞利奥只能在最后一年的时间里"抄袭"老师的作品。其实塞利奥几乎没有直接使用佩鲁齐的存世作品，仅仅只是就同一题目做了插图。这些题目一般是文艺复兴艺术家们都热衷于研究的标准的古代圣地遗迹。一个明显的实例是塞利奥在他的第三书中重绘了佩鲁齐画的罗马奥古斯都广场酒神庙（fol. 89r）。[⑤] 在所有场合下塞利奥都公开致谢佩鲁齐，并在第四书开始部分对读者说：

---

① 《关于波利比阿的营址设置术》（On Polybius Castrametation），手稿，约1546—1554年，慕尼黑市立图书馆，抄本号190，带图抄本，在F. P. Fiore的已引用著作。参见J. G. Johnson的《塞巴斯蒂亚诺·塞利奥关于军事建筑的论著》（*Sebastiano Serlio' s Treatise on Military Architecture*），密歇根（1985年）（影印本，加利福尼亚大学博士论文，洛杉矶，1984年）。另参见J.Oninas已引用著作，第83–91页；P. Marconi的《塞巴斯蒂亚诺·塞利奥第八书，一个军事城市的设计》（L' VIII libro inedito di Sebastiano Serlio, un progetto di cittàmilitare），《逆空间》（*Controspazio*），卷1（1969年），第51–59页和卷4–5（1969年），第52–59页。J. Oninas也认为塞利奥打算按照他的次序写一本"第八书"，参见已引用著作第263页，第276–280页；M. N. Rosenfeld的《论居住建筑》（*On Domestic Architecture*），已引用著作，第28页。

② J. Strada为塞利奥的《建筑第七书》（*Architecturae liber septimus*）撰写的前言，法兰克福（1575年），A4页正面。

③ G. Vasari的《最著名的画家、雕刻家和建筑师的生平》（*Lives of the Most Eminent Painters, Sculptors and Architects*），G. Du C. De Vere翻译，伦敦，卷五（1912—1914年），第72页。

④ 切利尼（Cellini, B.），《建筑学教程》（*Discorso dell' architettura*），载于《文集》（*Opere*），C. G. Ferrero主编，都灵（1971年），第818页。

⑤ 佩鲁齐的图纸参见乌菲齐，Arch. 632。

对于您在此书中所有能发现的令人愉悦之处，请您不要将此归功于我，而应归功于我的老师锡耶纳的巴尔达萨雷·佩鲁齐。他不仅是学问深厚、理论实践兼精，而且慷慨提携在下在内的有志于此的后学。作为无知学人，在下仰此尤深，并愿以我师为榜样，同心对待不耻就学于我者。（fol. 126r）

如此说来，复制佩鲁齐的成果显然构成了塞利奥声明的那种发表《建筑学》的教育目的之一部分，而远非抄袭之作。佩鲁齐自己或许也打算写一部关于柱式或是图解维特鲁威《建筑十书》的论文。[①] 塞利奥谦虚地用一张画像作为给埃尔科莱·德斯特大公致辞的结束，画中他自己作为佩鲁齐的淡淡的倒影而出现，他还就此表达了一种期望，期望伴随着他作品的读者，迎来古代辉煌的第二春：

如果说上帝欣然通过锡耶纳的我师巴尔达萨雷用星火之光照亮了我，那么就让我们期待来自他人的无数束光明（如同无数个太阳一般）照亮我们的时代吧。（fol. IIII）

塞利奥的独创性大概主要体现在《建筑第四书》中，在于其中那些毫无古代先例的诸如壁炉、建筑立面等建筑要素的设计，在于其中五种柱式或“样式”。

尽管具有突出的丰富想象力，尽管他的著作在威尼斯共和国建筑项目中有广泛流传，但塞利奥却没有得到过任何重要的建筑项目。曾经有人将此归因于他难以相处的个性。[②] 不过菲利贝尔·德洛姆在《建筑学第一书》（1567 年）中写道：“就我所知，塞巴斯蒂亚诺·塞利奥大师……是位好人，他心胸宽广，正是出于他的好意，他发表公布了他所见、所绘、所测之古代遗物。”[③] 几乎同时，贾恩卡洛·萨拉切诺（Giancarlo Saraceno）在他于 1568—1569 年威尼斯出版的《建筑学》拉丁文译本中回忆道：

从外表来讲，塞利奥并不高大但有一张相当悦目端庄的脸——特别是一笑起来，他的眼睛闪烁着活泼锐利的光芒。从天赋和性格来讲，据说他思维敏锐、多才多艺、反应敏捷，尤其渴望新知、从不满足，同时正如他在完成写作过程中所表现出来的那样，特别——甚至可以说超人的勤奋。另一方面，他有时口不择辞、讥评世事，并因此引人嫌恶，乃至偶有恶咒相予。[④]

在写给印刷商弗朗西斯·马尔科利尼（Francesco Marcolini）的信中，阿

---

① 参见 H. Burns 的《巴尔达萨雷·佩鲁齐和 16 世纪建筑理论》（Baldassare Peruzzi and Sixteenth Century Architectural Theory），载于 J. Guillaume 主编的已引用著作，第 207–226 页；W. B. Dinsmoor 的已引用著作，第 62–64 页。

② James Ackerman 提出了这个观点，见 M. N. Rosenfeld 的《论居住建筑》（*On Domeslic Architecture*），已引用著作，第 9 页。

③ P. de L' Orme 的《建筑学第一卷》（*Le premier tome de l'architecture*），巴黎（1567 年），第 202 页背面。

④ G. Saraceno 的已引用著作，**第 2 页背面。

雷蒂诺说塞利奥的“虔诚和仁慈仅可与他完美解读维特鲁威及他对远古之美的深厚知识相提并论”（flo. II）。由于没有任何塞利奥的肖像传世，乔瓦尼·罗马佐（Giovanni Lomazzo）在他的《绘画、雕塑、建筑艺术论》（1584 年）的第六卷中为我们提供了一些塞利奥外貌特征，他还并不友善地讥诮说“塞利奥的那些货色造就的伪建筑师要比他胡须要多得多。”[①]由于综观全书中所有提到这位“谦逊而明智”的建筑师的参考文献或许能够最大限度地反映作者心中的自我形象，塞利奥的性格特征在《建筑学》中也能找到。这些虚心之语无疑在一定程度上只是行文谦辞，但是也能够真实地反映塞利奥心目中自己之于以他的老师佩鲁齐为代表的那些他所引用的艺术家中的地位。他在一处这样的写道：

> 鸿学硕彦的达·芬奇从不会满足于他的任何作品，也几乎没有完全完成任何作品。他经常说个中原因是他的手永远无法追赶到他的头脑。至于我自己，如果按照他的做法，就永远不会出版我的著作了，将来也不会。究其原因，事实就是我的所做所写无法令我自己满意。

塞利奥解释说他原来的目的只是为了教学：

> ……（为了）施展上帝仁慈地赐予我的，而未随意弃置，任其腐朽无果的，渺小的才能。如果我不能满足那些好奇求知、对每件事物都喜欢刨根问底的人们，我至少应该满足那些尚且一无所知的人们，这是我一贯的愿望。

即使说一种强烈的性格会妨碍与资助人之间的关系，但是同样的一种执着却成就了 1537 年以来历经 20 余年撰写一部建筑七书伟大事业的基础。

塞利奥与奥古斯都黄金时代

文艺复兴宫廷艺术家不断尝试通过不思朝暮的欢宴和实实在在的宫殿广场来把他们的皇家赞助人描绘成古代文化黄金时代和平、富裕之化身。这便自然而然地特别与奥古斯都统治时期联系了起来——既是罗马帝国的鼎盛时期，又是基督教诞生的时代。同样是这个时代，维特鲁威完成了他的大作——正如他给奥古斯都的献词中表明的那样。于是乎，对于那些热衷于给古代辉煌披上基督教外衣的文艺复兴建筑理论家来说，这份仅有的古代建筑实践之书正好也具备了基督教之圣德。[②]

---

① G. Lomazzo 的《绘画、雕刻、建筑艺术论》（*Trattato dell'Arte della Pittura, Scultura et Architettura*），米兰（1584 年），第六书，第四十六章，第 407 页。

② 关于维特鲁威和柱式的基督教化，参见 V. Hart 的《斯图亚特宫廷的艺术和魔法》（*Art and Magic in the Court of the Stuarts*），伦敦（1994 年），第三章。

因此，我们毫不吃惊，塞利奥会把主要的罗马纪念性建筑归于这个时代。透过这些实例，塞利奥暗示说，他的读者可以期待代表他们的资助人来重塑奥古斯都的美德。万神庙是这些重要建筑的代表，如塞利奥在第三书开头所描述的，是古代的“典范”。参照安德烈亚·富尔维奥（Andrea Fulvio）的罗马古迹调查[①]，塞利奥写到（实际上是错误的）万神庙是在公元 14 年由马库斯·阿格里帕（Marcus Agrippa）建造的，“不过毕竟遵循了恺撒大帝因早逝而没有实现的意愿”（fol. 50r）。从同样的思想出发，奥古斯都也被冠以 Marcellus 剧场建造者之名，同样地，塞利奥还把奥古斯都说成大斗兽场想法的发起人。这些剧院和圆形露天剧场的巨大尺度和完好的保存状况使其在文艺复兴艺术家及其资助人之间确立了强大威信，同时为人们提供了如何在多层建筑中使用柱式的独特范例。[②]

塞利奥顺理成章地把建筑的辉煌与奥古斯都统治时期的罗马帝国早期对应了起来。至于罗马共和时期的好处，塞利奥在他的第四书开篇便宣称“当今的建筑艺术繁荣发展的景象就如同拉丁语在尤利乌斯·恺撒和西塞罗时代一样”（fol. 126r）。还有个例子就是安德烈亚·曼泰尼亚（Andrea Mantegna）的《恺撒的胜利》，此书在《建筑学》丛书中两度被赞誉[③]，同样也是颂扬黄金时代的重要作品。尽管塞利奥悲恸罗马陷落后的剧变，惋惜神庙在内的当代类型之乏味，他还是旗帜鲜明地认为他所处的“现代时期”[④] 可以与古代媲美。关于这一点，突出反映在他的第三书中收录罗马胜迹的同时也收录了拉斐尔的马达马别墅、朱利亚诺·达·马亚诺（Giuliano da Maiano）的波焦·雷亚莱宫，以及伯拉孟特的圣彼得教堂、坦比哀多和教皇花园。在此书开头他写给弗朗索瓦一世的信里，塞利奥言道“这些时期建筑学之美与适用已经重回其罗马、希腊首创之美好时代之高度”（fol. III），书中随后还提到伯拉孟特“将古代以来深埋于地下的纯粹的建筑学重回新生”（fol. 64v）。正是在复兴古代黄金时代精神的照耀下，塞利奥第三书中创造性地复原的罗马纪念性建筑得以自信地“安坐”于他们古老的基址之上。

创建有图解的建筑论著模式

在写作建筑著作方面，塞利奥之前曾有安东尼奥·阿韦利诺（Antonio

---

① A. Fulvio 的《古代城市》（*Antiquitates Urbis*），罗马（1527 年）和《古代罗马城市》（*De Urbis Romae Antiquitatibus*），罗马（1545 版）。关于塞利奥和富尔维奥，参见 A. Jelmini 的《塞巴斯蒂亚诺·塞利奥，建筑论著》（*Sebastiano Serlio, il trattato d'architettura*），弗里堡（影印弗里堡大学博士论文，1986 年）[瑞士洛卡尔诺印刷厂，Tipografia Stazione Sa Locarno]，第 65–75 页。

② 这导致了归于诸如“庞贝柱廊”之类的两层片段的深入研究，塞利奥在第三书第 75 页背面进行了讨论。

③ 第二书第 18 页背面和第四书第 192 页正面。

④ 第四书第 126 页正面。

Averlino）“菲拉雷特（Filarete）”（1460—1464年间）、弗朗西斯·迪·乔治·马丁尼（Francesco di Giorgio Martini）（1480—1501年）、迭戈·德·萨格雷多（Diego de Sagredo）（1526年），最突出的当然还有继维特鲁威之后第一个专门就建筑学这个题目进行写作的莱昂·巴蒂斯塔·阿尔伯蒂（约1450年）。[①] 不过，塞利奥的著作在一些重要方面则是独一无二的。

阿尔伯蒂以贵族资助人为念而撰写《建筑论》，而塞利奥则通过他的《建筑学》说明他面向的读者是建筑师。由于塞利奥使用了本国语言——意大利语，这使得他的书更容易被读者接受。这本身也是对意大利语地位的宣传；而阿尔伯蒂使用的是拉丁语。[②]根据塞利奥的定义，建筑师在与工匠和画师的合作中具有管理监督的职责，但是建筑师不应过于自满，不应拒绝来自下层的意见（Book III fol. 118v）。理想的赞助方式以及建筑师对此的依赖也在《建筑学》中得到了阐明，例如在为弗朗西斯·马里亚·德拉·罗韦雷（Francesco Maria della Rovere）设计宴会堂时，塞利奥写道：

> 这些材料越是昂贵，就越将为人们所鉴赏，因为（我讲的都是实情）它们适合于那些慷慨、大方并富有的贵族，他们嫌恶贪婪。这种情况我曾经亲眼在一次知识渊博的建筑师吉罗拉莫·真加（Girolamo Genga）在他根据资助人乌尔比诺公爵弗朗西斯·马里亚（Francesco Maria）的要求设计的一些场景中有所领略。在此我看到了更多来自公爵的慷慨，更多来自建筑师的艺术判断力和技巧……那些明智的建筑师……他们常会制作这些东西，只要他们能够找到这样慷慨的资助人，支持他们的想法，并给予他们全面的授权来创造他们想创造的东西。（Book II fol. 47v）

在这种溢美之词的背后，是塞利奥的亲身经历和他对艺术保护人模式的依赖。因此，在他的课题一开始，为了把第四书推荐给埃尔科莱·德斯特大公，塞利奥总结道：“伟大的建筑师不仅通过正义、神圣的影响增益其所不能，而且通过那些善意而高贵的王公的帮助而提高他们的能力”（fol. IIII）。

通过这样定义建筑师的职责，《建筑学》代表了一项显著的进步，明确了学术论文的教育及根据维特鲁威的主题培养建筑师的功能。如此一来，建筑师对跟随画家学习的依赖性就降低了，而塞利奥接受的正是那种传统教育方法。第三书中，塞利奥写道，“我的意图是教授那些对此尚无所知而且认为值得聆听我所言的人们”（fol. 99v）；第四书给埃尔科莱·德斯特大公的信中他还说他“希望教育那些有能力成为世界之美的发起者的人”；在接下来写给读

---

① 参见 J. Rykwert 等译，载于阿尔伯蒂的《建筑艺术十书》（*On The Art of Building in Ten Books*），剑桥，马萨诸塞州（1988年），《导言》，第九页。

② 关于人文主义者把意大利语描述成一种贵族语言，及塞利奥和切萨雷·切萨里亚诺（Cesare Cesariano）对于意大利语的使用，参见 A. Jelmini 的已引用著作，第199–269页。

者的前言中塞利奥解释说他已经“总结出了一些建筑学的规则，为的是不仅使那些高贵的智者能够了解这个学科，而且每一个普通人也能够领悟它”（fol. 126r）。后一则评语有充分的理由可以认为是对阿尔伯蒂著作的批判。从教学目的出发，塞利奥把自己视为维特鲁威的后来人，而据说维特鲁威从来不写“他不理解的，不管是写给自己，还是拿来教别人”（fol. 159v）。塞利奥还惋惜维特鲁威插图的佚失，当时这位罗马作者为《建筑论》做了参考图[①]，而图的散失影响了文字表达。维特鲁威的做法给塞利奥树立了完美榜样，来为论文中柱式做插图，不管怎么说，他的《建筑学》在柱式插图方面则可以被认为是独创性的。

阿尔伯蒂的原稿被认为应当放声朗读，于是乎早期的版本中并无插图。[②]该著作写就于1450年左右，1486年在佛罗伦萨第一次出版，接下来1512年在巴黎刊行。而插图版的《建筑论》1550年才在第一出版地佛罗伦萨出现。菲拉雷特的《建筑学论集》和迪・乔治的《民用和军事建筑论》都有插图，但没有正式出版。[③]还有另一些出版了关于建筑学的著作值得接着介绍。大约在1494年弗朗西斯·马里奥·格拉帕尔迪（Francesco Mario Grapaldi）出版了《房屋各部分》（*De partibus aedium*），到了1499年弗朗西斯·科隆纳修士（Fra Francesco Colonna）出版了《寻爱绮梦》（*Hypnerotomachia Poliphili*）中间有一部分专门写给建筑学，而1509年的时候卢卡・帕乔利修士（Fra Luca Pacioli）的《神圣比例》（*Divina proportione*）在附件章节中讨论了建筑学。第一部印行版的维特鲁威大作出现在1486年的罗马，但是第一个插图版，又是第一本正式出版的用图解方式核心介绍古代建筑原则的书，则是1511年由乔孔多修士（Fra Giocondo）在威尼斯刊行的。切萨雷・切萨里亚诺为第一个意大利文版的维特鲁威的文字配上了插图，并于1521年在科莫出版，只可惜这些图中对柱式的描绘很有限。若干幅柱式插图出现在一部1526年托雷多出版的简短的建筑论著中，这部书是《罗马人的尺度》，不过书的作者并非意大利人，而是西班牙人，叫迭戈·德·萨格雷多。[④]塞利奥撰写有插图的论著的想法与上述这些早期出版著作及其所构成的有限的建筑资料集一脉相承。《建筑学》注定将使这个资料集发生惊人的巨变。

与阿尔伯蒂的著作对比来看，塞利奥的《建筑学》本质上更加实用。这一点在前两书的次序安排上得到了强调，遵从了从简单实例到复杂的过程；

---

① 如Vitr.，第三书，第四章，第8页，关于雕刻爱奥尼涡卷部分。

② 这个观点由J. Rykwert提出，已引用著作，第二十一页。

③ 参见菲拉雷特（安东尼奥・阿韦利诺），《菲拉雷特的建筑论著》（*Filarete's Treatise on Architecture*），J. Spencer翻译并主编，2卷，纽黑文（1965年）；F. Di Giorgio的《建筑论文，工程与军事技术》（*Trattati di architettura, ingegneria e arte militare*），C. Maltese，L. Maltese Degrassi抄本，第2卷，米兰（1967年）。

④ 参见D. Sagredo的《罗马人的尺度》（*Medidas del Romano*），影印件，书商与书友协会出版，2，马德里（1946年）。另参见W. B. Dinsmoor的已引用著作，第69页；N. Llewellyn的《迭戈・德・萨格雷多和意大利文艺复兴》（Diego de Sagredo and the Renaissance in Italy），参见J. Guillaume主编已引用著作，第295-306页。

第四和第六书显著的分等级的安排也反映出这个特点。阿尔伯蒂在他的篇章结构中从来没有采纳任何如此清晰的“建筑”秩序，而是根据所要强调的诸如“轮廓”、“装饰”等概念及其在不同建筑类型中的使用来组织他的语言。换言之，如果把阿尔伯蒂文中的那些建筑实例摘出来，这些部分并无法像《建筑学》中的实例那样能自己独立成文。塞利奥著作篇章结构的明确性总体上反映出文艺复兴理性和人文思想的发展。[①] 实际上，《建筑学》排版中常常在整页插图旁放置文字的做法反映出当时“科学”著作的排版方式。这些科学著作包括1543年在巴塞尔出版的安德烈斯·维萨里乌斯（Andreas Vesalius）的解剖学著作《人体构造七书》（*De humani corporis fabrica libri septem*）、1472年在维罗纳出版的罗伯托·瓦尔都里奥（Roberto Valturio）的《军事论》（*De re militari*）为代表的一部分军事工程著作，以及1527年在纽伦堡出版的阿尔布雷希特·丢勒（Albrecht Dürer）的《城市、宫殿、村庄加固之若干课程》（*Etliche Underricht zu Befestigung der Stett, Schloss, und Flecken*），这部手册中绘有大量为建筑师使用的图画实例。[②]

正是这样，随着印刷术的发展，随着印刷术于1464年传播到意大利，大大地刺激了意大利文艺复兴思想的传播。[③] 印刷出来的著作使艺术家们免于奔波于分散的古代纪念建筑之间，就能够通过绘画的媒介接触认识它们。在乔治·曼托瓦诺（Giorgio Mantovano）的“生平”一段，瓦萨里通过他们的铜版画，大部分的艺术家得以实现以下的理想：

> 用他们的劳作裨益社会，他们把众多场景和其他接触大师的作品呈现在日光之下，他们还提供了把画家不同的意图和手法呈现给那些无法亲赴作品现场的人的方法。塞巴斯蒂亚诺·塞利奥，一位来自博洛尼亚的建筑师，看到所有东西都已减少到了悲惨的境地，在同情心的感动下，用木版和铜版刊刻出版了两本建筑书，其中还描绘了30座粗石样式的门和20座更为形式精美的门。[④]

在塞利奥出版了的著作中，《建筑学》前五书和第七书都带有木刻版画插图，而一本关于门的设计的单行本中的插图是用镌版印制的。在图文匹配方面，《建筑学》是印刷术的成功。塞利奥书中有大量插图设计的说明以配合预想中的印刷图版设计过程，例如一幅楼梯图样因为“页面和印版狭窄”而被

---

① 参见J. Levine的《人文主义和历史》（*Humanism and History*），伊萨卡（1987年）。

② 参见M. N. Rosenfeld的《塞巴斯蒂亚诺·塞利奥对于创造当代带插图的建筑手册的贡献》（Sebastiano Serlio's Contributions to the Creation of the Modern Illustrated Architectural Manual），载于C. Thoenes主编已引用著作，第102–10页；M. N. Rosenfeld的《论居住建筑》，已引用著作，第35–70页。另参见W. B. Dinsmoor的已引用著作，第56–64页。

③ 参见A. M. Hind的《蚀刻术和雕版术历史》（*A History of Engravings and Etchings*），伦敦（1923年版本）；E. L. Eisenstein的《早期现代欧洲的印刷术革命》（*The Printing Revolution in Early Modern Europe*），剑桥（1983年）。

④ 瓦萨里的已引用著作，卷六，第113页。瓦萨里在此说的是塞利奥的《关于大门设计的非常之书》。

按比例缩小了，这充分突出了印刷的复杂性（Book II fol. 37r）。草拟和正式印刷插图的成功进一步表现在每一幅插图都试图精确地表达建筑的比例设计，也按照塞利奥要求的那样用尺规法把建筑等比例缩小。实际上，这些插图一脉相承地表达了文艺复兴理论，即每座建筑的每一部件都应当与建筑总体比例关系相对应。《建筑学》中几乎所有章节都有插图。只有第三书结尾部分关于埃及古迹的描述没有，而是从迪奥多·西库鲁斯（Diodorus Siculus）书中转录来的。[①]这些插图很好地表达了非常难以表述的概念，形成一种至关重要的教学手段，同时对后来《建筑学》翻译成其他文字的工作带来了巨大的便利。无论从内容还是形式上讲，塞利奥的文字都或多或少严格地受到了插图结构的限制。

《建筑学》中总体上几乎没有离题的文段，这表明塞利奥写作目的十分明确。在第三书一开头，以万神庙的图纸为范例，塞利奥建立了书中其他纪念建筑插图的标准表现方式。这些投影图由一张平面图、一张剖面图或立面图和一张前视和侧视图。这个模式遵循了著名的拉斐尔（Raffaello）在1519年提交给利奥十世的记录罗马古代纪念建筑方式的建议。尽管如此，塞利奥使用的一些插图技巧——例如第五书中神庙室内空间的剖视图——却是独一无二的。虽然如塞利奥在第三书中所言，为了配合图纸的等比例缩小，透视图或侧立面的透视缩短效果不宜使用，透视变形的侧立面与真正的立面一同使用却是他的惯用手法。诚然，向后退去的侧立面不过起到了突出作为讨论核心的主题元素轮廓的作用。塞利奥的图版设计对文艺复兴投影图、特别是后来建筑论文中的投影图的标准化起到了重要作用。

维特鲁威之破格和建筑之规则

通观《建筑学》一书，塞利奥附和了文艺复兴时期公认的对艺术和建筑学理论与实践差别的定义。例如，他曾写道，通过理解透视法的一般规律，建筑师“将结合实践方法——最终来源于理论的时间方法——来创造他的事物”（Book II fol. 25r），他还补充说，“理论是头脑的产物，而实践要靠双手”（fol. 27r）。随后，在讨论雕刻爱奥尼涡卷的时候，他评价说“有很多事物是难以用理论来说明的，只有靠敏锐的建筑师用实际操作来表达，而把理论作为出发点”（Book IV fol. 159v）。很明显，对于塞利奥而言，建筑学的理论源泉正是记载在维特鲁威的著作中。尽管并未明言，塞利奥对这位罗马作者的钦佩在整部《建筑学》中可以清楚地看出来：

> 如果说在每一门类的高贵艺术中我们都能够看到有一位创始人，他被赋予了如此的权威，他的言论得到了完全的信任，那么谁能够否认——除非这个人非常愚蠢和无知——在建筑学中，维特鲁威便

---

① 参见第三书第123页背面注释。

是无上的标杆？或者说他的著作（这是毋庸置疑的）应当是神圣的和不可亵渎的？……于是所有那些可能非议维特鲁威著作的建筑师都是建筑学的异端，他们反对的是多年来被人们证实了的、至今仍然有效的鉴赏力。

因此说，维特鲁威的学说在塞利奥看来具有宗教般的权威，对此的批评者被打上了“异端”的烙印同时这位罗马作者绝对配得上“伟大建筑师”的称号（Book III fol. 112r）。那些古代遗址被用来当做衡量是否在实践中合理运用维特鲁威原则的实例。例如，通过批评戴克里先浴室的平面设计，塞利奥遮遮掩掩地向维特鲁威和当时刚刚在罗马成立的维特鲁威研究会表达了委婉的歉意。[①]“至于你们，古代文物的支持者和捍卫者，请原谅我所说的冒犯之语。无论如何，我将一直会信赖那些知者的判断力”（Book III fol. 94v）。不过从另一方面讲，塞利奥无须过度表达对阿尔伯蒂的愧疚：阿尔伯蒂毕竟还不是维特鲁威正传弟子。阿尔伯蒂的论文只是偶尔在《建筑学》中得到应和，其中最值得注意的可能就是历史题材绘画。[②] 在塞利奥在第四书第一版的介绍信函中，阿尔伯蒂的名字和朱利奥·罗马诺（Giulio Romano）和拉斐尔的名字作为塞利奥时代值得称颂的建筑师一起出现，他还温和地评论说：“还有一位巴蒂斯塔先生，已经成为一位著名的建造师，现在也被特别地赞誉为建筑师，在理论和实践两方面都很在行”（fol. IIII）。

塞利奥出版《建筑学》的主要目的在于某种制度化的愿望。他尝试调和维特鲁威的文本和古代遗迹，并且建立一套确定建筑比例和设置从基座到额枋的各个建筑部件的规则。这一点想法还源于古代遗迹间互不一致的现象。就此，塞利奥曾经注意到“古罗马的”爱奥尼柱式“与维特鲁威笔下的差别巨大”（Book IV fol. 161v）。塞利奥在第四书标题中使用了“建筑学的一般规则……关于塔司干、多立克、爱奥尼、科林斯和混合式五种建筑形式，辅以选取的古代实例，其大部分符合维特鲁威的教导”的标题正说明他希望以此强调这种差异。此间他还解释了一些古代建筑片段之谜，诸如四面均做雕刻的爱奥尼柱头当被用于柱廊转角处，而当初刚发现的时候还被冠以“混乱柱头”之名（Book Iv fol. 160v）。塞利奥的目标还包括为维特鲁威的规定中没有的建筑部件制定规则，如塞利奥自然而然地“把罗马最美的建筑之一，万神庙（的柱础）之尺度当做科林斯式柱础的规则”（Book Iv fol. 169r）。更加背离维特鲁威标准模式的显著实例是混合柱式，混合柱式的规则倒在更大程度上是塞利奥的发明。从此，普遍认为塞利奥是第一位用固定体例的术语表述各种柱式

---

① 参见第三书第 55 页背面注释和第 94 页背面。另参见 W. B. Dinsmoor 的已引用著作，第 71 页；D. Wiebenson 的《纪尧姆·菲兰德注释的维特鲁威》（Guillaume Philander’s Annotations to Vitruvius），载于 J. Guillaume 主编，已引用著作，第 67–74 页。M. N. Rosenfeld 的《论居住建筑》，已引用著作，第 66 页。

② 参见词汇表。关于塞利奥论阿尔伯蒂，参见第四书，第 1 页正面。

的意大利理论家，这些术语涵盖了从形容塔司干柱式用的“壮硕”和“结实”，到描述科林斯和混合柱式用的“精致”和“华丽”。[①]

那些与维特鲁威原则不符的古代纪念建筑细部被塞利奥列为“随意破格”的实例，借以表示其形式和比例都不会得到这位罗马作者的认可。[②] 更特别的是，塞利奥的“破格”概念包括了所有建筑基本型之外的建筑部件，即那些根据维特鲁威的对比自然和木结构原型的方法无法证明其正当性的部件。[③]按照这种定义，同时使用齿状饰和托檐的做法就是一种“随意破格”，因为这两种装饰都来自原始木结构梁头做法，而通常只需要使用一层木梁就够了。塞利奥在定义“破格”的时候，采用的实例是马切卢斯剧场的多立克檐口：

> 尽管多立克檐口装饰语汇极其丰富、雕刻繁复，我仍然发现它与维特鲁威的学说相去甚远，在建筑部件的使用上非常大胆，其高度相对于额枋和中楣则过大，三分之二便已足够。然而我认为现代的建筑师们不应当错误地将如此的或其他类似的古代遗迹作为例证，或者简单粗暴地把看到的和实测得来的檐口或其他部位的比例直接雕刻出来并用在建筑上……而并不考虑此构件是否能适用其他建筑的比例关系。进而，即使古代的建筑师可以“破格”但是我们也不应当如此。我们应当弘扬维特鲁威的学说，将其作为可靠的指针和规则，坚信理智不会说服我们走向相反的方向。（Book III fol. 69v）

不过，在很多实例中，由于塞利奥取法自然原型的原则优先于维特鲁威的规则，“理智”的确会说服塞利奥反对维特鲁威。比如在科林斯柱头高度的问题上，参照“映射自然法则”考察维特鲁威规定的柱头与少女头部相应的比例[④]，塞利奥的结论是不计算柱顶盘的柱头高度应当等于一倍柱底径（Book III fol. 108v）；而维特鲁威则把柱顶盘的高度计算在内了。因此，与他一般的做法不一致，塞利奥也有时引用自然范本和古代例证来反对维特鲁威。

在第三书中，塞利奥宣称“我的目的是要把关于建筑部件的好的设计和坏的设计区分开”（fol. 70v）。他对于美的认识基于对维特鲁威规则内部实用性问题的解释，此处万神庙再次被作为范例而引用。随后，塞利奥写道：

> 有很多建筑师，尤其是今天的建筑师，为了取悦普通民众采用包括大量添加雕刻等方法来装饰他们的不良建筑设计，以至于有时使建筑与雕刻混杂在一起，损害了形式美的表达。如果纵观历史上有判断力的人们对纯净、坚固的建筑部件的崇尚，还是要数今朝。（Book III fol. 104v）

---

① 参见 J. Onians 的已引用著作，第 264–286 页。
② 参见词汇表。
③ Vitr. 第四书，第二章，第 5–6 页。
④ Vitr. 第四书，第二章，第 8–11 页。

塞利奥在他的建筑学中“美的选择”定义中，强调柱式表达资助人从“优雅”到“实在”品性的能力。[1] 源于他受到的画家的教育，塞利奥的规则不仅从自然模型出发，而且同样以视觉效果标准为基础。因此带有雕刻细部的线脚之间应当用素线脚分隔开来，这样当从远处观察的时候，这些部件就不会过于绚丽。塞利奥还建议观察建筑构件的角度应当决定构件的高度和出挑，根据此原则，柱基和底座的尺度应当有所增加，以避免被下部构件削弱其效果。这些规则表现出一种史无前例的、建筑学中视觉法则的运用。

不过有些矛盾的是，塞利奥的声誉得益于他在维特鲁威和阿尔伯蒂都没有论述的情况下确定了混合柱式规则（作为柱式中最为华丽、雕刻最为精美者）。塞利奥在第四书中介绍了这种柱式，说“几乎可以作为第五种形式，是一种所谓‘纯净’柱式和混合体”（fol. 183r）；因此混合柱式是“建筑形式中最为大胆者”（fol. 186v）作为爱奥尼和科林斯柱式细部的混合体，混合柱式具有一种既非直接取自自然又非取自维特鲁威模式的特点，因而不可避免地成为所有柱式中具最“破格”特点的。塞利奥希望超越维特鲁威规定而指定典章的意图可以从他1551年发表一部不包括在《建筑学》系列的著作的做法看出来，这部书的题目是“关于门的非常之书”。显然完全与塞利奥的原则相反，书中收集了50座“手法主义”的大门设计，都带有极尽装饰的扭曲形式。这部书的这种特点经常被解释为塞利奥的晚年作品。[2] 然而塞利奥原文中清晰地讲到，隐藏在粗石建筑奇形怪状之下，维特鲁威的原型最终普及，此原型超越了他在设计中明确显示出来的最粗糙、最光滑的视觉极限。这些大门因此“戴着面具”（fol. v）掩盖了他们真实的特性，正如文艺复兴的人认为自己欢宴和游戏的本性只是本质上文明生活的短暂伪装。[3] 所以说，如同希腊艺术家把他们最好的雕刻作品隐藏在兽性、怪异的森林之神西勒诺斯像之内，塞利奥把维特鲁威的规定藏在他那些表面看来奇形怪状的大门设计之后。[4]

通过这种方法，我们还可以理解柱式背后的不可见的控制线或者叫隐蔽线（*Linee occulte*）[5] 远比其装饰重要，塞利奥正是在前两部书中使用这些辅助线来构造几何体的。这种柱式规则在塔司干柱式中得到了简明的表达，在混合柱式中适当的使用也得到了赞美，或在怪异的形式中遭到了扭曲变形。比如对于爱奥尼壁炉使用的双支柱，塞利奥发明了一种做法被他称为“怪异——我借此以说明这是一种混合的形式”（Book Iv fol. 167r）。这导致了使用装饰的

---

① 参见J. Onians的已引用著作。

② 同上，第280页。W. B. Dinsmoor的已引用著作，第75页。

③ J. Onians，同上，第282页。

④ 参见M. Carpo的《表面装饰和模型：塞巴斯蒂亚诺·塞利奥特别之书（1551）中的建筑学理论与福音派学说》[*La maschera e il modello. Teoria architettnica ed evangelismo nell'Extraordinario Libro di Sebastiano Serlio (1551)*]，米兰（1993年）。

⑤ 参见词汇表。

程度可以从素平的外表一直到变形的、野性的形式。尽管有这样的选择余地，但是这一点是清楚的，即在多数情况下，维特鲁威派的建筑师应当自我克制，应当走朴素和怪异之间的中间路线。① 这一点适用于建筑师工作的所有方面。对于伯拉孟特为圣彼得大教堂而建的著名的破碎的柱子，塞利奥建议说："建筑师应当谦虚而不过于冲动；……冲动来自假想，而假想来自无知，但是谦虚，即设想他所知有限或者根本无知，却是一种美德"（Book III fol. 66v）。

塞利奥希望他在前四书中概括出来的原则具有普适性，而并未考虑地方建筑形式和建筑材料的不同。第五、第六书中的插图则通过收录法国哥特建筑形式和装饰弥补了这一点。第一眼看上去可能会让人感到惊诧，这些建筑——特别是拉斐尔和瓦萨里的彻底的哥特建筑小品——会被收录在赞美维特鲁威的论著中，然而塞利奥的这种做法不过是追随切萨里亚诺，后者在他在 1521 年翻译维特鲁威著作时图解分析了哥特风格的米兰主教堂。对哥特的接纳所反映的是这两位作者的意大利北部背景。② 塞利奥所强调的建筑实践的连续性最终对《建筑学》的普及起到了相当大的作用。

塞利奥建立一套建筑学规范的努力恰好赶上了罗马城的陷落，那是一场打击了早期意大利文艺复兴自信和荣耀的剧变。写到那不勒斯郊外的波焦·雷亚莱宫时，塞利奥感伤地说："哦，意大利的欢愉，你如何就被你的不和谐毁掉了呢！"（Book III fol. 121v）在寻求新秩序和新和谐的渴望中，对于比例体系的兴趣不时地出现在危机到来的时刻。一如犹太人在沦为巴比伦囚徒之后，又如 1453 年基督教欧洲在对土耳其的战争中失去了君士坦丁堡之后。③ 因此，塞利奥的建筑学说在此可能也被视为一种通过暗示古代黄金时代理想而渴望走向新的和平时代的宣言。

《建筑学七书》

构成整部《建筑学》的七书是根据塞利奥早在第四书于 1537 年在威尼斯刊行之时便已做好的谋划按照预定的次序分别出版的。尽管塞利奥屡屡迁徙，这个出版计划仅仅因而作出了微小的调整。关于古代纪念建筑的第三书

① 参见 M. Carpo 的《温和古典主义的建筑原则·塞巴斯蒂亚诺·塞利奥第六书中的商人住宅》（The architectural principles of temperate classicism. Merchant dwellings in Sebastiano Serlio's Sixth Book），库本，卷 22（1993 年），第 135–151 页。

② 参见同上，第 146–148 页。关于瓦萨里，参见 E. Panofsky 的《乔治·瓦萨里书的第一页》（The First Page of Giorgio Vasari's Libro），载于《视觉艺术的意义》（*Meaning in the Visual Arts*），纽约（1955 年版），和 R. Wittkower 的《哥特对视古典》（*Gothic versus Classic*），伦敦（1974 年），第 19 页。另参见 R. Bernheimer 的《博洛尼亚的哥特残存与复兴》（Gothic Survival and Revival in Bologna），《艺术会刊》（*Art Bulletin*），卷 36（1954 年），第 262–284 页；M. Rosenfeld，《论居住建筑》，已引用著作，第 66–67 页。

③ J. Onians 讨论过此类一些问题，《建筑，隐喻和头脑》（*Architecture, Metaphor and the Mind*），《建筑历史》（*Architectural History*），卷 35（1992 年），第 192–207 页。

于1540年在威尼斯面世。分别关于几何学和透视学的第一书和第二书的法语、意大利语版本同时于1545年在巴黎刊行。在此之后便是1547年关于十二种神庙设计的第五书同样在巴黎出版了双语版。塞利奥的那本关于大门之书不属于出版计划之列，他自己也强调这一点并为之冠以《非常之书》的名称。作为塞利奥有生之年面世的最后著作，此书成于枫丹白露并于1551年在里昂出版。关于从农家小屋到皇家宫殿的居住建筑的第六书一直没有出版，所幸留下了两个版本的手稿和一套试印的木刻板。[①] 第七书由雅各布·斯特拉达在1575年于法兰克福出版，它是有史以来第一份论述建筑师可能面临的建筑问题或"事故"的出版物，这些问题包括在不规则的或倾斜的地段进行设计，或对哥特立面进行弥补性设计。塞利奥亲自在第二书末尾写道，这种尝试以前可能从来没有被关注（第一版，fol. 73v）。也是保留在手稿中（收藏在慕尼黑）的是一本进一步展开讨论的"非常之书"，它包括了塞利奥主要基于波利比乌斯（Polybius）文本的关于罗马要塞的专论。[②] 正如第四书前言段落中所说，其他六书"已经开始，或者可以说已经完成了一半"，很明显，塞利奥是同时写作各书的。八年后，在作为第二书附件的《致读者》中，塞利奥透露第五书即将付梓，第六书"已经完成了三分之二"，同时第七书的"大部分已经确定"（第一版，fol. 73v）。虽然整套书无疑希望读者能够完整地阅读，但是没有证据表明塞利奥曾计划把它们合成一部一同出版。当然，这种分期系列地出版建筑学著作的方式也是独一无二的。

因此，我们不但可以从表面上按照编号次序来研究《建筑学》诸书，我们还可以按照出版的时间顺序开展研究，即第四书、第三书、第一书和第二书，最后是第五书。按照塞利奥在第一书开头所做的解释，这个出版顺序"并非毫无深意"，如果他关于几何学和透视学的部分最先出版，"这两部单薄的书籍可能不会为大多数人所喜爱"，因为书中的"插图也不是特别吸引人，另外研究这些课题并不像研究建筑问题那样令人愉悦"。因为塞利奥和佩鲁齐早期的合作研究集中关注柱式，所以很自然地塞利奥会选择第一个出版这个题目。不过，在提高作品整体声誉之外，出版的时间顺序既不表示《建筑学》各书的总体编号也不对应任一本的编号次序。如果说塞利奥出版"破格"的大门设计之书的目的还是不解之谜的话，那么如何为《建筑学》各书编号的问题同样也无法解释。

---

① 在慕尼黑市立图书馆和埃弗里建筑图书馆，哥伦比亚大学。参见 M. Rosci，A. M. Brizio 的《塞巴斯蒂亚诺·塞利奥的建筑学论著》（*Il Trattato di architettura di Sebasttiano Serlio*），第2卷，米兰（1966年）[卷2为"慕尼黑"塞利奥第六书手稿副本的影印件]，和 M. N. Rosenfeld 的《论居住建筑》，已引用著作 ["埃弗里"塞利奥第六书手稿副本的影印件，J. Ackerman 撰写导言]。另参见 F. P. Fiore 的已引用著作，关于"慕尼黑"第六书带插图和"维也纳"试印木版的抄本。

② 参见上文注释17。

文艺复兴时期建筑论文的结构不是随心所欲的。维特鲁威把他的著作分为十书，阿尔伯蒂也选择十书构成他的著作，是为了补充并超越他的罗马前辈。弗朗西斯·乔治响应了同样的热情，他的《市政与军事建筑论》(*Trattato di architettura civile e militare*)也由十部书构成。塞利奥最初在1537年撰写七书的计划很可能是他和他的朋友新柏拉图派哲学家（兼术士）朱利奥·卡米洛·德尔米尼奥（Giulio Camillo Delminio）合作的结果。[①] 他们两人都有在博洛尼亚生活的背景，卡米洛在那里担任过教授；塞利奥在1528年一到威尼斯就立下了有利于卡米洛的遗嘱（尽管卡米洛事实上只比塞利奥小5岁），使卡米洛能与塞利奥一样受到弗朗索瓦一世和阿方索·达瓦洛斯两份的资助。先是在威尼斯，后来是在巴黎，卡米洛因建造了一座百科全书般的木结构“记忆剧场”而闻名，剧场集维特鲁威的剧场平面和所罗门的七柱支撑的“智慧之屋”于一身（箴言篇，第8章，第1节）。[②] 卡米洛的剧场中还把徽章放置在七级台阶上，而台阶指引向教化。延续这样的含义，《建筑学》的七书也被解读为走向教化启示的各个阶段，每一书就是按照逻辑次序展开的一个“阶梯”。[③] 从而塞利奥的读者的进阶次序是：第一步，欧几里得之“天”，包括几何学的各种定义——点、线和完美的面（正方形）；第二步，最基本的用透视法表现的三维自然形式；第三步，以万神庙和理想化的古代纪念建筑为代表的，完美形式在建筑上的具体反映；第四步，古代遗址和维特鲁威文本所证实的，从塔司干到混合柱式的柱式法则，柱式在构造大门、壁炉和宫殿立面中的普适性；第五步，柱式在塞利奥设计的神庙中的运用；第六步，柱式在房屋设计中的运用（同样按照从棚屋到宫殿的次序划分等级）；最后走向最底层的第七步，关于“事故”或建筑师会遇到的实际问题。在构成第一、二书的主题中，几何结构和光学的理论问题和美术关怀得以放置于从业建筑师的现实关注视野之下，塞利奥借此来讨论与制图规则相关的建造的艺术。在他开篇之书中，塞利奥并未如约翰·奥奈恩斯（John Onians）所宣称的那样[④]漠视技术问题，而是天才地预见着

---

① 参见 M. Carpo 的《早期现代者建筑理论中的方法和柱式：阿尔伯蒂、拉斐尔、塞利奥和卡米洛》(*Metodo ed ordini nella teoria architettonica dei primi moderni: Alberti, Raffaello, Serlio e Camillo*)[书系：《人文主义和文艺复兴的工作》(Travaux d' Humanisme et Renaissance)，卷271]，日内瓦（1993年）；M. Carpo 的《也谈塞利奥和德尔米尼奥：建筑理论、方法和对于模拟的改造》(Ancora su Serlio e Delminio: La teoria architettonica, il metodo e la riforma dell' imitazione)，载于 C. Thoenes 主编，已引用著作，第111–113页；L. Olivato 的《塞利奥为此去威尼斯：新文献和文献回顾》(Per il Serlio a Venezia: Documenti Nuovi e Documenti Rivisitati)，《威尼斯艺术》，卷25（1971年），第284–291页。L. Olivato 的《从记忆中的剧场到建筑中的大剧场：朱利奥·卡米洛·德尔米尼奥和塞巴斯蒂亚诺·塞利奥》(Dal Teatro della Memoria al Grande Teatro dell' Architettura: Giulio Camillo Delminio e Sebastiano Serlio)，《帕拉第奥建筑国际研究中心简报》(*Bollettino del Centro internazionale di Studi di Architettura A. Palladio*)，卷21（1979年），第233–252页。关于“七步”的类比，参见 F. P. Fiore 的已引用著作，第三十一页。

② 参见 F. Yates 的《记忆的艺术》，伦敦（1966年），第129–172页。

③ 参见 M. Carpo 的《早期现代者建筑理论中的方法和柱式》，已引用作品。

④ J. Onians 的《意义载体》，第264页。

建筑师们在建造时面临的问题（也是组成最后一书的那些问题）。正因如此，《建筑学》的篇章结构也随着建造进程展开，从图面上的概念到现场的“事故”。

卡米洛把他的七级台阶看做以太阳为中心的七大天体。[①] 塞利奥一定不会忽视这种新柏拉图式的象征，他确实把在宇宙观的语境下为《建筑学》选定的这种七重体系写在了第四书开头给埃尔科莱·德斯特大公的献词中：

> 请不要为我以此书作为开始而感到迷惑，其原因在于，七大天体的存在，也由于您被称作第四天体——太阳，我认为在您的盛名和庇护之下把第四书作为开端是恰当的。（fol. IIII）

出于同样的考虑，构成第五书内容的十二座神庙一定是要对应十二座天堂之庙，或称为黄道十二宫。在涉及威尼斯的圣弗朗西斯·德拉·维尼亚的规划时，塞利奥在乔尔吉著名的《备忘录》上签了字，认可了乔尔吉如新柏拉图主义者的《世界的和谐》（*De harmonia mundi*, 1525）一书中所表明的那样，运用数字象征手法来在实际应用中达到从宏观到微观的和谐。[②]《建筑学》中新柏拉图主义的影响比比皆是：立方体被尊为形式之首[③]；第二书中舞台插图具有象征意义；第一书和第二书中采用了“隐蔽线”的概念[④]；第一书和第四书中引用了毕达哥拉斯的和声学；第四书中在人神类比时用石头对应骨骼，用填充砖对应肉体。[⑤]

圆规、铅垂和三角板之书

第一书开始于欧几里得对点、线、面的定义。塞利奥强调正方形的首要地位，其他平面形式只是正方形的变体。他提出这种纯净的形式的能力可比拟成上帝的力量：

> 那些更完美的形式比不甚完美的形式更有力量。人类也是如此。人们越是接近上帝的意念——那意念自身便是尽善尽美的，人们自己便拥有了越多的仁慈。（fol. 9v）

在运用新柏拉图主义的不可见线的概念——或称为神秘的隐蔽线——来确定形式时，此书的重点在于通过使用圆规、铅垂和三角板等建筑器具而在实际中应用几何学，为了明确这个目，第一书卷首插图中对这些器具进行了

---

① 参见 F. Yates 的已引用著作。

② 参见上文注释 7。

③ 参见 G. L. Hersey 的《毕达哥拉斯的宫殿》，伊萨卡（1976 年），第 51–59 页。

④ 参见词汇表。

⑤ 参见第四书第 188 页背面。关于阿尔伯蒂关于柱子如同骨骼的讨论，参见 J. Rykwert 等的已引用著作第 421 页。

描绘。这些器具象征着工匠技艺中对几何学的掌握。[1] 在编排几何学运用的实例中，塞利奥特别依靠最早在1525年出版的阿尔布雷希特·丢勒的《尺规测量指导书》(*Unterweysung der Messung mit dem Zirckel und Richtscheyt*)。塞利奥把第一书和第二书同时出版，并且在第一书中为第二书写了一段介绍。

错觉空间之书

第二书一开头，塞利奥把线法透视作为一项罗马技术进行了介绍，并根据维特鲁威的描述把它定义为透视图[2](表现物体的正面和“后退的两侧”)。书的开始还画了一幅透视的正方形，作者以此告诉读者“所有其他形体都起源于”这个形式(fol. 19r)。由于按照塞利奥的透视法，直线代表了底层的，或隐蔽的自然形式规则和人体规则，这些“隐蔽线”和人体解剖学便形成了一种类比关系：

> 透明的形体和不透明的形体之间没有任何差别，形式之外的区别在于一个显露了死体的没有血肉的骨骼，另一个则表现为血肉俱全的活体……同样地，那些见过人类和动物骨骼的艺术家技艺更加高超，并且比起那些只肤浅地塑造表现对象、只抓外在特征的艺术家，具有更好的艺术理解。(fol. 25r)

透视法不仅在绘画中得到了应用，而且开始影响文艺复兴时期的实际建筑设计。[3] 塞利奥在书中首先讨论绘制建筑立面表现图时如何选择理想的视点。这里他重申了第一书中观点，即建筑师需要找到一个用来观察作品理想视点来设计如何安置立面的各个要素(fol. 9r)。塞利奥还通过他著名的舞台设计[4]在透视法的帮助下使真实空间看上去变得更大的例子，来强调绘画空间和建造空间之间存在不确定性。在此，上演喜剧、悲剧和讽刺剧三大场景的维特鲁威圆形剧场设计被调整到了一个院子里。延续古代剧场的做法，同时也预

---

① 参见J. Rykwert的《关于建筑理论的口头传授》，载于J. Guillaume主编的已引用著作，第31–48页。

② Vitr. 第一书，第二章，第2页。

③ 关于透视法对建筑学的早期影响，参见R. Strong的《艺术和力量，1450—1650年的文艺复兴节日》(*Art and Power, Renaissance Festivals 1450–1650*)，伍德布里奇(1984年)第32–35页；M. Kemp的《艺术之科学》，纽黑文(1990)，特别是第一章。另参见阿尔伯蒂的《论绘画》(第一版，巴塞尔，1540年)：论绘画和论雕塑(C. Grayson翻译，伦敦，1972年)。

④ 参见R. Krautheimer的《文艺复兴的悲剧和喜剧布景·巴尔的摩和乌尔比诺镶嵌板》(The Tragic and Comic Scene of the Renaissance. The Baltimore and Urbino Panels)，载于《早期基督教、中世纪和文艺复兴艺术研究》(*Studies in Early Christian, Medieval, and Renaissance Art*)，纽约(1969年)第345–360页；R. Krautheimer的《乌尔比诺、巴尔的摩和柏林的镶嵌板再研究》(The Panels in Urbino, Baltimore and Berlin Reconsidered)，载于米隆(Millon, H. A.)主编，《文艺复兴，从伯鲁乃列斯基到米开朗琪罗》(*The Renaissance from Brunelleschi to Michelangelo*)，伦敦(1994年)，第232–257页；S. Serlio的《文艺复兴舞台，塞利奥、萨巴蒂尼和弗滕巴赫》(*The Renaissance Stage, Documents of Serlio, Sabbatitni and Furtenbach*)，A. Nicoll、J. H. Mc. Dowell、G. R. Kernodle译，迈阿密(1958年)；法乔罗(Fagiolo, M.)，马当那(Madonna, M. L.)主编，《巴尔达萨雷·佩鲁齐：15世纪的绘画、舞台和建筑》(*Baldassare Peruzzi: Pittura, Scena e Architettura nel Cinquecento*)，罗马(1987年)；J. Onians的已引用著作，第282–286页。

示着第六书的结构体系，塞利奥的剧场表达出他那个时代的社会等级秩序——贵族的席位在最下层，升高一些是视线最好的贵族女士席（也就是剖面图中表示的舞台背景建筑的透视灭点所在的高度），接下来是“次贵族”的座位，最后顶层是为“普通人”提供的站席。而在塞利奥的三幅场景图中，最佳的观赏位置却有所不同，灭点的高度更高，恰合“次贵族”的座位。不过这几张透视图不是真正地选择观众席上的视点进行观察的，而是来说明塞利奥绘制透视图的核心方法中为建筑图解缩小比例时，可以把舞台建筑立面与地面上的方格对应起来。[①]

古代世界奇迹之书

第三书用万神庙开篇，作者宣称它为“建筑范本”并因此将其“置之卷首，以为万千建筑之领袖也”（fol. 50r）。这些其他的建筑包括罗马城和罗马帝国的纪念性建筑，他们被很少例外地依次归纳为神庙、剧院、方尖碑、大门、圆形剧场、别墅、港口、桥梁、浴场和凯旋门。可能是为了吸引这本书的赞助人佛朗索瓦一世，塞利奥在讨论伯拉孟特、拉斐尔和朱利亚诺·达·马亚诺的别墅设计之后，用他自己在马亚诺的波乔·利亚雷宫基础上的创作作为结束。塞利奥费尽心力地强调他的图纸比例的精度以真实反映他调查的古建筑，因而他文中说明的尺度并没有以柱式模数为单位，而是在很大程度上选取了塞利奥认定的建筑始建时采用的古代度量单位。[②] 这种方法保留了所有的整数度量以及建筑各部件之间的比例关系。在有些实例中，为了符合塞利奥自己的品味，古代建筑遭到了“修正”。比如在蒂沃利的希比尔神庙中塞利奥为它添加了门、龛和窗（fol. 64r）；又如，塞利奥唯一使用的希腊建筑是一座包围了一百根立柱的正方形广场（可能是雅典参议院[③]），被改造成为反映维特鲁威剧场柱廊的样式，并被诩为“亦梦亦幻”（fol. 97r）。写到维罗纳的莱昂尼大门的窗户，塞利奥说“由于我无法忍受如此的不协调，我把他们按照适宜的方法重新排列”（fol. 113v）。很明显，塞利奥足迹遍及伊斯的利亚（Istria）、达尔马提亚（Dalmatia）和翁布里亚[④]，亲手测量了大多数重要建筑，有些仅绘制了遗址草图，另一些则使用了瞄准器（*traguardo*）等测绘仪器。[⑤]

---

① 参见 J. Orrell 的《人类舞台，英国剧场设计，1567—1640 年》（*The Human Stage, English Theatre Design, 1567–1640*），剑桥（1988 年），第 130–149 页，第 207–224 页；V. Hart，A. Day 的《塞巴斯蒂亚诺·塞利奥的文艺复兴剧场，约 1545 年》（The Renaissance Theatre of Sebastiano Serlio, c. 1545），《计算机和艺术史》（*Computers and the History of Art*），考陶学院（1995 年），卷 5，vol. 5. i，第 41–52 页。

② 参见词汇表关于“测量”。

③ G. L. Hersey 认为是议事厅，已引用著作，第 57 页。

④ 参见附件 4。

⑤ 参见第三书第 98 页背面。

不过，对于金字塔和耶路撒冷的陵墓——塞利奥把它们作为古代世界谜一般的奇迹收录到书中，他还是要靠后来的阿奎拉的红衣主教马尔科·格里马尼（Marco Grimani）的描述。除了佩鲁齐的研究，塞利奥在第三书中也收入安德里亚·富尔维奥当时对罗马纪念性建筑的调查①，并且恰好赶在托雷洛·萨拉耶那（Torello Sarayna）关于维罗纳古迹的著作 1540 年面世之前出版。② 萨拉耶那确实声称塞利奥事实上从未亲自参观过他第三书中描绘的维罗纳建筑，而塞利奥的一位学生纪尧姆·菲兰德也在他 1541 年的维特鲁威评注中证实了这种责备，提到当时有评论批评塞利奥依赖他人的素材。③ 我们可以看到塞利奥在书的末尾写了一段回应，可见在这些问题上，第三书显然在出版之前就备受指责。

五种柱式之书

第四书一上来是一幅五种柱式的插图，图中表现了柱式间递进的简明算术比例关系，每种柱式要比它前一种高一倍柱径④，于是塔司干最矮，柱径与柱式高之比为 1 比 6，而混合柱式最为修长，达到 1 比 10。与维特鲁威和阿尔伯蒂的篇章结构不同，塞利奥第四书的行文直接对应柱式的等级制度，在一书就分五步或五种制度从塔司干“升高”到混合柱式。虽然表面看来这种递进关系极大地增加了第四书的实用性，但是更深一层，它反映的是塞利奥对使用不同柱式的建筑的不同喜爱程度。就此最值得关注的古代作品是大斗兽场，底层使用了多立克，中间二层分别为爱奥尼和科林斯，顶楼使用了混合柱式；其中，后者被塞利奥赋予了象征功能，象征罗马的帝国制度：

> 很多人询问为何罗马人在这座巨构中使用了四种柱式，而非如其他实例一般采用一种柱式来建造……可以这样回答，古罗马人作为整个世界的征服者，特别是那些发明了其他三种柱式的人民的征服者，希望把这三种柱式放在一起，上面再放置他们自己发明的混合柱式，这种随心所欲的安排和混合搭配是为了表达，他们的建筑也要像他们战胜其他人民一样战胜他人的建筑。（Book III fol. 80v）

塞利奥同样赞赏伯拉孟特在望景楼旋转楼梯中所采用的递进式的柱式设计⑤，他写道：

---

① 参见上文注释 28。

② T. Sarayna 的《关于原来的伟大的维罗纳城市》（*De origine et amplitudine civitatis Verona*），维罗纳（1540 年）。

③ G. Philandrier（Philander）的《维特鲁威的建筑十书注释》（*In decem libros M. Vitruvii Pollionis de architectura annotationes*），完成于 1541 年，第一版出版于罗马（1544 年）[第二版，巴黎，1545 年，由 Fezendat and Kerver 出版]。关于对塞利奥的评论，参见 1545 年版（Fezendat 版）第 132 页；参见第三书第 55 页背面注释。另参见 D. Wiebenson 的已引用著作。

④ 参见 J. Onians 的已引用著作，第 271 页。

⑤ 参见第三书第 120 页正面注释；同上第 229–231 页。

> 它的内部完全用四种柱式的列柱包围了起来，这些柱式有塔司干、多立克、爱奥尼、科林斯和混合柱式（正文脚注中将解释塞利奥的自相矛盾，应不包括塔司干柱式——译者注）。而这里最值得赞叹、最富有技巧的特点是每两种柱式之间并没有什么嵌入，然而它却从多立克柱式过渡到了爱奥尼，再从爱奥尼到科林斯，然后从科林斯到混合柱式，其技巧高明到无人能够说出一种柱式终于何处，而下一种柱式始于哪里。（Book III fol. 120r）

第四书中塞利奥的宫殿立面同时带有粗石风格的底脚和科林斯的顶楼，此举被认为是要表达一种从自然的境界到人性不同层次的修养，即从坚固到精美的逐步过渡。塞利奥这样论述一座塔司干大门：

> 古罗马人认为不仅应把粗石做法与多立克柱式混合使用，最好还要有爱奥尼，甚至科林斯柱式。因此混用粗石风格和一种其他风格是不错的，可以即有一部分象征自然之工，又有一部分象征人的建造技巧。柱身中带有粗糙石条装饰带、额枋和中楣插入拱石的做法都反映自然之力，而柱头和檐口部分加上三角山花则代表人手之巧。（fol. 133v）

塞利奥在描写他的立面设计时采用了一贯的方式。他第一步确定总长，第二步确定各个部件的宽度，所有度量都以立柱宽度为单位表示为若干“份”。这样确定好建筑基础之后，塞利奥开始考虑，像盖房子一样，依次确定从下往上的各个构件的高度。举一典型实例，塞利奥开始便将立柱作为主元素（从底座叙述到柱身，再到柱头），进而将此运用于相邻的门头和它的壁柱①，然后才给出大门自身的比例。在塞利奥所有的实例中，文字是用来“建造”体形的：每一句子的主语描述一个建筑构件，该构件与前文介绍的构件相邻，就如同实际施工中把该构件放置在相邻构件上一样。通过使用柱式模数的倍数来确定构件尺度，而不是像在第三书中那样使用实际尺寸，每一个设计都代表了一种比例研究，强调了这种研究的普适性。

重建基督教古迹之书

第五书开篇，塞利奥把万神庙描绘成“古代风貌”的十二神庙之首，尽管原本是想拿这些神庙设计来匹配基督教传统，以及在有些情况下的法国传统。

民间发明之书

第六书讲的是民用建筑设计，其行文次序遵照了社会等级制度，从简单

---

① 参见词汇表。

的棚屋逐步讲到最华丽的宫殿。由于没有任何古代别墅实例，因此本书中柱式被自由调整，以构成适应当代民间需求的房屋，即要在建筑中容纳带有壁炉和大窗户的房间。这些民间的创造带有陡峭的坡顶和小尖塔，显然是受到了塞利奥的传统法国住宅经验的影响。[①]

建筑问题之书

第七书针对从业建筑师经常遇到的问题提供了解决方法。这些例题包括如何通过运用院落和拱廊把一座本来是方形的、带有对称立面的建筑建在不规则的或是有坡度的场地；塞利奥还描述了如何运用柱式来改造一座现有建筑的立面，以及如何通过使用台座而在新建筑中利用保留下来的古代立柱。[②]

《建筑学》的社会认可

塞利奥的《建筑学》成为整个欧洲传播意大利古代遗产和文艺复兴创造的最重要的建筑学学术著作之一，在天主教国家和新教国家中不乏研习此书者。截至17世纪早期，这套书的不同部分已被翻译成七种文字[③]，几乎每一位欧洲重要建筑师都曾经学习过此书。在此一目了然的是古罗马帝国的荣光，她的神庙、浴场、凯旋门和宫殿——事实上所有这些纪念建筑都是那些北欧君主们迫切想效仿的，借以凸显他们对皇冠的占有权。特别是文艺复兴庆典中所使用的建筑可以表现这种称帝的野心[④]，而塞利奥自然对这种建筑设计存在影响，最显著的就是第二书中临时剧场和第三书中的凯旋门。塞利奥自己是这样向庆典设计师说明凯旋门的重要性的：

> 尽管在我们这个时代使用大理石或其他石材的凯旋门已经不再建造，但是当某位要人通过一个入口进入一座城市，或者是游览之旅或者是占领之威，也会为他们在城市最美的地方建起用绘画装饰的不同形式的凯旋门。（Book Iv fol. 180r）

从为Valoir Court设计的古代风貌的早期庆典设计，到文艺复兴庆典的最后表现形式——斯图亚特王室假面舞会，塞利奥的《建筑学》定然是宫廷艺

---

① 第六书的抄本收藏于慕尼黑和纽约（参见附件3）。复制于M. Rosci、A. M. Brizio的《塞巴斯蒂亚诺·塞利奥的建筑学论著》，已引用著作，和M. N. Rosenfeld的《论居住建筑》，已引用著作；另参见费奥雷的抄本和注释，已引用著作。关于讨论，参见W. B. Dinsmoor的已引用著作；M. N. Rosenfeld的《埃弗里图书馆版的第六书论居住建筑中的塞巴斯蒂亚诺·塞利奥的晚期风格》，《建筑史家学会会刊》，卷28（1969年），第155-172页（已引用——译者注）；M. Carpo的《温和古典主义的建筑原则·塞巴斯蒂亚诺·塞利奥第六书中的商人住宅》，已引用著作。

② 关于塞利奥在第七书中对建筑术语的定义，参见J. Onians的已引用著作，第266-269页。

③ 参见附录3。

④ 参见R. Strong的已引用著作。

术家和建筑师描绘文艺复兴君主整体图景的核心。[①]

不过，如此的影响力在很大程度上却归因于那些塞利奥认定的自己作品之赝品的流传，这是所有作品得以流行的亘古方式。正如他每一书中的致辞所明示的那样，塞利奥把《建筑学》这个作品当做一种皇家事业，为此，其本质不单是金钱，更重要的是得到贵族赞助人的认可。因而他听到那些关于未授权的翻译的消息后深感不安：

> 我听到了不少流言，除了在德国的再版，还有一套我不希望以我的名义出版的法语版正在翻译进程中。与此相对抗，我将携我所得到的皇家特许的著作权就此提出起诉。(first edition, Book II fol. 73v)

第四书出版后的第三年，塞利奥在第二版的开篇之语中写道：

> 有些人在贪念的驱使下，曾经尝试用小开本重刊（这些书），而并没有关照我原图的比例和尺度（fol. IIv）[②]

这段文字指的是主要的一位未授权出版人佛兰德学者皮埃特·考埃克·凡·埃尔斯特(Pieter Coecke van Aelst)(1502—1550 年)。[③] 考埃克·凡·埃尔斯特在《塞利奥第四书》1539 年第一次出版仅两年后就出版了一个佛兰德语译本。1542 年他还出版了一个第四书的德语译本，而他写的此书和第三书的法语译本也分别在 1545 年和 1550 年面世。[④] 有意思的是，由于塞利奥的名字被保留在了封面上，他的名望通过这些免费译本得到了巩固，尽管这样的出版行为引发了一段时期的不良财务问题，因此塞利奥肯定会特别对没能为此拿到报酬而烦恼。塞利奥其实早就看到出现盗版的可能性，他在第四书的版权申请中就计划至少在威尼斯的管辖范围内惩罚盗版者。[⑤] 库克·凡·阿尔斯特（Coecke van Aelst）为了适合北欧实际情况，遵照塞利奥的主旨对原作内容进行了改编，这一点也有助于《建筑学》的流行。显著的改编实例包括第三书结尾处用"破格的"维罗纳的博萨里大门替换了塞利奥描述的朦胧晦涩的埃及古迹，还包括在第四书末尾增加了一个字母表，以方便在建筑、屋门、院门之类的地方雕刻铭文。1551 年在威尼斯塞利奥的前五书作为一套出版了，

---

① 参见 V. Hart 的《艺术和魔法》，已引用著作。

② 参见附件。

③ 参见 J. Offerhaus 的《Pieter Coecke 的盗版建筑学论著及其导言》(Pieter Coecke et l'introduction des traités d'architecture aux Pays-Bas)，载于 J. Guillaume 主编的已引用著作第 443-452 页。J. B. Bury 的《塞利奥——一些文献学注释》(Serlio. Some Bibliographical Notes)，载于特奥尼斯主编，已引用著作，第 92-101 页；H. De La Fontaine Verwey 的《Pieter Coeckee van Aelst 的未授权的塞利奥建筑著作》(Pieter Coecke van Aelst en de uitgaven van Serlio's architecturboek),《书》*Het Boek*,卷 31 (1952—1954 年),第 251-270 页 [译于《我寻觅》(*Quaerendo*),卷六 . 2 (1976 年)，第 166-194 页]。

④ 参见附录 3。

⑤ 参见附录 1。

而最接近他全套著作的出版物则在1584年和1600年分别面世，这套书中没有第六书，在第七书前插入的是《关于大门的非常之书》。到了1618—1619年的版本，乔瓦尼·多梅尼克·斯卡莫齐（Giovanni Domenico Scamozzi）[建筑师温琴佐·斯卡莫齐（Vincenzo Scamozzi）之父]对原文本作了一些调整，而并不令人吃惊，《非常之书》就此被错当成了第六书。[①]

1562年，贾科莫·巴罗齐·达·维尼奥拉（Gia科莫 Barozzi da Vignola）正着手把塞利奥"发明"的五种柱式固定下来[②]，而1570年，安德烈亚·帕拉第奥也为出版自己的著作随文插图时模仿了塞利奥的版式。[③] 在第一套五书中，塞利奥也提及了自己的作品，第二书中引用了维琴察剧场，第四书中举了威尼斯顶棚的例子，第六书中双双说到了昂西－勒－弗朗城堡和大费拉拉，而大费拉拉的一座大门则被当做了《关于大门的非常之书》开篇。《建筑学》因此在很大程度上要为后来建筑论文关注领域的建立负责，而随后这些论文的重要性则呈现下降趋势，其主要论题从维特鲁威的原则转到了巴洛克时代的数学原则。

1611年的英文译本

《建筑学》的第一个英语版本是由罗伯特·皮克（Robert Peake）翻译的，由伦敦的西蒙·斯塔福德（Simon Stafford）出版社在1611年印行的。[④] 然而，早在《建筑学》英译本面世很久前，它已经成为英国建筑学思想的一部分。伊丽莎白一世时代的建筑师约翰·舒特（John Shute）在他1563年关于五种柱式之书的前言里写给女王的致辞中，赞扬塞利奥为"我们时代的一位非凡的舵手设计师"，并在书的最后一页把塞利奥和维特鲁威介绍为两位伟大的大师。[⑤] 皮克当时是斯图亚特宫廷的一位"军旅画家"，他把译文献给了"崇高而强大"的威尔士亲王亨利·斯图亚特（Henry Stuart）。这部《建筑学》，更准确地说是一部盗版，于是部分成就了亨利作为艺术监护人的形象，同样地，他也成了一位文艺复兴模式的亲王。塞利奥最重要的英国学生是亨利的"总监"伊尼戈·琼斯（Inigo Jones），他拥有一本意大利文版的《建筑学》，页边附有评注。从这些批注来看，很明显他特别针对第三书及其中的万神庙、马塞鲁斯剧场

---

① 参见R. Mortimer的《意大利16世纪书籍》（*Italian 16th Century Books*），第2卷，哈佛学院图书馆印刷和图版工艺部。书籍和手稿目录，马萨诸塞州剑桥（1974年），卷2，编号471–477，第651–661页。

② G. B. Vignola的《五种柱式规范》（*Regole delli cinque ordini d'architettura*），罗马（1562年）。

③ 帕拉第奥的《建筑四书》（*I quattro libri dell'architettura*），威尼斯（1570年）。

④ R. Peake的《建筑第一（－五）书》[*The first (– fift) booke of Architecture*]，伦敦（1611年）。关于皮克各版本的塞利奥，参见E. Harris的已引用著作，第414–417页。另参见A. E. Santaniello对皮克的《建筑五书》的介绍，纽约（1980年）。

⑤ J. Shute的《建筑学的第一和主要基础》（*The First and Chief Grounds of Architecture*），伦敦（1563年），A三页正面，F二页背面。

和凯旋门等实例做了笔记。[①] 作为文艺复兴学术流传的标志，塞利奥的话甚至在 1625 年詹姆斯一世的葬礼致辞中被引用。[②]

尽管英文版本被归功于皮克，他参加翻译工作的真实情况仍然没有搞清楚。这套书的第一书标题页上写道“此书在他的霍尔伯恩疏水道附近、太阳客栈旁的店中有售”。皮克或者是他的助手以 1606 年阿姆斯特丹的 Corneli［u］s Claesz 出版的前五书的荷兰语版为底本，此版本则源于库克·凡·阿尔斯特的佛兰德语版译本。印制这套书插图的刻板也是库克·凡·阿尔斯特的佛兰德语版第一书和第二书 1553 年在安特卫普印刷时用过的，和 1608 年巴塞尔印制的德文版前五书用过的。荷兰文版的文本翻译破坏了原文，不料它进一步扭曲了英文翻译。皮克延续了库克·凡·阿尔斯特显著的冗长的特点，也保留第三书、第四书结尾处所增加的内容。因此，本版《建筑学》便是第一个基于塞利奥自己的版本和第一次收集了使用各种语言的、所有采自塞利奥校正过的五书原版。

在第四书介绍部分中，皮克指出维特鲁威的图纸已经佚失，也使这位罗马作者晦涩难懂；另一方面，塞利奥把柱式用图纸表达了出来，“从而使我们能够告别维特鲁威的含混，得以进行一项无可更改的事业。”[③] 在他为塞利奥第七书写的序言中，雅各布 · 斯特拉达奉上了一幅老年塞利奥像，“看到了他的梦想成真”而心满意足着。斯特拉达说：

> 在他一生最后的日子里，他花费很多时间来校订各书中他的图纸和文本，以便让我能够更方便地使用它们，他从此获得了巨大快乐……在我离开以后，他身体仍然有恙，回到了枫丹白露，并在那里走完了他人生之路，就像在世界其他各地一样在法国留下了他伟大的名字。事实上可以这样说，他复兴了建筑艺术，也使它更容易为每个人所理解。甚至可以说，他以他的著作作出了比他之前的维特鲁威更多的贡献，因为维特鲁威是晦涩的，不容易为每个人所理解。[④]

虽然如此广泛的赞誉在塞利奥死后持续了好几代人，这位作者却没有得到后来评论家们的认可，他们大多曲解了瓦萨里含蓄的批评。说到非独创性，塞利奥被认可的著作权仅仅是一个窗的母题，并且一直在更显著的帕拉第奥光芒之下默默无闻。不过，通过现代史学家的工作，塞利奥已经从默默无闻

---

① 带有琼斯注释的各版本的塞利奥收藏于加拿大建筑中心，蒙特利尔《博洛尼亚的塞巴斯蒂亚诺 · 塞利奥建筑学和透视学全集》［*Tutte l'opere d'architettura et prospetiva di Sebastiano Serlio Bolognese*，1600，ed.Heredi di Francesco de'Franceschi（Senese）包括前三书］和昆斯学院，牛津［《塞巴斯蒂亚诺·塞利奥论建筑》（*D'Architettura di Sebastiano Serlio*），威尼斯（1560—1562 年版本，G. B. and M. Sessa 主编）］。

② J. Williams 的《大不列颠所罗门》（詹姆斯王葬礼上的布道，*Great Britains SALOMON*），伦敦（1625 年），第 8 页，注释 a。

③ R. Peake 的已引用著作，第四书《致有志于建筑学者》（To the welwillers of Architecture），Al 页。

④ J. Strada 的已引用著作，aiiii 页正面。

中走了出来，今天已经成为公认的16世纪最具影响力的文艺复兴理论家。[①]

作为一部平生巨作，通过它对复杂素材的统筹，《建筑学》堪称塞利奥坚定性格的纪念碑。没有经历任何有组织的建筑教育，塞利奥也能通过他的著作确立了文艺复兴论著在指导建筑师理论和实践中的至关重要的作用，并帮助向资助人和石作大匠解释维特鲁威的设计。塞利奥还是第一位研讨文艺复兴建筑师们在使用柱式时遇到的实际问题的作者，他通过简易的形象模型的参考资料集整合了当代的营造方法和符合罗马有用、得体和美观概念的期望。这些形象设计并不是盲目地抄来即可，而是被设计成为在既定的建筑语言背景下进行创作的起点。与他的同侪一道，塞利奥设想他亲眼目睹了古代遗迹中远逝的建筑物的辉煌和美德。当在《建筑学》第三书中介绍这些古代世界奇迹的时候，塞利奥用他的维特鲁威信条作为结论，“建筑的便利和美观给予居住者使用功能和心理满足，给予一座城市荣誉和装饰，给予他们的设计者乐趣和喜悦”（fol. 124v）。这关乎他的时代，也关乎我们今天。

① John Onians是这样欢呼的，已引用著作，第263页。另参见D. Thomson的《文艺复兴建筑：批评家、赞助人、奢华》（*Renaissance Architecture: Critics, Patrons, Luxury*），曼彻斯特（1993年）。

第一书
论建筑学

博洛尼亚的

塞巴斯蒂亚诺·塞利奥　著

第一书《论建筑学》，由至为尊敬的勒农古红衣主教阁下之秘书让·马丁翻译成法文[1]

The first book on architecture, put into the French language by Jean Martin, secretary to Monsignor, the Very Reverend Cardinal de Lenoncourt.[1]

[iv](1v)
[blank]
iir

致最高的基督世界之王，我无可匹敌的主人[2]

博洛尼亚的塞巴斯蒂亚诺·塞利奥

皇帝陛下，我最强大的领主。尽管近年来您无上的基督权威为征战所占据[3]，但是您并未停止您其他大雅之举，慷慨地支持着所有为您而努力劳作于各种美好艺术之人。而您对我更是慷慨有加，使我得以栖身于您皇室之檐下，给予我恰如其分之接济，这样做的还有最高贵的夫人，坤宁至尊，纳瓦尔女王。[4]为了不虚度我那致力于陛下委任之余的光阴，我专心撰写我在意大利（因缺乏资金）未能出版的著作。在这些书中我已完成两本献给陛下。作为我在枫丹白露形影相吊之间孱弱心智的卑微成果，作为我承诺多年之著作，此后（哦，基督世界之王，正义的支持者）便是两本建筑学之书。它们中的第一本是关于一些几何实例的讨论，是一个建筑师必修的学科。第二本讲授很多透视法的课程，舍此建筑师将无法完成任何相称的作品。唯愿陛下屈尊接受您最顺从的仆人伴随您应得的敬意而奉献的这两本书，期望在下能够最终完成另外三本，而汇总成完整的七本，以我主上帝优雅之数达成我所追求，以期对细心阅读者有所裨益。允许我至为谦恭地吻您的手，祝愿您每一美好愿望神圣优雅地达成，也请赐予我全心侍奉您的权利。

iiv

诚实的读者们，请不要对我先以第四书、继以第三书出版我的系列建筑著作而不解。当然，我的这个次序并非毫无深意。因为如果我把这本关于几何学的小书作为第一本献给公众，鉴于它（确实是这样）体量小，同样插图也不特别吸引人，研究起这些问题来也不像研究建筑学问题那样令人愉悦，尽管这些问题是极其必要的，而且透视法诸要素同样是特别困难的问题，人们也必须首先知道事物是如何建成的，然后知道如何在透视中把它们画出来，那么这两本小书可能不会被大多数人所喜爱。因为这样，也还有其他原因，如五种建筑形式的一般规则极其重要，我先出版了第四书；而由于古代遗迹除了各类精致建筑之美之外还有诸多要点，据此人们能够在头脑中形成一种选择真美、扬弃不当的判断力，我把论述古代遗迹的第三书作为第二本出版。所以现在我应当实现多年前的承诺，我希望出版这本小而凝练的几何学之书，并随之以关于透视学之第二书。此二书与以前出版的另两书一起按编号次序组成四部书。我承诺（在上帝的帮助下）尽快让其他三书以第五书为首随后面世。第五书将讨论一些神庙形式，论及其平面和立面各部分的各种形式，并记录其尺度。第六书则是关于专为各等级人士所用的住宅，起自贫穷的农户，到卑微的城镇手工业者，再逐步升至乡村和城市中的皇家住所。在最后的第七书中，我将以很多来自建筑师的问题作为结束，通过文字和图纸来研讨这些问题。该书（依我来看）将会非常有用并受到欢迎。

iiir
[法文版]

iiiv

几何学，这项高精度的艺术绝对对所有人都具有重要意义，其重要程度可以从那些开始从业时并不了解它但后来理解了这门艺术的人那里得到证实。他们坦陈，他们没有运用几何学知识设计和建造房屋因缺乏任何理论指导，并且是武断和随意的。由于建筑学这门深奥的艺术包括了很多其他高贵艺术门类，因此对于建筑师而言重要的一点就是他们即便不是几何学问家，也至少应了解足够的几何知识，以便对它——特别是基本原则和一些更具体的问题——有某种程度的理解。他不应该还像那些石材、灰泥、甚至是大理石的挥霍者一样，今天那些人顶着“建筑师”的头衔，却不会定义一个点、一条线、一个面或一个实体[5]，也说不出一致性与和谐是何物。他们只受他们自己的主观指导、只以愉悦自己的眼睛为目的，追随着其他没有理论就从事建造的人们，天天营建着。正源于此，在很多建筑中都能看到的比例失衡和呼应欠缺——主要是这个问题——便产生了。因此（正如我以上所说）第一步值得掌握的技术是几何学，而我正是想简要地讨论几何学，想把足够的几何知识提供给建筑师，以便无论他建造什么，他都能拿出好的道理，找到理论依据。我不会用欧几里得深奥的方式讨论几何定理，只是从他和其他作者的丰饶花园中采撷几朵小花，我也将用我能及的简短方式，用所有人都能明白的文字或图形的方法，展示一些证明和不同交会线。

[ivr]

印刷过程中发生的错误[6]

首先，在第 1 页的底面“致读者的信”[7] 中的第 13 行，印成“mancarei”的词汇应为“mancare”。《关于几何学》一书的开头，在等边三角形中，标注写成了“che sara lo triangolo”。同一书中的第 7 页第 7 行，“a dietro”一词应为“avanti”。读者们，请关注这一点，即印刷者对我书中很多图样的排版方式与我原本的方式不同；他们这么做的原因其实是为了使文本适合于他们通常的做法。不过，在所有案例中，您都能看出哪种做法是正确的。在第 14 页，主题是一个古代花瓶，印成“sentirse”的词应当为“servirse”。第 23 页第 4 行，“si sopra”应为“di sopra”。在第一次讨论透视法的文段接近末尾处[8]，“lo belle scene”应为“le belle scene”。第 33 页的背面第 7 行，“rincipio”应作“principio”。同页此行下面一点，“porteno”应作“parteno”。第 64 页背面第 6 行[9]，“l’ altre”应为“l’ arte”。同页大致在第 30 行中间位置[10]，“se adunano”应作“discadeno”。在讨论讽刺剧舞台布景一段的最后一行[11]，“gli et donanti”当为“dandogli”，诸如此类。以上均为意大利文文本中之错误。至于法文翻译版，我认为您将不会发现任何错误，但是如果被发现有的话，他们也不至于严重到使人无法理解的地步。

ivv
[blank]

关于几何学[12]

[1r](3r)

首先，点是不可再分的，本身没有大小。[13]

一条线段表现为两点之间直的、不间断的连接，具有长度而不具有厚度。

平行线是两条保持相等间距的线段。

一个平面是由封闭连接两条等距线段的两端而成，具有长度和宽度而不具有深度。平面可以具有不同形式、不同长度的边。

直角出现在一条线垂直于一条水平线上，垂线即为铅垂线，亦称中直线。[14]

当一条已知线落于一条水平线上，所得一侧的区域大于另一侧，已知线便于水平线汇成一锐角和一钝角。锐角小于直角，而钝角大于直角。

(3v)

一个棱锥平面由两条顶部相交、底部分开的等长线段形成。交角为锐角。

[1v]

一等边三角形具有三条等长的边，由三条等长线段相接而成。此图形成三个锐角。

一两边等边三角形由等长之两边，其中一边水平且一边垂直，辅以一更长线段而成。此图形成一直角和两锐角。

不等边三角形由三条互不相等的线段相接而成。此图形成三个锐角（插图中实为一钝角、两锐角——译者注）。

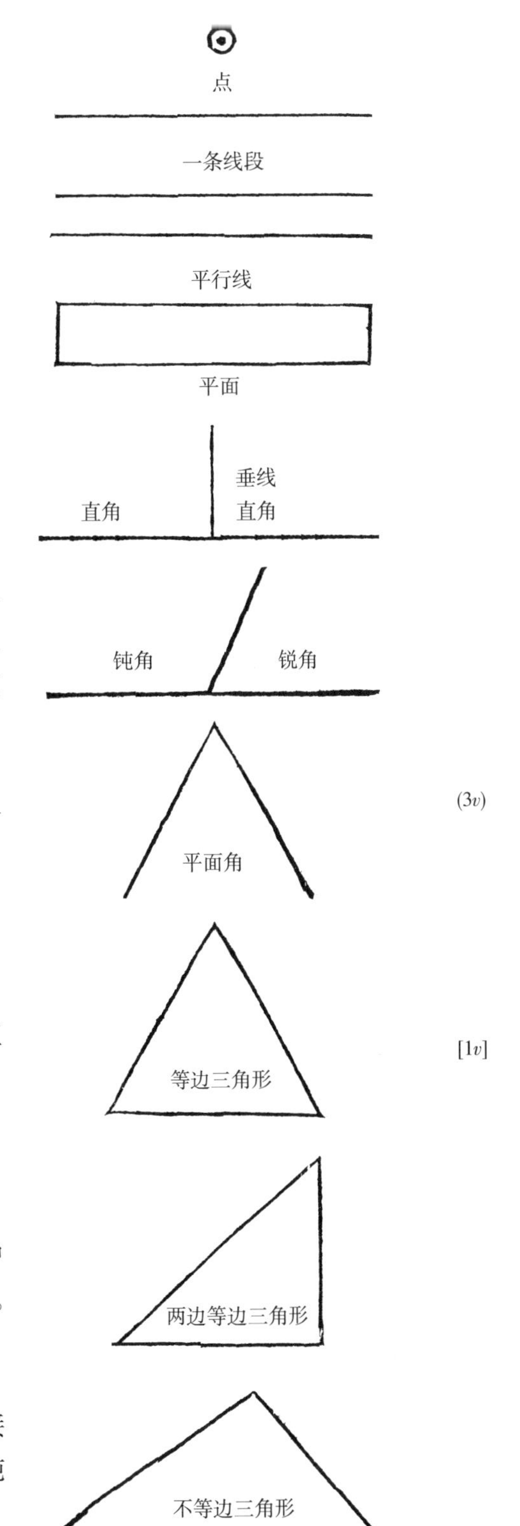

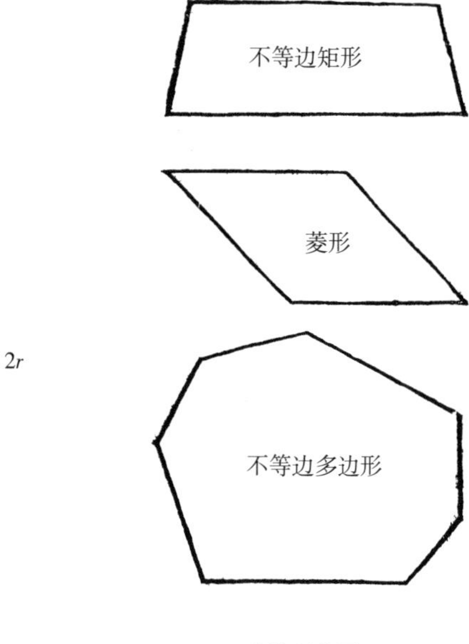

不等边矩形由四条互不相等的线段构成。此图具有两个钝角和两个锐角。有时也可能具有一个直角（实为不等边四边形——译者注）。

菱形由四条等长线段构成，也可以构成一个标准正方形，而此图则有两个锐角和两个钝角。此图得名于一种叫做 rhombus 的鱼，但它也可被称为 almond，因其形似杏仁。

2*r*

一不等边多边形由多条不等长线段相接而成。尽管此图有七条边，且所有夹角均为钝角，它也易由或多或少之边构成，并形成直角、锐角和钝角组成的形状。建筑师能够在不同场地中遇到这个形状。我将在此书末尾提出减少此形状的边数以形成一标准正方形的规则。

(4*r*)

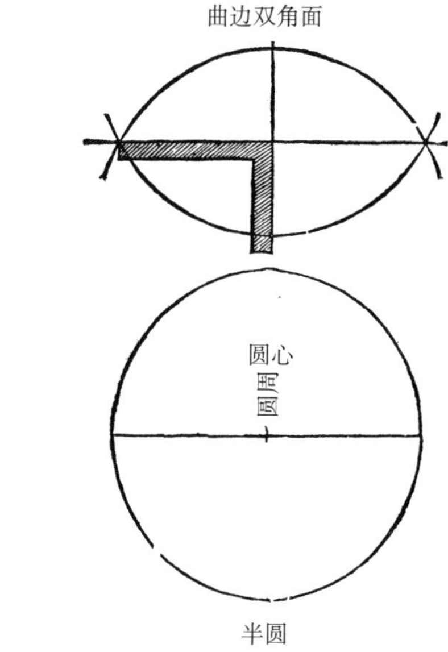

曲边双角面是由两条曲线，更确切地说是圆形之一部分组成。此形状将应用于本书很多地方，而且人们可以从它导出直角三角板（the correct *norma*）。[15] 被称作部分拱形的现代拱券 [16] 也由此得出；这些拱券能够在很多建筑起拱的门窗上见到。

正圆形具有圆心、圆周和直径。

2*v*

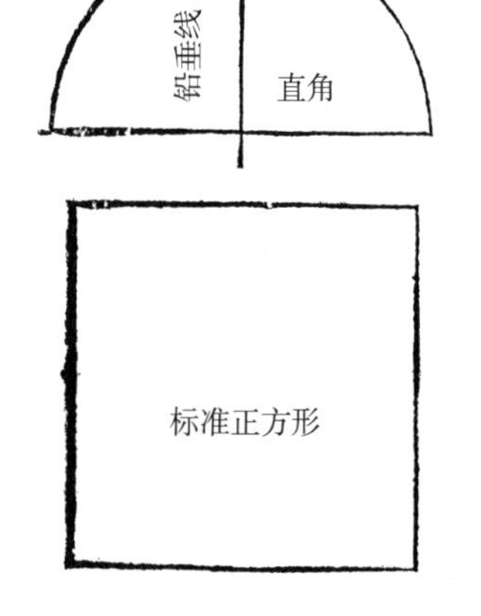

半圆形中可画一条垂直于直径的铅垂线。这样可以得到一个直角，并将直径等分。

标准正方形由四条等长线段以直角关系相连而成。

建筑师一旦了解并熟悉了上述形状，他必须进一步知道如何放大、缩小，并按比例分割这些形状。他必须知道如何把一个不完美的形状简化到完美的、同样大小的形状，而完美化的形式事实上才是不完美形状的原始形。

首先，可以按照这种方式倍增一个标准正方形。给定一个 a、b、c、d 限定的标准正方形，连接对角 a、d 画一条线。此线段将作为大正方形 aefd 的一边，其面积为小正方形之二倍。证明如下：设小正方形由其中两个面积相等的三角形组成，则，大正方形是小正方形的二倍，这一点可以在页边 G、H 两图中看到并量出。[17]

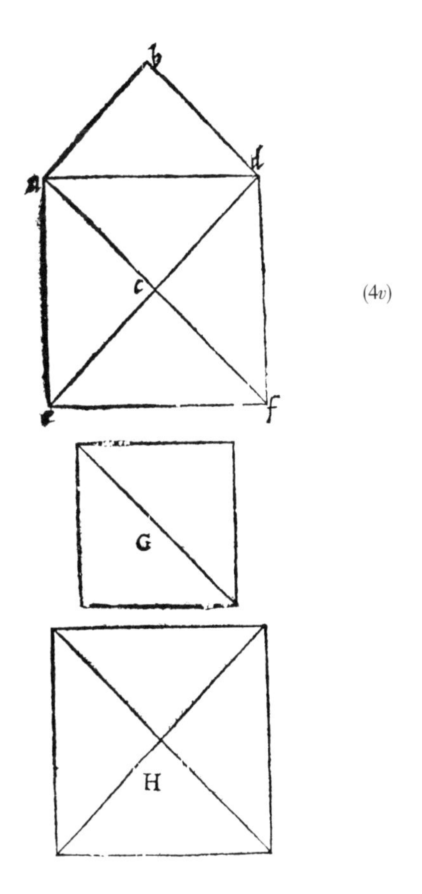

(4v)

倍增圆的方法是这样的。[18] 在一个 a、b、c、d 限定的标准正方形中给定一个小圆，并在它外面画一个圆，使正方形四角恰在圆周上，大圆大小为小圆的二倍。证明如下：设小圆内接于正方形 abcd，大圆则内接于正方形 cbef，而大正方形面积为小正方形的二倍，可知二圆 K、L 也呈此关系。维特鲁威描述的塔司干柱础的出挑（*Proiettura*）就是按照此法推导出来的。[19] 在他论述由于上面建筑部件的关系，还要为石作留出柱础出挑，基础应当加倍放大时[20]，也指的是这种方法。

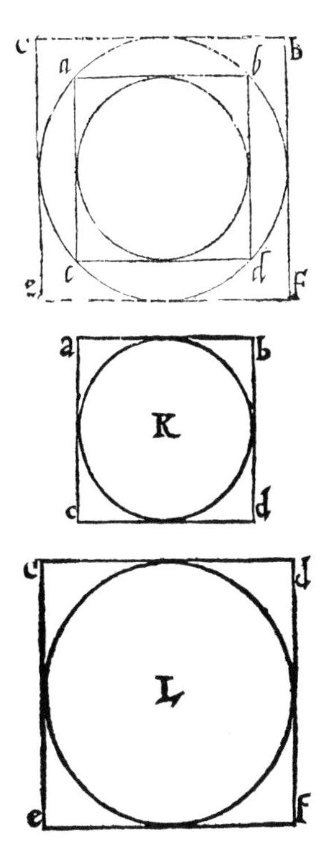

3r

(5r)

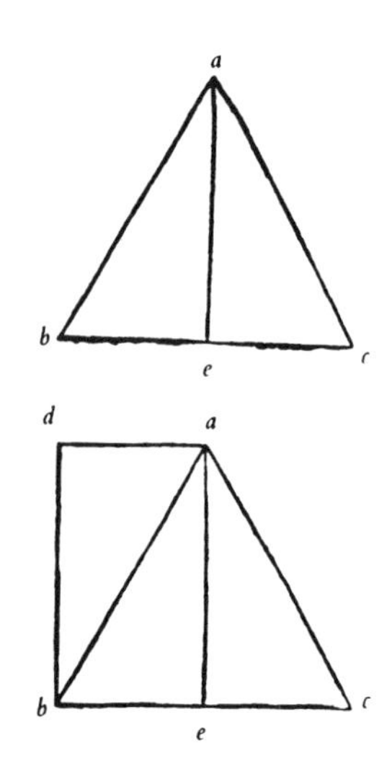

无论如何，建筑师必须走得更远，了解如何把一个三角形还原成长方形，最终变换成标准正方形的方法。我将提供这样做的几种不同方法。首先，给定一个等边三角形 abc，自中点平分线段 bc，自角 a 画一条线段至点 e。于是三角形被自中线平分。将三角形 aeb 部分转至 adb 部分，忽略原三角形余下部分。如此，给定三角形变换成为长方形 adeb。

3v

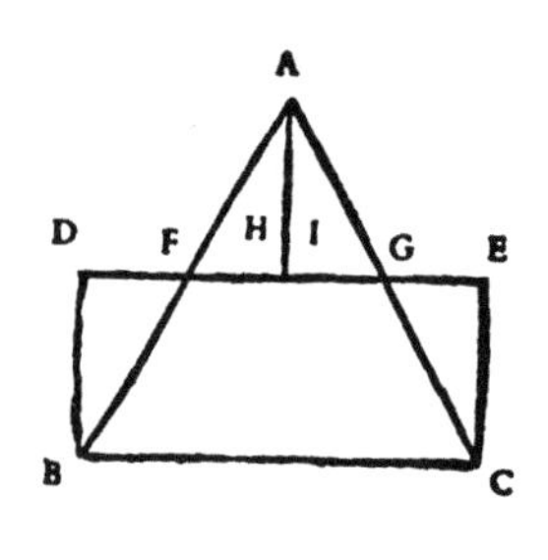

三角形可以用另一种方法分割、变换成一个长方形面。仍然用三角形 ABC。平分 AB 边和 AC 边。画线段 DE 与边 BC 同长。封闭二线段两边，即连接 DB 和 EC，形成两个等面积三角形，一个是 DFB，另一个是 GEC，其面积等于上部两个三角形 I 和 H。如果接下来删除这两个三角形 I 和 H，平面 DECB 的面积等于三角形 ABC。

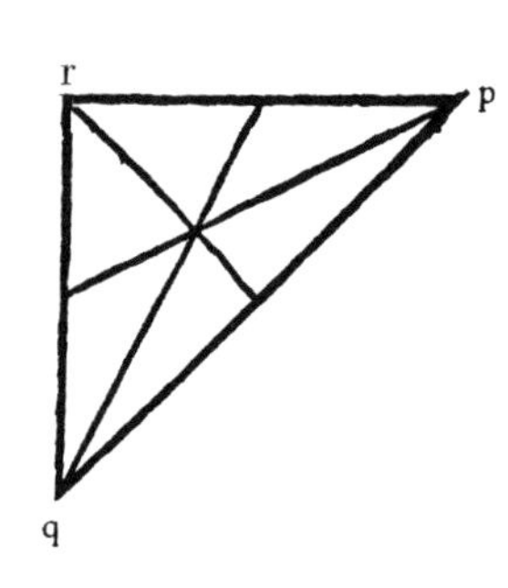

给定一带有更长斜边的等边（直角）三角形，将三边分别二等分，并连接中点和对角。这样，三角形（面积）在每一边都被等分了。此结果同样适用于任何形状的三角形。这例可见于图形 PQR。

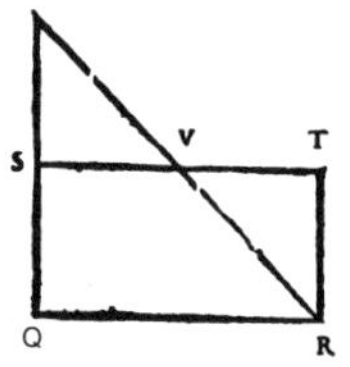

同样的三角形 PQR 可以变换成长方形平面。平分线段 PQ 和 PR。通过这两个中点画与底边 QR 等长的线段 ST。画出过 T、R 的一条直线，形成三角形 VTR。此三角形与上面的 PSV 面积相等。若删除上边的三角形而保留下边的，便得到与三角形 PQR 面积相等的 STRQ 平面。

4r(5v)

给定一不等边三角形 ABC，通过上述方法可以将其变换成为一个长方形平面。[21] 自中点切分线段 AB 和线段 AC。得到点 F、G。通过这两点画与线段下边 BC 等长的线段。封闭图形两端，形成两个三角形。三角形 GEC 面积等于上方标注为 K 的三角形，同时三角形 DF[22]B 等于三角形 I。删除两个三角形 I、K，平面 DECB 与三角形 ABC 面积相等。

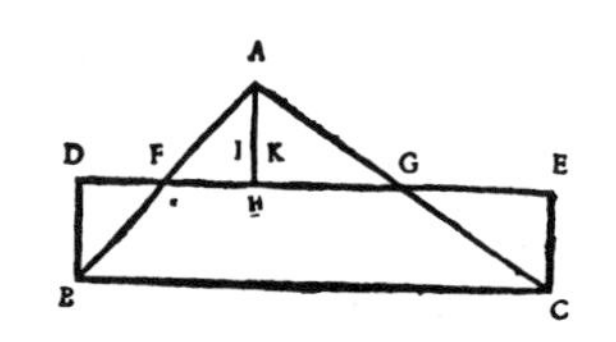

4v

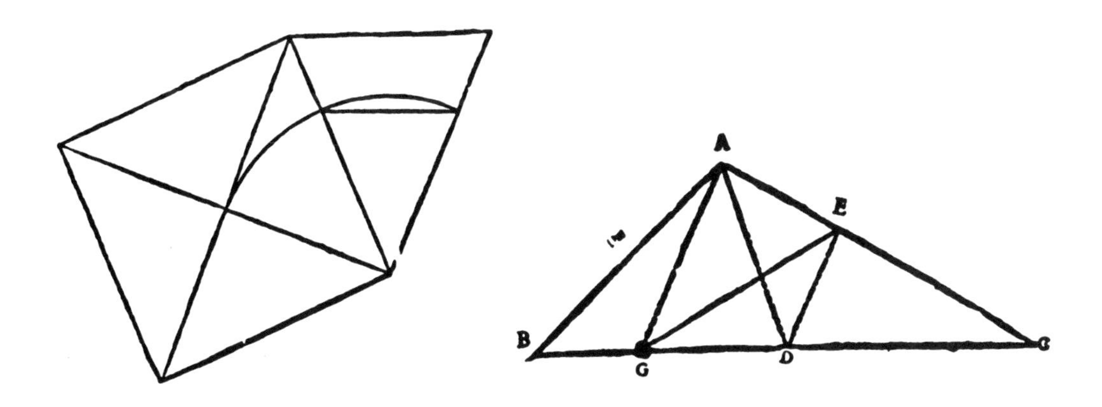

在一些情况下我们需要将一个三角形自中间横切，还要使这两部分面积相等，可以上图锥形三角形为例。将其横切分成相等两份的方法如下。以三角形一边为边长画一标准正方形。找到正方形的中心后，将圆规一端置于三角形的顶点，另一端置于正方形中心，向三角形方向画圆，经过其两边。这样得到的用来划分三角形的两个交点。如果有人认为此法错误，那么请将此两部分变换成方形平面，再用我后面给出的方法，把方形平面变换成标准正方形，他们将发现其中的道理。

5r

还有其他一些我提供的方法以外的问题可能会出现在建筑师面前。假设有一块不等边三角形的用地，而其中一边——但不在中心——有一眼泉或是一口井。于是这个地块将被分为相等的两部分，使每一部分都能受益于泉眼且无须穿过另一块地。给定三角形 ABC，泉眼位置为 G。画出 G、A 点（*punti occulti*[23]）的连线，平分线段 BC 得到中点 D，连接 D、A 点做至助线（*linea occulta*[24]）——此线分割三角形，但与此题无关。接下来需自 D 点至 E 点画平行于 AG 线的辅助线。如果再连接泉眼和 E 点画出确定线（*linea evidente*[25]），结果即为所需分割。如果有人认为此法错误，如我上文所述，将此二部分变换成长方形平面，再变换成标准正方形，他们将发现其中的道理。我将在下文给出其规则。

上文中我已经非常明确地说明了如何倍增正方形和圆形的面积，以及如何分割各类三角形。不过，建筑师必须再进一步，必须知道何种方法才能使物体达到他所需的尺度。如果他知道如何把一个标准正方形放大到他需要的尺度，那么他就会知道如何用同样的规则按比例放大任何形状。取一标准正方形 ABCD 为例，须求得大小为一又四分之三倍之标准正方形。第一步，续接所需增加的四分之三面积至 E、G 点。[26] 于是 AECG 即为正方形的一又四分之三倍。另一方面，为了将其变换为标准正方形，还需要在该形之后再续接一个与第一个相同的正方形 EFGH。过 A、F 点画一半圆，再

5v

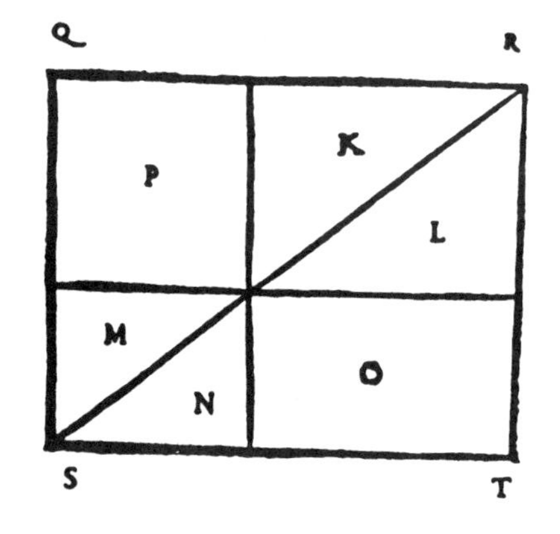

延长 DB 线至与半圆相交。自 B 点至半圆一段即作为标准正方形边长，此形大小就是给定形面积的一又四分之三倍。证明如下：以四条线段包围所有上述图形，形成 QRTS，如图所示；画一线段连接角 S 和角 R——整个长方形当然因而均分为二。如欧几里得所说，如果我们从均等之中做均等的删除，其所余仍然相等。[27] 于是删除分别相等的三角形 [28]K、L 和三角形 M、N 之后，标准正方形 P 的面积等于 O 的面积。按照此法，长方形可以被放大到任何你想要的尺度，并且都可以变换成标准正方形。这是一种建筑师必须非常熟悉的方法，从此可以衍生出多种情况。

6r

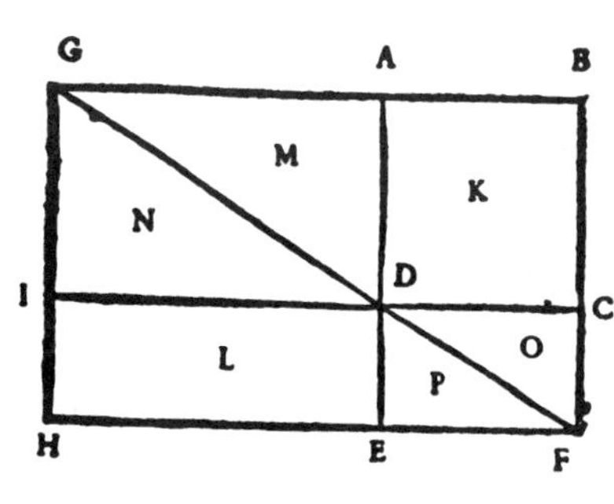

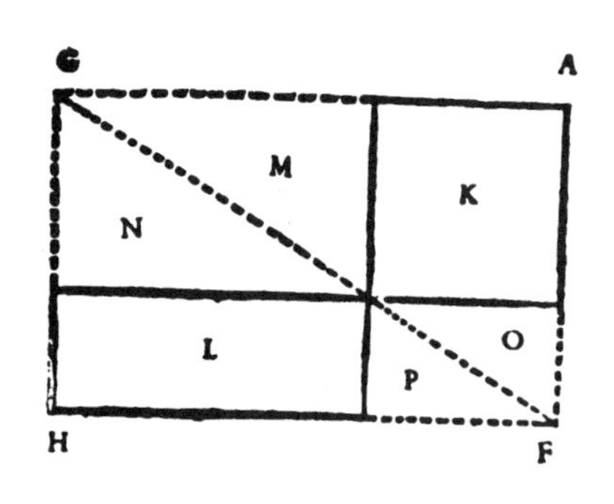

我已经给出了把任意长方形还原成一个标准正方形的，那么现在我将给出相反的方法，即将一个标准正方形变换成一长方形平面。已知一标准正方形 ABCD，自 D 点向下画延长线段达到你希望获得的长方形宽度，止于 E 点。再以一相同长度延长上边、中间和底边线。自 C 点向下画垂线，取等于 DE 线段的长度至点 F。[29] 自角 F 至角 D 画线段，并延长该线段至上边线（之延长线——译者注），交点为点 G。自该点画垂线至底边，得 H 点。我断言 DEHI 面与正方形 ABCD 面积相等。证明如下：用四条外边界线围合正方形和长方形 [30]，——即正方形 K 和面 L；再以对角线分割整体图形。删除相等的三角形 M、N，及同样相等的三角形 O、P，面 L 和正方形 K 面积相等，如图 GAFH 所示。*

---

* 原文注释 31、32 在中译时显得无意义，删之。——编者注

6*v*

建筑师可能遇到一个不同形又不等边的图形——可能是用地也可能是其他事物——需要转换成一个长方形，甚至是一个标准正方形，或者是要得到它的面积以估量其价值，或者因其存在几个所有者而需要对它进行均分。土地测量员（*agrimensor*）即便不懂得数字计算法，也可以使用这个方法。任何对此法了如指掌的人都不会在做衣服的时候被裁缝蒙骗，因为他们永远知道如何计算面积也会把任意形状转换成为一个长方形。我说的是对于任意形状——无论是否和这个形状类似或是不同，也无论具有更多或更少的边——请先在图形中尽可能地画一个它能够容纳的正方形或长方形，其所有角都是直角。如果余下部分可以提取出其他的所有内角都是直角的长方形，那当然是最好的。如果不能，那就尽量将其拆分成多个三角形；这些三角形可以用我提出的方法转换成为长方形。把这些图形分别画出来，先画大一些的再画其他的，一个一个地依次编号。现在我们要讨论的形状如下所示，尽管正像我说过的，仍然会出现更多的不同形式。

7*v*[32]

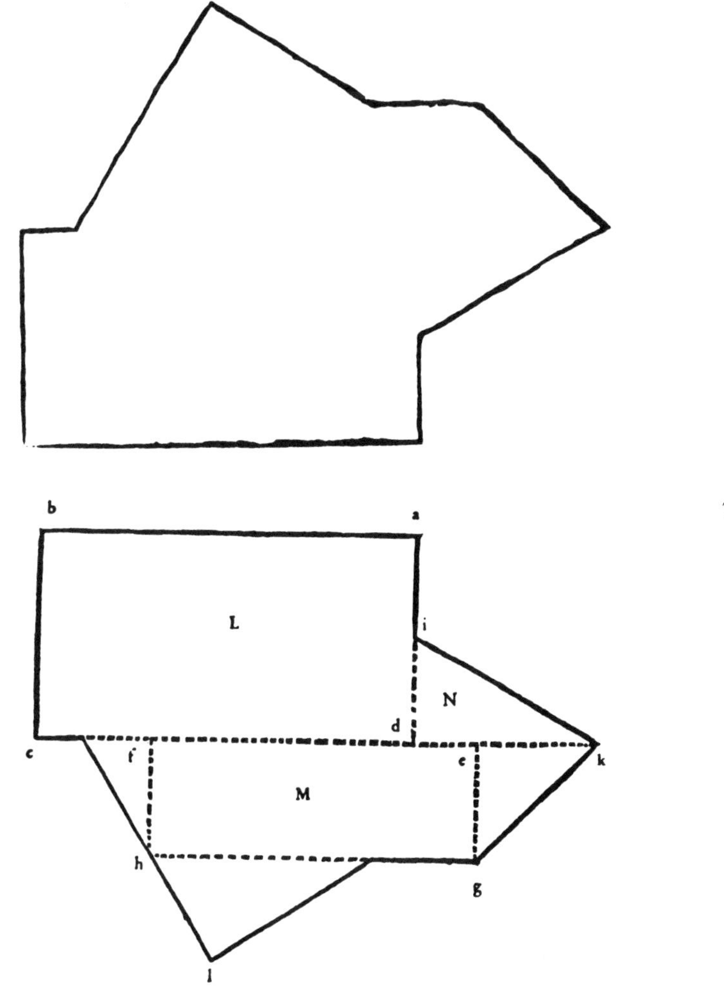

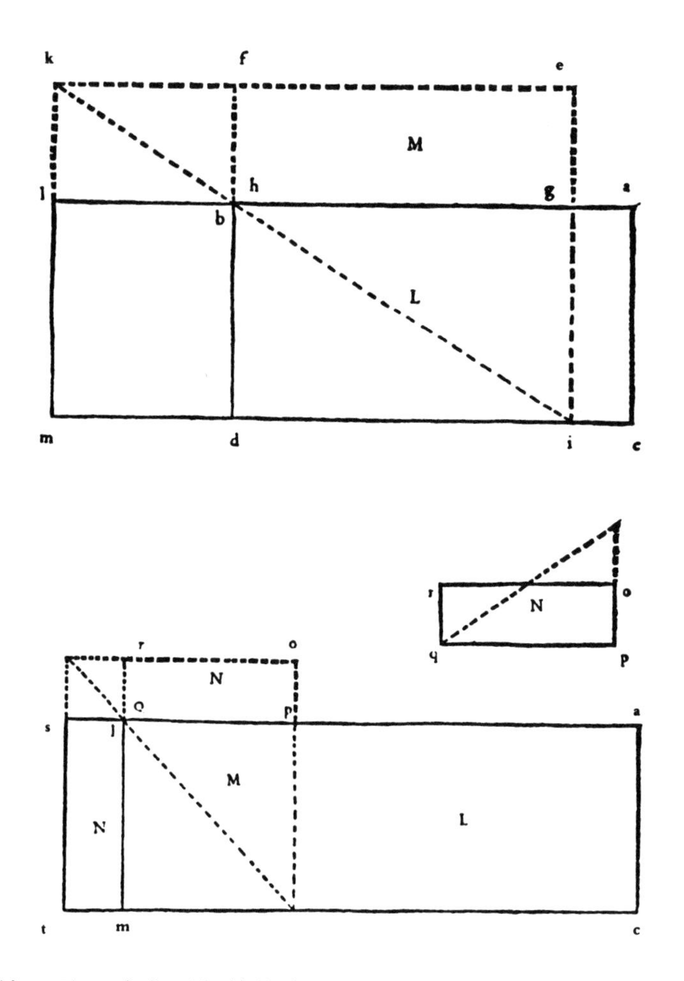

7r(7r)　例如，取一内角不相等的多边形，如上页所言，以上图表示。为了将此形状转换成一长方形，首先尽可能提取最大的由四个直角构成的形状，即为abcd，标记为L。然后提取另一长方形efgh。将abcd置于一边，将efgh以上面第二图所示方法置于它的上方。自角g画一垂线至角i，将大图形L的一小部分切除在外。切除的即为点a、点c。延长上方、中线、底边线，并自角i至角h画对角线，使之与上边线交于点k。自该点绘一垂线至底边。交点为m。我可以断言方形bldm的面积等于上面标记为M者，其原因即上文所示。于是，四角标记为lamc的长方形便是图形L、M面积转换的结果。一旦将三角形N转换成一个长方形面之后，如上图所示，即图形orpq，使用上文提到的规则，按照上图中最下边的插图表现的方法，可以将其对应放置在大长方形上方。于是上边的平面可以如此添加到更大的长方形中，即把图形L、M、N转换成面astc。所有其他的三角形都可以按照这个法则添加进来。然后，用此法则，长方形可以转换成为一个标准正方形。因此，所有形状，不论它多么奇形怪状，只要没有曲边，都可以转换成标准正方形。另一方面，如果存在曲边，人也可以仔细地接近目标但无法完美地度量出来。我认为这里的原因就是曲线无法与直线相比。如果可以的话，就能够得到针对圆形的取直测长法，而这正是已经、并且仍然令求知的智者们挥汗探询的课题。

给定一条线段，不管是杆还是任何你想要的东西，由不均等的多段组成，那么此题讨论的情况出现在当你有另一件更长的东西，而必须要把它按照与那件短的东西同样的份数、同样的比例进行划分。那么，画一条短线 AB 和一条长线 AC。自与上面一条线段相同的且位于它上方的线段的两端画两条相互平行的垂线。接下来，斜切向画出长线，即一端置于线段 B，另一端置于线段 A。然后从短线上所有各段节点画垂线至长线 AB。那些垂直线与长线的交点即为长线上按照短线分段比例所做的分段节点。长线越长，就应画得越陡。此法不仅对于建筑师的很多工作有效，而且能够对很多熟练的工匠有很大的帮助，当他们要把小作品等比例放大的时候用到此法。

8*r* (7*v*)

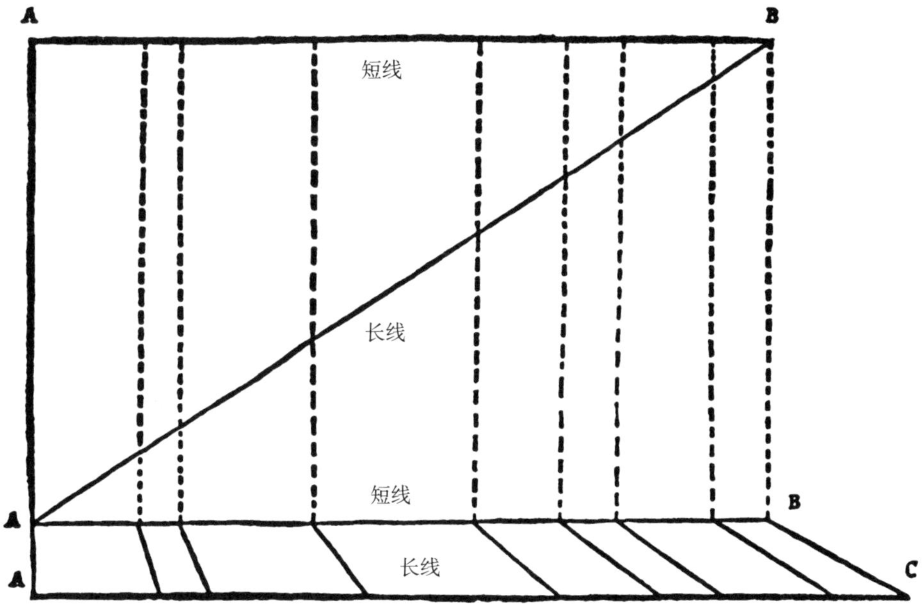

8*v* (8*r*) 例如，我们可以设想，有各种各样的建筑具有不同的宽度，其正立面小于面向花园的背立面，而且由于火灾或是战争，这些建筑如此荒废以至于仅剩下前边正立面轮廓的些许痕迹，除了边界线 ABCD 之外基础已荡然无存。由于这些建筑分属于不同的人，正面之的外分界线又无法认定，如我所说，每人仅可以通过正立面残迹判断他的产权，但是却在角 A、B 之外立面之后没有保留任何边界。在这种情况下，建筑师可以预设[33]线段 AB 为长线，而在前部，CD 为短线，运用我在上一页演示的方法，他将能够给予每人应得的部分，如下图所示。

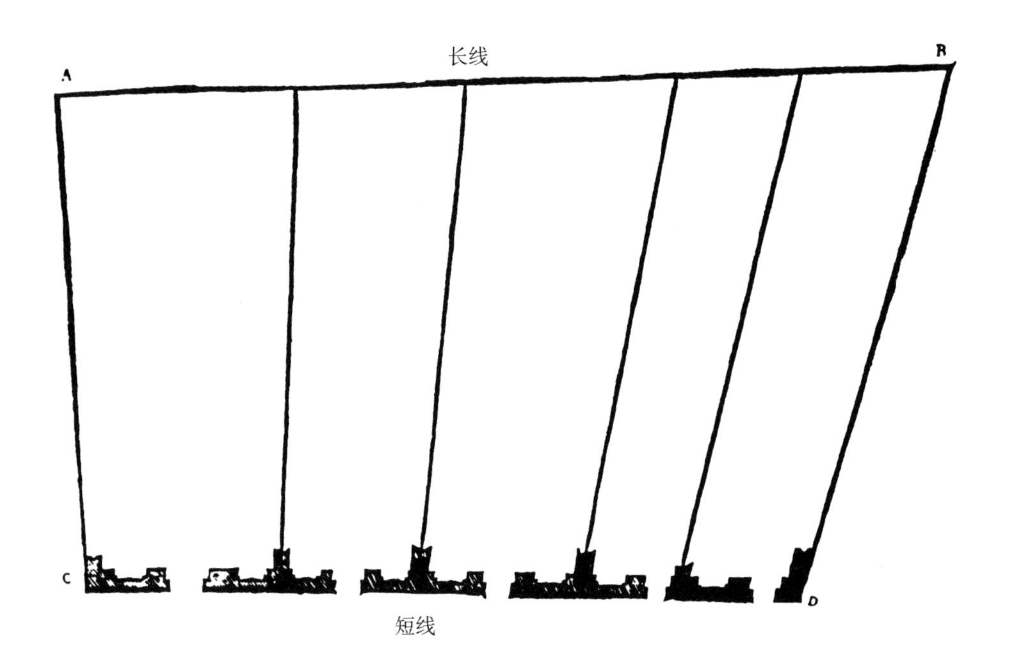

有时建筑师希望放大檐口，即按照各部分同样的比例关系将小檐口制作成大檐口。使用上述方法他可以如愿地进行放大。檐口放大得越大，线段 BC 就应拉得越长，如下图所示。 *9r*

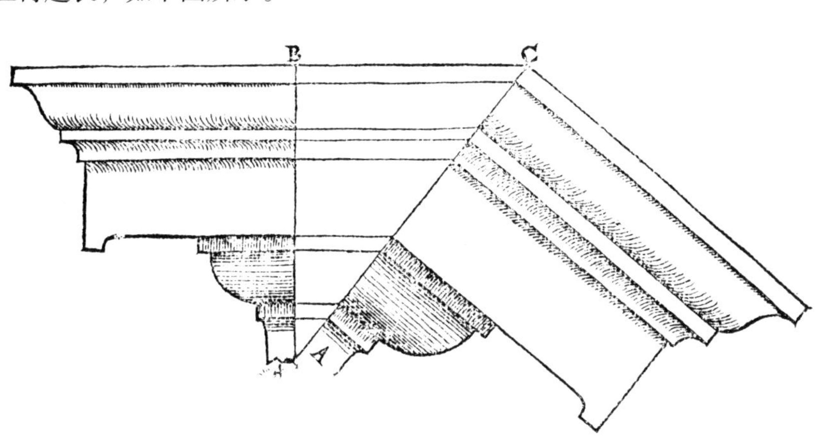

与此相似，还会有这样的情况发生，即建筑师必须把一个有凹槽的立柱——或者是石制的或者就是设计图——按照比例从小放大，为此他可以运用上文提到的法则。尽管此例是多立克柱式，可知此法适用于所有其他各种柱式中。[34] 此法不仅可以帮助解答这三个题目，同样可以用于很多问题——如果要把这些都说清楚，可能需要我用一整本书来讲。不过，为了避免冗长，我将把问题留给勤勉的建筑师自己去研究。 *8v*

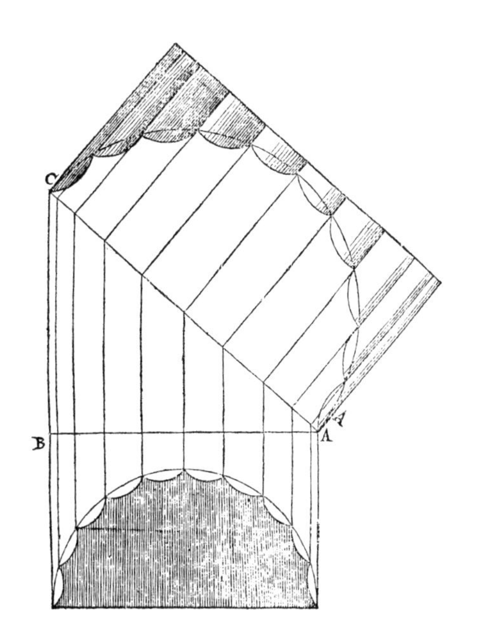

我们视野中越向后退远的东西看上去越小，因为空中宽阔的区域改变了我们的视线[35]，于是物体离得越远，尽管它具有和近处物体同样的高度［看上去越小］。[36] 如果想让远处的物体显得还那么大，你就必须使用技巧。因此，如果建筑师要把某一些构件依次叠垒而建，并使得从上到下看上去大小相同，即顶上的构件与底部的构件以及中间的构件都相同，结果它们还全都保持原定的位置，那么，在预先选择了目标的位置——无论是一个立柱、塔还是墙体——也无论他想要用什么来装饰它，窗户、雕刻、铭文或是无论什么，他应当先选定观瞻目标的最合适的距离。[37] 然后，在视平线上——以眼睛位置为中心，他需要画一个四分之一圆。接下来，在想要在视平线上放置的目的地方，于墙面上画一条线确定其位置，再从此线向上画出所要构件，使其大小符合他所希望的所有其余构件将呈现出的大小。之后，从构件顶端画一条线至眼睛所在的圆心，与已画曲线相交，再以此距离将圆上画出若干等份。[38] 然后自圆心画直线经圆上标记点与给定墙面相交。所得墙上分界点间距会越来越大，于是在这个距离上它们会呈现相同的尺度。按照这个方法，各段高度也可以用数字量取。

10*r* (9*r*)

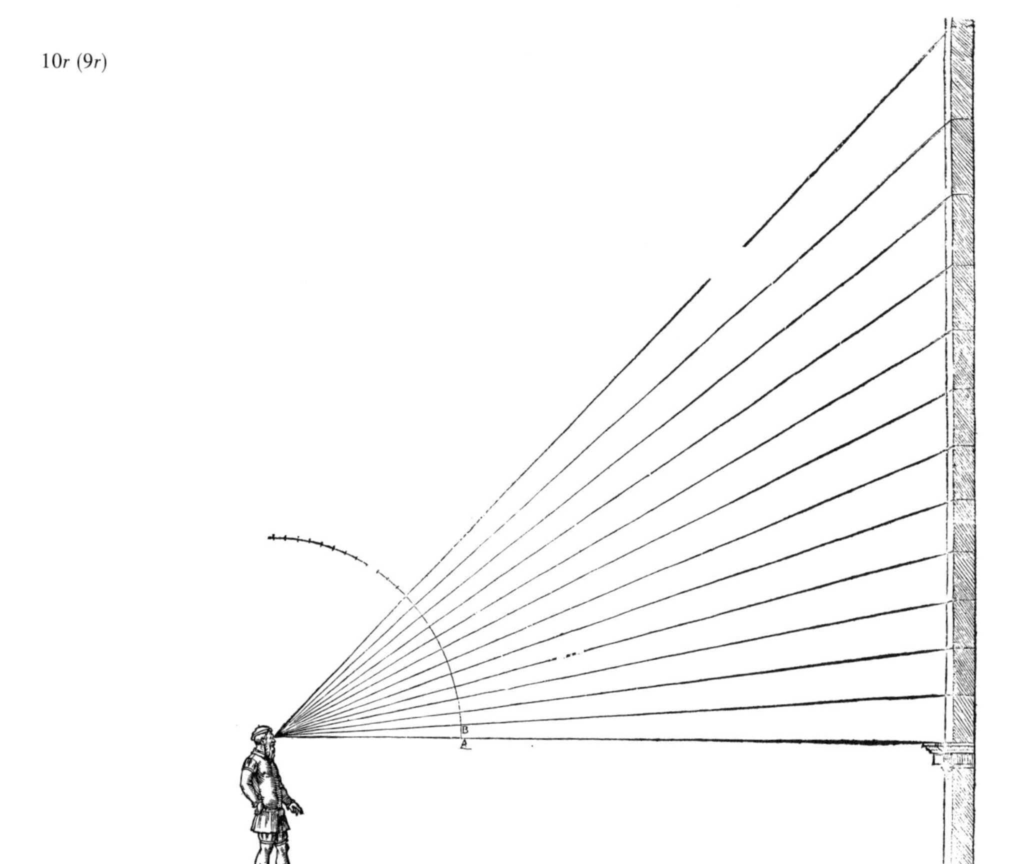

在所有长方形图形中，我发现正方形是最完美的。与完美正方形相去越远的长方形，越失去其完美属性，即便由同样周长的正方形的直线围合而成。[39] 例如：取一四条边线以直角关系相交限定的正方形，每边长为 10，周长线即长 40；取另一扁长的方形，以同周长线围合而成，长边 15，短边长 5；标准正方形自己的面积为 100，而长方形面积 75——因为标准正方形边长自乘，我们知道 10 乘 10 等于 100，而长方形二边长自乘，我们知道 5 乘以 15 等于 75，如下图所示。

10v (9v)

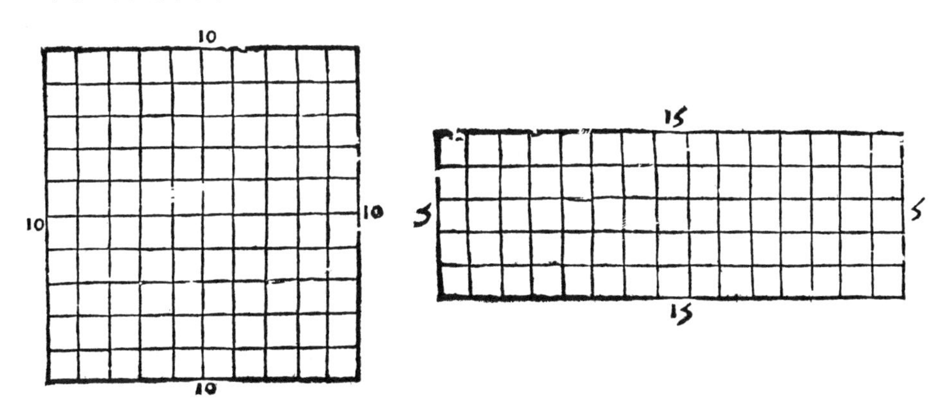

同样地，取上文提到的大小为 100 的标准正方形，再取一比前文长方形更加扁长的长方形，长边 18、短边为 2：结果 18 的 2 倍等于 36，2 的 2 倍等于 4，所以一周总长为 40，再两边相乘，我们得到 2 乘以 18 等于 36。通过这一点我们可以看到更加完美的形体比不甚完美的形体更具占有力。人类同样如此，越接近上帝头脑中的形象，即完美形象的人，自身具有越多优势。距离上帝越远的人，乐于享受世俗事物，他便越是失去他与生俱来的优良本性。此例示证可见于下图。本题对于建筑师来说大有裨益，可以帮助他一瞥之间便能够区分存在于一种形式和另一种形式之间的面积差——也不只是对建筑师，对于那些靠眼力买很多东西的商人也是如此。它同样也还适用于其他事情，我将此留待勤奋的人去发现。

11r

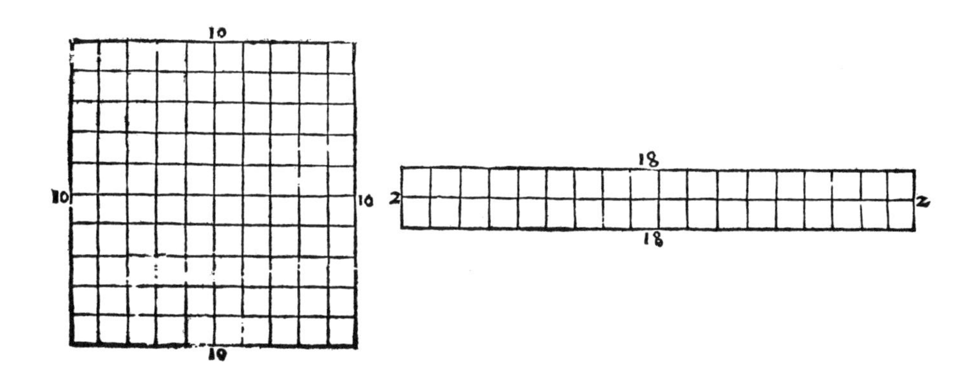

11*v* (10*r*)

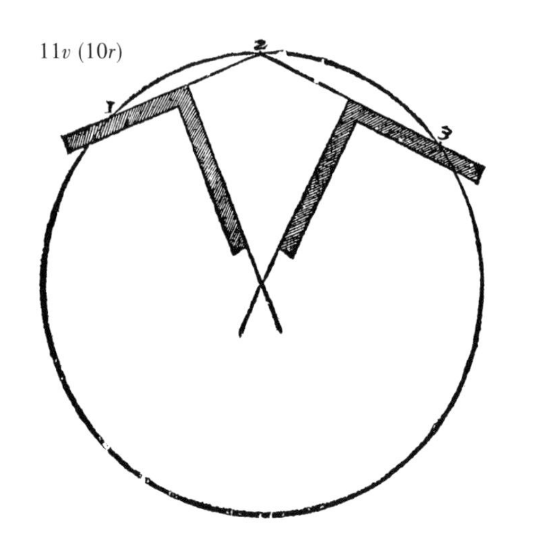

随意给定三个点——设其不在同一直线上——使用圆规，使其轨迹经过所有三点的方法如下：自点 1 至点 2 画一条线段，将该线分成两半，并按图所示放置三角板。自三角板之边画一条延长线。自点 2 至点 3 画另一条线段，同法处理。两线交点将作为三点之中心，无论三点如何定位。

12*r*

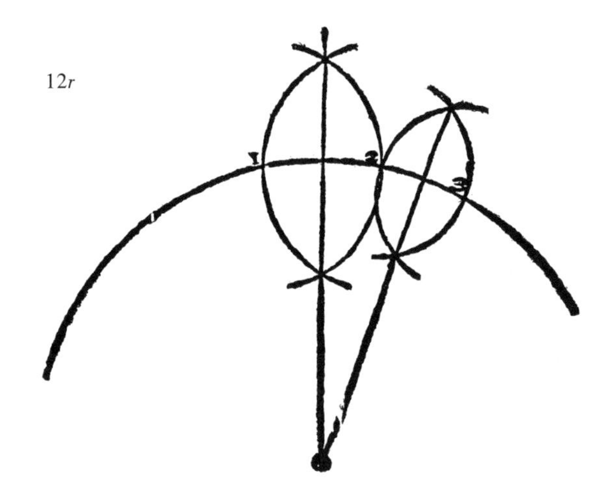

可用另一方法寻求三点重心。[40] 自点 1 至点 2 画曲边平面，在自点 2 至点 3 做一同样形状。过其各角画两条直线。两线相交处即为三点中心，如左图所示。

(10*v*)

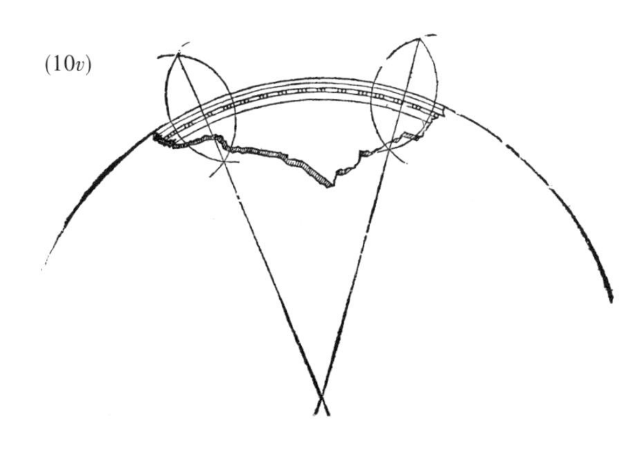

尽管这看上去像一种游戏，建筑师仍然能够从此得到裨益。这可以被他用在不同场合，尤其是当他手中有一块任意圆形构件的时候，无论它多小，他都将知道如何利用上述法则找到球心，再用这里表示的方法画出它的半径和周长。

很多古代的以及现代建筑的立柱会在最底部的边缘遭到局部损坏。这种情况的发生是因为在把它们立在柱础上的时候，或是它们的水平没有和柱础的完全一致而未完好交接，或是在放置它们的时候实际上开始并未垂直，而是一侧的荷载大于另一侧，于是受重力影响更大的一部分受损更多并在边缘处断裂。然而，如果建筑师在几何学的帮助下知道受力的线路，他可以按照这种方法来做：把柱脚做成曲线，即凸曲线，如右图中第一根立柱所示，同样地把它的柱础做成和柱子凸面对应的凹面，这样当在柱础上垂直竖立柱子时候，柱子能够找到它自己的位置而不会在它的边缘处或在柱础上施加压力。此曲率和凹度如此画出：把圆规一端置于柱头 A 点，另一端于下方一边，标记为 B，用圆规画弧线至字母 C；如此画得凸曲线，同法可得凹曲线。遵循同一方法可以装配柱头，如右图中另一柱子所示。

13*r* (11*r*)

13*v* (11*v*) 当建筑师想建造一座桥的时候，券或者比半圆平缓的拱顶，很多石匠都有一种特别的方法用线绳来建造类似的拱顶，这些拱顶看上去是端正的，同时也与用圆规画出的某些椭圆形相匹配。不过，如果建筑师希望按照理论、由理性支持地进行的话，他可以采用这个方法：给定要建的拱的跨度并找到其中心，画一个标准的半圆；再画一个半圆，比前一个低，其高度至你想要做的拱的高度；然后把大圆等分成若干份，指向圆心画出所有线段；再向下画出相应的垂线；各线向圆心方向与小圆相交于各点；从上至下从各点向垂线画水平线；水平线与垂线交于一系列点，从每个垂线上的交点向下一点画一段曲线。此法不能用圆规来画，但是需要由细心、熟练的老手来完成。本方法实例见于下图。

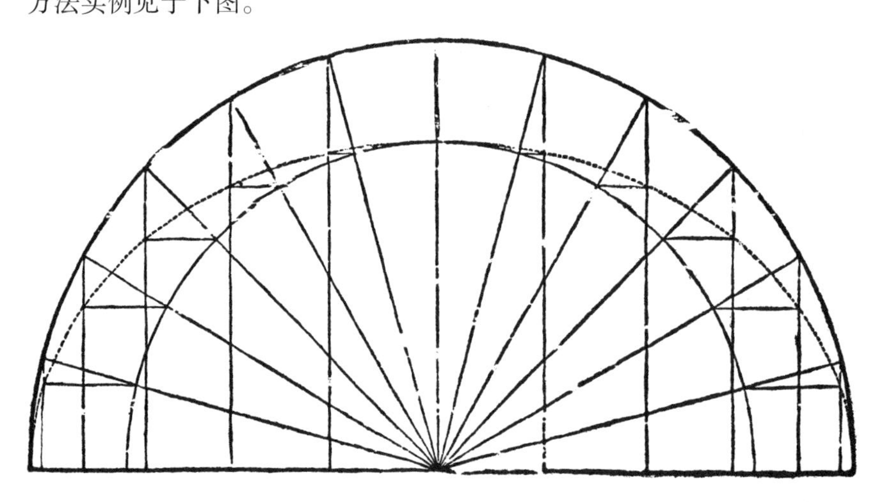

14*r* 当要建更平缓的拱的时候，也可以按照上述进行，但需要一个更小的圆。大半圆划分的部分越多，手绘曲线的真实程度就越高，画起来也越容易。利用这个方法，可以作出交叉拱、弦月拱的构架。我想在下面再画一幅图形，尽管与上一幅相同，但可以表现高度的不同。其他的事物也可以按照此法推导出来，可见于次页。

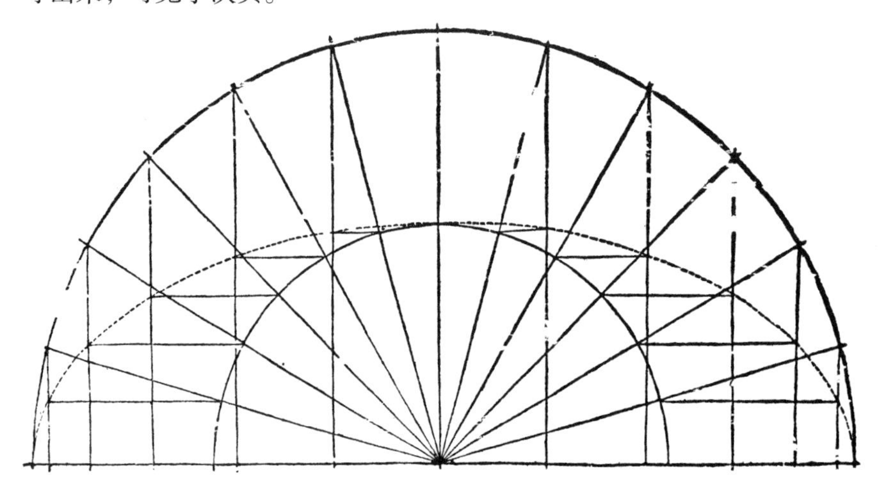

当我思考我在前一页演示的法则的时候，我产生了一种想法，要用这个方法辅以推理和线段制作不同形式的花瓶。[41] 我将不会花大力气描述如何这样做，因为当聪明的建筑师看见下面的插图后他将能够运用法则并作出其他不同的形式。说出以下部分就足够了：无论花瓶主体部分多宽，在大圆之内按照瓶身宽度画一个小圆。利用放射线、水平线，最后还有垂线，瓶身——与此相似的还有瓶颈——的形状同可以确定下来。瓶底座可以任由人自己的判断。 14v (12r)

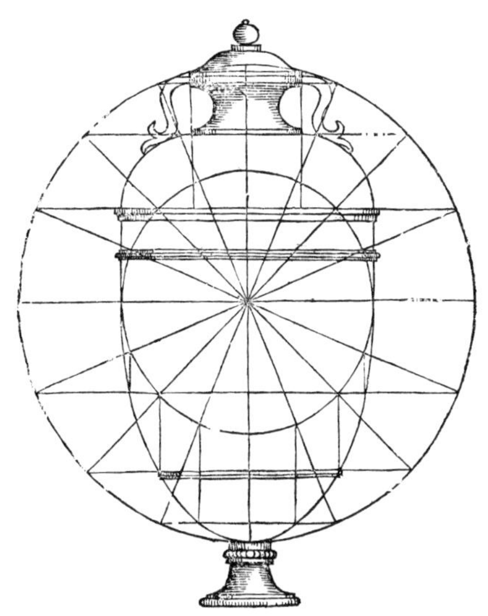

如果花瓶要有一个更加饱满的瓶身，那么中间的圆——即花瓶的宽度——就要画得大一些。首先画出指向圆心的线，再画出水平线。在这些线指向圆心与圆相交处，自圆上点 2 向 2 号水平线画垂线。自圆上点 3 向 3 号水平线画垂线。自圆上点 4 向 4 号水平线画垂线。自圆上点 5 向 5 号水平线画垂线。所有垂线与水平线的焦点将作为确定瓶身的各点。自 1 线向上，标准圆的边界将用来确定瓶颈和瓶盖。至于瓶柄、底座和其他装饰，可以任由人们自己的判断。 15r

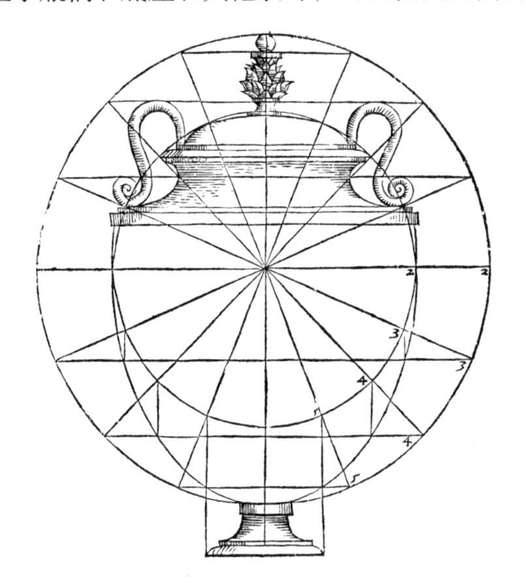

15v (12v) 使用圆规来研究直线和曲线确实是一件细致工作，因为有时你会发现一些可能从未发生于别人身上的事物，正如那天晚上我碰到的一样。当时我在寻找比阿尔布雷希特·丢勒[42]——一位伟大而敏锐的智者——更简明地画出一个普通鸡蛋形状的方法，我重新发现了古代花瓶的画法，将瓶底座置于蛋形尖的一端，将带有手柄的瓶颈和瓶口置于其圆的一端。首先，确定蛋形的方法是这样的：画出一个两条线组成的十字，将水平线均分成10份，将垂线均分成9份，4份在上5份在下。在中心点定圆心A，取4份画一半圆，两端为C。下一步，将圆规一端置于B线端点，另一端置于另一侧的C点，向下画弧线。在左、右侧做同样制图，于是底部尖角部分包含了5份（大约——译者注）。然后，自直径四分之一分点向下画两条垂线，在底部与曲线交于一对交点。再把圆规一端置于点O另一端置于曲线上的一个点上，通过向下画弧线返回至另侧一点，蛋形即绘制完成。剩余部分留作基座。瓶颈和瓶口占据2份，与半圆相同。这样便是此垂线上9份的分配方法。瓶柄和瓶盖，可以任由有经验的人自己的判断。

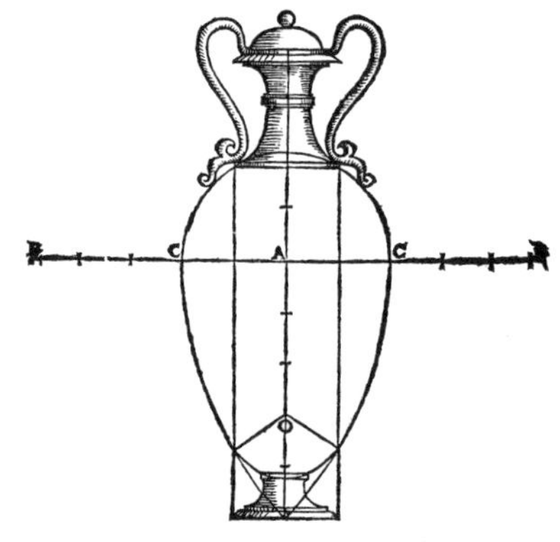

16r 花瓶可以用另一种方法绘制。按照同样方法画一个十字，水平线分为10份，垂直线分为8份。将圆规一端置于字母B处，另一端于字母C处，取7份，以同样的方式在两侧分别向下画弧线。曲线将在底端于垂线相交。然后自内部2份的分点A向下画两条垂线。垂线与曲线交会点即作为确定花瓶尖底的点。将圆规一端置于E点，另一端于上述点上，画弧线至另一边。这样便确定了瓶底，其下应添画底座。接下来，将圆规一端置于点A向上续画弧线至垂线——两侧同法——瓶身即告定型。瓶颈和瓶口占2份；手柄和其他装饰按需要绘制。

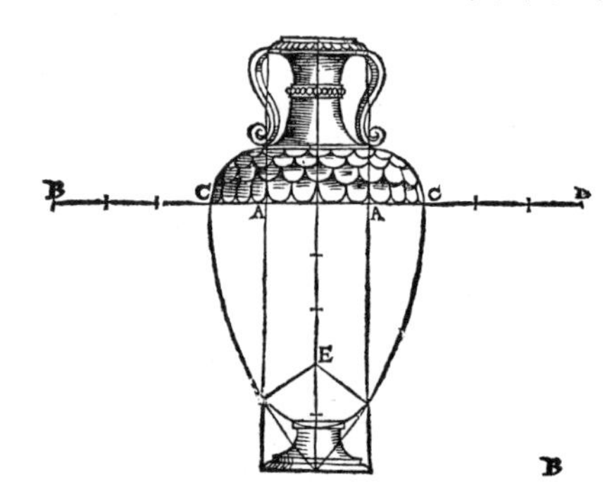

16v (13r)

不同于上述样式的花瓶也可以绘制出来。还是那样，画相同的十字来为下一座定型，但是水平线分 12 份，垂直线分 8 份。首先画两条与中线等长的垂线，间距 2 份，靠近十字中心。然后将圆规一端置于 B 点，另一端于 1 点。向下画弧线至中线上的最底部。自另一 B 点和 2 点同法绘制另一侧。接着把圆规一端置于点 1 和点 A 之间某点上，另一段于 1 点上向上画弧线，成四分之一圆。另一侧点 A 和点 2 之间同法绘制。此部分占 1 份，2 份留给瓶颈和手柄。再下来是瓶底，将圆规一端置于点 C，两端间距 2 份，与曲线交于点 3，画弧线转至点 4，即画完瓶底。其下将作出底座，如下图所示。

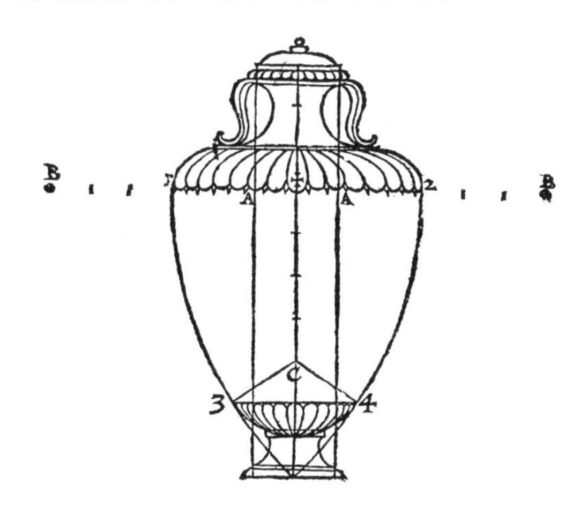

17r

另一种类型的矮花瓶可以从圆形中衍生出来，同样使用一个十字形，但须划分成 6 份。首先画一标准圆形。半圆形将用来确定花瓶底部，但还要加上另外一份，既用来将其提高一些，也为了得到更多的能用来装饰的表面。另一份留给瓶颈，再一份给瓶盖，如下图所示。基座高度也为 1 份，在 6 份之外。尽管我已经给出了一种规则和确定六种花瓶形式的方法，但是有无限种不同的形式可以按照同样的法则画出来，考虑到可以用来点缀花瓶的不同优美装饰物就更是如此。我没有把这些装饰画出来，以防其妨碍线条的表现。

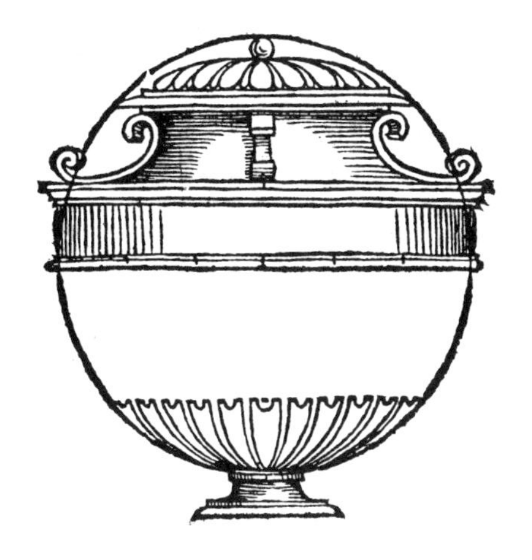

17*v* (13*v*)

椭圆形可以用很多方法画出，但是我只提出四种。在下面的图形中，首先画出两个接在一起的标准等边三角形。从它们各边延画四条线得到点 1、2、3、4。在此用来画椭圆的圆心为点 A、B、C、D——可以从任一圆心开始画这个图形。将圆规一端置于点 B，另一端于点 1，画弧线至点 2。然后将圆规一端置于点 A，另一端于点 3，画弧线至点 4。接着将圆规一端置于点 D，另一端于点 2，画弧线至点 4。同法，把同一个圆规一端置于点 C，画弧连接点 1 和点 3。椭圆形便画成了。如果这个形状要画得更长一些，也要画出同样的曲线和点，只不过要更低一些靠近中心[43] 部位。如果形状要更圆一些，曲线就要画得距离中心更远、更大。图形会变得更接近圆形，但是因为圆心多于一个，它永远也不会变成一个标准圆。

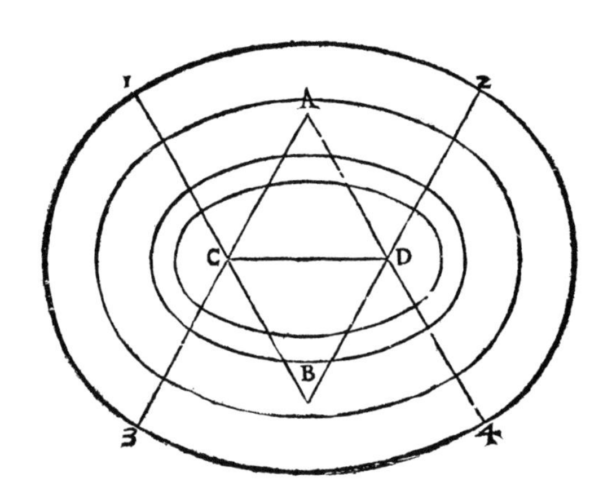

18*r*[44]

在第二图中，按以下方式画三个圆。通过画出四条直线，椭圆心取为I、K、L、M。将圆规一端置于点 K，将另一端置于点 1，再画圆至点 2。同法，将圆规一端置于点 I，将另一端置于点 3，再画圆至点 4。这样便画出了椭圆形。此形与普通的鸡蛋形状非常相似。

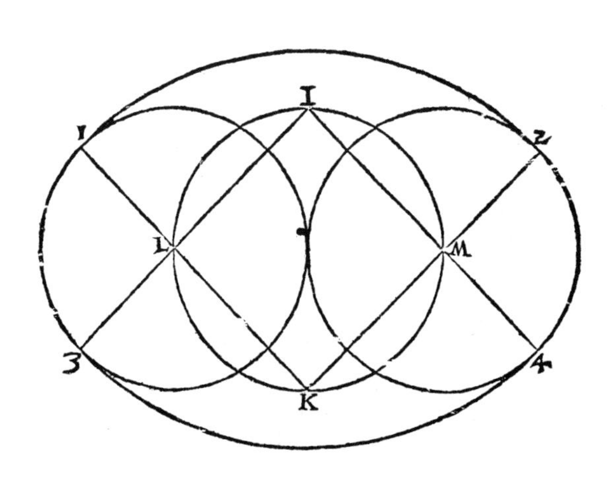

第三种画椭圆形的方法如下图所示，是这样的：画出两个相邻连接的标准正方形；画出它们的对角线得到中间的两个中心点 G、H——另两中心点即 E、F；然后，将圆规一端置于点 F，将另一端置于点 1，再画圆至点 2；接着同法在中心点 E 自点 3 至点 4 画圆。下一步将圆规一端置于点 G，将另一端置于点 1，再画圆至点 3。再同法于圆心 H，分规至点 2，再画圆至点 4。下图所示图形即为完成。

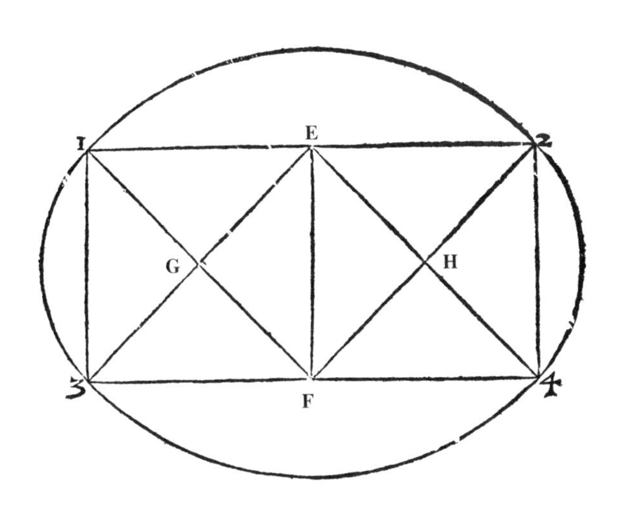

18v (14r)

如果要画成这第四种椭圆形，画出两圆形互相过对方的圆心。两曲线交接处定出两中心点 N、O。两曲线圆心为另两中心点 P、Q。画线段连接上述中心点。将圆规一端置于点 O，将另一端置于点 1，再画圆至点 2。然后将圆规一端置于点 N，将另一端置于点 3，再画圆至点 4。此椭圆形即为完成。此图形非常悦目，因绘制简便及其优雅形式，可以在很多地方使用。

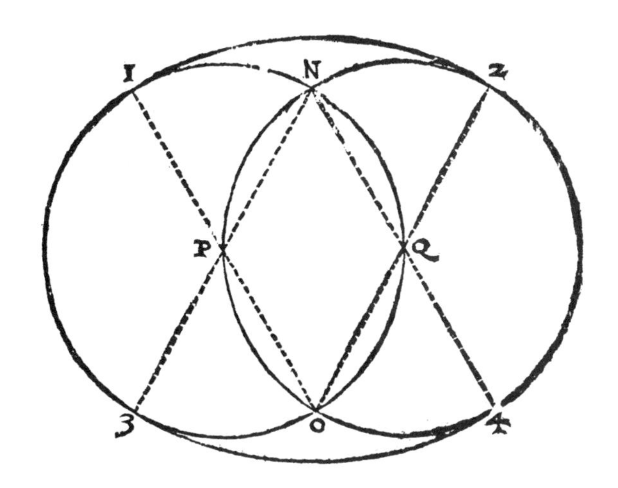

19*r*　与圆形相近，还有很多形式趋向于圆形，如八角形——有八条边，六角形——有六条边，以及五角形——有五条边。在此之后，还可以画出都趋向于圆形的具有更多边的不同形状。不过目前我们将讨论这里的三种基本形，因为它们更具重要意义。

此八角形从标准正方形推导得来。首先，画出两条对角线。将圆规一端置于正方形的一角，将另一端置于正方形中心，在正方形两边之间画弧线形成一四分之一圆。同法在所有四角制图。曲线与正方形边的交点即为八边形的端点。尽管此图还可以通过用一十字划分一圆形的方法得出，还要将每一四分之一分成两半来形成 8 份，这种方法将比较不精确。而本方法则更加精确，并得到科学支持。

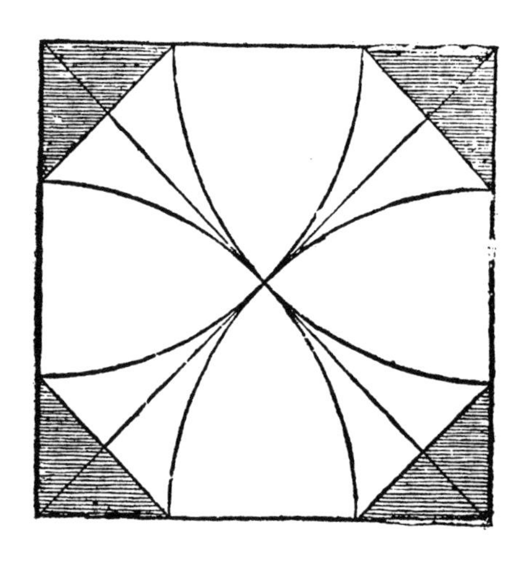

19*v* (14*v*)　六角形应按此法作出：画出一个圆，不放大也不缩小圆规的情况下将其沿曲线轨迹分步移动；在圆规两端落下的点正好是六个；据此将相邻两点连成线段，六边形即为完成。[45] 这是圆规名称的来由，在意大利的很多部分，圆规称为“六分规”[46]，因为直径之半可把圆周分为六部分。

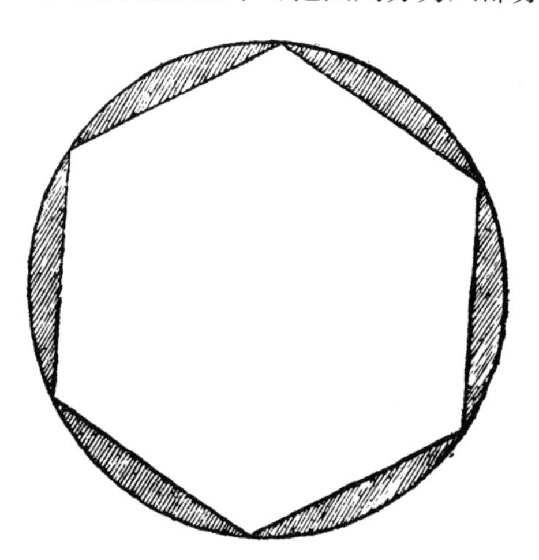

五角形无法像其他形状一样比较简易地得到，因为它具有大于三个的奇数边。不过运用理论来画它的方法是这样的[47]：画好一标准圆后，在它中间画一个十字——水平线是直径，垂线落于直径上；然后在其右侧[48]将半径平分成两份得到点 3；从此点分圆规另一端至十字顶端[49]，不移动 3 点上的圆规这一端，自十字上的此点画弧线至直径。从十字画下来的曲线落在直径上的地方［即点 2[50]］：点 2 至十字顶的间距便正好是五边形的一边长度。从此图也可以得出一个十边形，因为自圆心至点 2 即为十边形之一边。再有，此图中还蕴藏着十六边形的边长，因为自圆周上点 1 向圆心方向至点 2 便是十六边形的一边。[51] *20r*

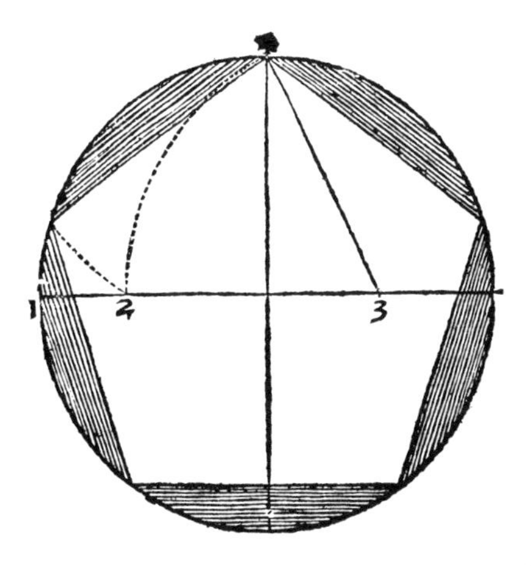

下面所示插图对于所有要把圆周分成所需要的任意部分的人来说都大有裨益，无论要分的部分有多么多，甚至是奇数。然而，为了使读者不因边数太多而感到混乱，我们举例画一个标准圆形并把它正好分为 9 份。让我们先取整个圆形的四分之一，再将其分成 9 份。其中四份便是整个圆周的九分之一。因此，无论你想把一个圆分成多少份——不管你想到哪个数字——仅需取整圆的四分之一，再把它分成这么多份。通过取得所得中四份，它们就构成了一个边长，用它即可建构所需划分的圆形。如我上文所述，此法则可为许多有天分的工匠所用。 *20v*

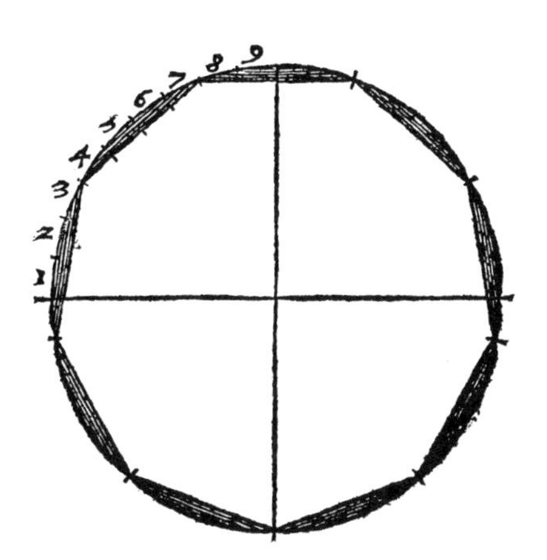

(15r)

21r

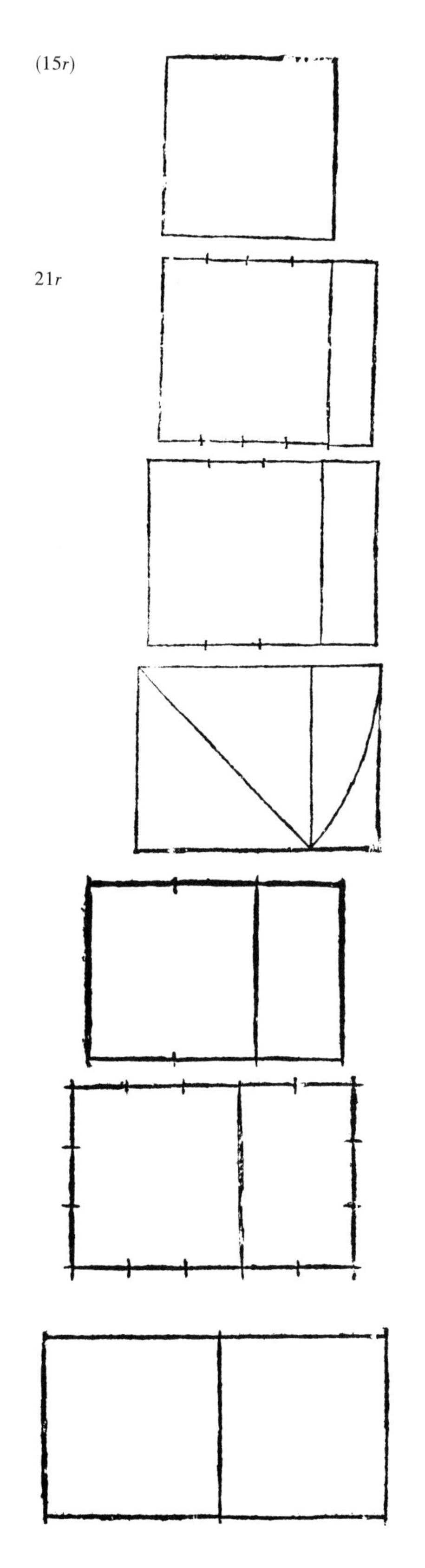

有很多长方形比例，而我在此记录了七种主要类型，建筑师可以利用它们做很多东西，适合于很多情况[52]，在他知道如何使用他们后，既适用于一种场合的某类型也可以用于另一种场合。

第一形是一个有四个等边和四个直角的标准正方形。[53]

第二形是“sesquiquarta”，一个正方形加上它的四分之一。[54]

第三形是“sesquitertia”，一个正方形加上它的三分之一。[55]

第四形被称作“对角比例”。它是这样画出来的：在标准正方形内角至角画出对角线——此线程度即为此比例的长度。这个比例是无理数，且不存在增加部分基于标准正方形的倍数比例关系。[56]

第五形是“sesquialtera”，即一倍半的正方形。[57]

第六形是“superbipartiens tertias”比例，即将一标准正方形等分成三份增加其两份。[58]

第七形，也是最后一种比例是“double”，即两个正方形。[59]至于著名古代建筑中的此形，从未有超过这个双倍的形状，除了入口、凉廊、一些门和窗会稍微超出一点。然而那些懂行的人们的意见是，它因为不宽敞，所以不适合于用在前厅、大厅、房间和其他居住场所。

21*v* (15*v*)

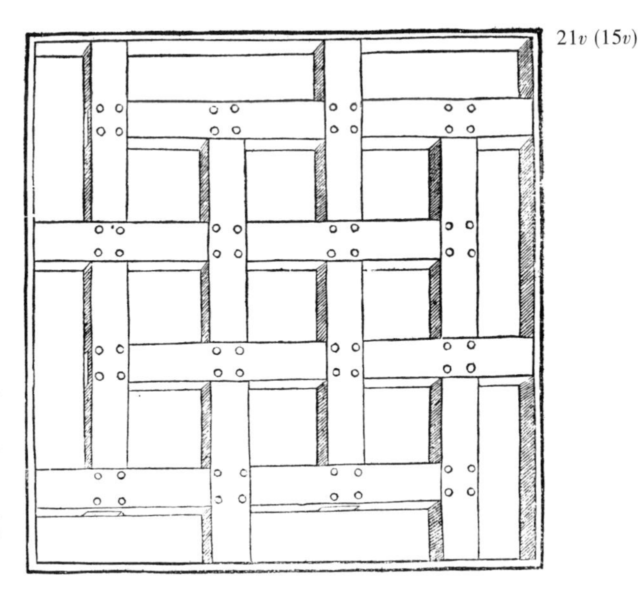

不同情况可能出现在建筑师面前，像这个例子一样：如果他要建一个顶棚或是日光浴室——我们想说的就是 *tassello* [60]——其空间（跨度——译者注）15 尺，但是他只有一些不够这个长度的大梁——每根短 1 尺（这里用的是维琴察尺——译者注）——他仍然能利用这些材料。在当地没有其他木料满足这个需求的时候，他可以按照对面所示的方法安装每根梁，使其一端在墙上而另一端系于另一根梁上——如在此能清楚看到的一样——他的作品将非常坚固。

22*v* (16*r*)

一些不常见的情况有时可能发生在建筑师面前，于是几何书中的段落能够大有用途，例如这种情况 [61]：他只有一块，为了便于论证，设为 10 尺长 3 尺宽，但他需要一扇 7 尺高 4 尺宽的小门。现在，如果他把板子的长度分成两部分，两部的宽度不可能超过 6 尺，而他需要 7 尺。如果他从板子的一端去掉 3 尺，那也根本不可行，因为这块 7 尺长的板仍只有 3 尺宽，需要的却是 4 尺。那么这样来做：板子 10 尺长 2 尺宽，各角为 A、B、C、D；沿对角线自 C 至 B 分割此板；得到两块相同的部分，将角 A 向角 B 方向移动 3 尺，并将角 C 向角 D 推动 3 尺——于是末端 A、F 间距 4 尺 [62] 且末端 ED 也 4 尺高；同样，自 A 至 E 将是 7 尺；因此板 AEFD 将是 7 尺长 4 尺宽，满足了小门的需要。将还会剩有一个三角形 CCF 和另一三角形 EBG（此法错误，应先在板上画出 3 尺宽、9 尺长的部分，及其对角线；在沿对角线切开，相对下半部向中心方向水平移动上半部 3 尺，高度相应累高 1 尺，切除两多余三角形，并用其中一个三角形之尖端补足所缺小角——译者注）。

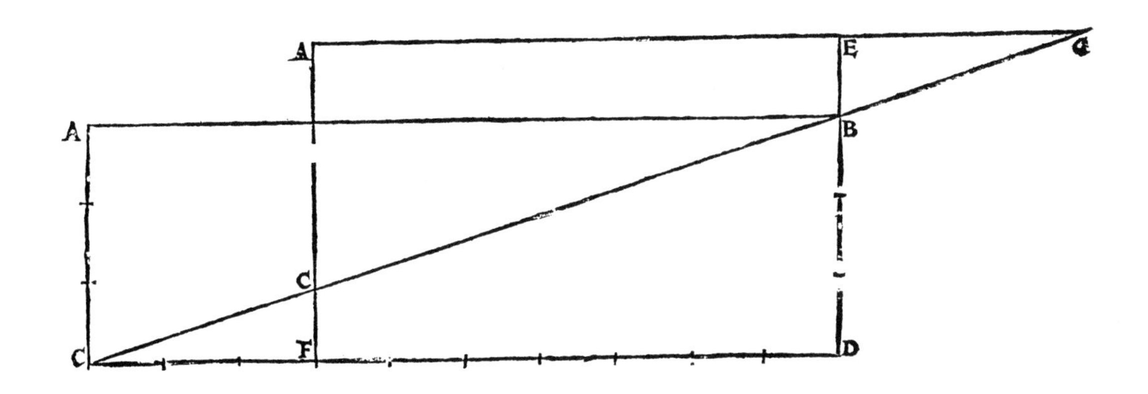

22v

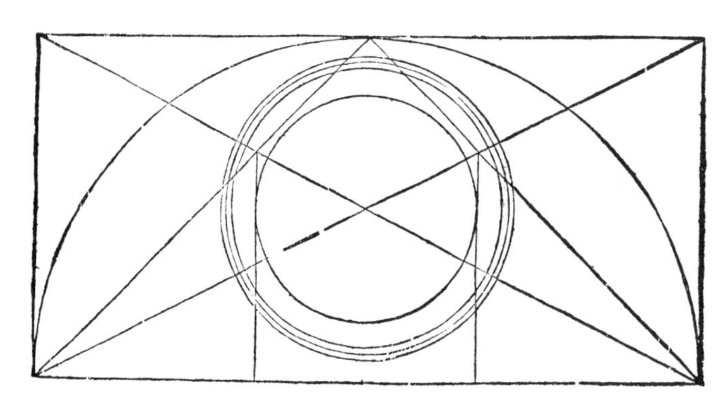

建筑师经常要在神庙中建一个圆形开口——或大或小——也可能他无法说出它应建多大，只是按照他自己的判断并依照如何能够悦目来开孔。然而如果他希望按照几何理论来制作开口，他将永远不会受到任何懂得这些道理的人的批评。因此，建筑师应当测量他准备建圆孔的空间宽度，包围此宽度画一半圆形。然后，用围绕半圆画好直线后，画两条对角线，并接着自底边角向半圆顶点画两条线。在两条对角线上部与指向顶点的线的两交点向下画两条铅垂线。如下图所示，此两线给出圆孔的宽度。至于圆孔的装饰，可以做成圆孔直径的六分之一。

23r (16v)

与此相似，如果建筑师想建一座与其所在空间比例相称的神庙大门，他应当量取神庙中间部分的宽度，即地板面积——如果空间小的话也可以是墙间距，如果有侧堂的话也可以是柱间距。以这个宽度为准画出同样的高度，成一标准正方形。[63] 按上述方法的线段确定门口宽度，这组线也满足做雕刻的装饰区域，如下图所示。如果神庙正面要建三座门和三个圆孔，上述比例可以用在较小的侧面。不过，诚实的读者，尽管依照各种线段交点的确定事物是无穷的，为了避免冗长，我将就此结束。

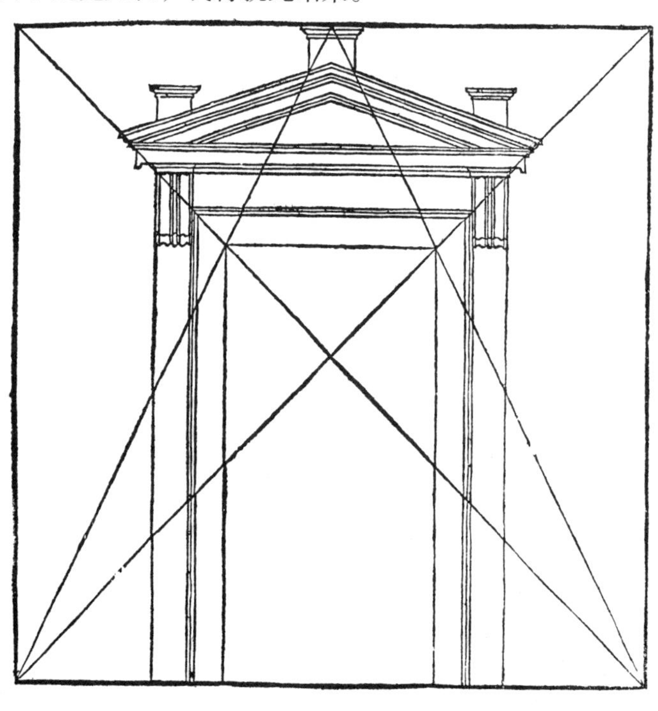

第二书
论透视法

博洛尼亚的

塞巴斯蒂亚诺·塞利奥 著

第二书《论透视法》，

博洛尼亚的

塞巴斯蒂亚诺·塞利奥 著，

由至为尊敬的勒农古红衣主

教阁下之秘书

让·马丁翻译成法文[1]

The Second Book, On Perspective,
by Sebastiano Serlio from Bologna,
put into French by Jean Martin,
secretary to the Very Reverend
Cardinal de Lenoncourt.[1]

论关于平面的透视［2.］[2]

尽管透视法的精细技巧非常难写明白，特别是关于平面上升起的体形——事实上，比起写作和制图，这是一种更适合面对面、口述教授的艺术——但是，因我在我的第一书中讨论了几何学，没有几何就不存在透视，我将花大力气，用一种我力所能及的简短方式，使之明白地显示出来并达到足够建筑师所需的程度。[3]我不会引申讨论那些关于透视到底是什么，或者她从哪里来等哲学化的和雄辩的问题，因为那至为饱学的欧几里得已经非常巧妙地考虑了这个问题。[4]不过，为了直指建筑师的实际需求，我要说透视就是维特鲁威所说的 *scenografia*[5]，即一座建筑的正面和侧面，也可以是一个平面或一个形体。[6]透视由三条主线构成。第一条是地平线，所有事物都由此开始。第二条是去向为一定点的直线——有人称之为“视平线”，其他人则称为灭点（线——译者注）[7]，因为对于每个人来说灭点是我们视域的停止点，所以这是一个恰当的名称。第三条线是“视距线”[8]，往往与灭点线平行，但根据所在位置距灭点或近或远，我们将就其位置展开讨论。灭点线的高度可以被理解为人眼睛的高度。设想建筑师希望画宫于堵以便论争，而起点是观察者所站立的地面。[9]此例中，把灭点定在与人眼睛同高处是正确的，这样也便于把“视距线”确定在方便的位置。如果这个作品出现在一个花园或是走廊的尽头，其“视距线”应位于花园或走廊的入口。在一个大厅里，或是其他任何类型的房间内也同样，“视距线”总应定在入口。如果作品要被置于大街的一面墙上，其“视距线”应当设在大街对面一侧作品的前面。如果是在街道很狭窄的情况下，设想一个更大的距离会更好，这样透视缩短效果能更有效地起到作用，因为“视距线”越远，作品所模拟的一个接一个向后排列物体就会显得后退得更多。但是，如果作品要画在一座起点抬高在地面之上的建筑，比如是 4 尺、6 尺或更多，如我在上文所说，灭点还须在人眼高度，同时也因为这样的建筑上画的地面是看不见的，进一步而言，假设按照自然而然的方式随意把灭点至于稍高于壁画装饰的建筑基座，上面的部分便会变得很不相称，给观察者带来不适感。这应该由有判断力的人来决定，但不能是某些随便的、没有判断力的人，他们会模仿历史[10]——或其他建筑上的主题——在某些建筑的立面上位于 30 尺或 40 尺的高度，而必须要在这个高度上观看它们。有判断力和知识的人们永远不会犯这个错误。举例而言，安德烈亚·曼泰尼亚和一些其他人，当他们绘制在人眼睛高度之上的事物时他们的绘画中没有画出地面，因为这受到了透视法的适当技法的控制。[11]

因此，正如我在开头所说，对于建筑师来说透视学是绝对必要的。更恰当地讲，没有建筑的透视法什么也不是，而离开透视法的建筑师也一无是处。为了表现这句话的正确性，让我们简单地思考一下我们这个有价值的建筑开 *25v*

始繁荣的时代吧。伯拉孟特，复兴了有好构思[12]的建筑，难道他在献身于这门艺术之前不是先作为一位画家并具有高超的透视技巧吗？非凡的乌尔比诺的拉斐尔[13]，难道他在从事建筑业之前不是一位才干无边并且非常谙熟透视学问题的画家吗？才能卓越的锡耶纳的巴尔达萨雷·佩鲁齐，难道他不也是位画家并尤具透视天赋吗？[14]当他想要记录立柱和其他古代遗物的尺度以便把他们画成透视图，他为这些比例和尺度燃起了如此的热情，以至于他全身心投入到建筑学中，发展到今天已无出其右者。博学的吉罗拉莫·真加，难道他不是一位出色的画家并具有非常巧妙的透视技术吗？他为愉悦他的赞助人弗朗西斯·马里亚——在其庇护下他成为一位杰出的建筑师——所绘制的美丽景观可以为上述情况作证。[15]朱利奥·罗马诺[16]，拉斐尔的学生，透视法和绘画技法的真正继承人，难道不是因为这些技艺而成为一位卓越的建筑师的吗？我也一样，为了我认为值得的事业，先是学习绘画和透视法，然后通过这些我投身于建筑学的研究，这些研究工作给了我如此的灵感和快乐使得我以苦为乐。现在，回到我的第一个命题，我认为特别熟悉并精通这门艺术是必需的。那么，我将尽我智力所及，从那些较低的问题逐步进展到那些高深一些的问题。

26*v*(19*r*)

因为问题的展开应当是从小到大，我将从透视中确定一标准正方形的方法开始，所有其他形式都是从此推导出来的。[17]令正方形底边为AG。灭点的高度，如前所述，应设于视平线，即点F。[18]所有线都应汇聚于此。无论如何，首先在其两侧A、G画两条线，再延长地平线GK的长度及与之平行的水平线——无论你想站在多远的地方观察这个正方形，这个距离边应是你和H间的距离；如点I。此即为“视距”。而后，自点A至I画一条线，该线与垂线HG相交，得到点B，将作为透视中正方形的远端，如下图所示。[19]如果还要一个接在一个之后地画出更多的正方形，从角A上方第一个角向点I连线。该线与垂线的交点，得到点C，将作为第二个正方形的远端。同样地，从角A上方第二个正方形的上角至“视距点”。该线与垂线的交点，得到点D，将作为第三个正方形的远端。使用这个规则，可以继续依法向上一直至灭点。

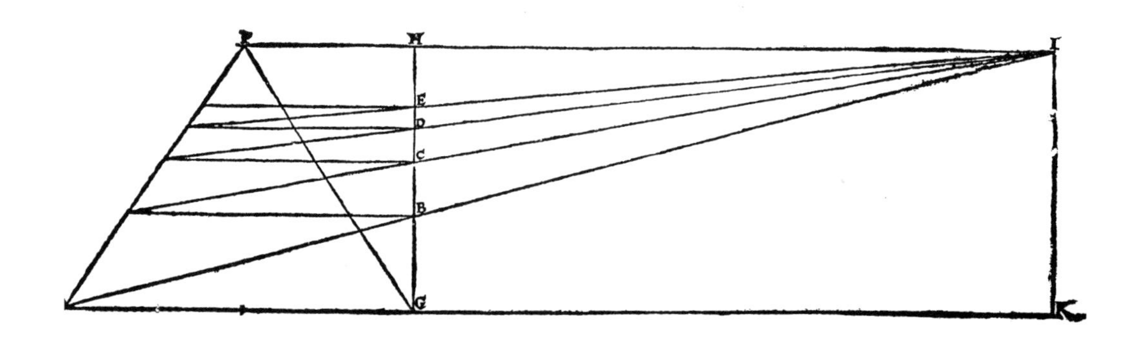

27r

我以上所说的方法是完美的，并可以通过称为直角线的 HG 线来证明。然而，由于上图运用很多条线而比较乱，也比较长，对面图较短，方法也比另一个简单。[20] 于是，一旦画好了正方形的 AG 边和连向灭点的两侧边，并将两条平行线，即地平线和视平线延长至点 I、K，确定"视距"——你希望站立观察作品的位置越远，你距离点 G 的距离就应当越长。[21] 从点 I 向角 A 连线。此线与线 GP 的交点即为第一个正方形的远端。如果你还想画其他的一个接一个的正方形，按照上文所述进行即可。尽管在透视中画出平面的方法有一些，因为它最短也最简便，我仍会选择此法并写下来。

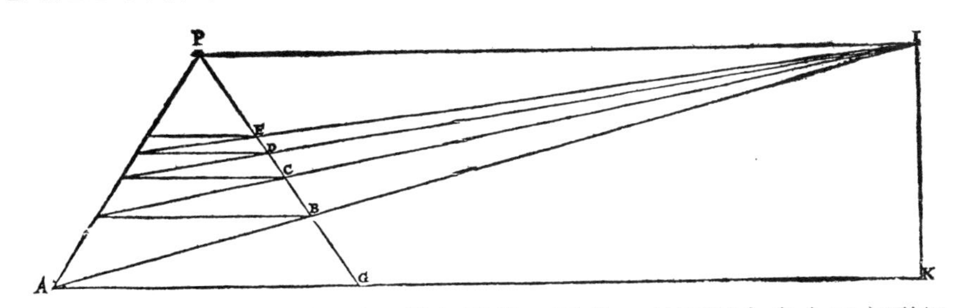

27v(19v)

熟悉不同平面和不同"视距"是必需的。因此，对面图中多个正方形组成的平面 [22] 这样绘出：在地平线上从点 A 到 B 画出作品所需的长度；按照你想要的份数把这个宽度分成若干个正方形，把所有部分都连线至灭点 P；然后按你所愿确定"视距"——由于空间有限，"视距"末端并未在此绘出，而其位置在一倍半地平线长度之远；此地平线有四个正方形长 [23]，第一个正方形便由十六个小正方形组成；于是，自角 B 至"视距点"连线，它与指向灭点的一组连线相交处即为透视中正方形的末端——这样的正方形有十六个——从这些交点画地平线的平行线便得到所要正方形。如果想要画出更远一些的其他正方形，则从 B 以上第四条线处画线连接"视距点"。该线与指向灭点的一组线的交点即为每面四个正方形的末端，同法从 B 以上第八条线处画线连接"视距点"，如我上文所讲，可以得到另外一组十六个正方形，如此按所需继续。经 D 点各线末端都将汇于"视距点"。

28r

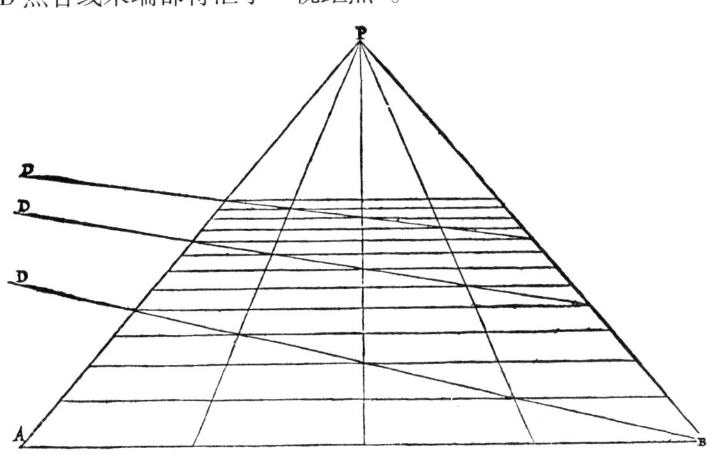

28v(20r) 如果要画出一个有边框包围的大正方形组成的平面，则画出地平线 AB 再于线上按所需将正方形和边框分画好。画出所有连接灭点的线段。然后，确定“视距”后自 B 角至“视距点”画连线 DB。该线与指向灭点线段交点即为正方形和边框的末端。同样地，如果要做更多的正方形，从上第四条边框的顶角画线至“视距点”。[24] 该线与指向灭点线段交点即为正方形和边框的末端。以此类推。此图中的“视距点”到点 A 的距离等于地平线。如果希望用这些正方形构成不同形状，如杏仁饰（mandorlas，即正方形居于正方形中），十字，八边形或六边形，我将简述其法如下。

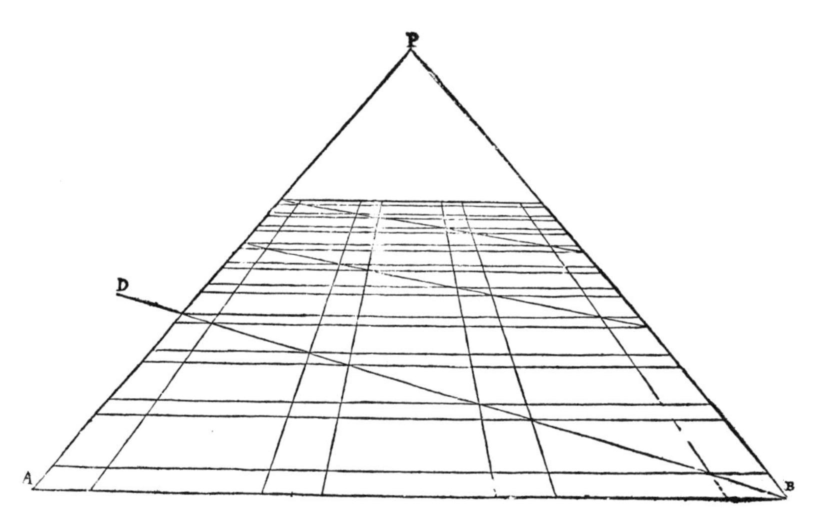

29r 下图所示是一个正方形，其中有另一个大小相同的正方形[25]，但内部正方形的各角位于外部正方形边上。但是在透视中它看上去像一个杏仁饰。确定此形的方法是这样的：按任意所需设定“视距”，首先像我在一开始说明的那样画一个正方形，并在正方形中画出两条对角线——自角至角，然后画线成一十字；四边中心[26]即为内部正方形的角。此图可适合于任意透视中的正方形而不必寻求任何其他“视距”或灭点。

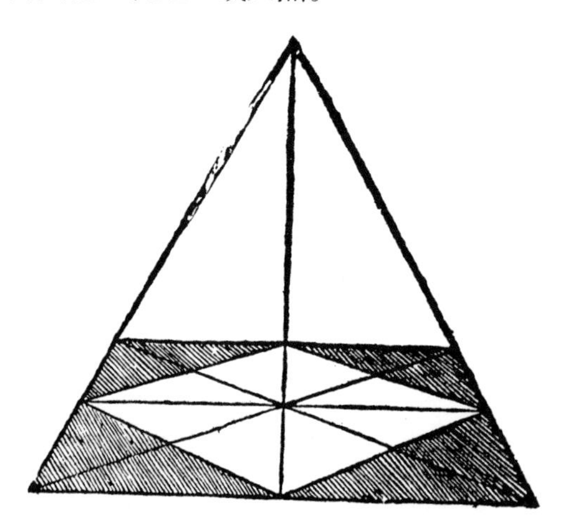

下图表现的是置于一标准正方形中的一个等臂十字。将正方形的地平线分成五份,其中一份是十字的厚度,它的各控制线指向灭点。然后画出对角线,两对角线清晰地演示出十字的形成。此十字可以适合于任意透视缩短的正方形。 (20v)

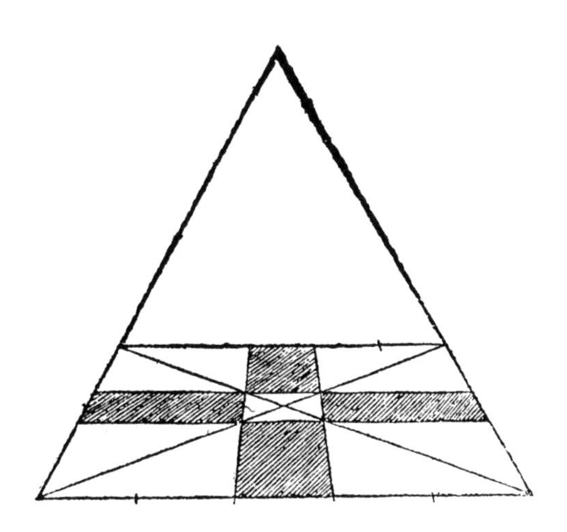

八边形——即有八个正面——可以用不同的方法呈现在透视中,每一种都相当困难。不过,我在这个任务就像我在其他部分中的一样,是要尽可能做到简洁和明确,我选择了一个非常简单的方法。在透视中画好一个正方形之后,将地平线分成 10 份,中间四份每边留 3 份。连线至灭点。再画出对角线。过指向灭点的线段与对角线的交点画两条平行于地平线的线段。该两线与正方形边线的交点,以及中线指向灭点与正方形上边和下边的交点[27]即确定八角形各角,如下图所明示。 (29v)

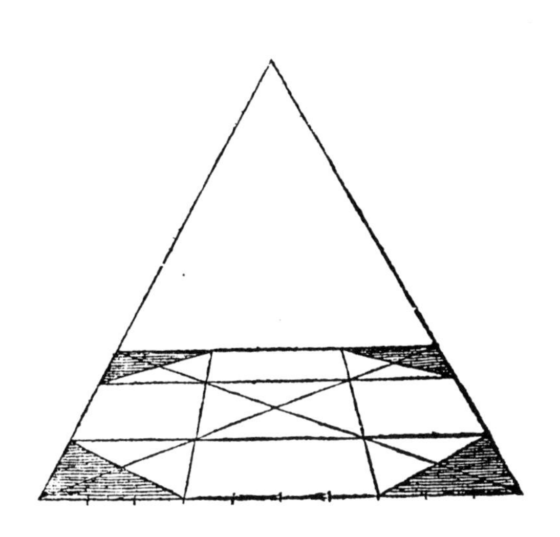

(30r) 绘制透视中六角形——有六个边的形状——的简便方法是这样的：首先，按上文所述方法画出一标准正方形，选定最适宜的“视距”，并将正方形地平线分成4份——中间两份两侧各一份——画出至灭点的连线；然后，画出对角线；过其中点画平行于底边的直线与正方形左右两侧边相交；于此两点为（六角形）两角，指向灭点的两线与（正方形）上下边的交点为另四角。这样，再依次连接六个角成各边即画出六角形。

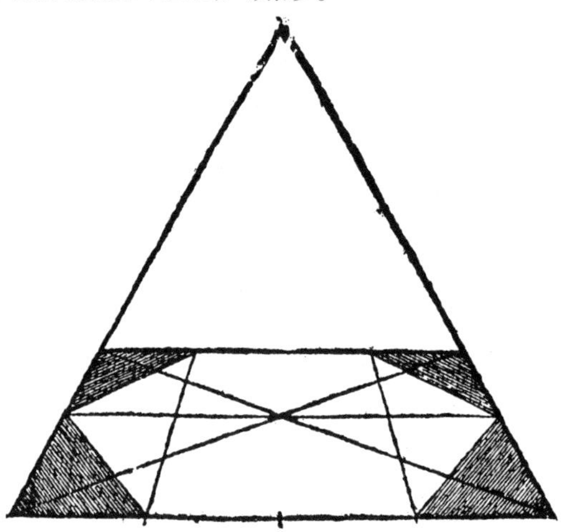

30v(21r) 以上我已经说明如何绘制简单平面的方法，即一些画正方形、六角形和八角形的方法。现在我将说明如何画出双边面，即每个规则形套加一圈边框。简单六角形画好之后，接着如我在上文中说明的那样，在六角形外接正方形的左右两侧确定任意所定边框的宽度。画所有各点的辅助线——被称为“隐蔽线”[28]——至灭点。同法过该组线与对角线的交点画出另两条平行线，一条在正方形内的上部，一条在下方。接下来自六角形所有角画隐蔽线至图形中心。此组线与界定正方形边框的四条内部线段的交点即为内部六角形的六个角。然后依次连接各角点画出边线，如此便确定了围合已知六角形的边框。

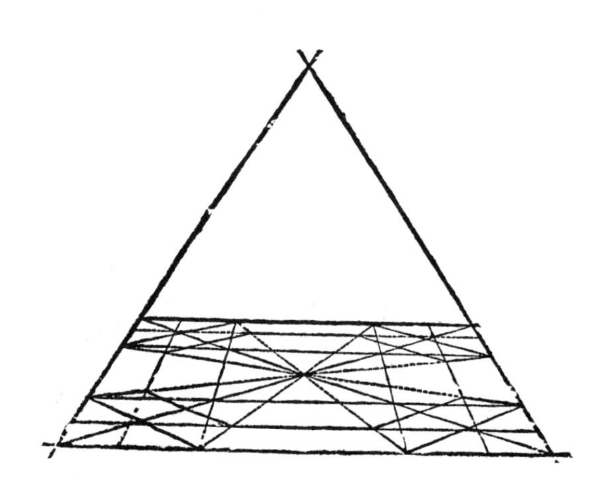

同样做法也适用于八角形。此图也应画在一正方形之中，且此正方形带一边框，其宽度由绘制者自定。然后，自八角形各角至中心点连线。该组连线与边框内缘交点即为内八角形各角。这样，角至角画出连接，即得围合图形的边框。简单遵循上文给出的方法，这些图形可适合于透视中画出平面上任意长方形，并且无须确定任何其他“视距”。这个八角形——其外围边框也同样——可以变换成为一个圆形，在内外两图形上连接各边线中点，灵巧连成圆形，图形于是呈环状。 31*r*

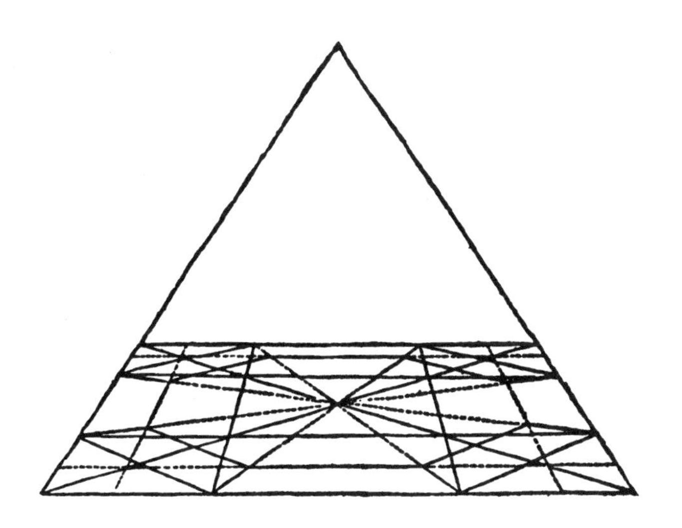

尽管上文中我说明了如何将八角形绘制成一个圆形，这种方法实际上非常实用，但是还有一种更精确、更接近完美的方法——因为有越多边的环状多边形越接近圆形。然而要这样做还需要画出一个半圆并任意将其周长划分成尽可能多的等份，假设为偶数份——分得份数越多，画出的圆形越接近完美。在对面这个例子中，半圆分 8 份，因此完整圆分 16 份。画好地平线，然后在半圆之上，把半圆上各份垂直投至地平线，连接各段至灭点，并选定“视距”，画出四边确定一正方形。然后，画出对角线，并过对角线与各指向灭点线段的交点画出一组平行线。这样得到 64 个正方形，越靠内部越大，越接近正方形外边越小。然后开始在正方形一边的中心确定小正方形的角上一点，在其另一对角确定另一点。这样，通过一个角、一个角地——均在对角线上——定出端点，完美的圆形便用点确定出来了。由于不能使用圆规，小心地从一点到另一点手绘出曲线，透视缩短的圆形便完美呈现了。文雅的读者，您一定非常了解这个形状——它可以用于不同事物，正如我将在讲到它们的用处时所讨论的一样。 31*v*(21*v*)

32*r*

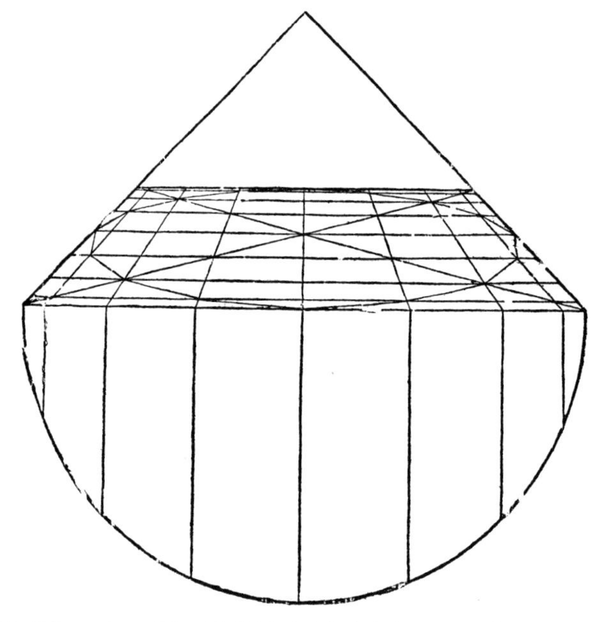

32*v*(22*r*)

于是必须再进一步，用一边框包围这个圆。无论你想要边框多宽，在半圆中画一半圆。指向圆心，在小圆上分成同样份数，并将其投垂直于地平线——不过，把它们都画成点虚线使其不至于与其他线混淆。将这些点指向灭点画线，在这些线与对角线相交处即为正方形边框的边缘。同样，从第一圆的各角向圆心连线，画成点虚线。这些线与指向灭点的点虚线的交点即为内圆周的各角点，按照上述方法，如下图所示。哦，这门技艺的学生们，耐心仔细把这两图重复研习吧——我相信对于很多人来说它们是困难的——因为没有其很多需要的事物就无法画出来。而非常了解这些的人可以把它们全绘制出来。

33*r*

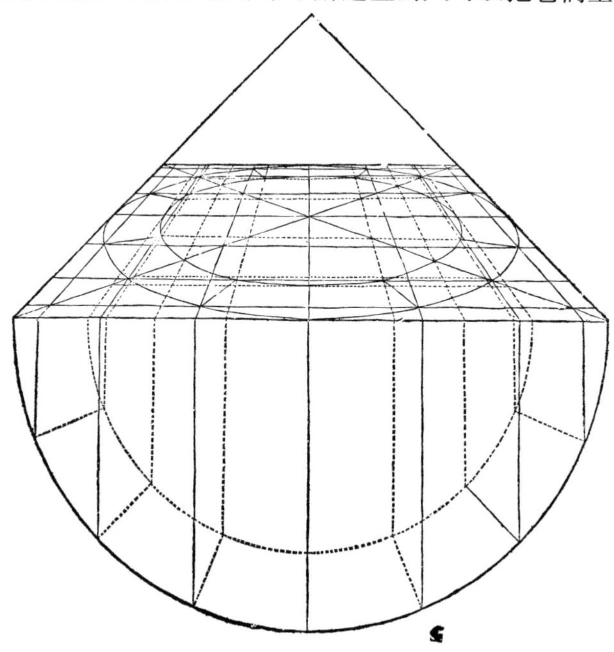

33*v*(22*v*)

建筑师经常希望演示一座建筑的内部和外部。因此，首先在透视中画出建筑的全部平面才能做到非常可靠和精确，然后再从平面提升出他想要看见的部分，并把其他部分留在平面图上来表达建筑的其他部分。因此，如果你希望在透视中确定一个平面，而且你想做得好的话，先把平面的实际形式画出来是必要的，从此再把它转画在透视中。因此我确定了一座建筑，它是完全空置的以便于大家能够简明地理解它的空间关系。不过一旦熟悉了这个方法，人就当然有能力在透视中绘制更加复杂的事物。我不会太过麻烦自己描述透视中的这个方法，因为它很简单、清楚而容易理解，因为一旦从各构件的边角原形各线都投影到你想画透视的平面图的地平线上，并且画定了灭点、先选好了“视距”，接着闭合绘制了透视中正方形的各边又接着画出了两条对角线——这些步骤便指示出了确定所有列柱、支撑柱的方法，这总是不会错的，特别是对于那些仔细学习了上文所示的事物的人们。

34*r*(23*r*)

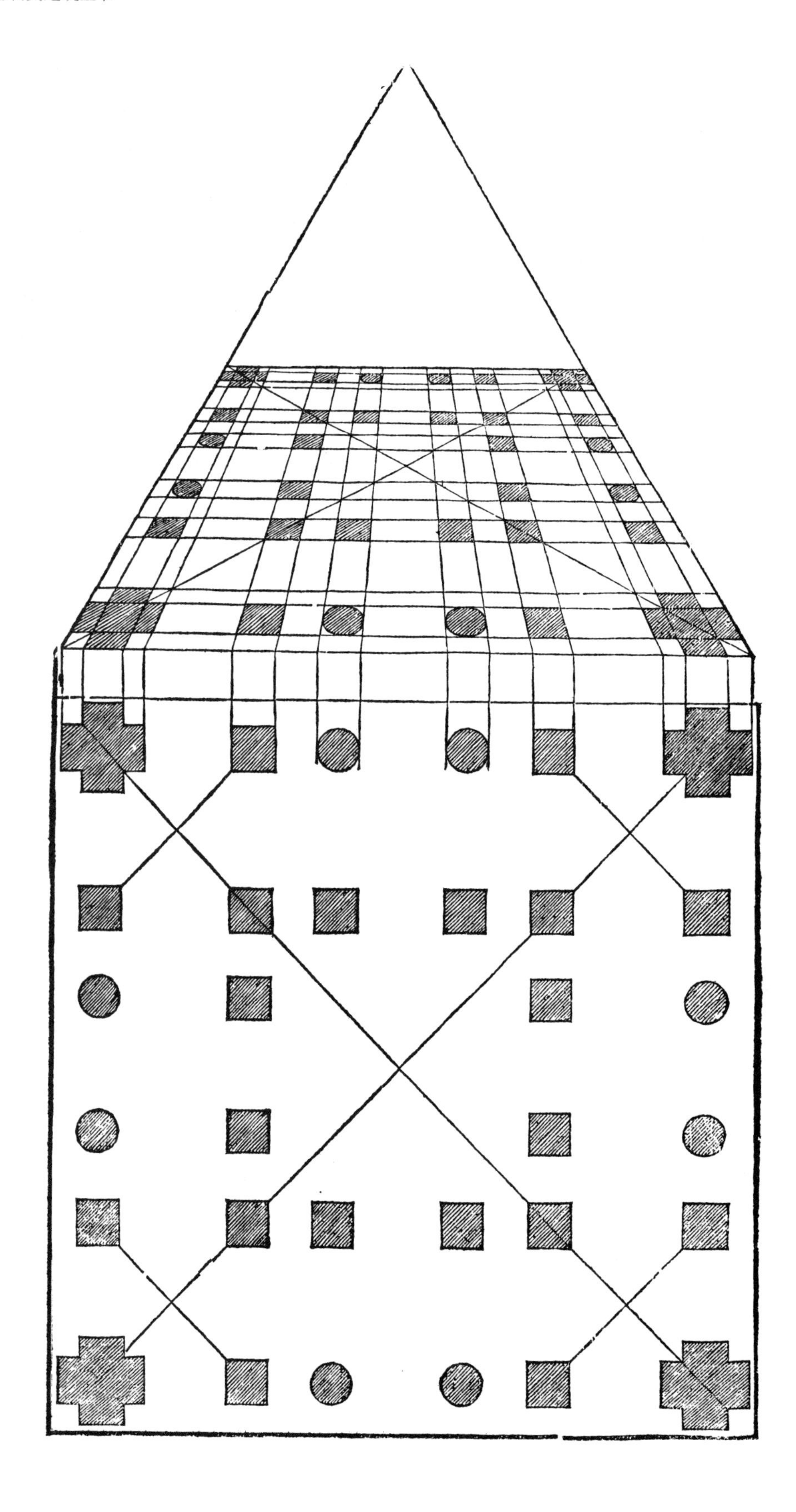

34v(23v)

接下来的图形比前一个稍微困难一些。不过如果你逐步进行，这些事物将很容易理解。最重要的是，任何希望掌握这门技艺的人都不能遗漏任何一步。恰恰相反,他们还应当尽所有努力来理解整个课题,从中得到快乐和享受。不管谁想要跳过此图，或者他们发现难理解的段落——我也一直在克服这些困难——将不能从这门技艺中得到益处。于是，无须多讲，在透视中画出当前图的方法是可以清晰理解的。无论如何，应当遵照前页描述的方法，你还必须始终在头脑中记住，正是对角线与指向灭点的线的交点指定了每个要点。尽管在这个课题的这个分支中可以画出很多不同平面，我仍然必须讨论很多事物，对于这个课题来说它们将是足够的。这是因为通过这个小启发，勤奋的建筑师将能够画出其他与出现在他面前的情况有关的图形。因此，当他希望把他想展示的部分竖立起来，他必须画出立面的原形，使用与平面相同的单位进行度量，而后使用三角板从透视中的平面上把所有部分立起来，我将在这里做更多的清晰论述。

35r(24r)

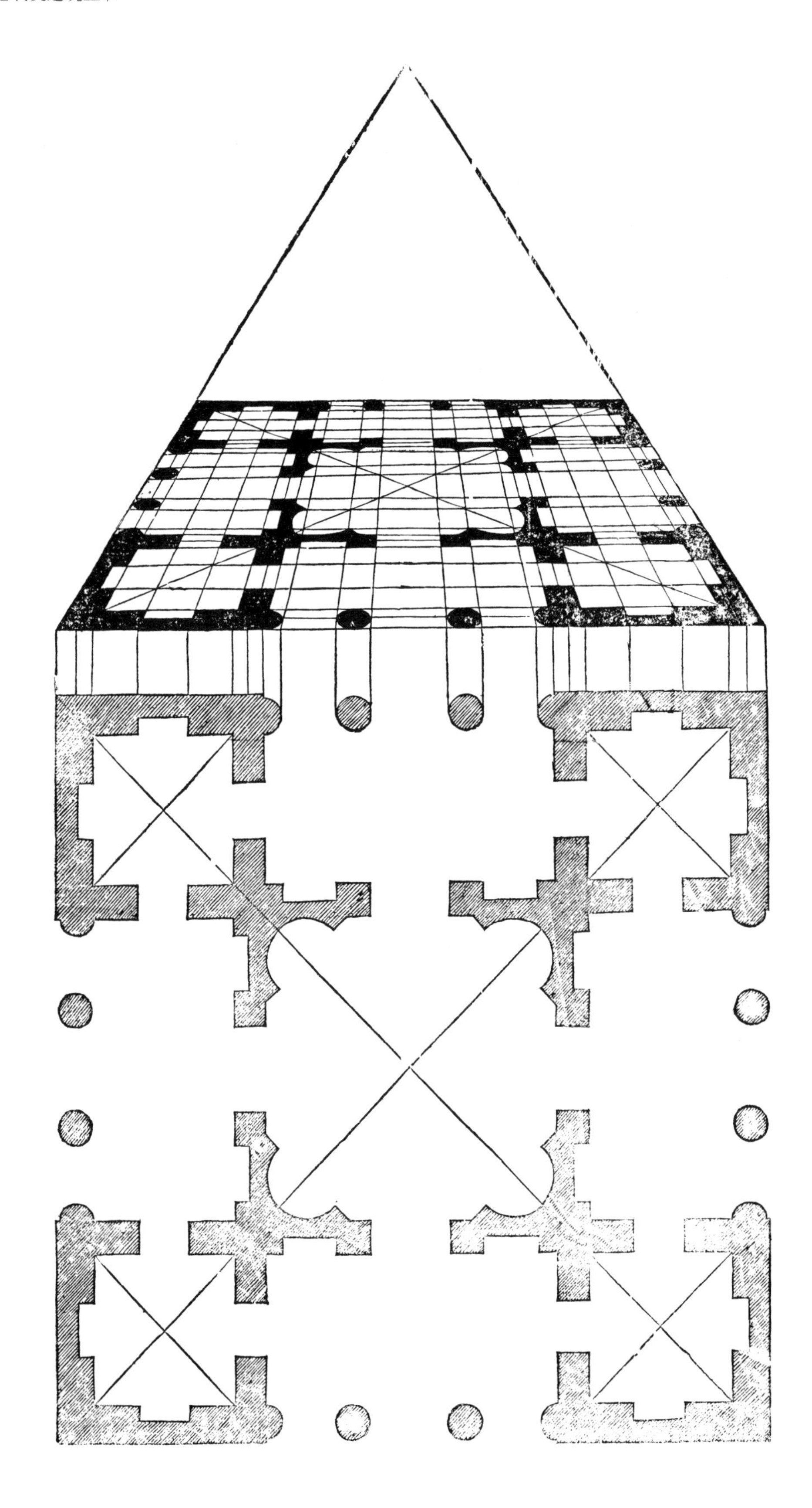

关于不同形状的平面和其他表面，我想我已经说得够多了。现在我要论述平面上升起的体形。在前面第一个实例中，我展现了如何画出一个八角形自身并为之包围一个边框，但是建筑师想要的更多，例如，想在透视中表现一个八角形体形，如一口井。首先，他应当用上文说明的方法画出它的底面。无论他想要井高于其底面多少——即高于这里的地面——他要在这个高度画出同样的形状，指向同一灭点。然后，从上面的六边形（应为八边形——译者注）的各角，内外两侧均如此，向下画垂直线至下面图形的相应各角。用这种方法，即得到一个透明的八边形体，如下图所示。 35v(24v)

36r(25r)

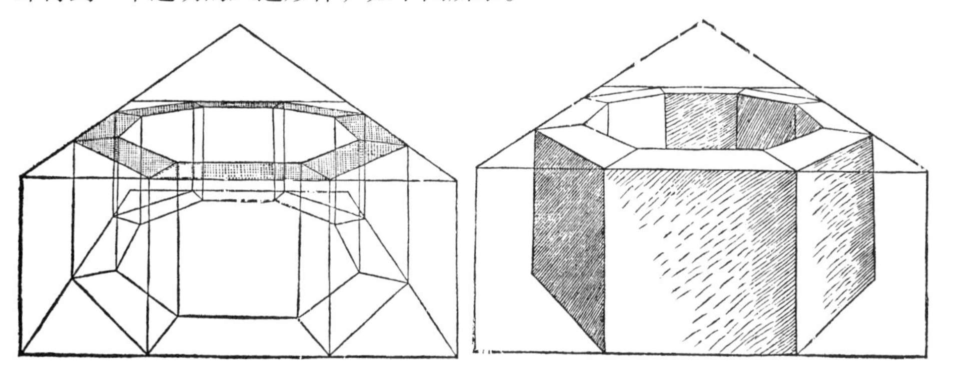

关于透明八边形已经讲得够多了——进一步画出对面图那样的实体形式之前，知道如何画此图是绝对必要的。此图的形状和大小都未变，而所有不可见线都被隐藏了。[29] 透明形体和不透明的形体之间没有任何差别，形式之外的区别在于一个显露了死体的没有血肉的骨骼，另一个则表现为血肉俱全的活体。血肉覆盖了骨骼，但骨骼仍然存在，隐藏在内部。同样地，那些见过人类和动物骨骼的艺术家技艺更加高超，并且比起那些只肤浅地塑造表现对象、只抓外在特征的艺术家，具有更好的艺术理解。[30] 因此学习透视的学生中，那些希望很好理解隐蔽线并把它们牢记的人将比那些自满于仅仅顾及可见部分的人对这门技艺理解得更好。这确实是正确的，一旦一个人了解并记住了所谓的“隐藏”部分，在后来他的工作中他将能够利用这些基本原则，并且将通过源于理论的实践活动制作出很多作品。

下图中所示的三个图形的每一个都是用上文演示的方法从正方形推演出来的，并像他们应当的那样，汇于同一灭点。人可以把这些图形用于很多事物。或者说，谁很好地了解了它们便将知道如何画出任意圆形，但是如果没有它们，他便不会知道如何利用圆形物体。从这些图形中，还可以推演出实心环形或球形的建筑，或者有列柱或者没有，甚至还有螺旋楼梯因为它们已经表现出了画圆形中台阶的方法——可以看出，透视中轮形图已经确定好了。运用这些图形，你能够发现画出所有这些构件的方法，但是需要你自己努力工作。简而言之，能够从这些图形中推导出来的事物的数量是无限的，只要了解它们的努力不是你力所不及的；如我将在下面说明的，透视中拱券结构的起拱要困难得多。 36v(25v)

不过，所有的都是从这些图形推导出来的。但是如果一位勤奋的初学者希望立即理解这些内容，急切过度，那么我肯定他最后会糊涂的。另一方面，如果他完成所有前文所述的阶段，包括几何学和这门技艺[31]，那么如果他还不能理解这些内容和其他下面的内容，他将会是一个比较差的、迟钝的人。事实上，这里有三个平面，可是一旦自所有点向下画出垂直线——包括内外两侧，连到下面的点，它们就形成一个透明体。遮蔽隐蔽线[32]后，它便成为实心体。如果在一些情况下体形要画得很短可以看见底面，那么应作出两个平面一个在一个之上的样子，对应体形的预期高度，不可见的部分应隐藏起来。这样，显露底面的矮小体形便做成了。读者，请不要惊讶，如果我就某一问题写得很长，那是因为，正如我在开头所说，这门技艺通过面对面谈话的方式来教授要比用写作和制图的方式好。

37*v*(26*r*)

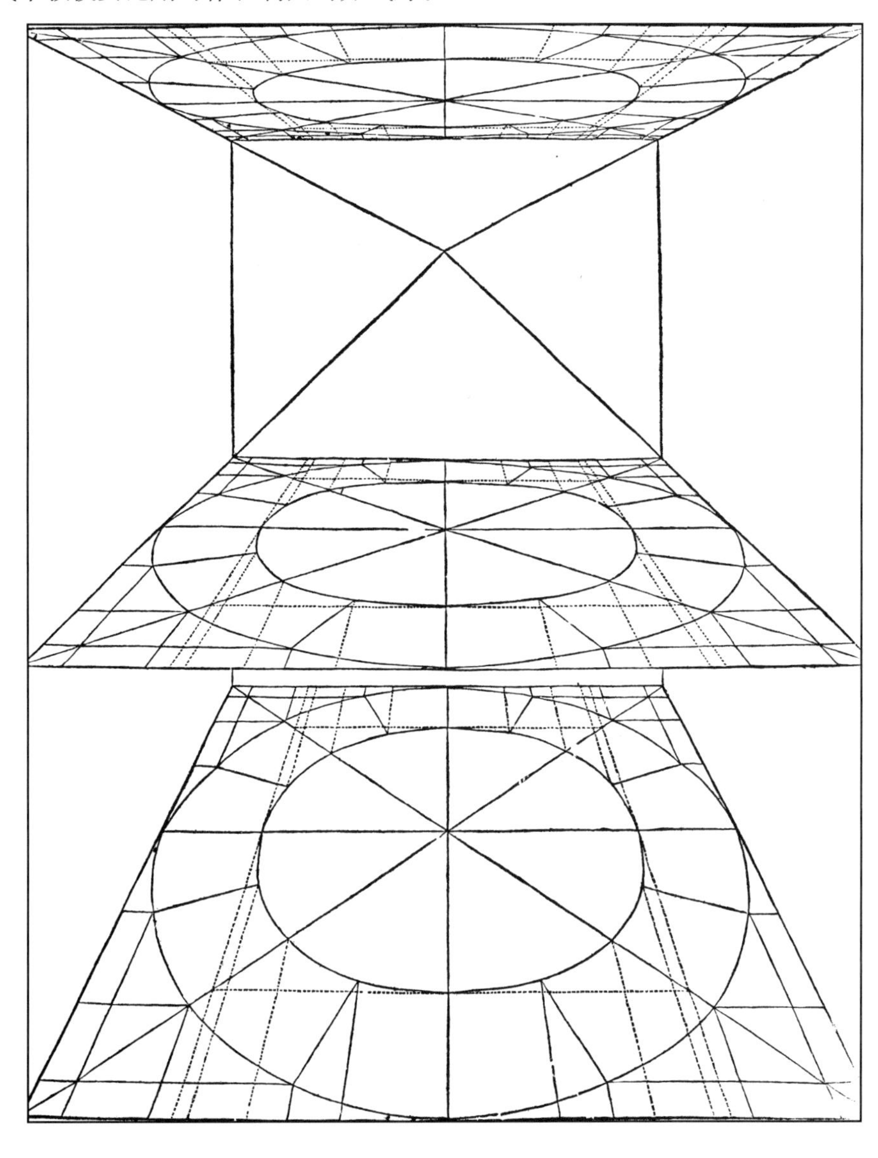

38r(26v)

大多数从山上奔淌下来的急流，在到达平原之后，会不时地变换它们的流向，它们把从相邻一侧的土地分出，交给了另一侧。这正是透视法关于带角度的物体的做法——即观察者一侧角上失去的部分等于另一侧外露的角部得到的部分。对面图说明了这一点。请记好，读者，中间的标准正方形代表一方柱的厚度，它外围一周较薄的部分表示柱础和柱头部分厚度加出挑。下图是柱础，上图是柱头。透视缩短该物体的方法是：首先画出一没有厚度的柱的立面，并在它上面画出柱础和柱头，左右相同作出它们的出挑；所有这些都应用隐蔽线来画[33]——即用点虚线——如图中所示；然后，向灭点连线画出立柱可见的一侧，确定出透视缩短了的此部分的厚度，我将在关于它的地方论述；接着确定该柱的底面[34]，自角至角画出对角线，也是隐蔽线，再从（正视图上）柱础的面向观察者的角——这正是我现在讲的那部分——画线连至灭点；稍微向下延长此线至与位于柱底的对角线相交；此处就是角部（正视图）失去那部分的界限；再自减少的角（相对于正视图伸出部分而言——译者注）向增加的角画一条水平线，如它理应呈现的那样，比柱地面略低一些；这样，柱础伸出部分便反映出它沿地平线拉长了多少，一个角被透视缩小了多少而另一个角增加了多少；然后，从朝向观察者的柱础的上边线向灭点连线；同样，从下方的减小了的角向灭点连线[35]，此线与柱底面对角线的交点即为末端的另一角，如下图所清晰显示。我所说的绘制柱础的方法可以理解，也能用于柱头。

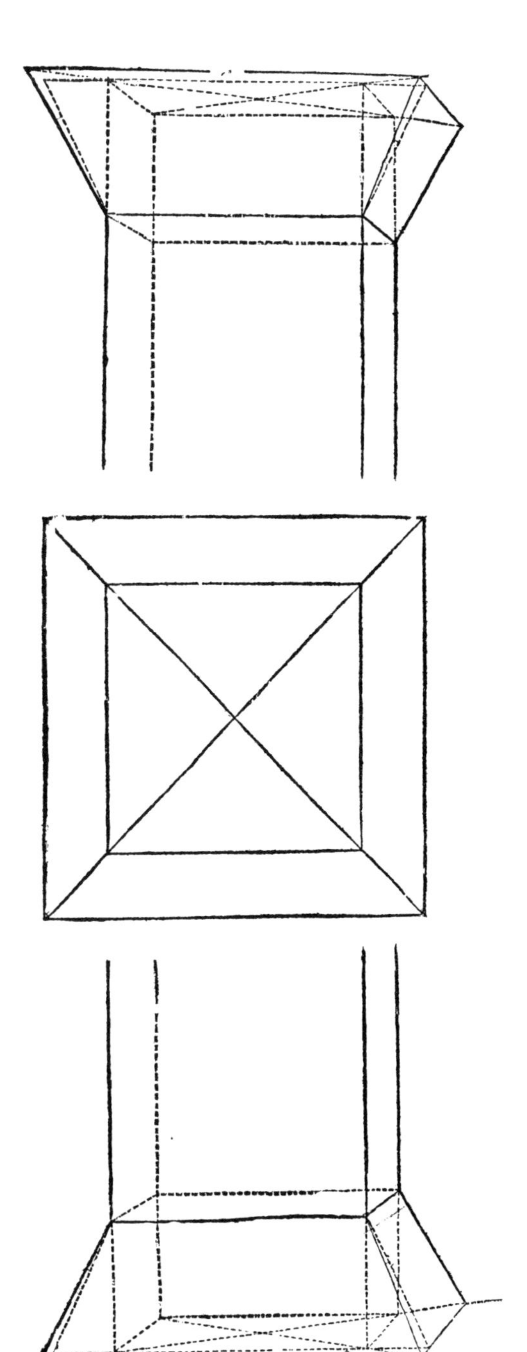

39*r*(27*r*)
39*v*

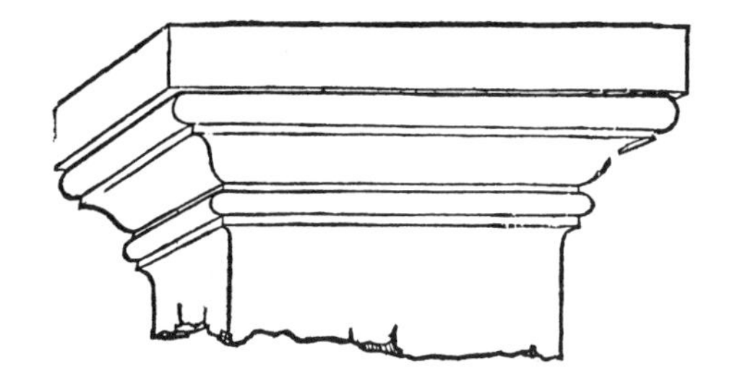

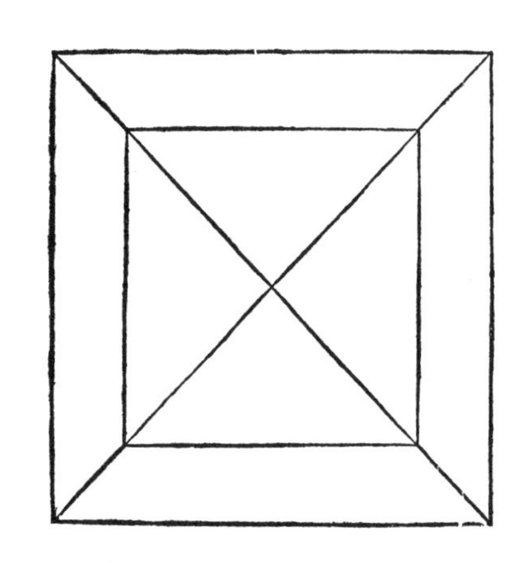

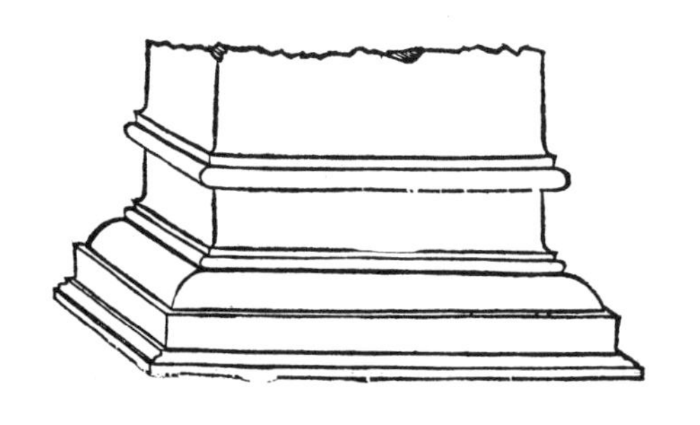

对面的三图与前一组相同，只不过前面的没有装饰构件并且是素面的，而这里的装饰着所有细部构件。目前为止，我还没有在前一组图中说明如何确定各构件，因为事实上它将使内容非常混乱，也因为它非常难用文字描述。我只希望说明那些主要端点的画法以便能在头脑中深深地记住它们。然后我还想说明当前图中反映的它们看上去的样子以便展示他们的外观。不过，因为我说过这个问题相当困难，我将在下文中运用隐蔽线[36]画出另一个构件齐全的立柱，然后尽我所能给出基本方法，一个一个地找到上述构件的端点，他们之间只差一点。然而，这里还必须认真考虑到底这些柱础和柱头的线脚是如何被透视减小或增加的。此时，就应当把这些画法认真交由头脑去牢记从而按照这些讲授他能够完全准备好画他要画的东西，因为一切背后的实质是，理论是头脑的事情而实践要靠双手。由于这个原因,鸿学硕彦的达·芬奇[37]从不会满足于他的任何作品，也几乎没有完全完成任何作品。他经常说个中原因是他的手永远无法追赶到他的头脑。至于我自己，如果按照他的做法，就永远不会出版我的著作了，将来也不会。究其原因，事实就是我的所做所写无法令我自己满意。然而（如我在已经出版的第四书的开头所说[38]）我曾想，现在仍然想施展上帝仁慈地赐予我的，而未随意弃置，任其腐朽无果的，渺小的才能。如果我不能满足那些好奇求知、对每件事物都喜欢刨根问底的人们，我至少应该满足那些尚且一无所知的人们，这是我一贯的愿望。[39]

40r(27v)

如我上文所说，当讨论到透视中的这些出挑的时候，找到所有构件的端点是非常困难的，因为它们无论从上看还是从下看都存在增加量。因此，我不希望逃避再画一张图的任务，为了更好地理解，画出它的所有构件。在前数第二页我给出了找到没有细部构件的各角端点的方法。现在我将给出找到所有这些构件增加量的方法。首先，像正视一样画出基座所有构件及其所有正确的伸出尺寸，全都使用隐蔽线。[40] 然后，像我在前边演示的那样，确定它们的减少量和增加量。在柱础下方的水平线处——其下移量就是柱础在底部的增加量——自柱基（即我们所说的台座，socle）两角向最初所画的柱基上方，上引两条（垂）线。[41] 再从最初的柱基上角 [42] 画两条至灭点的直线，使之与（刚画好的）靠下的柱基下角升起的直线相交。此即略大一些的柱基端点位置——用实线连接这些点。接下来，自离观察者最近的柱基一角向柱础上端点画一条线，所有细部构件都到此即停。[43] 方法是这样的：自灭点至柱础各构件所有角画隐蔽线，使之交于上述起于大柱基一角而终于最初所画柱础上边的线段。于是，这些来自灭点的线与该线相交，交点即为各构件端点——它们的大小逐渐增加。用这种方法画出柱础朝向观察者一角的所有构件后，画线把它们全都引向灭点，按照它在柱础上的样子画出另一角。同法画出增大的角——我所说用于柱础的方法也可推广至檐口。不过，读者，请记好，所有垂直线都必须与上述来自灭点的线相交，如此图所示——你可以从图中学到比文字中更多的东西因为这是一个非常难以撰写的课题。然而，如果有人开始学的时候没有明白这部分课程，他也绝不能放弃，因为通过反复实践，他是能够找到出路的。此图的檐口可以用于所有更高一些的和更低一些的各种角——只管把各构件向着灭点连线即可——尽管这些角可能属于其他不同的构件。

40*v*(28*r*)

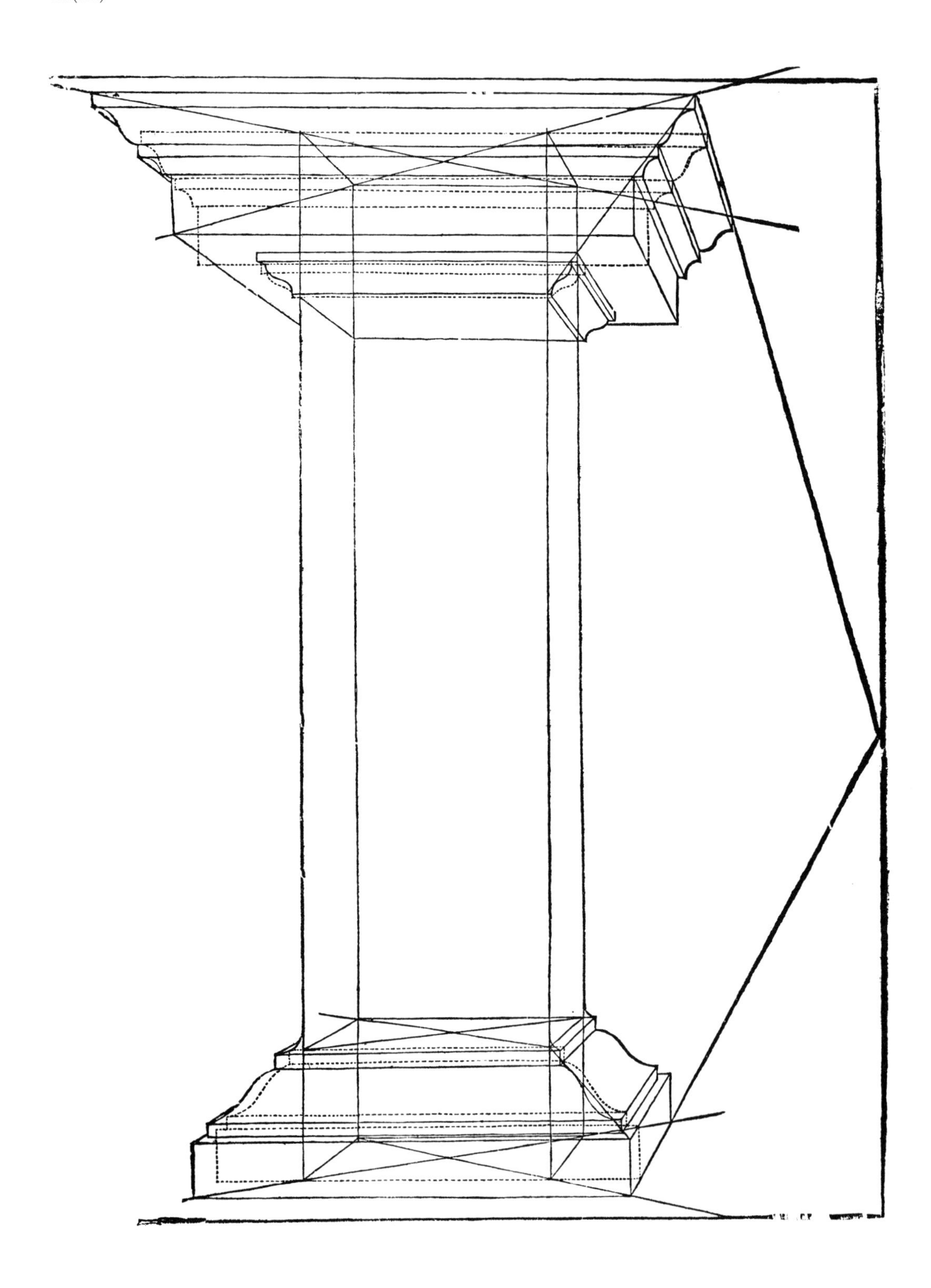

在平面上一个接一个地排列立柱以形成柱廊、拱和其他类似形式的方法有很多，而这里的方法最简单。首先，画一个由很多正方形组成的平面，如我在开始说明的一样，选定一个看上去合适的“视距”，确定正方形边长，如2尺。同样，立柱用同样的厚度，而因为立柱与左右侧墙体相连，它们两翼也只能是一（柱厚）。[44] 第一对立柱之间的距离是八个正方形，柱子的厚度应同样指向灭点绘制。把柱子升高到看上去最好的高度后，停止升高并在上面画出半圆。半圆应向圆心引线分成很多部分，份数看上去合适即可；圆心位于立柱顶点连线的中点。而拱券底面构成其厚度的另一圆心应位于上述连线下方的连线的中点。用这种方法第一个拱的所有端点都可以指向灭点画线，于是可以画出第一个拱。更深远一点的立柱间距也是八个正方形——这样每间便是一个正方形。[45] 这里的一对立柱也用第一对同样的方法绘制，第三、第四对也是如此。在此，读者，我还没有希望在此图中画出拱券的透视，在一节课中讲所有这些会使你感到疲劳。位于两侧的两个正方形大门部分被第一对立柱遮挡了，因为从大门一角到立柱间距是两个正方形[46]，另侧相同，所以大门开口便是四个正方形。即使我没有尽力写到，也可以理解，拱券之上还有梁。我不希望在柱子上在放上柱础和柱头，以免混乱，但是我将在下页说明所有部分。

41*r*(28*v*)

42*r*(29*r*)

接下来画出的拱券只是用来提供放置柱础和柱头的地方。我已经分别在前文两课中说明了这些构件如何被透视减少和增加，以便人们可以做更好的准备在这里把它们置于立柱之上；尽管，说实话，如果能够面对面交谈的话可以教得更好也更简单。不过，使用文字和设计图继续写得长一些——为了无法当面听课的人和我们的后代，是绝对必要的，这样可以使它能够更好地被理解。为了使各角能够更加清晰地区别出来（即把那些隐蔽线[47]从实线中区分出来）我把"视距"设得非常短，并把灭点设得很低，并且我把立柱放置在平面上的方法也与前面使用正方形格子的方法不同，这个方法是：在把第一对柱子置于地平线上之后——宽度由你任意确定，因为每根立柱只由两条线组成——将其连至灭点，然后按照我上述做法确定"视距"；在两侧都确定"视距点",然后从右侧立柱外边部分向左侧"视距点"连线;另侧同法绘制;这两条对角与立柱（向灭点的）引线的交点即给出第一对立柱的厚度，并确定平面上远方的两立柱的端点，如平面上隐蔽线所示。至于拱券底面的厚度，前文已经论述过并在下图中用柱上方的四条点虚线表示——拱券的圆心便是这些线的中点。绘制拱券上方内收的正方形的画法也清晰可见，此做法在没有使用拱顶的十字拱的时候是有用的。

42*v*(28*v*)

43*r*
[French]

43*v*(30*r*)

下图与前一张图类似，只是在柱础和柱头上有了更多的构件以便展示更多细节，使图纸画完成后能有更好的效果。尽管我已经在上文中只说明了这些物体的画法，但是，当某人熟悉了这些做法，他便可以很好地利用他的实践经验，倘若他在回想起这些已经记在头脑中的方法的时候还运用他的判断力，事实上就是按照称为平面法[48]的法则来做——这是一种最简单的方法，他便能够从实践经验出发画出很多种形体。因为如果这些形体是由良好的判断力和熟练的双手共同完成，它们就能够完美地完成它们的使命，如此处被划分成正方形的拱券底面。[49]用以下方法绘制：需要两个圆心来确定拱券的厚度；将拱券底面分成8份，如6份给向内凹的方形部分，两份给围合它的边框；同样需要把一个圆心到另一个圆心的部分分成8份，尽管此形状是透视缩小的；再把圆规向圆心下方移动一份确定靠上边边框；再同样把圆规从低一点的圆心向上方移动一份画出下部边框；然后用两倍边框厚度[51]划分[50]正方形，并按你所需画出正方形的深度——此深度由略高于下方圆心的圆心确定。用此方法可以画出不同形式的划分，不过，也经常需要良好判断力的帮助。因此，受到良好指导的人可以完成所有这些工作，只画出最初的端点而后通过练习完成其他部分。然而，我完全可以想象，这个领域的一些纯化论者会责备我的随意。我会这样回答他们，他们应当纠正我的错误，同时他们应当意识到这里所说的方法和现实之间的差距有多小。

44*r*(30*v*)

44*v*
[French]

45*r*(31*r*)

45v(31v)

这种画出交叉拱的方法[52]总是难以面对面教授的，更不用说写下来教授未来的几代人。不过，由于这是绝对必要的，我还是应当努力尽我所能来演示它。第一步，选定拱券的宽度和高度，然后在平面上画一个标准正方形，使其像在四根角柱之间一样的。把大一些的拱券分成8等份并把它们连线至灭点直到小拱券。然后，按照我在上文中演示的方法，利用这些部分在正方形中画一个圆形——在地平线上标定点5、4、3、2、1。把这些点投射到右侧[53]自半圆向上引的直线，即为点5、4、3、2、1——将所有点向灭点连线。同法，将平面上圆形生成各线向上引至顶部。然后，这两组线的相交出就是侧面圆上的点，在此画出左右两侧的可见圆。一旦两个半圆画好后，先自其顶点——标注为点5——画一条直线，该线与从较大的圆中线的交点即为交叉拱的中点。同法，将两侧形成半圆的点相应连成直线。这些线与划分较大半圆的直线的交会处——共七点——即为确定自角部构成交叉拱的两个半圆诸点。据此，通过仔细地逐点连接这些小点，所求交叉拱即告画完，如下页图所明示。如果“视距”和灭点在一侧，同样形体也可以画出来，但是最好先记住前视效果，这样，那些“视距”[54]在一侧的透视能够更容易地画出来。

46*r*(32*r*)

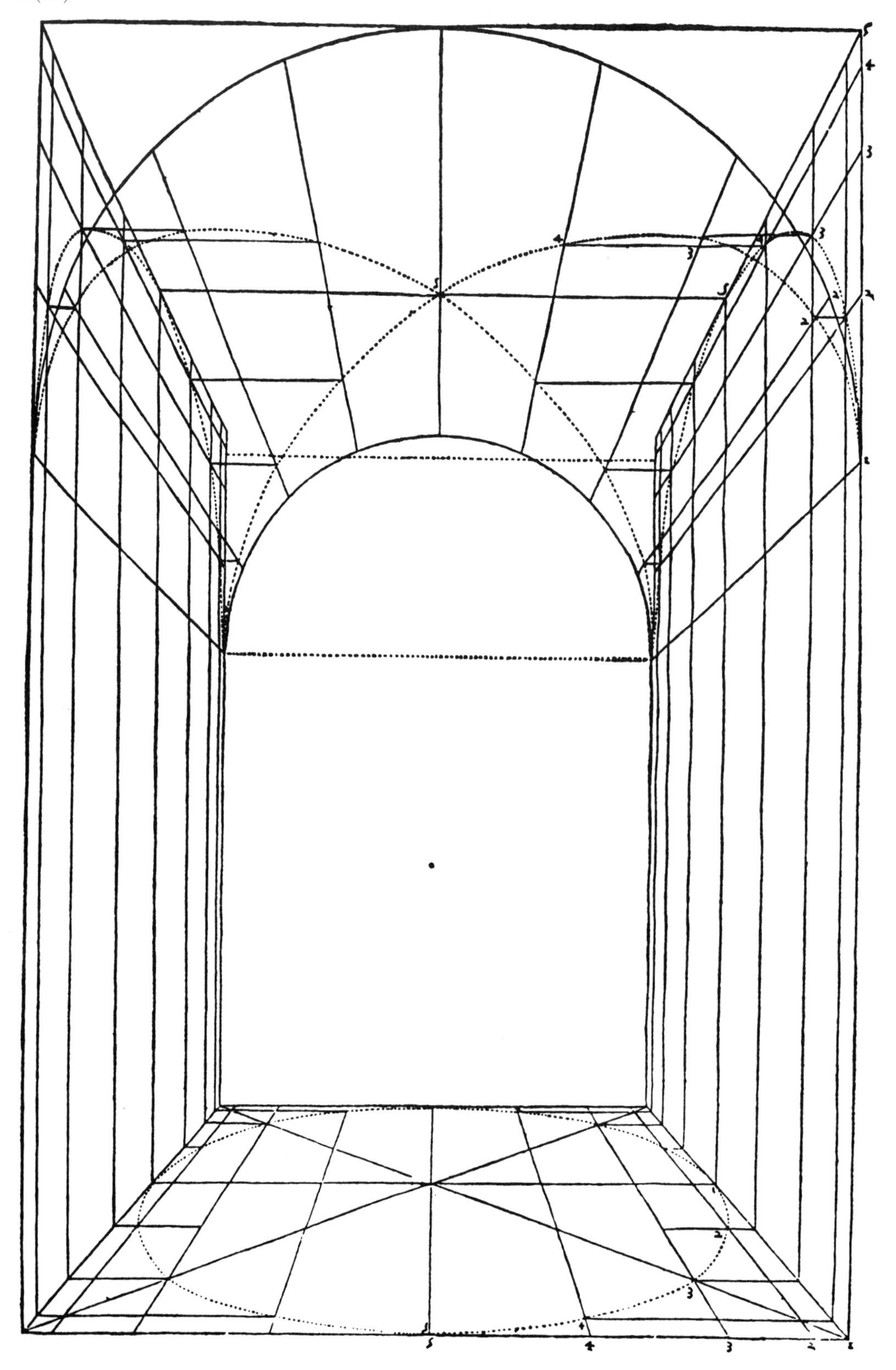

46v(32v)

因为我在上文已经演示了在透视中画出一个拱券的方法，即一幅轮廓图，我现在将说明拱券的体形的方法和将其透视缩短的方法。不过，在我开始演示此法之前——此题相当困难——我将说明支撑拱券的立柱。画立柱的方法已经非常清晰地表达了，我不会再尽全力写出如何绘制的方法。在此图中，我也不想画出前面或侧面的那些拱券以免遮挡其他部分，但是我会简单作出侧面拱券的轮廓——它们总是能够从正方形中推导出来，这可以从它们的分布呈正方形这一点看出来。不过，事实上，我也画出了后面的拱券，它不会遮挡任何其他部分。构成上部的环形表示将来画圆顶楼或穹顶的方法，也能用于表现略微向后退的形体。立柱的起点完全由对角线控制，每根立柱是三个标准正方形相接而成。角部的正方形随外角而设，而拱券，共四个，自另两个正方形向上生成，在顶棚处呈一正方形。在此正方形中可画出交叉拱、圆顶楼、穹顶或任意你想要的形体。如果你想继续画出远处更多的这些式样[55]，应当经常研究这种方法和文中不能很好理解的部分，插图也已经很清楚了，只要再花一点努力，即使没有任何文字表述，也可以发现所用的方法。

47*r*(33*r*)

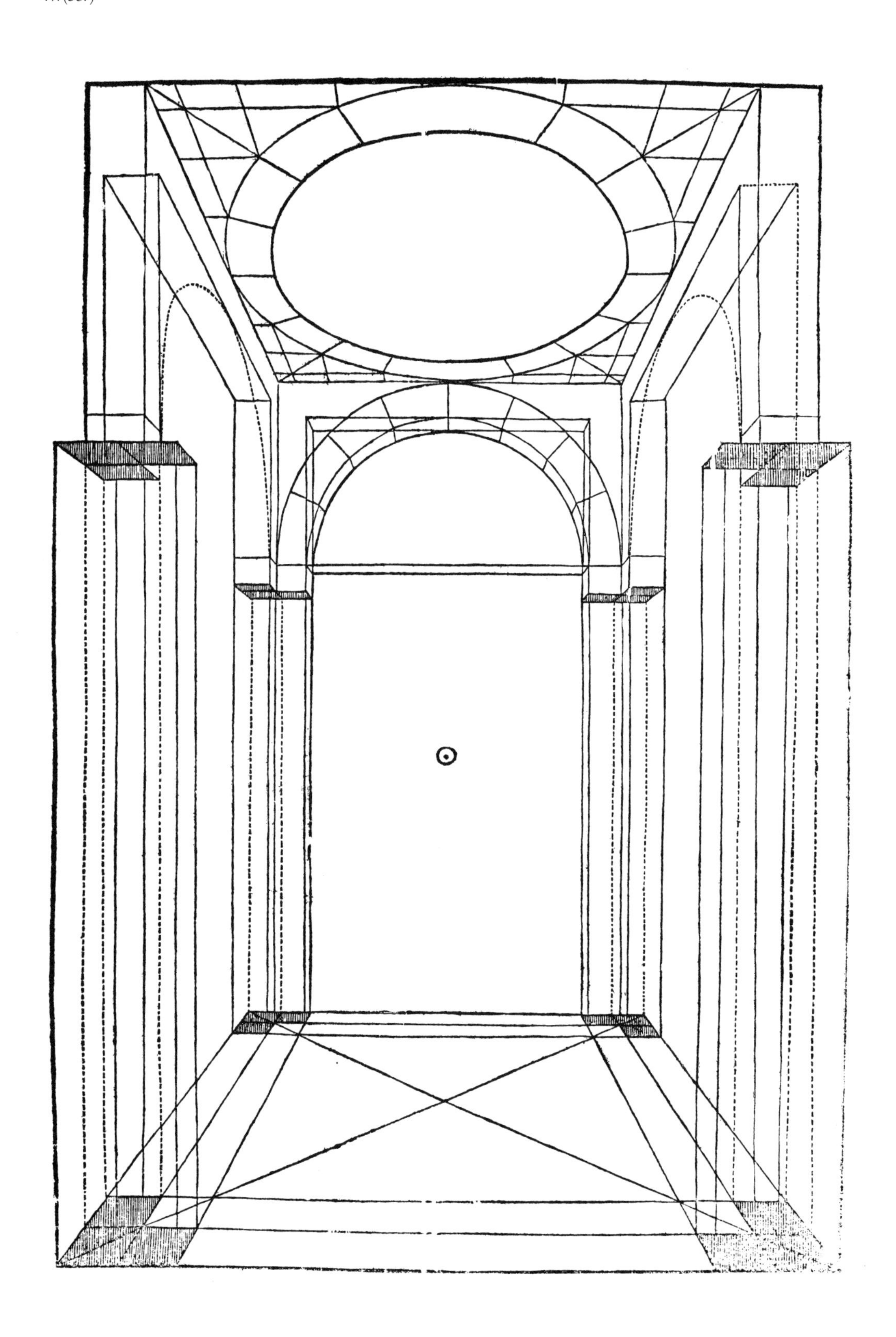

47*v* (33*v*)

读者，您现在明白了把这些拱券画在透视中要遵守的最好方法。首先我很详细地通过此图中的三个圆形平面演示了画出实心圆形形体必需的方法。不过，我在此图中更加公开地说明这个方法，此处，必须要想到底部的环状体形是用来绘制两个拱券的。一旦完成这部分之后，如我说明的，现在也可以看得更清楚了，首先你还必须在把起拱点升起到灭点之上。自平面上放着的形体中心引向各角的直线将要被放置在左右两侧，这一点在图中很容易理解。应当特别注意平面上形体中的两个十字符号即为这些圆形的中心——下方十字是下部圆周的中心，上方十字同样也是上部圆周中心。实际上，它们构成了拱券的高度，并确定了一个形体。然而，还应当注意所有实线就是确定外部圆周的边界，而所有点虚线构成的隐蔽线[56]表现的是内部，结果使得拱券看上去就像透明的并且由一些单独的块组成。你可以从这些拱券地面的这些块学到如何画出各种划分。[57]一旦了解了这些拱券，人们就无须总是重复这个作业，而只须在练习的帮助下他就能够运用两条主要线便画出这些拱券，尤其是前面的拱券实际上遮挡了很多透视中的其他拱券，以至于只能看到非常少的部分——我不想画出这个拱券因为它在透视中遮挡了其他两个。正如我上文中所讲的，通过这个环状形体可以画出很多不同事物。

48*r*(34*r*)

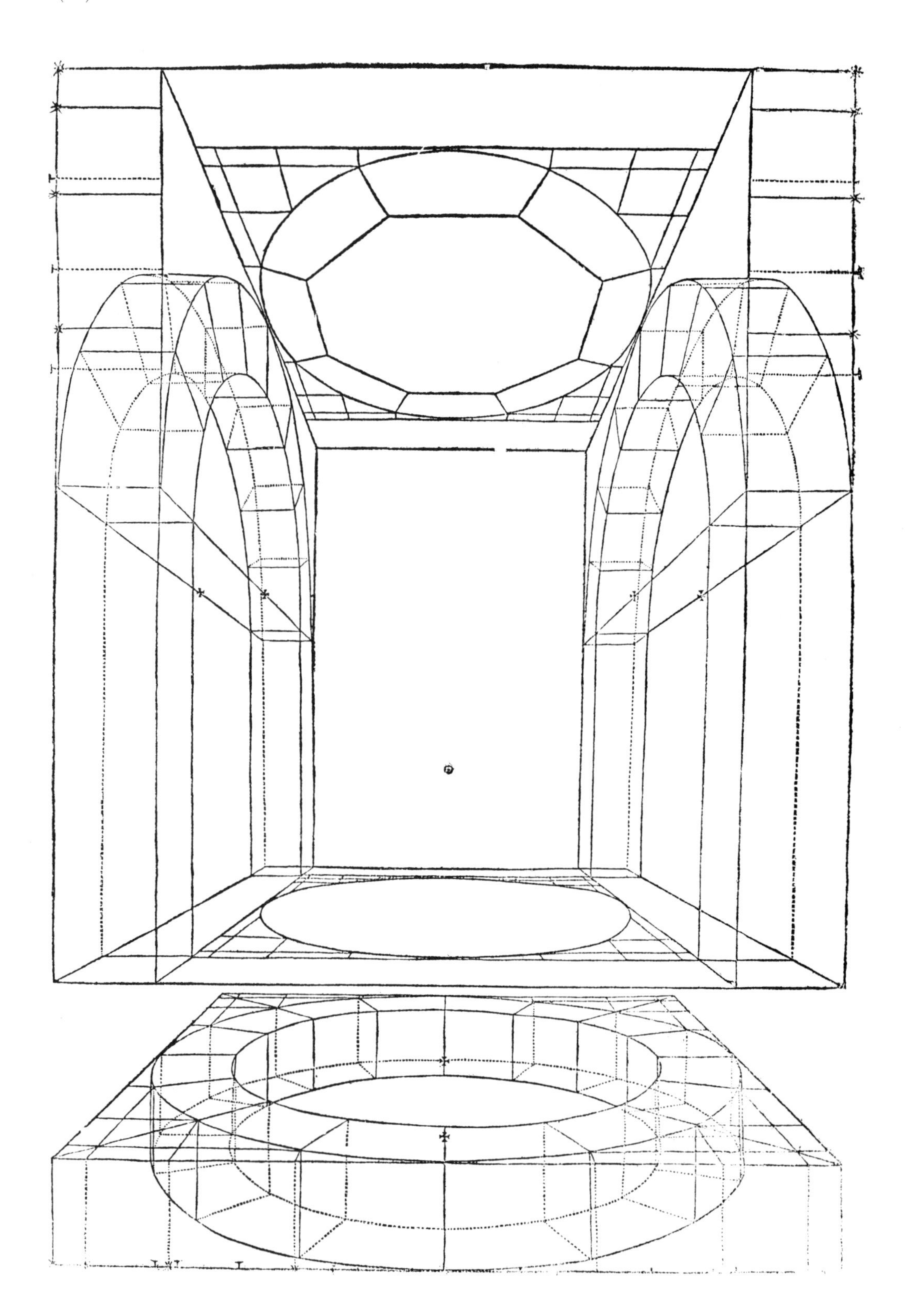

48v(34v)

至于在平面上排列上面有拱券的立柱，我想我已经说得够多的了——我所讲的方形平面上的做法也可以推至圆形平面，因为所有圆的体形可以从方形推导出来，包括圆形柱础和圆形柱头。熟知上图形体的人将能够不仅知道在这些图中如何利用它，而且知道如何将其用于别处，因为所有建筑上显露出来的构件都能够有效地表达在透视图中——如果我要把这些方法都演示出来而不是按照原来的想法写这篇小论文，我就得写一本长篇巨著并且很可能就再没有时间来写计划好的其他几书了。不过，让我们现在来讲一下可以看到正面和一侧的、位于地平线上建筑的立视图怎么画。如我前文所讲，最简短且最可靠的方法是先画出一个由很多正方形组成的平面，假设用罗马尺、维琴察尺或其他某种尺度为单位。再假设每个正方形边长 2 尺 *，如图，前沿正面立柱间距四个正方形，每根立柱占据一个正方形。同样地，进深方向柱间距也是四个正方形，如次页图所示。一旦立柱升高到看上去最好的高度，在立柱之上绘制拱券。画这些形体的方法可以清楚地看出来，尽管远处背后的那些拱券是看不到的，我还是把它们画出来了，这样它们的端点可以标志出来，一部分用实线，一部分用隐蔽线。[58]拱券之上还要画楣梁、中楣和檐口——檐口的出挑应运用已经说明的方法画出，如檐口出挑处的两条对角线所示。同样地，上方的另一檐口也用同法画出，可见于另一角、中部和上方对角线所在之处。门廊之下的门洞为两个正方形宽四个正方形高。图中前方地平线上，图钉一样的标记代表檐口之上向前窗户的宽度——如果把它画完整，它也有四个格高。平面上透视缩小的立柱间同样的图钉是透视缩小了的窗户的宽度——高度为四个正方形，但是受到了檐口的遮挡。最远处拱券片段是与柱廊分开的，这平面上可以反映出来。我没有画出柱础或柱头以免混淆其他部分，但是应当理解这些细节可以用我前文说明的方法作出来。使用这种方法，可以从平面上升起各种各样的建筑，如我在次页所列举的各种建筑式样。可以看出，所有拱券的中点都位于始自面向前方第一拱券的中心、指向灭点的直线上。

49r
[French]

* 本书中的“尺”在未注明的情况下为罗马尺。——译者注

49v(35r)

以上，我说明了绘制一个拱券及其他相关部分组成的门廊的方法。现在我将演示一种将从平面升起任意里面的方法，无论是一座住宅还是一座其他形式类似的建筑。画出一个由正方形组成的平面，使向深远出沿展得多一些，每一个正方形边长 2 尺。首先，在第一个里面的起点处是一座门，宽度为 5 尺，因为它在透视缩小的侧边上占据了两个半正方形，而其高度为 10 尺，因为其高度相当于沿地平线方向长度的五个正方形。其门框[59]面宽 1 尺，因为它们占据了透视缩小一边半个正方形。中楣也是如此，而檐口则要大一些，大出来的量视从下方观察而导致的扩大效果而定，此处应当按照已经演示过的方法来画。阳台的托架，或叫做 *pergola*——不管它叫什么——应当位于大门门框柱身的上方。小开口则应当位于门洞上方中间的位置，宽 2 尺。在这里第一座房子的另一角，还有另一座门，宽度 6 尺——它可以是方门也可以是拱门，按所欲即可。但是，既然这些尺度可以十分清楚地在以下插图中看出来，我为什么还要麻烦自己把它们都写出来呢？我只不过是提醒学习此课的学生一点：所有尺度都是从平面推导出来的，因为存在三个基本原则；长度——即立面整体是多少尺；宽度——即门、窗、店面等等；以及高度——即门、窗、阳台、檐口、屋顶、立柱等等。不过还有另外一点，就是墙体、立柱和某些门框的厚度。长度——宽度也是一样——从透视缩小的正方形得来：因此门框也如此，它也有宽度，如我们所规定的。高度也是从水平方向的正方形得来：例如，门高 10 尺；应该从前面最近的一角沿着此角出发的同一条量起——此线叫直角线；量出五个正方形后，把这个尺寸立起来，便得到了它的高度。我就大门所说的一切也可以推广至所有其他形体。墙的厚度为 2 尺，因为可以清楚地看到它占据了一个正方形。第二座房子的出挑[60]为 6 尺，从平面量度，你可以发现它占据了三个正方形。简而言之，所有这些形体（如我所说）所有各面推导自平面。我不希望把额枋、立柱或其他装饰画在此图中以便此图能够很容易理解。然而，有丰富创造力和良好判断力的人在理解了这些方法之后，将知道如何接下来布置美丽且构思完善[61]的建筑，而且可能的话，如果我有时间，我将在此书的末尾画一些这样的建筑。

50*r*(35*v*)

50*v*

[French]

51*r*(36*r*)

建筑中的楼梯是绝对必需的，因此我打算从最简单的开始说明它们的一些类型。作为一种规则，一个台阶高 0.5 尺、宽 1 尺——即为一步。然后让我们假定此组成平面的正方形边长 1 尺，而我们想要画的楼梯 5 尺高、3 尺宽。我们在平面第一条线上量取楼梯宽度，然后在从此楼梯宽度两角上升起的垂线之上量好 5 尺，并将其分成 10 份。得到 A、B 两点。随后将这些部分向灭点连成隐蔽线。[62] 完成后，在长度上数好九个正方形后 [63]，向上引线与来自点 B 的线相交 [64]；此点即为最后一步的外角。在这个点上应有一个每边都是 3 尺的楼梯平台，它另两角为 C、D。接下来，应画出第一个踏步，并从它的两角向楼梯平台画两条斜线。再从正方形平面向上引线。这些线与上述斜线的焦点就是所有踏步的两角点，可以清楚地在图中看到。在透视中这个楼梯是沿着侧边的,另一图则是楼梯侧面。(另图中)每步高度小一些——总高 4.5 尺——宽度完全相同，为 3 尺，如楼梯下平面上的隐蔽线所示。利用这个方法，楼梯可以画成任何你想要的高度，楼梯平台也可以画在中间，总是从平面用尺量取透视缩小的尺度和垂直高度。 51*v*(36*v*)

52*r*

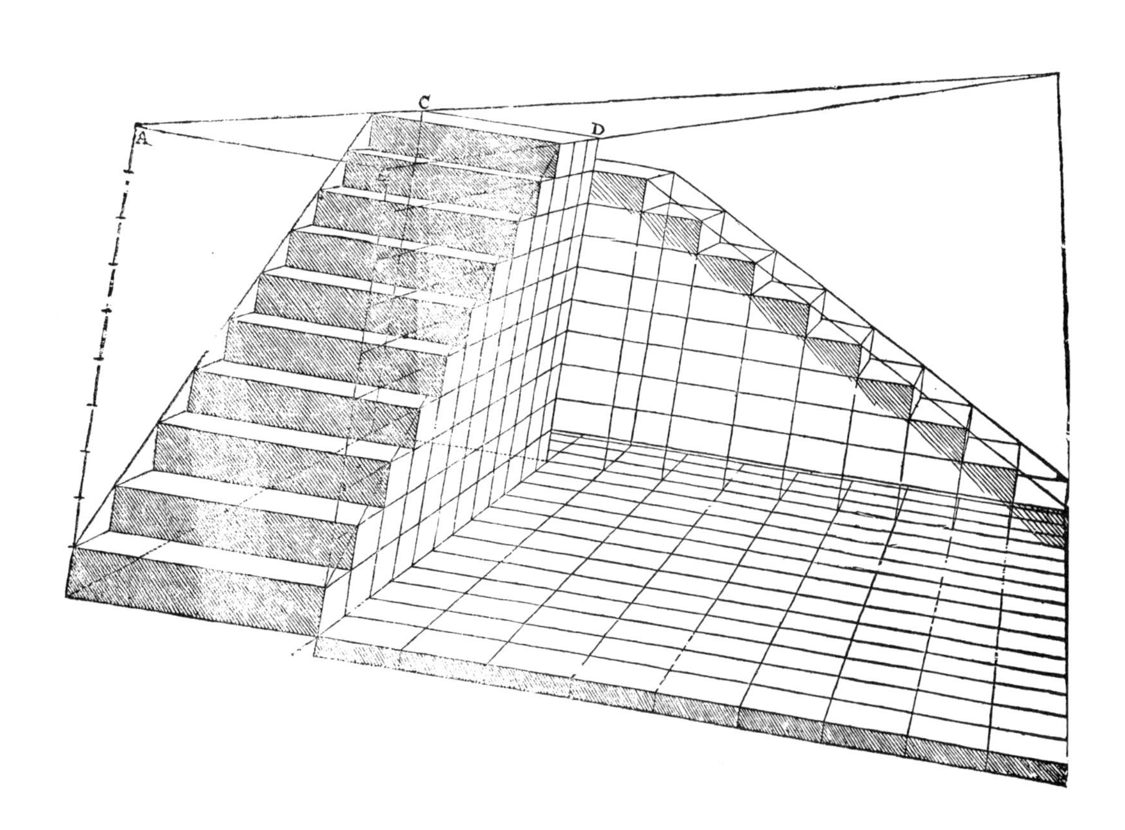

52v(37r) 这些侧面的楼梯经常用到，并且可以很容易地安置于各种地方——我指的是在设计当中——可以用作很多形式。同样，在你要缓缓上升的建筑中楼梯可以非常宽敞、盛大，它们能给观察者的眼睛一种满足。它们尤其适合于公共建筑，因为它们有两组台阶，可以从一侧台阶上，从另一侧下，而不会发生人们在台阶上相遇互相阻挡的情况。尽管这里只有两条上行路线，但是可以使用这种发明进一步划分，也能分出其他变体。这些楼梯如何来画及其方法通过这个全图来理解而无须任何进一步的书面描述，因为如我在其他很多地方所说的，正方形的边长都是 1 尺，台阶高 0.5 尺，每步 1 尺。台阶宽度，第一组和第二组均为五个正方形。它们的灭点非常高以便台阶各步能看得更清楚。粗石风格[65]的门口差不多是 3 尺宽、6 尺高，尽管它看上去是关闭着的，你仍然可以把它画成开启着的并继续画出门后的形体。第三步台阶和楼梯平台所在的左右两角也应为五个正方形宽，与楼梯一样，但是由于页面和图版的原因只显露 1 尺。踏步之上升起的那些垂直线代表支撑扶手的铁棍，或者是支柱——在此它们同样应继续向前用作栏杆，以便在晚上没有照明的情况下人们不会跌倒。不过我没有把这些画出来以免混淆其他形体。

53r

53v(37v)

在所有最具透视表现力的构件中，我发现楼梯最好，而且转折越多效果越好。因此我想画出这两个转折的楼梯。它们侧面向前但是露出它们的踏步。第一组台阶升高 3 尺，平面上隐蔽线[66]表现出其宽度也是 3 尺。为了楼梯转折楼梯平台必须要双倍宽——这便是平台下平面上呈 6 尺宽的原因。在上方有一座小门，其宽度 2 尺，其两侧门框各 0.5 尺，总宽 3 尺而占据了整个平台宽度。平台左侧垂线表示栏杆——或者是铁棍或者是支柱——用作扶手支撑。前方（栏杆）也应当画出来，垂直于每步台阶，但是我没有这么做以免图面混乱。其高度为 2.5 尺——这是一个适合手扶的高度。从平面上升起第一组和第二组楼梯的方法可以清楚地理解而无须文字说明，除非为了那些没有能力的人，文字说明是毫无必要的。第二个楼梯平台之下的粗石风格的门并不在台阶宽度以外再做延伸，如门洞下平面所示。第二个楼梯平台之上的门洞之内露出一个继续向上的楼梯，并且面向前方。如果你希望完全准确地画住这个楼梯，你必须把粗石门洞之下的平面继续延伸 3 尺，并按照我上面演示的画出其他楼梯的方法从此升起这一座楼梯。

54r

54*v*(38*r*)

我完全相信，对于这些不同的楼梯，一些问题不用文字说明便可以理解，尤其是中间的从两边登临的一组楼梯。对于这以上升至更高平面的楼梯也同样，因为可以像其他楼梯一样将它从平面上升起来。最高的楼梯实际有 6 尺宽，可以从第一个楼梯平台之下长方形入口的平面上看出来，它占据了 6 尺。第二组台阶之下的两个拱券厚 1 尺，因此可以像其他部分一样从平面推导出来，走向地下的楼梯 4 尺宽。至于拱券后面的那个楼梯，画法可以清楚地看到。与此相同，右侧可以看到的两步台阶[67]的画法也可以知道，而且如果平面进一步向外延伸，台阶的终点就能看得更清楚。最远处粗石大门旁边的楼梯从平面上升起来的方法能够清楚地理解。这座楼梯升到一个平台后转向正面，还有一座楼梯走向正面更高的地方。此楼梯也是从平面上导出的，如其他楼梯画法，即每阶高半尺，每步 1 尺，只是图中表现得很小，很难度量。不过，它会留在人的头脑中直到人们在把它画得更大的时候就会发现它的效果是很好的。在这一座楼梯的下方，有一座 5 尺宽的门。在平面上、楼梯上，一位绘画能手通过在作品上不同位置放上人来精心设置他的作品——或站立，或坐在台阶上，或靠地平线前方或在透视缩小了的远处。方法和尺度如下：无论人的脚站在什么地方，在那里水平量出五个正方形作为人的高度，因为一个普通人，我们指的是平均来说，人就是这么高。在靠近前边、中间、远处的地方都这么做。如果人站在楼梯上，就从他所在的踏步量取一个长度，再把它换算成相当于 5 尺的高度。同法，如果人是躺着的，也这么量。如果你想让这个人透视缩小，躺在平面上，就在透视缩小线上定出五个正方形，当设置得当的时候，在设计图[68]面上（透视缩小的躺着的人）效果不错。

55*r*

我已经说明了好几种楼梯,但是还有一些补充类型,对于其中有的来说(告诉你事实情况),如果一些人前面的内容没有教明白那么就会几乎或完全无法理解。在我以下想演示的两个透视画法中,第一个是一座正方形的螺旋楼梯。任何知道如何画这个楼梯的人也能画出一座圆形的,因为二者实际是相同的,只要利用一下我所示范的圆形体的绘制方法即可。标记为 P 的图形是螺旋楼梯的平面,只是尺度小了一些以便更容易地包含在一个图版中。应当把这个平面放置在透视中,第一层定为高于平面半尺。然后把踏步各角垂直向上升至一个高度,在这些线上标出与第一层在各点生起各条线的地方相同的半尺标记。在前方的线——共五条——应当都升到包含第一层平台的共九步的高度。绘制从它们引向灭点的连线,连线截断左右两侧垂直线。同样地后边的另一面各线应与后角两线同高。这样,便将所有踏步所在的垂线的最高点确定完成,在将中心线升起来,并将其按照从第一层平面中间推断出来的半尺的高度划分同样份数。[69] 然后把第一步台阶升高半尺,中心部分同样处理,连接两高度,第一步台阶即告完成。对于第二步台阶来说,它的边缘在右角,用同样的方法绘制,再从第二步的角上向灭点引线。在这条线上可以找到第三步的边缘。从此边缘升起第三步台阶的高度半尺,再从这里向中心连两条线,据此第三步台阶的高度就画好了。从这个角向灭点画线与第四步边缘相交。升起这步高度后再向中心画两条线,第四步的高度也就完成了。同样,从这个角向灭点连线能够找到第五步的边缘。升高踏步高度后,再向中心连两条线,第五步的高度也确定好了。从这一步的这个角向灭点连线。该线与位于角部的第六步边缘的相交将其升至踏步高度后,向中心连线,于是第六步所在平面即可找到。自此角向第七步边界画水平线,而不是指向灭点,因为这一步在另一面上,再一步一步重复这个画法。把踏步转向左侧也始终按照这个法则即可——这是毫无问题的。

55*v*(38*v*)

56*r*
[French]

56*v*(39*r*)

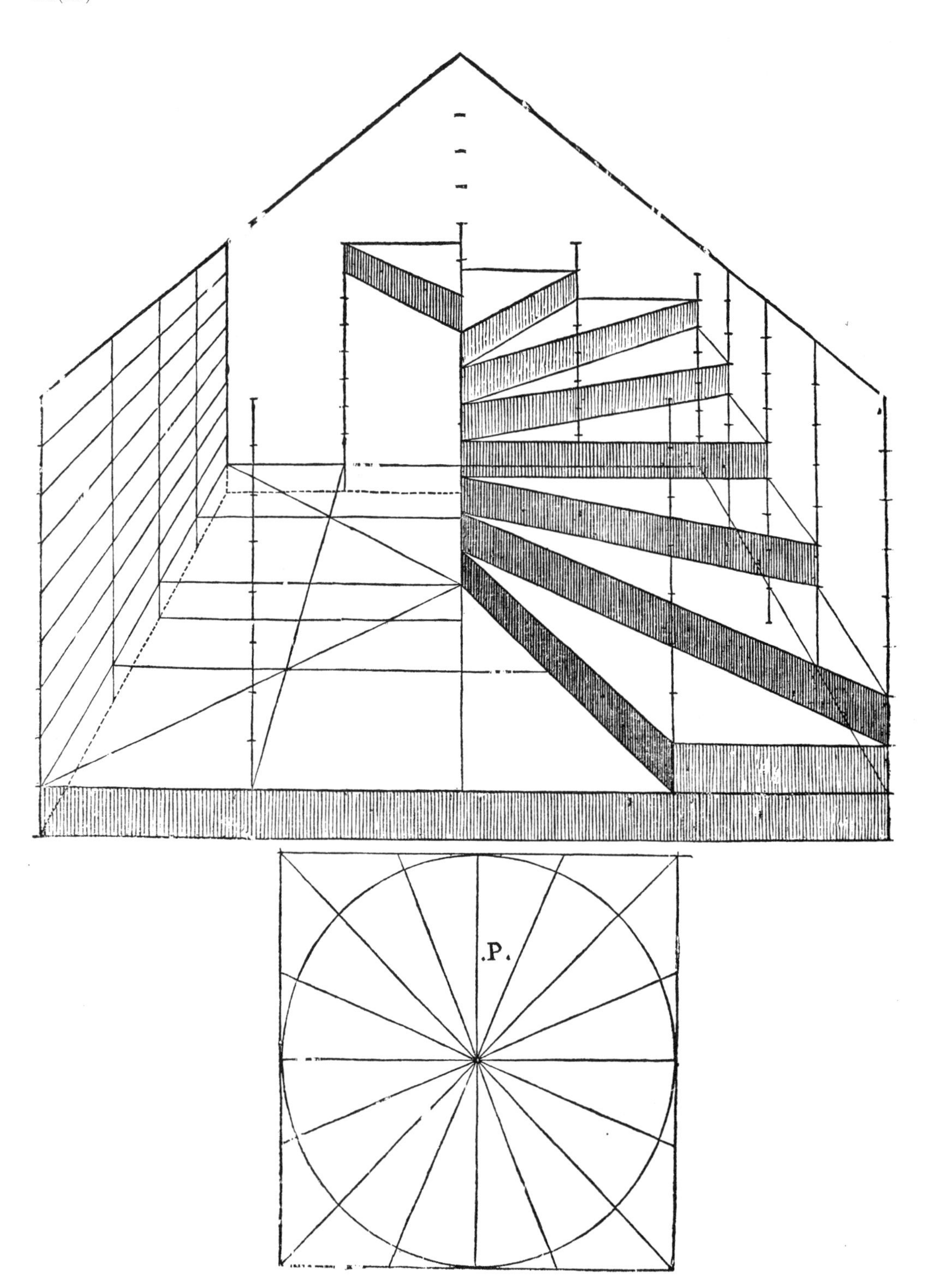

57r(39v)

为了不遗漏任何可以画出来的不同的楼梯样式，特别是那些经常用到的，我想说明一下这个例子，人们可以从各个方向登临——其平面位于上方左侧，虽然它比主图要小一些。应当如此来构建这个台阶：从平面上升起一个标准正方形，为一透视缩小的形体——其高度为 0.5 尺，并呈一宽阔的平台；在此平台上画出对角线，并在平台的第一条边线上的各角部都留一尺；自此点向灭点连隐蔽线[70]，在隐蔽线与对角线相交的地方就是第二步的四个角；然后把它们垂直升高至半尺的高度（即于第一平面底部）[71]，自一角至另角画线，而另画两条先指向灭点而找到另外更远处的两角，这样第二步台阶便画好了；同法作出第三步和第四步——你也可以继续做得更高。这里还一时兴起加成了金字塔，只是为了填充页面。有时一座门前需要这样的一座台阶，在此使用一办就够了，如在诸如法庭或某种祭坛或类似的一些其他场合那样。使用这种方法，台阶也可以做成圆形的、八角形的和六角形的，如我在上方表现的那些形式。

57v

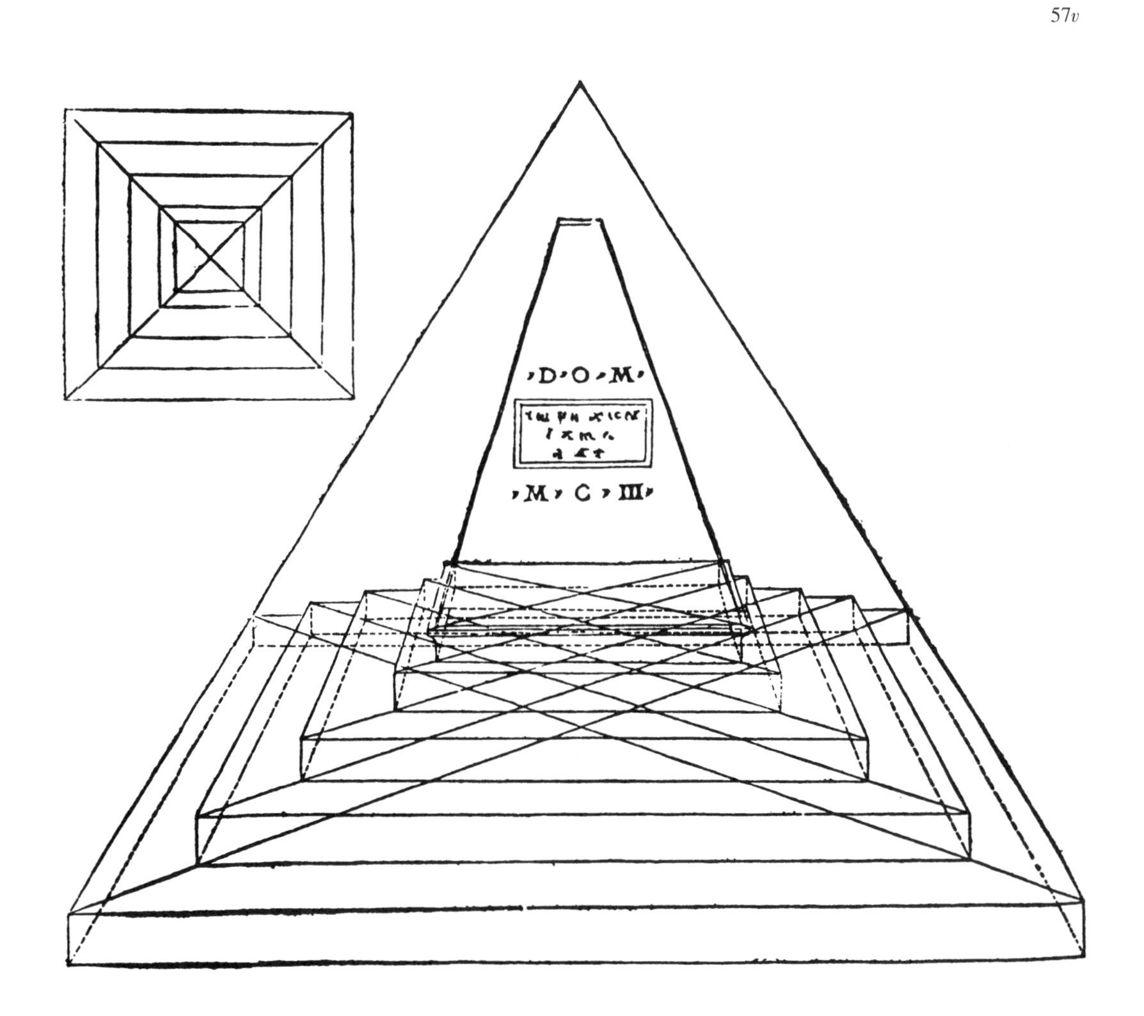

58r(40r) 我承诺过用我在透视学中的这些努力指导学生，使其达到知道如何在透视中表达他为任意他希望画的建筑所做的设计的水平，我认为我应当给出一些绘制诸如一简单平面或双层平面再把它们升成形体的基本方法，而这便已经足够了。不过，阅过了一个又一个的实例，我可能已经涉水过深超出我的能力了，而这是由于我的老师对我的要求。正是由于这个原因，此刻当我想结束这本书的时候，我将开始讨论一些更困难的问题，它们被称为“变形正方形”。[72] 它们更难画因为它们要画向灭点和“视距点”，像当前图下方中的那个标准正方形，它的角位于地平线上。因为它的两边看上去相等，“视距点”——即点 D——也是相等的。你希望这个正方形透视缩短得更剧烈，“视距点”就应当移得越远，而你需要正方形的边框越宽，[边框的边缘][73] 就应当设置的越从 C 点接近 A 点。除了它所在的正方形之外，这个正方形的所有边都指向“视距点”而没有一个指向灭点。

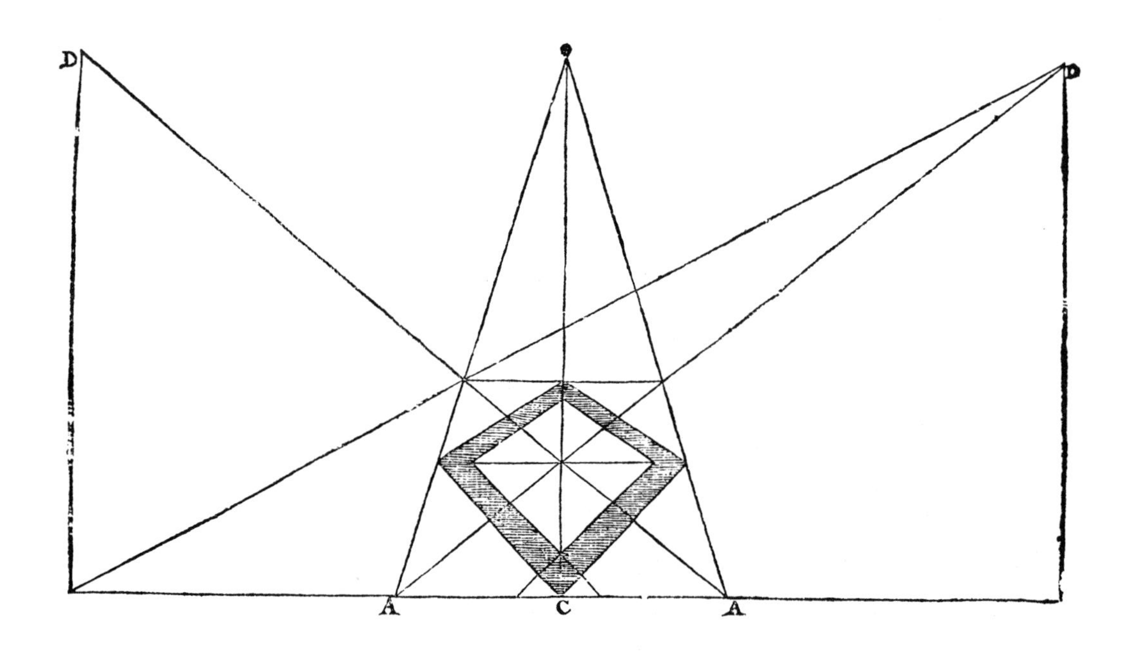

以上我说明了用“变形正方形”确定一个透视缩小的平面的方法。现在我将说明将其升成一个形体的方法，使用同一灭点和相同的“视距”。这个形体是空的，可以被升至任意看上去最好的高度，尽管为了看到它的底面我在图中把它定得较矮。从此图中你可以理解这个形体可以用于大量事物，而用途的大小依赖于人判断力的大小。关于正方形形体至此便足够了——不过我确实还是要在下一页说明给它加上线脚的方法。 58*v*(40*v*)

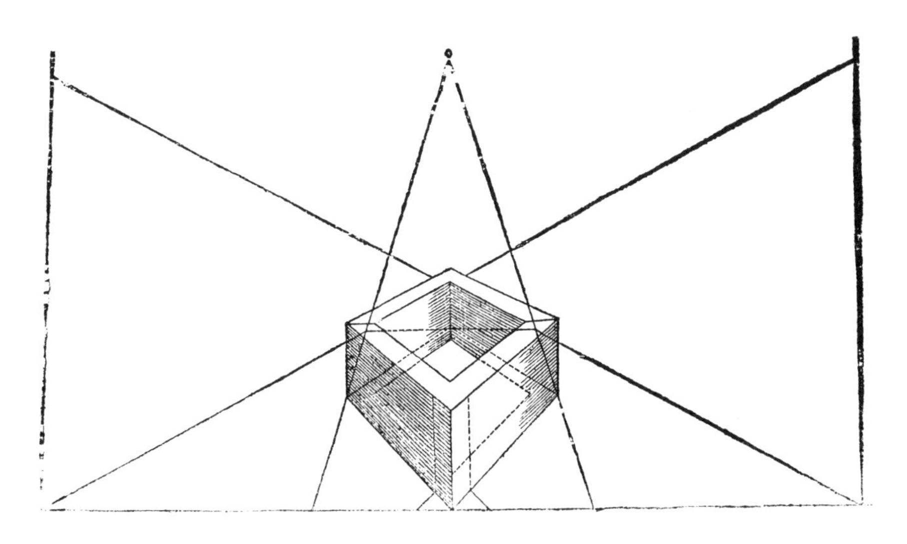

当前图与上一张使用同样的灭点和“视距”绘成，尽管灭点和“视距点”略低了一些。如果你想在该形体的上部和底部加上线脚，先选定线脚的尺寸。然后，画出形体顶部和底部的对角线之后，先给予上部线脚一个合适的出挑。从它们的各角向下至下面的部分引垂线——它们将确定下部线脚出挑的端点，这些（如我所说的）都指向“视距点”而不是灭点。由于形体的四角都被包含在正方形之内，可以看到底部和顶部的线脚伸出与正方形之外。为了避免混淆，这里只用了线脚轮廓而没有构件细部。构件部分在下面论述。 59*r*(41*r*)

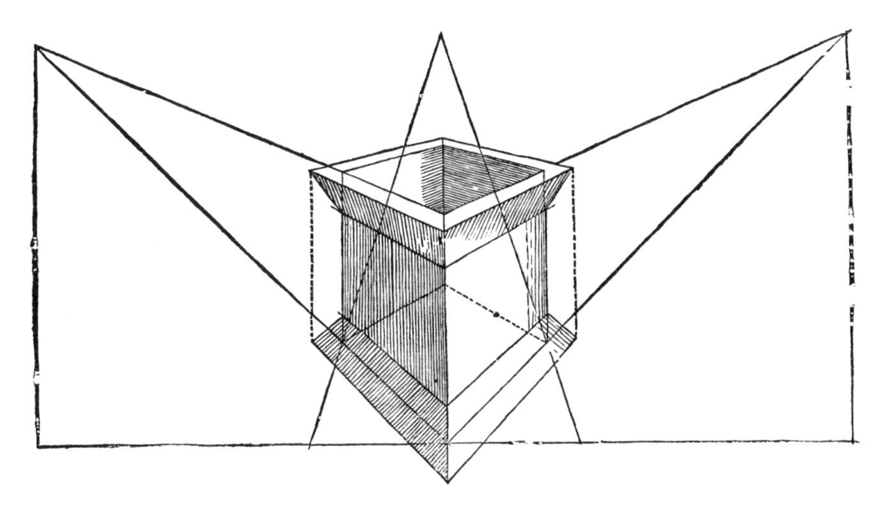

59v(41v) 上文是关于“变形正方形”中正方形形体不用构件细部仅用线脚轮廓的论述，给出一些指导是绝对必要的。现在上文提到的轮廓及其构件可以在对面图中看到。根据建筑师的判断力，视环境而定，这些做法可以画成其他形式，配合上文中说明的给其他线脚各部分缩小和放大的方法，一如也能从当前图中理解的那样。他应当始终运用他的洞察力和判断力来选择那些将在他的作品上给眼睛带来更多美感的部件，因为（事实上）会有一些檐口，它们的“视觉效果”[74]是如此之高以至于各部件增加到了使观察者感到难看的限度。因此，在这种情况下各部件应画得小一些，而檐口之下的部件应当大一些使它们结果好一些且更加愉悦观察者。

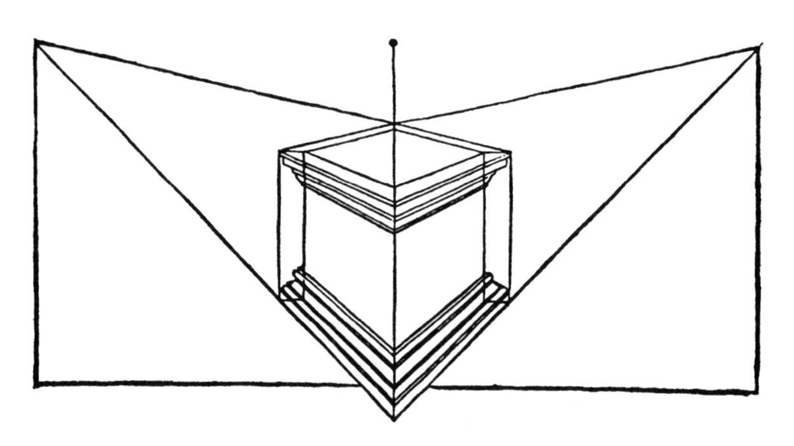

60r(42r) 以上四个“变形正方形”插图有共同的“视距点”，即一侧的距离与另一侧的相同，形体两边看上去相等。不过，下图则是另一方式——即两个灭点既充当“视距点”也作为视平线。第一步，画出地平线AB，将其平分成四份，定C、D、E各点。自C、D向左侧的灭点引直线，自A、C点向右侧的灭点引直线。这些线便形成了一个透视中的标准正方形，一侧能比另一侧看到的更多——其四角为F、G、H、C。如果你想增加这个正方形长度的一半，把DE部分分成两半，连平分点至左侧灭点——在其后端画一星形标记——这样边是一个长度增加了一半的正方形。如果接下来你想给它再增加半个正方形，自E点向左侧灭点画线，原来的正方形算上第一次共加了一个正方形，这个平面总共为两个标准正方形。这个方法可以被聪明的建筑师用在很多地方，简便起见并不赘言。

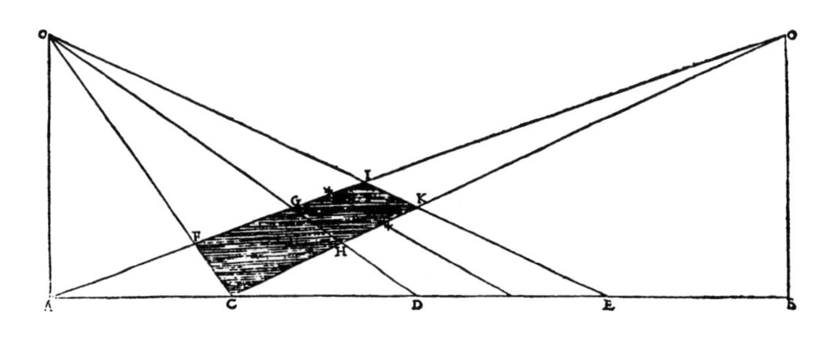

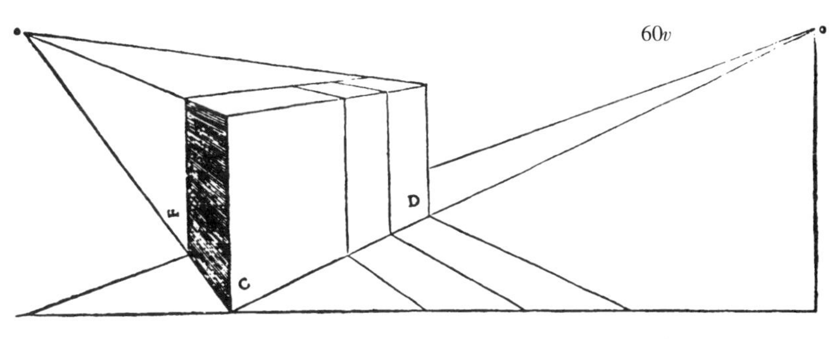

下图所示形体是从上图的平面上升起来的，并使用同一灭点。它有两个正方形长一个正方形高，[75] 因为平面上的地平线上标注 CD[76] 的一段和透视缩短了的 FC 边相等；同理这个形体前角的高度与地平线的这段也相等；然后接着可以判断这个形体是双倍的标准正方形——我指的是长度，所以你不要把它想成双倍的立方体。[77] 这个形体，如我上文所说，可以用于很多事物。在长向上你想要看见更多的正方形，那就在地平线上延续同样多的份数，你将发现此即本问题的原理。类似地，如果你想在这些形体上加上线脚，就要继续使用我在这些问题一开始说明的方法。

不过，如果你想在一个平面上画出几个物体，最好首先确定一个平面，如下图所示，接着在它上面按照正方形的方式把你想要的确定下来。正方形越小，数量就越多，它们之上画的物体看上去也就越精致。此图平面上画的十字只不过为学生提供了一个起点，而一座现代基督教教堂就能够以此为起点画出来。它旁边的其他部分表现的是一座建筑的一部分基础。然而左右这些物体都尺度很大，用更多正方形的话，就能够有更多装饰，也可以画成不同形状。有时候，还可以调整灭点位置，使得物体看上去一侧比另一侧大，但是灭点必须始终处于一个高度。

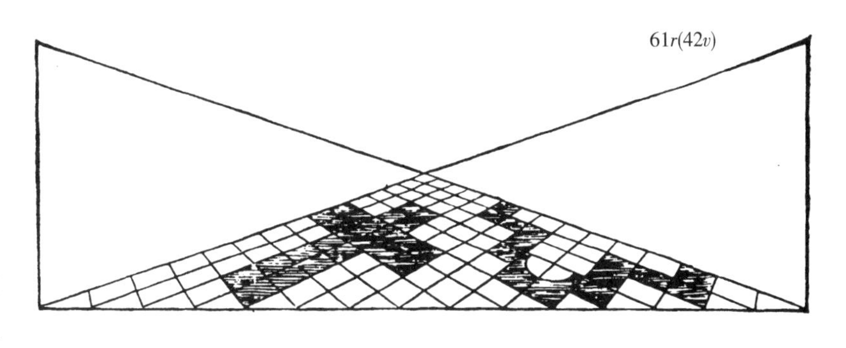

在上述这些图形中，我还想把它们形体从平面上升起来，来说明它们是怎么作出来的，并说明灭点是如何服务于这些形体的，正如你在自己画它们积累经验的时候能够发现的那样。说实话，仅仅是这些“变形正方形”物体本身就真的需要一本书。不过，尽管事实上（如我所说）我开始只打算画三到四张图，但是我现在想完成总共十张图，把它留给学习这些问题的学生们，让他们自己继续工作下去。我绝对相信，他们中的一些人具有更好的眼光也比我更努力，他们必将发现更多我没有写到或没有画成图的东西。

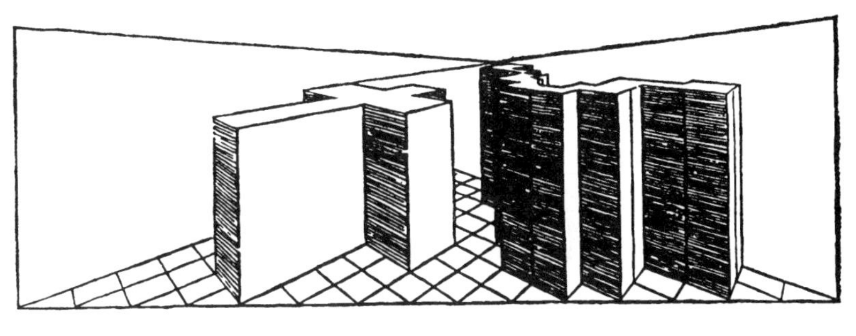

62r(43r) 如我所说，在这些“变形正方形”组成的平面上你可以画出任何你想要的东西。不过，在对面的这张图中，可以看到一个八边形柱子，厚度占了三个正方形，长度则有十四个。由于这是一个八边形，因此要像我在开头说明的那样从正方形中推导出来。可以看出这个正方形用隐蔽线表示[78]而八角形各边用实线表示。另外，由于这个形体侧面露出得太多，我在靠近灭点的地方又做了一个，其正面可见部分更多一些，但不像前一个那么长，只有原长度的一半，即7尺。可以在它前面看到八角形以及柱子其他的透明部分。进一步，如果这个柱子离平面右边角更近，它的厚度部分就会露出更多，但是永远也不会成为一个标准形，因为它始终是处于“变形正方形”体系之中。

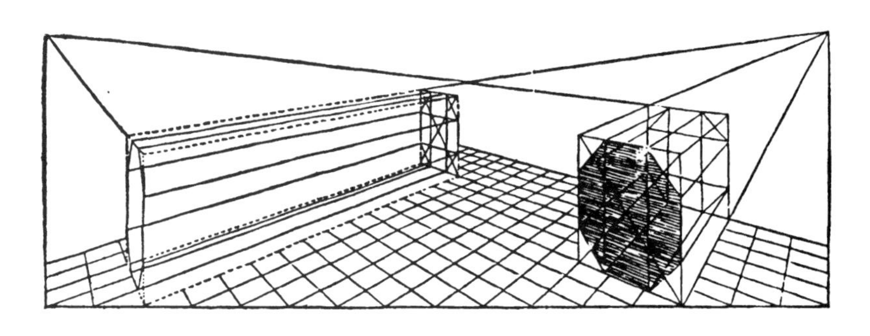

62v 对面图中的两个柱子和前图中的一样，除了前图中的是透明的而这张图中的是实心的。从这些柱子当中，有练习这个方法的才能的建筑师可以发现不同东西；尽管还有其他方法，如阿尔布雷希特·丢勒演示的画框法，或者按我们叫法为窥孔法。[79]同样还有从物体自己的形状出发的方法，这种方法即完美又可靠，但是除了面对面教授以外极其难说清。[80]因此我选择了这个最简单的方法。如果我不是相限制自己，或者说把这部书完成之后继续撰写其他意义重大的作品，我将会用这种方法升起各种不同的形体和建筑——（事实上）这已经不像人们数年前想的那么困难了。不过，因为我想简短地讨论一下喜剧和悲剧用的舞台及其布景近来是如何安设的——尤其是在意大利——我将在此结束“变形正方形”法，把它留给（如我所说）别人去努力学习和研究，因为我绝对相信一些人可以从中获得大量收益。

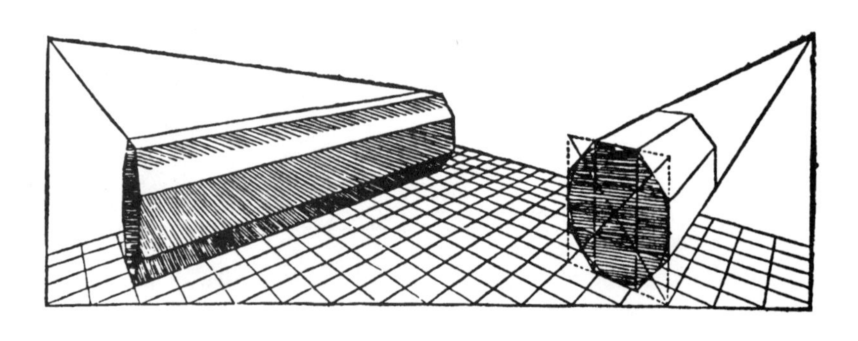

下一页我将讨论近来舞台和剧场是如何设置的，在此将较难理解舞台的灭点如何设定，因为这不同于上文中规定的原则。[81] 因此，我想首先画出这个剖面，通过把平面和剖面图放在一起，二者互相帮助以便于理解。[82] 不过，最好先研究一下平面。如果平面上的某些内容无法理解，那么回到剖面上那便应当是容易理解的。然后我首先从前面的舞台平面开始，它应当是在视线上且是平的——标记为 C——而自 B 至 A 舞台地面应向 A 抬高九分之一份。[83] 上方标记了 M 的厚的垂直物体代表大厅一端的墙体。标记了 P 的薄的垂直物体应当是舞台的墙，即其最后部的墙。[84] 点 O 即灭点。在自点 L 至点 O 的水平点虚线终止于舞台最后那堵墙将是灭点——不过这个灭点只服务于那堵墙，而这条线始终是舞台上朝向前方的建筑的视平线。另外一方面，舞台上的那些后退的建筑的灭点将是更远处的点 O。有一点是很清楚的，如果舞台建筑实际上显露出不同方向的两个侧面，便应当存在两个灭点。这完全依赖于舞台的分区。另一方面，标注 D 的部分表示舞台前部装置。[85] 从地平线抬高了 0.5 尺的 E 部分代表乐队演奏处。[86] 最显赫的贵族席位即 F 点所显示的地方。[87] 标注 G 的第一阶座位应当留给贵族女士；其上为次要一些的贵族妇女席位。位于 H 点的宽阔的空间是一通道；字母 I 标记的部分为另一通道。二者中间的部分座席是贵族男士的。从点 I 向上，为次要一些的贵族男士席位。标注 K 的宽敞空间（视空间尺度可以或大或小调整这部分的大小）为普通人的席位。我在维琴察建造的剧场 [88] 和舞台大致是这样安排的 [89]：从剧场的一角到另一角为 80 尺 [90]，这是因为它建在一个空间宽敞的大庭院里 [91]，事实上剧场要比舞台的余地大，因为舞台是紧靠着敞廊而建的。所有木作支撑和连接都是按照以下所示的方式制作的，并且因为剧场之下没有任何已有的支持结构，我还决定（坚固起见）在外围的圆形围墙中建一个护坡。

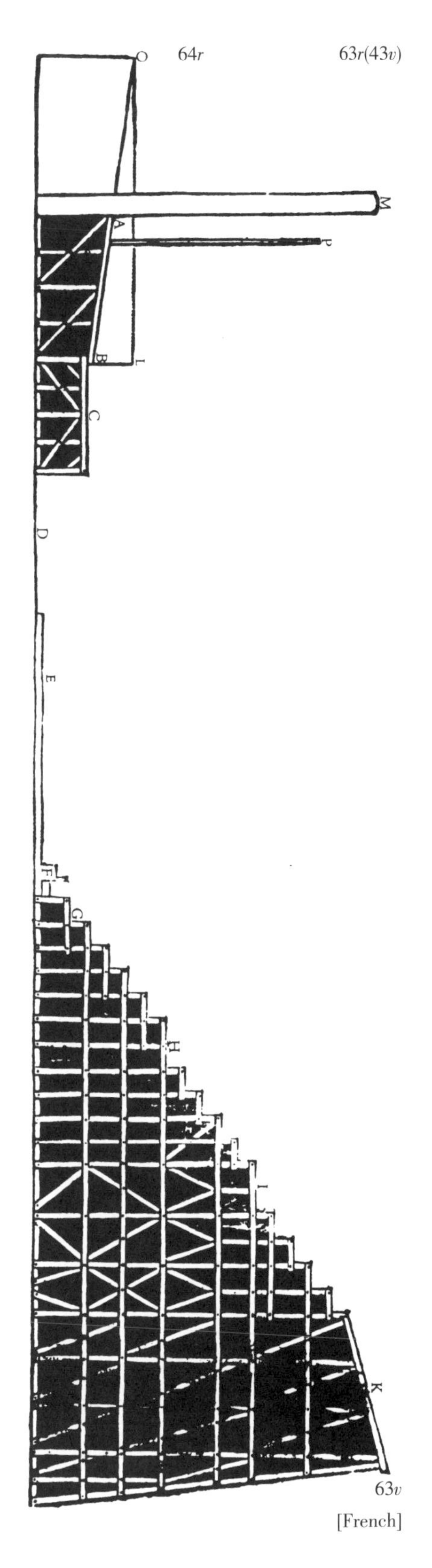

[French]

64v(44r)

论舞台布景

在很多人工制作的并能够给人的眼睛和心灵带来巨大满足的东西中，舞台上暴露无遗的舞台设施（在我看来）是最好当中的一个。那里你可以看到在一个透视法创造的小空间中，壮丽的宫殿、巨大的神庙，以及各种各样或远或近的建筑、宽敞装点着各种大厦的广场、笔直且与其他道路交错着的大街、凯旋门、极高的巨柱、金字塔、方尖碑，以及其他数以千计的美好事物，被无数的灯具装饰着——依形式所需，或大型或中等或小型——得到如此巧妙的安排以至于好似众多耀眼的珠宝，仿佛就是钻石、红宝石、蓝宝石、绿宝石等等。在此，还可以看到一弯明亮的新月缓缓升起，或是在无人注意的时候已经悄然升起。在有些其他的舞台上还要有日出、行进和演出最后日落的景象，其做法是如此的聪明，使得很多观众都惊诧于此。[92] 为了一些特殊的效果运用一些机关，可以让人们看到一位神明从天而降，或是行星从天际飞过。此外，轮到装饰非常丰富的幕间演出（*intermezzi*）[93] 登台了：这里有各式服装，有摩尔舞者 [94] 和音乐家穿着的异域风格的裙子。有些时候还会有奇怪的动物造型出场，造型中间藏着男人或是小男孩，他们作出惊人的动作、蹦跳、奔跑，这些出色的表演往往使观众完全惊呆了。这些事物都非常能够给眼睛和心灵带来满足，很难想象还有什么人造的事物可以如此美妙。我们现在讨论的是透视法的话题，因此我将简短地处理几个问题。尽管我将要谈到的透视方法与以前的法则并不相同，因为以前的内容主要是为平面墙体而设而这里则是关于材料和浮雕，所以绝对应当再另开一课。首先，把前方的舞台地面升至眼睛的高度是一个一般习惯；舞台后部升高九分之一——即把整座舞台地面 [95] 分成九份用一份定高。该舞台后部即被想灭点方向升高，坡度非常平缓，也须非常坚固以适于跳摩尔舞蹈。基于我的个人经验，这个斜坡非常宽敞 [96]，因为我在维琴察（意大利最富有、最高贵的城市之一）用木材建造了一座剧院和一座舞台——可能，甚至毫无疑问，是我们时代最大的。在那里因为要上演特别的幕间剧——要有马车、大象和各种摩尔舞蹈等等——我想在舞台上有坡度的部分之前有一处平台面，定为 12 尺宽，60 尺长。[97] 我发现它非常宽敞，看上去非常壮观。这里的第一部分台面因为是平的，因此无须使用灭点，其上正方形也是标准的。从斜坡起点开始，所有正方形也随着向灭点汇聚——这座斜坡表面按照设定好的“视距”进行透视缩短。现在一些人把灭点设在舞台背墙上。这样的话，灭点就回落到墙脚部分，事实上基本就在舞台地面上了，于是所有舞台上的建筑看起来透视缩小得过于剧烈。因为如此，我产生了一个想法，令灭点穿过后墙，这种方法如此成功，以至此后一直坚持这种做法。因此我建议那些希望享受这门技艺的快乐的人们遵照我将在下页说明并在剧场和舞台一节的以上部分讨论过的路线来进行。

有三种舞台布景类型——喜剧、悲剧和讽刺剧[98]——我将先论述喜剧，其舞台建筑应当是私人住宅。[99]这些舞台经常营造一座大房子的室内环境，其端头应为演员休息室。像我在上文讨论过的和在此图中展示的那样把舞台地面置于此处，下方是其平面图。首先，标记为C的部分是舞台地面，让我们假设一个正方形是2尺，同样标注B的坡舞台的每个正方形也是2尺，且我并不打算（如我在此节已经讲过的）把灭点放在舞台上的最后一堵墙上，而是放在大厅后墙以外更远的地方，坡度舞台B向该点延伸——这两条点虚线标定了那堵墙的位置[100]——于是舞台所有建筑和其他物体将透视缩短得更加优雅。一旦斜坡上的正方形都指向灭点并参照"视距"逐渐缩小地画出来，舞台建筑——平面上粗垂直线和水平线所示——即可从此升起来。根据不同情况，我经常会把舞台建筑做到我绷画布的画框之外，在它上面正面方向和透视缩小的各边作出门洞。我还会用浅浮雕的形式做一些木制物品，这将很大程度上加强背景绘画部分的效果，我将就此在这里作出讨论。从画框到墙A的整个空间是供演员使用的，最后一个画框应当始终保持在离后墙2尺远的地方以便演员可以穿过舞台而不被观众看见。然后从舞台B起点向灭点高度升高——无论其高度大小——即为点L。自该点向灭点画点虚线，应为水平线，该线至最后一堵墙的点即为该墙的灭点，但并不适用于任意其他画框。不过这条线是条恒定线，因为它帮助找出所有画框面向前方的各种构件的厚度。但是主要的灭点在墙的后面，将用来确定多有透视缩短了的舞台建筑。因为需要打断后墙来确定这一点[101]——这是无法实现的——我通常用木材和纸板做一个小型的、仔细测量好的模型，简单地将其按比例放大就可得到每一单体构件的非常精确的足尺大样。[102]这个功课对于有些人来说可能是困难的，但是努力制作模型并积累经验仍然是必要的，因为通过这样的学习你能够找到真正的方法。尽管厅堂（不管它们有多大）永远无法满足一座剧场的空间需求，但是为了能够更加接近古人[103]我仍然想建造可以容纳到一座大厅中的剧场的一部分。因此，标注D的部分即为舞台前部装置（*Proscenium*），圆形的E部分将作为乐队演奏处（*Orchestra*），比舞台前部高一步台阶。在它周围，是显赫贵族的席位，标注为F。第一步阶梯作为G，为最尊贵的贵族女士席。H为通道，I部分也是。另一阶梯座席是为次尊贵的贵胄准备的，在这些阶梯座位只是一些楼梯以便上下。标注K的宽敞空间是为普通民众而设的，可大可小视空间而定。空间越大，剧场的形式便能显得越完美。[104]

65*r*
[French]
65*v*

66*r*
[French]

66*v*(45*r*)

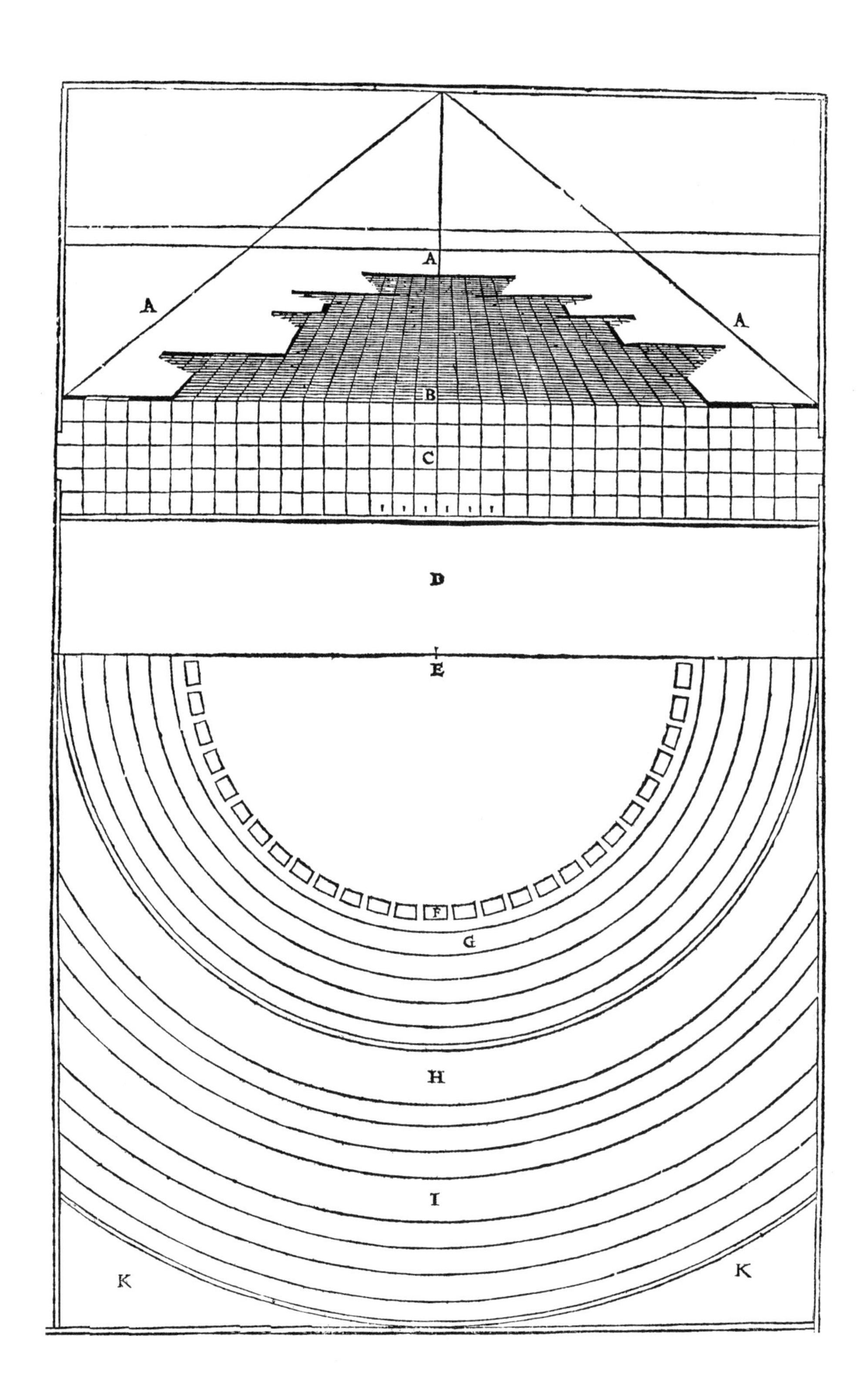

论喜剧舞台布景

67*r*(45*v*)

上文中，我参照平面图讨论了舞台和剧场的设置。现在我开始单独讨论透视舞台布景问题，因为（如我所说）舞台有三种类型——喜剧舞台、悲剧舞台和讽刺剧舞台。这里先讲喜剧舞台类型。此类舞台建筑应当是私人住宅；即属于市民、商贾、律师、食客[105]及其他类似的人物。首先要有的是一座老鸨的房子[106]和一座旅馆。神庙也是绝对必需的。至于在舞台地面上安置舞台建筑，称为*suolo*，我已经在前文中说明了方法：既有如何在舞台平面上升起舞台建筑——与在舞台平面图上一样——又特别说明了灭点应在哪里并如何设置。不过，为了人可以得到关于建构舞台建筑的更好指导，我还是在对面展示了一张图，它可以给所有想从此获得愉悦的人带来些许启发。但是，由于此图过小，我还是不能关注到所有尺寸。我只能把这个发明勾画出来，帮助人们从各种舞台建筑中选择，保证一旦用在台上，效果会真的很好：例如，一个开场的门廊，你可以穿过它看到另外的建筑，就像第一个现代做法的拱廊一样。[107]开敞的阳台[108]（有人称为*pergole*，也有人称为*ringhieri*）在透视缩短的一面效果非常好。类似地，一些带有线脚的檐口从它们的外角挑出来，这些用切割法制作出来的檐口与其他画出来的檐口配合起来使用也极具效果。采用同样的方法，出挑很大的房屋其实也很有效——如这里的“月亮旅社”。一切中最为重要的是选择较小的房子并把它放在前边，使得其他建筑能从它上方显露出来，如在老鸨之屋所见——其标记是*rampini*，或我们所说的钩子；结果是后面更高大的建筑给人以庄严的印象并且更有效地填补了布景中的那些如果房屋顶部一座比另一座更短而造成的没有连续的透视缩小的部分。尽管此图中所画的物体仅由单光源从一侧照明，但是如果照明来自中央，那么它们看上去会更好些。因此最强的光源应当设置悬挂与在舞台中间的上方。此外，所有你看到的圆形或正方形物体都是各种透明的彩色人工光源——我将在此书的末尾给出其制作方法。把光源放在正面的窗户后面是一个好主意；不论它们是由玻璃、纸张或者甚至是上了色的布匹制作的，效果都会不错。然而，如果我把所有这许多我所知道的关于这些问题的建议都写出来的话，我就会被认为写得过于冗长了。因此，我将把它们留给那些希望掌握这些问题的人去考虑。

67*v*

[French]

[Unnumbered sheet *recto*[109]]

[Unnumbered sheet *verso*]

论悲剧舞台布景

68r

悲剧舞台布景是为表演悲剧而设的。为它而制作的舞台建筑应当属于那些高级别人的，因为爱情悲剧、不可预见的实践和暴力引起的可怕的死亡（远至人们从古代悲剧中读到的那些，更不用说现代的那些悲剧）经常发生在贵族、公爵、伟大的亲王甚至是国王的家里。因此（如我所讲）在此类舞台布景中应该用具有一定高贵品质的建筑，如下图所示。不过，我无法（因为尺度太小）在此表达出本来建于宽敞空间中的豪华、高贵和皇家建筑。[110] 另一方面，对于那些想锻炼自己而得到关于这项创造的一些小启发的话，这还是足够的。此外，他还必须知道如何参照设施和地盘情况调整自己，并且（如我在前文关于喜剧舞台一节中所说的）他还应当选择那些观众看起来最好的东西，按照前面所说的道理注意那小一点的建筑放置在大建筑的前面。尽管我经常把我的舞台布景建在画框上，也偶尔遇到一些难题，而必然要使用木制浅浮雕才能解决：例如，图中右侧的建筑 [111] 其壁柱立在几步台阶上的墩座墙上。在这种情况下，最好用浅浮雕制作这个墩座墙，并抬高放置在舞台上。然后再做两个画框——一个朝向前方，一个沿着透视缩短的方向。它们将一直延伸到第一层拱券之上栏杆的顶部。现在为了第二层拱券能够向后退以留出栏杆的空间，需要把这两个上面的画框向后退。这样做的结果会使作品看上去非常好。关于这座建筑我刚刚所说的内容，在有向后退的部分的时候——尤其是那些面向前面的建筑，也可推广至其他地方。另一方面，如果这些布景比较远，那么就仅需要一个画框，但是需要所有线条画得重一些，色彩也更强烈一些。说到人工照明，我在喜剧舞台部分已经说得够多了。所有屋顶以上各面——如烟囱、钟塔等等（尽管这里没有）——应当用薄板切割而成，加强突出细部并画上明亮的色彩。类似地，还应当安放一写青铜或大理石雕像——的模拟品，即用厚板或薄板制成，使用非常饱和的颜色。然后应把它们放置入位；不过应当把它们放得足够远，一面观众不会看到它们的侧面。尽管在这样的布景中有人还画一些代表真人的图板——例如一位在阳台上或门口处的女士，甚至是动物——我不建议这么做因为虽然这些图板代表有生命的东西但是却无法移动。另一方面，一个睡着的人或睡着的狗（或其他动物）是合适的，因为它们是静止的。还应当放置一些雕像或其他画出来模仿大理石或其他材料的物体，墙上也可以画一些历史故事或是神话 [112]：我会始终推荐作出这一类东西。关于表现运动着的生命体的问题，我将在此书末尾讨论它们及其制作方法。

68v

[法文版]

69*r*

论讽刺剧舞台布景

69v(47r)

讽刺剧舞台是为演出讽刺剧而设，这类戏剧批评所有那些过着放荡、漫不经心的生活的人（或者直接嘲笑他们）；在古代讽刺剧中腐朽生活和犯罪事实上是同等对待的。[113] 但是，可以理解应当许可这些人物，换言之就是乡村民众，说出他们的想法。由于这个原因，论述到舞台布景的时候维特鲁威希望用茂密的小树林、岩石、小丘、山脉、草木、花卉和泉水来装饰这个类型的布景。[114] 他还规定了一些代表性的乡村棚屋，如对面图所示。[115] 由于我们这个时代此类戏剧一般在冬天上演，此时树木叶子掉光了，也没有开花的植物，而可以用丝绸制作一些巧妙的复制品，这些复制品比真品能更好地被欣赏。因为在喜剧和悲剧布景中建筑和其他构筑物就是运用绘画技巧[116] 的仿制品,所以可以很容易地用同样的方法来模拟茂盛的树丛和开着花的植物。再有，这些材料越是昂贵，就越将为人们所鉴赏，因为（我讲的都是实情）它们适合于那些慷慨、大方并富有的贵族，他们嫌恶贪婪。这种情况我曾经亲眼在一次知识渊博的建筑师吉罗拉莫·真加在他根据他资助人乌尔比诺公爵弗朗西斯·马里亚[117] 的要求设计的一些场景中有所领略。在此我看到了更多来自公爵的慷慨，更多来自建筑师的艺术判断力和技巧，还有比我曾见过的任何其他作品中运用技巧创作出来的更多的事物之美。（老天在上）看到的是一幅多么宏伟的景观啊：有那么多的树木和果实，那么多的草木，那么多种花卉，都是用不同颜色的最精致的丝绸做成的。还有盖满各种海贝的堤岸和岩石：有蜗牛和其他小型贝类动物，有各色的珊瑚枝杈，还有嵌在岩石中的珍珠母和海蟹。这里有多种多样的美好事物，如果我要把它们一一描述就会把这部分写得过长了。我将不去描绘那些森林之神、仙女、妖妇和各种妖怪或奇异的动物，确切地说，是服装道具穿在男人和孩子们身上（根据型号的差异）作出某种技巧，或是根据习性表现生物们活动的样子。而且如果不是考虑到我会写得过于冗长的情况，我将描述一些牧羊人的华丽服装，它们是用贵重的黄金和丝绸制成，并用最好的野生动物皮革做衬里；我还会描述一些渔民的服装，它们丝毫不比其他服装简易，渔网用金线做成，工具其他所有部分也是镀金的；我也将提到一些牧羊女和仙女的常被斥为奢侈的衣裙。但是我将把所有这些东西留给明智的建筑师去想象，他们常会制作这些东西，只要他们能够找到这样慷慨的资助人，支持他们的想法，并给予他们全面的授权来创造他们想创造的东西。[118]

70r

[法文版]

70v

论舞台人工光照明

71*r*(48*r*)

我在前面关于舞台布景的论文中承诺，给出制作不同颜色的、透明的人工光源的方法。因此我首先将论述天蓝色，它看上去如同蓝宝石只是还要更漂亮。取一块铵盐并准备好一个理发师用盆（或任何其他黄铜钵），盆底放少许水。然后用力在盆底和盆边研磨盐块直至其完全溶解。根据所需加入更多的水——为了颜色能更漂亮应加大铵盐用量。于是可以制备好一满盆这种溶液，把它挤压过一块毡子滤于另一碗中。这样就得到一种非常美观的天蓝色。不过如果你想要它颜色更浅的话还需要加入更多清水。因此从这个颜色你可以随你所愿制出很多种或深或浅的色彩。如果你想从这种蓝宝石色的溶液制备出翠绿色，就要加一些藏红花——或多或少视你所要颜色的深浅而定。我将不会提供这些物质的比例，但是通过实践你可以制备出或浅或深的很多不同类型的色彩。如果你想制备红宝石色，并且你那里有色彩浓厚的深色红酒和紫红色葡萄酒，它们可以为你提供强烈的暗红色或鲜红色。如果你没有任何红酒，你可以取一些红菜叶（*verzino*）[119] 并把它切成小块。将其置于一个盛满稀明矾水的煮壶中。将其煮沸直至泛起泡沫，再滤过一层毡子。如果你想要色彩浅一些的话就加入一些水。如果你想要玫瑰红色，即戈罗葡萄酒（*vino goro*）色，红、白葡萄酒掺合在一些便可以制出。类似的，浓一些或淡一些的白葡萄酒可制出绿玉髓色或黄玉色。但是（毫无疑问无论什么）毡子滤出的清水呈现钻石的效果。同样，为了制作出这些光线效果，需要做出一些尖锐的、平的模具，并在玻璃炉中烧制出这些形状的瓶子，再装入水。装饰这些透明色的方法是这样的：先把一块中间开好一些洞的（使得每盏灯都有自己的位置）薄板放在舞台上画好部分之后你想要放灯具的位置；还要在下面再放一块板用来托主那些盛满水的瓶子；然后将瓶子最弯曲的面顶住洞口，保证它们卡得很结实不至于在喧闹的摩尔舞蹈的震动下掉下来；在瓶子之后放上一支蜡烛，最好灯后者的光线始终是不变的——如果瓶子在朝向光源的一侧是平的（凹面的更好）那么它们将会更好地吸收光线，颜色也会更加均匀。用同样的方法你还需要为透视缩小一侧显露出来的圆盘灯具制作同样的瓶子。如果你遇到偶尔需要一盏大型、高亮度的灯具的情况，你就需要一把火炬并在后面放上一个擦亮了的新的理发师用面盆；这种反光会产生非常壮丽的效果，就像太阳光一样。如果有的地方呈杏仁形（mandorlas）或是其他形状，就拿一些不同颜色的平板玻璃，并把它们放在后面有光源的地方。这些灯（然而）不应是那些照亮整座舞台的光源，因为还会在舞台前方悬挂有不少把火炬。你也可以在台上放一些树枝状的大烛台，上面再放上火炬，同时也在烛台上放一满碗水，水中放上一小块樟脑；当它点着起来的时候整座灯就放射出光芒，也发散出清香。有时还需要再表现某些东西（不管它是什么）着火的场景。把这些东西浸泡在浓酒精中，用火镰点燃——它会燃烧一段时间。尽管关于火可以说很多，我想现在这些已经足够了。现在让我们来论述一些给予观众巨大愉悦的东西吧。当舞台上没有演员的时候，建筑师可以先行准备并安置一些小型的假人；假人的大小取决于要让它们从那里穿过。它们是用厚纸板制成的，上色后再固定在一块木板上。穿过舞台上的一座拱，在舞台地面上作出一个燕尾槽，并把做好的木板装入槽中。这样，躲藏在拱后面的人就可以使这些假人缓缓移动。有时你也可以画一些音乐家、演奏家和歌手，配合场景背后响起的一些柔和音乐。另一些时候你还需要一队士兵，有的行走有的骑马，快速通过。这个布景伴随着人声、低声喝喊、鼓声和号角声非常受观众欢迎。如果有时需要重现行星（或是其他类似天体）划过天空的景象，那么把这些天体用厚纸板切割出来，并涂上明亮的色彩。然后在舞台上拉一根非常细的铁丝（即在最后面的舞台建筑之后），再将板后用同样的铁丝做成的小环连在长铁丝上，还要在板上连缀某种黑线。有人从舞台的另一侧缓缓向自己拉动丝线即可。不过，此装置应当位于较远的地方以使两条线都不会被看到。有些场合，为了某些目的，还需要打雷、闪电和霹雳交加的场景。雷声按照以下方法作出：舞台（如我所说）往往建于大厅的一端而且台面往往是升高的；在台上滚动一个大型圆石——便产生很好的雷鸣效果。制作闪电的方法是这样的：要有一个人在舞台后的高处，手中拿着一个小盒子盖子上布满小孔，中间盛满颜料粉；盖子中间要有一根点燃的蜡烛；人一抬手，粉末飞向空中，再落向点燃的蜡烛产生一种特别好的电闪效果。至于霹雳交加的效果则这样处理：横穿舞台向下倾斜拉一根长铁丝；在铁丝上连缀一小块石头或一轮辐（或者其他什么都行）但还须给它包上擦得非常耀眼的金子；在霹雳声音接近尾声的时候，发射一个霹雳，同时再点亮闪电——效果将是完美的。不过如果把我所有的想法都论述的话，就将写得过于冗长，因此我将在此停止透视这个主题。

71*v*

72*r*–73*r*
[法文版]
73*v*

致读者

文雅的读者，我要继续并完成在“几何”一书开头就承诺的其他几书的愿望——感谢上帝和我的国王——现在进行得很好，导致我几乎是强暴地终止了关于透视法之书；因为，即使到时候我把它完成了，也会有很多想法充满头脑使得我能够写出一卷更大的著作。但是（如果这能够使高高在上的上帝高兴的话），一旦我所说的正在很好地进行着的其他三书完成了——即很快就要付梓的关于神庙之书、关于各级别人士的居住建筑之书（此书超出其他各书将对所有人都非常有用并令人感兴趣，而且它已经完成了三分之二）和关于实际情况（有些可能以前从来没有见过），此书我已经确定了大部分——我承诺会有很多不同建筑和透视创意的图版（*carta real*）[120]，鉴于我在第二书中无法（因为空间狭小）把一些我已经画出来的东西放大，而这些大幅图样还在我的头脑中。现在因为我看到法国人很欣赏我的努力——其他国家也是这样——我便请人把这两本著作翻译成法文，并伴着意大利文，我希望剩余各书也同样处理。我还将（以便保持好顺序）把关于古代遗迹的第三书和关于一般规则的第四书按照如上所述的方法翻译成法文，使他们都遵照同一类型，也使得图纸和文字都不会改变。这是因为我听到了不少流言，除了在德国的再版[121]，还有一套我不希望以我的名义出版的法语版[122]正在翻译过程中。与此相对抗，我将携我所得到的皇家特许的著作权就此提出起诉。[123]

74*r*

[法文版]

第三书
关于古迹

博洛尼亚的
塞巴斯蒂亚诺·塞利奥　著

此书中多数罗马城的古代建筑及很多意大利和其他更远地方的古代建筑在图中辅以其尺寸得到了描述和表现[1]

ROMA QVANTA FVIT IPSA RVINA DOCET

WITH APOSTOLIC AND VENETIAN PRIVILEGE FOR TEN YEARS.[2]

致最高的基督世界之王，弗朗索瓦[3]

III

塞巴斯蒂亚诺·塞利奥

我经常想到古罗马人的伟大和他们在建筑方面杰出的判断力，这一点在罗马城、意大利很多地方以及其他国家的大量不同类型的众多建筑遗址中仍然可以看到。因此，在关于建筑学的其他工作之外，我决定把这些内容独立成卷，即使不能全部，也至少能够把多数这种古迹收录在内，以便让所有喜爱建筑的人无论身在何处都可以拿着这本书观赏这些罗马建筑的非凡遗迹。如果不是这些遗迹仍然屹立，讲述这些建筑的种种奇迹也许就无法让人相信。因为近来建筑美和实用的艺术回到了它在罗马和希腊艺术创作者的快乐时代曾经达到的高度，也因为陛下您不仅具有很多其他学问分支的理论和实践方面的天赋，而且也是建筑学的有见地的爱好者——有您在您伟大王国中很多地方委托建造的大量非常优美和不可思议的建筑为证——我想把这卷书放到尽我所能的书系中，在陛下智慧特别宽广的分支之下，期望能够借此福荫把这微小之事成长放大。请不要将此书归于假设是我这部分工作，而我，如此无关紧要，斗胆把我的著作奉献给如此伟大的国王，因为去年罗德斯（Rodez）阁下[4]把我其他的著作交给您的时候您便给予了我精神支持，而且屈尊接纳我为您服务。与此相似，我还感动于您与生俱来的慷慨，您亲自下令给予我 300 金盾（scudi）以便于我能够把当前的工作完成。因此我带着比以往更大的热情集中精力进行我已开始了的工作，而现在我要把它献给陛下，尽管它还是不完整的。这里我所说的不完整指的是它还缺少很多法国这个美好国度的极其美好的古迹。陛下在威尼斯的演说家蒙彼利埃（Montpellier）大人阁下[5]告诉我，这些古迹为数众多且如此美丽以至于它们自己就用需要一本书来介绍。这种情况可以在尼姆这座极古老的城市中看到，那里是安东尼·庇护（Antoninus Pius）[6]的祖庭。那里的古迹说明罗马人多么喜爱这个城市。在那里罗马人建设了一座宏伟的多立克式的圆形剧场，使用了如此高质量的材料，构思如此恰当[7]，使之完整保留至今。[8]我将不会论及诸多大理石雕像或是无数优美字体组成的拉丁和希腊铭文，但是我将不会不说到对那两座连接着城墙的八角形塔楼，在此仍然可以看出古人的防御方法。我也不会省略位于山脚下充盈、深邃的泉眼，准确地讲是湖泊，在湖上还能看到优美的、构思完好的献给女灶神（Vesta）的科林斯神庙。[9]山丘上还有一座被称为马涅塔（Tour Magne）的大墓葬。我怎能遗漏那仍然完好保存并有人居住的堂皇的科林斯宫殿呢？在尼姆城外大约 4 里格的地方，罗马人展现了他们宽阔的心胸。[10]为了把溪流从一座山丘引到另一座山丘，增加上文提到的泉眼的水量，他们建设了最为非凡的疏水道，因为建在两座非常高的山之间，急流从中间流过，所以它的高度超过了当地所有其他建筑。[11]为了达到山丘的最高点，这个疏水道由三层叠置的粗石做法的拱券组成。底部第一层拱券，共计五孔，高度很大，以至于每座墩柱看上去都像一座高塔。第一层用的是雕刻粗糙的粗石做法。在此五孔拱券之上，更有 11 孔高大的（因为两丘继续相互分隔开来）粗石做法的拱券，只是加工略精细一些。在此 11 孔拱券之上是 36 孔拱券：11 层拱券每一孔上各有两孔，而因为山丘分隔距离使得最终需要 36 孔券洞。这上面就是疏水道，与山顶相平，把水导入尼姆市中心。在此之外，圣雷米（San Remy）[12]有一座非常美观的三层陵墓，逐层叠垒。第一层，包括它下面的墩座墙，为爱奥尼复合式[13]，在转角处用平柱。在空白处还有优美的浮雕——其中一个侧面上有骑兵战役，另一侧有步兵战役场景，第三边上有狩猎场面，第四边有胜利和凯旋场面。第一层之上还有一层，科林斯式的，设有角柱。这层开有窗户，装饰密布。在此层之上有一座带有穹顶的圆形[14]神庙，更准确地说是一个圆顶，由十根非常纤细的、带凹槽的科林斯立柱支撑着。在这座神庙的中心有两座比人体高的大理石雕像—— 一座是男性，另一座为女性，他们的头和其他部分已经遗失了，毁于时光的流逝和人类的恶意。陵墓的对面有一座带有各种丰富装饰的凯旋门。关于阿尔雷斯的古迹，特别是那座非常古老的圆形剧场，我应当说些什么呢？或是弗雷瑞斯（Fréjus）[15]的古代宫殿，还有城外赏心悦目的圆形剧场？阿维尼翁（Avignon）附近的"非常引人"[16]是一座非常优美的大桥，两端各建一座看着像凯旋门的大门。与此相似，还有维也纳（Vienna）[17]的献给玛丽·玛格达伦（Mary Magdalene）的科林斯神庙。在陛下的国度还有很多其他古迹，只是我现在不会讨论它们，因为我要保留到您高兴的时候传唤我来并亲身去看这些奇迹，并测量它们，再把它们画出来，就像已经为另外一些建筑所做的那样，以便于我能够把它们连同自己其他的工作一起奉献给世界——如果没有陛下的帮助和宠爱我是无法完成它们的。所以，此时请您屈尊接受我的这本小册子，希望能因跻身您的皇家收藏而变得重要。我谦恭地屈膝向您致敬，随时准备着心甘情愿地在您高兴的时候前来为您服务。

IIII

v(50r)

关于古迹
第四章*

在可以看到的所有罗马古代建筑中，我认为，作为一个单体，万神庙事实上是最美、最完整、构思最好的。[18]比起其他建筑，万神庙是尤其非凡的，因为它有很多"成员"，但这些"成员"与整体之间的比例如此之好以至于无论谁看到这种一致性都会感到极大的满足。这是因为创作它的明智的建筑师选用了最为完美的形式，即圆形——当地称为 la Ritonda——因为其内部采用了相同的高度和宽度。可能上述这位建筑师考虑到所有按照某种秩序进行的

* 原书如此。——译者注

事物都有单一的主要统帅，引领着其他所有次要“成员”[19]，他希望这座建筑具有唯一的光源，而把光源置于上部可以使光线均匀地洒向整个空间。事实上我们看到的光线就是这样的，因为不仅那些直接受到光源照射的物体很明亮，而且甚至那六座位于厚墙之中的本应很昏暗的礼拜堂也通过它上方一些窗户提供的来自顶部开口的第二光源得到了适宜的光照。结果是无论多么微小的地方也不会分享不到光线的照射。并且不只是建筑的本体得到了如此美妙的普照效果（*gratia*）[20]，而且里面的人也是一样；即使它们只有普通的身材和外表，它们也能多少显得更高大更优美。所有这一切都来源于毫无遮拦的天光。没有判断力是无法创造出这种效果的，因为古代时期神庙是献给众神的，这里会引入很多神像——众多的神龛、壁龛和凹室见证了这一点——为了适应实际需求所有的神像都需要一个照明光源。所以，那些喜爱收集不同类型的雕像和其他浮雕作品的人应当拥有这样一个光线来自上方的房间，这样就永远不必为展品寻求光线了，而无论雕像位于什么地方它们都能够展现出完美的形式。这一点同样适用于绘画，假如它们是在这样的光线下绘制的。大多数有判断力的画家经常这样做；当他们希望让人物表现一种强大的力量和浮雕感，他们会使用顶光。不过，这种方法画出来的绘画作品要让有鉴赏力的人去欣赏，因为如果不是这样的人，鉴于浓重的阴影会使对于艺术无知的人感到不快，他们便会对值得赞扬的地方妄加批评。尽管伟大的提香（Titian）[21]的绘画中使用的光线是他随意而定的，它们仍然是如此的高雅且用色适当，让所有人都感到满意，而且它们都具有高浮雕的效果。现在，回到我的主要论点，我说过由于万神庙（我个人意见）是我曾经见到的或能够见到的建筑中构思最好的[22]，在我看来把它作为这卷书的开篇是不错的，就仿佛它是所有其他建筑的领袖，特别是因为它是一座庄严的神庙并由罗马教皇博尼法切（Boniface）奉为神圣礼拜之所。普林尼在很多地方说过[23]，这座神庙的奠基人是马库斯·阿格里帕（Marcus Agrippa）——为了实现奥古斯都·恺撒的愿望，而后者去世很早无法实现。神庙建于基督纪元 14 年，即世界诞生后 5203 年上下。[24] 在该神庙中（如普林尼所写），柱头用铜制成。这位作者写到雅典雕刻家第欧根尼（Diogenes）雕刻了柱廊中的女像柱，广受赞扬，而置于三角山花上的雕像也得到了很高赞誉，尽管由于它们位置很高而一直默默无闻。这座神庙遭到过雷击并在图拉真执政的第 12 年（即基督纪元 113 年，世界诞生 5311 年）受到火灾破坏。卢修斯·塞普提米乌斯·塞维鲁（Lucius Septimius Severus）和马库斯·奥雷利乌斯·安东尼乌斯（Marcus Aurelius Antoninus）恢复了它及其所有的宗教用品，如山花额枋上铭文所示。[25] 可以相信所有的装饰都得到了重建，因为上文提到的第欧根尼制作的柱廊中的女像柱定然改变了布置方式。不过可以肯定地说，布置这些装饰物的建筑师定然具有杰出的判断力和鉴赏力：说他有杰出的判断力，是因为他知道如何协调各“成员”使之与整体呼应，还因为他不想使用大量雕刻而使作品显得混乱，相反还知道如何运用总体判断将它们划分开来[26]——如我将在相应部分详细讨论的那样；说他有鉴赏力，因为他希望在整个作品中都使用科林斯柱式，而不想混入其他柱式，也因为比起其他我曾经见过、实测过的建筑，这里所有构件的尺度都经过更深的研究。这座神庙实在可以称作一个建筑范例。进而把对建筑师没有什么意义的历史传说放在一边不谈，我将说到各个构件自己的尺度。为了能够按照一种更为有序的方式展开这些古迹的介绍，第一步是图示法（*icnografia*）[27]，即平面图，第二步是正视图法（*ortografia*），即立面图[28]（一些人称之为剖面图），第三种是全景图法（*sciografia*）[29]即同时带有正面和任意侧面的图纸。随后的插图是万神庙的平面图；其度量单位是古罗马的掌尺（palm）*。先说门廊[30]，柱厚为6尺29分。立柱之间的空当为8尺9分。大门所在的前厅宽40尺。门廊的门框与前面的立柱同宽。壁柱间壁龛宽10尺，其两旁构件宽2尺。大门宽26.5尺。整座神庙宽度，即墙之间的地面，为194尺，高度与此相同——即自铺地至顶部开口边缘下皮间距。开口宽度为326.5尺。墙厚之中的六个礼拜堂每个26尺30分宽，而嵌入墙中的深度为宽度之半，不包括转角处正方形立柱的厚度。主礼拜堂宽30尺，呈半圆形，不计转角处上述立柱在内。所有礼拜堂立柱的宽度比5尺小3分；上述礼拜堂转角处正方形立柱与此相同。礼拜堂之间壁龛的立柱2尺宽。神庙围墙厚度为31尺，尽管厚度之中仍然存在很多空白的地方，由于礼拜堂占据了相当多的墙厚以外，礼拜堂之间也有被很多人称为地震出口的空当。[31]但是我更倾向于相信这样做的原因是为了避免使用过多材料；因为无论是什么原因，做成圆形便已经非常坚固了。可以看到左侧[32]还有楼梯，而在其他建筑中一般在右侧，由此登至门廊之上。[33]从这里可以通过一条秘密通道（至今仍然在那里）沿着神庙一圈走到礼拜堂上方。通过这里你还可以走到外边的阶梯并从那里的多座台阶登至建筑顶部。人们相信这座建筑的基础完全是一块实砌体，且曾占据了建筑底部大片区域；其依据是一些当地人在想建房的时候发现基础就是这样。

VI

---

* 古罗马掌尺。[34]掌尺分为12指，每指分为4份，称为“分”。在这座建筑中，以下所有部分都以此为单位度量。

VII(51*r*)

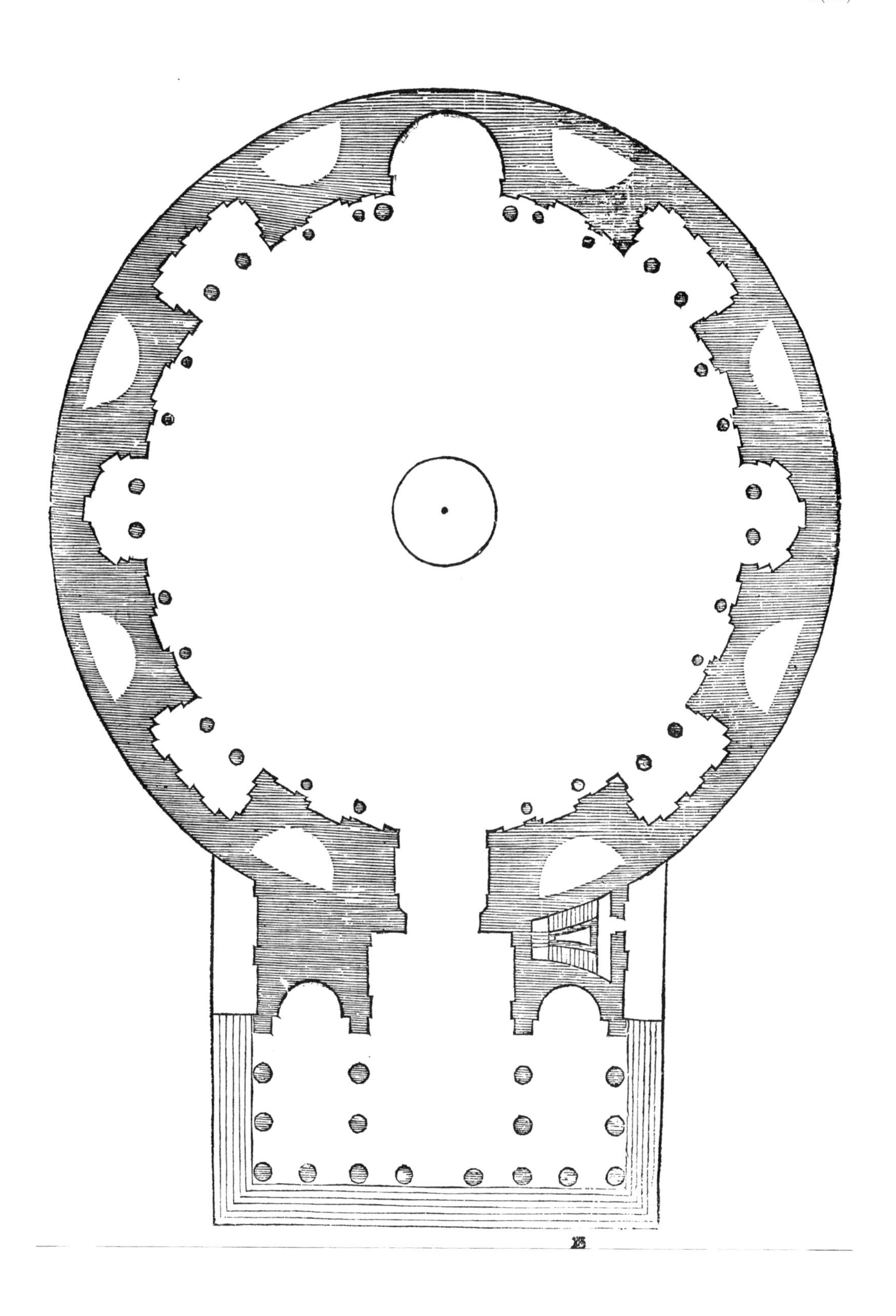

VIII(51*v*) 万神庙的外部形式

下图表现万神庙前边外观的完整形式。虽然今天需要向下走几步台阶，但是在它建造的时候则是高于地平七步台阶。[35] 有一个原因可以解释为什么这样一座古代建筑会如此的完整：它的基础所费绝对不菲；正相反，人们相信基础的边界等于占地面积[36]，至少这是一些当地人在建造时亲眼所见，他们发现这些基础使用了最好的材料。但是还是让我们说一说地面之上的个体尺寸。我在上文说过，门廊立柱厚度是 6 尺 29 分。而不算柱础和柱头，其高度为 54 尺 29 分。柱础为 3 尺 19 分高。柱头为 7 尺 37 分高。额枋的高度是 5 尺。中楣高 5 尺 13 分。檐口 4 尺 9 分。从檐口上皮至山花顶点为 34 尺 39 分。一般相信山花鼓室[37] 曾用银像装饰。[38] 尽管我没有在书面资料中找到这样的记载，但是考虑到当时皇帝的富丽堂皇，我倾向于相信事实就是这样，因为如果哥特人和汪达尔人还有其他多次洗劫罗马的民族想要青铜的话，他们完全可以从额枋和柱廊其他装饰上自行取用，而现在青铜还大量存在。[39] 然而，从最上边的檐口到穹顶上端，你可以通过很多缓和的台阶走到顶上，从下图便可理解。

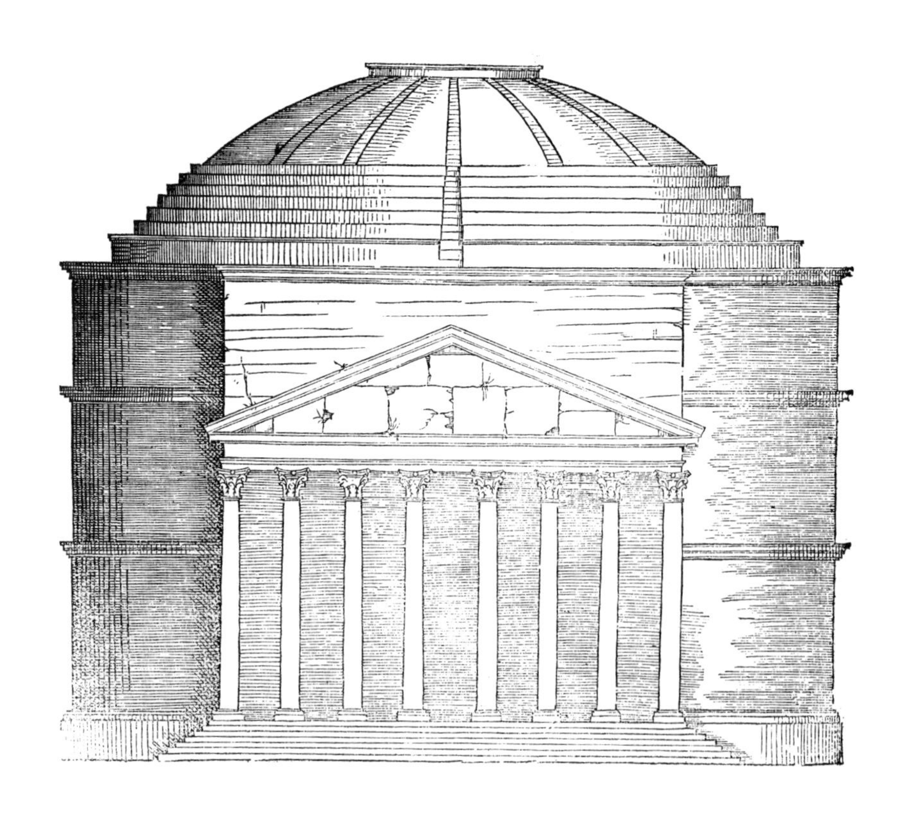

IX(52*r*)

万神庙内部

下图表现万神庙的内部。其形式源自一完美球形，因为它墙至墙的宽度与地面至开口下皮间距相同——如我上文所说，直径为194尺。从地面到最后的檐口上皮的间距与自檐口至穹顶开口顶端的距离相同。穹顶上的井字格，或如我所称的顶棚，都像中间画的那个一样，一般都相信，因为从某些遗迹还可以看到，它们是用银锻造的薄板装饰起来的，如果这些装饰是用青铜制成的，门廊中保留下来的其他青铜理应已经遭到破坏并被掠走了。

请丝毫不要惊讶，如果透视图中所画内容没有透视缩短、景深和平面，因为我想从平面图上把它们升起来而只表现成比例的高度关系，并使得尺寸不会丢失，不会在透视缩短的边上缩小[40]但是随后[41]在论透视法一书中，我将真正地通过平面和形体、各种形式和大量不同立面等所有与这个技艺有关的不同方法来准确表现透视缩小的物体。但是为了保留实测尺寸，我在表现这些古迹的时候不会使用这个技法。[42]我现在也不会给出檐口以下各构件的尺寸，因为我将在下面对这些体形逐个进行说明，并详细到“分”给出它们的尺寸。

尽管正中的礼拜堂与建筑所有其他部分取得了完美的协调，但是很多人认为，因为它的拱券打破了五根立柱——这从来不是可敬的古人的习惯——所以它不是古代所做，而是为改成基督教堂而增加的，而它适合基督教堂的需要，拥有一个比其他的更大的主祭坛。

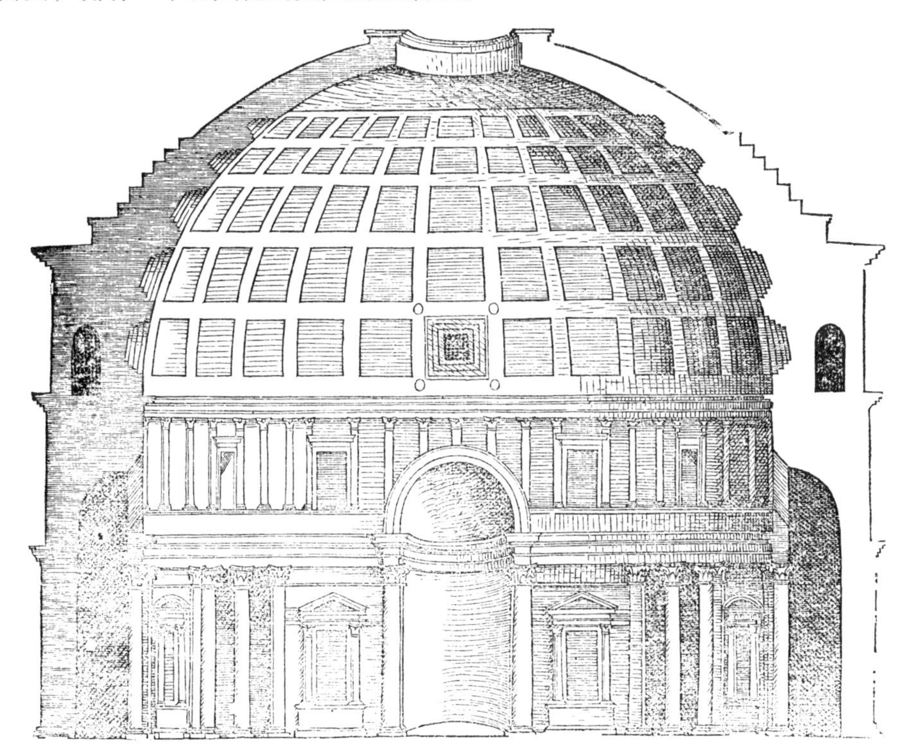

X(52*v*)

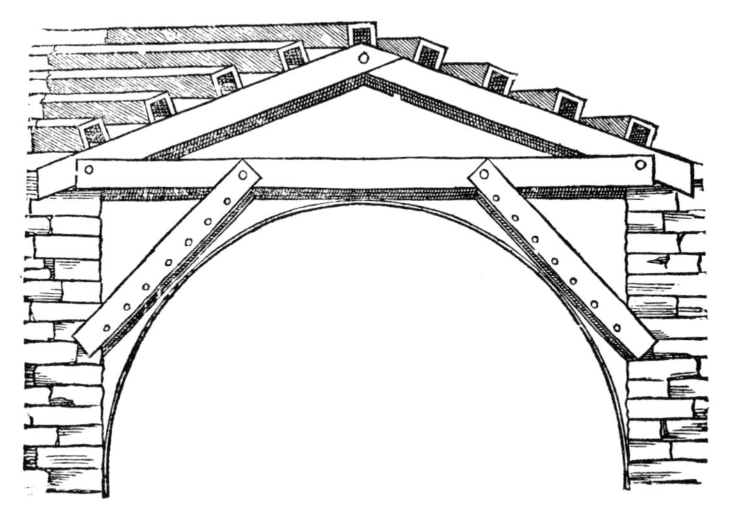

万神庙门廊上方的屋架仍然存在，而且完全用青铜板按照图中所示方法制作。现在没有圆，但是这曾经是一个装饰非常华丽的半桶形穹隆。根据上文同样的道理，很多人相信这里曾有银制装饰。然而现在还不知道制作半圆形的材料。考虑到现在看见的样子，可以肯定的是，过去它定然是一件非常优美的作品。

下图表现门廊内部的正面。此面用各种大理石进行了高度装饰，正面前厅两侧和外部都是如此。但是由于外部暴露在空气中已经被时间消磨殆尽。四根壁柱带有凹槽，其方法及凹槽数目见于下图。由于圆柱的上方有卷杀，额枋底面处是柱子的厚度，而且因为明智的建筑师想要额枋与不做卷杀的方壁柱协调——额枋底部并不一定是铅垂的[43]，正相反，倒是可能在两侧留出圆柱卷杀相同的区域——他把额枋做成逐层出挑的形式，出挑量与柱子卷杀相当，可以参见下图来理解。结果，效果非常协调。谈到大门的尺寸，其开口 20 尺 2 分宽，高 40 尺 4 分。我将在下一页更加详细地讨论更细节一些的尺寸。

XI(53*r*)

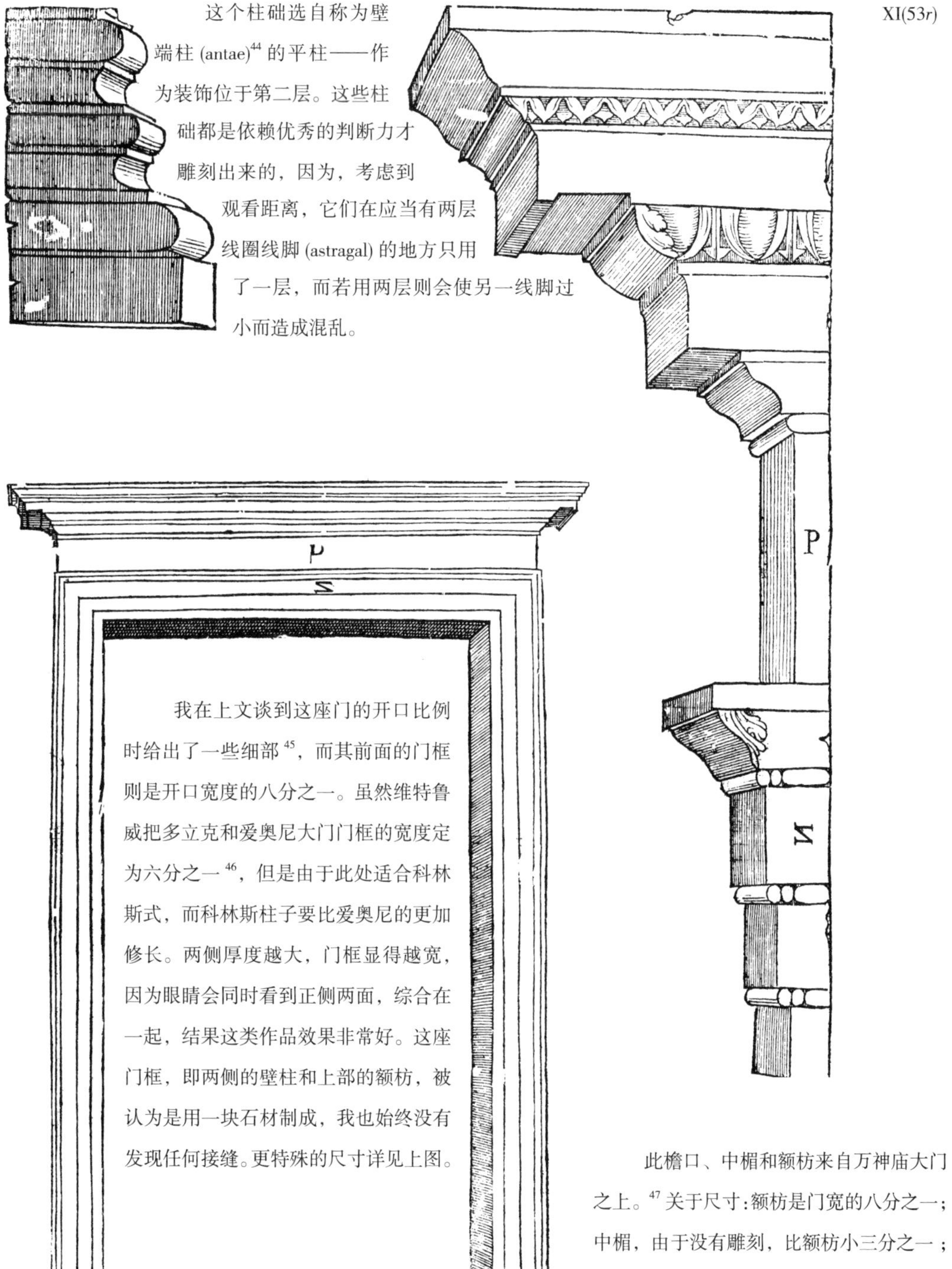

这个柱础选自称为壁端柱 (antae)[44] 的平柱——作为装饰位于第二层。这些柱础都是依赖优秀的判断力才雕刻出来的，因为，考虑到观看距离，它们在应当有两层线圈线脚 (astragal) 的地方只用了一层，而若用两层则会使另一线脚过小而造成混乱。

我在上文谈到这座门的开口比例时给出了一些细部[45]，而其前面的门框则是开口宽度的八分之一。虽然维特鲁威把多立克和爱奥尼大门门框的宽度定为六分之一[46]，但是由于此处适合科林斯式，而科林斯柱子要比爱奥尼的更加修长。两侧厚度越大，门框显得越宽，因为眼睛会同时看到正侧两面，综合在一起，结果这类作品效果非常好。这座门框，即两侧的壁柱和上部的额枋，被认为是用一块石材制成，我也始终没有发现任何接缝。更特殊的尺寸详见上图。

此檐口、中楣和额枋来自万神庙大门之上。[47] 关于尺寸：额枋是门宽的八分之一；中楣，由于没有雕刻，比额枋小三分之一；檐口与额枋同高。关于独立构件，它们都参照了更大部分的比例，据此使用一副圆规便可找到所有尺度。

XII(53*v*) 为了把这座优美且构思完好[48]的建筑的所有部分都表现出来，必须从不同方向绘图。因此，我在上文中表现了正面，在反映了所有正视可见部分之后，我现在要从侧面表现门廊、前厅和神庙入口。谈到它们的精确尺寸，我已经把外部立柱和壁柱的厚度和高度，以及其他装饰记录在上，因而不必重复。而仅仅了解一下构件的配置方式就足够了，尽管它们从原物按比例缩小后看上去很小。在神庙入口处的小一些的立柱是用作壁柱的平柱；我在后面将给出它们的尺寸因为它们同样用于礼拜堂。我上文提到过的青铜半桶形穹隆与柱间（intercolumniations）的空当相等。

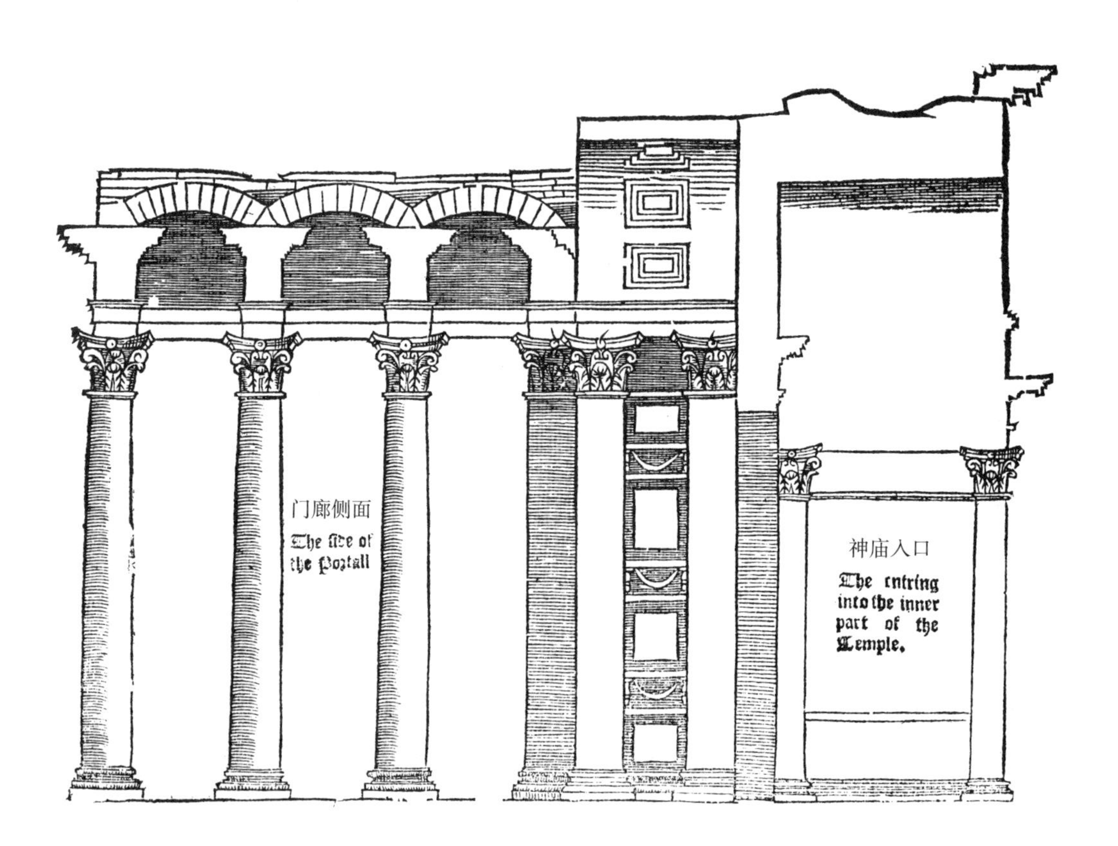

至于万神庙所用的很多种的柱子凹槽，我将不会烦扰自己把所有尺寸都描述出来。但是，由于面向大门的大礼拜堂所用的立柱非常优美且雕刻巧妙，我想就此讲讲它们的一些细节。因此，下图标注 A、B 的部分表示的是这些立柱的雕刻的平面和立面——图 A 为柱子立面，图 B 为柱子平面。只谈形式的话，这就够了。不过还需要描述一下尺寸。共有 24 个凹槽，每个 9.5 分。半圆凸线脚加上它两边[49]为 4.5 分。半圆凸线脚 3 分，余 1.5 分。把这 1.5 分等分，半圆凸线脚两侧平边即四分之三分。这种凹槽设计非常悦目，另外过道广场（the Forum Transitorium）[50]的巴西利卡也有类似的做法作为大门的装饰。标注 C 的柱础来自万神庙大礼拜堂的上述立柱。[51]其高度为 2 尺 11.5 分。划分如下：柱基（plinth）19 分；下层混线（torus）17 分；其上环线高 3.5 分；第一层枭（scotia），即凹弧线（cavetto），$8^1/_3$ 分；线圈线脚（astragal）之下的环线半分，上面的也是；两层线圈线脚 6.5 分，每个 3.25 分；线圈线脚之上的枭 6 分；上混之下的环线 1 分；上层混线 $7^2/_3$ 分；混线之上的环线——为柱身的一部分——3 分（分尺寸无法凑足总高——译者注）。柱础出挑 23 分，按照下图所示划分比例。 XIII

(54*r*)

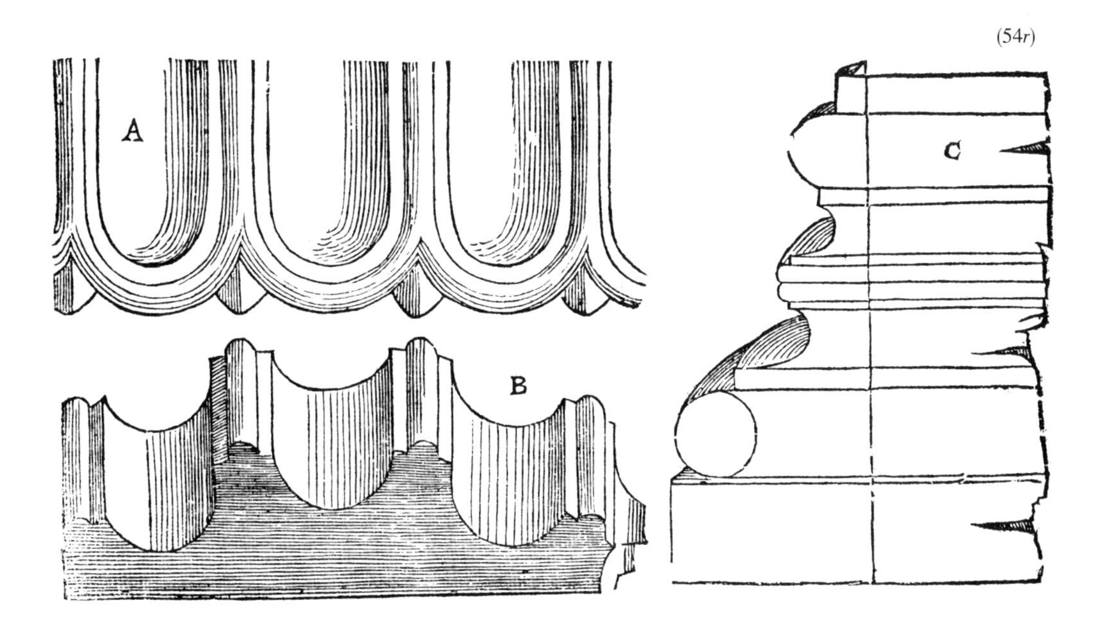

XIIII

后面的图纸表现万神庙室内的一部分——即从地面到支撑上部穹顶的檐口，我打算把穹顶称为圆顶。该图中还可看见在檐口的上面开始的井字格。[52] 与此相似，图中下部表现了六座礼拜堂中的一座；其中两座是半圆形的，四座是长方形的，但是六座立面都是一样的。每一座礼拜堂具有两根圆柱，转角处为方柱，可见于上文的平面图及对面页的图中。此图不是透视图因而无法看出礼拜堂后墙是圆的还是方的，而后退的两侧也没有画出来以确保对尺度的表达。不过这一座实际是方形的，因为可以看到礼拜堂中那些小凹进处的形状。柱子的宽度比 5 尺少 3 分。柱础的高度为 2 尺 21 分。不计柱头，柱身的高度是 40 尺。柱头高度是 5 尺 30 分。于是整个立柱包括柱础和柱头的总高度是 48 尺。额枋、中楣和檐口的高度是 13 尺半。这个总高划分为 10 份：3 份给额枋，3 份给中楣，另 4 份给檐口。关于其他构件我将不会多说因为这——下图中标注为 P[53]——是原物按照比例缩小画出的。事实上，我们可以领略檐口中反映出的建筑师的判断力。在他添加飞檐托饰（modillion）的时候，他没有再想加上经过雕刻的齿状饰（dentil）从而避免了很多古人和现代人都会犯的一般错误。我所指的错误是这样的：所有同时具有飞檐托饰和经过雕刻的齿状饰的檐口都是有缺陷的，维特鲁威就此在他的第四书第二章中给予了批评。[54] 尽管这里的檐口有一齿状饰层，但是由于它并未雕刻出来因而不应受到批评。檐口之上是一座胸墙，高 7 尺 6 分。因为柱子本身用的是浅浮雕，所以胸墙也采用了浅浮雕。这些柱子，算上额枋、中楣和檐口，高 30 尺 36 分。高度分为五份：一份作为额枋、中楣和檐口，下图中标记为 M，并按照原物比例绘制。檐口和额枋各构件划分 [55] 得如此恰当，一些部分经过雕刻，一些部分素平处理，以至于它们的形式毫不混乱。进而，由于实体构件位于雕刻构件之间，作品本身就有一种非凡的对比效果（*gratia*）。[56] 礼拜堂上面的窗户用来为礼拜堂提供照明。尽管这个照明不是主要光源，但是因为它垂直向下，光线引自上方的开口，它为礼拜堂提供了适宜的照明。立柱（如我所说）是浅浮雕的，并且将不同优质石材安置于立柱之间和凹进处之上。第一层檐口上的中楣采用了最好的斑岩。

XV(54v)

XVI(55*r*) 此图表现礼拜堂之间的一座壁龛。[57] 两侧的立柱系礼拜堂的方柱。在此可以看出建筑师所具备的判断力。由于他要作出额枋、中楣和檐口，而且正方形立柱距离墙面并不远，无法容纳檐口出挑，于是他只雕出了枭混线（cyma-recta）并把其他构件变成了一个单层带饰（fascia）。[58] 结果，此类作品非常完美并与柱式[59] 相和谐。这里的两个小窗并不提供照明，一般认为它们是摆放偶像的地方。壁龛的墩座墙 9 尺 12 分。立柱厚度为 2 尺，不算柱础和柱头，高度为 16 尺。柱础高 1 尺，柱头高 2 尺半。额枋 1 尺，中楣也是，并围绕神庙一周，全用斑岩制成。檐口高度 1 尺半。三角山花高 5 尺。围绕壁龛一周的边框 $1^3/_4$ 尺。[60] 对面图中更加详细地表现了其他尺寸。在壁龛之中，有的用三角山花，有的用曲线山花——即四分之一圆。

以下四幅图纸为上页图中壁龛的构件（相应用字母 A、B、C、D 标记出来）——其高度尺寸上文已述。不过，只要把这些构件一个一个地从原来的尺寸仔细地按比例缩小，减小至这个形式，对于建筑师来说就足够了。尽管对于维特鲁威学者[61]而言，这个檐口和额枋与中楣的比例相比可能显得太高了——我自己也不会把它做这么高——但是当观察它所在的位置的时候，距人很远，便看上去并不高而且比例适宜。柱头与维特鲁威的记载相去甚远，不算顶盘（abacus）它也比维特鲁威描述的算上整个顶盘的高。[62] 然而，一般认为他们是罗马最美的柱头。因为不仅这些壁龛的柱头，而且那些礼拜堂的，还有门廊的柱头都是同一类型，我认为（如在开始所说）我还没有发现一座建筑比这一座更严格地遵守了柱式规则。[63] 如果我把那里所有的恪守规则的最美的实例都记录下来，可能就会显得太冗长了。因此我将结束关于这座奇妙建筑的论述，接下来讲一些其他古迹。

(56*r*)

XVIII(56*v*)

其他古迹*

酒神庙*

酒神庙（the Temple of Bacchus）[64] 非常古老也相当完整。它富有不同美丽石材的雕刻和马赛克，遍布于地面、墙面、中央的顶棚和周围的桶形穹隆，采用混合柱式。室内墙至墙整个直径为100掌尺。有柱列围合的中央形体为50尺。我发现立柱之间的距离有很大差异；因为中间正对通往前厅的门口的空间为9尺30分，另一对面为9尺9分，大壁龛对面的空间为8尺31分，而其余四个空当有的是7尺8分，有的是7尺12分。前厅宽度（类似地，对面礼拜堂也是）与柱间一致；两个大壁龛也一样。其余小壁龛7尺5分宽。门廊尺寸可以从神庙尺寸推导出来。门廊使用了桶形拱，它前面曾经有一座椭圆形的院子，长588尺、宽140尺。从现存遗迹可以看出来，院子中装饰着很多立柱，如下图所示。

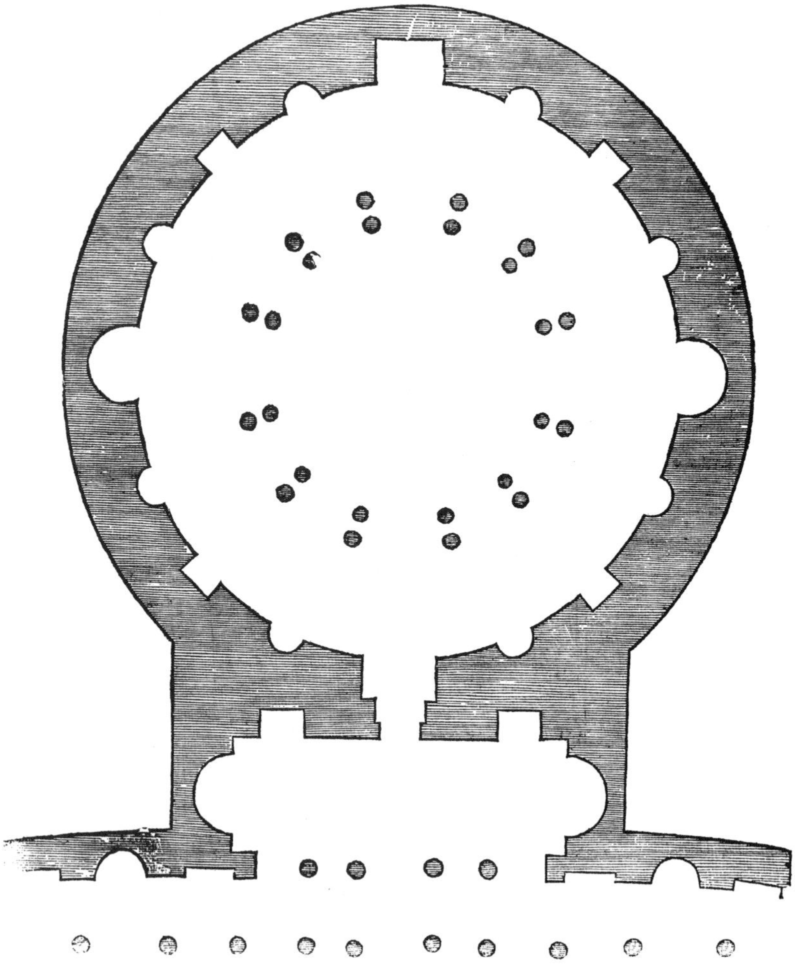

XIX(57*r*)

---

* 以下小标题均为中文版译者所加。——编者注

XX(57*v*)

上文中我说明了平面及其尺度，以下将说明室内立面，而外立面没有装饰。从地面至天花下皮的高度是86尺。柱子厚度为2尺14分。其高度为22尺11分。柱础高度1尺7分。柱头高度为2$^{1}/_{4}$尺。额枋高度为1$^{1}/_{4}$尺，中楣同之。檐口高度为2尺半。小一些的构件如下所示；[我并未给出它们的尺寸[65]]因为它们是从原物按比例绘出的。此神庙位于罗马城外，献给圣阿涅塞。[66]

XXI (58*r*) 下面的平面图是曾位于酒神庙前带门廊的庭院——最大可能地通过对非常荒芜遗迹的理解而绘出。每个柱间都有一座装饰着小柱的壁龛，其中定曾陈设雕像。庭院呈非常扁的椭圆形；长边 588 尺，宽 140 尺。

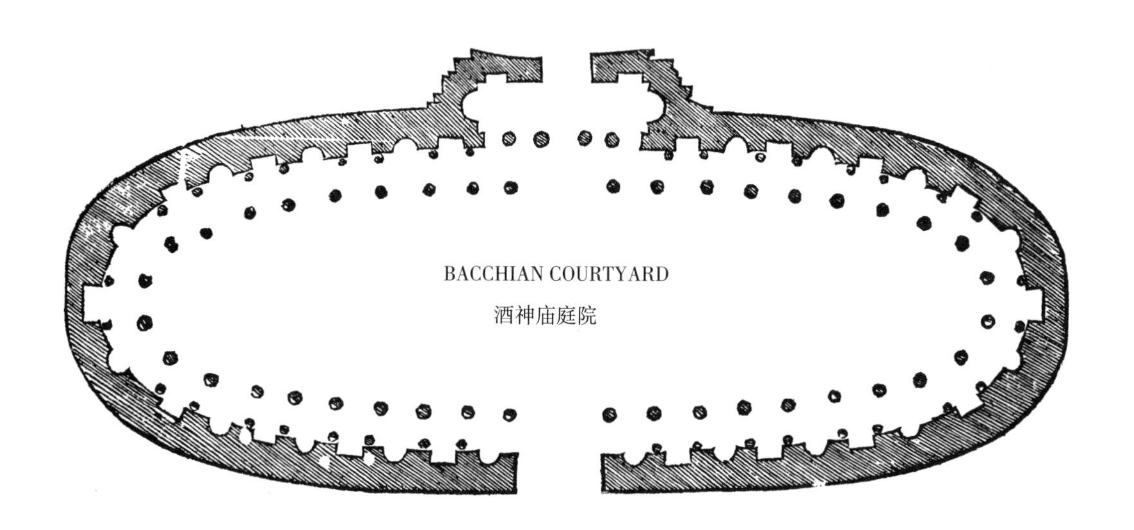

酒神庙（如我所说）富有多种不同装饰和分割。[67] 但是我并不想把它们全部说明，只论述其部分。下图画出的三种设计来自该神庙，部分使用优质石材，部分使用马赛克。

和平庙

XXII

韦斯帕芗（Vespasian）皇帝在罗马广场旁建造了这座和平庙[68]（受到普林尼的高度赞扬[69]），它使用了大量雕塑品和灰泥作品作装饰。除了神庙自身的装饰之外，韦斯帕芗在尼禄死后安置了尼禄自己在不同地方收集的大量大理石和青铜雕像。也是在此，韦斯帕芗还安设了自己和他孩子的雕像，使用了一种发现在埃塞俄比亚新发现的大理石（呈铁色），称为玄武岩，当时价格昂贵。在神庙的主礼拜堂中，还曾有一座多块石材组成的非常巨大的雕像。它的不少块遗存现在保留在卡皮多丘（Campidoglio），其中有一只脚，其趾甲如此之大以至于我可以相当舒服地坐在它上面。[70] 从此可以想象雕像尺度，显然它出自一位令人钦佩的雕刻家之手。

XXIII (58*v*)

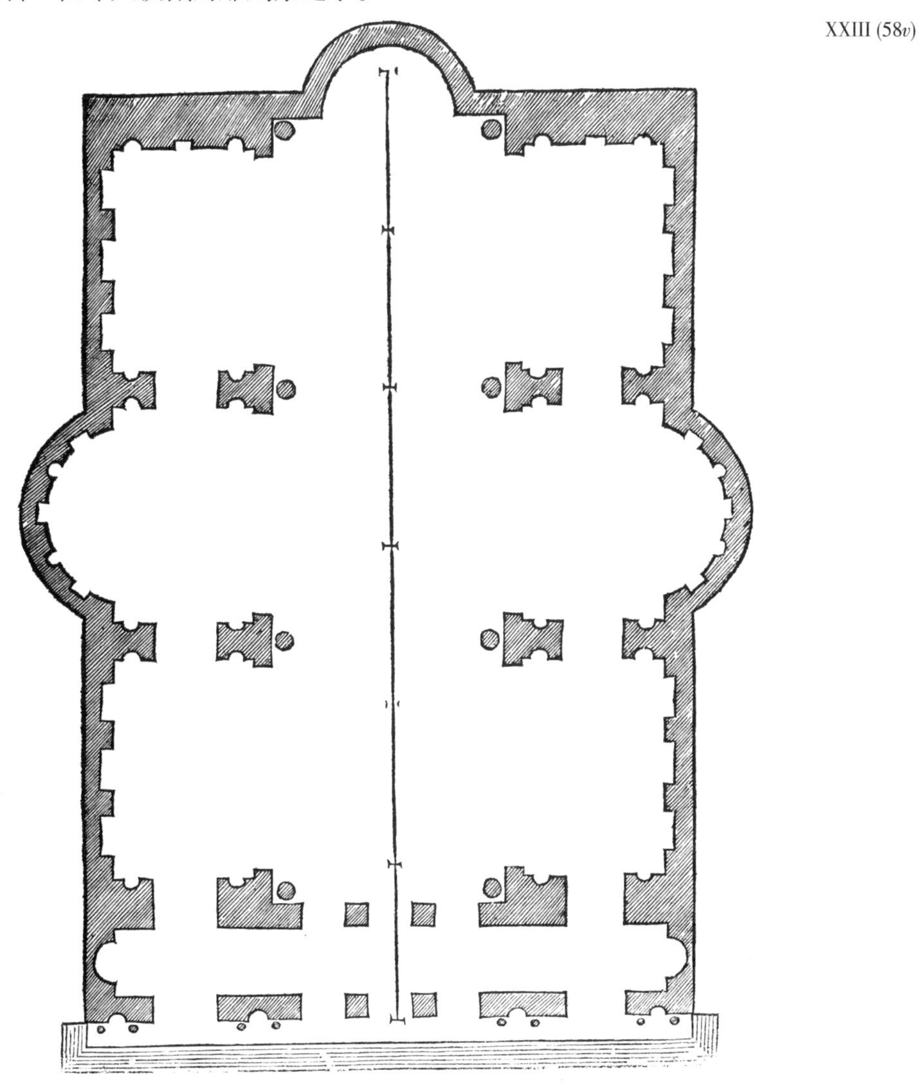

PLAN OF THE TEMPLUM PACIS
和平庙平面

XXIIII (59*r*)

该神庙是用布拉乔尺（braccio）度量的，1 尺分为 12 份，成为寸。[71] 神庙平面图一侧的线段为半尺长。首先，门廊的长度大约 120 尺，宽 15 尺。门廊尽头的壁龛宽度为 10 尺。入口处墩柱厚度为 5 尺，墩柱之间 10 尺。神庙和门廊侧面开口 16 尺。整座神庙长约 170 尺，宽约 125 尺。中央形体 [72]53 尺。安设圆柱的墩柱前面宽 9 尺半。那些圆柱的厚度为 4 尺 4.5 寸，且开有凹槽——共 24 个。每个凹槽 5 寸，其间肋 1 寸半。主礼拜堂的宽度约 32 尺，呈半圆形。两侧标注 A、B 的礼拜堂约 37 尺宽深入墙面 16 尺，小于半圆。环绕神庙的墙体厚约 12 尺，而很多地方由于在拱券之下所以要薄得多。类似地，环绕礼拜堂的墙体约厚 6 尺。柱墩之间 45 尺。对于多数壁龛、窗户和其他独立构件，可以利用给出的尺寸推导出来，因为图纸是成比例的。关于平面就是这些。关于立面，由于地面覆盖着废墟，我无法从底部向顶部进行测量。不过，尽可能地利用我从平面以及从可见的遗迹得到的了解，我绘制出了立面图。[73] 我并非完全肯定是否柱子底下有基石，因为柱脚部分无法看到。尽管普林尼极度赞扬这座建筑，但是仍然有一些构件很不协调，尤其是柱子上方的檐口与其他任何部分都不协调，赤裸裸地完全孤立着。

虔诚神庙

XXV (59*v*)

这座神庙称为虔诚神庙（Templum Pietatis），靠近图利安监狱（Tullian Prison）。[74] 它使用的完全是石灰华[75]，但是表面覆盖了灰泥。它毁坏得很厉害，无法找到窗户的线索；尽管我在平面上最适当的位置画上了窗户。建筑是用布拉乔尺度量的，1 尺有 60 分。神庙图一侧的线段为三分之一尺。首先柱子厚 1 尺 18 分。柱间 3 尺 14 分。门宽 4 尺 14.5 分。墙厚 1 尺 20 分。神庙长 18 尺 20 分，宽 8 尺 30 分。神庙周围的柱廊是空的，即围廊式的。但是由于它毁坏严重因此不知道前面宽敞的部分是用什么覆盖的。神庙立柱没有柱础或是凸缘，而使用了覆盖了灰泥的石灰华。神庙前后都有山花。

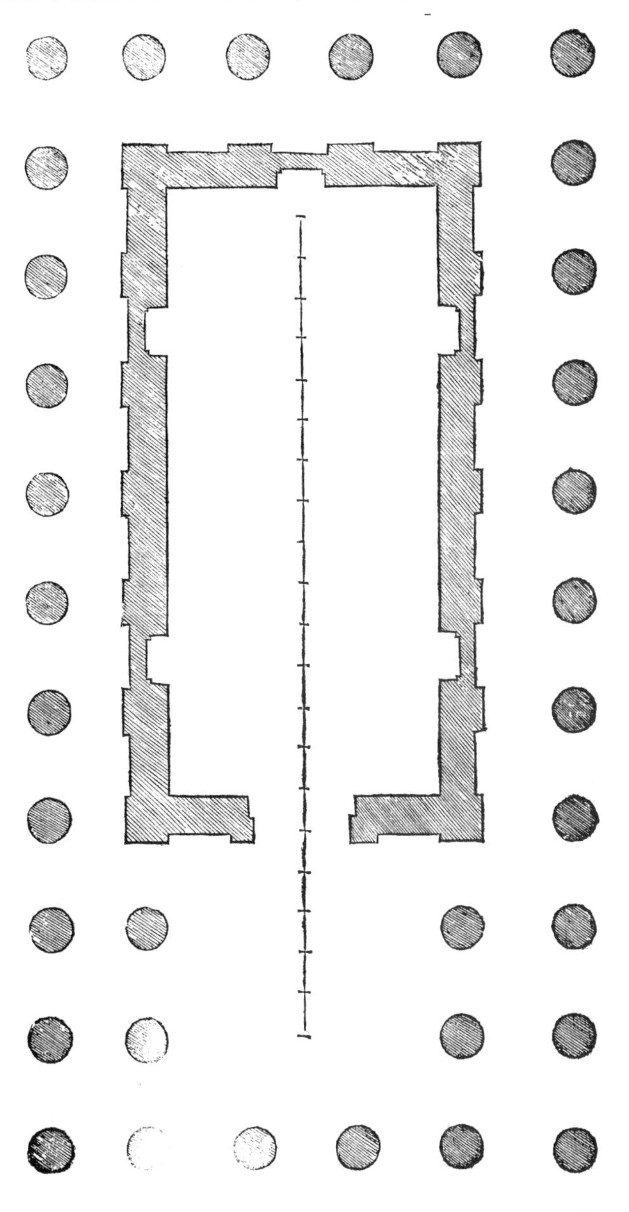

XXVI
(60*r*)

算上柱头，柱高比 10 尺少 3 分。底部厚度 1 尺 18 分，顶部 1 尺 15 分。柱头高度,算上线圈线脚(astragal)和抹角(apophyge),47 分。额枋高度 36 分。中楣高度 1 尺 56 分。檐口高度 1 尺 8 分。山花鼓室[76],即从混枭线至檐口下皮,2 尺 2 分。单个构件精确测量后放大绘制，如字母标记所示。这些构件仔细地根据原物按比例缩小绘出。

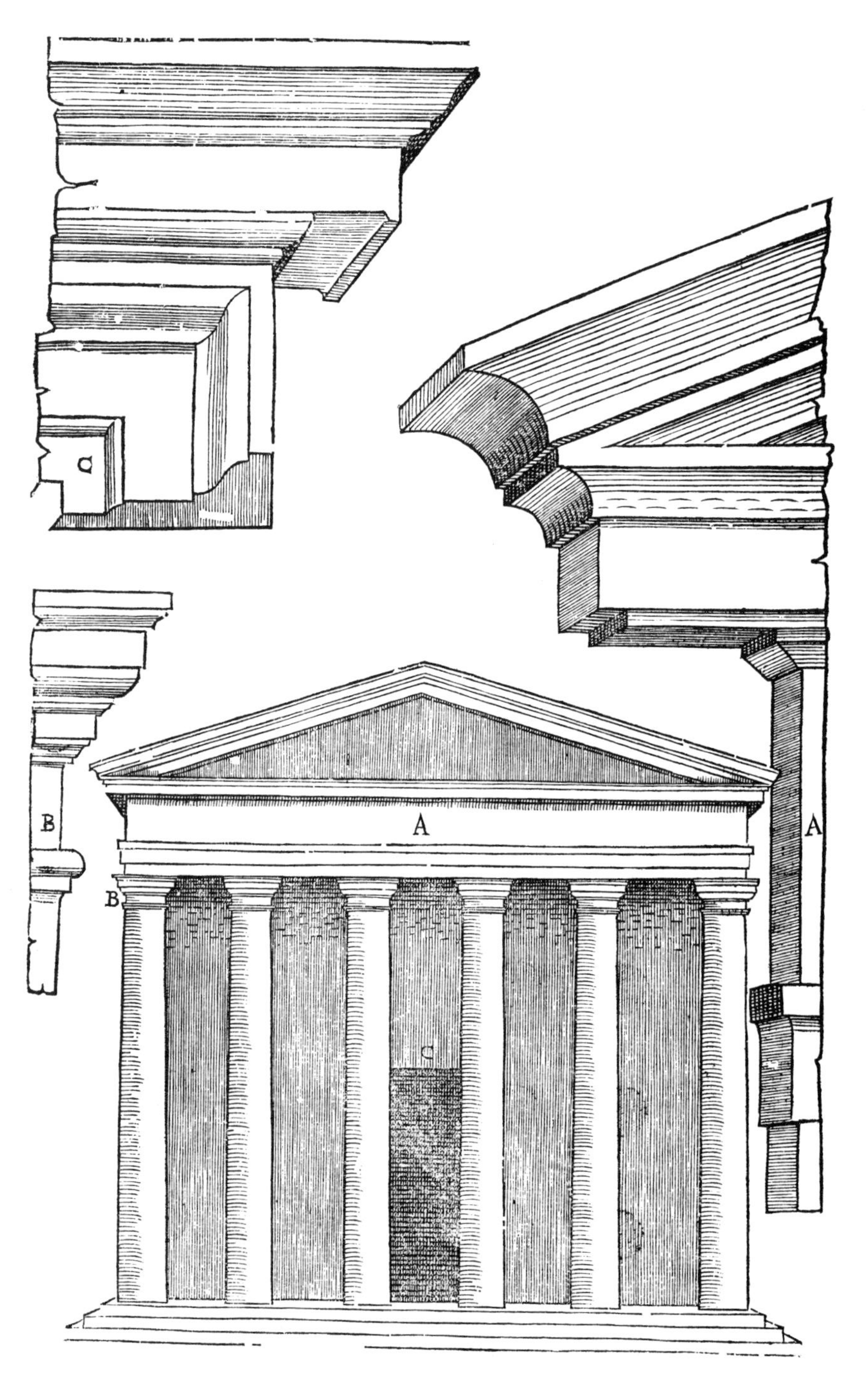

灶神庙

XXVII
(60*v*)

这座神庙在安涅内（Aniene）河之上蒂沃利（Tivoli）[77]——有人称之为灶神庙（Temple of Vesta）[78]——大部分毁坏了。它是一座雕刻精美的科林斯建筑，并且在前面用墩座抬升至高于地面。但是背面墩座以下则升高了 7 尺多一点。

XXVII
(61*r*)

上述神庙以上文中分为60分的布拉乔尺度量。首先，柱厚1尺17分，而柱间为2尺34分。柱与墙的间距为2尺半。墙厚1尺13分。神庙室内地面12尺半。标注为A的底座配上立柱和它的装饰用作神庙的整体柱式。[79]底座的基础高度为45分。底座墙身部分（dado）2尺48分。底座檐口37.5分。柱础高38.5分。柱身高10尺。柱头高1尺24分。额枋、中楣和檐口高约2尺半。下图标注为S、Y的大门高9尺[80]；门口下宽4尺4分，上宽3尺54分。这实际是维特鲁威规定的收分。[81]它的门框52.5分,但是上框约51分。中楣高度为30分。檐口高度42分。T、X窗1尺46.5分宽，高度为5尺3分，收分做法与大门相同。其边框31.5分。檐口高度同之。单独构件按比例表现于更大的图中，以字母对应有关各部分。窗户内外两侧均做雕刻；内部是曲线的，但是外部是平的。

XXIX
(61*r*)

无名神庙1

XXX
(61*v*)

这是罗马城外一座毁坏严重的神庙，大部分用砖建成。[82] 不过，没有一个装饰依然可见，但是其按比例的高度可以从平面推导和估计出来[83]，它可能就像图 A、B 画的那样。只有平面的尺寸，而从此可以推导出竖立的部分。下图用第五页提到的古罗马掌尺度量。首先，神庙的大门宽 22 尺，神庙自身直径为 96 尺半。两侧的壁龛与大门同宽；通向小神庙的门的宽度相同。类似地，四座礼拜堂入口处宽度相同，尽管内部变得更宽，而且其侧墙指向神庙自己的中心。至多可以理解，这四个礼拜堂从两边采光，因此神庙外墙在 A、B 处向内收进[84]——是个我不讨厌的形状。小神庙的直径是 63 尺；小礼拜堂——凸出的和凹进的都是——15 尺宽。我无法想象凸出的礼拜堂在上部如何结束，因为从剩下的立面已看不到它们的收束，但地面上确实可以看到凸线。尽管（如我上文所述）地面上无法找到建筑外观的证据，但是我还想根据自己的意见建起立面。于是，左侧标注 B 的是大神庙局部的印象，而标注 A 的表现小神庙的局部。

XXXI(62*r*)

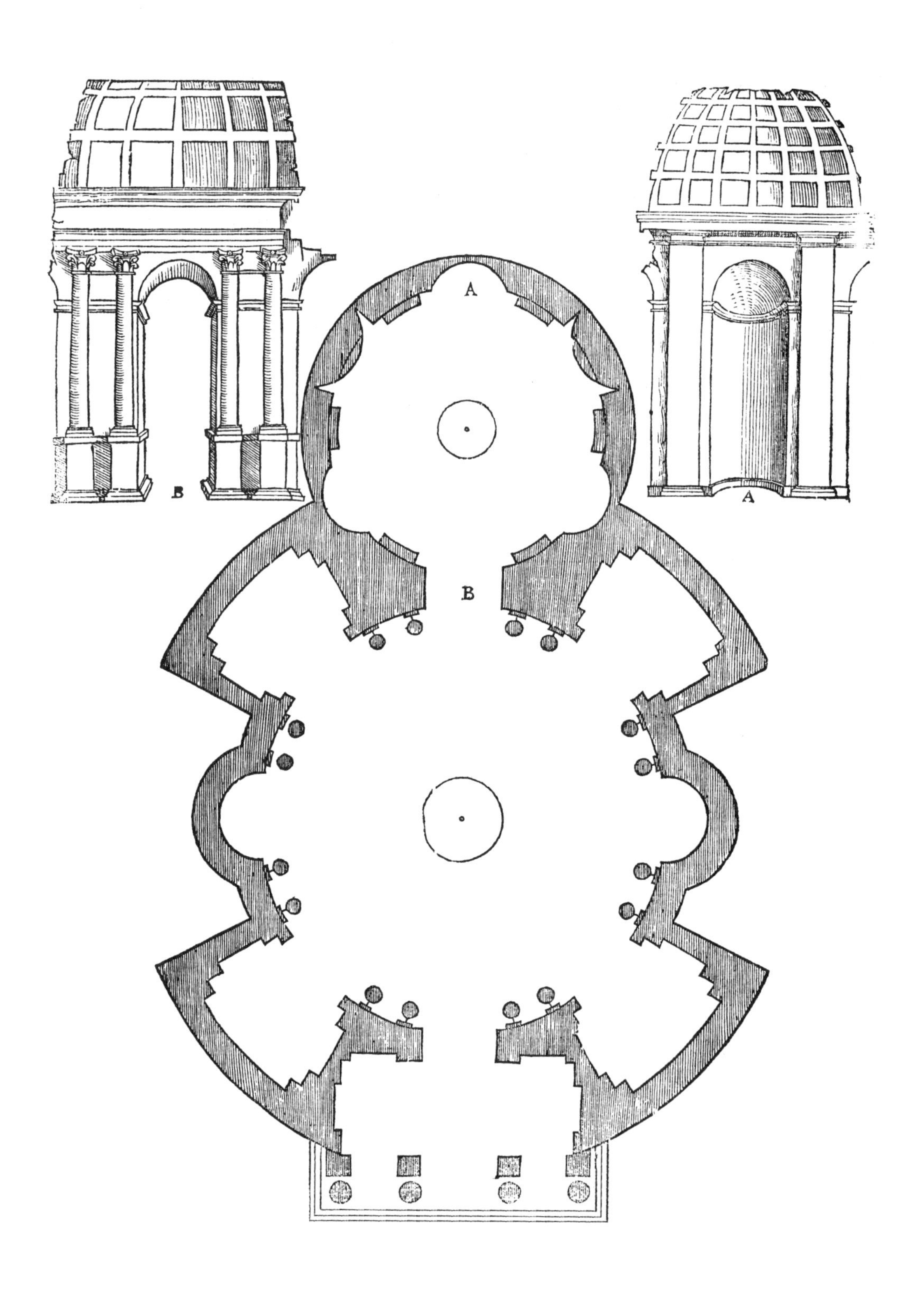

无名神庙2

XXXII
(62*v*)

下图所示神庙位于罗马城外，绝大部分用砖建造，庙不大但毁坏严重。[85] 已经无法推测它在从大门采光之外是否还从檐口以上的高窗采光。所有凹进处都曾摆放雕像、崇拜物之类。旅行中我丢失了这座神庙的实测尺寸，所以我将无法给出任何尺寸，但是建筑师可以充分利用图纸。而我确实清楚记得，神庙内部是一个半正方形，平面和高度都是如此。

XXXIII
(63*r*)

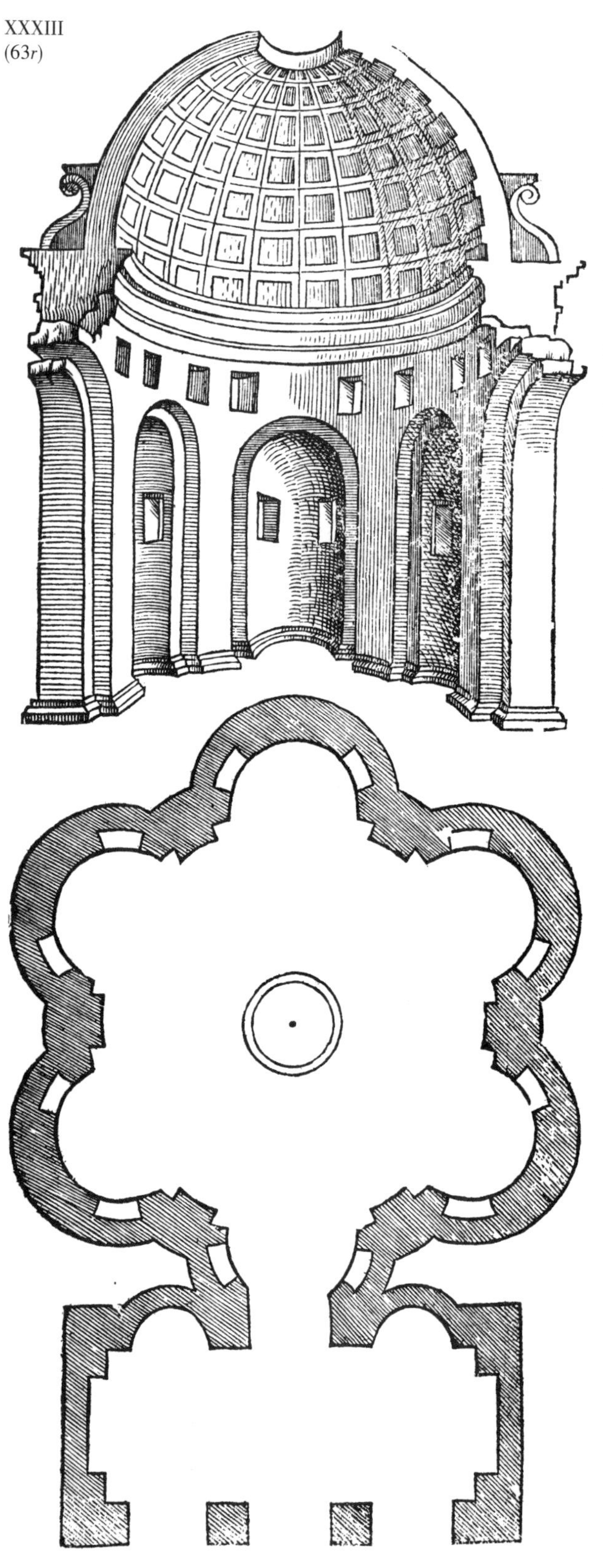

坦比哀多小教堂，卡文尔奇幕

这座坦比哀多小教堂很小，用砖砌筑，度以古罗马掌尺。[86] 门廊长度约 40 尺，宽约 16 尺。大门 10 尺宽。所有壁龛宽度相同，即 14 尺。壁龛间距 6 尺。关于高度，我推断从地面到额枋下皮大约 40 尺，而额枋、中楣和檐口高约 9 尺；如果给穹顶的高度垂直地加上 1 尺，其总高便约达 70 尺。[87]

塞尔塞尼墓

XXXIIII
(63*v*)

此处的神庙位于罗马城外，部分用砖部分用大理石建造，毁坏严重。[88] 人们判断这是一座呈标准正方形的陵墓。每一边墙至墙约30掌尺。墙厚2尺半。礼拜堂宽10尺。门宽5尺。包括柱础和柱头柱高22尺半。柱子厚度略大于2尺。额枋、中楣和檐口高约4尺。自檐口至拱顶顶部约11尺。礼拜堂的拱券高20尺。

XXXV
(64*r*)

新希比尔神庙

下图所示神庙在蒂沃利靠近河流，非常荒芜。[89] 它前后都有山花，两侧柱子突出墙外不足其半。神庙墙至墙的宽度为 11 尺——它以在虔诚神庙中所用的布拉乔尺度量，其三分之一长度录于第 25 页。[90] 神庙度约 18 尺。墙厚 1 尺 11 分。门廊柱子厚度 $1^1/_3$ 尺。包括柱础和柱头的柱高约为 12 尺。额枋、中楣和檐口高约 3 尺。山花从檐口平面至顶点高 3 尺。墩座自地面抬高 3 尺半。神庙毁坏非常严重，因而前面没有任何门或壁龛的痕迹，但是我还是用这个方法表现了它的装饰，因为它很可能确实如此。同样在墙上，两侧后部也看不到窗户；然而我想在平面图中相应的位置画出它们，在这些位置，依我的意见，他们将效果很好。我将不详细叙述墩座或是上部檐口各构件尺度，不过它们都是与依然可见的原物成比例的。

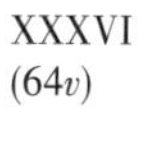

XXXVI
(64*v*)

上文描述的神庙平面图

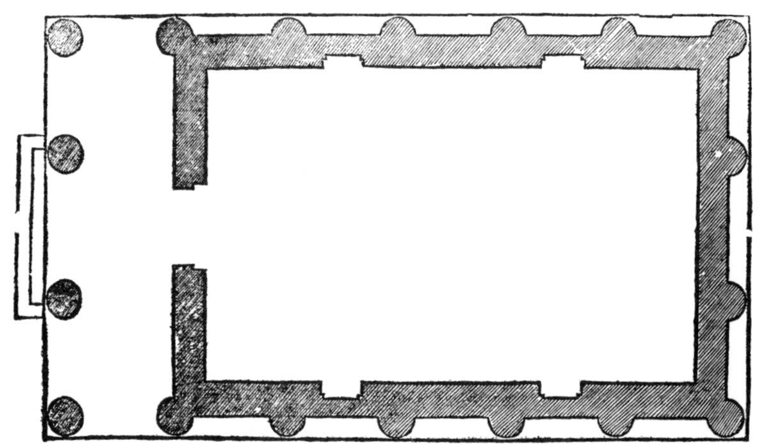

圣彼得大教堂

尽管我在这本书的开头说过我只会讨论古迹，但是我不想剥夺自己谈论我们这个时代一些现代建筑的机会，特别是因为在我们的时代有如此多的出色的人富有建筑天分。例如，尤利乌斯二世大主教（Pontifex Maximus）[91] 时期，一位从乌尔比诺公国的杜兰特堡（Casteldurante）来的伯拉孟特先生，一位极有建筑天赋的人士。[92] 在前述教皇给予的帮助和授权之下，他将古代以来深埋于地下的纯粹的建筑学重回新生（你可以这样说）。在尤利乌斯担任教皇期间，这位伯拉孟特开始了那座非凡的建筑，罗马的圣彼得大教堂。不过，由于过早辞世，他不仅没有完成建筑而且方案（*modello*）[93] 也有一些地方没完成。[94] 结果不同的有天赋的人为这座建筑开展工作，其中包括来自乌尔比诺的画家且博学于建筑的拉斐尔——继续了伯拉孟特的道路——作出的设计在我看来是非常优美的作品，有才能的建筑师可以将其用于不同场合。我将不把这座教堂的所有尺度都写下来，因为整座建筑都是成比例的，从一个局部便可以推知全貌。上述教堂用第 6 页所示的古罗马掌尺度量。中央通道宽 72 尺，两侧通道为其一半。从这两个尺寸可以推知整体尺度。

XXXVII
(65*v*)

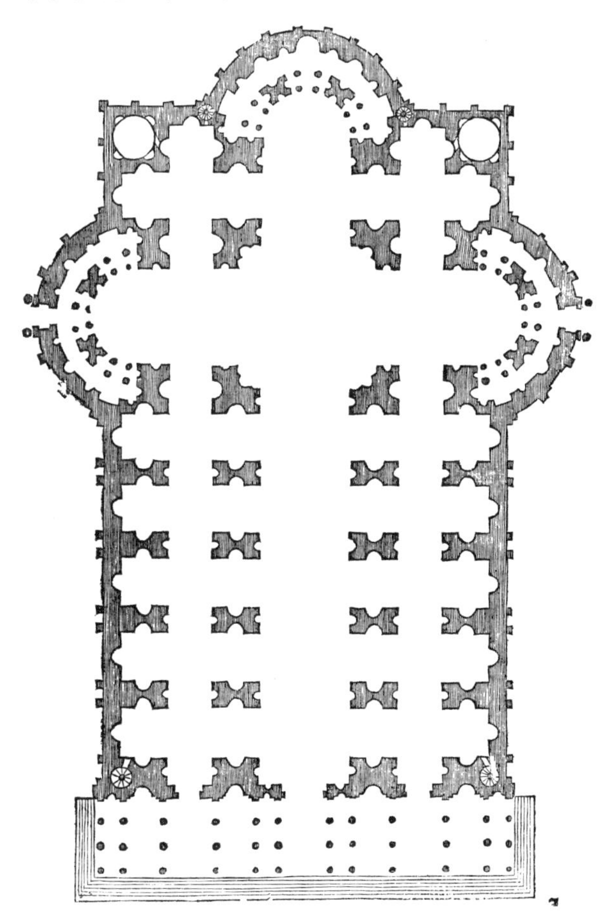

XXXVIII
(65*v*)

在尤利乌斯二世时代，来自锡耶纳的巴尔达萨雷·佩鲁齐[95]居住在罗马，他不仅是一位伟大的画家还非常有建筑天分。他制作了一个下图所示的模型——参照伯拉孟特留下的线索——希望教堂具有四座大门和中间的一座主祭坛。[96]四角曾经要作为四个圣器收藏室，其上原本要建作为装饰的钟塔，特别是朝向城市的正面。教堂用古罗马掌尺度量。首先，中间部分柱墩之间的距离是 104 尺。中心穹顶的直径为 188 尺。小圆顶的直径是 65 尺。圣器收藏室地面宽 100 尺。中间四个柱墩形成四座支撑穹顶的拱券，四座拱券已经建好了；其高度为 220 尺。在拱券之上原本要建一个讲坛，用上面带穹顶的很多柱子装饰。这就是伯拉孟特去世前制订的方案—— 平面图在下页。

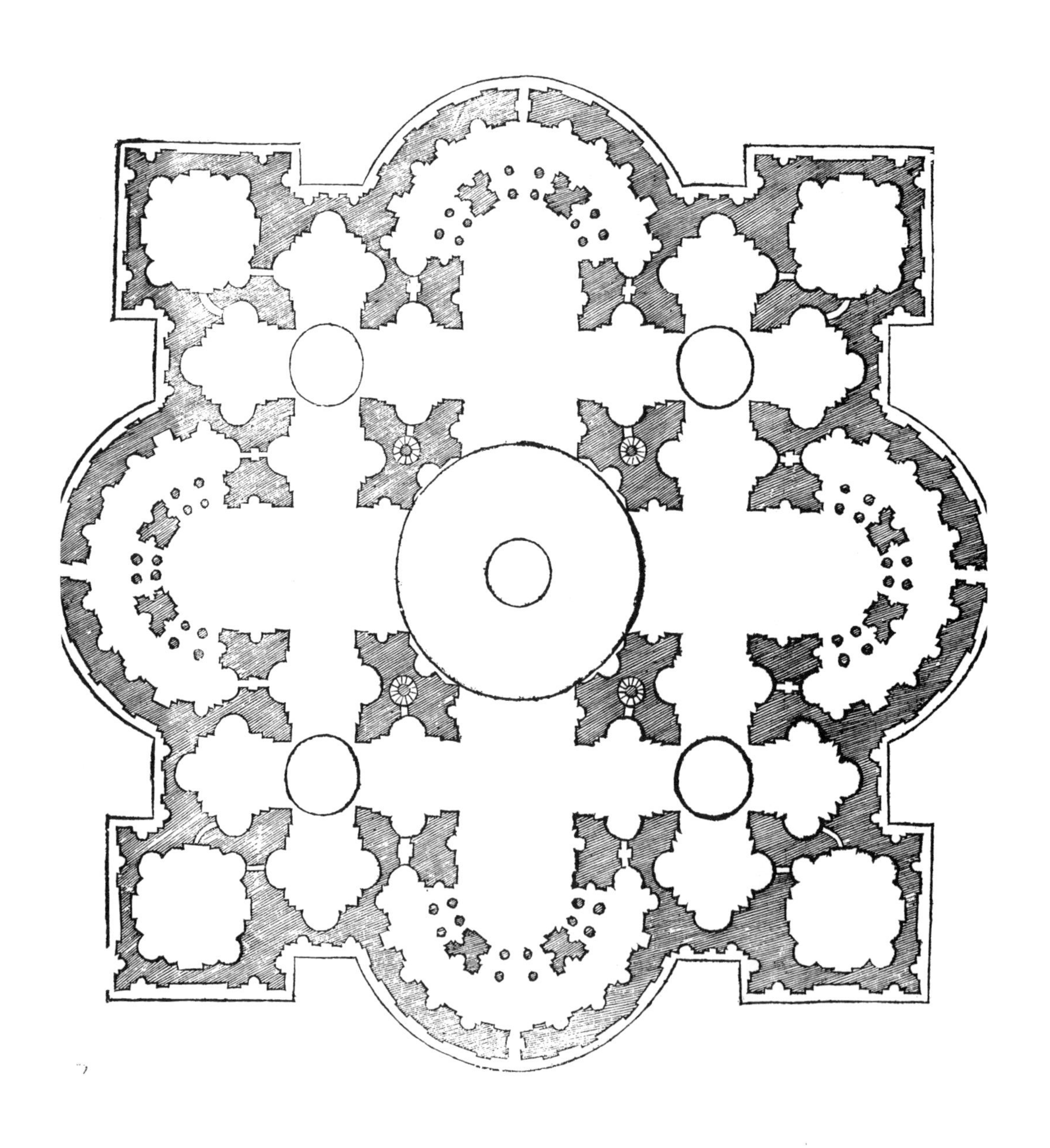

下图表现四座拱券之上原本要建的穹顶的平面，如我上页所述。从此图可以理解伯拉孟特在这个案例中如何冲动而没有深思熟虑，因为如此巨大和沉重的工程无疑需要良好的地基来做保证，更不用说把它建在四个拱券之上的如此高度。作为我所说的证据，带拱券的柱墩已经建好了并未承担任何上方的荷载，已经发生了问题，有些地方已经开裂了。不过，我想把此图画在这里因为它的设计非常优美和华丽，可以给建筑师带来很大启发。为了不过于冗长地叙述所有尺寸，我将仅提及几个主要的——其余的可以通过下图中间画出的小掌尺推知。此比例尺分 5 份，每份 10 尺——如比例尺中间部分所示——总长 50 尺。外围第一层柱子厚度 5 尺；向内第二层的厚度 4 尺；向内第三层的厚度 $3^3/_4$ 尺。讲坛内部直径 188 尺。中间的灯笼楼直径 36 尺。其他构件可以通过用小掌尺量度推导出来。

XXXIX
(66*r*)

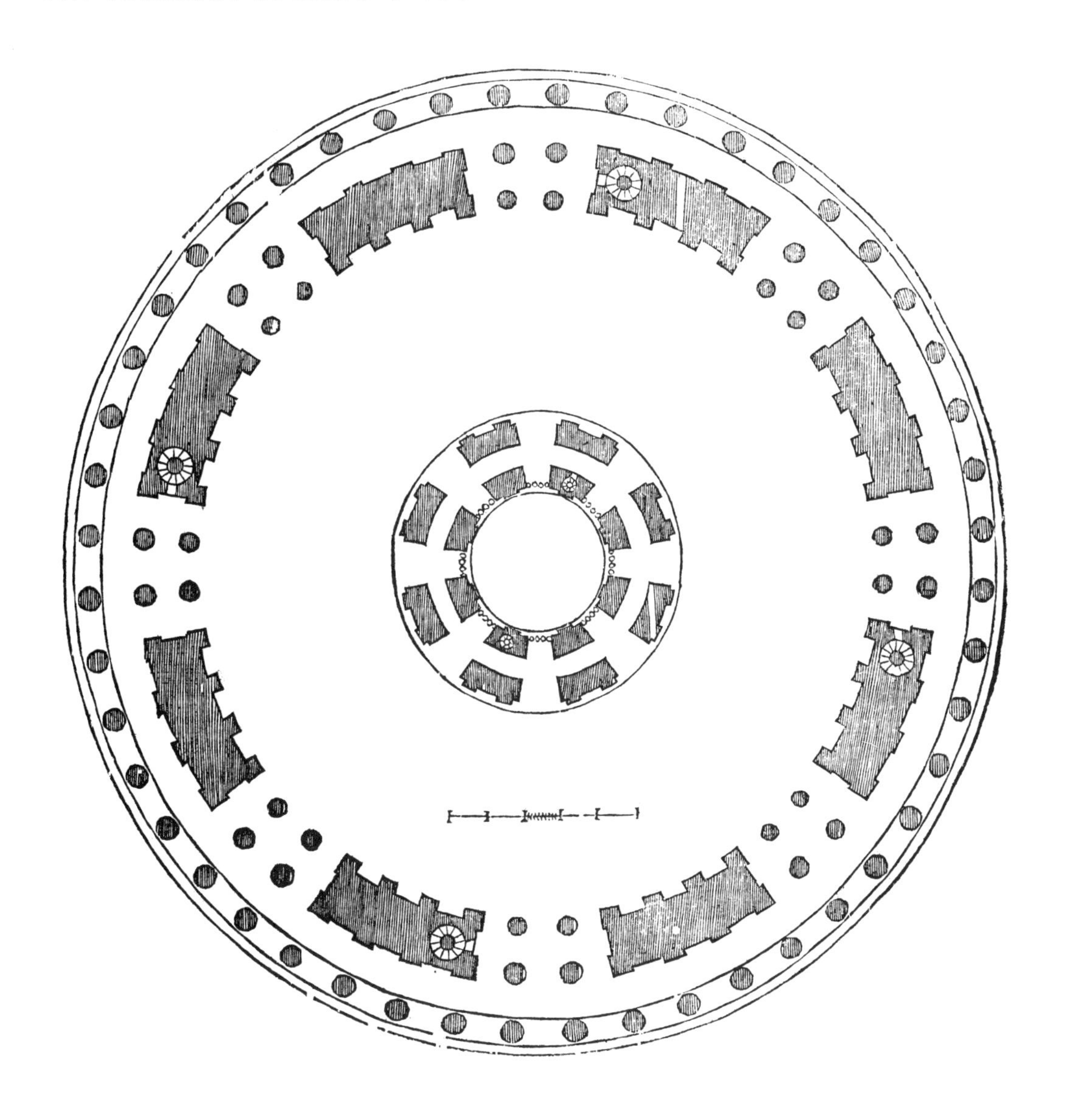

XL(66*v*)

此图为上部平面的立面，包括内部和外部，从此可以领会这个要建在四座柱墩顶上如此高度的构造具有多么大的体量和多么重的材料。如此大的体量（如我上文所说）应当促使每一位明智的建筑师把它建在底层而不是这么高。[97] 这是我的判断，因此，建筑师更应当谦逊一些而不要鲁莽 [98]；因为如果他谦逊的话他将使他的建筑非常安全而且他同样不会过于骄傲而不从他人那里寻求建议。依此而行，他将很少犯错。但是如果他过于鲁莽，他将不会寻求其他意见——正相反，他只顾自己的才能——因而他建的东西经常倒塌。因此我断言鲁莽来自假想，而假想来自无知，但是谦虚，即设想他所知有限或者根本无知，却是一种美德。这部分作品的尺寸可以通过上页的小掌尺推知。

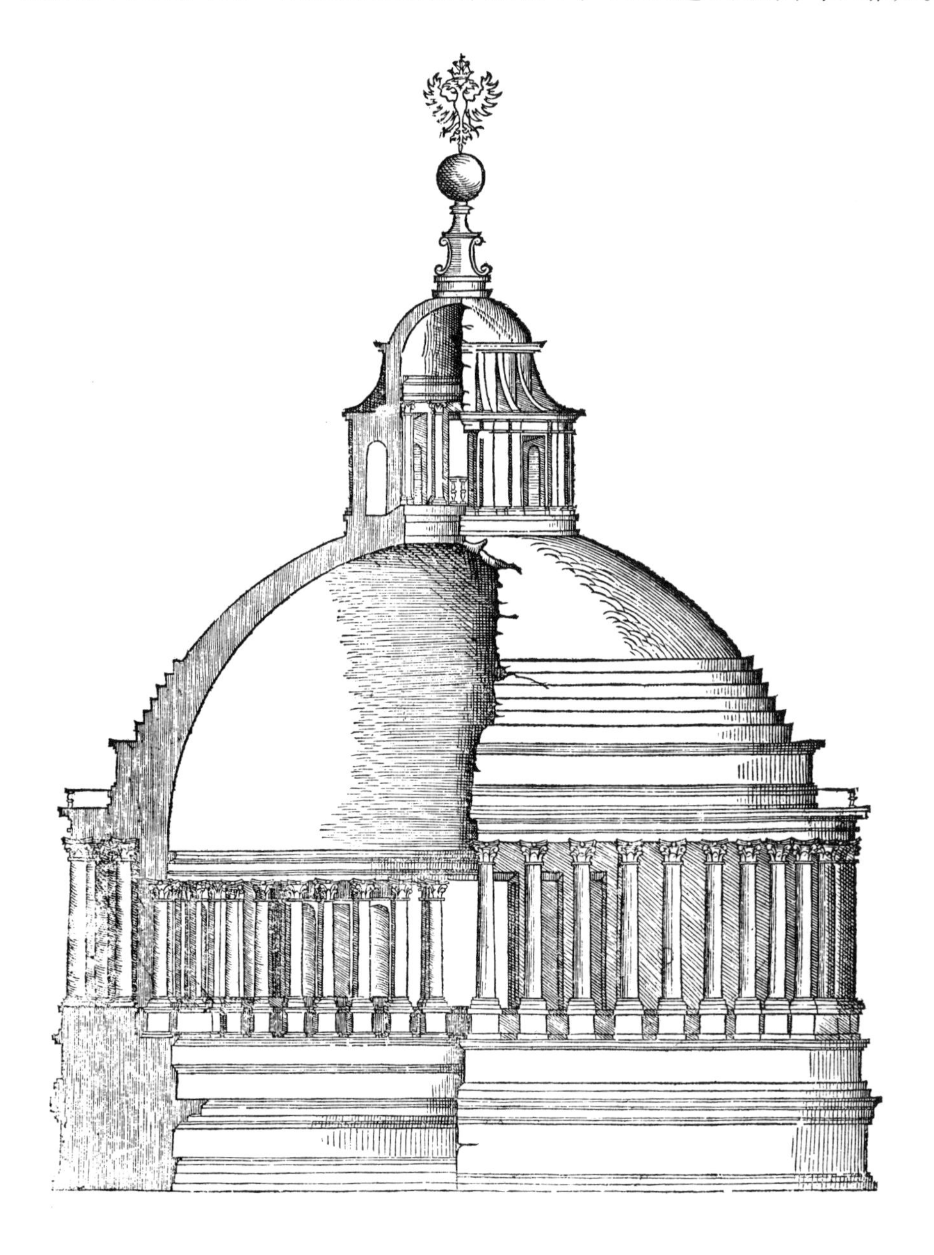

坦比哀多教堂

XLI(67*r*)

下图所示平面是伯拉孟特的创造，尽管为了与老建筑协调而做的部分始终没有建成。标注为 B 的是罗马城外蒙特里奥的圣彼得教堂。[99] 标注 A 的是原有回廊。而后，留在中央的部分才是伯拉孟特的设计，改造得与老建筑相配。C 部分表现的是一角上带有四个礼拜堂的敞廊。D 部分是庭院。E 部分是一座上述的伯拉孟特建造的小教堂。其尺度将在下页详细列出。我将不提到关于这张平面的任何尺寸，因为我只把它放在这里作为设计创作供建筑师利用。[100]

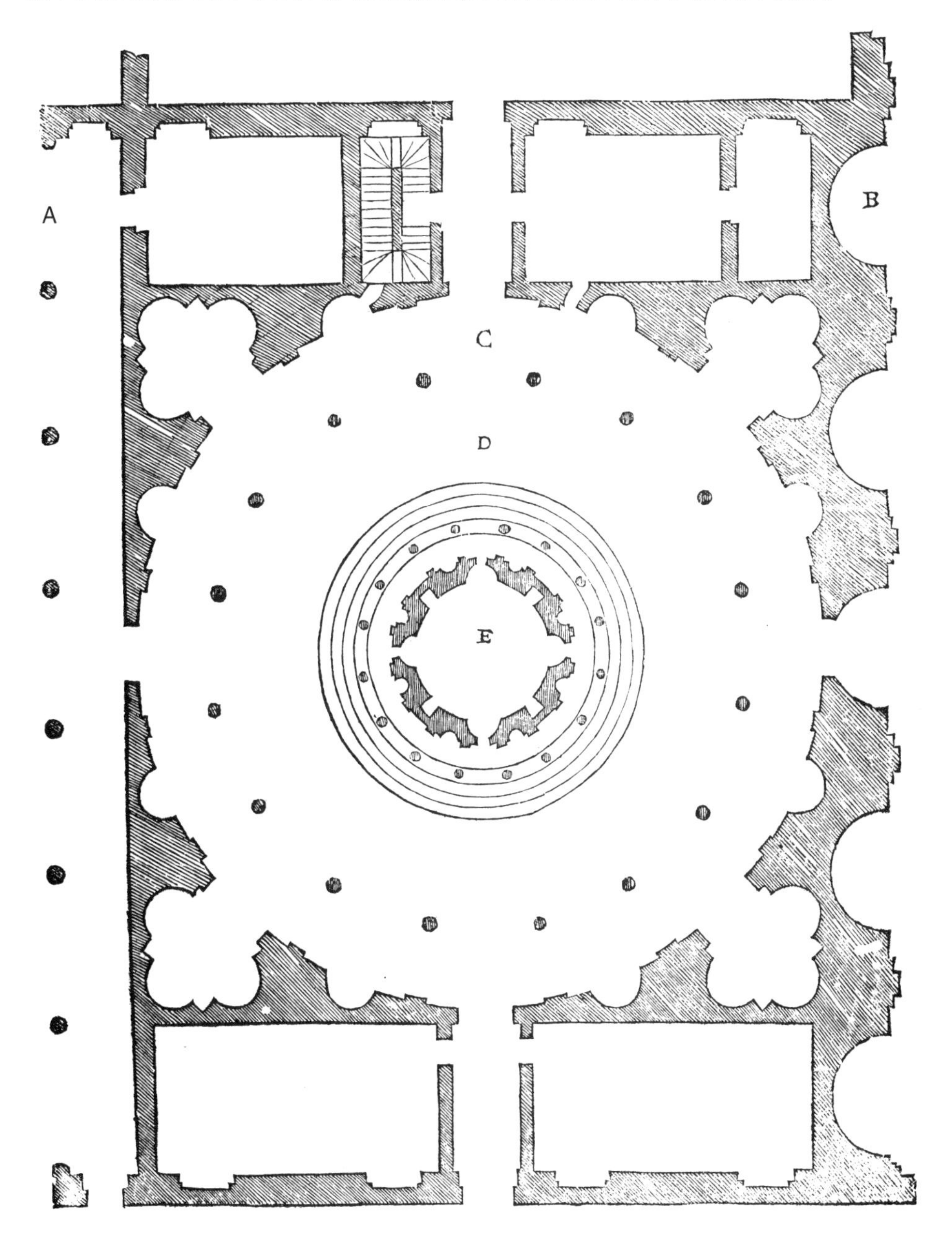

XLII (67*v*)

在前页我说过要更详细地说明伯拉孟特设计的坦比哀多教堂。它不大，只为纪念使徒圣彼得而建，因为据说圣彼得正是在这里被钉上了十字架。该教堂用古罗马尺度量。这种尺分16指，每指4分，这种分法也见于度量万神庙的掌尺，在第6页有述。[101] 教堂的直径25尺22分。教堂周围柱廊宽7尺。柱厚1尺25分。门宽3尺半。围绕柱廊内含圆形的小正方形表示柱子以上的花格顶板（*lacunaril*）。[102] 墙厚约5尺。其余尺度可有基础尺度推知。

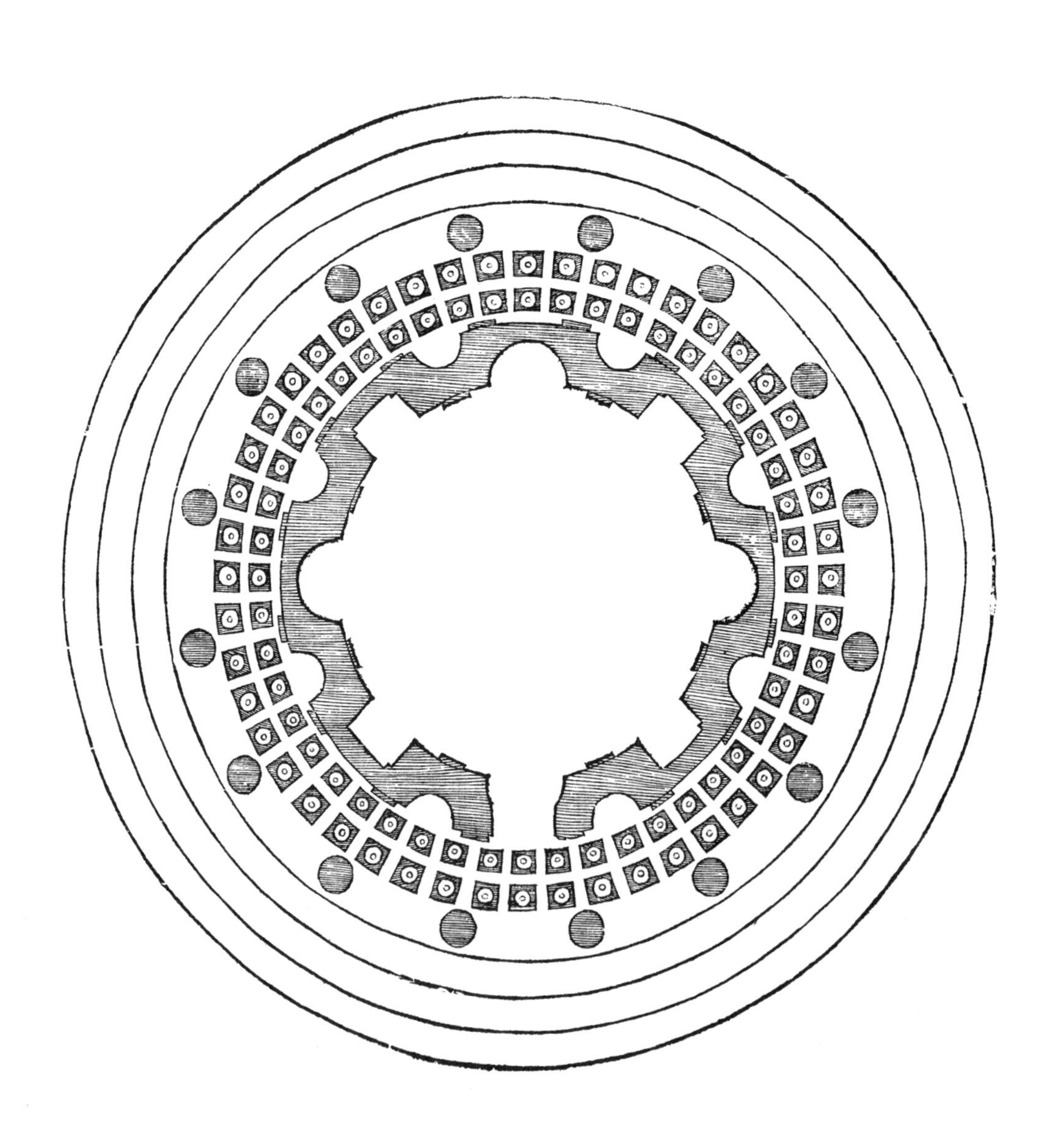

此为对面页教堂平面图的立面——反映其外观。从图中可知，它全部采用多立克式样。我将不继续详述各构件尺寸，因为立面可以从平面推导出来，尽管它很小，但也是按比例从大的个体尺寸缩小而来的。

XLIII (68*r*)

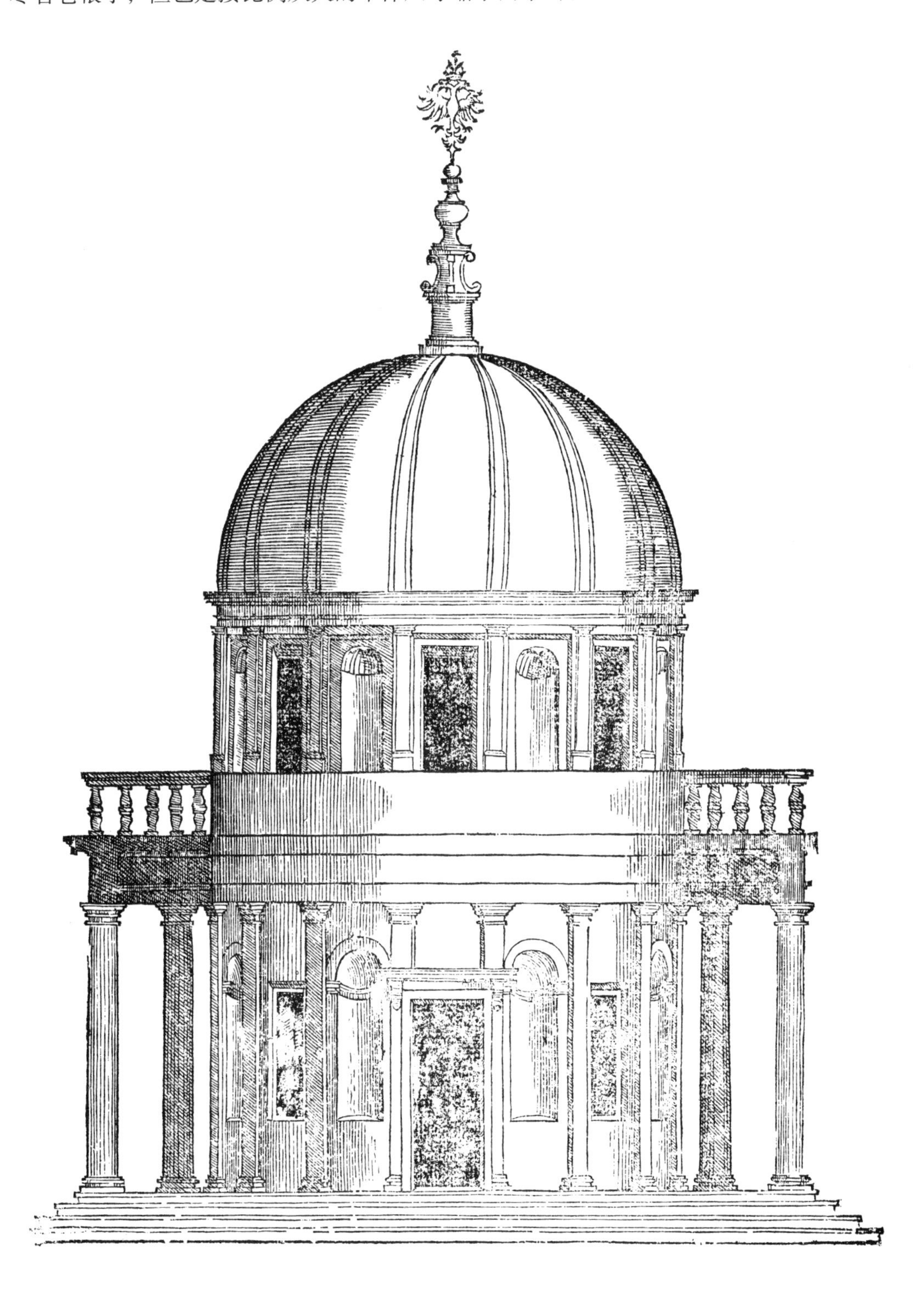

XLIIII
(68*v*)

上页中我表现了伯拉孟特建造的蒙特里奥的圣彼得教堂。现在，我将在下图说明其内部，（如我所说）按照比例绘制，以便于建筑师能够依靠平面发现所有尺度。尽管此教堂看上去太高，因其高度超过二倍宽度，但是由于窗户和壁龛在图中表现了出来——这样视线就被延伸了——而高度之类不受影响。正相反，由于围绕一周的双层檐口抵消了不少高度，对于观察者而言教堂显得比实际要矮很多。

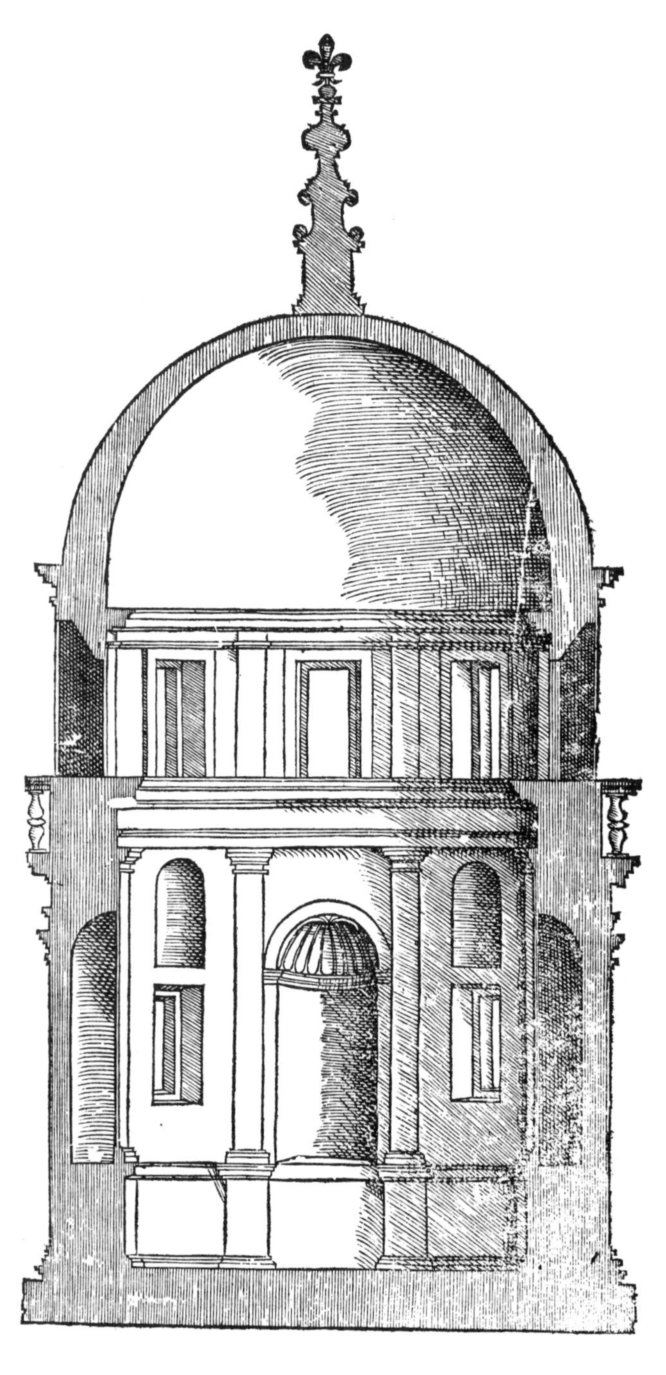

罗穆卢斯陵

XLV
(69*r*)

此建筑位于罗马城外临近圣塞巴斯蒂安，特别是周围的敞廊曾经完全拆至地面。[103] 不过，中央的建筑尤其坚固，保留完整，用砖建造——看不到装饰——且非常黑，因为它除了大门和四个壁龛内的一些极小的窗以外再无其他采光开口。此平面用古罗马掌尺度量；长度和宽度用丈杆度量，1 杆为 10 掌尺。首先，标注为 A 的敞廊长 99 杆 3 尺。其他在长边的敞廊长 106 杆 3 尺。敞廊宽 32 尺。有角的立柱总厚 12 尺。其余尺寸可以从这些推导出来。对于中央的建筑，标注 B 的部分是开敞的。它长 7 杆 6 尺，宽 3 杆 4 尺。C 部分也是开敞的，并呈标准正方形——边长 4 杆。四根大柱墩厚 10 尺。圆形建筑围墙厚 24 尺。标注 E 的部分[104] 覆桶形拱。中心部分是石砌的，支撑该拱，中央有一开口。中心的石构装饰以壁龛，对应墙上的壁龛。对于高度，我并未进行测量因为建筑非常杂乱，也因为室内有一些牲口。类似地，因为建筑上没有优美的东西，所以我并没有关注立面。

XLVI
(69*v*)

马切卢斯剧场

奥古斯都以他侄子[105]的名义建造了这座剧场，马采鲁斯，因此名为马切卢斯（Marcellus）剧场。[106]它在罗马城内。它的一部分，柱廊的外部，依然屹立可见。它仅有两种柱式，即，多立克和爱奥尼，都是被高度颂扬的作品，尽管多立克柱子并无柱础也无下面的凸缘（collar），只是简单地立在柱廊地面上，下面什么都没有。[107]关于此剧场平面知之甚少。但是，就是最近高贵的罗马马西米（Massimi）家族[108]想建一座房屋，发现它的用地就是在这个剧场的一部分之上——该房屋是由杰出的建筑师锡耶纳的巴尔达萨雷设计的。[109]挖掘基础的时候他们发现了这座剧场装饰的很多不同部分的遗迹，还有揭露的一些地盘平面的清晰线索。结果，巴尔达萨雷从揭露的部分推断出了整体，并因此仔细测量定出了下页表现的形式。[110]因为我碰巧当时在罗马，我见到了很多这些装饰并有机会测量了它们，并且真正地从此发现了和我任何曾经在古代遗址中见到的一样美的形式，特别是在多立克柱头和拱券基座（impost），我认为它们与维特鲁威的著述非常接近。[111]同样，所有中楣、三陇板（triglyph）和陇间板（metope）都吻合很好。不过，尽管多立克檐口装饰语汇极其丰富、雕刻繁复，我仍然发现它与维特鲁威的学说相去甚远，在建筑部件的使用上非常大胆，其高度相对于额枋和中楣则过大，三分之二便已足够。然而我认为现代的建筑师们不应当错误地（我所说的错误指的是违背维特鲁威的规则）将如此的或其他类似的古代遗迹作为例证，或者简单粗暴地把看到的和实测得来的檐口或其他部位的比例直接雕刻出来并用在建筑上。事实上只宣称“古人这样做所以我这样做”而并不考虑此构件是否在适用其他建筑的比例关系是不够的。进而，即使古代的建筑师可以“破格”但是我们也不应当如此。我们应当弘扬维特鲁威的学说，将其作为可靠的指针和规则，坚信理智不会说服我们走向相反的方向，因为自从可敬的古代到我们的时代还没有哪个人写出比他更好或更学术的建筑学著作。如果说在每一门类的高贵艺术中我们都能够看到有一位创始人，他被赋予了如此的权威，他的言论得到了完全的信任，那么谁能够否认——除非这个人非常愚蠢和无知——在建筑学中，维特鲁威便是无上的标杆？[112]或者说他的著作（这是毋庸置疑的）应当是神圣的和不可亵渎的？或者说比起任何罗马人的作品我们应当更相信他：尽管罗马人从希腊人的建筑中学到了真正的柱式[113]，但是后来身为希腊的征服者，他们中的一人可能变得随意了？当然，任何见过希腊人建造的美妙作品的人——近乎所有建筑已经消失了或被时间和战争摧毁了——都会觉得希腊的作品远比罗马的好得多。于是所有那些可能非议维特鲁威著作的建筑师，特别是对于那些可以清楚理解的部分——如我正在讨论的多立克柱式——都是建筑学的异端，他们反对的是多年来被人们证实了的、至今仍然有效的鉴赏力。

现在，在为了那些以前没有想过这个问题的人说了这段必要的话之后——回到我们的话题，我判断这个平面是用古代罗马尺度量的。首先，在中间标注 A 的地方，称为乐队演奏处（*Orchestra*）是一个半圆，直径 194 尺。两角尖端[114]之间（均标注 H）是 417 尺。标注 B 的部分，称为前台（*Proscenium*），非常宽敞，字母 C 是舞台的柱廊——其中间曾有前台的讲台。[115]标注 D 的部分是两侧都有楼梯的前厅，通往标注 E 的空间，称为休息室（*hospitalia*）。[116]两侧标注 G 的门廊曾为流动演出而设，称为折返点（*versurae*）。[117]它们已经没有地面上的痕迹了因为这里盖起的其他建筑。我将不再详述任何舞台或剧场和阶梯座位[118]的更细节的尺寸因为我将在称为克洛西厄姆剧场（Colosseum）中更详细地讨论它们，从那里就可以理解这些是怎么回事。不过我将在下一页*说明环绕剧场的外部形象。首先这座平面是用布拉乔尺度量的，如下一页*图。布拉乔尺分为称为寸的 12 份，每寸 5 分。所画为三分之一尺。

*原书中为“下一页”，中文版即指本页。——译者注

XLVII

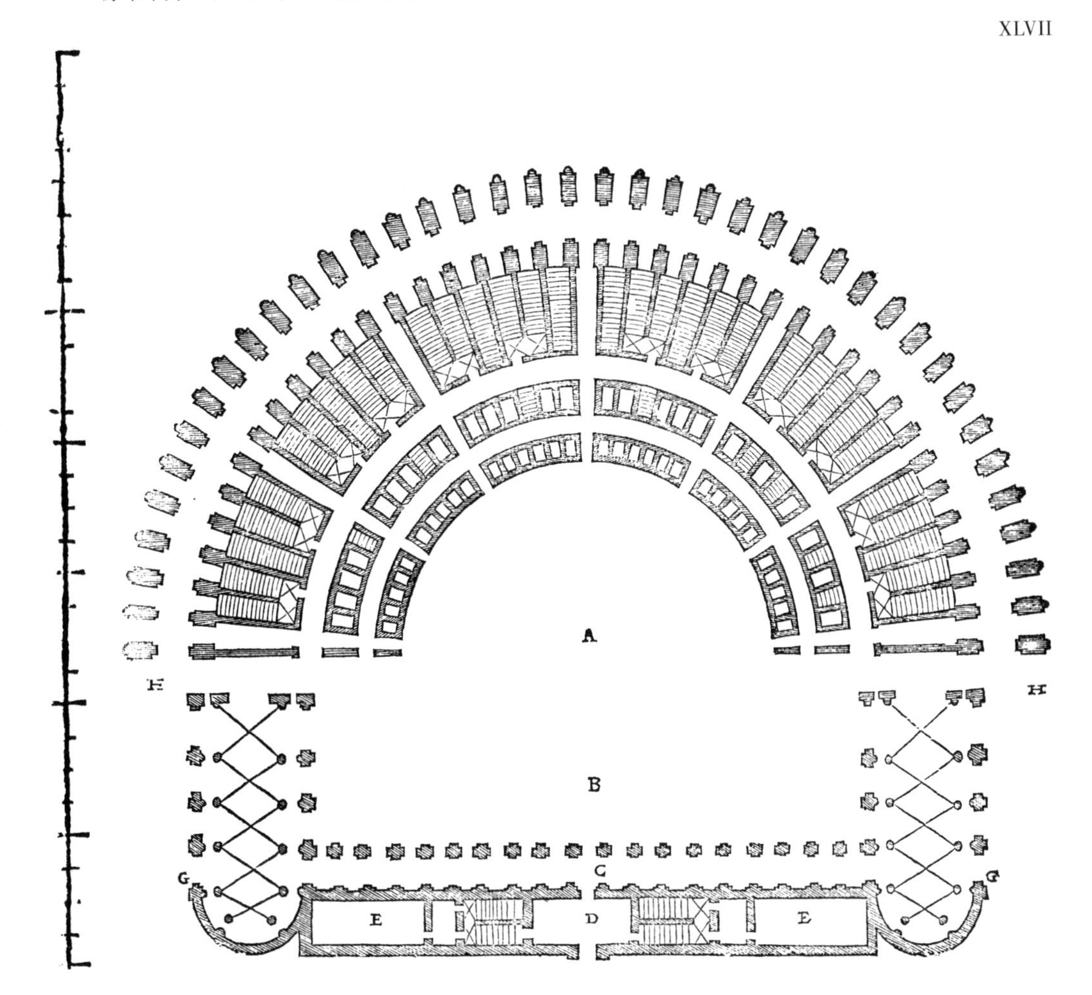

XLVIII
(70*v*)

对面页图表现的是马切卢斯剧场的外观，如上所述以布拉乔尺度量。首先第一层柱子的厚度是1尺43分，上部柱头之下厚1尺16分。柱头的高度是柱子之半[119]，其柱子底部，柱头细部参见第四书第22页关于多立克柱式部分一张插图的标注B处。[120]标注B的第一[121]拱券的基座与相同位置的柱头同高。柱子两侧的壁柱突出19分。拱券开口比7尺少9分，高11尺17分。额枋高49分。中楣高1尺8分。檐口[122]总高1尺40分。第二[123]拱券宽度与下层相同，但高度为10尺48分。第一层檐口之上的基座的高度——用来抬高柱子——1尺4分。柱子宽度1尺24分，不算柱础和柱头高11尺27分。柱础高44分。柱头高，即从柱子上部带圈饰的柱头颈至顶端，36分。涡卷（volute）从圈饰下垂20分半（应为10分半），因此从涡卷下皮至柱顶盘（abacus）上皮为46分半。此柱头顶盘的宽度为1尺半，而涡卷宽度为2尺。额枋高59分。中楣高58分。檐口高1尺48分，比其应有的高度高了一半，如果我们希望相信维特鲁威的学说的话。[124]不过，文雅的读者，请不要说我专横或把我看做是顽固或刻薄的批评家和古代事物的审查者，从这里我们可以学到很多东西，因为我的本意是要从构思不好的中间区分出构思完好的构件——并非用我自己的判断力，而是用维特鲁威和杰出的古代范例的规则，即那些更接近这位作者学说的实例。第二层之柱础——爱奥尼式的——它下面的基座、拱券的基座，以及额枋、中楣和檐口可以在爱奥尼柱式部分的开头第40页找到，它们标注为T。[125]类似地，爱奥尼柱头可见于关于该柱式的第39页，标注为M。[126]

XLIX
(71*r*)

L(71*v*) 普拉剧场

在古城普拉（Pula）[127]，位于靠近大海的达尔马提亚（Dalmatia）地区，有一座剧场，富有创造力的建筑师将其大部分依山而建。[128] 他利用山体建造了一些阶梯座位，并且将乐队演奏处、舞台和其他剧场所需建筑建在了平地上。此处仍然可见的废墟和遗迹非常清楚地表明这座建筑使用了最高质量的雕刻和石材。最为特别的是，它由很多柱子组成，既有单独的也有成对的，并且在一些角上还有组合在一起、雕成科林斯式的正方形和半圆柱，因为整座剧场的内部和外部都是科林斯式的。此建筑用现代尺度量，1 尺分 12 份称为寸，下图即为半尺。[129] 下图表现该剧场的平面和侧视图。其尺寸是这样的：宽度，即乐队演奏处的直径约 130 尺；外围阶梯座席，包括两个通道，70 尺 [130]；标注 T 的通道位于 14 层阶梯座位上与前台的讲台同高；环绕剧场的柱廊宽度约 15 尺，且柱墩前面，即朝向客厅（*hospitalia*）的部分 7 尺半，而柱墩带有柱式环绕柱廊的一面约 5 尺，柱墩间距约 10 尺。此即关于剧场平面的所有内容。两个标注 O 的正方形是休息室。从这里你可以进入引向阶梯中间通道的前厅 T,侧视图中可见 T 的位置。在下面,还有前厅的一部分。休息室约 45 尺。舞台宽度约 21 尺。门廊宽度 [131] 约 27 尺。其长度与建筑长度相同。平面图上方的建筑表示剧场侧视图。标注 A 的拱券是柱廊。拱券 B、C 在阶梯座位之下。檐口 D 是拱券的基座。没有必要做登临的楼梯，因为有山体，使得登上剧场很容易。还可以从舞台登上剧场，因为它们是相连的。不过马采鲁斯剧场舞台是分开的因此需要台阶。

LI (72*r*)

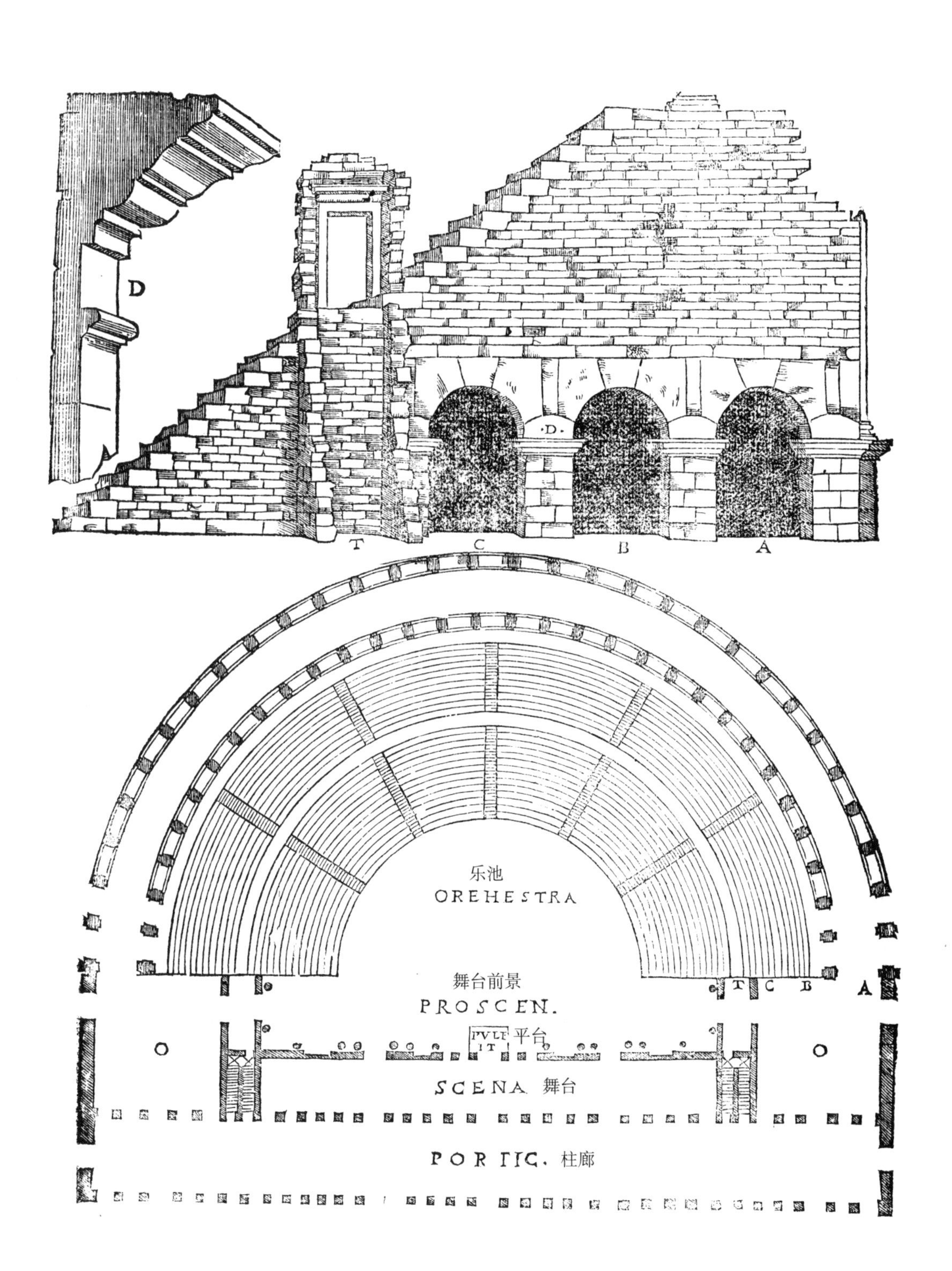
D
·D·
T
C
B
A
乐池
OREHESTRA
舞台前景
PROSCEN.
T C B
A
PVLP IT 平台
SCENA 舞台
PORTIC. 柱廊

LII(72*v*) 此剧场（如我所说）具有非常丰富的科林斯式装饰，雕刻丰富而高超，全部用“活石做法”（live stone）。[132] 通过当地散落的遗迹可以理解，舞台具有很多柱子，内部和外部都有单层和双层，并用不同的门窗进行装饰。建筑内部毁坏严重，我几乎给不出它们尺寸的信息。另一方面，对于外部我将给出一些尺寸。第一层粗石做法楼层——不用柱列——包括标注 E 的整个檐口，从地面抬高 16 尺。第一层底座高度约 5 尺。柱子高度包括柱础和柱头约 22 尺。带柱子的柱墩宽度约 5 尺。柱子宽度约 2 尺半。拱券开口约 10 尺，高约 20 尺。额枋、中楣和檐口高度约 5 尺。标注 X 的第二层底座高约 4 尺半。柱高约 16 尺，额枋、中楣和檐口高度约 4 尺。我将不提及单独构件的尺寸，而它们可以从对面图推知，因为它们与原物成比例。我还没有给出舞台或其他室内部分的任何尺寸，只是在下面表现了舞台柱廊的一部分，标注为 P——而额枋、中楣和檐口标注为 F，在它顶上。标注 S 的柱头位于室内部分一些从正方形柱墩伸出的半圆柱的顶上，雕刻得很好。所有这些（如我所说）都采用如此高质量的石材和刻工，以至于它们可以与那些罗马建筑相提并论。标注 A 的檐口、中楣和额枋在剧场顶部。标注 B 的檐口是第二层拱券基座。标注 C 的额枋、中楣和檐口是第一层拱券的额枋部分。[133] 标注 D 的部分是第一层拱券的基座。标注 E 的檐口围绕建筑一周，位于粗石式墩座墙之上。此建筑度量用尺为以下线段所示——为半尺长。不要诧异，读者，我没有把所有尺寸精确到分，因为普拉的实测工作是由一位更好的制图员而不是测量和数字专家完成的。[134]

C
E
A
B
D
A
B
X
S
F
X
C
D
E
P

LIIII (73*v*) 费伦托剧场

在非常古老的维泰博（Viterbo）附近的费伦托（Ferento）城中有一座极其荒芜的剧场遗址。[135] 根据可见的情况，它的特征和装饰非常有限，因为已经没有能够辨认出装饰的遗存了。另一方面，可以看出来剧场柱廊有正方形柱墩和一些非常简单的楼梯，尽管因其毁坏严重很难明白它们是如何布置的。剧场的舞台与其他的非常不同，如下面的平面图所示，而且已经没有足够的地面以上的实物能够说明舞台或是前台的讲台是如何设计的了。这个平面是用古代尺度量的。首先讨论乐队演奏处 A；它为一半圆，其直径为 141.5 尺。剧场整个实体，即带有整个柱廊和转角柱墩楔形（*cunei*）[136] 为 35 尺；转角柱墩每面 5 尺；舞台旁进入柱廊的入口 8 尺；楔形 22 尺。环绕乐队演奏处的墙厚 3.5 尺。标注 X 的休息室（*hospitalia*）长 40.5 尺，宽 30 尺。剧场一周的柱廊宽 11 尺。其柱墩每面厚 $2^1/_3$ 尺，拱券的开口 9 尺。舞台 [138] 地面宽度 [137]B 约 20 尺，前台讲台的地方 C 长 40.5 尺，宽 12 尺，它的门 9 尺。标注 D 的地方应当是舞台后柱廊（*portico post scaenam*）[139]，尽管没有留下任何柱子。相反地，有痕迹反映曾经有一条在河岸上的墙。这个空间宽 19.5 尺。在剧场附近的左侧有两座建筑遗址。不过它们如此破败以至于无法找到它们的边界。但是从可见部分推断，建筑 F 好像曾经被其他房间包围。F 处的宽度为 31 尺。两个小房间一边 8.5 尺，另一边 10.5 尺。有四根柱子的敞廊——至少我认为它们是——长 $27^1/_4$ 尺，宽 10.5 尺。标注为 E 的建筑约 20 尺宽。两侧壁龛 17 尺。整体长 60 尺，距剧场 141 尺，距另一座建筑 76.5 尺。

LV(74*r*)

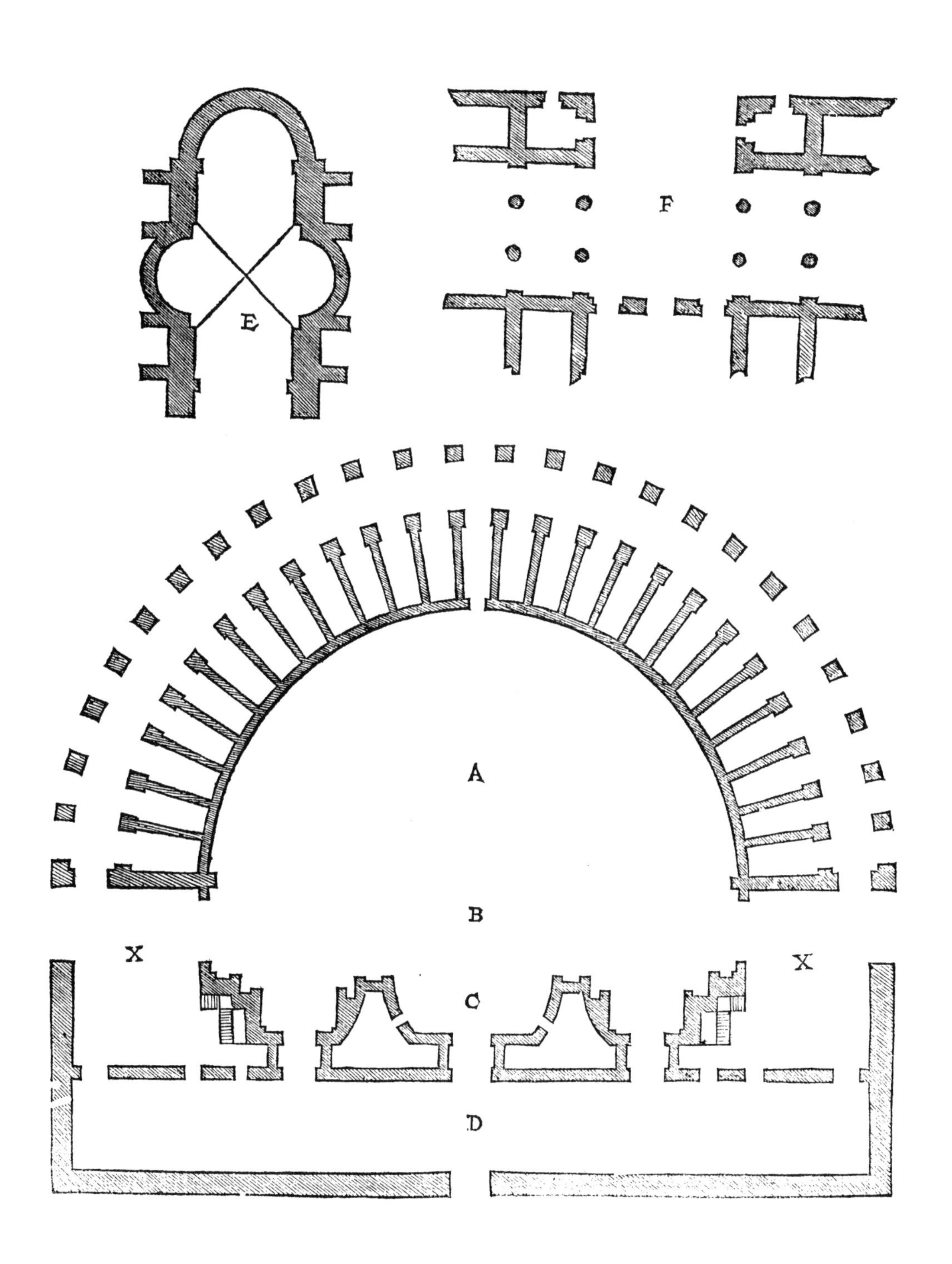

LVI(74*v*) 未测的小品

下图标注 A 的建筑位于丰迪（Fondi）城和泰拉奇纳（Terracina）城之间[140]，我判断这是一座剧场的舞台。不过，剧场的遗迹实在太少了，因而我没有测量它，也没有测量舞台这部分，它比我在此表现的要破败得多，我只是在马背上将它的设计画成了草图。标注 B 的大门在斯波莱托（Spoleto），是古代的、多立克式的。[141] 我没有测量它，只是在马背上草绘了它的设计。我估计其宽度约为 15 古尺。标注 C 的大门在福利尼奥（Foligno）至罗马的路边。[142] 尽管它看上去相当随意，因为拱券打破了额枋和中楣，但是我并不讨厌这个设计。除了宽度 18 尺和长度 21.5 尺以外我没有量任何尺寸，我判断这是一座小教堂或实际是座陵墓。不管它是什么，它还是很悦目的。

LVII(75r)

庞贝柱廊

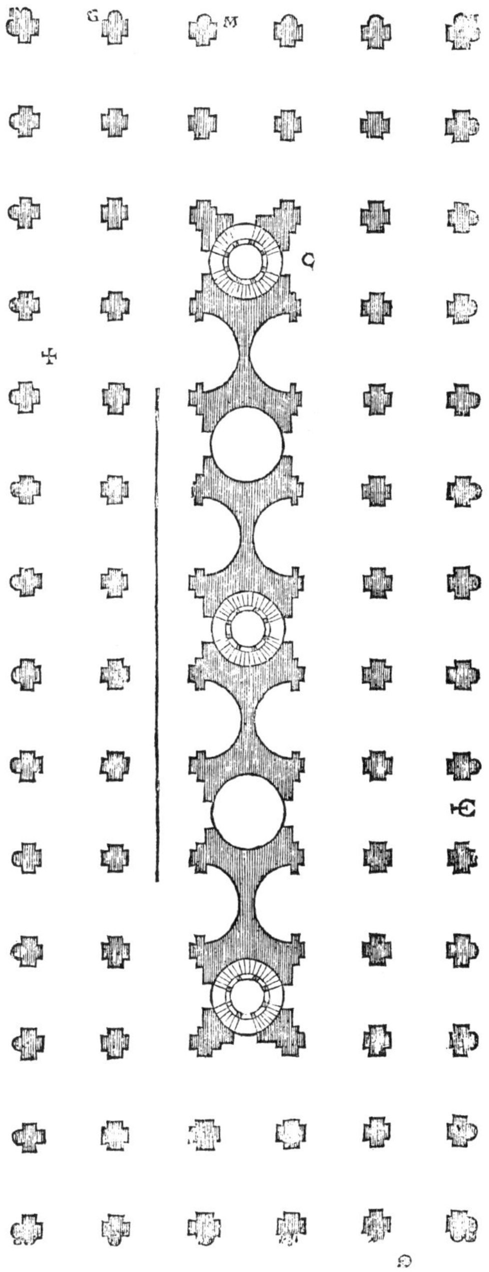

这座建筑被认为曾经是庞贝柱廊，其他人叫它马里奥住宅。不过，大众叫它卡卡贝里奥（Cacaberio）。[143] 一般认为这座建筑只是为贸易而建因为那里没有任何居住空间。但是它曾经非常豪华，虽然今天几乎完全毁掉了。另一方面，它占据了大片用地，还可以在很多住宅的下部看见它的构件。这条线段是现在从费奥雷草原（Campo di Fiore）到吉乌迪广场（Piazza Giudea）道路[144]的位置。十字标记是圣克罗切（S.Croce）的房子。[145]G 处是吉乌迪广场。M 处是屠宰场。C 处是圣萨尔瓦托雷（S.Salvatore）公墓。画横线的 C 处在“森齐”房屋（“Cenci” houses）之前。因此可以理解其巨大尺度。三个圆圈是楼梯间。至于两个空圆圈，可以推断，因为这里已没有楼梯遗迹，便成为上面露天的厕所，而这也是需要的。这个平面用与马采鲁斯剧场所用的同一布拉乔尺度量。该尺见于次页[146]方尖碑旁——为半尺，即 30 分。首先，柱墩宽 3 尺半。柱子宽 2 尺。柱间各面均 9 尺半。角上的柱墩比其他的大出外棱部分。[147]这确实是用最杰出的判断力做出的，因为这是用一种既坚固又美观的做法支撑着整个角部。很多建筑师都能从这里学到如何建造柱墩和柱子连接在一起的角部，使得外角外表与柱子相符——与柱墩靠后与中间柱墩一致相比，这个做法给角部带来更大的可靠性。其原因在于通过这些角部——更确切地说是外角——那些收进的做法，如果从斜向观察，当圆柱占据转角的时候，这个视点看来该转角就是不完美的。因此（如我所说）我非常赞赏这个外角做法，特别因为它适合从各面观察。

LVIII (75*v*) 关于这座建筑的平面我已经说得够多了。现在我将给出一些关于地面以上形式的信息。尽管事实是没有很多可见的痕迹，还是有足够的东西立在那里，即使是藏起来的，也至少可以了解它的外壳。这实在是一个为坚固工程所做的聪明设计，特别是可称为多立克式的第一层。虽然它没有额枋、三陇板或檐口，它仍然具有多立克的外形并建得很有技巧；它具有很大的强度，并结合了“活石做法”。[148] 从图中可以看出，它的砖也很美。至于柱墩、柱子厚度以及拱券宽度，前文已述。而我将论及其高度。柱子高度算上柱础和柱头为17尺。拱券高15尺。拱石的高度，或即拱券上部的拱心石，2尺。代替额枋的结合部位高度略小于2尺，其上装饰带同之。由于开口上方还砌筑一柱墩，因而第二层显得不当，此做法完全违背理论。不过，因为第一层极其可靠且拱券上有拱心石和一倒置拱石和坚固的装饰带，加之坚固的拱券墩座，整体形态给人以牢固感（事实正是如此），上面放置的柱墩显得并未像使用通常的额枋、中楣和檐口那样把重量施加到下面的拱券上。因为如此且如此的安排，我没有批评这个设计。上层拱券宽4尺，高9尺。柱墩厚$2^1/_3$尺。柱子厚$1^1/_6$尺。其高度包括柱础和柱头为$11^1/_8$尺，为科林斯式。额枋、中楣和檐口高$2^3/_4$尺；不过我无法给出檐口、中楣和额枋各构件自己的尺寸，因为它们都不存在了——只有一部分墙保留下来，从此可以推知上述檐口、中楣和额枋高度。

LIX (76*r*)

LX(76*v*) 图拉真纪功柱

罗马的众多古迹之中，有两座大理石柱整体满布历史题材雕刻。[149] 一座称为安东尼尼（Antonine）纪功柱 [150]，另一座叫做图拉真纪功柱。[151] 不过，因为图拉真纪功柱更加完整，我将给出一些它的细节。图拉真皇帝建造了这个巨柱（至少传闻是这样的）。它全部用大理石建造并有若干块组成，尽管它连接得很好显得如同用一块做成。为了详细给出各部尺寸，我将从墩座底部开始。首先，地面上放置的一阶高 3 掌尺。柱础的基石高 1 尺 8 分。带有雕刻的柱础同之。墩座台身 12 尺 6 分高。带有雕刻的檐口 1 尺 10.5 分高。[152] 带垂花装饰的部分高 2 尺 10 分。柱子的柱础总高 6 尺 28 分，按此法划分：有鹰的底座——共四个，一角一个——高 3 尺 10 分；上面的混线 3 尺 8 分高；凸缘（collar）高 10 分。柱高，即柱身，180 尺 9 分。钟形圆饰（echinus）下带凸缘的圈饰（astragal with its collars）高 10 分。钟形圆饰高 2 尺 2 分。钟形圆饰之上底座高 2 尺 11 分。柱子之上有一圆形底座 [153]，从此你可以走出旋转楼梯。是可以非常舒服地绕着底座行走的，因为突出的部分有 2.5 尺。底座的总高度为 11 尺，而其基础为 2 尺，上面檐口 1 尺。其碟状穹顶高 3 尺半。底座厚度为 12 尺 10 分。柱子上部厚度 14 尺；底部厚 16 尺。标注 A 的圆圈表示顶部厚度，标注 B 的表示底部厚度。旋转楼梯的宽度为 3 尺，中心柱 4 尺。墩座宽度 24 尺 6 分。在空白处雕刻了两个带有铭文的胜利女神 [154]；下面雕刻了很多战利品。铭文中刻有以下字母。

S. P. Q. R.
IMP. CAESARI DIVI NERVAE. F. NERVAE,
TRAIANO AVG. GERMANIC. DACICO
PONT. MAX. TRIB. POT. XVII. COS. VI. PP.
AD DECLARANDVM QVANTAE ALTITV-
DINIS MONS ET LOCVS SIT EGESTVS. *

这个柱子（如我所说）完全覆盖着雕刻得最美妙的历史题材，如藤蔓蜿蜒而上。它按照多立克方式做了凹槽，画面在凹槽上的方式并不损坏柱身自身形状。在画面之间，还有一些窗户为旋转楼梯提供光线，即使它们排列整齐且共有 22 个，但是也并不损害历史题材画面，如图所示。整个柱子在次页完整表现出来，但在这里画出了它的构件，也进行了详细描述。所有构件都用古代罗马掌尺度量。掌尺由 12 寸组成，1 寸分 4 分，1 尺共 48 分。[155]

---

* 铭文的中文译文：

罗马元老院和人民

致皇帝恺撒　神圣内尔瓦之子内尔瓦　图拉真　奥古斯都　日耳曼尼库斯　达西库斯最高祭祀　作为护民官第 17 年，6 次作为最高统治者，6 次作为领事官，国父彰显为此巨工而清除之高冈与场地

LXI (77*r*)

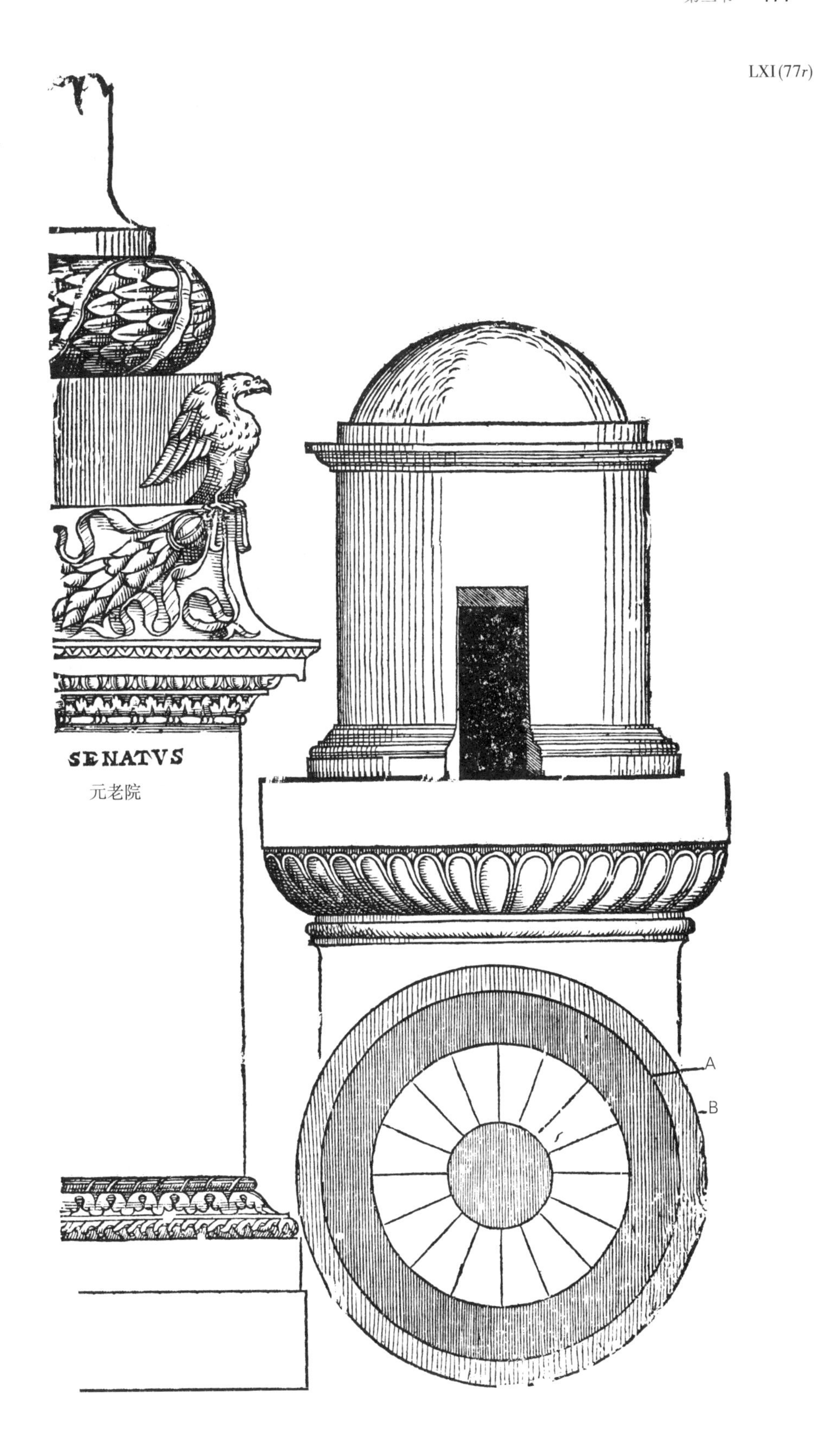

元老院

LXII(77*v*) 以上，我论述了图拉真纪功柱及其各组成构件的详细尺寸。现在我将在下面说明立柱整体比例及其起源。我将不再通过重复尺度问题进一步引申我的论述，而下图中标注 T 的柱子表现的就是图拉真纪功柱。关于方尖碑从哪里来、是如何运到罗马的，以及它们用来做什么，我将不会不厌其烦地介绍，因为普林尼已经详细地描述了。[156] 不过，我确实要给出一些尺度来说明我在罗马见到并测量了的一些方尖碑的形式。首先标注 O 的方尖碑位于跑马场的卡佩那门外（Capena）。[157] 它身上刻满了埃及的怪东西。[158] 其下脚的厚度为 10 掌尺半，高 80 尺。它是用第六页上的古代罗马掌尺度量的，但是其他三个则是以分成 60 分的现代布拉乔尺——方尖碑插图中的线段为半尺，分为 30 份。[159] 标注 P 的方尖碑位于梵蒂冈，即圣彼得。[160] 这是用埃及石材做的，其顶端据说是 G・恺撒（Gaius Caesar）的骨灰。[161] 它底部的厚度是 4 布拉乔尺 42.5 分，上部厚度为 3 尺 4 分，下面就是碑体下部所刻铭文。[162]

DIVI CAESARI. DIVI IVLII. F. AVGVSTO. TI.
CAESARI DIVI AVGVSTI. F. AVGVSTO SACRVM. *

标注 Q 的方尖碑位于圣洛科的道路中间，断成三段。另一座它的同伴据说埋在附近的奥古斯塔（Augusta）[163] 旁边的地下。其底部厚 2 尺 24 分。高 26 尺 24 分。顶部厚 1 尺 35 分。其墩座为一整块石头。标注 R 的方尖碑位于安东尼乌斯·卡拉卡拉（Antonius Caracalla）跑马场 [164] 并已经折断，如图所示。它的底部厚度为 2 尺 25 分。高 28 尺 16 分。顶部厚 1 尺 33 分。所有底座都是按照原物成比例绘制。虽然罗马还可能有我没见过的其他方尖碑，但我只想报告那些我知道并见过的。

---

* 铭文的中文译文：
致神圣恺撒奥古斯都，神圣尤利乌斯之子
并致提贝柳斯恺撒奥古斯都，神圣奥古斯都之子
圣迹

LXIII(78*r*)

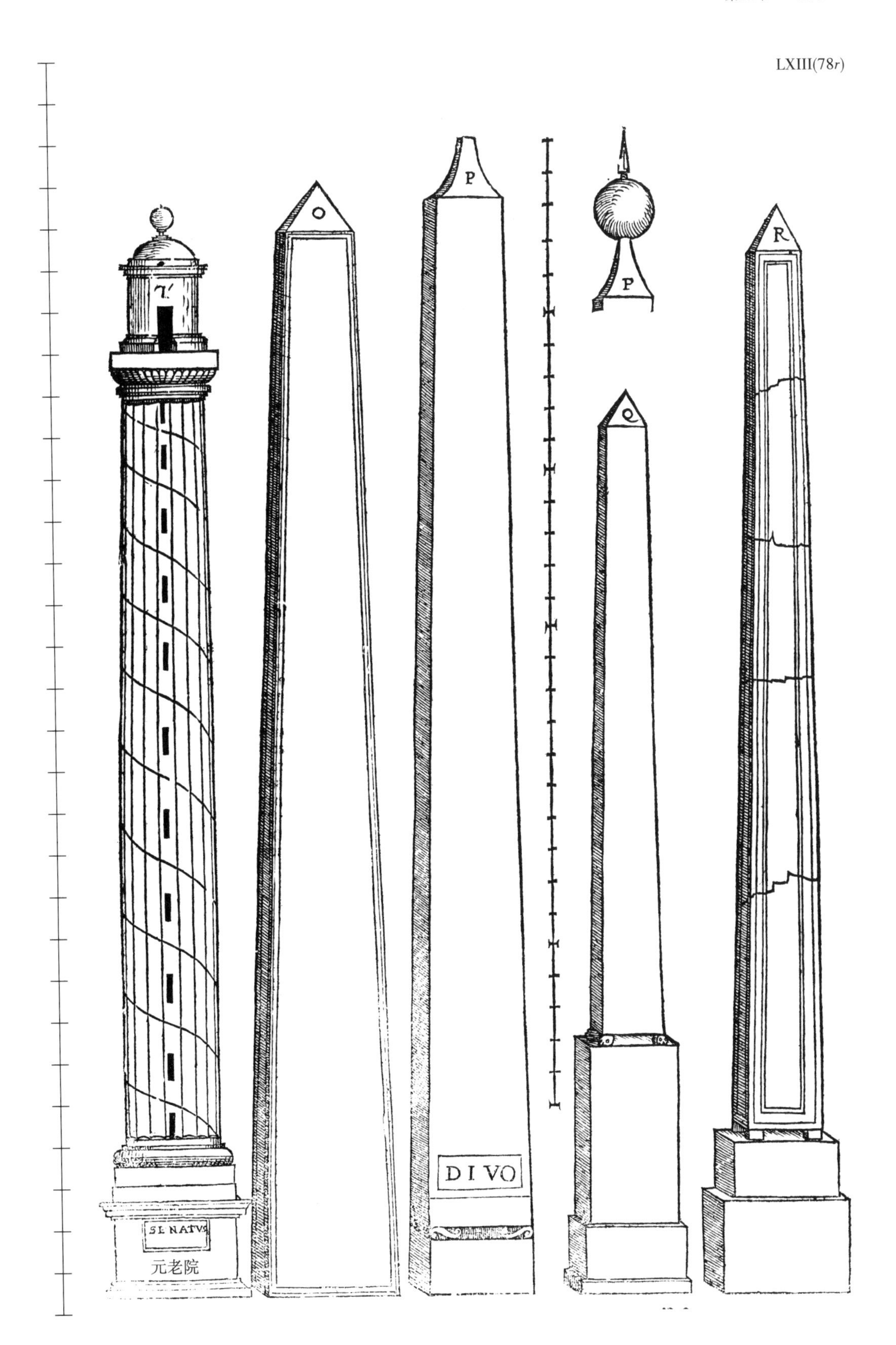

LXIIII (78*v*) 罗马圆形剧场

大众称为克劳西乌姆（Colosseum）的罗马的圆形剧场是韦斯帕芗皇帝下令在城市中心修建的，在他之前奥古斯都也想这么做。[165] 我把它的平面图分成四部分，因为它有四层，这样便于更好地理解建造内部所使用的伟大技术。平面用古罗马掌尺度量，标于第 6 页。首先讨论外部：柱墩正面 10 尺 6 分；柱子宽 4 尺，两侧支柱各 3 尺 3 分 [166]；两柱墩之间开口 20 尺，而四个主入口为 22 尺；柱墩侧面的宽度是 12 尺；第一层柱廊宽 22 尺，里面的柱廊宽 20 尺，均覆以桶形拱。为了避免混淆，我将不记录指向中心的其余尺寸，然而可以很容易地从外部推知整体，因为所有东西都是按照原物比例绘制的。第二层平面的外部与第一层相同，但柱廊宽度要大 1 尺，因为柱墩两侧要薄一些，且内部拱券用交叉拱。在内部柱廊中有一些标注 X 的小拱顶，在其中间有正方形开口，我想它们是为这些空间提供光线。第三层平面外部与第二层相似，只是柱墩减薄多少柱廊就加宽多少，外部用交叉拱，内部用桶形拱。所有标注 V 的门都导向楼梯，以便所有人都可以按照他们的身份抵达自己的席位。第四层平面的外部与其他各层相似，但没有拱券和柱子，只在空当开窗户，如将在立面所

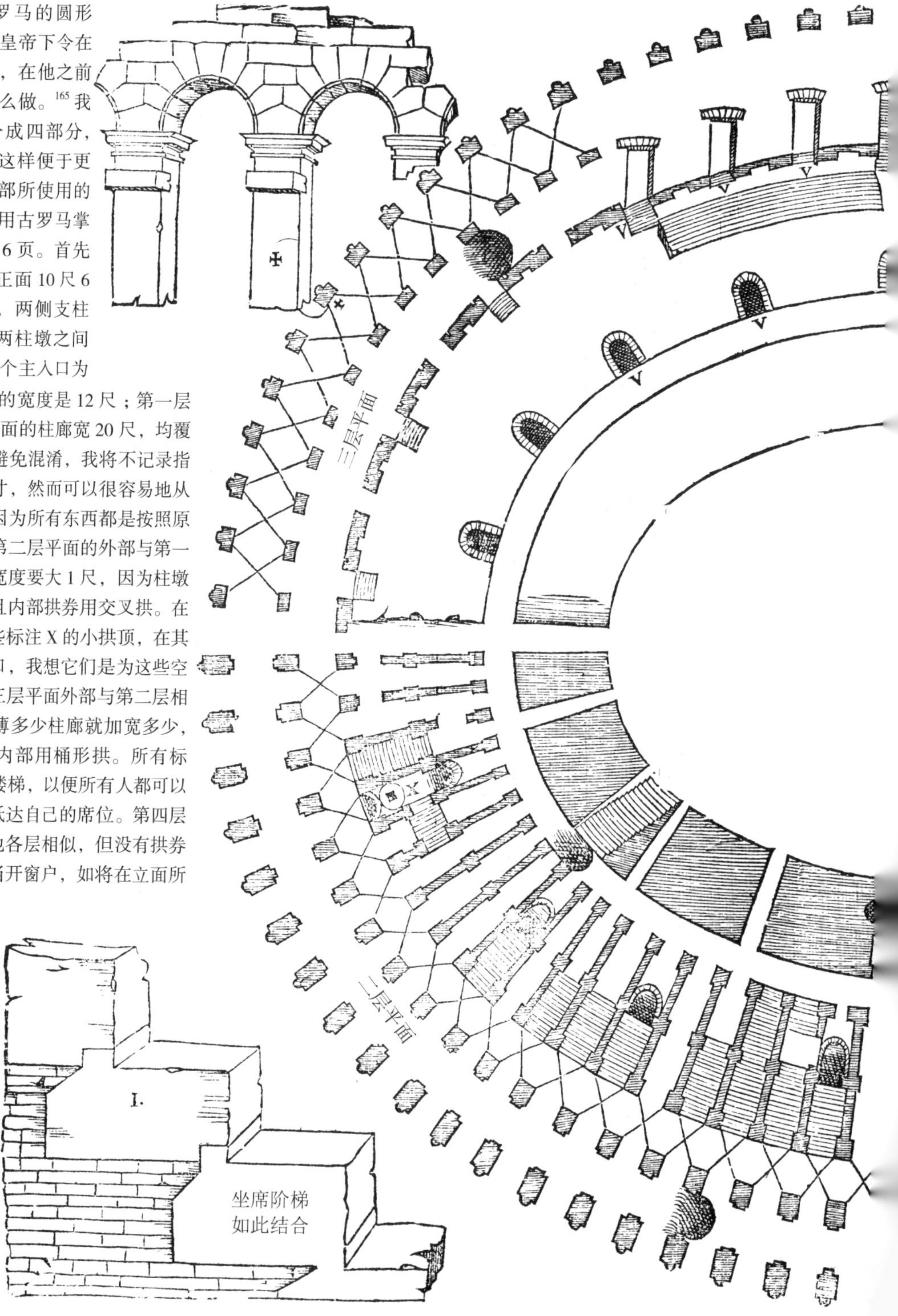

LXV (79*r*)

见。第四层，也是最后一层平面关于两层柱廊占据的空间有没有顶的问题引起了很多争论，因其毁坏严重，已经看不见内部是否有柱墩了。但是在外部，实际可以看见与墙连接着的一长一短的交叉拱的痕迹。根据现有理解，人们是从图中可见的靠墙而设的楼梯通过一些平台登上外边的窗户的。对此在下页楼梯间侧视图中可以更好理解。两个箭头限定的区间是阶梯座席，但是它们很宽，以至于有一人舒坐时另一人也可以在不影响他的情况下在同阶上行走。在这些阶梯之间还有很多楼梯以便通往座席，如图G和H所示。阶梯中还有一些从上向下的排放雨水和生活污水的凹槽，均采用适宜路径引入底部，而不给任何人带来不便。其例见于图H。坐人的阶梯向下微微倾斜约1寸，以避免雨水集聚，这些阶梯结合紧密，如图I所示。

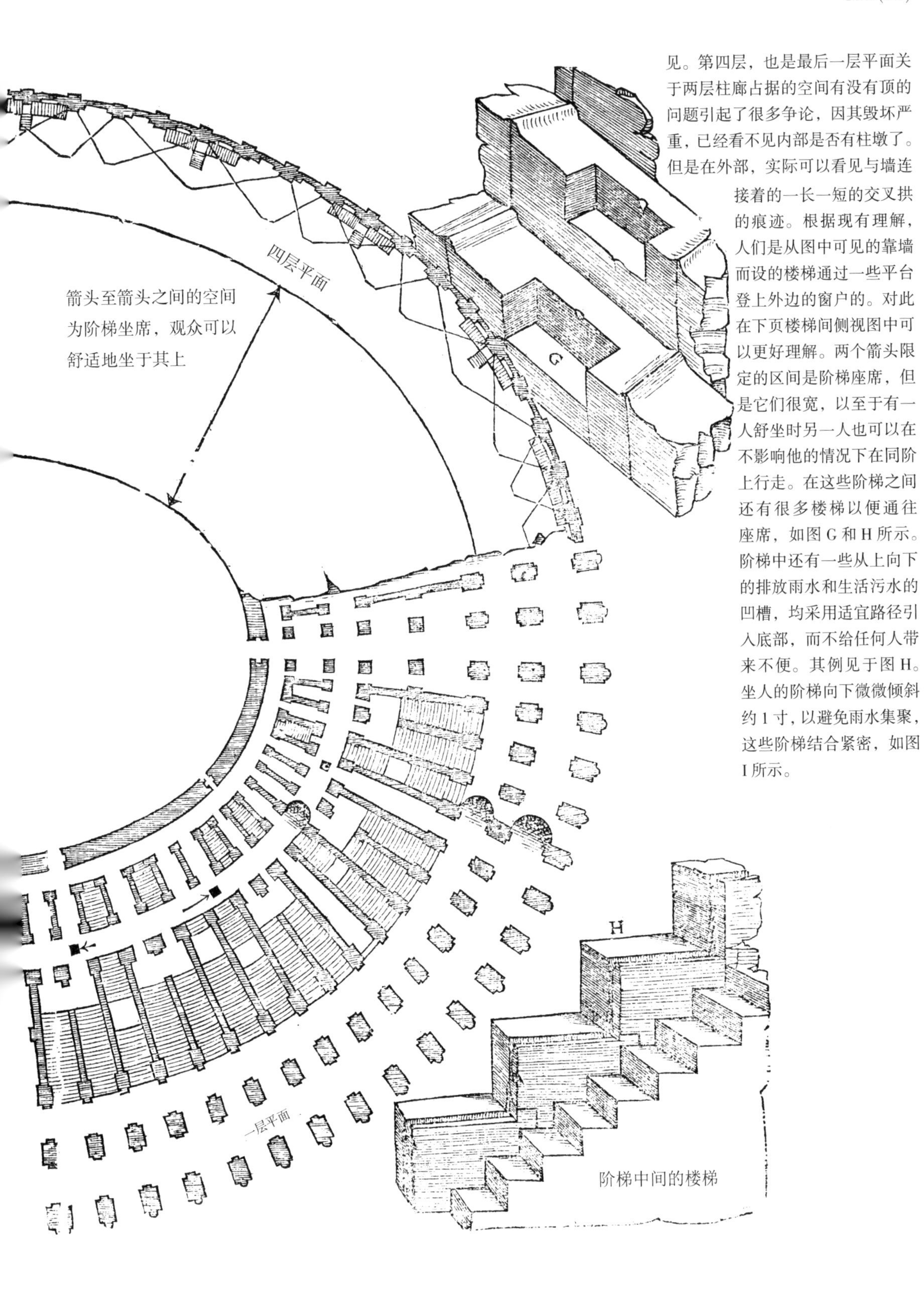

LXVI
(79*v*)

上图中因其具有四层我用四种方法表现了罗马圆形剧场的平面。现在，有必要说明其剖面，通过它可以理解大量内部构件。因此，下图表现从中间剖开成两半的地面以上的整体建筑。在此，首先可以看出所有观众阶梯座席；可以看见隐蔽的通道；可以理解通道是怎样安排的——它们确实非常适合于上下，以至于在短时间内圆形剧场可以填满很多人而在更短的时间内疏散他们，还不致互相妨碍。在此还可以理解外墙是如何向内逐渐缩小的。这种内收使建筑更加稳固。其真实作用反映在直到今天一些外表面从上到下仍然保留完整，而内部已经毁坏了。这便是（如我所说）这种向中心收进的非常微妙同时减轻重量的做法导致的，这使得建筑整体呈锥形。但是在威尼斯的多数建筑中并没有遵循这一点。恰恰相反，那里墙体外表是垂直的而内表面逐渐缩小。这样做可以在上部得到更大的空间。然而，给这些建筑很大帮助的是这里没有使用任何向外推挤外墙的拱券或拱顶。相反地，使用了大量伸入墙体的梁，用这些木梁把外墙连成一体。这样只要木梁还在，这些建筑就可以不倒——木梁也可以不时更换。尽管如此，此类建筑也无法像那些使用了我们在克劳西乌姆表面所见的建造方式[167]的古代大厦那样长寿，现在我将回到这个主题。因为内部（如我所说）毁坏如此严重，以至于两个箭头标注出的内部已经没有东西可以辨认出来了，还因为已经看不到任何线索来说明是否上部阶梯座席到外墙覆盖着双层柱廊还是用单柱廊而另一部分无顶，我画了两种可能。其一见于剖面，与整体相连。另一种方法在阶梯之上单独表现——它通过协调基座上的两跑“百合花”（fleur de lys）楼梯与此处空间相合。不过，由于外墙内侧还能看到一些交叉拱的遗迹，如四层平面所示，我自己判断原来只有一层柱廊，另一部分露天，用来容纳普通观众。如果事实如此的话，这样可以比使用两层柱廊容纳更多的人。现在，转到开始的阶梯座席以便简略谈到我略有所知的一切，我认为因为“走廊”（piazza）——即中间的空间——布满毁坏和折断的材料，已经无法明白第一步阶梯是如何从地表升起来的。不过，从一些曾经见过底部的人那里得来的信息，第一阶离地面非常高，野兽和其他凶猛的动物无法伤害到观众，而且还曾有一称为胸墙（parapet）的墩座墙，还有一条便于来回行走的通道，如图中 C 所示。两个拱券，一小一大，带有小孔，孔上有引入光线的开口。[168] 在阶梯作为上升的并有顶盖的地方，标注为 A，是引导观众从外部进入剧场的开口。

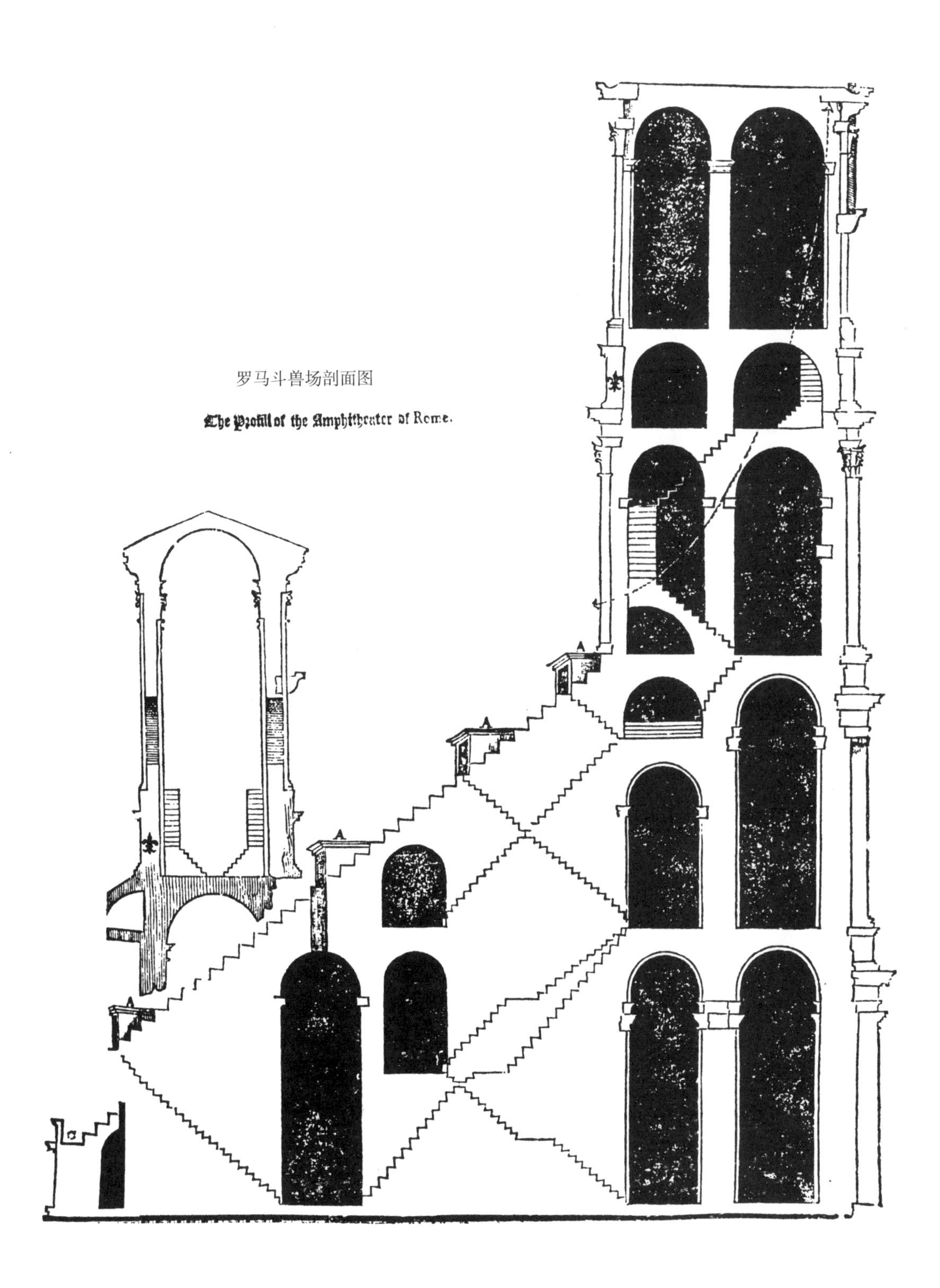

罗马斗兽场剖面图

The Profill of the Amphitheater of Rome.

LXVIII
(80*v*)

罗马的圆形剧场外部由四种柱式组成。地面之上第一层是多立克式的。尽管中楣层没有三陇板和陇间板，额枋上没有水滴饰，顶冠上也没有条纹和水滴饰，它还是可以称作多立克。第二层是爱奥尼。尽管柱身没有条纹——即凹槽——它实际上仍然应用爱奥尼称呼。第三层是科林斯，但用没有雕刻的平实工艺制成——除柱头以外，由于位置很高，雕刻并不非常精致。第四层是混合柱式——有人叫它拉丁式因为它是罗马人发明的[169]，也有人叫它意大利式。[170]它确实可以被称为混合式只是因为中楣部分有挑梁头，而其他柱式都这么做。很多人询问为何罗马人在这座巨构中使用了四种柱式，而非如其他实例一般采用一种柱式来建造：即，维罗纳（Verona）的使用的是粗石式而普拉的也是。[171]可以这样回答，古罗马人作为整个世界的征服者，特别是那些发明了其他三种柱式的人民的征服者，希望把这三种柱式放在一起，上面再放置他们自己发明的混合柱式，这种随心所欲的安排和混合搭配是为了表达，他们的建筑也要像他们战胜其他人民一样战胜他人的建筑。不过，把这个争论放在一边，让我们谈一谈它的外部尺度。此建筑从地面升高二步台阶：第二步5掌尺宽[172]，第一步2尺。它们的高度略小于1尺。柱础小于2尺也不是多立克式的。[173]柱子4尺2分宽。加上柱础和柱头，柱高38尺5分。柱头高约2尺。柱子两侧柱墩3尺3分。拱券宽20尺，高33尺。从拱券下皮至额枋下皮为5尺6分。额枋高2尺8分。中楣高3尺2分，檐口同之。第二层爱奥尼层的基座高8尺11分。柱子高度算上柱础和柱头是35尺。柱宽4尺。柱墩和拱券与下方的相同。拱券高度为30尺。从拱券下皮至额枋下皮为5尺6分。额枋高3尺。中楣高2尺9分，檐口高3尺9分。称作混合式的第四层[174]的基座12尺。它上面的底座4尺。包括柱础和柱头的柱高为38尺6分。额枋、中楣和檐口高约10尺，分为三份：一份给檐口，一份给带挑梁头的中楣；另一份给额枋。不过，当时建筑师在中楣放挑梁头的原因——可能是因为后来再没有完成——我在第四书第六章[175]混合柱式开头给出了我的意见。第四种柱式的柱子是平的，做成浅浮雕——所有其他柱子都是圆的，其三分之二突出在柱墩之外。窗户上的挑梁头是为了承托从檐口上的洞中穿下来的长杆。从这些长杆上张拉防水油布覆盖在圆形剧场上以遮挡阳光和突如其来的暴风雨。[176]至于为什么这些柱子都具有同样的宽度而不随着升高而减小——如它显示出的必要性所要求的那样，也由于，根据维特鲁威的说法第二层应当比第一层减小四分之一[177]——我在第四书第66页讨论柱子的部分给出了我的意见。[178]为了使能够更好地了解各构件，我在下面将其画于克劳西乌姆的立面图上，并按原物比例依字母标注出来。[179]

LXIX
(81*r*)

LXX
(81*v*)

斯佩罗大门

斯佩罗（Spello），一座罗马地区的古城，有一座极其古老的大门。[180] 即使没有使用三陇板、陇间板也没有在额枋上用水滴饰，因其柱子、柱础和柱头，它仍然是多立克式的。因为它非常古老，我判断它是远古时代的。虽然关于顶部的装饰可以说两侧的塔是现代的，但是不算顶部双塔在地面以上的部分还应该是古代的。不过尽管是这样,此大门是古老的。其平面如下图所示，其立面图在对面。此平面图用古代尺度量，52 页上有半尺长度。[181] 从一塔至另一塔 70 尺。中间的大门宽 20 尺。两侧的大门 10 尺。我没有测量高度，而是因为我喜欢它而简单地在图中画下了这个设计。我倾向于相信（如我所说）因为它们的墙体质量非常高，而且因为内部有两座建造得很好、很古老的螺旋楼梯，双塔是古代遗物。它们的直径为 30 尺，内部的螺旋楼梯约 7 尺宽。双塔之外，向着城市一面有两个房间，一边一个——它们本来约长 25 尺宽 12 尺。它们与其他建筑相连并具有非常厚的墙。普通百姓把它们中的一座称为奥兰多（Orlando）的监狱。

LXXI
(82*r*)

LXXII (82*v*)

维罗纳竞技场

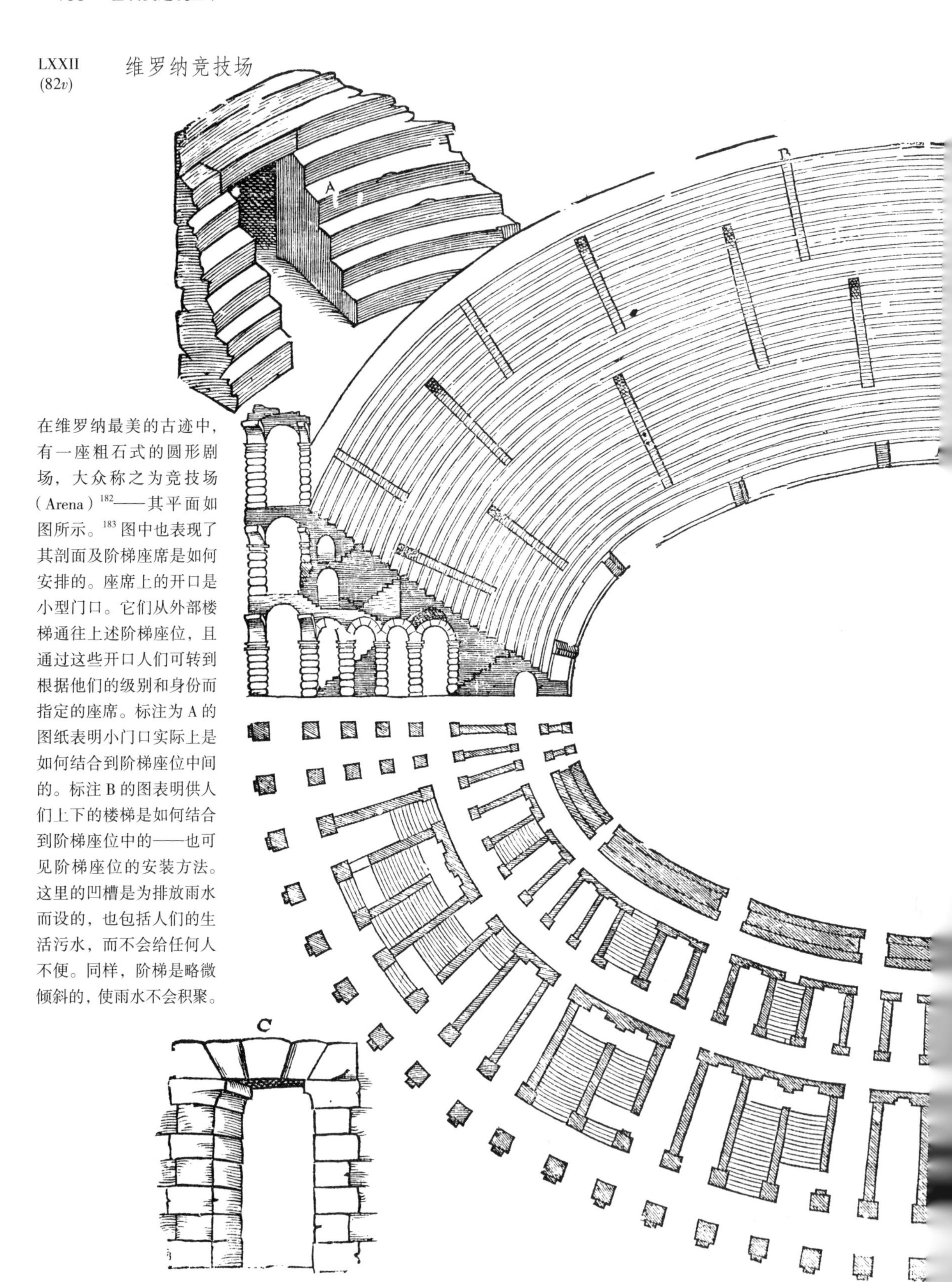

在维罗纳最美的古迹中，有一座粗石式的圆形剧场，大众称之为竞技场（Arena）[182]——其平面如图所示。[183] 图中也表现了其剖面及阶梯座席是如何安排的。座席上的开口是小型门口。它们从外部楼梯通往上述阶梯座位，且通过这些开口人们可转到根据他们的级别和身份而指定的座席。标注为 A 的图纸表明小门口实际上是如何结合到阶梯座位中间的。标注 B 的图表明供人们上下的楼梯是如何结合到阶梯座位中的——也可见阶梯座位的安装方法。这里的凹槽是为排放雨水而设的，也包括人们的生活污水，而不会给任何人不便。同样，阶梯是略微倾斜的，使雨水不会积聚。

LXXIII[184]

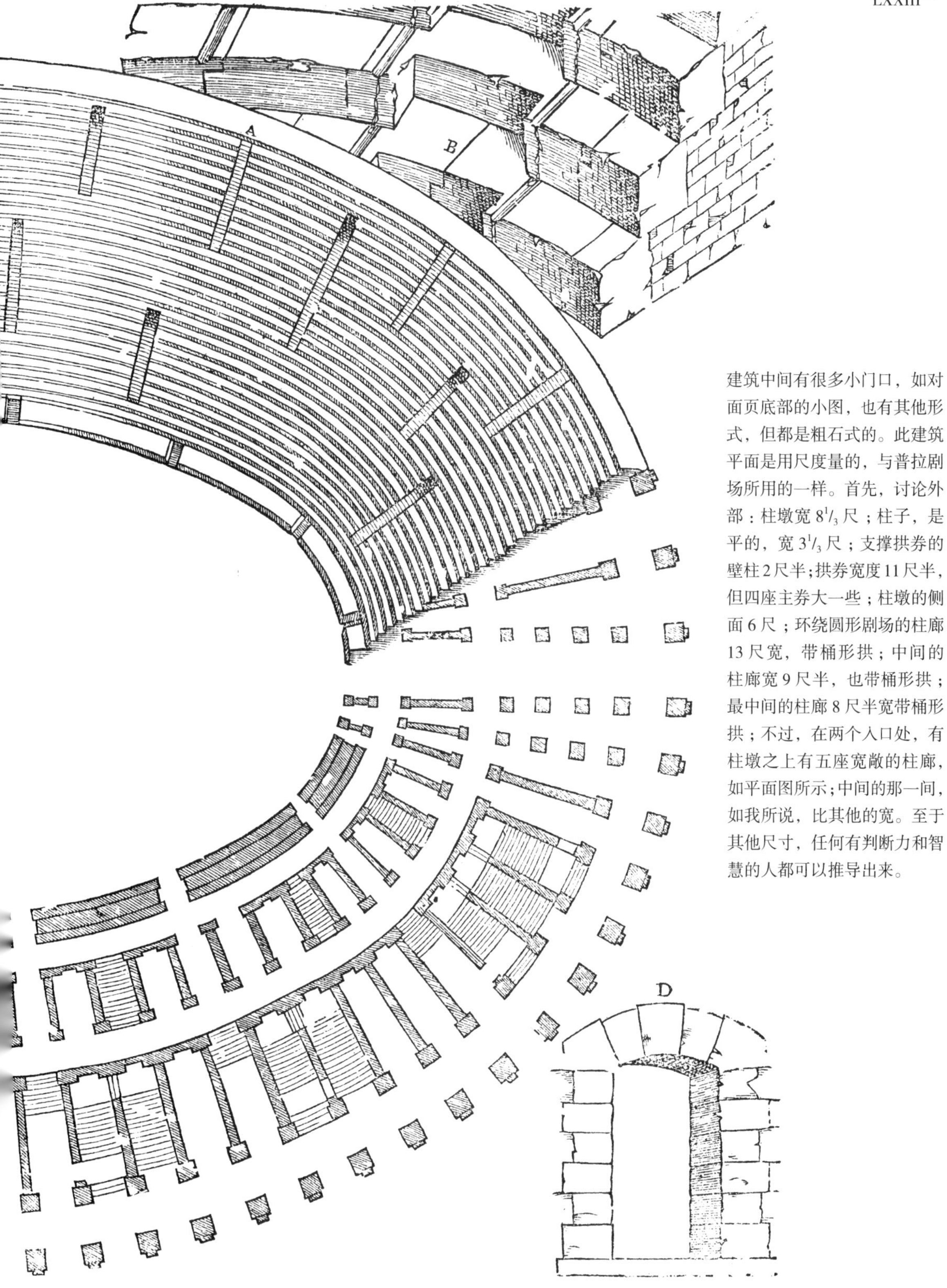

建筑中间有很多小门口，如对面页底部的小图，也有其他形式，但都是粗石式的。此建筑平面是用尺度量的，与普拉剧场所用的一样。首先，讨论外部：柱墩宽 $8^1/_3$ 尺；柱子，是平的，宽 $3^1/_3$ 尺；支撑拱券的壁柱2尺半；拱券宽度11尺半，但四座主券大一些；柱墩的侧面6尺；环绕圆形剧场的柱廊13尺宽，带桶形拱；中间的柱廊宽9尺半，也带桶形拱；最中间的柱廊8尺半宽带桶形拱；不过，在两个入口处，有柱墩之上有五座宽敞的柱廊，如平面图所示；中间的那一间，如我所说，比其他的宽。至于其他尺寸，任何有判断力和智慧的人都可以推导出来。

LXXIIII
(83*v*)

关于上面的圆形剧场平面，我已经给出了主要尺寸而且也讨论了部分立面。现在我将给出一些关于外表的信息，其形式只能称为粗石式。因为我已经给出了厚度和宽度，我将不再重复。不过，我将尽可能给出高度尺寸。首先，一层拱券高 20 尺。柱高 27 尺。额枋、中楣和檐口的形状 6 尺。其上胸墙 2 尺半。第二层拱券高 24 尺，宽 12 尺。柱高 27 尺半。檐口、中楣和额枋的形状高 5 尺半。第三层胸墙 4 尺半。拱券宽 $9^1/_3$ 尺，高 17 尺半。宽一些的大柱墩高 20 尺半。可以辨认出，它们之上还有相当大的雕像。第三层即最后一层的檐口高 5 尺。我将不讨论檐口的单独构件的尺寸，因为我已经按比例将原物非常认真地缩小画了出来。这些图在次页前部。它们之后是圆形剧场外墙剖面。然后是其正面的局部，完全按照粗石式雕刻，使用的是非常坚硬的维罗纳石材。然而这些檐口，采用与罗马的不同的形式，雕刻得稍微精致一些，好像仿照了普拉的圆形剧场。至于圆形剧场的“走廊”（piazza）表面——因人们曾经在不同游戏中向中央撒沙子（rena）[185] 而得名为 Arena（竞技场）——我并未看见过。但是，如一些维罗纳的老居民告诉我的，当他们结束了往往在平地上的游戏，当观众还在的时候，会有水从旁边的一些管道喷出来，一小会儿便能把整个场地变成湖一样。利用一些看上去像不同类型的小船的木片，他们往往表演水战节目。[186] 游戏结束并拿走木船后，他们会打开一些小门；水会在相当短的时间内消失，场地也会像以前一样干燥。如果我们考虑到罗马人的伟大，这个故事，甚至更奇特的说法是可信的。而当我们讨论伟大的话题的时候，要说到在维罗纳还有特别著名的阿迪杰（Adige）河上的两座古老的桥梁 [187]，以及在两桥之间的河上曾经上演的非常优美、卓越的演出。桥上可以站很多人，来观看以河面为舞台的水战游戏。演出往往还沿着小山脚下的河岸进行，而且在稍稍沿山坡而上的地方还有一座剧场，其舞台布景也是与下面河上的表演结合起来的，因为（如我所说）这个剧院运用了高超的技巧建在山坡之上。[188] 在这座山顶上还曾经有一座比所有其他的建筑都大的建筑物。不过，这些建筑遗迹是如此之多、如此之年久残坏，以至于着手调查他们将是非常昂贵和耗时的。但是亲眼见过在山坡一些部位的些许构件后，想到它们就让我感到吃惊。可以理解，罗马人在此建设这种建筑的原因是，在我看来，维罗纳是意大利最美的地方，有平原、山丘、山脉，还有河流和湖泊。最重要的是，这个城市的人非常大方，谈吐愉人。

LXXV
(84*r*)

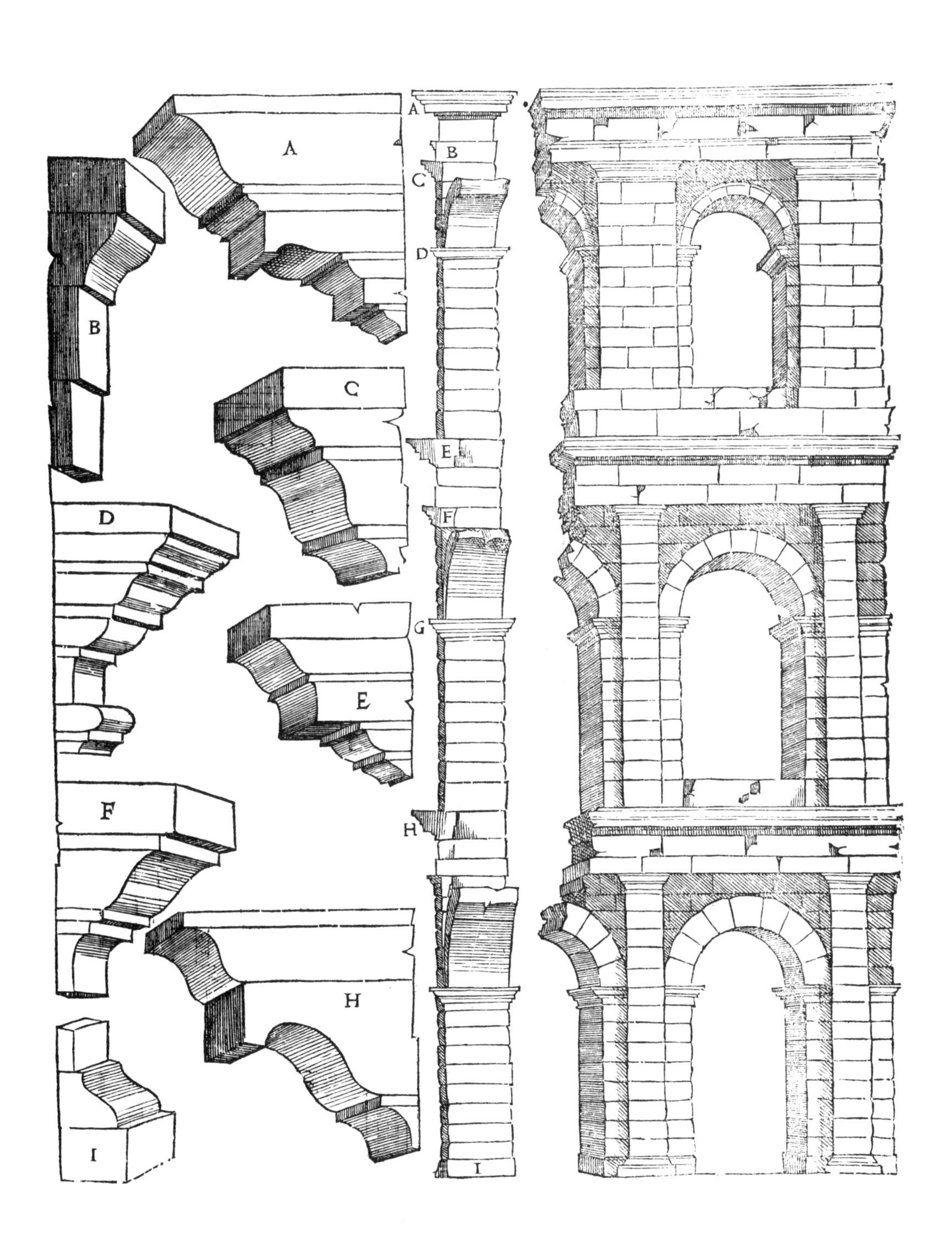

LXXVI
(84*v*)

罗马的遗迹

这些檐口、墩座和柱础是古代遗迹。下图标注为A的部分——是一根柱子，带有额枋、中楣、檐口和上面的基座——为一整块；高约6古尺，比例如下图。它是在罗马外的阿涅内（Aniene）河附近称为特维罗内（Teverone）的地方发现的[189]，就在努门塔诺桥（Numentano）。[190] 标注B的檐口发现于圣彼得大教堂的基础中，伯拉孟特把它埋回了原处。[191] 所有部分都是一块石头制成，高约6古尺，此图按原物成比例绘制。标注为C的柱础在圣马可教堂。[192] 这是一块布满雕刻的科林斯式柱础，不很大，约1尺半高。此图仍按原物比例绘制。标注D的墩座是在卡普拉尼卡广场[193]发现的，已遭拆除；不过雕刻得很好。不算基石柱础高约2尺，所有部件按原物比例绘制。标注E的柱础，不很大，是在遗址中找到的，从上层混线之上带有的圈线我可以断定这是科林斯式的。[194] 尽管我可能没有给出所有这些构件的信息，但是他们都是从大图到小图按照比例缩小绘制的。

LXXVII
(85*r*)

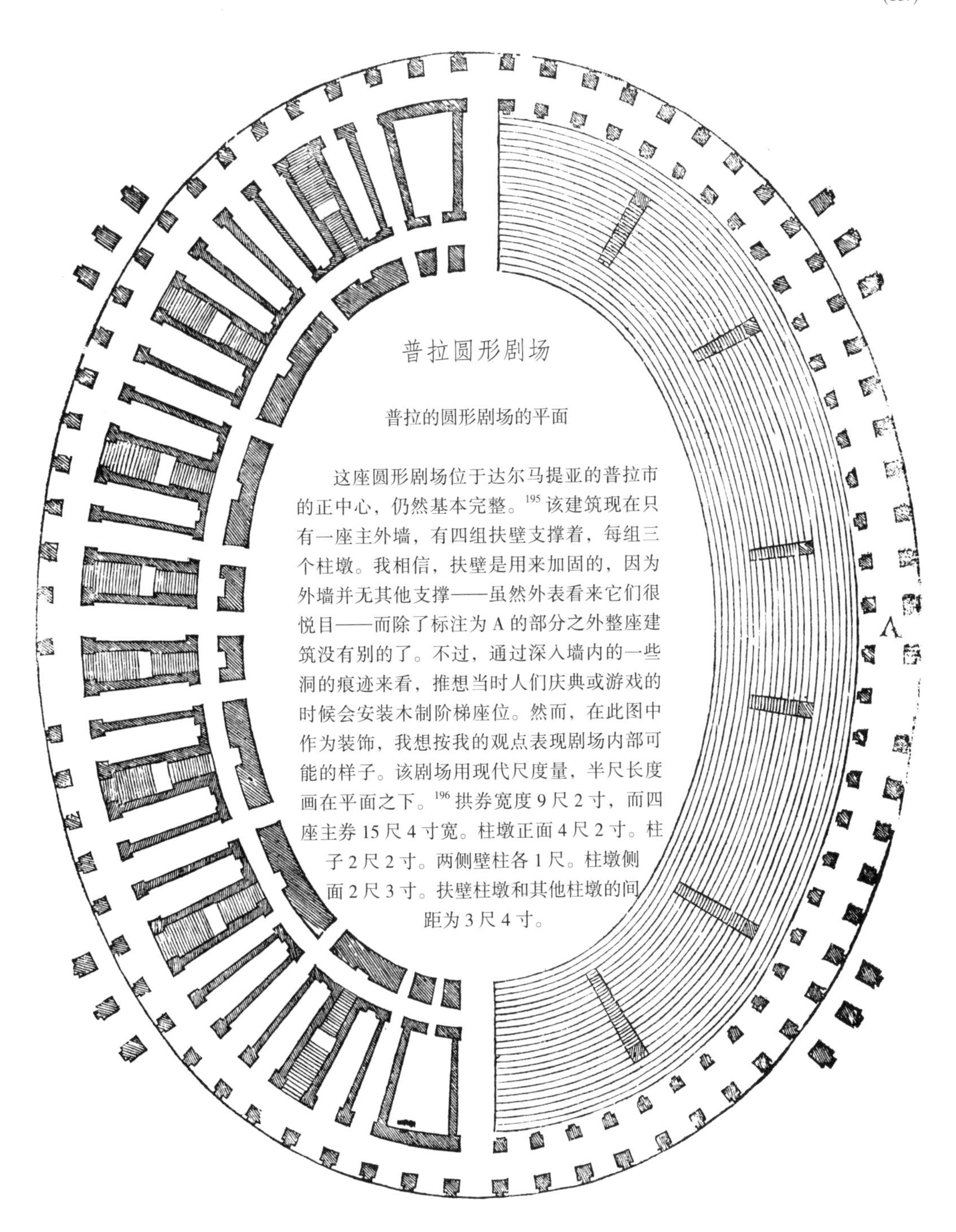

普拉圆形剧场

普拉的圆形剧场的平面

这座圆形剧场位于达尔马提亚的普拉市的正中心，仍然基本完整。[195] 该建筑现在只有一座主外墙，有四组扶壁支撑着，每组三个柱墩。我相信，扶壁是用来加固的，因为外墙并无其他支撑——虽然外表看来它们很悦目——而除了标注为A的部分之外整座建筑没有别的了。不过，通过深入墙内的一些洞的痕迹来看，推想当时人们庆典或游戏的时候会安装木制阶梯座位。然而，在此图中作为装饰，我想按我的观点表现剧场内部可能的样子。该剧场用现代尺度量，半尺长度画在平面之下。[196] 拱券宽度9尺2寸，而四座主券15尺4寸宽。柱墩正面4尺2寸。柱子2尺2寸。两侧壁柱各1尺。柱墩侧面2尺3寸。扶壁柱墩和其他柱墩的间距为3尺4寸。

LXXVIII
(85*v*)

关于普拉圆形剧场的平面，上文中我已经说得足够了。现在有必要讨论立面。从底下的部分开始，随山地地形，墩座没有一致的高度。其实并非只有基座，整个一层，连带拱券及其全部上层檐口都没有，因为山丘的高度到了二层楼板的位置。因此我将不给出墩座的任何尺寸，而是从墩座开始向上讨论。柱子下面的基座高2尺半。加上柱头，柱子高度约16尺。拱券高度17尺半。额枋高1尺9寸。中楣高9寸。檐口高1尺10寸。檐口之上的胸墙与檐口同高。柱高，计算柱头，21尺9寸。拱券高18尺1寸。拱券的壁柱1尺9寸。额枋、中楣和檐口高与下一层相同。标注X的墩座4尺4寸。从墩座顶至檐口下皮19尺。檐口高度1尺半。这是关于圆形剧场立面的所有情况，见于次页标注P处。[197] 由于这座剧场（如我在讨论平面时所述）四边有一些用来做成加固墙体的扶壁的柱墩，墙体内部完全没有任何支撑，我想说明它们是如何设计的。因此Q图表现扶壁的侧面。标注H部分是一柱墩，标注I的部分代表剧场外墙的剖面。在柱墩H和外墙I之间，有一条$3^1/_3$尺宽的通道，两人肩并肩通过没有任何困难。扶壁每层都有可以站人的楼板，但是没有楼梯，也没有任何楼梯的痕迹。不过它们肯定具有高贵的用处，一些窗户前的浮雕细工可以见证这一点。为了理解方便，在扶壁旁边我按大一些的比例画出了该建筑的檐口，图纸是严格按照原物来的，所以所有构件都可以量度和验证。这些额枋部分与罗马的非常不同[198]，如图所示。我个人永远不会在自己的作品上做罗马圆形剧场那样的檐口，但是我确实会利用普拉的，因为它们形式更好、构思更好。[199] 我绝对确信前者的建筑师与后者的不同，可能是德国人，因为克劳西乌姆的檐口带有一些德国风格。[200]

LXXIX
(86*r*)

LXXX
(86*v*)

卡瓦洛山宫殿

在罗马的卡瓦洛山，就是现在普拉克西特列斯和菲迪亚斯的两座马雕像所在的地方[201]，有一座壮丽的宫殿遗址。[202]它的一部分在山顶——另一带有楼梯的部分靠山而建，如对面的剖面图所示。其平面[203]用布拉乔尺度量，下面画出了其三分之一。首先，在壁龛T、N处发现了现在陈列在望景楼的台伯（Tiber）和尼卢斯（Nilus）像。[204]A处为一条道路，宽10尺。B部分见方12尺。C部分36尺长18尺宽——庭院D见方36尺，周围敞廊宽4尺——C、B的对面部分同之。四座楼梯均宽4尺。E处为两座庭院，各长114尺宽62尺半。敞廊F宽8尺。登上宫殿地面层的大一些的楼梯宽6尺。靠近角部的K宽7尺半长16尺半。H部分是支撑楼梯的扶壁。G部分是为内部空间提供光线的院子。两个开口I是楼梯间的入口，建筑就是从支撑楼梯间的部分开始的。建筑中央非常壮丽的山花与建筑中部同宽，不包括院落但是包括敞廊。[205]至于K和十字标记，如下图单独画出的部分，一个是此画得更详细的建筑的一角，另一个是中央庭院的一角。

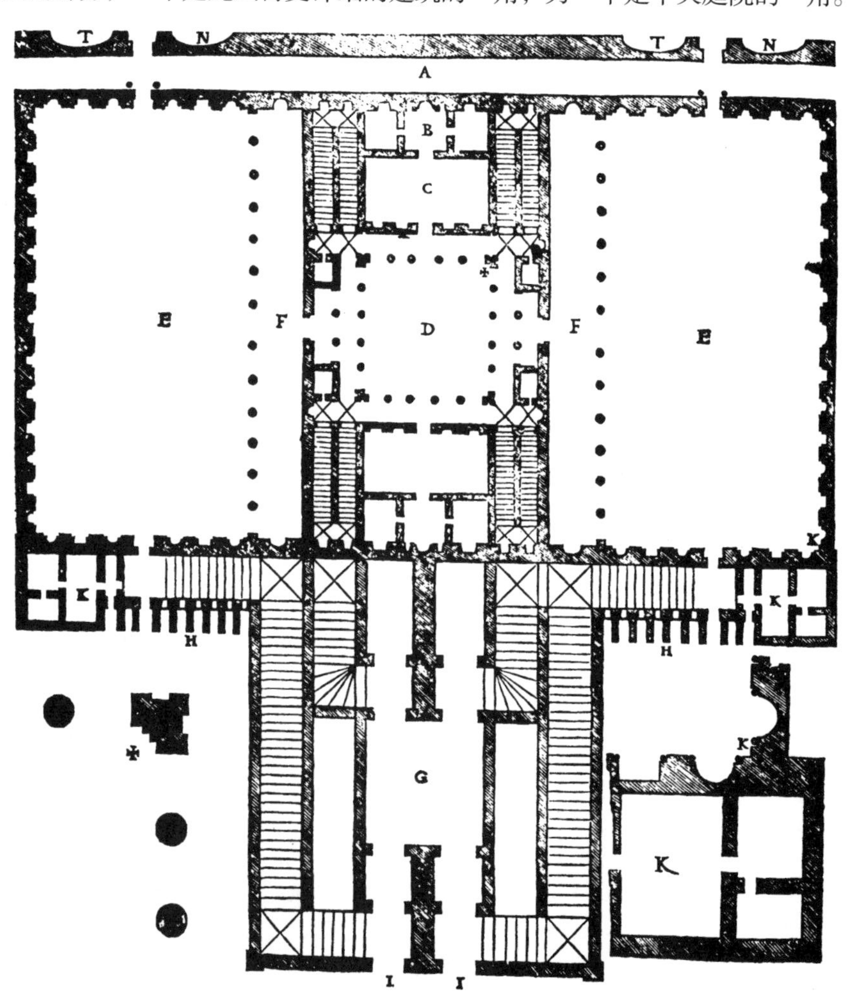

LXXXI (87*r*)

下面的三张图纸为卡瓦洛山宫殿的部件。底部的小比例图纸反映宫殿前部的剖面，即用来登临的非常壮观和宽敞的楼梯间——因为宫殿建在山上——可抵达建筑首层平面。山顶的部分，柱子上标注F处，为中间建筑的侧面——即建筑外部的柱廊。标注F的柱子——大一些的详图——为正面山花处的角柱。它是正方形的，其他各柱是圆形的，因为有额枋和上面的其他构件，它们的角部并不落在柱身上，圆柱不适合用在转角。[206] 方柱底部宽2尺，上宽$2^2/_3$尺。其高度，包括柱础和柱头，为29尺，自上至下有凹槽。额枋高2尺半；中楣同之，上有一段雕刻精美的高浮雕镶边。[207] 两侧檐口总高$3^1/_8$尺——所有构件都按照额枋原物等比绘制，中楣长100尺。大檐口连带山花是一整块大理石制成，直到承托它的三个飞檐托饰——山花在其中部抬高到其长度的六分之一。[208]

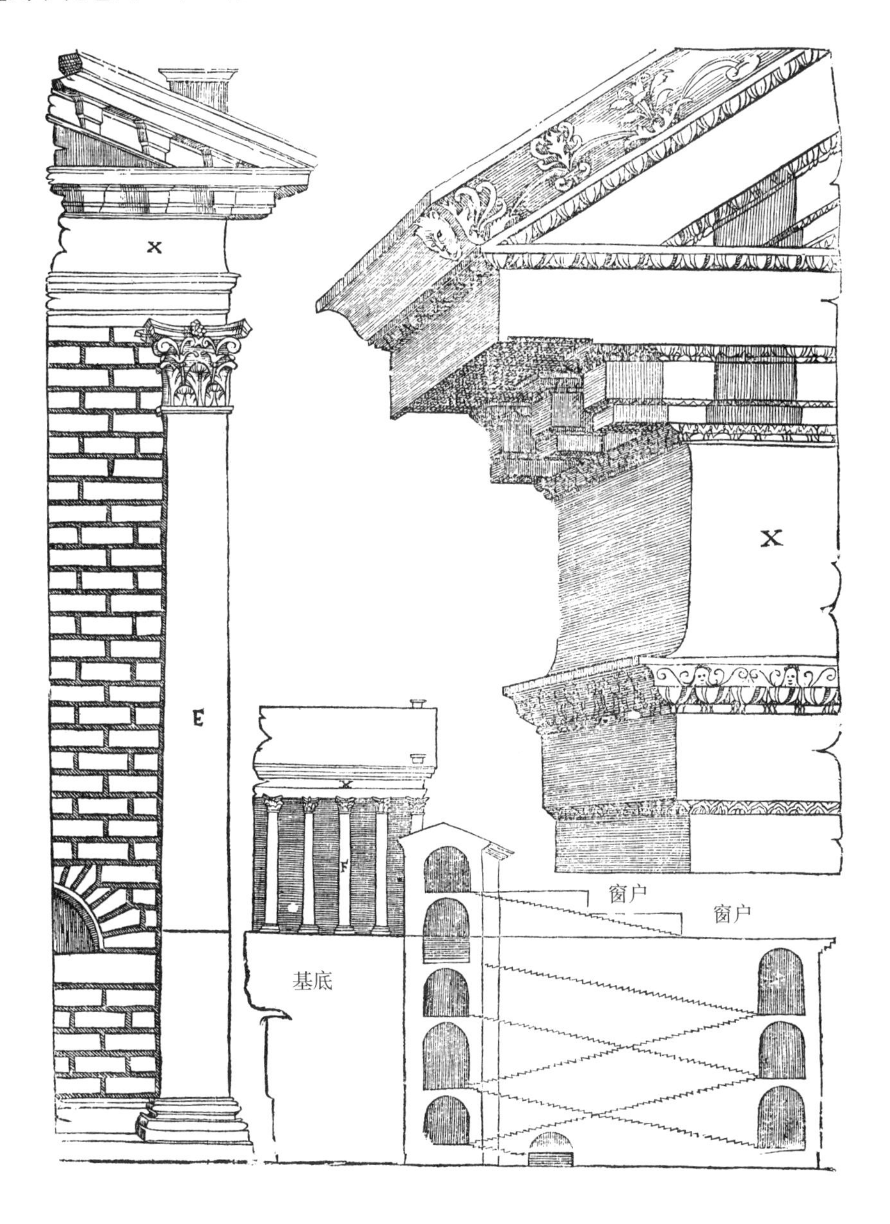

LXXXII (87v)

塞维鲁斯七区

把大型建筑建成不同形式是罗马人的习惯，但是一些这种建筑的目的已经无法了解了，因为它们破坏得特别严重。现在讨论的建筑，被称为塞维鲁斯七区（Seven Zones of Severus）尤其如此。[209] 该建筑的一角依然挺立可见，它有三层，全是科林斯式的。不过还可以看到它还用了从其他建筑掠来的构件因为那里既有带凹槽的也有不带凹槽的柱子，以及柱头和其他不是同一类型的作品。我没有测量该建筑的高度，而确实测量了平面和构件宽度。我至多能说，各层随升高减小四分之一，就像维特鲁威关于剧场的论述。[210] 下图表现该建筑的平面，以及柱子上方的井字天花，并使用普拉剧场所用的尺度量。首先，墙厚 2 尺半。两墙之间的距离为 4 尺半，墙与柱子的间距为 $5^3/_4$ 尺——柱子之间的距离同之。柱子厚度 $2^1/_4$ 尺。建筑中没有任何居住空间，甚至看不到任何登临顶部楼梯痕迹。不过可以清楚看到，它曾经升得更高，因此可能曾经在别处有过居住空间和楼梯。因为那里有很多柱子和极度昂贵的装饰，所以在完整的时候，该建筑肯定具有壮观的外表。

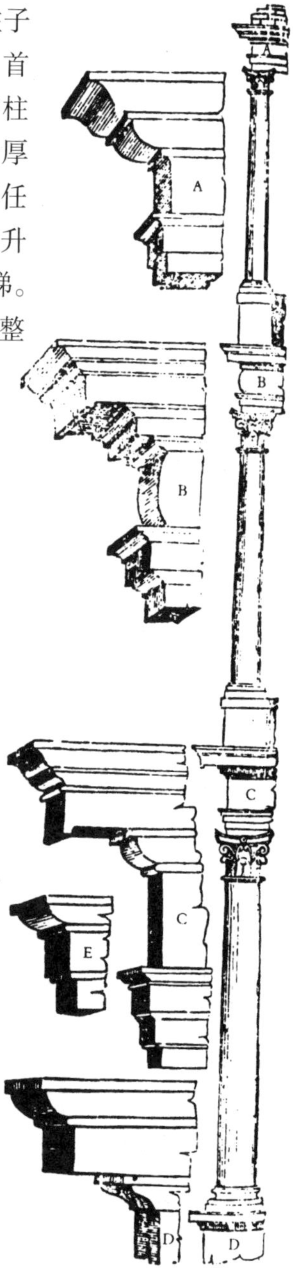

奥斯蒂亚港

LXXXIII
(88*r*)

罗马人，因为他们的宽阔心胸[211]，经常尝试在他们所有海上和陆上的活动中创造能够显示他们多么强大、多么慷慨的东西。因此为罗马的利益他们建造了这个非凡的奥斯蒂亚（Ostia）港。[212] 因其实用性，其庄严效果，首先是其力量，它确实可以称作一个奇迹。它呈六角性——即具有六个面——每面 116 杆长（每杆 10 掌尺）。其体量可以从这些主要尺寸推知。每面都有一座带回廊的宽敞庭院，还有四排环以柱廊的储藏间，中间设有通道。沿水岸边，还有多排拴船只用的柱杆，在港口的入水口另有相当多的塔楼，在需要时可以保护港口抵御敌人。因为在这么小的图面上难以讲清联排库房，我把它们单独在下面放大画了出来。

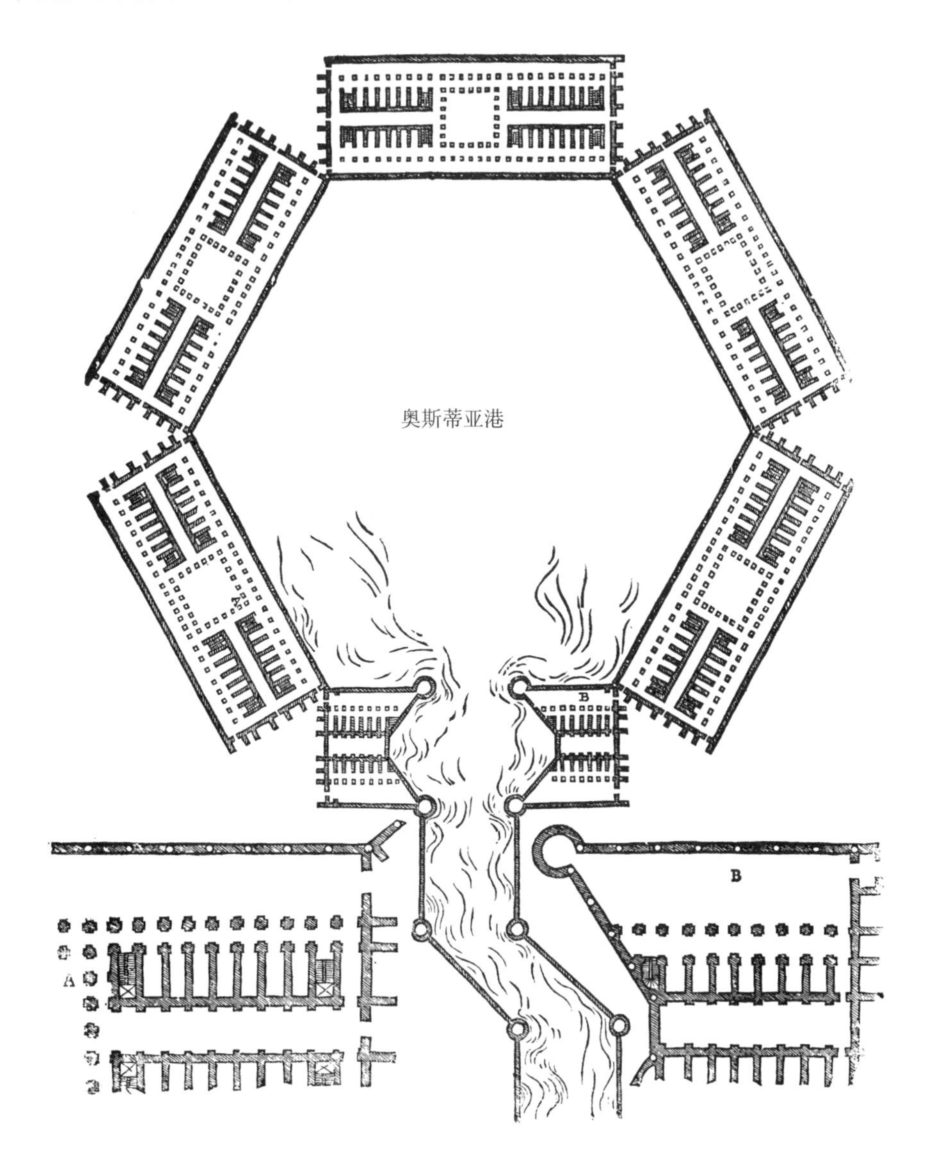

LXXXIIII
(88*v*)

过渡广场上的巴西利卡

在罗马的古迹中还有很多无法理解到底是什么的东西。另一方面，从一些已被时间压低的遗迹还可以感受到罗马人的宽阔心胸。因此，从其尚可看到的来看，以下古迹构思得非常好。它被称为过渡广场上的巴西利卡。[213] 其体量可以从柱子高度推断出来，尽管它们的顶部已经看不到了因为没有上部檐口，旁边也没有能被看做原来属于这座建筑的檐口。这座遗址用分为 60 分的现代布拉乔尺度量——其半尺长绘于方尖碑旁。[214] 这些柱子立于地面上的七步适宜高度的台阶之上。标注 C 的柱子宽度在底部为 3 尺，柱头下的顶部为 2 尺 40 分。柱高，不算柱础和柱头，为 24 尺 55 分。柱础高 1 尺半。柱头高 3 尺 26 分。额枋高 2 尺 23 分。柱子和金柱之间的檐口——标注 D——高 1 尺 48 分。上部檐口（如我所说）并不存在。金柱是平的，具有与圆柱相同的比例和收分。柱头很像万神庙中的一种。标注为 C 的柱础大样画在近处，照原物按比例绘制。同样，标注 D 的檐口也见于大样图。我已经叙述了大柱子的尺寸，现在我来描述标注 B 的小柱子，它下面有约高 6 尺的非常优美的墩座。柱子宽 $1^1/_3$ 尺，收分比例与另种柱子相同。其高度，包括柱础和柱头，为 $13^2/_3$ 尺。柱础高度为柱子之半，其构件与大柱础相同且呈同样比例。柱头高 1 尺半，雕刻非常精巧——可以在我的第四书混合柱式开始部分看到它更大、更细致的图纸。[215] 这个柱子是用非常坚硬的砾岩制成，其凹槽做法表现于此图旁边。柱子还有一同样形式的浅浮雕金柱。该柱之上的额枋、中楣和檐口约 4 尺。檐口与万神庙的一样，有飞檐托饰而不用齿状饰。按照我的理解，这些小柱曾作为巴西利卡一座门的装饰。

LXXXV
(89r)

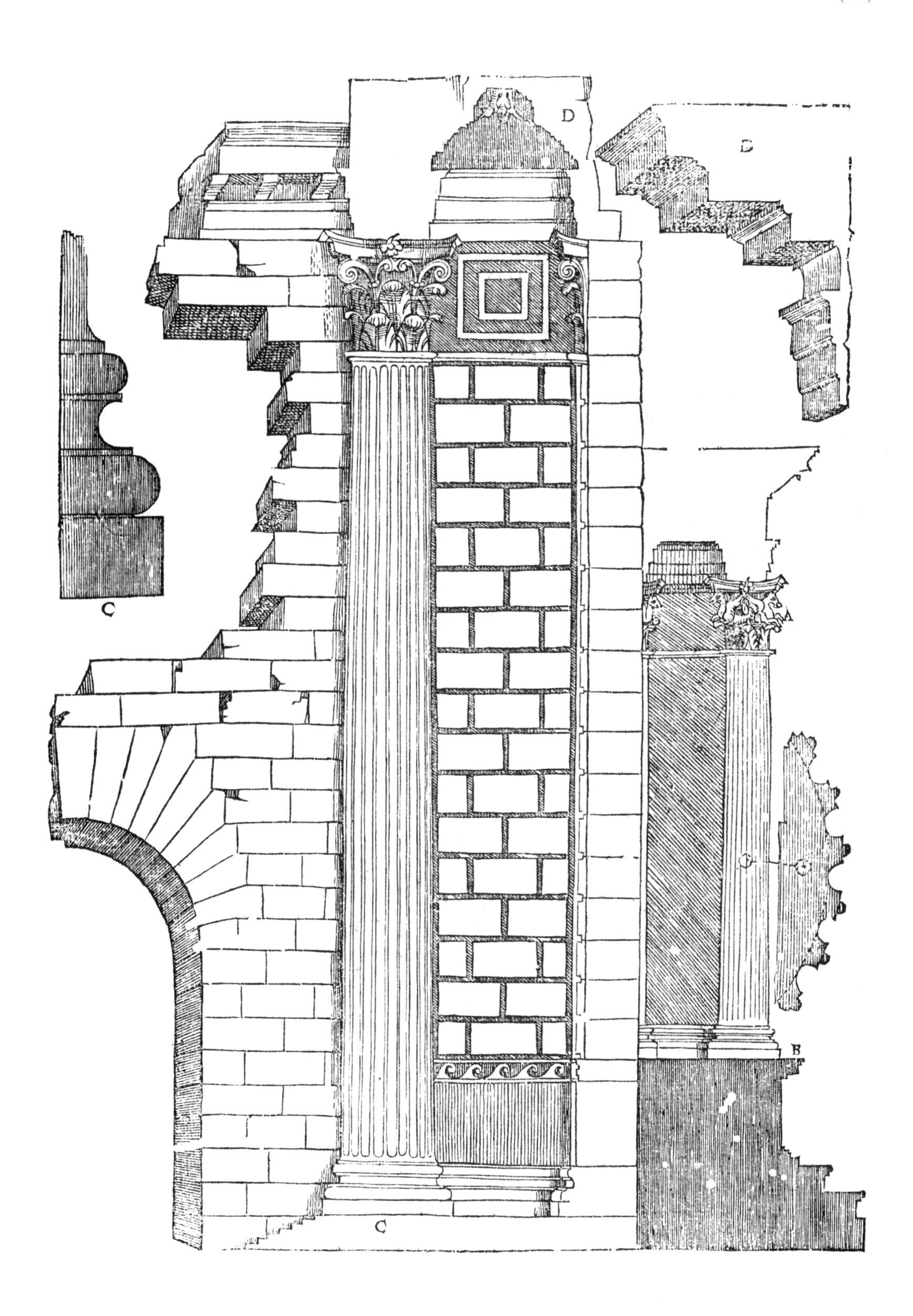

LXXXVII (90r)[216]

桥梁

罗马有很多座古罗马人建的桥梁，罗马城外和意大利很多不同地方也是如此，我不想就此展开讨论。另一方面，我将简单表现四种设计，从此可以理解古代罗马人建造桥梁的方法。下面的桥叫做圣安杰洛（Sant’Angelo）桥，因为它位于曾经是哈德良墓而今改造成一座堡垒的圣安吉罗城堡附近的台伯河上。古代它叫做埃利奥特桥（ponte Elio）得名于哈德良的名字埃利乌斯（Aelius）。[217]

此图中的桥曾经叫做塔尔佩依奥桥（ponte tarpeio）[218]，其他人曾叫它法布里乔桥（ponte Fabricio）。[219] 今天它叫做四头桥（ponte di quattro capi）。[220]

此桥曾叫做元老桥（de' Senatori），[221] 另有人叫它帕拉蒂诺桥（ponte Palatino）。不过今天它叫圣玛利亚桥或西斯托桥。[222]

LXXXVI (89*v*)

此桥称作米尔维乌斯桥（pons Milvius）[223]，当地名字是软桥（ponte molle）。[224]

LXXXVIII (90*v*) 古罗马浴场

在所有罗马城的浴场中，我自己发现安东尼[225]修建的比其他人的构思[226]得更好。尽管戴克利先的更大，但我仍然认为这个浴场的各个构件的协调，它们更优美，更一致，这是其他浴场所不具备的——因为在B、C广场上可以举行任何形式的高级游戏或凯旋仪式，而不会有任何妨碍。因为浴场除了用于不同的游戏，主要用途还是洗浴，所以建筑后面建有一座蓄水池，标注为A，这样来自永远充盈的疏水道的水可以满足浴室的需求。

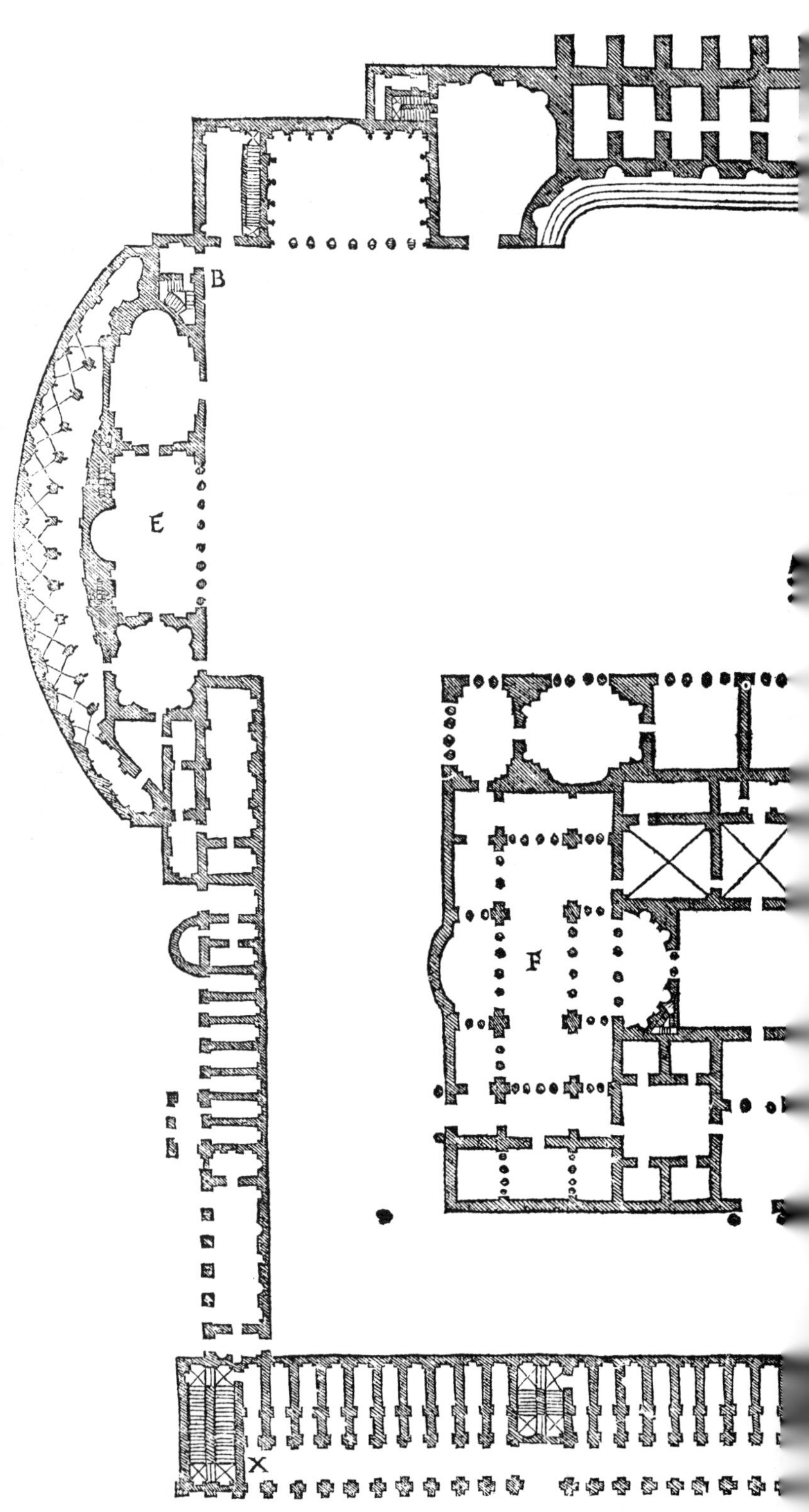

LXXXIX
(91*r*)

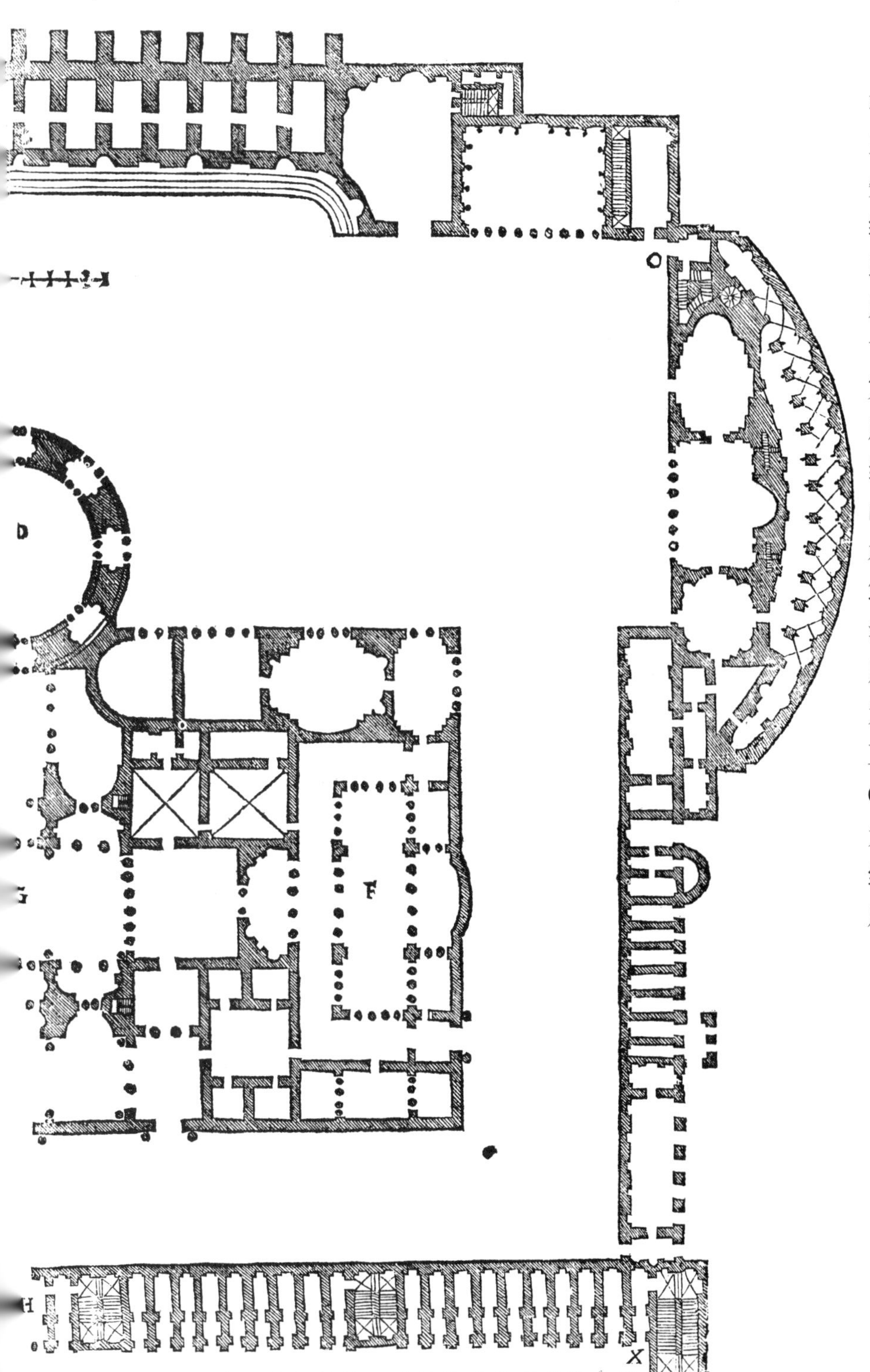

此平面用现代布拉乔尺度量，其三分之一绘于建筑旁边。广场中间的线段长100尺。借助这个办法，能够发现几乎所有尺寸。为了避免过于冗长，我将不描述所有内容，而只是给出一些主要部分的尺寸。首先，蓄水池内每一空间长30尺宽16尺。标注X的部分长81尺宽44尺。标注为D的圆形建筑[227]直径68尺。广场B、C长约700尺。标注为G的中间部分[228]约105尺长和60尺宽。

XC (91*v*)

由于尺寸太小各个部分无法从上述平面中看明白，因此在这两页我想把各部分用大一些的详图分别表现出来，而聪明的建筑师将能够对应他们用的字母与总图对应理解。

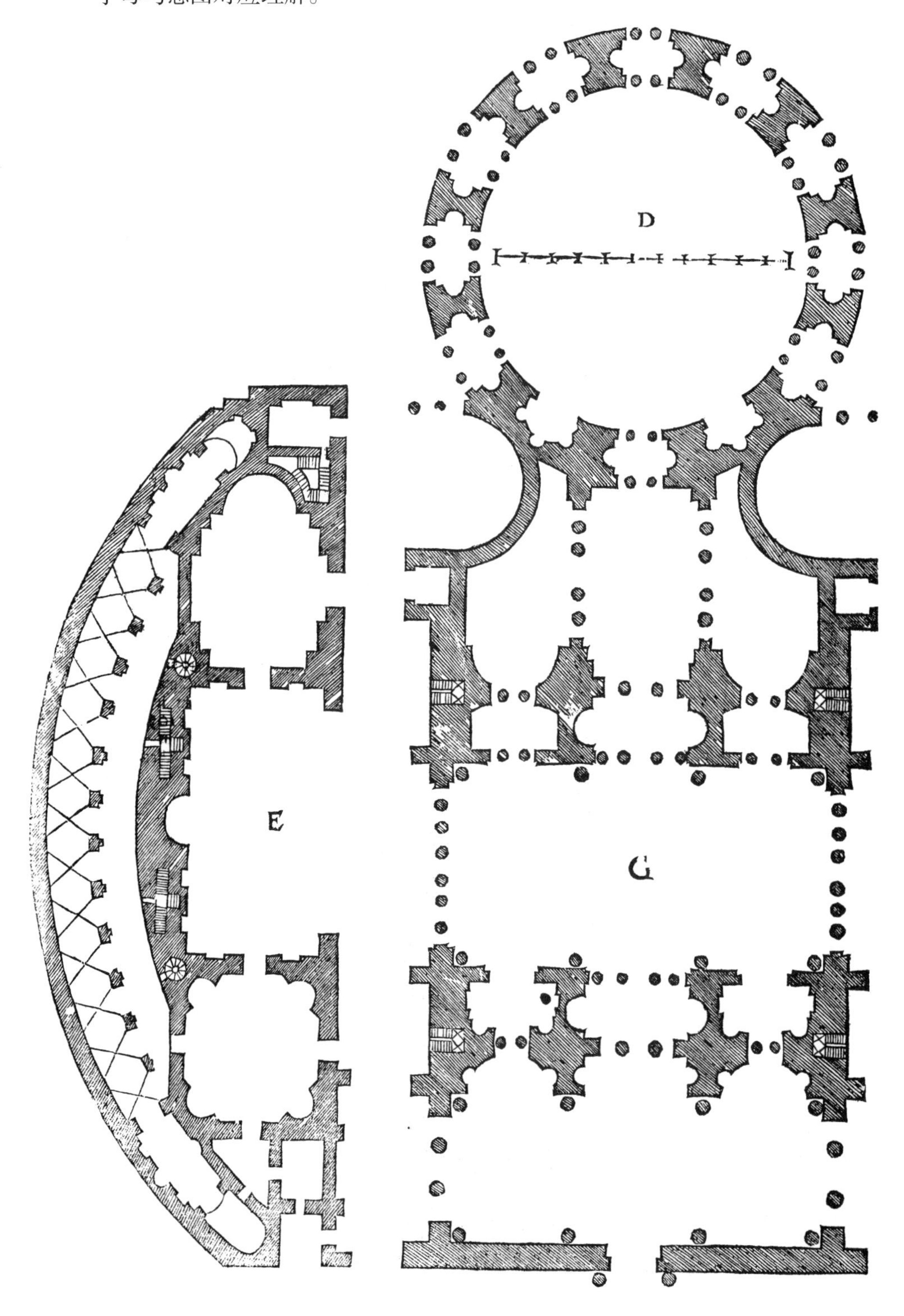

尽管下图并未按照其不同位置的次序排列，明智的建筑师将发现它们就是以上浴场的组成部分。利用位于图纸中央的相应字母，便能够发现它们所在部位。请注意下图的H和X部分是标注F的局部，下图实际应看做三个部分，尽管为了能把它们放在一张印版中而互相挨得很近。这种索引方法是为了便于更好辨认和理解。我没有把各部分的尺寸标注出来，因为对于建筑师而言设计本身比尺寸更有价值。

XCI
(92r)

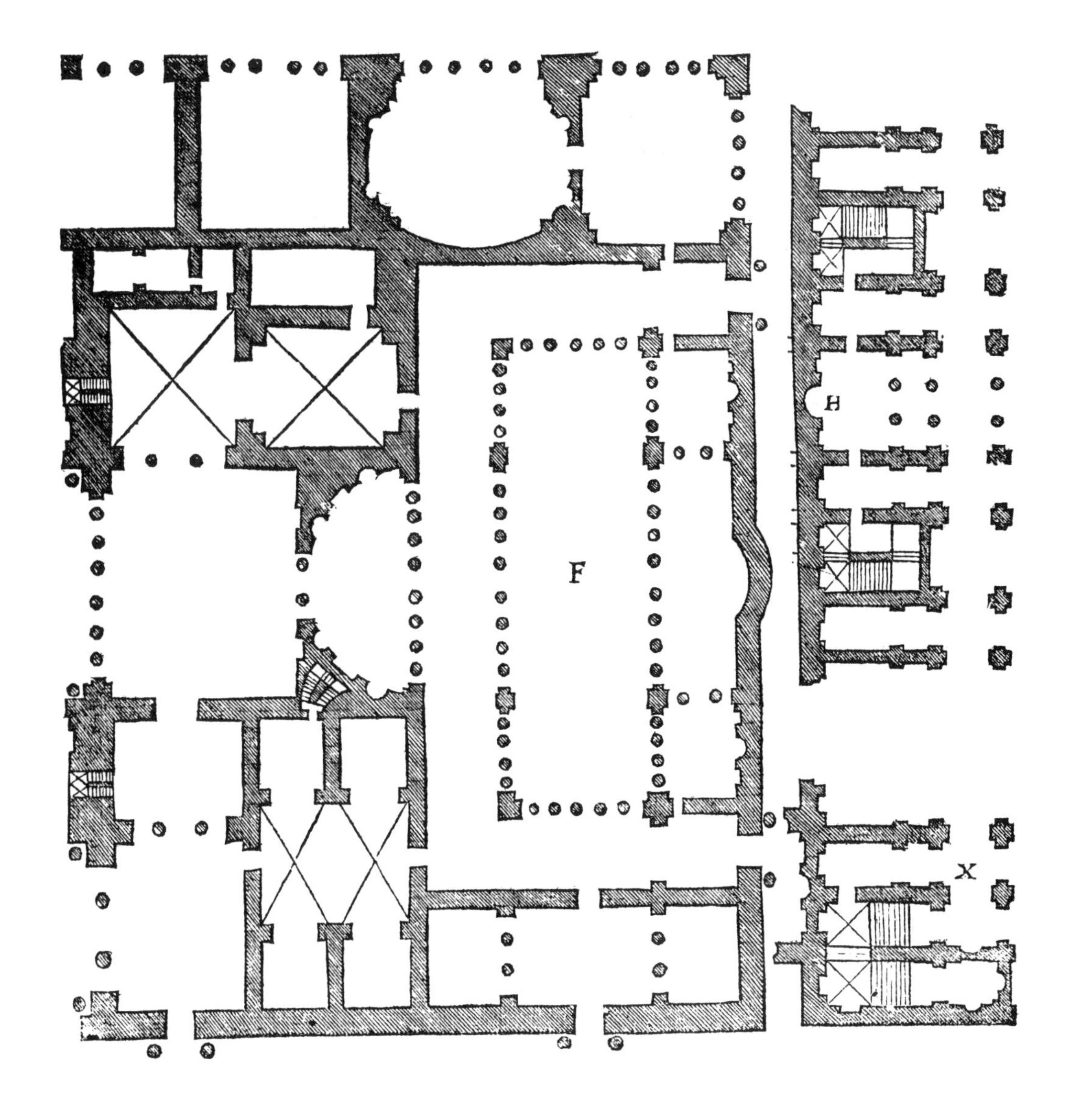

XCII (92*v*)

提图斯（Titus）浴场[229]比其他的都小因此又被民众称为小浴场，而我认为它布置得很好。浴场的平面用古代掌尺度量，绘于110页下方。[230]标注为A的首先圆形部分直径150尺。B部分约长80尺宽51尺。C部分80尺宽60尺。形状D直径约100尺，前厅E约50尺。F部分约120尺长，70尺宽。G部分——八边形——约100尺。圆形部分H直径约150尺。I部分约100尺，大致是两个正方形。两个K部分每边30尺。L部分约长125尺宽30尺。圆形M直径约120尺。N部分长148尺宽57尺。O部分同之。蓄水池见对面页。

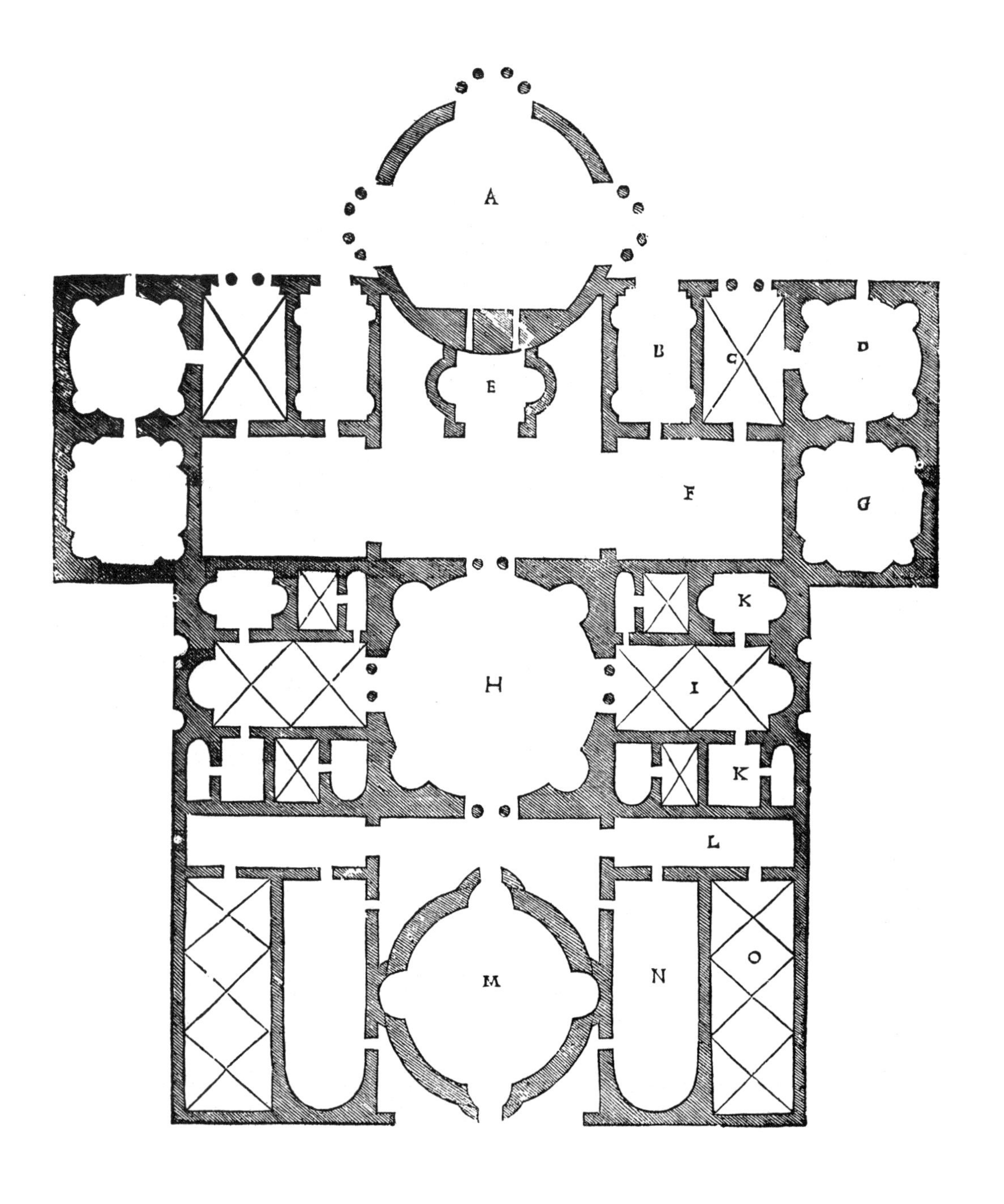

提图斯蓄水池非常不寻常，建造工艺极高[231]，其拱券采用如此布置，如果一人站在一座拱券的中间，他看到的所有拱券都在一条线上。因为这里有七个空间，每边有一列七座门，所以民众将这个地方称作七大厅。墙厚 4 尺半，拱券宽 6 尺。从拱券间距 27 尺。墙间距 15 尺，覆盖适宜高度的桶形拱。墙和拱顶均以坚硬物质罩面。

XCIII
(93r)

XCIIII 金字塔

开罗城外约 7 英里有一座金字塔[232]我将把从马尔科·格里马尼大师那里得到的它所有的形式和尺寸表示出来。先生来自威尼斯城——当时是阿奎拉（*Aquileia*）教区主教，现在是红衣主教[233]——他亲自测量、攀爬、进入了金字塔。金字塔用瓦尺（*varchi*）量度——即平均步伐长度，比 3 古掌尺略长。金字塔基座每边约 270 瓦尺，为一标准正方形。它整体用非常坚硬的"活石做法"建造。[234]石块很长并建造得可以让人爬到顶——然而非常困难，因为每块石头高约 3 掌尺半而且没有足够的踏步表面让你舒服地放脚。从底到顶共用 210 块石头，每块高度都相同——结果是其高度与基宽相同。人们相信金字塔中是一座坟墓，因为它中间有个房间，房间中有块大石头，据此人们推测它上面曾有一座价值很高的石棺。进入这个房间是很困难的，因为入口里面左侧有一座石楼梯通往金字塔内部，在中间，那里还留有一个让人望而却步的悬崖。通过这个楼梯你可以来到上述房间。金字塔半腰还有另一入口，而这里是密封起来无法进入的。在其顶端有一相当大的平面每边约 8 瓦尺，人们认为这是金字塔建成的时候做好的，但是这座金字塔没有做尖顶——平台仍然完整，尽管一些石块有轻微的移位。金字塔不远的地方有一个人头像，带有部分胸部，也是"活石做法"。[235]头像用一整块石头，仅面部就约有 10 瓦尺。它面貌丑陋并不悦目。[236]在它里面还有一些有埃及字母的洞窟[237]从此可以看出这些洞窟也曾经是坟墓。

耶路撒冷王陵

XCV

在耶路撒冷[238]一座非常坚固的石头山中间有一座相当大的建筑，是用金属工具人工开凿的，非常巧妙，如下图所示。为了防止房屋由于尺度巨大而从中间坍塌，这里在中央留有两根大柱墩，它们两侧还有两根中柱墩，前面有两根小柱墩。这些柱墩支撑着一座用凿子（*scarpello*）[239]雕刻得非常粗糙的拱顶（如我所说）。首先入口处有四座小室，中部有十八座小室。在另一个最里面的部分有两座小室，和一座封闭的大门——暗示着以前里面还有空间。这些小小室是用来埋葬耶路撒冷历代君王。这一切都来自当时的阿奎拉教区主教——现在是红衣主教——他把这些信息和他手绘的图纸给了我。他记不得尺寸了，大概最小的小室的宽度不小于人的身高。从此可以推断出整个建筑的尺度。山体内所凿小室样式如 A、B 图所示。此地没有任何形式的采光，并因深埋于相当大的山体之中而长时间不为人知。

XCVI 戴克利先浴场

从今天地面上可见的遗迹看来，戴克利先浴场确实曾经是一座非常奢华的建筑。[240] 在现存的形式各异带有丰富装饰的房间以外，一度耸立的大量相当巨大柱子也见证着它的辉煌。当然，智慧的建筑师能够从其平面划分的不同形式中得到巨大帮助。[241] 不过，无法否认这里还有很多不适合于我们时代的不协调的部件。我这么说不是要纠正这位伟大的君王，同样地也不是针对当时大量的建筑师——尽管当时有学问和才干的人并不像其他时代那么多——但只为日后不嫌弃读我的书的人们，带着对古人极大的敬意，我直言所想。建筑中最美的部分确实是各个相关构件的协调，建筑不应遭到任何刺眼的东西的妨碍。因此我认为如果 AB 大街与 CD 相同，整体而言中间大建筑在外围建筑之中的定位就要好一些。结果是所有大街都是自由的没有阻塞之虞。所以，标注为 A 的从立面向剧场方向凸出的建筑就不会影响到街道；恰恰相反，在它和剧场之间，称为舞台（*Proscenium*）部分可以得到保留。这样，所有周围的街道都是宽敞的，这会使整座建筑的一致性更好。我将

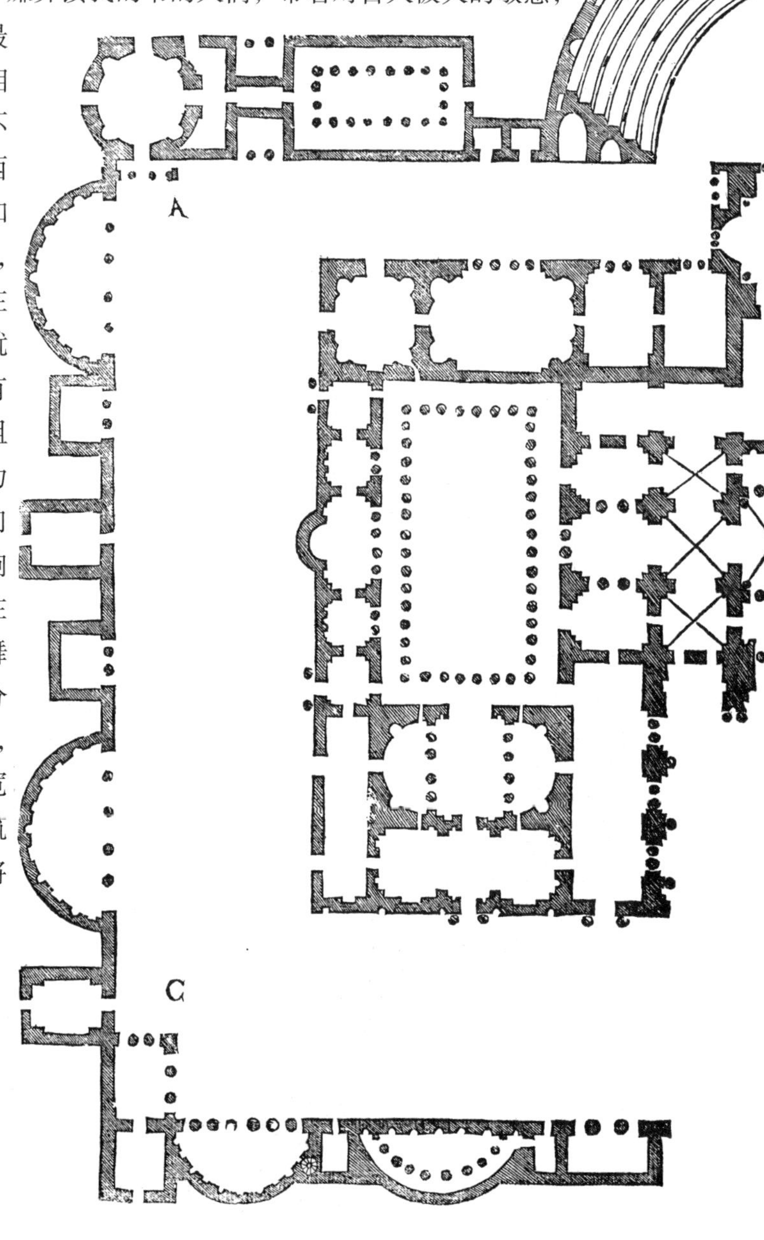

不讨论A和C、B和D之间的不匹配，因为聪明的建筑师可以自己发现其中有多么不协调。但是，如我上文所说，这里也有很多极其美丽的房间的设计，它们将给明智的建筑师带来不小收获。至于你们，古代文物的支持者和捍卫者，请原谅我所说的冒犯之语。无论如何，我将一直会信赖那些知者的判断力。

XCVII (95*r*)

这个平面图用古代掌尺度量。[242] 不过因为我把注意力更多地放在了设计上而不是平面的其他，我将不报告单独构件尺寸——实际上尺寸多得无法叙述。另一方面，我把它最仔细地缩小到这张按比例绘制的小图上，以便勤奋的建筑师可以使用半圆形中分成十份的小掌尺，相当准确地量出各部分尺寸。每一份10尺，线段总长100尺。这样，用圆规即可推知这座建筑的一些尺寸。至于立面，我决定不画出任何部分，原因有三：其一，因其严重破坏程度——结果几乎没有可以完整辨认的东西；其二，因其测量难度；第三，因我们所见之建筑实际上并非建于杰出建筑师的幸运时代——相反，尽管装饰丰富异常，但是有很多混乱和不和谐。由于在如此小的平面图上无法清楚表现各部分形式，我将中部详图置于次页。

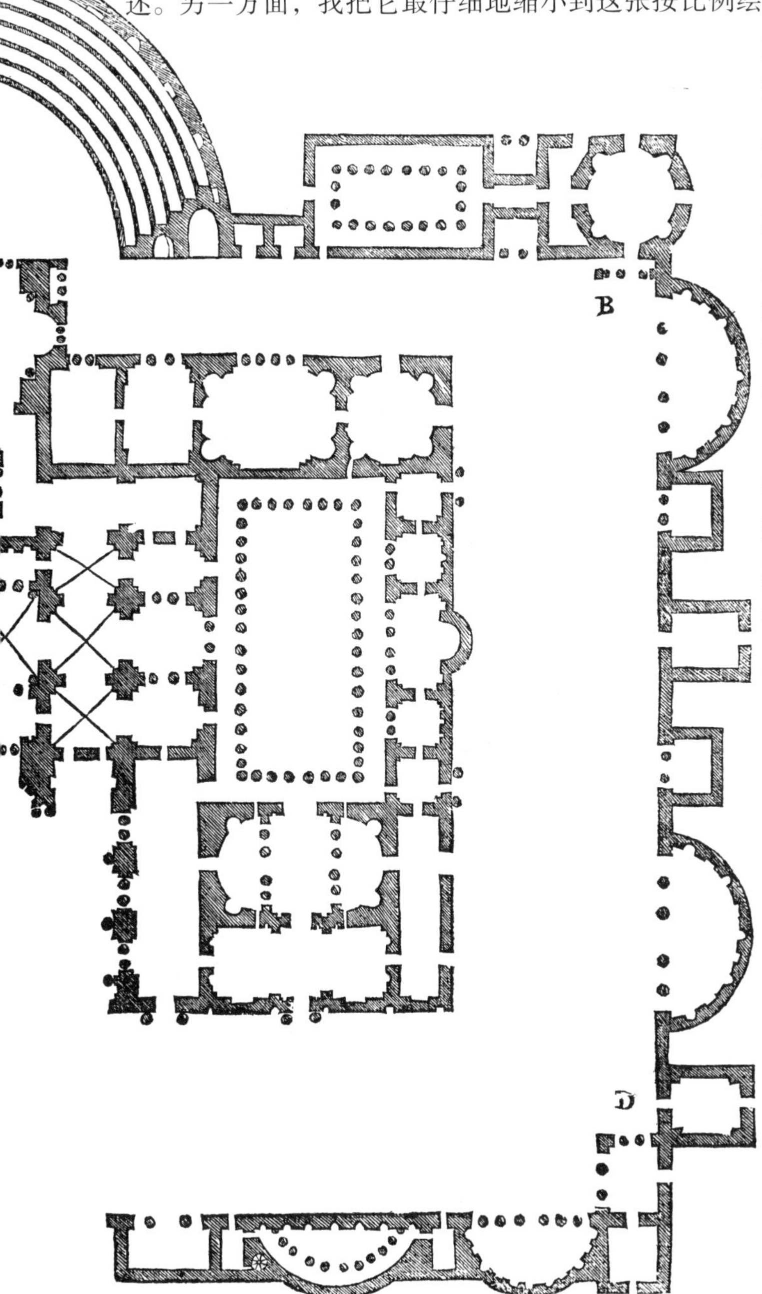

XCVIII
(95*v*)

因为（如我所说）戴克利先浴场平面图被缩小到无法清楚理解各个部分的程度，所以我决定至少把其中一部分放大——如下图所示。字母 A 所代表的这是其中间部分。图中央的线段长一百掌尺，勤奋的建筑师可以用圆规找出几乎所有尺寸。

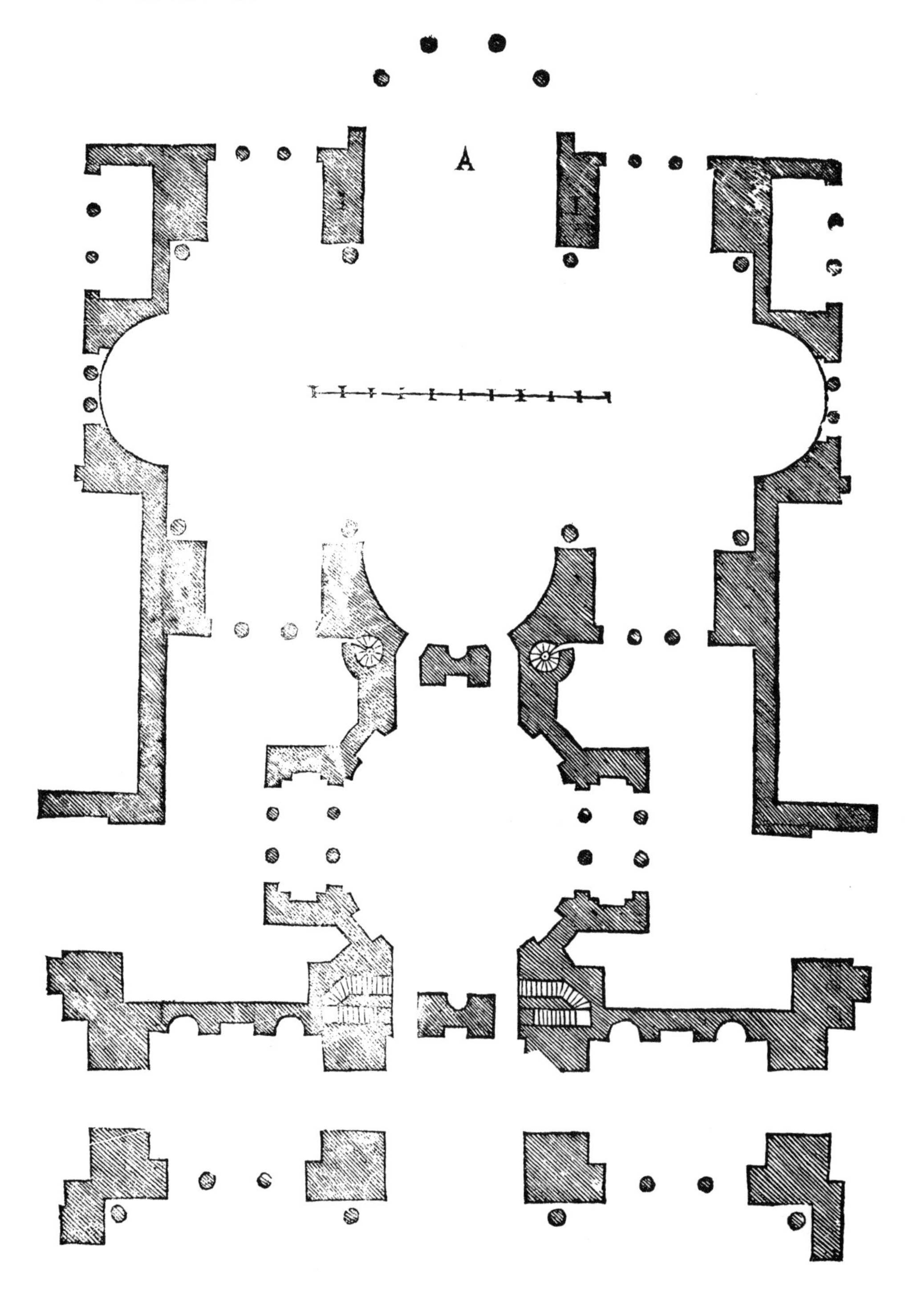

戴克利先浴场（如已述）用于不同公共娱乐目的，但首先作为浴场，需要大量用水。古人往往从很远的地方通过疏水道把水运过来，并储存在大容量的蓄水池中。戴克利先浴场的蓄水池如下图所示，有柱墩，上覆交叉拱顶，周以围墙，墙上涂以高质耐久材料——拱顶和地面亦然——此蓄水池保存到了今天。柱墩每边厚 4 尺，二柱墩间距 12 尺——用古罗马尺。[243] 虽然浴场本身用掌尺度量，蓄水池使用的仍然是罗马尺，以下线段即半古尺长。

XCIX (96*r*)

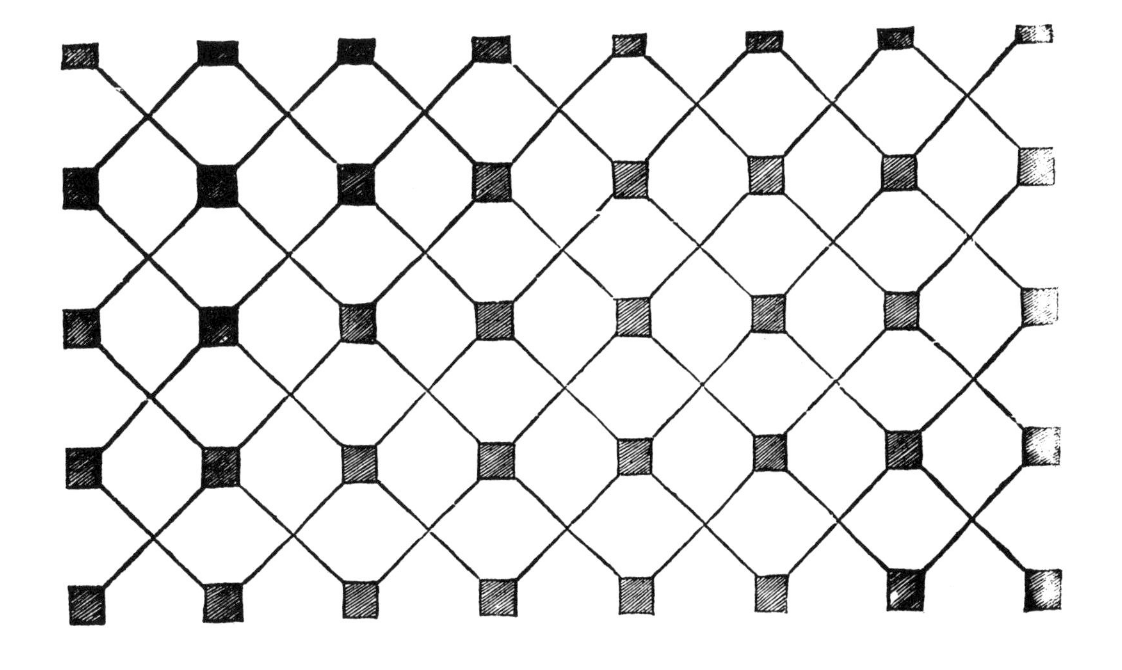

C(96*v*) 希腊百柱厅

尽管希腊人是杰出建筑的发明者——如我们的老师维特鲁威和很多其他作者证明的那样——然而由于大量的战争以及希腊民族曾经被很多统治者和国家征服,这些地方惨遭劫掠以至于希腊几乎看不到仍然屹立的建筑了。不过,从一些人那里,我知道有一座建筑的遗址还保留着,根据现有的理解,该建筑由一百根立柱组成。[244] 这些柱子是如此之高——因为现在还有一些站立着的—— 一位臂力强劲的男人都无法把一块小石头扔到它顶上。它们是如此之厚,两个男人都无法用胳膊将其合围。因为在一个角上还可以看到四柱和一个围合空间——不过留在地面上的并不多,且毁坏严重——人们认为这是登到建筑顶部的楼梯。人们认为这里曾经有门廊,其上演出各种庆典,使所有民众可以轻易看到。此建筑平面如下图。

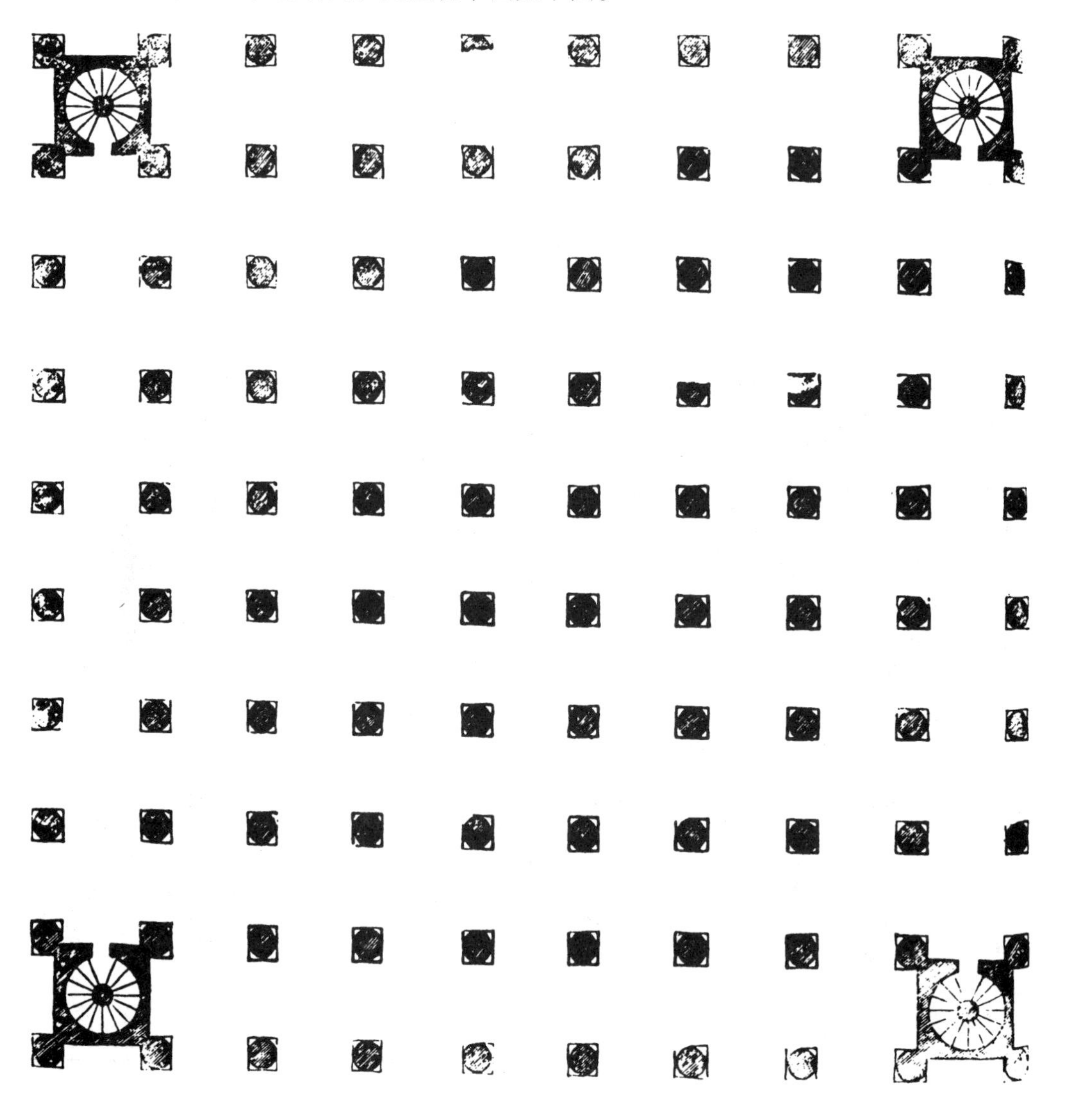

CI (97*r*)

尽管如我所说，除了几根柱子以外，这座建筑地面以上已什么都没有了，而且我既没有得到关于它的任何实测尺寸，甚至也没有亲眼见过它的任何一部分，但是我仍想把它画在图纸上，如果说并不准确反映它的布置方式，也至少是我的理解。即便这座建筑从来也没有建成这样，但如果有人在开阔的粗石稍稍抬高在地面之上建这么一座大厦，我认为这将形成非常盛大的景观，特别是四角还各带一座方尖碑。我设想第一层的柱子至少厚5掌尺，包括柱础和柱头的高度约53尺。额枋、中楣和檐口可能是10尺。为了第二层柱础不被檐口遮挡，以便下面的观察者可以看到它，还需要有一个阶梯式的平台达到适合透视关系的高度。第二层，我认为，比第一层缩小四分之一，如我在第四书中很多地方所说。[245] 那些不承认这座建筑存在的人——因为我没见过所以无法证实它的存在——可以把它只当做一个幻想或梦境。但事实是希腊曾经有过一个百柱廊，而且有人声称万神庙门廊的立柱就是这里的。[246]

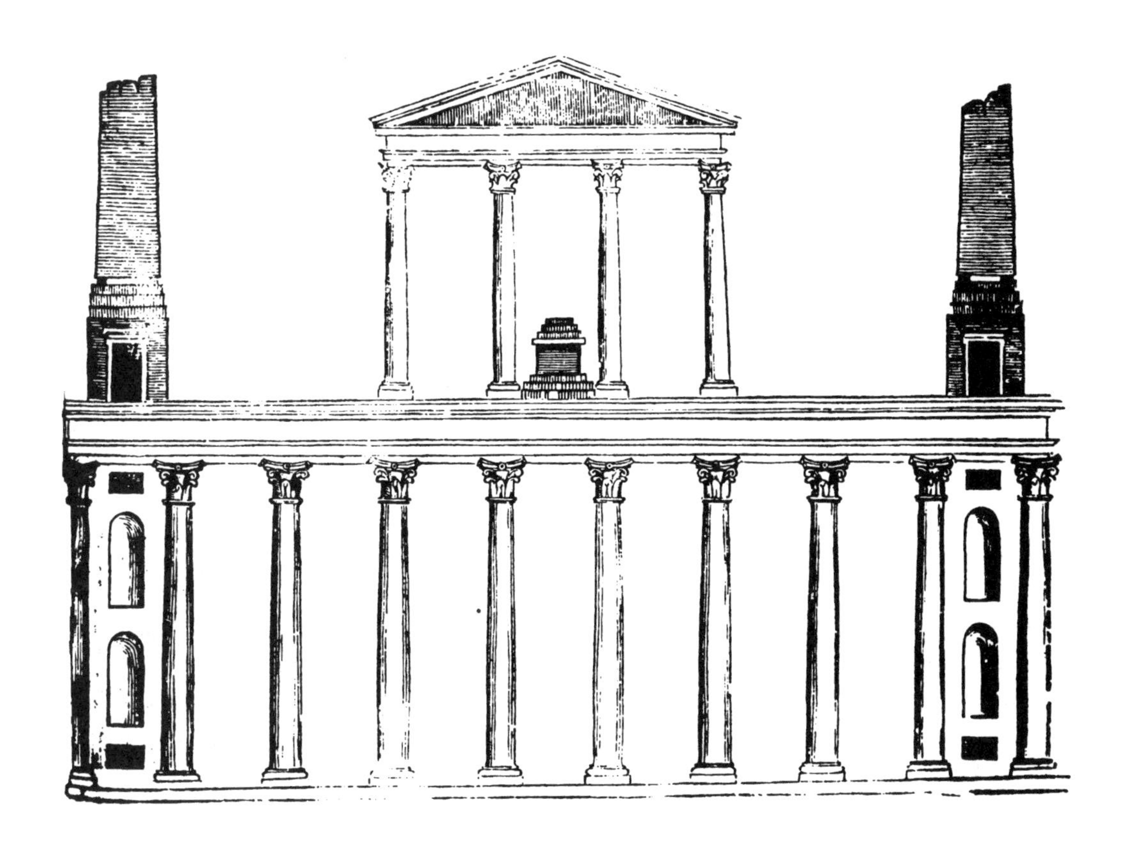

CH
(97*v*)

凯旋门

在罗马有很多古代凯旋门，这座建筑被很多民众误认为是其中一座，尽管就现在所知它是一座商人交易所的门廊。可能它是一个国家用同样方法单独建造的，于是在当今的大城市里商人们便拥有了这种空间上相互分开而又保持着联系的场所。这座门廊在牲口广场（Forum Boarium），被古人称为双面神庙（Temple of Janus）。[247] 它是用古代掌尺度量的，有四个门，如图所示。两柱墩之间 22 尺。门廊一周 48 个壁龛，只有 16 个供陈设雕像之用；其余都是假的，即非常浅地刻在墙上的。壁龛用浅浮雕的小柱子装饰，最多可以判断是爱奥尼式的，但拱券装饰已经完全失去了。

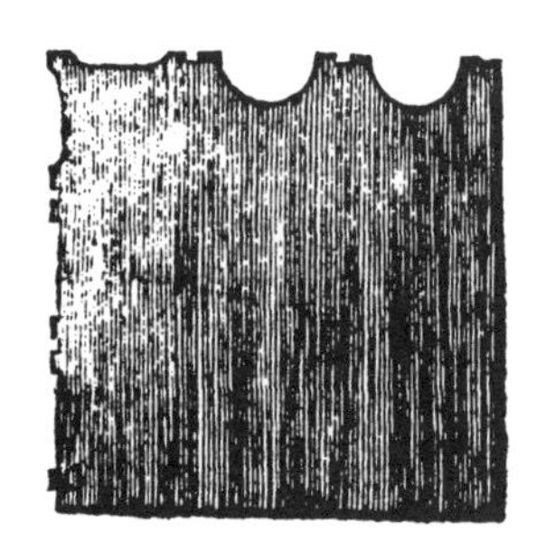

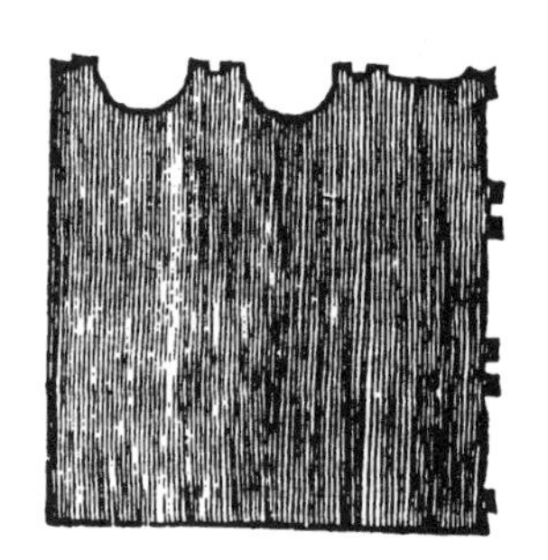

对面页建筑的平面图

拱券的高度为 44 掌尺。下图标注为 E 的柱础高 $1^1/_3$ 尺。作为角部基座檐口的装饰带的 D 与此同高。这个建筑师的判断力让我喜欢，他没有作出檐口的出挑以免妨碍商人们经过。我没有测量其他檐口，但我仔细记下了其形式。我将在次页表现这些部位。

CIII
(98*r*)

CIIII
(98*v*)

下图所示五种装饰为这个门廊上的线脚。柱础 E 和装饰带 D 如我所说，经过测量，并按比例从大图缩小到详图上。其他部位因其高度使用窥镜画出（*traguardo*）[248]，其高度和组成之间几乎没有差别。中楣是垫子式的，如图 A 所示。下图标注为 C 部分是第一层壁龛下一条小镶边。

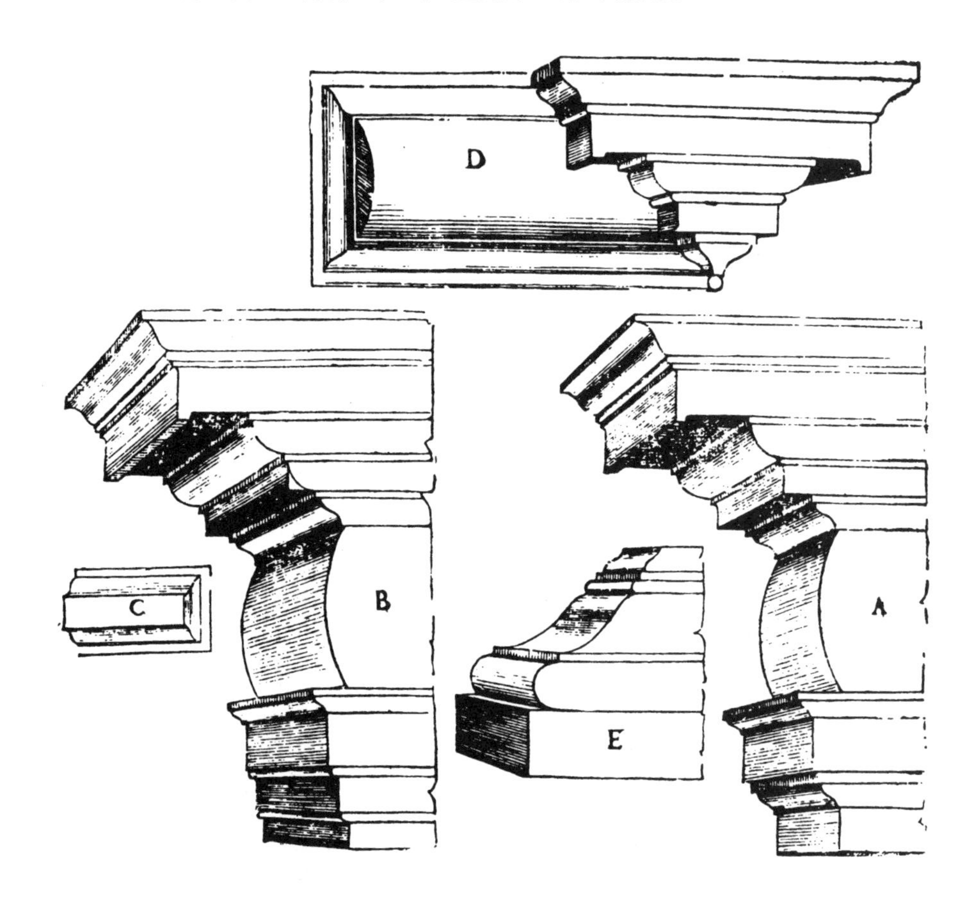

下面的拱门成为提图斯凯旋门。[249] 其平面如下，以古代尺度量。拱门宽 18 尺 17 分。柱子厚 1 尺 26.5 分。请注意 1 古尺 64 分，其半尺绘于第 XCIX 页。[250]

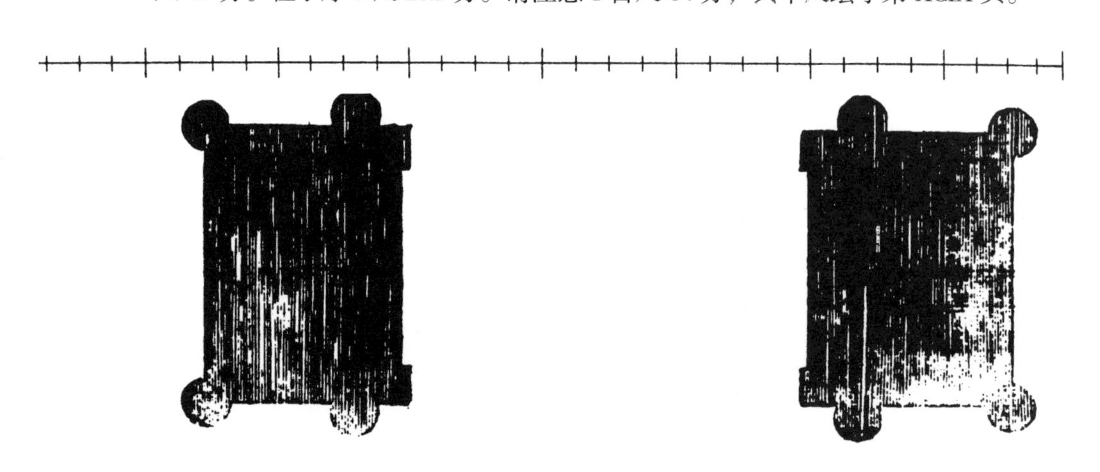

此前我说明了宽度和厚度。现在我将讨论高度。首先，拱券开口的高度是宽度的二倍。基座的基础比 2 尺小 4 分。基座的檐口 35 分。柱子柱础的高度包括其下基石高约 1 尺。所有这些部分——柱头也是这样——所有尺度都与我的第四书开头混合柱式部分的比例相吻合。[251] 基座的束腰墙 4 尺半。柱高，包括柱础和柱头，17 尺 13 分。柱头高 1 尺 27 分。额枋高 1 尺 19 分。中楣 1 尺 17 分。檐口高 2 尺 6 分。铭文板 [252] 下的墩座墙与中楣同高。铭文板高 9 尺 12 分。宽 23 尺。一些标注字母的部分在次页有更详细的描述。

CV (99*r*)

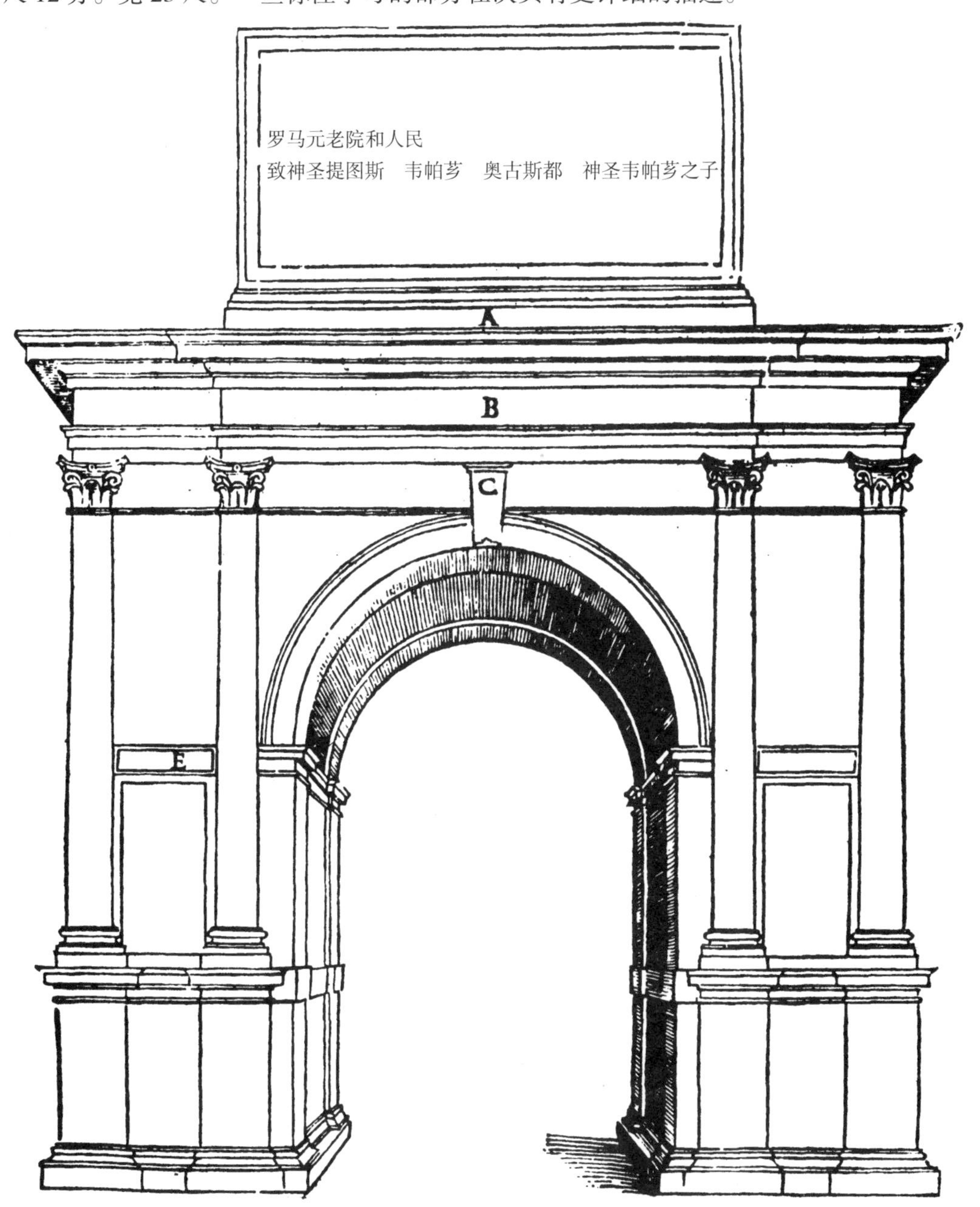

拱券地面是 15 个非常华丽的井字顶格，中央还有一个大格刻着朱庇特。[253]

CVI
(99*v*)

如果要我把所有装饰的尺寸[254]一件一件地精确到分地叙述出来——其用尺、分度量，还有分的再划分，这对于作者来说将是非常乏味和混乱的，更不用说读者了。好在我耐心而仔细地把原来的部件缩小到这张小图上，便于明智的读者利用手中的圆规来发现所有的比例。不过，罗马多数拱门的装饰真的与维特鲁威的著作相去甚远。究其原因，我以为，源于这些拱门利用从其他建筑来的战利品，也源于建筑师比较随意，并未尊重规则，因为它们是为庆祝胜利而建，可能建设得比较匆忙。标注 A 的部分，如我所说，是铭文板的基础。[255] 标注 B 的部分，是顶层檐口、中楣和额枋。按照我的观点，这个檐口比较破格，原因有如下几个：首先，对于额枋而言，它太高了；进而所用部件过多，特别是飞檐托饰和齿状饰，维特鲁威谴责过同时使用二者的做法。[256] 然而，它雕刻得很好，特别是上面的混枭线脚。如果我要建这样的一个檐口的话，我将考察这个式样。[257] 我会把混枭线脚做得小一些，顶冠做得大一些，做同样的飞檐托饰；我将不会刻出齿状饰，而雕刻混枭线脚。我非常喜欢这个额枋。标注 C 的两部分表现拱券上拱心的正面和侧面。标注 E 的部分一个表示拱券基座，另一表示柱子间的装饰板。拱券基座线脚极其丰富——实际上丰富到了相互混淆的地步。如果把构件进行划分[258]，一层雕刻花纹一层素平，我会更加赞赏它的。从这一点来看，复建万神庙的建筑师是非常明智的因为那里的装饰没有这样混淆的现象。拱券地面的部分雕刻很好并做了划分，并不混乱。划分美观雕刻丰富。可能对于那些痴迷古物的人来说，我过于大胆妄评古人，因为它们是知识极其丰富的古罗马人建造的。然而在这个问题上他们应当知道我全无恶意，因为我全部的想法是要教育那些不知道和不值得听我所讲的人，因为严格地模仿古物的状态是一回事，而知道如何根据维特鲁威的原则选择美、拒绝丑和坏的构思[259]是另一回事。当然，建筑师的最高品质是他不会降低他的判断力，而很多人是会这样的。固执于自己的想法，他们照在罗马所见进行创作，并自我辩护说这些是古人建造的，而对此给不出任何其他理论。有人说维特鲁威是人，他们也是，人擅长于发现新的创意，而他们没有认识到这个事实，维特鲁威承认他从他的时代和以前的时代的很多博学之士那里，通过阅读和研究他们的作品，学到了很多。[260]

CVII
(100*r*)

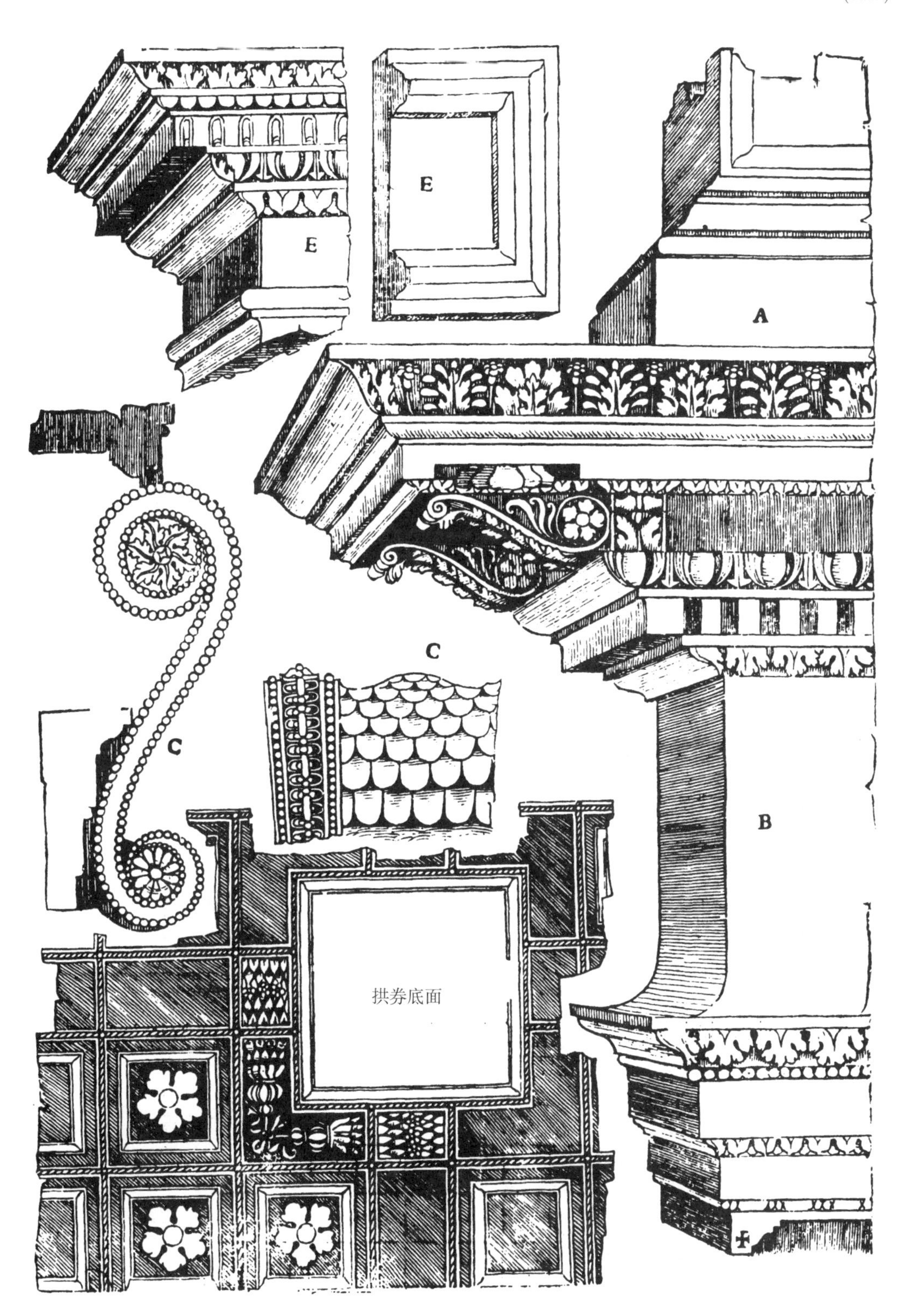

CVIII
(100*v*)

这座建筑临近维拉布罗（Velabro）的圣乔治教堂。它是由银商们修建的，即银行家和牲畜商人，建于卢修斯·塞普提米乌斯·塞维鲁和马库斯·奥雷利乌斯·安东尼时代。[261] 这是一座混合柱式的建筑，各面带有不同雕刻的极其丰富的装饰。一点也不要惊讶中楣和额枋实际上被这块牌匾遮挡了，因为需要很多文字，中楣无法容纳。因此建筑师采用了这种雕刻方法，但他并未就此打断额枋的式样 [262]，在转角处留出了完美形式。

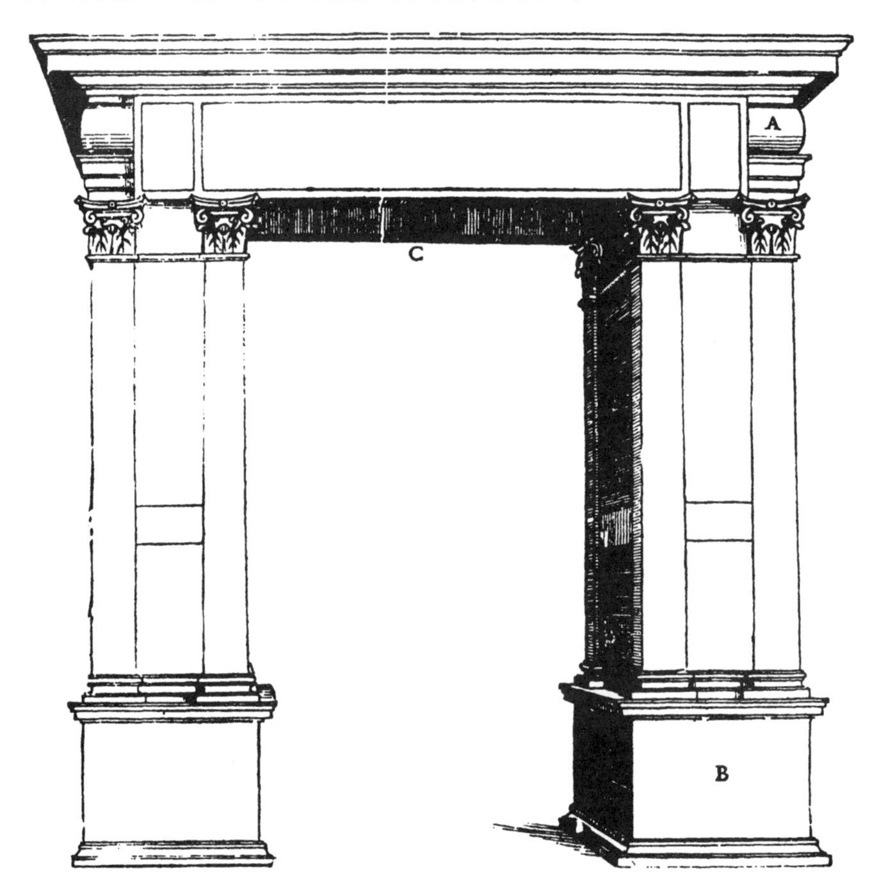

我将不全部写出此建筑的所有尺寸，因为当时图纸画好后，尽管量得很仔细，但是尺寸却注错了。不过我清楚地记得：柱墩间的开口约 12 古尺；洞口高度约 20 尺；两侧柱墩，包括所有柱子——为平柱——约 4 尺半；额枋、中楣和檐口与此相同。此即上方的建筑平面，顶上有 27 个雕刻丰富的井字天花格。[263]

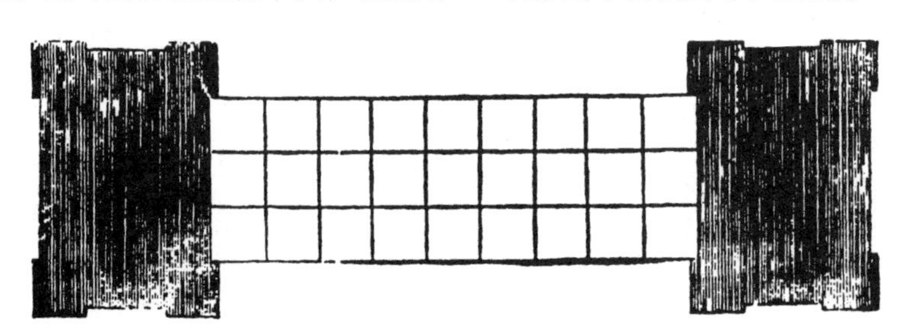

下图部件为对面页图中建筑的装饰——它真是罗马建筑中装饰最丰富的，没有不带雕刻的空白。它做得很巧妙，所有构件得以很好地协调——除上部檐口之外，这里由于雕刻丰富而非常混乱。从混线向下也有缺陷，原因有二：一是混线和齿状饰之间没有边线作为分隔，而这是绝对划分构件绝对需要的，特别是构件都带雕刻的情况下；二是，此缺陷更严重，齿状饰下边有两个形式、甚至雕刻都完全相同的构件。不仅我不会这么做，我还要清楚地说明这是不适当的，这样的东西永远都不应该建。

CIX
(101*r*)

CX (101*v*)

这座凯旋门在卡皮多丘（Campidoglio）下，从铭文可以看出它是卢修斯·塞普提米乌斯·塞维鲁下令在他执政时期建设的。[264] 还可以看出他使用了从其他建筑拿来的战利品。它以精美雕像为装饰并在正、背、侧各面都雕刻丰富。它用划分为 12 指、每指 4 分、共计 48 分的罗马掌尺度量。中央拱券宽 22 尺 15 分半。边拱宽 9 尺 30 分。拱券侧面厚 23 尺 25 分。拱券内带浮雕的大门宽 7 尺 30 分。柱墩，算上柱子，宽 8 尺 7 分。柱宽 2 尺 30 分。平柱厚 28 分。当前拱券被掩埋至基座，测量期间局部进行了挖掘。然而因埋于难以移动的遗物之下，无法量至基座之底。对面线段为上述掌尺之半。

The Ancient Palm 古掌尺

塞普提米乌斯凯旋门平面图

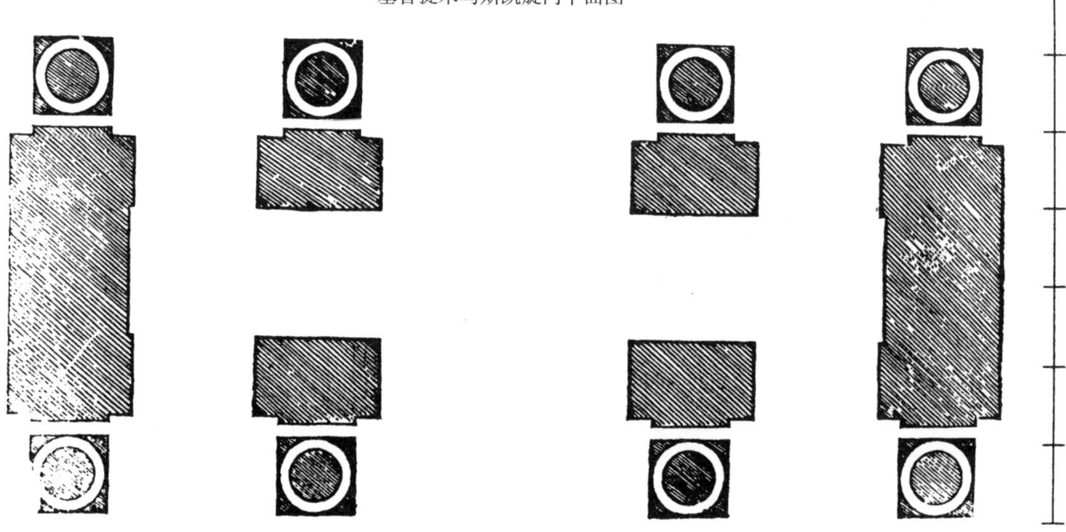

以上我叙述了所有关于平面的拱券尺度——即宽度和厚度。现在我将讨论高度。中央拱券高 45 尺 30 分。边拱高 25 尺。基座高约 10 尺。柱子宽（如我所述）2 尺 31 分[265]——底部尺寸，顶部 2 尺 16 分。柱高 23 尺 23 分。额枋高 1 尺 30 分。中楣高 1 尺 3 分。檐口高 2 尺 14 分。标注十字的基石高 29 分。其上底座高半尺。最上方的檐口 1 尺 2 分。次页将更清晰地讨论各个部件，并绘出更大、更精确的图纸。 CXI

(102r)

致皇帝恺撒　卢西奥・塞普提米乌斯・马尔齐　之子　塞维鲁　庇乌　佩尔提那齐　奥古斯都
国父　帕尔西亚　阿拉伯　及　帕尔西亚　阿迪亚波纳
最高祭祀　作为护民官第 6 年，6 次作为最高统治者，3 次作为资深执政官
并致皇帝恺撒　马尔科　奥莱里奥　卢齐　之子　安东尼诺　奥古斯都
福荫庇护　作为护民官第 6 年，执政官　资深执政官　国父
最强大的君主
因重建国家扩大罗马人民之帝国
以其国内国外可见之力量　罗马元老院和人民

CXII
(102v)

前页中我讨论了所有卢修斯·塞普提米乌斯凯旋门的高度和宽度。我现在将讨论各个部件。如我上文所说，基座的底座没有尺寸，但可以推断它的大小与基座檐口相同——基座高约10尺，檐口约1尺，底座同之。这些部件在图之中下部标注为G。柱础在旁边标注为F——底座之外下面还有基石。[266]这种情况可能是由于柱子达不到所需高度，建筑师便在下面加了一块基石。在此我没有画柱头，因为在我的第四书第63页混合柱式开头部分可以发现一个类似的柱头，标注为C。额枋高度1尺30分。中楣高1尺3分。中楣相当矮——满布雕像——按照维特鲁威的规则应当比额枋高四分之一，但是它反而更矮。[267]檐口高2尺14分。这对于其他构件而言实在是太高了，而且由于出挑还要比高度大，就显得更高了。由于各部分的矛盾，会让人们相信该拱门是用不同地方的战利品构成的。额枋、中楣[268]、檐口详图标注为B。檐口之上础座高半尺。最上方的檐口1尺2分，出挑尤大。在此我不会批评这个檐口做法，相反，我还要赞扬它是优秀判断力的作品，因为很大的出挑会使檐口看起来更大，由于人是从下向上看的，也因为它用材不多，向下给建筑主体的重力也较小。明智的建筑师可以利用这一点，当他遇到这样的情况，要建的檐口所在的位置非常高，但又不想给建筑以重压——或者他没有所需的足够厚的石料——他可以通过加大出挑而得到帮助。檐口在对面图中标注A。承托大拱券的檐口标注为C。对于我来说，我不赞赏在此处的出挑做法。相反，在类似的情况下我将给出一个小于正方形比例的出挑[269]，避免出挑抢夺投向拱券的视线。标注为D的构件是柱子之间两个小拱券之上的装饰带，与檐口C配合使用。标注为E的檐口支撑小拱券。它被省略了，即改小了，我永远不会这样建造因为所有顶冠没有适宜出挑的檐口都会带来显著的不适感。[270]檐口最优美之处在于其顶冠高度适当、出挑合理，据此一般的顶冠规则是最好高于其线脚——即枭混线脚——之类，如果[271]它们出挑至少与高度相当，就常会得到有学问的人的赞赏。我想通过举这个例子来告诉那些尚对这些问题无知的人。

CXIII
(103r)

CXIIII
(103*v*)

在那不勒斯王国，罗马和那不勒斯之间有很多古迹，因为古罗马人很喜欢这个地区。不过，因为这个拱门非常著名、完整、景观感人，所以我有很好的理由把它收录在罗马人建造的其他拱门之中。[272] 这座拱门在贝内文托，那不勒斯旁边 [273]，用现代布拉乔尺度量，其三分之一录与下方。底下的图纸是上述拱门的平面图，其铭文——在此后——记录了该建筑为谁而建。拱券宽 8 尺。柱子宽 1 尺。拱券壁柱同之。二立柱之间 3 尺。拱券洞口高几乎为宽度二倍。带底座的基座高度为 1 尺 10 寸 6 分。[274] 基座束腰 2 尺 10 寸 6 分。檐口高 9 寸。柱础高 7 寸。不算柱头和柱础，柱高 9 尺 4 寸；其底部宽度 1 尺，顶部收分六分之一。柱头高度 1 尺 5 寸半。额枋高 15 寸。中楣高 17 寸，檐口高 1 尺 3 寸半。檐口之上的底座 $19^1/_4$ 寸。其上的基础 11 寸。铭文板 [275] 高 4 尺 2 寸。最上方檐口高 1 尺 3 分。拱券基座高半尺。

度量此拱门的布拉乔尺分成 12 寸，每寸分成 5 分——即每尺 12 寸，60 分。此即 $^1/_3$ 尺。[276]

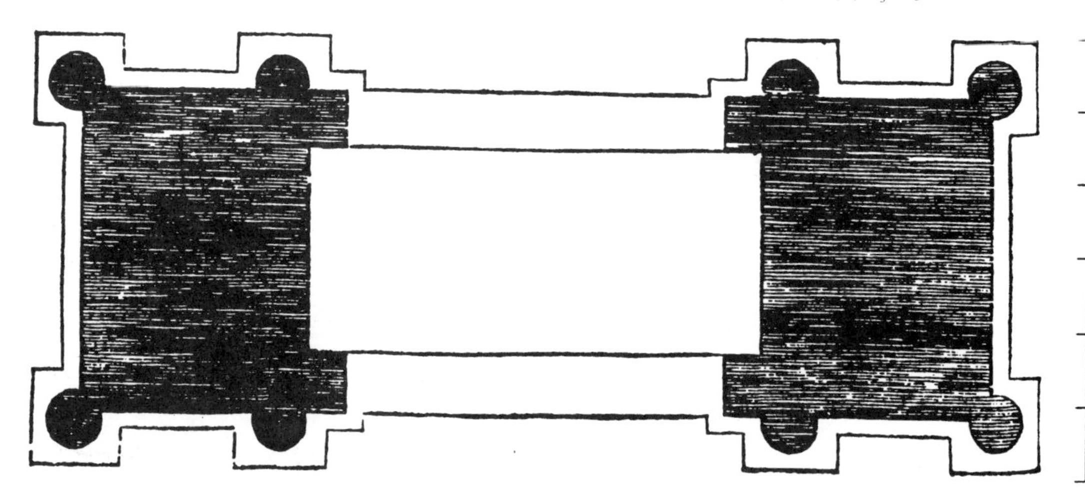

CXV
(104*r*)

致皇帝恺撒　神圣内尔瓦之子　内尔瓦　图拉真　奥普蒂莫　奥古斯都　日耳曼尼科　达西科　最高祭祀
作为护民官第 18 年　7 次作为最高统治者　6 次作为执政官　国父
最强大的君主　罗马元老院和人民

CXVI
(104*v*)

我在前页所示的贝内文托（Benevento）拱门的装饰，按原物成比例表现如下。基座的底座，及其檐口在下图标注为F。这两个构件真正地具有极好的形式和优美的装饰。基座的底座算上下面的基石（plinth）高1尺10寸6分。基座的檐口高9寸。柱础高7寸，为纯正的科林斯式，与柱子之间具有很好的比例关系。在下图中标注为E。在此我没有画柱头，因为在我的第四书第63页混合柱式开头部分可以发现一个类似的柱头[277]，因为这个拱门是混合式的。额枋、中楣和檐口及其上部分在下图标柱为C。这些部分与建筑其他部分比例关系上佳。尽管檐口比维特鲁威的规则略高一些[278]，但是它各部分比例匀称，并不像其他檐口那样存在缺陷——即同时具有飞檐托饰和齿状饰，（如我其他地方所说[279]）是很错误的。这个建筑师则非常明智，尽管他在檐口上使用了齿状饰层，但是他没有去雕刻出它们而避免了错误的发生。当时建筑师在重建万神庙，制作神庙内部一周礼拜堂上方第一层檐口的时候头脑中也有同样的考虑。[280] 因此，建筑师应当注意避免这种错误，而不应把自己的创作建立在随意的建筑师之上，为自己开脱说“古人这么做，所以我也可以这么做”。虽然一些人说因为世界各地有那么多不同的建筑师把飞檐托饰和雕刻好的齿状饰一起用，这种习惯就变成了规则，但是我仍然不会在我的建筑中遵照此法，仍然会建议他人不要遵照此法。檐口之上铭文板基座的基石标注为B，高19寸半。基座高11寸。铭文板[281]高2尺2寸。其檐口高1尺3寸。下面的基座因为人从下方观看，只用了很小的出挑，效果很好。我现在所说的檐口对于铭文板尺度来说太高了。如果它能矮一点，顶冠大一点、出挑多一点，我相信效果能够更好。如果雕刻没有什么多，构件间再有一些这样的分隔[282]——雕刻一层素平一层，我也会给它更多的赞誉。有很多建筑师，尤其是今天的建筑师，为了取悦普通民众采用包括大量添加雕刻等方法来装饰他们的不良建筑设计[283]，以至于有时使建筑与雕刻混杂在一起，损害了形式美的表达。如果纵观历史上有判断力的人们对纯净、坚固的建筑部件的崇尚，还是要数今朝。标注为D的图纸表现拱券基座，是一种设计得很好的此类构件。其檐口便形成一装饰带围绕拱券一周，如图所示，高半尺。尽管没有表现此拱券基座有任何雕刻，但是它实际是有的，只是我在制图的时候忘记了。

CXVII
(105*r*)

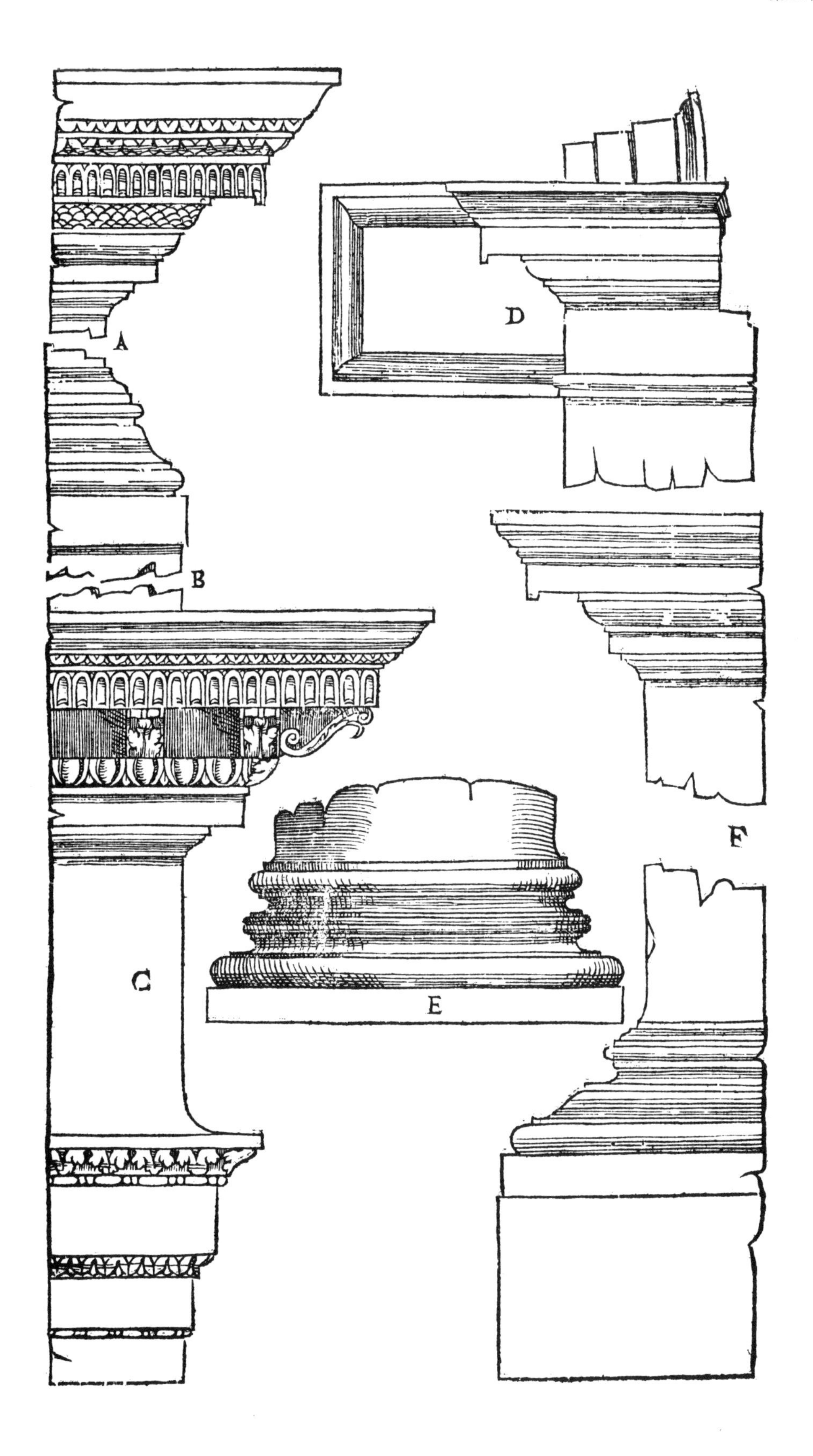

CXVIII
(105*v*)

在大众称为克劳西乌姆的罗马圆形剧场附近，有一座非常优美的拱门，丰富地使用了装饰品、雕像和不同形式的历史题材作品。[284] 它是献给君士坦丁的，当地称之为特拉西（Trasi）拱门。[285] 尽管当前这座精美的拱门大部分掩埋在废墟和积土之下，但是它仍然很高，洞口比例超过二倍正方形[286]——特别是两侧的门洞。这座拱门（如我所说），装饰、雕刻丰富，非常悦目。不过我下页要讨论的部分装饰形式并不优美，尽管雕刻丰富。它是用古罗马掌尺度量的，以尺、分为单位，记录在第 110 页。[287] 平面如下图所示。大拱券宽 22 尺 24 分。小拱券宽 11 尺 11 分半。柱墩宽 9 尺 4 寸。拱门侧面厚度为 22 尺半——结果拱门中间大体上呈一标准正方形。柱子基座的宽度为 3 尺 29 分。柱宽 2 尺 26 分，立柱为圆形，上下通开凹槽，有金柱。

君士坦丁凯旋门平面图

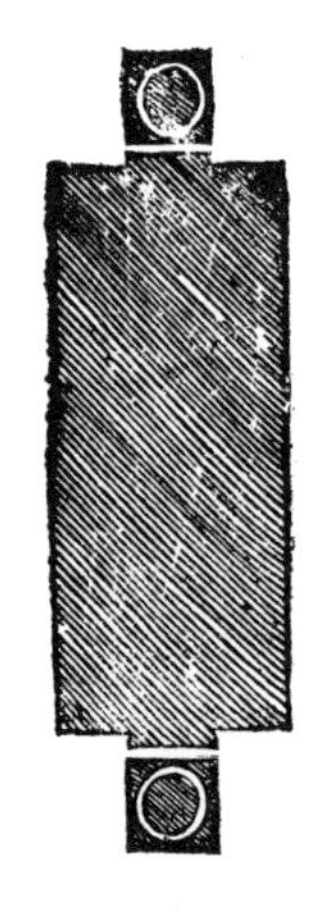
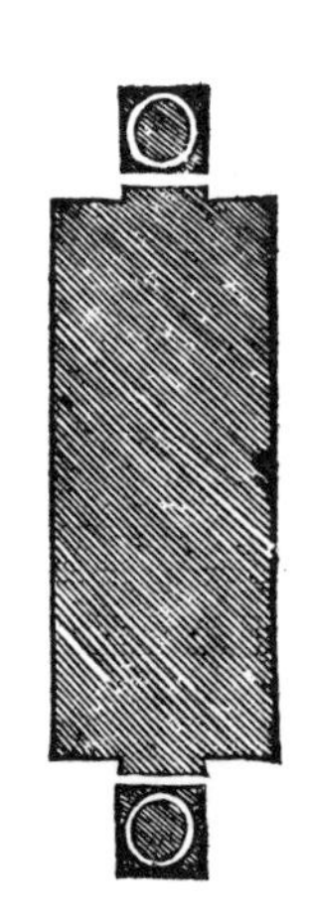
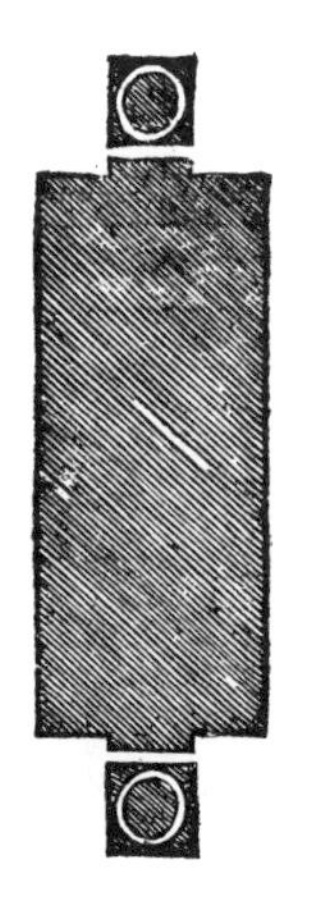
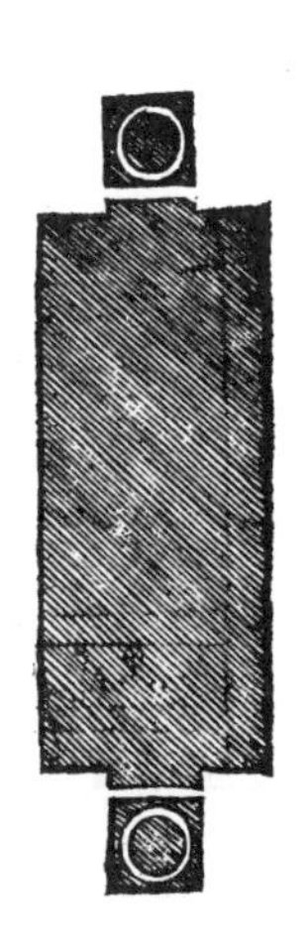

对丁拱门的宽度和厚度，我已经给出了所需尺寸。现在我将讨论高度。首先，基座底座带基石高 1 尺 30 分。基座束腰高 7 尺 5 分。基座檐口高 42 分。柱础下基石高 32 分。柱础高 60 分。柱高，不算柱础和柱头，36 尺 25 分。柱头高 2 尺 35 分，混合式。额枋高 1 尺 11 分。另一方面，中楣相当小，有雕刻。檐口度 1 尺 21 分。上层柱式之下的基石高度为 3 尺 9 分。从该基石至上部檐口顶为 12 掌尺[288]，而檐口高度为 33 分。这层檐口上还有基座，其上放置雕像，未测量。类似地，标注 B 的檐口上的四个柱墩前也曾经固定着雕像，表现庆祝胜利时的俘虏。在拱门其他部位的很多铭文之外，顶层檐口下标注 A 的部分有一些文字： CXIX

致皇帝恺撒　弗拉维乌斯　君士坦丁努斯，伟大　虔诚　福佑之奥古斯都
罗马元老院和人民
因受神之启发，因头脑之伟大，使国家摆脱暴君及其爪牙，以其军队，正义之师
敬献此拱门，以胜利装饰之

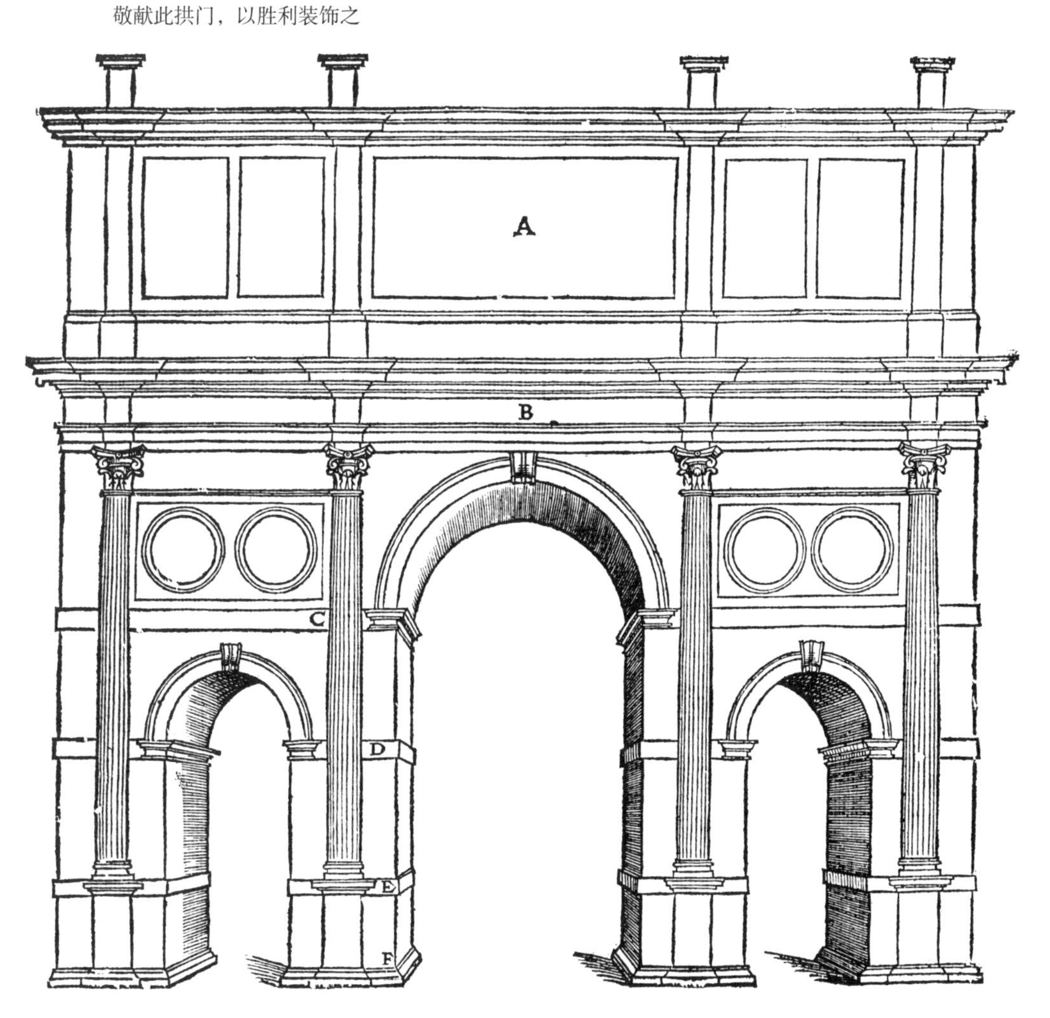

CXX
(106*v*)

上文中我讨论了君士坦丁凯旋门的大小和尺寸。现在我将讨论各个构件的装饰和尺寸。标注 F 的底座为属于这座拱门的基座——高 1 尺 30 分。底座基石高 28 分。底座其余部分严格按照原物成比例划分。基座的檐口在下图中标注为 E，高 42 分，比例关系如图所示。柱础下基石，我想在此特殊情况下使用它的目的是要升高立柱[289]，高 32 分。柱础整体高 53 分。柱高前文已述，至于柱头并未在此画出，因为在第四书混合柱式部分有相似的形式。额枋、中楣和檐口的高度上文已述。檐口很适度，这里没有恣意的做法，而在此拱门的其他部分还是存在的，如中央拱券的基座，标注为 C。此座体量大且比上面的主檐口具有更多的部件，之间相互混淆，特别难以容忍的是诸如把齿状饰和飞檐托饰叠置在一起，即便是不用齿状饰，把拱券的檐口抬高成这样也是不对的。在这一点上，马采鲁斯剧场的建筑师是最机敏的。该剧场拱券的基座是我所见最优美，构思最完好的[290]，从那里可以学到应如何像它一样制作各个部件。[291] 标注为 D 的小拱券基座高 1 尺 22 分半。该基座的上圈线和下混线之间的两条素平带如果改成一条，起到基石的作用，或为顶冠提供所需的出挑，那就更好了。第二层柱式的底座，标注为 A，高 16 分。最上层檐口高 43 分。在如此远的距离上，如果没有加大出挑的话，这可能太小了，因为从下往上看的缘故，加大出挑可以显得更高。因此，我非常赞赏这个檐口的做法。实际上，所有顶冠出挑大于其高度[292]的檐口都更协调——它们可以用不太厚的石头来建，因此建筑也会轻一些——尽管出挑也不应过于大胆。不过，关于这个问题请研读维特鲁威对爱奥尼和多立克顶冠的论述，他给出了清晰的说明。[293]

CXXI
(107*r*)

CXXII
(107*v*)

安科纳（Ancona）城外港口之上，有一座防浪堤深入大海，花费巨大，以保护黎凡廷海[294]归来的舰队。在堤坝水面上的一端，有一座完全用大理石建造的凯旋门。[295]它是纯然科林斯式的，柱头之外不用雕刻，构思非常得体。[296]此建筑确实非常优雅、一致，各个部件与整体协调，即便是不懂得此艺术[297]的人至少也能欣赏它的美；而那些懂得建筑艺术的人不仅能从这种和谐中得到满足，而且会向这位值得称颂的建筑师致谢，因为他给予我们这个时代从如此优美、构思完好的建筑中极好学习受益的机会。在装饰方面，科林斯柱式与保存下来的其他任何拱门一样得到了完全的研究；这也是因为除了失去的装饰之外，其坚固的连接仍然完整。根据现有的理解，内尔瓦·图拉真建造了这座精美的拱门。（如人们所说）拱门顶上曾有一座他的骑马像，面对他征服了的人们呈威慑的姿态，使他们无法反抗。这座雕像用青铜制作，工艺最为精良。在立柱和标注为E的檐口之间——此处的铭文所暗示的——还曾有一些青铜雕像。这里也仍有一些洞口的痕迹表明曾经有青铜制成的垂花饰或类似的装饰，它们是被哥特人、汪达尔人或其他仇视我们的人掠走的。此拱门用古尺度量，其半长度可见于第XCIX页。[298]下图为拱门的平面图。拱券洞口宽10尺。内部厚度9尺2分。柱子宽度2尺11分。二柱间距7尺5分。柱子从柱墩凸出1尺11分。拱券洞口高25$^1/_3$尺，尽管这个高度大于二倍正方形[299]，但并未使整体观察它的人感到不适。基座高度，包括所有的檐口，为5尺。其宽度为3尺15分半。下面包括基石的底座高1尺36分。至柱头底面柱高19尺22分半。柱头下的柱宽1尺56分。包括顶盘的柱头高2尺24分，其中顶盘高10分。该柱头可见于第四书科林斯柱式开头部分。[300]额枋高1尺12分。中楣高1尺18分。檐口高1尺22分。檐口以上基石高1尺6分半。该基石上的底座高30分。[301]铭文板[302]至檐口下皮高度为6尺22分。上部檐口未测量。

安科约凯旋门平面图

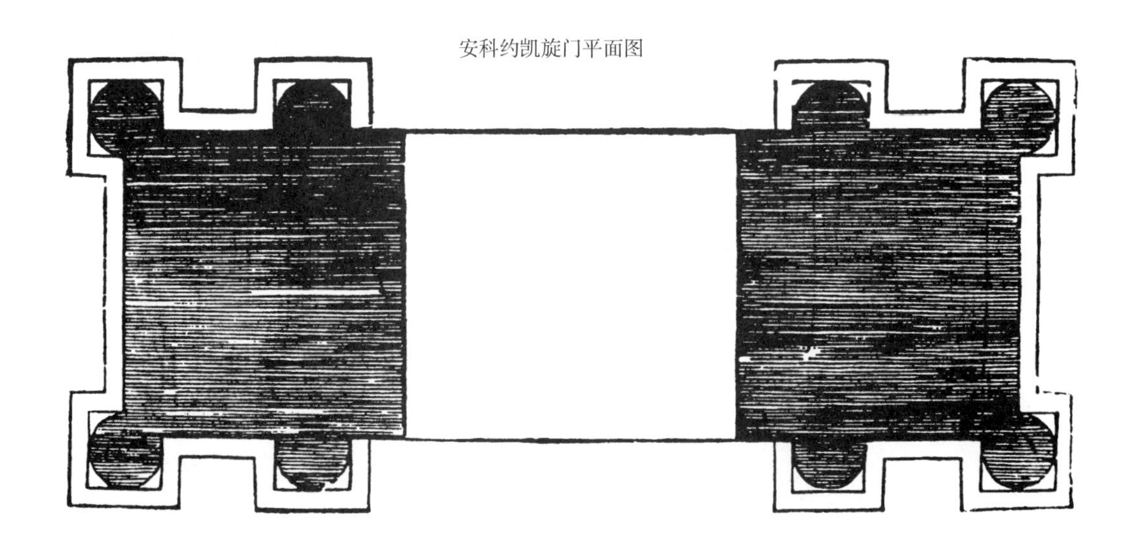

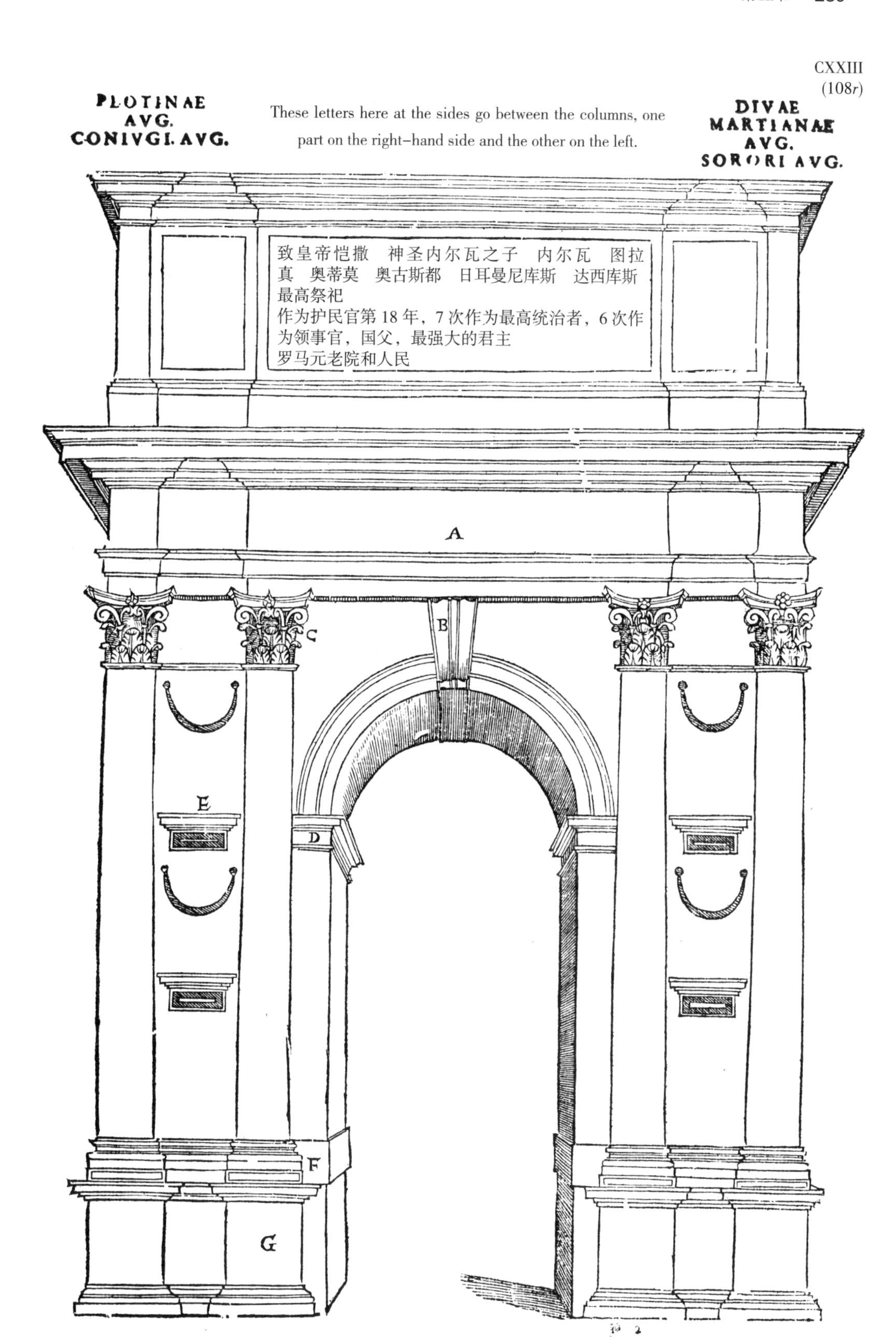
CXXIII
(108r)
PLOTINAE
AVG.
CONIVGI. AVG.
These letters here at the sides go between the columns, one part on the right-hand side and the other on the left.
DIVAE
MARTIANAE
AVG.
SORORI AVG.
致皇帝恺撒 神圣内尔瓦之子 内尔瓦 图拉真 奥蒂莫 奥古斯都 日耳曼尼库斯 达西库斯
最高祭祀
作为护民官第18年，7次作为最高统治者，6次作为领事官，国父，最强大的君主
罗马元老院和人民
A
B
C
D
E
F
G

CXXIIII
(108*v*)

我想关于安科纳的拱门尺寸我已经说得够多了。不过，为了能够更好理解各个装饰部件，我将在下面进行说明；而且我将从下部开始，因为它们是首先建在地面上的。标注为G的基座，包括檐口，高5尺。底座基石高18分。基石上的底座19¹/₃分。基座檐口高20¹/₃分。标注为F的柱础下基石同之。我认为这是为了抬高柱子，效果也不错。相反，因为它周围加了一圈边从而把它从柱础的基石区分开——整个柱式都是纯正的科林斯——我认为它非常美。柱础高度，包括它的凸缘，更准确地说是柱子的（*cinta*），为43分。柱础伸出部分为16分半。基座宽3尺11分半。[303] 柱子宽度为2尺11分。柱子开槽——从柱身突出——共十三个。凹槽宽度7分半，划分凹槽的边线2分半，柱头高度——不算顶盘——与柱底宽度相同。此柱头具有非常优美的形式，从此我们可以相信维特鲁威原文被误会了，他本意是柱头高度是不算顶盘的。[304] 因为我发现多数我见过、测量过的柱头都是这个高度——更有甚者，不算顶盘还要比柱底宽度略高一些，特别是我们在本书开头第17页标注B的那个万神庙的柱头。柱子之上额枋高1尺12分。中楣高1尺18分，檐口高1尺22分——中楣标注为A。檐口之上基石高1尺6分半。其上底座30分，而铭文所在的地方——标注十字符处，为6尺22分。拱券基座标注为D，高1尺15分。其上部檐口未测量。拱心台架（console）高度，我指的是拱券上部的拱心石，3尺30分，上部从表面出挑1尺14分，下部出挑1尺。此在对面标注为B。可以假设，在柱子之间的四个长方形带饰的檐口上曾经陈设着半身像。这些长方形带饰的形式标注为E。那里的剖面表现它们的雕刻方式，因其满布雕刻直至中心。其上檐口高32分。我没有依次把构件的高度和出挑尺寸都描述出来，但我非常仔细地把原物缩小画在图中，而它们都是用古罗马尺度量的，其半尺录于第99页。[305]

CXXV
(109r)

CXXVI (109*v*)

普拉，一座达尔马提亚（Dalmatia）的海滨城市，拥有很多古迹。除了前文已述的剧场和圆形剧场，还有其他的建筑，我将不在此尽述。不过，有一座科林斯做法的凯旋门[306]，装饰非常丰富——使用了人像、植物和其他特殊的东西——在基座以上没有一个部分或空间是没有雕刻的——正面和两侧都是一样，在内部进深方向和拱券底面也同样。雕刻作品是如此之多，即使把它们表现出来也需要占用很大的空间。因此我将只表现在设计和尺度上与建筑师有关的那些部分。该拱券的平面如下，它是用现代尺来度量的，半尺长度如下所示。拱券洞口宽 12 尺半，高约 21 尺。柱墩两侧的内部厚度为 4 尺。柱宽 1 尺 9 寸半。二柱间距 1 尺 3 分半。拱券下壁柱 1 尺 2 寸。柱础下基石高 1 尺——柱础高 4 寸。基座束腰 3 尺加 $^3/_4$ 寸。柱头高 2 尺 1 寸。额枋高 1 尺 1 寸。中楣高 1 尺 2 寸。檐口高 1 尺 10 寸。檐口之上的基石高 1 尺 2 寸，其上基座的底座高连带它的基石高 1 尺 2 寸。而基座——即只有基座——10 寸。上述基座高，即束腰部分，2 尺 1 寸。其檐口高 6 寸。它上面的枭线，我的意见是按照维特鲁威的叫法称为顶冠线（*corona lisis*）[307]，5 寸。这是下图所示拱券的所有尺寸。

此线段长半尺。这种尺分为 12 部分，称为寸。此为 6 寸，即半尺。[308]

普拉拱门平面图

此拱门的尺寸记录在上文。下两页上各构件将更详细地单独记录并在图中说明。以下大写字母是标注为 Y 的中楣上的铭文。以下记录的大写字母位于标注 X、H 和 A 的基座之上。

CXXVII
(110*r*)

（女主捐人）萨尔维娅·珀斯图玛·塞尔吉娅·德·苏阿·佩库尼亚

CXXVIII (110*v*)

前页我讨论了普拉拱门总体尺寸，进而说明了它的形式并描述了它的部分丰富和美丽的装饰。现在我将讨论该拱门的详细尺寸。首先，我从下部开始，因为它们是最早建在地面上的。基座的底座的基石高 1 尺；尽管下面还有一个更高的基石，但它是埋在土里的。在圈线之上的混枭线脚高 4 寸。[309] 基座的束腰高 3 尺。上部的混枭线脚高 4 寸。柱础下基石高 4 寸。柱子的柱础高 10 寸，雕刻精美；尽管它的形式是多立克的，但是精致的雕刻使它呈现科林斯的样子。柱子自上而下有槽，棱角凸出柱身的大小参见下图。柱头高，算上顶盘，为 2 尺 1 寸。尽管柱头高度大于柱子宽度，它还是非常令人满意（*gratioso*）[310]，如下图所示，外观非常协调，雕刻非常丰富。假设科林斯柱头与柱子的比例是这样的，我判断，比起包括顶盘的柱头与柱宽相同的做法，它更悦目。虽然这是维特鲁威所描述的科林斯柱头 [311]，但是（我曾经在多处这样说 [312]）原文可能被讹传了，如果看一下并行的自然的话；即，如果科林斯柱头（如维特鲁威所说）来自一位少女的头 [313]，比例和谐的少女脸的长度当然比宽度大。而柱头到加在水果篮顶上的瓦片（顶盘所代表的）的高度一定要更高些。因为这个原因，也因为存在很多至今可见的古代实例，我将推崇这个比例。额枋高 1 尺 1 寸。中楣高 1 尺 2 寸。檐口高 1 尺 10 寸。此檐口非常随意，如其过度丰富，以至于混淆的雕刻一样。不过，缺陷最大的一点是混枭线脚上面的混线，视觉效果非常差。更应当批评的是最上方带有雕刻的混线，其上再无任何构件能够遮蔽雨水的冲刷和腐蚀。然而，经常会有随意的建筑师，我们这个时代也有，他们通过在作品上添加大量雕刻来愉悦大众，而并不尊重柱式的质量。他们像在精美的、需要不同装饰的科林斯式中一样，向本应是庄重、稳定的多立克式中加入大量雕刻。另一方面，有理解力和判断力的建筑师将会始终保持得体。[314] 如果他们要建多立克式的作品，他们将会模仿那些与维特鲁威的学说更加吻合的杰出的古代实例。类似地，如果他们要建一座科林斯式的作品，他们会用该柱式所需的装饰来打扮它们。我这样说的目的是想给那些忽视这一点的人以忠告，而了解这一点的人则没有必要听了。现在回到主题，檐口之上有一个墩座墙 [315]，由三个基座组成。为了不被檐口遮挡，在从下往上看的时候檐口的出挑会挡住墩座的底座，因此下面建了一层高 1 尺的基石。基石上是底座，高 10 寸。基座束腰高 2 尺 1 寸。其上檐口，高 1 尺，效果很好 [316]，每两层带雕刻的线脚间都有素平线脚，因此其各构件可以清楚辨认。檐口上还有一构件，根据我对维特鲁威的理解，应叫做冠状线（*corona lisis*）[317]——高 5 寸。此上还有一些石构件，上部没有结束，很可能可以认为上面还有其他东西。这些石构件高 10 寸。拱券基座的高度为 10 寸。但这里雕刻得很随意：尽管叠置的三个构件不一样，但是它们的出挑却相当雷同，结果一建起来效果就很差。下图的这座拱门构件可以通过标注的字母对应辨认。

CXXIX[318]
(111r)

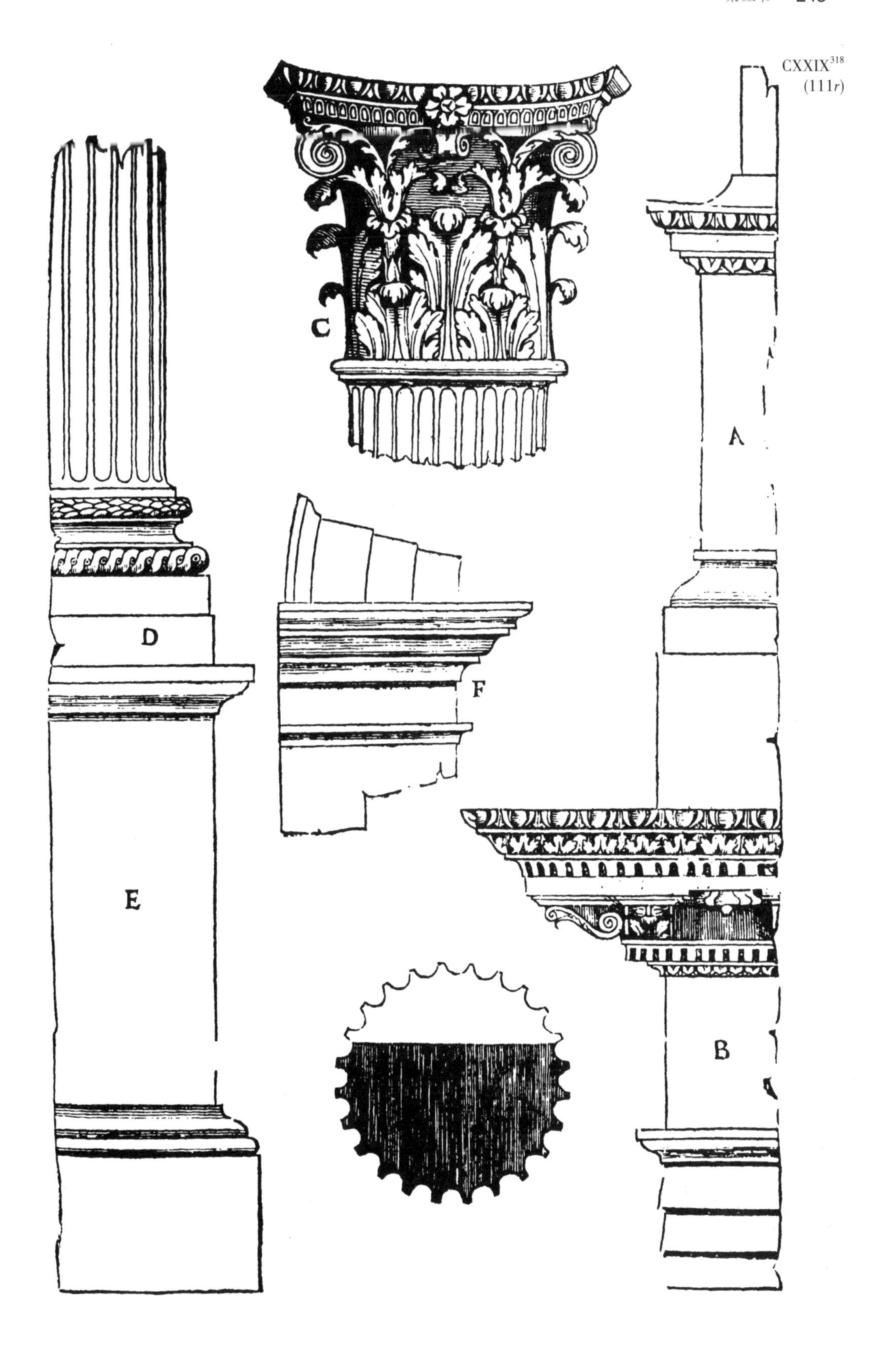

CXXX
(111*v*)

在非常古老的维罗纳城，有很多拱门，其中在老城堡（Castelvecchio）大门[319]处的一座形式、比例俱佳。根据现有理解，这座拱门正、背面装饰一样多，两侧也有两个入口，这些可以从今天所见的遗址上看出来——尽管我只在下面的平面图中表现了一边。此建筑使用上文中普拉拱门所用的尺进行度量。拱券门洞宽 10 尺半。柱子宽 2 尺 2 寸。二柱间距 4 尺 3 寸。拱券的壁柱 2 尺 2 寸。拱门内部侧面厚度 4 尺半。柱子之间的壁龛宽 2 尺 10 寸。这是所有的宽度和厚度。另一方面，说到高度，柱子底座加上其基石高 1 尺 3 寸；基座束腰 4 尺 3 寸半，其檐口 10 寸半。柱子的柱础高 1 尺，柱高，算上柱础和柱头，17 尺 3 寸。柱头高 2 尺 4 寸半。额枋高 1 尺半。中楣高 1 尺 7 寸半。檐口高 1 尺 10 寸。虽然对面图上画有一山花，但是它已经看不到了，因为檐口以上已经没有东西了。然而，虽然岁月已经腐蚀了这部分墙体，但是仍然有痕迹表明这里曾经有过一座山花。顶部的檐口也不存在了，所以我无法给出任何古代尺寸。但我还是按我的设计把它画了出来，根据一般规则，上部构件比下部构件小四分之一。[320]因此这个檐口应比下面的檐口小四分之一，并如此划分：整体高度分为四份半；半份给圈线及其环状层，一份给中楣，一份给顶冠下的部件——或是齿状饰或是混线层——再一份给顶冠及其镶边，第四份被称为混枭的线脚。其出挑应与高度相同。利用上述规则，檐口便如此刻成。在立柱之间有一些壁龛——这里曾经有雕像——其宽度为 2 尺 10 寸。它们高 7 尺，深入墙内 1 尺 10 寸。其墩座墙，算上底座和顶部线脚，每个高 4 尺。两侧小柱厚半尺。额枋高 5 寸半。中楣高 6 寸。檐口高，不算顶部线脚，4 寸。山化鼓室[321]高 8 寸。在壁龛之上还有一带檐口的镶嵌板。镶嵌板 2 尺宽 1 尺高。檐口高 11 寸。在它上面，按照一般的理解，曾经有一座半身像。尽管一些下部遭到掩埋，但是拱券洞口的高度仍然超过宽度的二倍[322]，因为宽度是 $10^1/_4$ 尺（上文中为 10 尺半），而高度约 25 尺半。拱券壁柱的宽度前文已述，而其柱头高度与此相同，各面呈正方形。此拱门使用科林斯做法，曾经大量使用青铜和大理石雕像作为装饰，这一点可以从空白的地方看出来。

此为对面页拱门平面图

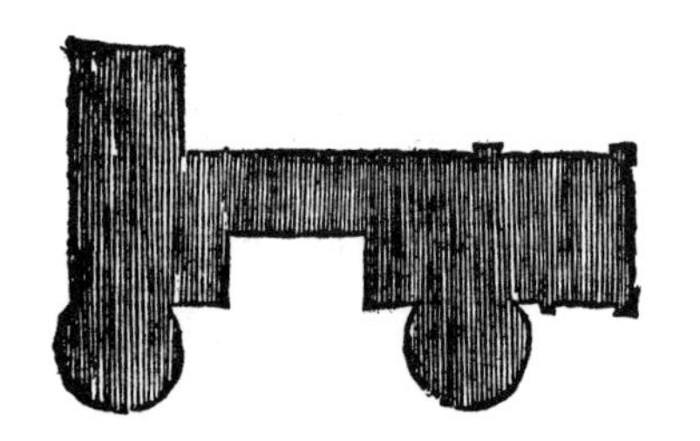

CXXXI (112*r*)

维罗纳的老城堡拱门的形式如下图所示。尽管中楣以上已经没有装饰物的痕迹，但是它当初肯定不会如此。由于图上各部件太小无法看清，可于次页（第 113*r* 页）见其详图并做详细描述。有人会说，根据拱门内部发现的文字，这座凯旋门是维特鲁威建造的[323]，而我并不相信，有两个原因：第一，我看到铭文上并未写着维特鲁威·波利奥——它可能是另一个维特鲁威建的；第二，更有力的是，维特鲁威·波利奥在他的建筑学著作中谴责在同一檐口中使用飞檐托饰和齿状饰[324]，而这座拱门用了这样的檐口。因此，我肯定不是我们所称的“伟大建筑师”维特鲁威建造的这座拱门。

这些文字位于壁龛下[325]的基座上

C. GAVIO. C. F. STRABONI.

这些文字刻于拱门内部侧面

L. VITRVVIVS. LL. CERDO ARCHITECTVS.

以下这些文字刻于此处壁龛下的基座上

M. GAVIO. C. F. MACRO.

CXXXII
(112*v*)

由于我还没有完整写出上述拱门各个部件的尺寸，也没有画出能够便于理解的图纸，因此次页有其按照原物缩小后的详图。首先，基座高度：基石标注为G，高1尺3寸；其上底座高6寸；标注F的基座束腰高，4尺3寸半；其檐口高10寸半。柱子柱础高1尺——其基石转换成一顶冠线（*corona lisis*）。[326] 我非常喜欢这种做法因为我见过这种形式的希腊基座。柱子是带条纹的，即自上而下开了凹槽。柱子柱头高1尺4寸半。然而它的形式并没有在这里画出，因为它出现在第63页 [327] 混合柱式部分的开头——尽管整座拱券应描述为科林斯式，柱头实际是混合式的；在上述地方它标注为C。在相同地方还可以发现这个拱券的基座的柱头；标注为D。柱子之间的壁龛的柱头在下部标注为H。标注为E的檐口和柱础用于壁龛下部。图C是壁龛之上的镶嵌板。标注D的部分是壁龛的额枋、中楣和檐口。标注B的部分是拱券一周的做法。标注为A的檐口是拱券上方的主檐口，雕刻精美非常悦目。但是它仍然具有我在上文反复提及的缺陷，即如维特鲁威最强有力地论证过的，在同一檐口中使用飞檐托饰和齿状饰是应当批评的。[328] 不过，对于这个问题会有很多人大声反对，他们会说在维特鲁威之后有很多建筑师在檐口中使用飞檐托饰和齿状饰，他们遍布意大利，还有国外，到现在也没有什么矛盾，反而每人都允许把他们在古代建筑中看到的建在他们的建筑上。对这些人的回答可能是，如果他们说原则是错的，他们能够赢得所有争论。但是如果他们像大多数人一样承认维特鲁威是一位伟大的具有学术思想 [329] 的建筑师，那么他们——如果带着理性阅读维特鲁威的著作——将发现他们自己会受到自己的批判。

CXXXIII
(113*r*)

CXXXIIII
(113*v*)

在维罗纳的莱昂尼门（Porta dei Leoni），有一座带两个券洞的古代拱门。[330] 我在其他地方没有发现过这样的大门——现存部分由两座券洞组成——尽管我见过三个的。尽管事实上这个拱门有六个窗户，但是它们从不开启且并未深深刻入墙中。从此可以推测这些地方曾有圆雕像。在第一层檐口之上中部，挖成出一种龛，但它非常浅，没有深入墙中。尽管如此，在檐口出挑的帮助下，胜利庆典开始的时候，人们可以站在那里执行某些任务。但是这对于建筑师而言没有什么意义，所以我将讨论下面可以看到的各部尺寸。首先，拱券洞口宽 11 尺高 18 尺。基座的基石高 1 尺。基座的底座 3 寸。基座束腰 2 尺 1 寸。其檐口高 3 寸。柱础高 8 寸半。柱高，不算柱础和柱头，为 $12^1/_3$ 尺。柱宽 1 尺 4 寸。柱头高 1 尺 8 寸。额枋高 1 尺 5 寸。中楣高 1 尺 8 寸。檐口高同之。从檐口到第二层柱式间为 3 尺半。在檐口之上有一些飞檐托饰，被认为是放置雕像的——其上有七座浅浮雕柱墩用以固定雕像。在柱墩之间有一些装饰着浅浮雕柱子的小窗。窗户宽 2 尺 2 寸。高 4 尺 3 寸。算上柱础和柱头，大一些的柱子高 5 尺 4 寸。它们是平，用浅浮雕。第二层额枋高 6 寸半。中楣高 1 尺半。檐口高 10 寸半。檐口之上的顶冠线（corona lisis）[331] 高 10 寸。第二层基座的底座 1 尺。此基座的束腰高 3 尺 7 寸半。第二层柱础高 8 寸。柱高 8 尺 3 寸半。其宽 10 寸半。柱头高 1 尺 1 寸半。额枋高 1 尺 1 寸。中楣高 1 尺 2 寸。额枋高 1 尺。其上还有一些墙体,但是现有痕迹已经无法搞明白了。此拱门并非很厚，而另一装饰面无法看到，因为它背后非常近的地方还有另一拱门，以至于无法从其间穿过——如我将在下文所示，我将说明这座藏在后面的拱门。拱门的窗户并非如此有序，而是有些混乱，并不于山花顶点连线垂直，而倾向一侧，非常难看。因为无法忍受这种不协调，我把他们按秩序进行了排列。此拱门上的柱头一些是混合式的，一些是科林斯式的，我将在下页讨论它们，并画在图中。

T. FLAVIVS P.F. NORICVS, IIII. VIR. ID. V. F. BAVIA. Q. L.
PRIMA SIBI, ET POLICLITO, SIVE SERVO, SIVE LIBERTO MEO,
ET L. CALPVRNIO VEGETO.

CXXXV[332]
(114*r*)

CXXXVI
(114*v*)

以上我讨论了前面拱门的总体尺度，并按照原物比例展示了它的形式。但是我无法在这么小的图上给出各部分的任何细节。现在，在下一页，我将就其进行讨论，因为它实在是有太多的不同装饰。我已经描述过高度和厚度，将不会再做重复。我将仅简单说明这些图反映的是什么。标注 G 的图是带有上面柱础的第一层基座，也带有部分有凹槽的柱子。所有部分都与原物成比例。上边带额枋并标注 E 的图代表第一层柱子之局部，如凹槽所示。标注 D 的图是第一层柱式上方的额枋、中楣和檐口。明智的读者，通过规则和我在上文中罗列的众多实例，你将能够辨别这个檐口是错的还是对的。[333] 标注 F 的柱头承托方柱上的拱券。这两座美丽的混合式柱头与前面老城堡大门处的拱门的柱头非常相像。如我所说，我将不讨论尺寸，因为我在上面说过了。而这些图形都与原物成比例。

CXXXVII
(116r)

CXXXVIII[334]
(115*v*)

上面的凯旋门装饰非常丰富（如我所说），在很多现存的中间有一些构思非常好[335]，而另一些则有缺陷。事实上，除了标注D的檐口，其原因已有论述[336]，上述拱门上没有任何东西令我不快。所有其他上文讨论过的构件都具有很好的形式，表现在雕刻、出挑两方面。以上构件属于从底部往上的第一层柱式。以下构件则属于第二层柱式。标注为H的飞檐托饰是第二层柱式的开始，位于山花之上。在飞檐托饰之上（如我所说）有一些固定在平柱墩之上的人像。标注为I的窗户是六座上带小檐口的窗户之一的造型，仔细从原物拷贝、测量而来。标注K的柱头和柱础属于同一窗户，用大比尺表示以便理解各个部分。标注L的柱础和柱头代表柱墩和窗户间的小柱。事实上，建筑师非常聪明地处理了这些柱础，即将大柱的柱础和小柱的联做，他通过不分割二者，同时使大柱具有合适的柱础，小柱也具有适宜的柱础，而将其协调起来。我对此非常赞赏。标注为C的额枋、中楣和檐口代表的是第二层。其檐口非常恰当，特别是它划分[337]很好没有被雕刻混淆。标注B的基座属于最上层柱式。标注为M的柱础位于其上。类似地，上面的柱头是搭配这个柱础的，纯然的科林斯式。该图与原物雕刻和长细相配，依我所见非常令人满意（*gratioso*）。[338]标注为A的额枋、中楣和檐口是最上方的部分。额枋有两层装饰带是不错的；相反，如果用了三层，因为它较远的位置，会变得非常混淆。无论如何，我非常喜欢这个檐口，因它用了飞檐托饰没用齿状饰，也因其各部划分很好。它没有因雕刻而混乱，出挑略大于高度，十分恰当。

CXXXIX
(115r)

CXL
(116*v*)

这座凯旋门比前一座建得早，因为后者挡住了前者，二者间距可容一人困难地进入并测量各构件，这些部件仍然保留这下图所示的面貌。[339] 我的想法如下：因为此拱门在城中优美的场所，还因为有另一个皇帝也想建一座拱门，他们便紧靠这座门建了另一座拱门来纪念他，由于没有合适的地方，于是保留了这一座。这座拱门用与另一座所用的同样的尺子度量。拱门洞口 11 尺宽 17 尺高。拱券的壁柱 1 尺 8 寸。壁柱间距 5 尺 4 寸。外角部每边 3 尺。标注为 C 的额枋花边 6 寸半。中楣高 1 尺 7 寸半。中楣上的镶边 2 寸。齿状饰带之下的花边 $4^1/_4$ 寸，齿状饰带之上的花边高 1 寸半。圈线 1 寸。顶冠下花边 $1^3/_4$ 寸。顶冠高 3 寸半，其花边 $2^1/_4$ 寸。混枭线脚高 3 寸半，其镶边 2 寸。该部分整体出挑与高度相同。此檐口之上的墩座墙高 1 尺 1 寸半。带凹槽的柱子宽 1 尺 3 寸。其高度，不包括柱头，为 7 尺 1 寸半。柱头高 10 寸。柱子没有柱础 [340]，甚至底部没有凸缘，只是简单地坐落在基石上。[341] 第一层窗户之间使用间柱 [342] 代替柱子。最上边的檐口堵住了，看不见。

CXLI (117*r*)

标注 B 的图表现上述拱门的额枋、中楣和檐口，测量精确到分。额枋的第一层装饰带高 $8\frac{3}{4}$ 寸。第二层装饰带 9 寸半。称为（*quadretto*）的束带[343]高 3 寸。中楣高 1 尺 4 寸。三陇板宽 1 尺。三陇板上方的镶边 $\frac{3}{4}$ 寸。再上边的构件 $1\frac{1}{4}$ 寸。[344] 齿状饰之下的花边 $2\frac{1}{4}$ 寸。齿状饰层 $3\frac{1}{4}$ 寸。上面的枭线 1 寸。圈线 $\frac{3}{4}$ 寸。其上花边 $1\frac{1}{4}$ 寸。顶冠高 4 寸，其花边 2 寸。混枭线高 4 寸；其镶边 2 寸半。整个部分出挑等于其高度。拱门整体上可以描述为多立克式，只有带雕刻的圈线有些破格。不过这只是建筑师偶发的任性。我将不讨论维罗纳的很多其他东西，因为那里有一些非常随意的古迹，特别是被称作伯萨里的凯旋门（dei Borsari）[345]；因为它如此粗野，我不想把它放在如此优美、构思完好的建筑之中。

CXLII
(117v)

伯拉孟特作品

由于我已经撰写了如此多的古物并把它们表现在图纸上，因此我有很好的理由来讨论并表现一些现代建筑，特别是建筑师伯拉孟特的作品——虽然我没有遗漏了他，在讨论神庙的时候，我曾呈现了一张了不起的圣彼得大教堂建筑，以及一些其他东西。[346] 事实上，你可以说他在尤利乌斯二世马克西姆斯教皇的帮助下，使基础的建筑学得以重生；他在罗马建造的众多美丽作品可以为证。下图即为其一。这是在教皇花园望景楼（Belvedere）[347] 的一座敞廊，它有两个优点：第一个是它的力量象征永恒，体现在柱墩非常宽厚；第二是它是用了大量优美、和谐的构件很好地装饰起来的。不仅有优美的设计，其比例非常优秀。下面作品用第 6 页的古代掌尺度量——以掌尺和分为单位。[348] 拱券宽 18 尺，柱墩同之——即虚实相当。柱墩正面划分成十一份：一份拿来做 [349] 支撑拱券的壁柱（共二份）；二份给柱子（共四份）；二份给壁龛的壁柱；三份给壁龛。这就是十一份的分配方法。基座的高度为柱墩宽之半。基座底座高与拱券壁柱宽相同。基座檐口高比底座小九分之一。柱高，算上柱础和柱头，是其宽度的 $9^1/_7$ 倍。柱础高为柱宽之半。柱头应为柱宽一倍，另七分之一为顶盘。额枋、中楣和檐口的高度与不计底座的基座同高。此高度应分为十一份：四份给额枋；三份给中楣，因它没有雕刻；剩下四份给檐口。然后，一旦对应壁柱画好一个半圆，券洞高度即为宽度二倍。画好拱券基座——其高度为柱宽之半——壁龛和它上面的正方形即可确定它们的比例关系。

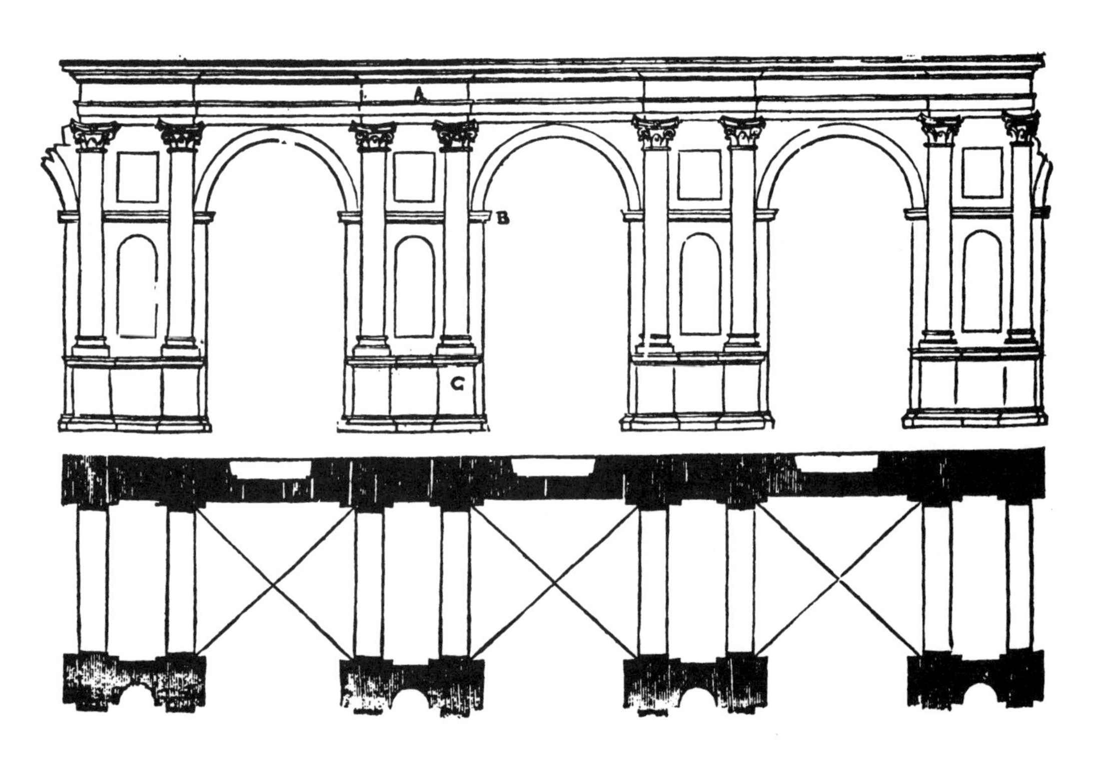

CXLIII (118*r*)

因为上图太小，我无法在上面说明敞廊各构件细节，我想在下面大比例尺图中进行说明。标注 C 的部分表现敞廊的基座，上面还带有部分柱础；均与大图成比例。标注 B 的图纸表现拱券的基座和拱券及其所有部分。标注 A 的图纸表现柱子之上的额枋、中楣和檐口。我在上文提到过关于高度的一般尺度，且因图中各部均与原物成比例绘制，故将不会再做重复。不过，在这个檐口的处理上，建筑师非常明智，他保持顶冠连续不断，而令下面的构件向前突出。这样做的结果非常优雅（*gratiosa*）[350],这样使顶冠结束得更有力，还能保护整个作品，起到防雨作用。对于明智的建筑师而言这个设计对于不同情况都非常有用，因为檐口伸出的做法并不经常成功——在一些地方很有效，另一些地方则很失败。实际上在柱子两侧没有两个半柱的情况下这种伸出做法就不适用。不过，关于这种伸出方式，我已经在第四书第 65 页论柱子的论述中详细讨论了。

CXLIIII
(118*v*)

以上我说明了一件建筑师伯拉孟特的作品。按照同样方式，我将在次页说明另一个[351]，一点也不比前一个逊色，也是上述建筑师所建，因其装饰多样，从此明智的建筑师可以得到很多益处。在此敞廊中，建筑师想表现层层叠置的三种柱式——即多立克、爱奥尼和科林斯。[352]这些柱式确实雕刻精美、装饰丰富、和谐适度。不过，因为第一层柱墩多立克层过于软弱，而拱券对于柱墩比例又显太大，上边爱奥尼层又墙体坚实，所以随着时间的推移该建筑开始产生裂缝。但是来自锡耶纳的巴尔达萨雷[353]，那位具有杰出能力的博学的建筑师，通过在上述柱墩两侧添加壁柱的方式修补这些破坏，并与拱券下部协调得非常好。[354]由于这个原因，我说明智的建筑师能够从这座建筑学到东西。我指的不仅是模仿优美的、构思良好[355]的地方，而且还要警惕错误，并时时关注底层构件要承受多少重量。建筑师永远应当谦虚而不冲动，因为如果他谦虚的话他就能时常谨慎，并慎重设计，既虚心求教，又不耻下问。[356]另一方面，如果他过于冲动，过于相信自己的知识，他就不会听取他人意见，他也因此会经常犯错，即他的建筑结果就会很差。但是我们还是回到我讨论的敞廊，并让我们给出它的一些比例规则。拱券宽度，即开口，应分为八份：其中三份给柱墩正面。拱券高度为十六份。柱墩正面分为四份，二份给拱券的壁柱，二份柱宽。基座高度应为拱券宽度之半。柱高为柱宽的八倍，包括柱础和柱头。额枋、中楣和檐口高度为柱高的四分之一。第二层比第一层缩小四分之一[357]，即从第一层地面到檐口顶部分为四份，其中三份作为爱奥尼层的总体高度。按照同样的方法所有构件都应各缩小四分之一。对于第三层，即科林斯层，也用同样方法。但是，因为印版幅面不足，此图没有印出顶层。为了不给读者留下关于中间空当处两小柱顶部如何完成之类的疑问，在我的第四书第 34 页关于多立克柱式的部分可以找到类似的做法[358]；尽管那里的柱子是爱奥尼的，它们也可做成科林斯的。为了建筑师能够更容易地理解此作品额枋各部分各构件，我按照原物成比例地表现在大样图上——我只绘制了第一层的做法，因没有机会测量其他各层。请注意，在多立克檐口上三陇板之上混线之下[359]的飞檐托块被漏画了。不过它在小图上清楚地表现出来了。

CXIV
(119*r*)

CXLVI
(119*v*)

在望景楼，除了我上面提到的敞廊之外，在教皇花园的端头还有一座非常美丽的楼梯，因为地形有规则地抬高，你可借此登临，至上层呈一剧院形式。其平面图如下所示。为了能够更好地理解，我把剖面图也放在这里，参照字母所示。在此我没有记录尺寸，因为我只想表现楼梯跑的设计和它们所用的半圆形式。这个半圆实际上从朝向教皇宫的第一座花园抬高了，在此半圆之后有一宽阔的、带有美丽的房间和愉人的花园的平台。[360] 通往这些地方的道路需要经过半圆两侧可见的两个门洞。那里有很多雕像，著名的有拉奥孔 [361]、阿波罗、台伯、克娄巴特拉、维纳斯，还有一座非常精美的未完成大力神像和很多美丽的东西。

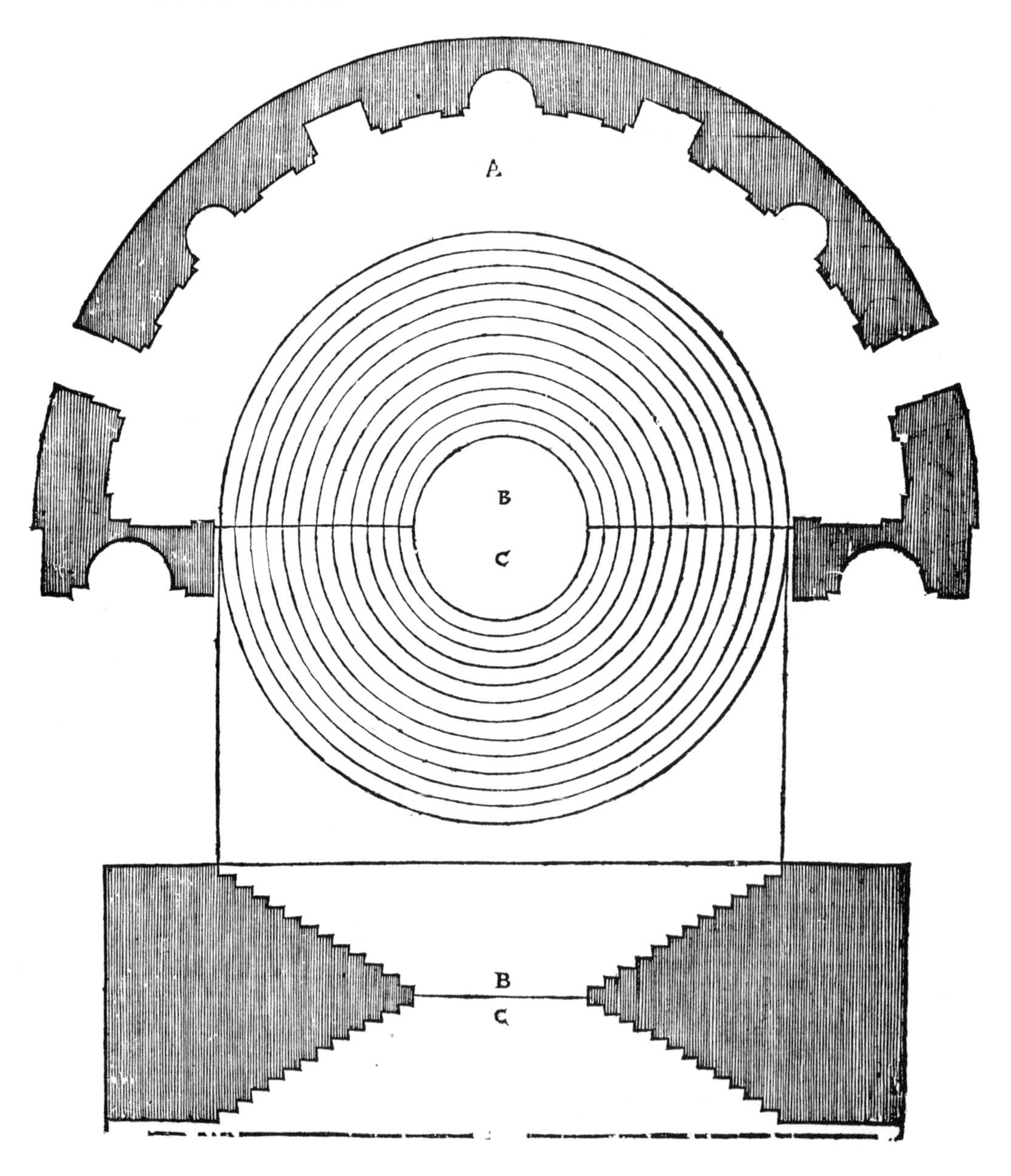

CXLVII
(120r)

下图为对面页平面图的立面,（如我所说）我将不讨论尺寸而只关注设计。尽管此处只表现了两侧带双柱的柱墩，从双柱柱式[362]可以看出来，它们是按照前文已论述过的一些敞廊而建的，柱间的壁龛及其上镶嵌板也是如此。[363]我将不说明这个叫望景楼的地方其他众多东西。它们中最好的是一座旋转楼梯，其底部有一水量极其充盈的喷泉。[364]此楼梯内部环绕着四种柱式的柱子——塔司干、多立克、科林斯和混合柱式。[365]而这里最值得赞叹、最富有技巧的特点是每两种柱式之间并没有什么嵌入，然而它却从多立克柱式过渡到了爱奥尼，再从爱奥尼到科林斯[366]，然后从科林斯到混合柱式，其技巧高明到无人能够说出一种柱式终于何处，而下一种柱式始于哪里[367]；据此我判断伯拉孟特没有建造过比此更美丽、更巧妙的建筑了。

CXLVIII (120*v*)

拉斐尔作品

罗马城外不远的马里奥山上，有一块具备乐土所需一切要素的美丽场地。[368]虽然不会不谈单独要素，我也不会把它们都提到。我只想论述和表现一座敞廊，它的立面是非凡的来自乌尔比诺的拉斐尔设计的，虽然他还建设了其他房间，而且对于其他东西的启动也起到了巨大作用。

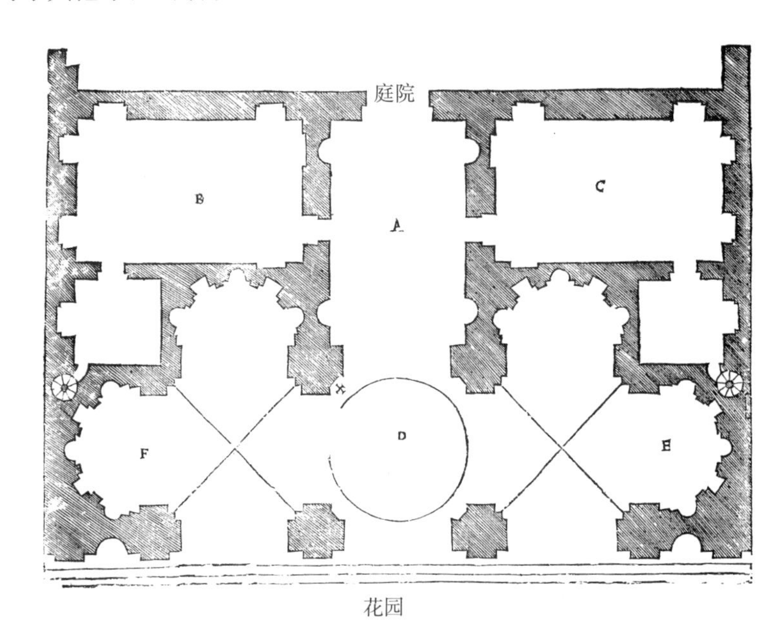

尽管这个被称为庭院的部分是正方形的，根据基础所揭示的，他还是把该庭院设计成圆形。标注为 A 的前厅和标注 B、C 的两部分并非如图纸所示，而是我为了使平面和谐而画成这样的——实际上 C 部分和敞廊 E 一样结束在山坡上。敞廊标注为 F 的另一端也没有半圆形——这样画是为了避免缩小一些房间——而我把它画在这里的目的是使敞廊协调一些。敞廊的柱式[369]非常优美。其顶棚采用了恰当的不同形式，中部是一穹顶两侧用交叉拱顶。在顶棚上和墙上，我们这个时代少有的、实际上独一无二的乌迪内（Udine）的乔瓦尼（Giovanni）[370]努力展现了他在灰泥装饰和用色彩描绘动物及其他怪异形状的怪诞风装饰两方面的天才[371]，由于存在这样构思完美的建筑、灰塑和绘画装饰，以及古代雕像，这座敞廊可以用格外美丽来描述。因为建筑师不想让相对于另一个而言缺少了半圆形的地方缺乏装饰，他让他杰出的学生朱利奥·罗马诺[372]在立面上画了一个巨大的波吕斐摩斯（Polyphemus）像环绕着很多森林之神。这幅绘画实在是非常美。所有这些作品都是在红衣主教德·美第奇的命令下制作的，他后来成为了克莱门特（Clement）教皇。[373]我将不把这座敞廊的尺寸写出来——对于建筑师来说知道设计就足够了——而图中所有部件都是与原物成比例。下一页说明敞廊的立面。[374]不过两侧的壁龛并不存在，是我加上去作为装饰的。

CXLIX
[bottom]

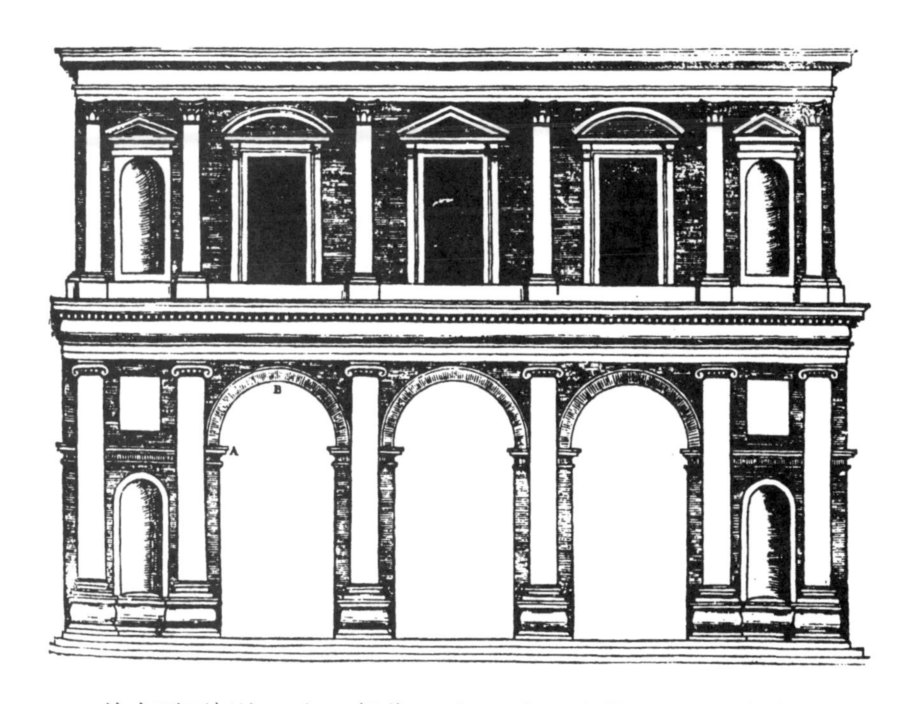

CXLYIII
(121*r*)

从在下面标注 B 和 A 部分，可以理解上文描述的整个敞廊的顶棚。其优美之处完全在有十字标记的转角处。它非常和谐地支撑着中央穹顶，配合着每个柱墩表面的两个立柱。由于顶冠未被打破，这些柱子并未使柱墩看上去虚弱；相反地，这种优雅的把柱墩划分成两个柱子的方式创造出迷人的视觉效果，而此手法不仅局限于柱墩实体范围之内，柱墩的底座也使用了与顶冠相同的做法。因为下图只表现了柱墩上的一个平柱和另一个的局部，为了更好地理解，我要说敞廊的每个柱墩内部可分成三份；其中两份给转角处的平柱，一份给平柱间的分隔。尽管（如我上文所说）它们是两个平柱加一柱间，但是结果只是一个柱墩，这样做的目的是使整个对象装饰更加优雅。

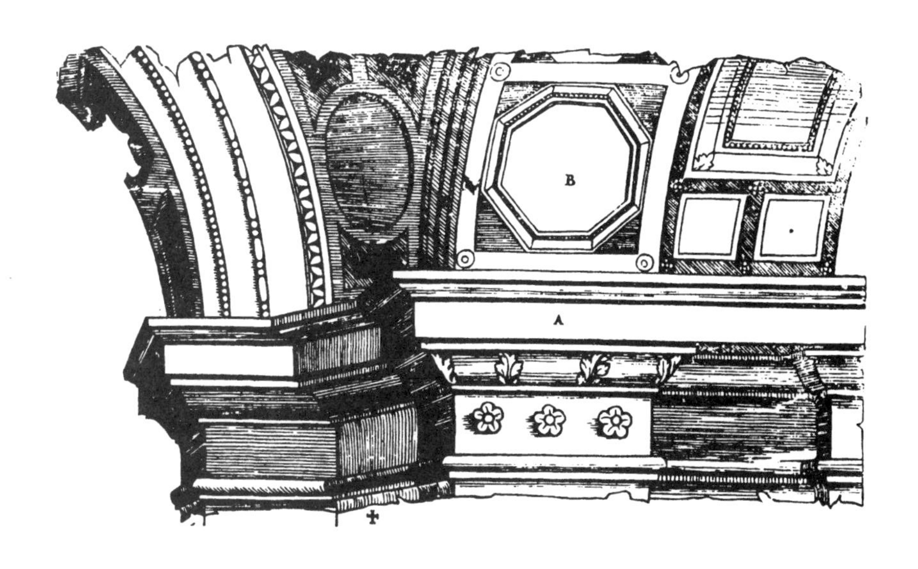

CL

波焦·雷亚莱宫

那不勒斯在所有意大利的城市中有“高贵”的美誉，不仅因为它有出众的高贵风格，它的伟大男爵、城堡主、伯爵，它的无数绅士和重要的贵族，也因为它有幸拥有比意大利其他地方更多的花园和乐土。在城外众多的快乐迷人的地方之中，有一座称为波焦·雷亚莱（Poggio Reale）[375]的宫殿，它是阿方索国王为他在此消遣而建，当时意大利是一个欢乐而统一的国度——而我们的国家现在因不和谐而并不快乐。[376]此宫殿具有非常适合现代建筑的优美形式，且划分[377]得非常好，因为每一个角部有六个上等房间，使得每个角都可以接待一位贵族和他的随从——还不算那些地下房间和秘密小屋。此建筑立面和平面形式参见对面页图。[378]我只记录设计而不列出尺寸，因为明智的建筑师能够自己决定他想要的房间的大小——各个房间大小相同，从一间着手他可以确定建筑其他部分的尺寸。那些最高贵的国王（如我所说）曾在此建筑中消遣取乐。因为习惯于在夏天使用乡村场所，特别是在非常热的时候，此宫殿庭院环以敞廊，层层相叠。在中央部位，标注为E，有很多台阶向下至一块铺墁优美的地板。在这个地方国王由他最喜欢的领主和夫人们陪同着；而且一旦摆放好了各种美味的桌子，他们便在此用餐。当国王想要纵情欢乐的时候，他还会打开一些秘密场所并在短时间内使它充满水，把领主和夫人们淋在水中。同样地，当国王认为可以的时候，这些地方瞬间可以变干，当然那里从不缺少各式的衣服，同样也有舒适的靠椅供想要休息的人使用。哦，意大利的欢愉，你如何就被你的不和谐毁掉了呢！在那些最美的正式花园中，那里有不同形式的围栏、菜园、各种丰盛的水果、淡水鱼池和河流、大小猎禽场、充满各品种马匹的马厩和其他很多美好事物，我不再多说，因为马尔坎托尼奥·米希尔（Marcantonio Michiel）大师，这座城市高尚的贵族[379]，非常精通建筑学的人——他见过很多，从他那里我得到了这些和其他知识——他在一封写给朋友的信中用很长篇幅讨论了这些事物。[380]不过，回到宫殿部分:它是一个标准正方形。其内部由层层叠置的敞廊围绕。在其角部厚墙之内，有螺旋楼梯以登到上层，上层与下层完全相同。四座标注为D的外部敞廊并不存在，但由于它们能够给建筑带来更好的使用功能和装饰，加上它们会效果很好。有了它们旁边的支撑它们能够非常结实，房间也不会因此被剥夺日照，而上述敞廊各边也得到了保护，免于风吹日晒。

我想在下图中表现内部和外部：标注 A 的部分表现外观，B 部分表现内部敞廊，标注 C 的部分反映房间内部。下图中我没有画出建筑的屋顶，因为我个人喜欢这种没有遮盖的建筑，以便能够享受乡村风光。

CLI
(122*r*)

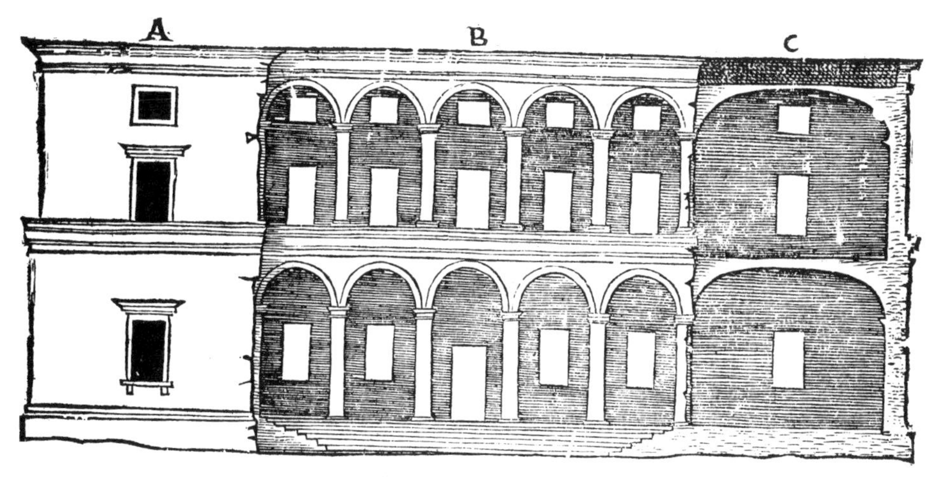

那不勒斯的波焦·雷亚莱宫平面图

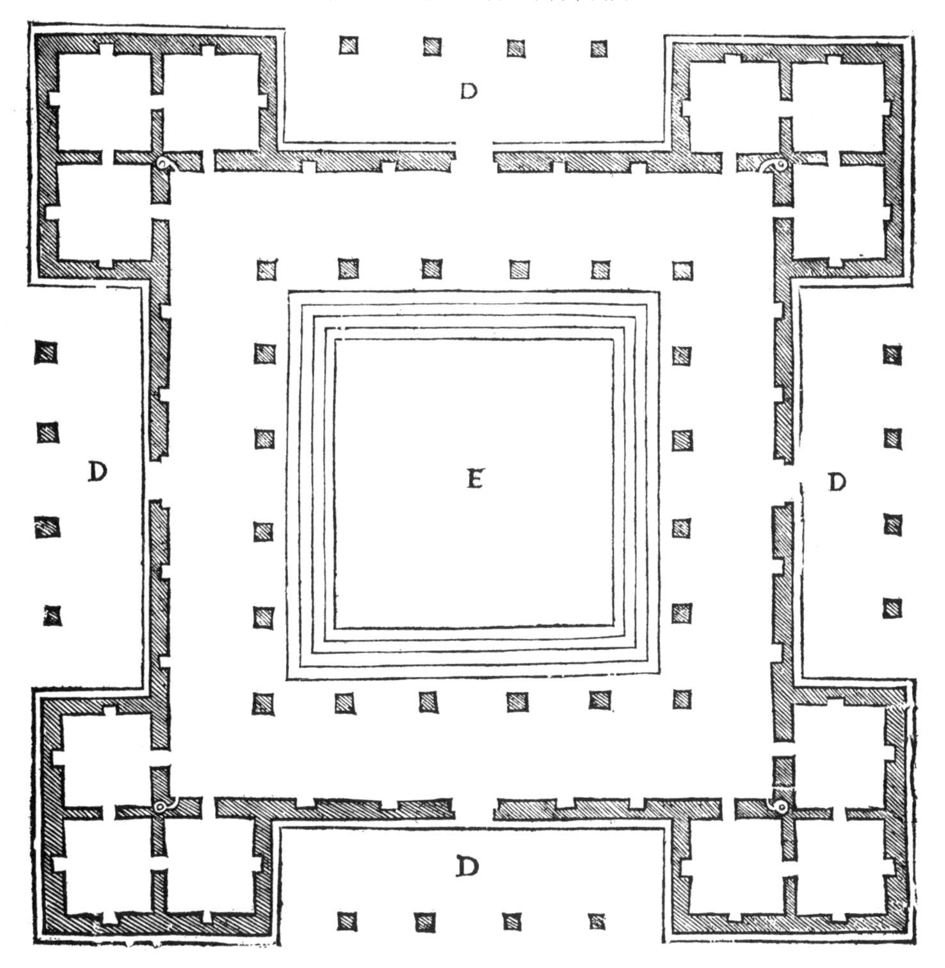

CLII
(122v)

考虑到美丽的波焦・雷亚莱宫的时候，我产生了说明设计的念头，该设计基于上述宫殿的形象，但房间形式不同；这样可能具有更好的功能，因为前者的房间大小都一样，可能不甚适用，事实上主要房间必须要比次要房间大一些。[381] 我将不在建筑中作出院落，或是一个开敞空间，因为这是一座乡村住宅，不应在任何方向有阻碍，以便各个角落都很好地对日光开放。不过，有人会说带四个房间的大厅会很暗，因为它只能通过敞廊来采光，还是间接采光。对于这个问题的回答是因为这座建筑是为了在很热的时候使用的，而且因为它在中间没有庭院，重要大厅及四座房间将一直是凉爽的，阳光无法进入。这些房间在正午的时候将是最好的、最舒适的。即使它们没有其他房间所享受的直射光，它们也能得到所需的光线。这样的建筑在博洛尼亚可以看到，那里有类似的柱廊——还有房屋之间带敞廊的庭院——而那里的房间中一直住着人。建筑的方式是这样的，如果转角的墙体有适当的厚度，那么其他部分就能非常坚固。即使墙体具有中等厚度，由于房间很大程度上互为支撑，建筑的力量将是完全协调一致的。我将不讨论它的尺寸因为它是按比例画出的，有经验的建筑师将能够按照资助人的愿望设计其尺度，把它定成若干尺——或其他测量单位——建筑的所有其他部分便能够推算出来。最重要的是——只要场地允许——此建筑应当如此定位，太阳升起的时候可以照到建筑的一角，这样建筑所有部分都可以分享到阳光。因为如果太阳升起时照到建筑一面，那么日落时就会照到另一面，正午时还会照到第三面，结果太阳就照不到向北的敞廊而变得不健康。

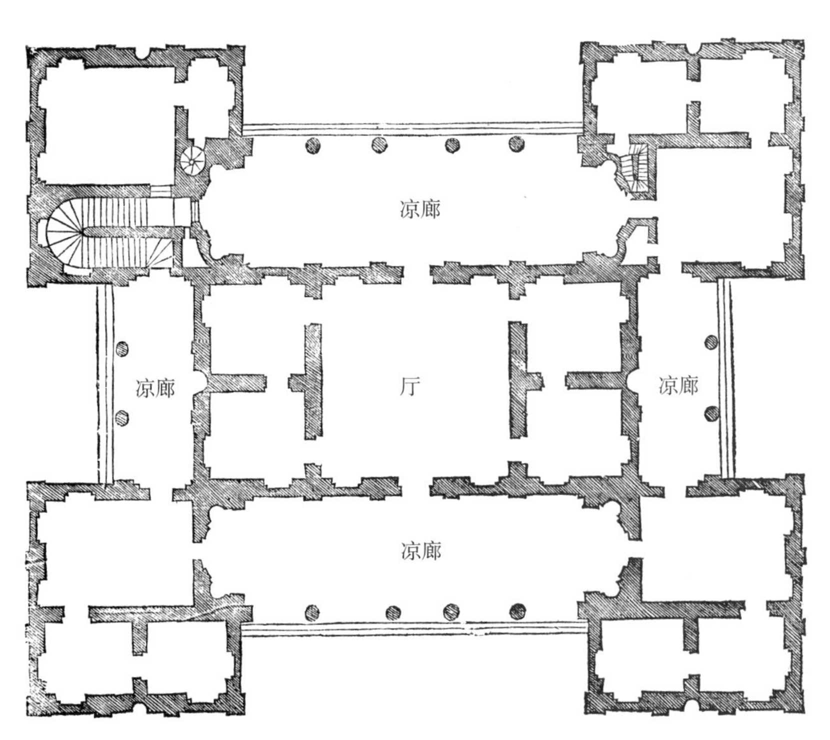

CLIII[382] (123r)

在对面页的平面上可以建造很多不同的形式和柱式。然而，由于这里是享乐的地方，我想使用科林斯式更能吸引人。我将不耐心地讨论尺寸或高度，因为在我的第四书第 47 页[383]关于科林斯柱式部分你可以发现一篇论文，在建筑师自己良好判断的基础上，提出了这些尺寸。[384]因为图纸面上没有任何后退的部分，也便无法通过借此来单独辨认敞廊，我将用文字来说明。两翼的高起的两边，应理解为从上到下都带浮雕平柱。中部，应理解为一层敞廊叠在另一层之上，用圆柱，两侧面也是。在［上部］敞廊地面上可以用石板作出一种铺装或称为 *salicato*[385]，铺嵌在上好的灰泥层上[386]，以防雨水，并把第一层的檐口作为胸墙。这样，第二层的中央大厅和四个房间将比下一层接受更好的日照。[387]有两个原因使我在一层的大窗户之上还做了小窗户。第一个原因是如果为了人坐下来方便看到外面的足够低的窗户，那么就会在第一层窗和房间屋顶之间留出过大空间，结果会使房间过于阴暗。该小窗能够给大厅更多采光。另一原因是大厅旁边的房间不需要同样的高度，可以只需一半高——因此小窗户可以供夹层使用。诸多其他可讨论的问题留给建筑师去判断，因为在本卷中我只想解决设计问题。不过，在第六书，关于居住建筑，我将详细讨论这些细节。

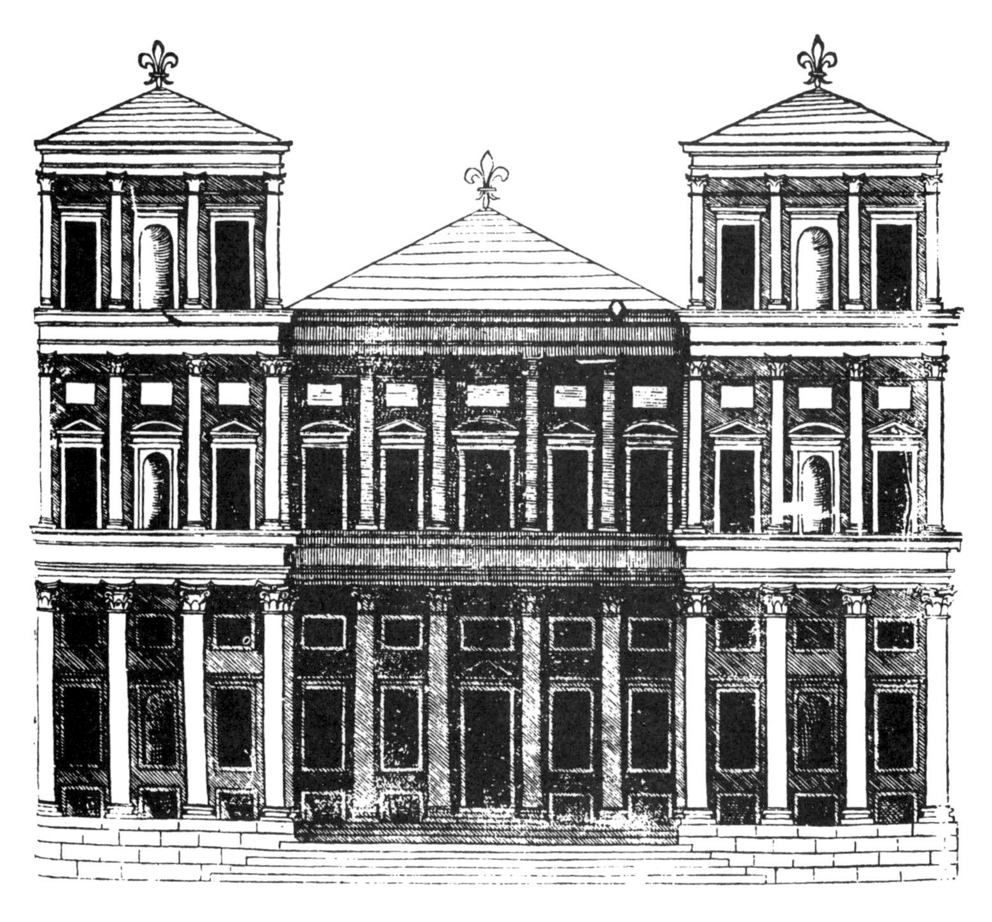

CLIIII
(123*v*)

关于一些埃及奇迹的论述

对于我们的眼睛来说古罗马的事物确实非常奇妙。然而，任何见过希腊建筑的人——他们现在已经全部消失了而且它们的很多战利品装点了罗马和威尼斯——都可能说他们超过了罗马人。但是我们自己会如何评论那绝对非凡的，更像梦境和幻景而非真实之物的埃及遗迹呢？不过，迪奥多·西库鲁斯（Diodorus Siculus）[388]表明他曾亲眼见过一些遗迹的事实使我相信它们确实存在。在其他事物中，他惊叹地描述了一座属于埃及王欧兹曼迪亚斯（Ozymandias）的陵墓[389]，他的伟业和慷慨无可匹敌。因此，这座陵墓是所有王陵中最宏伟最非凡的。它的大小为 10 里[390]（stade）；折合成我们的 $1^1/_4$ 哩（mile）。首先它的大门使用了不同的美丽石材。在它后面有一通道长 2 尤格拉——即 320 布拉乔尺[391]——高 45 腕尺。此通道尽头是一列柱庭院，即一环以敞廊的正方形庭院，每个敞廊长 4 尤格拉——即 640 布拉乔尺。[392]在这些敞廊中，使用了独块石料雕刻成的动物来替代柱子，高 16 尺。在它们之上，在额枋的部分有两步宽的、装饰以深蓝色不同星宿的石块。还有另一个与第一个类似的通道，但有更多的雕像装饰，入口处还有三座巨型大理石雕像——门农的作品。它们中一个是坐像，脚的大小就超过 7 尺——因此它比任何其他古埃及的雕像都大。在它附近有另两座雕像，其高度还不到第一个的膝部。一座献给欧兹曼迪亚斯的女儿，另一座献给他的母亲。这个作品不仅因其尺度值得尊敬，它还以令人惊异的雕刻工艺和使用大量不同的石材而超乎寻常，因为遍查其巨大体量全身也看不见任何裂缝，或是石头任何地方出现任何瑕疵。它的铭文写道："我是欧兹曼迪亚斯，王中之王。如果任何人想知道我有多么伟大或者我现在躺在那里，只要能够作出比我任何作品更伟大的作品。"还有另一座欧兹曼迪亚斯母亲的雕像，完全用一块石材。它有 20 尺高，头部还有三个帝王标记表明她是王的女儿、妻子和母亲。经过这座大门有另一个列柱庭院，比第一个更加高贵，具有各种各样的雕像。在它们中间可以看到欧兹曼迪亚斯抗击大夏叛乱的战争，而大夏是由国王的儿子统治的。[393]战斗中他率领着分成四路部队的 40 万士兵、2 万骑兵。雕刻的第一部分表现的是从河流包围的城市一侧围城的场景，接着是国王——在他驯服的一头狮子的帮助下——与一部分敌人进行战斗；一开始他就使敌人仓皇逃窜。第二部分中可以看到俘虏们被割掉了双手和生殖器，被带离国王，通过这样来暗示他们身体的脆弱和精神的怯懦。第三部分通过表现各种雕像和大象描绘了祭祀和国王征服敌人凯旋的场面。而后在中部可以看到两个巨大的、没有被损坏的雕像，每个高 26 尺。[394]三条通道从列柱庭院引向这些雕像。靠近这些雕像的地方有一座柱子支起的房屋，其基座每边长 2 尤格拉——即 320 尺。[395]屋内有很多木刻雕像表现法庭辩论的人们，在为一些议题争吵，并等待那些法庭上给出决断的人们意见。他们共有三十人，中间坐着决断的王子，他颈上悬挂着真理的标志——闭着眼——被很多包书包围着。这些符号是想表达法庭应当是公正的，而执政官应当只看事实。[396] 从这个地方接着向前，在此房间中还有一个每边都有很多屋子的大厅，厅中表现很多不同种类的食物。这里好雕刻有一个比其他的更显赫的用各种不同颜色专使的国王向上帝献祭的雕像，祭品完全用金银制作，刻着 320 万麦那。在此之后是图书馆，上面刻有"ANIMI MEDICAMENTUM"意为"心灵的灵药"。接下来是所有埃及神祇和根据他们的喜好而奉献的祭品。再向前一点可以看见俄塞里斯（Osiris）和其他统治过埃及的国王，假设他们能够有益于人的生活，就像教给人们神圣的祭祀，也在人们之间保持正义。这个房间最里边有一座皇家建筑，其中有献给朱庇特和朱诺的二十张卧榻。在此上方有欧兹曼迪亚斯雕像，而他的遗体则在墓葬中。在这座建筑周围有很多小房间，可以看见里面画着所有在埃及适合献祭的动物。所有这些房间都向上述陵墓倾斜，陵墓被一个巨大金环包围着，金环一周 365 尺，厚 1 尺。在此环中，每一尺记录每年的一天、星宿起落和它们对于埃及宗教的含义。人们说当冈比西斯大帝和波斯人征服埃及的时候这个圆环被带走了。这座欧兹曼迪亚斯陵，不仅比所有其他陵墓更加华丽，而且建筑工艺也更好。多年以后，埃及国王墨埃里斯（Moeris）在北方建造了孟菲斯的大门[397]，那里的卓越工艺比所有其他的都好。这位国王就是那位在孟菲斯外 1 哩多一点的地方挖了一个惊人的人工湖的国王。[398] 这是一个难以置信的巨大工程,因为它有 3600 里（stade）大——即 450 哩（mile）*——很多地方深 50 英寻[399]——即男人臂展的 50 倍。它是如此的非凡，以至于每个人只要想到它对全埃及的效用，想到它巨大的体量，想到国王的深谋远虑，他就无法不用所有能够想到的溢美之词衷心地赞美它。这样国王墨埃里斯发现尼罗河洪水水位降低难以预测且不规律时——根据水位降低的程度土地的收成有好有坏——便挖掘了这个湖泊，更准确地说是水库，作为尼罗河的容器，这样当水量充盈的时候洪水就不会像往常那样长时间留在土地上，他的王国就此不再荒废。同样，土地作物也不会因缺水而死亡，他建了一条从河流通往湖泊的运河，有 85 里长——即 10 哩半——160 尺深。[400] 河、湖之间通过运河调节水量增减，即通过运河口的一座闸门，保持土壤富饶丰产。不过，这样做也花费不菲，因为要花费 50 银币才能使它开启或关闭。这个水库在迪奥多・西库鲁斯的时代就有了，以其创造者命名为"墨埃里斯"。在水中他留出了一个高出水面的地面并在上面建造了两座金字塔和他的陵墓，金字塔在陵墓上方一里的地方；一座是他的，一座是他妻子的。在它们之上，他还立起了两个坐在王座之上的雕像。他所做的一切是为了以这种方式为他的

* Stade 译作"里"，mile 译作"哩"下同。参见词汇表"测量单位"一节。

美德留给子孙一个不朽的纪念。米里斯（Miris）或马卢斯（Marrus）是很多年后的埃及国王。他修建了一座纪念碑并称之为迷宫，这是一座不是因其体量而是因其难以模仿的建造工艺而称奇于世的，因为任何进入它的人没有一个好向导的话都无法轻易找到出来的路。代达罗斯（Daedolus）在从埃及返回的路上曾惊叹于这个作品，画下了它的形式并在米诺斯王的克利特岛上照它建了一座。不过，在我们的时代[401]，既由于人的邪恶也由于时代久远，它被毁坏了。埃及的那座幸存至今。在七代国王之后，基米斯（Chemmis）[402]统治孟菲斯。就是他建造了被列为世界七大奇迹的大金字塔。[403]它在向利比亚方向上距孟菲斯 120 哩——即 15 哩，距尼罗河 45 里——5 哩半。因为它建造的艺术性和它的尺度，它使观者无言。金字塔是正方形的。它的大小是每边 7 尤格拉——即 1120 尺——它的高度为 6 尤格拉——即 960 尺。顶端 65 尺。[404]建造时使用了非常坚硬的石材，难以加工但能永久保存。人们说石头是从阿拉伯运来的，利用土堆定位放置，因为当时还没有发明建筑机械。这个作品更加非凡之处在于它位于沙漠之中，那里既没有土堆也没有留下切坏的石头。如此非凡以至于这些巨石就像是上帝把它们放在这里的而不是人类。人们说当时使用了 36 万人来建造整个结构，花了近 20 年的时间才完成。花在给工人们买卷心菜和香草的钱——因为这是他们的食物——是 1600 银币。第二座金字塔的创建人是埃及王查布里耶斯（Chabryes）。它在形式和材料上与第一座相同，但没有这么大，每边不超过 1 里，它只在一边有通道和大门。在查布里耶斯之后，美塞里努斯（Mycerinus）——也被称作查西诺（Checino）——统治埃及，他开始建造第三座金字塔——但是死亡的突然降临使他没有完成。它底部每边 3 尤格拉——即 480 尺——而且北面刻有创建人的名字"MYCERINUS"。在此三座金字塔之外，还有三座与第一座同样形式同样坚固的金字塔，只是体量小，没有一边超过 2 尤格拉——即 320 尺。第一座为阿马尤斯（Armaeus）所建，第二座阿墨修斯（Amosius）所建，第三座为马索（Maso）所建，他们都是埃及国王。在埃及王萨巴考（Sabaco）[405]之后，王国的十二位统治者，经过了十五年统一稳定的王权统治，颁布了法令为他们所有人建造一座单独的陵墓，像在世的时候用同样的权利和荣誉统治埃及那样，在死后他们所有人应当拥有同一座墓葬的荣誉。因此他们要尽可能超越过去的君王的作品。这个巨构花费如此巨大并如此华丽，以至于如果它在他们起纷争之前完成，它将以其卓越的形象大大超过其他皇家纪念碑。所有这些，尽管令人惊奇，但实在是毫无意义地浪费资财，因其徒劳而有害，我永远不会赞美它。我将劝告人们去使用合适的形式和装饰建造房屋、宫殿和类似的为人使用的建筑。说实话，其原因在于建筑的便利[406]和美观给予居住者使用功能和心理满足，给予一座城市荣誉和装饰，给予他们的设计者乐趣和喜悦。不过，真正值得高度赞誉并具有伟大效用的还是国王米利斯为埃及的利益而挖的巨大湖泊。

CLV

致读者[407]

文雅的读者，我的热情一直是不把上帝好意给予我的渺小才能收藏起来，而是为了那些希望分享我的工作的人把它有成效地展现出来。为了这个原因，三年前我出版了建筑的一些规则，并承诺很快陆续发表其他六书。不过，由于偶然原因我没有兑现我的承诺，请那些知道其中缘由的人向那些我没有机会亲口解释的人转达我的歉意；尽管它并非由于缺乏善意。然而，为了着力于我已经开始的工作——这对于我羸弱的能力而言实在是非常艰巨——我求助于宽宏大量的弗朗索瓦国王，这可以从本书开头的信中看到。国王陛下给了我得到帮助的希望，于是我决定在他的名义下、为了那些喜爱建筑学的人出版此书。但是如果另外五书出版缓慢的话，请不要责备我，那只是我未能有幸与那些分发伟大财富的亲王们共事——众所周知——其原因更在于此而非在于他们的大臣们。哦，慷慨的梅塞纳斯（Maecenas）[408]，希望你的名字永存，因为你在向应得的人们分配你主人的基金时为他带来了永恒的声誉。你的仿效者在哪里呢？我一定要承认我因没有能够亲眼见到而搞错了一些伟大、非凡的建筑，尽管我是从那些在这门学问上非常有经验的人那里得到的信息。因此，如果您发现有的地方形式或尺寸有错误，请不要将此缺陷尽归于我，而应归于有责任的人。如果我的言论有些大胆地，并对一些非常著名的古迹作出了判断，我的所做并非像法官或评论家那样，而是作为杰出的维特鲁威的直率的模仿者，我激烈地给出我的意见是为了知道那些无知的人，使他们在想利用古代对象时能够知道如何选择完美的、构思良好的[409]事物而拒绝那些过于随意的事物。如果有人更加沉醉于罗马建筑的遗址，而不愿作一位值得信赖的维特鲁威的爱好者，并希望就此批评我，那些时代有伟大判断力的和精通建筑学之王的合理学说的人们会张开双臂保护我。在他们中间，有威尼斯伟大的加布里埃莱·文德拉明（Gabride Vendramin）[410]，他非常严厉地批判随意的建筑，和马尔坎托尼奥·米希尔大师[411]，古物专家，还有在我的出生地博洛尼亚，博基（Bocchi）骑士[412]，明智的亚历山德罗·曼佐利（Alessandro Manzuoli）大师[413]，伦巴第的切萨雷·切萨里亚诺（Cesare Cesariano）[414]以及其他人。这些人了解无可辩驳的维特鲁威的学说，也有可靠的经验，他们将为我辩护。哦，罗马的瓦莱里奥·波尔卡罗（Valerio Porcaro）和他的兄弟[415]，您二人深知建筑师中的最高大师[416]的每个秘密，如果有人攻击我的话，我确信您的尸骨也会站立起来的。如果这些批评来到了法国，他们也会同样发现在这里我得到了非常具有学者风范的巴伊夫（Baïf）阁下[417]，知识渊博的罗德斯殿下[418]和有广博多知的蒙彼利埃阁下[419]的辩护，最重要的是还有他们的也是我的强大的国王，对于此间真理他有最完美的理解。只用他的影子就可以吓那些想违背伟大的维特鲁威真正的学说的人，吓住那些反对我的人，我用身体里的每一点力量跟随在他身后——我也劝告每个想搞建筑的人也这样做，这样他们的建筑就会完全在和谐中充满善意和美好。

由弗奥利的佛朗西斯·马尔科利尼
印制于威尼斯
圣三一教堂旁
在我们的主的1540年3月

第四书
建筑一般规则：论建筑的五种类型

博洛尼亚的

塞巴斯蒂亚诺·塞利奥 著

即塔司干、多立克、

爱奥尼、科林斯和混合式，

配有古代时期的实例

在极大程度上赞同

维特鲁威的教导

在第三版中，下页有

作者自己的补充和更正

In Venice with privilege.

彼得罗·阿雷蒂诺大师[1]致弗朗西斯·马尔科利尼的信[2]

我一点都不为你们没有尽快刊印我的信稿而沮丧[3]，因为我朋友塞里奥的伟大、精美且实用的建筑著作就这样在你们的拖延和我的祝福中诞生了。我通读了这部作品，我发誓它是那样优雅，插图是那样恰当，测量得出的比例是那样完美，所要表达的理念是那样的清晰，以至于加一分则嫌多，减一分则嫌少，根本无须做任何的改进。[4]行止谦恭的作者，赋予它的图示和文字以同样的力量。所以，若他不想抛弃自己的声望和作品的声誉，就一定要把这部书只献给费拉拉大公德斯特。[5]以公爵拥有的智慧、财富，还有他精美绝伦的祖宅（这美丽的祖宅要感谢公爵的祖父从那片只有宽直道路的处女地[6]中打下的良好基础），公爵一定能体会塞巴斯蒂亚诺[7]著作中案例的杰出。让我们把从建筑中获得的巨大欣喜，生活舒适的愉悦，在其中开展的各式活动而给全民带来的效用，以及那些为了他们自己和这个城市的需求进行建造得人所获得不朽名声，都放到一边。庄严的统治者[8]，您应当效仿造世主的所为。他用他的力量，以他的意志创建了这个巨大的模型。[9]他为天使建构了天堂，为国家建构了这个世界。他创造了金色的太阳和无垠的星空，他创造了在漫无边际的，由大自然神奇画笔所绘制出的美妙绝伦的蓝色幕布上，那一轮银色的月亮。那幕布就像手臂上的外套一样，盖在巨大的建构——天空之上。每一个人来到这个世界上，在他睁开双眼的瞬间，他就一定会被天空和大地所震撼，一定会感激创造了这天地的造世主。而阁下您的后代子民也将和他们一样，被您建造的宏伟壮丽的建筑所打动，并赞美高瞻远瞩的您。同样，就像看到古罗马伟大遗迹（它们的不可思议证明了这里曾属于统治世界的霸主）的人，一定会赞美那被刻入戏院和剧场的古人的精神。如果不是那些令人敬畏的技艺和能力还在残存的柱子、雕塑和大理石中清晰可辨，尽管它们已经被时间腐蚀[10]，我不知道我们还会相信多少古人尖锐的主张。所以，如果公爵陛下没有慷慨地接受这个来自博洛尼亚人的重要成果，他的高贵声誉就会受损，而此书作者的虔诚和美德，只有他对维特鲁威精准的解读以及他关于古代美的知识可与之媲美。[11]

威尼斯，1537 年 9 月 10 日[12]

学习本书的读者注意，以下是作者在第三版中增补和修改的位置及页数[13]：第一，第 21 页关于多立克式中楣的探讨，增加六行；第 23 页第 5—6 行，关于维特鲁威多立克式门的探讨；第 36 页第 19 行，关于爱奥尼式柱础的探讨；第 37 页第 46[14]行的重新修改是非常重要的，探讨的是关于爱奥尼式柱头的涡卷；第 49 页第 13 行关于科林斯式柱础以及第 14 行关于科林斯式柱头的探讨；在混合柱式部分，马头柱头下面缺失的沟槽被补全。除此之外，此前版本中的许多错误也已经被更正。

致最杰出高尚的阁下埃尔科莱二世，第四代费拉拉大公[15]

博洛尼亚的塞巴斯蒂亚诺·塞利奥

对于大多数在艺术领域工作的人来说，把他们的作品献给那个时代对其所研究的艺术有特别喜好的统治者，是一种习俗。这不仅是因为他们对统治者的尊敬和渴望为其服务的诉求，同时，这位统治者还有可能成为他们的庇护者和赞助人。我也一样，我希望能将我在建筑领域努力工作的成果献给伟大的您，我的阁下，尽管我也许是这个时代最不出名的建筑师。我在罗马期间，因受助于保罗三世[16]，得以追随精通建筑的安东尼奥·达·桑迦洛[17]和来自费拉拉的雅各布·梅雷基诺（Jacopo Meleghino）阁下。[18]桑迦洛在建筑方面造诣颇高，其他门类的知识也很渊博，这从他在罗马的大量精美作品中可以看出。其中最美妙绝伦的还要说是教皇宫（Holiness palace）。这件作品在保罗三世担任枢机主教时动工，在他担任罗马教皇期间完工。我在威尼斯时，无论是在精神上还是物质上都有巨大的收获。安德烈亚·格里蒂（Andrea Gritti）总督[19]，这位应得到的赞美应远远多于现在的统治者，率领大家建造这座城市，他辉煌的共和国。他们利用上帝赐予的奇迹般的自然地形，建造高尚精美的建筑物。这些人包括熟谙这座城市建造传统的安东尼奥·阿邦迪（Antonio Abbondi）[20]，以及著名的雕刻家、建筑师雅各布·圣索维诺（Jacopo Sansovino）。[21]还有米凯莱·圣米凯利（Michele Sanmicheli）[22]，不管和平时期还是战时防御，他都是实用建筑和装饰的专家。在他的家乡维罗纳，我们可以看见他智慧的结晶。在那里，他不仅装饰神庙和市民建筑，并且在最伟大的乌尔比诺公爵[23]，这位维罗纳的最高军事指挥官和基督教世界最精通建筑的人的指示之下，他还为这里做了各式各样的防御工事。我也不会不提莱尼亚戈（Legnago），在乌尔比诺公爵的指示下，他为市民公寓建造了相连的坚不可摧的堡垒。意大利很多地方甚至国外都是由他负责防御加固。此外还有提香爵士[24]，他手中诞生了一套与灿烂建筑结合在一起的全新的自然理念，这是他伟大的完美判断力的最好表现。让我怎么介绍韦托尔·福斯托（Vettor Fausto）呢？[25]他仿佛被打磨过一般锋利的智慧，使他不仅精通建筑，也精通其他的知识和语言，这从他管理的学校所培养出的大量文采飞扬神思敏捷的年轻人身上就可以知道。他的动手能力也是毋庸置疑的，五段帆船就是最好的证明。这种给他的家乡带来巨大声誉的帆船，曾经没有人相信能够被复制，因为它已经失传七百年之久了。[26]我们可以再为这个名单加上许多高尚的绅士，他们并不是简单的业余爱好者，相反他们对建筑艺术的理解和这个行业里最好的大师是可以相提并论的。比如像加布里埃尔·文德拉明（Gabriele

Vendramin）阁下[27]，马尔坎托尼奥·米希尔（Marcantonio Michiel）阁下[28]，弗朗西斯·泽恩（Francesco Zen）阁下[29]，以及许许多多的被他们出于或实用或装扮世界的目的而雇用的勤奋的艺术家和绅士们。另外还有阿尔维斯·科尔纳罗（Alvise Cornaro）大师[30]，他不仅本身是杰出的建筑师，同时，他还是许多建筑师的赞助人。他在帕多瓦的住宅周边美丽的凉廊是个很好的说明，它是这个城市的骄傲，为它增添光彩。还有一位必须提到的是佛罗伦萨的亚历山德罗·斯特罗齐（Alessandro Strozzi）阁下[31]（尽管因为他常年居住在威尼斯，更应该算做是威尼斯人）。他对建筑有出类拔萃的见解,却又非常谦恭。我这么说,是因为在威尼斯所有建筑爱好者和专家中,它具有非同寻常的特征显著的敏锐的判断。还有佛罗伦萨的米开朗琪罗·博纳罗蒂[32]，他的光芒不只照耀托斯卡纳，更波及所有拉丁语世界。他的画作和雕刻重现了古代文明的辉煌。在乌尔比诺的管辖区，服务于无与伦比的弗朗西斯·马里亚公爵阁下[33]的是吉罗拉莫·真加。[34]他对于一切艺术形式包括建筑都有良好的判断力，并且他在理论和实践上都很出色。他既是画家又是建筑师，在乌尔比诺的领地可以看到很多他受到高度赞誉的作品。在最慷慨大度的费代里戈(Federigo)曼图亚大公[35]的荫庇下的朱利奥·罗马诺[36]即使在智者中也是最出色的。在绘画和建筑上，他都是乌尔比诺的拉斐尔[37]的学生和真正的继承者。拉斐尔以其完美的绘画，制图，原创性设计，优雅，对构成的良好判断力以及对色彩的高度敏感而使人熟知，他们英年早逝使人们每当想起便会扼腕叹息。还要提到的是一直颇有名气的建造者巴蒂斯塔[38]，他现在也同样成为一名优秀的建筑师，成为在理论和实践上的全能专家。此外，在意大利各地，还有很多有着卓越天赋和智慧的建筑师。如果他们能有机会为英主服务，或就职于著名的机构，他们定会比现在要更加知名，能在世界范围获得更大的成功和更多的荣誉。维特鲁威在他第三书的一开始就抱怨甚至悲叹这一现象。[39]在那些伟大的天才面前，我和其他这些人，因为没有阁下您的保护，也只能像璀璨群星之间的漆黑。所以我转向了如同太阳一般闪耀着光芒的您，您也如同太阳一样习惯并乐于用一些您的不可言喻的辉煌照耀四方，您把光芒洒向每一幢美轮美奂的宫殿那昂贵的大理石和金碧辉煌的柱子之上，同时，您也一视同仁地将光芒洒向坚硬的土地和低矮简陋的茅草屋顶。[40]哦，拥有太阳王名义的您，埃尔科莱二世，请允许我向您推荐我自己，您的高尚的德斯特队伍中拥有一大批在各个艺术门类，包括建筑，有很高造诣的人。特别是在建筑理论方面，比如切利奥·卡尔卡尼尼（Celio Calcagnini）[41]，他不仅是一个全知的人，在建筑领域，他更是最为渊博的。还有朱利亚诺·纳塞洛（Giuliano Nasello）[42]，他在费拉拉的城市建造的一幢大厦，清楚地证明了他设计华美建筑的强大功力。此外，您那里还有很多学富五车的人。但是，

[IIII]

假如从实际建造的角度考虑，因为上一代人的离世，现在的建筑领域这样的人不多了。所以我决定，毕恭毕敬地希望您不要在我斗胆提出请求的时候把我一脚踢开（提出这个请求，并不是我一般会做的事）。我请求您把我和我的作品归为己有，请求您接受我的努力并将它置于您善良的庇护之下，请您用您那渗入伟大灵魂的高贵帮助我的微弱，并用您如太阳般的光芒将我照亮。有一些人会想知道我在这本书里都讲了些什么。此书是我七书中的第四书，内容是关于建筑。不用对我为什么先从这一册开始发行感到疑惑，因为您就是那七大星球中的第四颗——太阳。我想，在您的名下以第四书作为开始是再合适不过的了。我还要向您保证，如果您最爱的这颗星球，点亮了我迷惑的黑暗，提升了我暗淡的能力，我将会再献给您其余的六册书。这六册书都已经开始动笔了，其中一册已完成了一半。我之所以这么做绝不是冒昧，而是上帝赐予我的那一点点良知所带来的义务。当然，如果上帝仁慈到赐予我足够的良知使我成为一个高尚的人，我也同样还是要这样做。我愿遵从最神圣的福音书的教义，关于天赋分配的寓言。寓言告诉我们，我们灵魂的资格决定了神的恩赐或多或少，同样的我们看到灵魂的价值也有不同，因为神赐的高尚或多或少，取决于是否对个体合适。我的能力很小，而用建筑装饰这个世纪的人的技艺是令人印象深刻的。像那些有着神奇天赋的投入到建筑艺术当中的人一样，尽管我天资平庸，我也愿意继续在这个领域中不断实践。但我不会忽视上帝好心赐予我的这一点点天赋，也不会将它埋在我的后花园里藏起来。我努力坚持决不是出于个人利益的考虑。相反的，我想把我所有的建筑能力展现出来，尽管没有什么值得赞美的东西，我却希望能够抛砖引玉，启发那些可能因懒惰而放弃他们天赋的人去发挥巨大的能量。我还想告诉那些能够给世界创造美丽的人，一个天才就能为我们来可观的收获，那么一大群天才将会创造出怎样奇迹般的辉煌呢？我的意思是说，如果上帝通过我的老师，锡耶纳的巴尔达萨雷[43]所赐予我的那一点火花能够现出一些光亮，那我们便可期待其他人一起所能闪耀出的巨大光芒，就像很多个太阳一般，照亮我们的时代！特别要说的是，这些伟大建筑师不仅是从正直，神赐中得到他们的能力，他们也同样需要高贵君主的真心相助。所以，我的阁下，请你愉快大度地接受这小小的成果，并请您将它放在您那灿烂太阳的普照之中。在您的温暖和鼓励中，这小小的果实有一天会长大并变得美丽。

III*r*
(126*r*)

作者给读者的话[44]

尊敬的读者，我这里制定的关于建筑的规则并不是只为那些智慧超凡的人准备的，普通人也可以看得懂，当然这取决于他对建筑艺术兴趣的多少。下面将要讲述的这些建筑规则，共分为七书。我想先出版第四书[45]，主要是由于它的主题恰当。它对理解不同的建筑类型[46]及其装饰，有更为紧密和重要的意义。你们不要把在此书中看到的令人愉悦的内容归功于我，而是要归功于我的老师，锡耶纳的巴尔达萨雷・佩鲁齐。[47]他不仅是一位对建筑理论和实践都有很深的研究和理解的人，同时善良的他将他的所知慷慨的传授给对建筑艺术感兴趣的人们，特别是我。我仅知的这些，也都源于他的馈赠。所以我想效仿他，将我的所知告诉那些愿意屈尊向我学习的人，让所有的人都可以掌握一些建筑知识。建筑不仅给予人们建成后那种视觉的愉悦，当我们在思考它将怎样建造的时候也能获得巨大的快乐。建筑艺术，因为我上述提到的那些杰出的智者所创造的精良的品质和名声[48]，在本世纪极大地繁荣起来，就像拉丁语在尤利乌斯・恺撒和西塞罗时代的繁荣一样。所以，即使你们不欣赏我的成果，至少也要感受到我希望这本书能都满足你们的需要的异常强烈的愿望。如果你们发现我卑微的能力不能胜任这伟大的使命，请去找更智慧的人来帮我分担，并完善我所希望能进一步完善的部分。

在第一书中，我将介绍基本几何规则和各种线的相交问题，这能帮助建筑师很好地理解他们正在创作的每一个问题。

第二书，我将图文并茂地展示透视法，使得建筑师可以将他们的概念清晰地表达出来。

第三书收录了意大利罗马和国外的大量建筑测绘图，包括图示法（Icnografia）——即平面图、正视图法（Ortografia）——即立面图及全景图法（Sciografia）——即后退的面。[49]这些资料都经过精心测量，它们的名字和所在地也会随旁附注。

第四书，也就是这一本，讨论的是五种风格的建筑及其装饰（塔司干式、多立克式、爱奥尼式、科林斯式以及混合柱式），在这些建筑风格中，涵盖了对所有的要素阐述。

第五书中将探讨不同形式的神庙设计，包括圆形的、方形的、六角形的、八角形的、椭圆形的以及交叉形的。附上的平面、正立面和侧立面也都经过精心测绘。

第六书将讨论我们这个时代风俗中的各种居住形式。从最低矮的村舍，到我们所说的棚屋，再一步一步地直到君主最富丽堂皇的宫殿、别墅和城市住宅。

第七书，即最后一本，我将对建筑师可能遇到的各种情况进行总结：应对在各个地方以及各种异形地段；建筑修复和改造；我们如何利用各种各样的建筑，不管它们的类型甚至之前被使用的历史。

现在，为了更有逻辑地推进，我要从最强有力并简洁的柱式——塔司干式讲起。塔司干式是最粗实的，并且装饰最少。

古人把建筑献给天神，粗实或是精细，都是与天神们的性格相匹配的。比如，多立克式献给雷神朱庇特、战神马尔斯和大力神赫拉克勒斯。多立克式产生于男性的形象。[50] 爱奥尼是献给狩猎女神戴安娜、光明之神阿波罗和酒神巴克斯。爱奥尼取材于成年女性的形象，这是一种粗实与精致的综合形象。例如戴安娜，她女性的一面是精致的，而当她狩猎时又表现出强健的特点。类似的，阿波罗有温柔的美貌，但同时他也因是男人而有强健的特质，巴克斯也是这样。另一方面，他们从处女的形象创造出了科林斯式，献给贞洁的守护女神维斯太（Vesta）。然而，我认为在现代社会，这种做法应该改变，但也不能完全背离古人。我的意思是说，按照我们基督教的传统，我会基于建筑类型将神圣的建筑献给上帝及其诸位圣徒，我也会将世俗建筑，不论是公共建筑还是私人建筑，根据人们的等级和职业赠给他们。[51] 因此，我认为塔司干式适合于防御性建筑，例如城门、山上小镇的防御体系、城堡、宝库和军事设施、监狱、海港以及其他那些会在战时发挥作用的建筑物。[52] 塔司干式是粗壮有力的作品，它是由粗处理的石材和一些有少量雕刻的石材组合在一起的，并且我们还希望这种雕琢越少越好。因此，尽管古人常常将多立克式，有时甚至是爱奥尼或科林斯式，混合入这种粗实的形式，但由于塔司干式的确是最强壮有力、装饰最少的一种，所以我认为还是那种粗略的模式更适合它。在最伟大和最重要的城市佛罗伦萨，以及佛罗伦萨城外的别墅中，塔司干柱式很容易见到。在整个基督教世界都像在佛罗伦萨一样，可以在那些精美的建筑和华丽的构筑物上见到这种粗实的形象。塔司干式的绝对粗壮有力和少量装饰结合的风格受到建筑师的喜爱，因此我也还是要说这种风格是最适合塔司干的。接下来，我就会通过古人和我自己的一些例子，告诉大家如何在城市和城门要塞使用这种柱式的几种不同的方法，我也会讲述在公共或私人建筑中的立面、凉廊、门廊和窗中的处理，以及在壁龛、桥梁、输水系统还有其他各种各样的装饰中如何运用塔司干式。这些都可以被称职的建筑师运用到设计当中。可以肯定的是，如果谁突发奇想要加入多立克、爱奥尼甚至是科林斯的元素，结果会和古人的创作差不多。而这样，就会被认为是放肆而非理性了。毕竟我们建筑师要谦虚而谨慎地推进我们的工作，特别是在公共和严肃建筑中，保证其庄严是正确的。[53]

IIIr

在这本书的一开始，我想效仿古代喜剧作家的做法，即在演出前用少量话语向观众简要介绍整部喜剧的内容。因为我这本书是要介绍建筑的五种风格：塔司干、多立克、爱奥尼、科林斯和混合柱式，我想有必要在这里将各种形式进行图示描绘。尽管这里仅给出了一个整体概念，只标明了这些柱式的柱子和装饰中最主要的比例和尺寸。但在后面的独立章节里，每一种柱式都会有非常详尽的介绍。这里这是先让大家有一个初步的印象。为了读者都能更好理解，在每一种柱式的开头，我都会将维特鲁威的形式与现在意大利广泛使用的形式进行比对。第一，塔司干柱式的基座（我指束腰[54]）是一个标准正方形（perfect square）[55]，多立克式的基座的高度等于以其宽度所做正方形的对角线的长度[56]，爱奥尼的基座是一个半正方形的高度[57]，科林斯的基座是 $1^2/_3$ 个正方形的高度[58]，混合柱式是两个正方形的高度[59]，这里所讲的比例都只针对束腰并不包括其上其下的线脚。也许有人觉得下面的就会从第一章开始了，但实际是第五章。这是因为第一书几何有一章，第二书讲透视有两章，第三书建筑测绘资料一章，所以之前一共四章，这本书就从第五章开始了。

IIIIr
(127r)

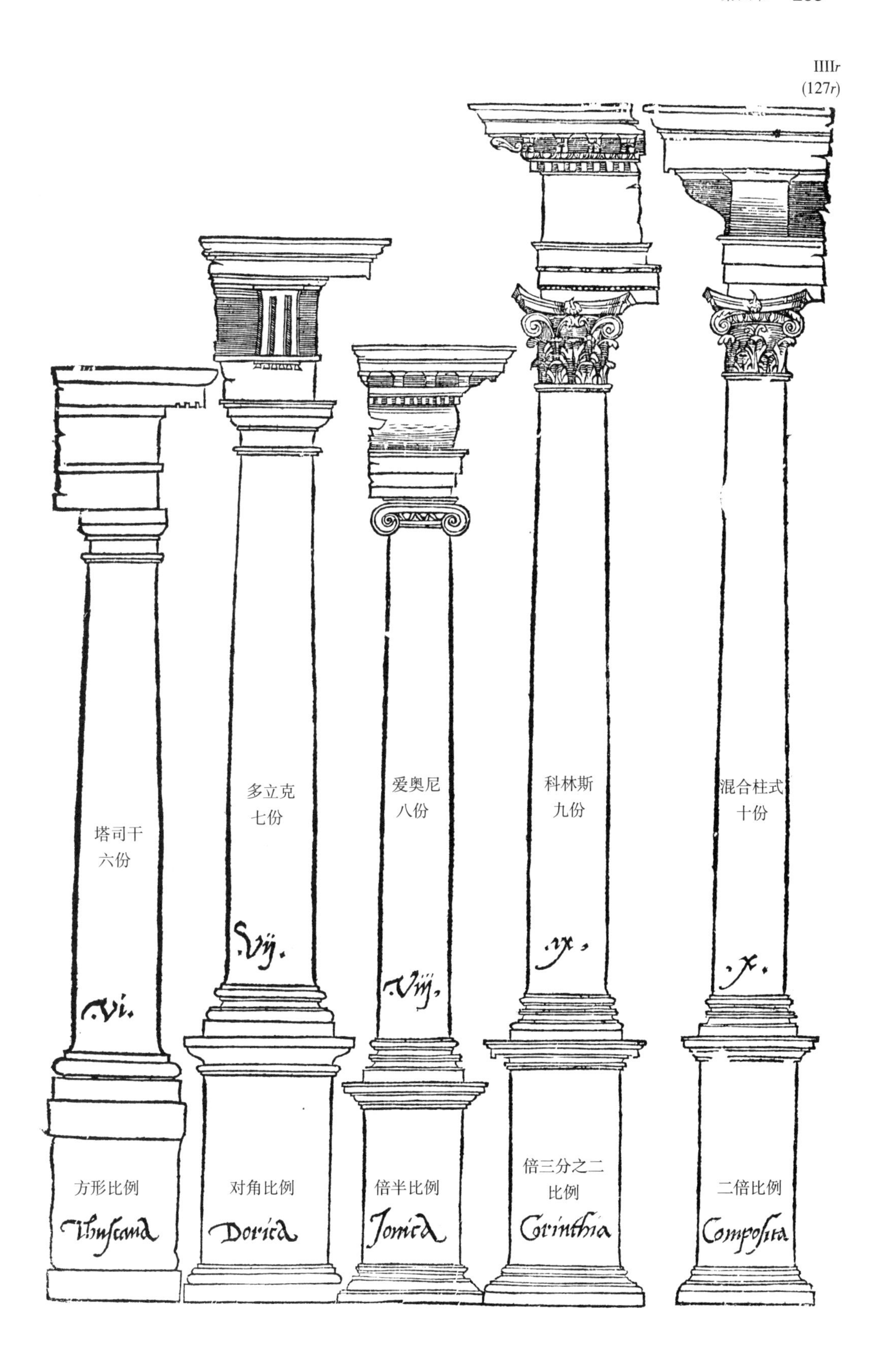
塔司干
六份
.Vi.
方形比例
Thuscana
多立克
七份
.Vij.
对角比例
Dorica
爱奥尼
八份
.Viij.
倍半比例
Jonica
科林斯
九份
.ix.
倍三分之二
比例
Corinthia
混合柱式
十份
.X.
二倍比例
Composita

关于塔司干柱式及其装饰
第五章*

IIIIr
(127v)

关于塔司干柱式及其装饰的著述，可以在维特鲁威第四书的第七章里可以找到：塔司干柱式的高[60]，连同柱础和柱头，共分为七部分，以柱础之深作为度量。[61] 柱础的高度应当为柱子（厚度）的一半。柱础分为两部分，一部分为基石，另一部分又可再分为三；其中两部分是混线（torus），另外的部分是镶边（collar）。柱础挑出部分要依据下面的方式：先画一个圆。以柱底厚度为直径，并将其置于一个正方形内。围绕这个画好的正方形再画一个圆形，使正方形四角外接于圆。这个就是柱础的出挑。尽管所有其他柱础拥有正方形的基石，但根据维特鲁威的文本，塔司干柱式的基石应为圆形。[62] 柱头的高度应与柱础保持一致，分为三部分：其一为顶盘（abacus）；其二又可分为四部分，其中三份为钟形圆饰（echinus），另一份为平环线（ring）；余下的第三部分为柱颈转迹线（frieze）——包括圈线（astragal）和颈平环（necking），占据柱头的一半（高度）。此处又分为三部分，两部分为圈线，一部分为 n 颈平环。颈平环突出的距离应该与高度相同，并且即使它从属于柱头，它也是柱子的一个部件。柱子上部要收缩四分之一（柱径），这样柱头则不会大于柱子的底部。柱子卷杀的方式如下[63]：将柱子的主干分为三份，最底部的第三部分是正交于地面的，也就是竖直的。剩下的两部分可自行分为诸多等份。然后在柱子（底部）的第三部分画一个半圆，从柱头的边缘引两条线下来与之相交，每侧收八分之一 ——合计就是柱子收缩四分之一的部分。从颈平环引两根垂线与半圆相交。将圆上此交点到柱外缘所余圆弧等分为上部划分柱子相同的份数。完成以后就可以在半圆弧上，在左右两侧画水平线，按照从上到下的顺序标上数字——与分隔柱子线条的标号采用相同的顺序。要确定圆弧内的第一条线标号与颈平环下的那条线一致。向上延长圆弧内的第二线与柱子第二条线相交，然后向上延长圆弧内的第三条线与柱子第三条线相交，向上延长圆弧内的第四条线与柱子第四条线相交。完成以后，从半圆的底部与第四条线（交点）之间画线，然后从第四条线（交点）到第三条线（交点）画线，从第三条线（交点）到第二条线（交点）画线，从第二条线（交点）到第一条线（交点）画线。在柱子两侧都这样做，即使这些上述的线均为直线，其依然形成了一条曲线。小心的工匠便可手工将那些交角的地方变平滑。虽说这是塔司干柱式卷杀四分之一的规则，不过也适用于其他柱式。柱子和半圆被分隔的分数越多，得到的卷杀越正确。

---

* 原文如此。——译者注

Vr[64]
(128*r*)

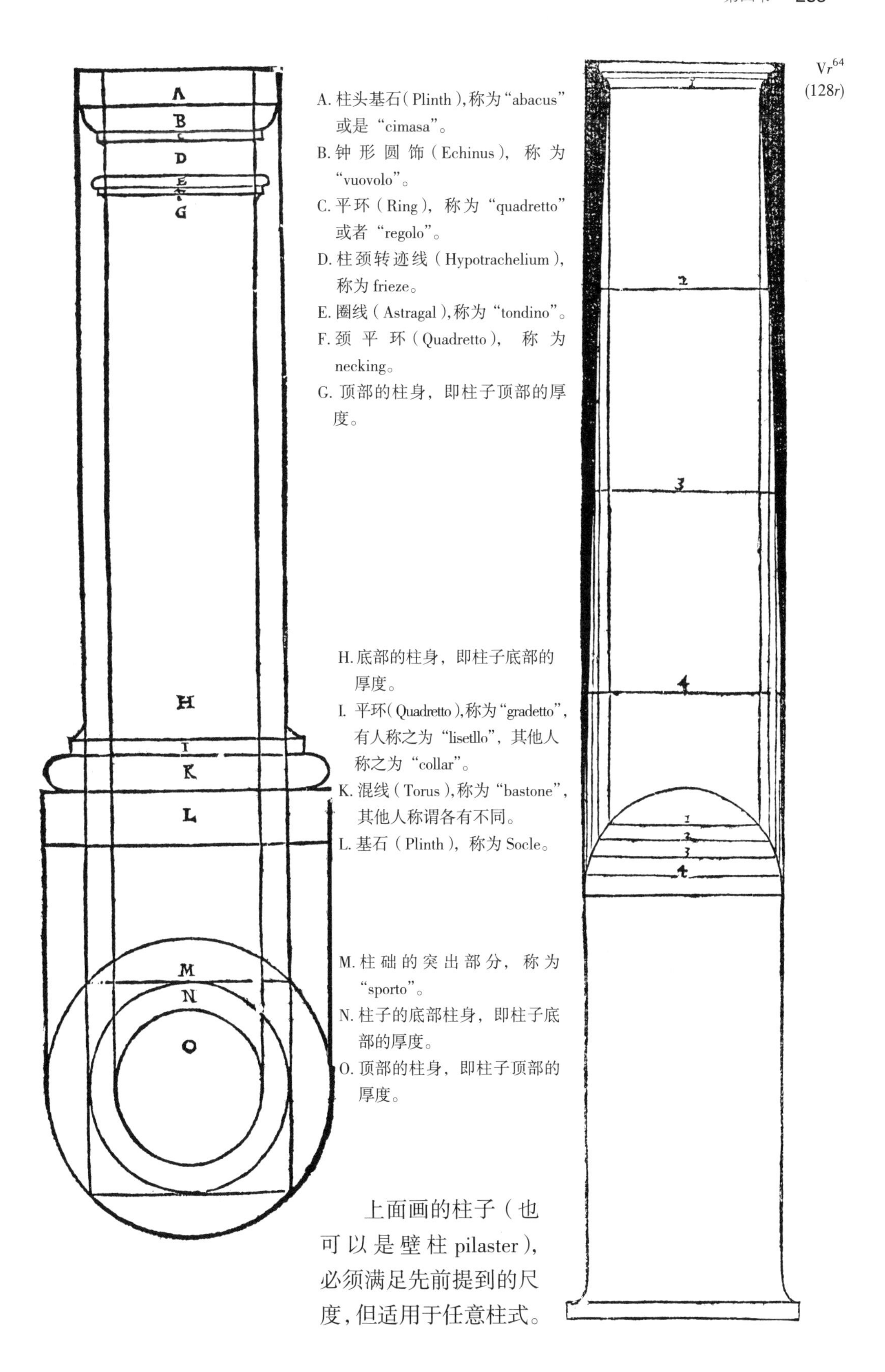

A. 柱头基石(Plinth),称为“abacus”或是“cimasa”。

B. 钟形圆饰(Echinus),称为“vuovolo”。

C. 平环(Ring),称为“quadretto”或者“regolo”。

D. 柱颈转迹线(Hypotrachelium),称为frieze。

E. 圈线(Astragal),称为“tondino”。

F. 颈平环(Quadretto),称为necking。

G. 顶部的柱身,即柱子顶部的厚度。

H. 底部的柱身,即柱子底部的厚度。

I. 平环(Quadretto),称为“gradetto”,有人称之为“lisetllo”,其他人称之为“collar”。

K. 混线(Torus),称为“bastone”,其他人称谓各有不同。

L. 基石(Plinth),称为Socle。

M. 柱础的突出部分,称为“sporto”。

N. 柱子的底部柱身,即柱子底部的厚度。

O. 顶部的柱身,即柱子顶部的厚度。

上面画的柱子(也可以是壁柱pilaster),必须满足先前提到的尺度,但适用于任意柱式。

Vv
(128v)

一旦柱子连同柱础和柱头做完后，额枋（architrave）、中楣（frieze）和檐口（檐口）各部分要置于其上。额枋要与柱头同高。中楣也应该同高。饰带（fascia）的高度应该是中楣的六分之一。同样，檐口及其附属部分应与柱头等同高，并且分为四个部分：一部分是波状线脚（cymatium）[65]，两部分为顶冠（corona），剩下的部分为花边（cyma），在顶冠之下。檐口突出的部分与其高相同。在檐口的底部，要切槽，大小视工程规模由建筑师定夺。但是由于塔司干柱式很规矩又朴素，我认为应该给建筑师特权给这样的式样添加部件——对需求精致的工程更是应该如此，就像下图一样。此外我建议在建筑足以支撑这些石头的条件下顶冠比正方形比例要突出更多一些。[66] 这种出挑带来了便利（commodity）和端庄得体（decorum）[67]：所谓便利就是若上面有外廊，突出的部分可以提供更多的空间，并且可以保护下面的部分不受雨水影响；端庄感就是，从一个最合适的角度观望会显得整个作品更高大，并且在那些由于追求精致削减石材的地方，突出越多，作品显得越高大。

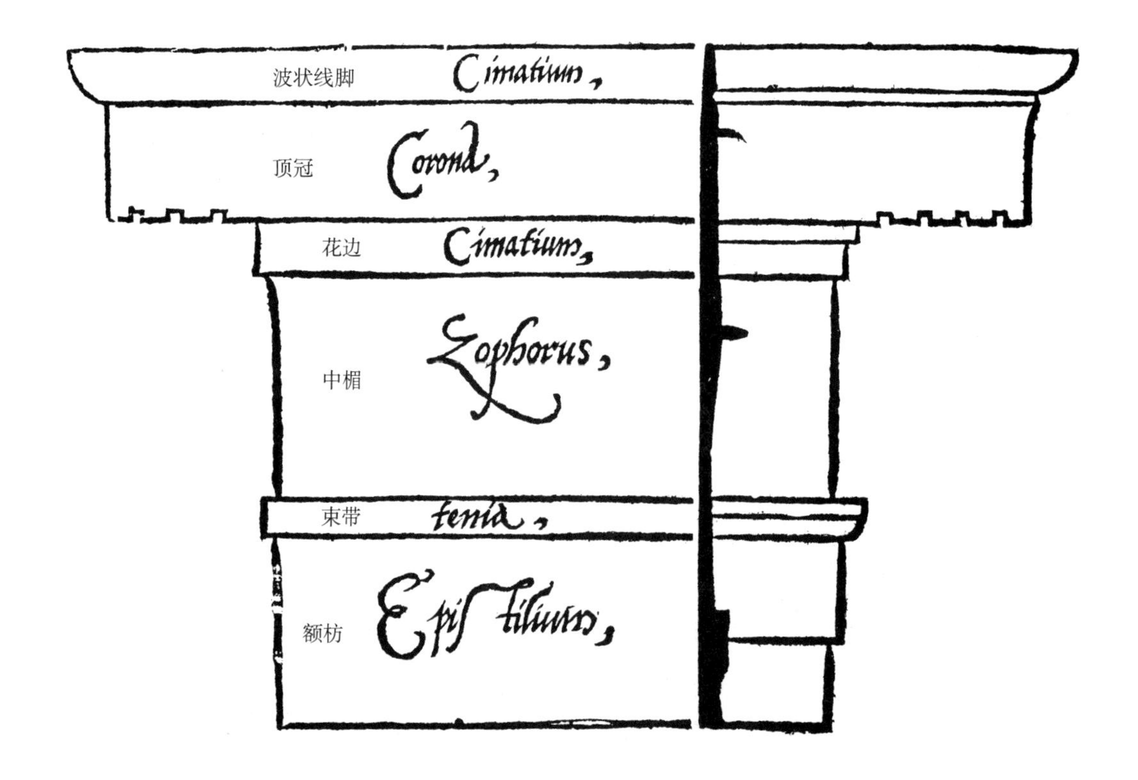

VI*r* (129*r*)

虽然我前面说了，按照维特鲁威的文本，塔司干柱式连同柱础和柱头一起应分为七部分。并且突出部分以及形状都堪称优良，并已被大家接受。但是由于最早的柱子是分为六份的（以人的脚为基准测量，可知其为身高的六分之一[68]）并且因为多立克柱式为七份（古人为其增加了一份使其更高），所以基于上述权威以及此柱式更稳健的效果，我认为塔司干柱式应当比多立克柱式更矮。因此我的观点是，连同柱础和柱头在内，塔司干柱式应分为六份。所有上文提到的关于柱子及其装饰的度量都应该被视为通用的规则。目前为止无论是维特鲁威还是我所知道的建筑师都未给柱座（stylobate）（称为基座，pedestal）制定规则——因为在远古，至少是可见的遗存中，这些部件是建筑师根据具体情况和建筑师的需求（为了提高柱子，或者引台阶至门廊处，或者其他任何与门廊一起的部件）建造的。由此我判断只要不是迫不得已，基座必须依据可考的准则，与柱子的风格相适应。显而易见，基座至少要方正[69]，我指的是刨去基座的底和头。既然塔司干柱式是所有柱式里最结实稳健的，它的基座应该是个标准正方形。它正立面的高应当与柱础的基石同宽，高可分为四份。再加一份在底部，相同的另一份加在头部；这些部件不应有任何雕饰。[70]因为柱子分为六份，那么基座对应柱子的比例也有六份。

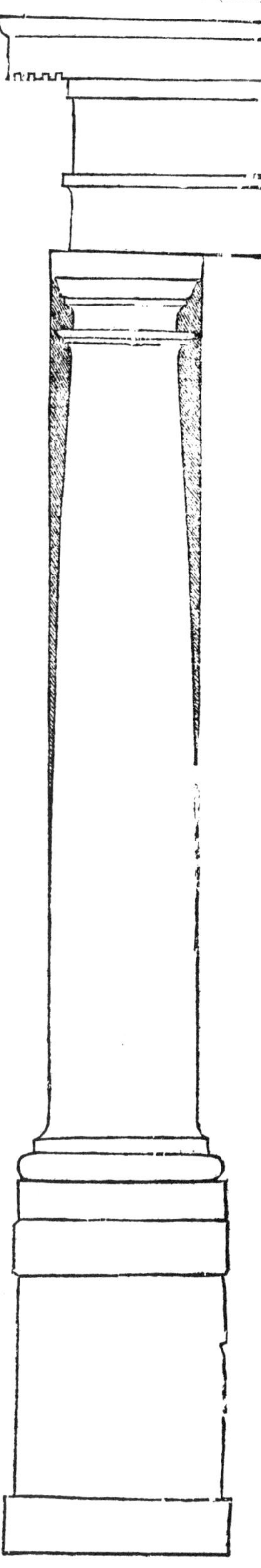

VI*v*
(129*v*)

在本卷中，我已经承诺只描述建筑及其装饰的不同风格类型。因此在这里我不介绍城门、堡垒的处理方法，以及其侧翼、大炮的安置和其他防御工程。我们把这些留给军事工程的建筑师，视场地和具体情况的要求而定。但是当然，一旦城门或堡垒的门建起来的时候，我会探讨它应有的装饰。每座城门都有一个唤作安全门（relief door）的门洞（有人称之为 porticella[71]）。然而为了保持均衡，即比例关系的一致性[72]，还需要再做一座假门。门的度量应按此法建立：无论开口宽度如何，在高度上再增加二分之一。高度分为六份，一份是左右两侧的框缘(pilastrade)。[73]壁柱的正立面宽度应相当于门宽的三分之一。壁柱连同柱础和柱头应该分为五部分。柱础的高度，柱头的高度同样，应该为柱宽的三分之一，然而仍然要遵守柱子原本的规则。根据柱字的最初规则，额枋，中楣和檐口的高度应与壁柱正立面宽度相同。安全门应当在壁柱之间，其宽度当与壁柱的正立面宽度相同，高度应当是宽度的二倍。它的框缘应当是该门的三分之一。门上方的立面应当由建筑师定夺，但我们要展示两种多立克柱式的三角山花（pediment，称为正面，frontispiece）的比例。[74]

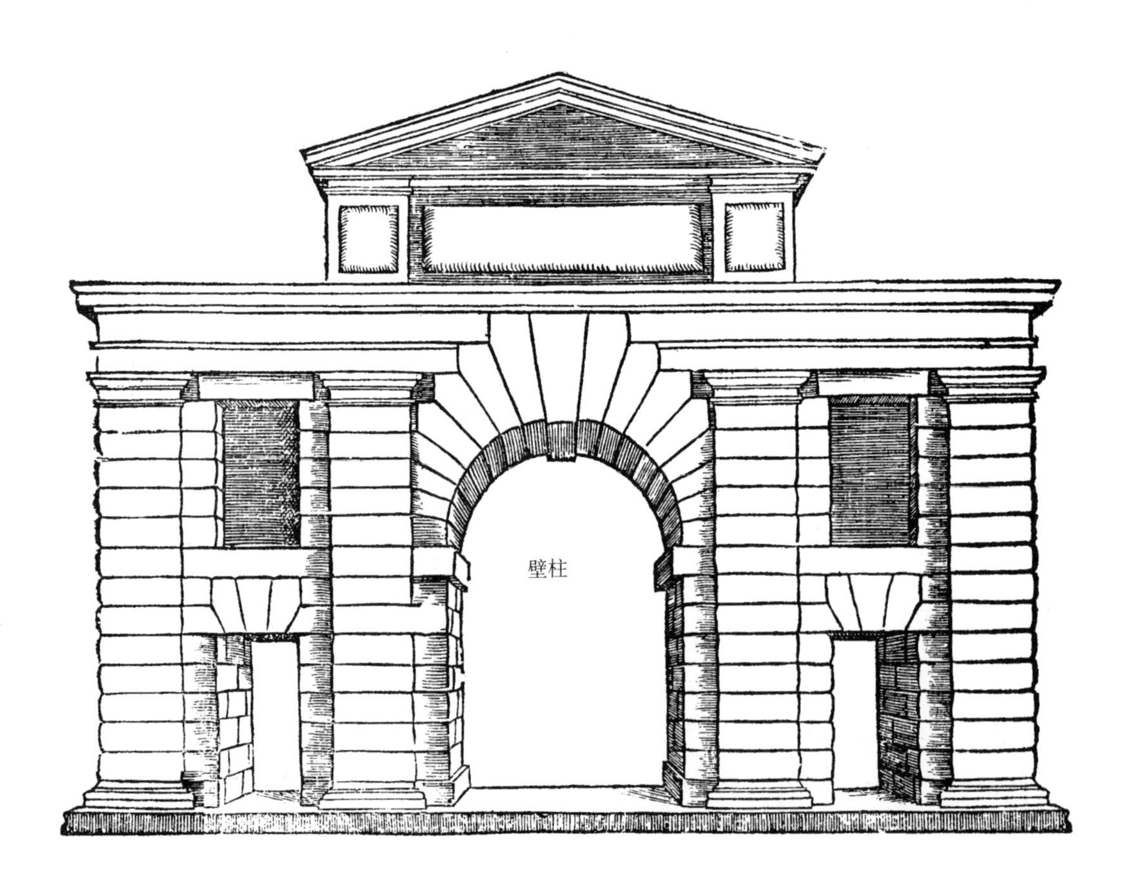

VIIr
(130r)

由于建筑师总会有许多构想来满足自己和他人，所以他会以别的方式装饰城门或堡垒的门，并遵守如下法则：无论门的开口有多宽，高度都应该制造出"一倍半比例"（sesquialtera）[75]（即 3：2）的比例，即两份的宽，三份的高。框缘的宽应该是门宽的八分之一。柱子是门宽的四分之一。但是柱子的三分之一是插入墙里的，用其他石块固定在墙里。因此柱子的安置更多是出于装饰，而非承受重量。柱子应被分为七份，甚至是八份——当建筑师想给门增添更多优雅气质的时候。侧门的开口应为主门的一半，侧门的框缘应该与主门的一样。框缘的高度应该是这样的：支撑拱的饰带便是楣线（supercilium）或是被我们称为楣梁（architrave）的部分了。如果没有做这个构件的单块石材，那么要如图所示建造石拱。那么这些门的比例将是"三五比例"（superbipartiens tertias）[76]，即三份的宽，五份的高。拱应该由十五个拱石组成。对于柱础、柱头、额枋、中楣和檐口来说，要遵守先前对于柱子的规则。中间抬高的部分应该由建筑师定夺，就像我在别处说的一样。作品越打凿得粗糙些，就越带有城堡的得体面貌。[77]

VII*v*
(130*v*)

城门或是堡垒的门可用另一种方式建造，一种更加朴素也同时更加有力的方式，如下图所示。比例应该是这样的：门开口宽度与支撑拱的饰带高度相同。由饰带向上的高度应该与半圆相同。但是，同样的，建筑师可以根据需要，尤其是受环境的约束，来或大或小定夺高度。就像别处说的一样，左右侧要建二小门。[78] 宽度与中间的门一致，高度是宽度的二倍。于是饰带承受着拱的同时也支撑着侧门的拱石。饰带甚至可以被制作为楣线，即门的框缘。正如我已经说明的，门可以或大或小，根据建筑师的愿望，而不要违背了既定的形式。

缤纷的创造力常常使得建筑师构思出他未曾想象过的事物。因此，下图对于建筑物来说具有很强的实用性，建筑师可能遇到这些情形，例如一座堡垒的墙，假设厚度很大，可以把以下工程建于其中。首先它作为一个敞廊提供了更多空间，并且为上层提供了可以走动的空间，这对防守来说相当合适。遇到袭击期间为了安全起见，应将所有的开口堵以泥土。有时建筑师必须要将堡垒建在山丘旁。在这种情况下，为了防止雨水不断地从这个山丘上流下来并冲走下部的泥土，建筑应当按照下面的说法面靠着山丘建造一个构筑物。这不仅是一个针对威胁的保护措施，也是建筑本身上好装饰。来自乌尔比诺的拉斐尔曾在离罗马不远的马里奥山（Monte Mario）克莱门特七世别墅的建造中用了相似的设计——这在他的卡尔迪纳拉特（Cardinalate）中就开始了。[79] 在佩萨罗（Pesaro）城不远处的皇帝山的一座美丽建筑中，同样是依山而建，吉罗拉莫·真加也使用了相同的设计。[80] 作为一个水池的支撑，运用了精致的砖结构，这也给他的赞助人带来了好处。 VIIIr

VIIIr 下图显示着前人在粗石式样[81]中不同的连接方法。根据情况，建筑师可以将这种创造应用到不同的地方去。度量如下：开口为标准正方形，开口间的石墙比开口要小四分之一，被称为框缘(architrave)的楣线(supercilium)，应该为开口的四分之一，并且应该由奇数个拱石组成汇聚于中心。同样在上面画个半圆，分为九等份，拱石间的分割线均指向圆心。在它们之间放置三个石块，并盖之以饰带。这样作品将坚固永存。当然若想把框缘的拱石建得更加坚固，需要将半圆填入砖（即，陶砖，terracotta）。并且如果需要更多装饰，应当按照前人的办法做出花格——相似的连接方法可以在罗马的圣科斯马和圣达米亚诺（SS. Cosma e Damiano）见到[82]，虽然古老，但至今仍十分坚固。

(131*v*)

IXr

正如我一开始提到的，智慧的建筑师会将这种门运用到不同的地方，但由于有走廊——我指的是前室并不适用于调遣炮兵或是大规模的防卫武器，所以不适用于堡垒。然而外部则可以用于任何类型的门。比例如下：开口的高是宽的两倍，半圆部分的拱石应当被分为九份，分割线均指向圆心。从饰带到路面应当分为七份半，并且应当有六道石块。三个为一份半，另三个为一份。中心拱石的高度应为门宽的二分之一，拱石上面的饰带应该与底部拱石高度相同，并且中心拱石应当比其他的宽四分之一。

(132r)

IX*v*

因为是粗石风格，下面的这种门适用于所有开始提到的建筑。它尤其适合作为乡间别墅庭院的大门。这种门可以在意大利许多沿着道路的贵族居所前见到，因为这种门给人以一种宏伟感。它的比例如下：拱下面开口的高度为宽的二倍。框缘宽度为开口的五分之一。壁柱宽度为框缘的两倍，并且厚度[83]是自身面宽的六分之一。壁柱的柱础高度应为面宽的四分之一；柱头的高度应该为面宽的三分之一。相当于额枋位置的平装饰带应与柱头同高，中楣和檐口高度相仿。当然对于每一个独立部件而言，即柱础、柱头、檐口，之前的规则必须遵守。支撑拱的拱墩高度与柱头相同并按照先前的规则划分。而关于拱石和其他石构件，可知它们可以轻易地使用圆规推算出来。如果想更多地装饰，你想要一个山花——一种的确非常不错的装饰——有两种方法，参见多立克柱式部分。[84]

X*r*
(132*v*)

虽然下面的这种门与其他形式很不同，但我仍执意将其纳入，因为它很适合塔司干并且我认为其很古老——在罗马古老的图拉真广场就有一个实例。两侧的壁龛并不相称。但我将其放在这里是要证明不同风格的壁龛可以与这样的作品相协调，如此，明智的建筑师就可以利用他们，并把它们放在合适的位置。按照开始给定的规则，想利用它们的建筑师可以轻易地计算比例。对于这个门我不会给出任何度量，因为度量可以根据圆规简单算出。

X*v*
(133*r*)

XI*r* 这种门带有弓形拱，拱是圆的六分之一，是一种强度很高的门，尽管拱石无法与其他石块连接方式统一协调，但是需要单独建造，不与其他连续的砌石连接。因此，如果你想要造这样风格的作品，那么就将其与砖墙匹配。对于它的比例，我不再赘述，因为可以通过圆规容易地得出。但是两侧填补空白的壁龛可置合适的位置，这个由建筑师的定夺。除了壁龛，也可以安置窗户。如果壁龛的位置安置雕塑，那么壁龛的高度超过“双倍比例”就很好，以便安置其中竖直的雕塑。这些都留给建筑师自己判断。

(133*v*)

XIv

古罗马人认为粗石风格不仅与多立克混用效果很好，甚至可与爱奥尼和科林斯混合。[85] 因此若将之与另一种风格相混合也并不违规，象征着部分自然[86] 和部分人工。柱子被粗面石头“捆绑”，额枋和中楣被拱石打断，代表着自然的作品，而柱头——柱子的一部分，带有山花的檐口代表着人工的作品。这种混合在我看来很悦目，并且显示其强大的力量。[87] 因此我判断这种风格比起其他混合风格更适用于堡垒。无论其是否被置于一个粗石式的建筑，它都会表现出色。朱利奥·罗马诺比其他任何人都钟情于这种特别的混合做法。罗马很多地方都有实例。此外在曼图亚也如是，城外不远的那座美丽宫殿“特宫”（Il Te），就是我们这个时代建筑绘画艺术的真正典范。[88] 这种门的比例的建立如下：开口遵循“双倍比例”，即，高是拱下开口宽的二倍。门宽分为七份，框缘占一份的宽度；柱子宽度是厚度的两倍，连同柱头在内分为八部分。柱头、额枋、中楣和檐口应与开始所记录的相同。同样山花将在多立克部分说明。[89] 拱的半圆应当被分为十一[二]部分，并形成拱石。中间的那块应当更大一些——此外建筑师可以自由地将其比其他拱石出头更多，伸出于拱下。支撑拱的饰带厚度应为柱子的一半。饰带以下分为九份，二份是柱子的最底部，剩下等分的七份是捆绑着柱子的石作。作品越是被熟练却又粗糙地打凿，尤其是包围柱子的石块和拱石部分，那么就越符合这种柱式的得体要求。[90]

XII*r*
(134*r*)

一件作品只是非常结实是不够的，它必须同时非常悦目并且构造精巧。因此石块连接的方法不仅很坚固，而且应该同样精巧宜人。这个设计可以被建筑师用于很多地方。其尺度应当是使开口高是宽的一倍半。拱石应如此计算：半圆分为十［一］又四分之一份，每个拱石占一份，中间的拱石要比其他大四分之一。中间拱石的高应为开口宽度的一半。支撑拱的水平饰带应当是开口的七分之一。自饰带向下的巨大柱子应当被分为七份。拱石上的饰带高度应当与中心拱石底部宽度相同，该拱石可以做成向下垂其宽度的八分之一。至于如何将其他石块与拱石相联系，图示已经很清楚地表明了。

XII*v*
(134*v*)

XIIIr 既然实用性的构件[91]已经转变为装饰用以彰显业主的雅致和财富，并且有时装饰又不是必要，那么这个设计则是为了实用，坚固和美观[92]：实用，是因为它的开间；坚固，是因为它结实稳定并且开间之间结合紧密；美观，是因为它富于装饰。明智的建筑师懂得如何让这个样式满足不同的要求。它的比例是这样的，砌筑部分与开口部分的大小相当，而开间高度是宽度的二倍。框缘（pilastrade）应是开间宽度的八分之一，柱宽是四分之一。两柱间距为一个柱径,并且带柱础（base）和柱头的柱身高为八份。至于额枋（architrave）、中楣（frieze）、檐口（檐口）、柱础（base）和柱头，之前讲过的规则在这里应遵守。在图中你也可以见到拱石和其他连接点。即使柱子（间距）比两倍柱径小，由于柱子彼此距离很近，一部分柱子还会嵌入墙体，主要起装饰作用而远非支撑，所以，按照许多古代建筑权威这也是允许的。

XIIIv

对建筑师来说，足智多谋地成功应对建造时的不同情况是很好的。究其原因，他将遇到大量柱子很短以至于不能满足建筑需要的情况，建筑师只有设计一种合理使用它们的方式。[93] 因此，如果柱子太矮不够支撑饰带（fascia）——饰带应与敞廊的天花相平，利用拱石可以补足所需高度。至于上面的重量，因为（廊中）有一些极好的墩 (abutment)，就像扶壁（buttress）一样从左右侧支撑这种做法，所以它会很结实。确实，如果敞廊使用拱顶，若没有铁或铜的连接件，它的平台（platform）[94] 会很不安全。然而，如果敞廊的宽度恰好满足平台用一块整的石头做成，或用落叶松、橡木和松树制作的优质的梁做成，这个敞廊就会安全很多。即使所有木材都不能永久保存，但若细心保养，它们还是可以保持相当长的时间的。比如可以这样：或者将置入墙体的端头表面烧焦，或者在他们上面覆盖铅板或涂上沥青。这种做法的比例应该是这样的，带穹顶的开间是柱径的四倍，高度是开间宽度的两倍。小空当宽度是三倍柱径，高度是六倍柱径。这样所有开口高宽比都是二比一。由于柱子支撑了很大重量，它们应该首先确定其尺度。在图中你们可以清楚地看到拱石和其他连接，但至于其柱础和柱头，应坚决按照最初的柱子做法来做。

XIIIIr　这里设计的拱不仅很有力，而且因其与石块连接相称，也很巧妙而悦目。这个发明既可以用于敞廊及其柱廊，也可用于河流或激流之上的桥梁，并且很适合于把水从一座山运到另一座，及用于长距离的输水管道。其比例如下，即使一个柱墩到另一个的距离即其支撑拱至饰带底面的高度。[95] 饰带应为开口的七分之一，并且从它往下应划分为六份。半圆应划分为九又四分之一份，因中心的拱石比其他的大四分之一。通过圆规可绘出所有其他连接的尺寸。

XIIIIv

因为某些情况可能需要为建筑实用所需的一系列开口做一个连续结构，这个做法应非常强壮适于承受任何类型的巨大重量。若没必要有如此多开口，这个形式（order）[96]也可以在一些开口填充砖后观察到，而保留这个形式。其比例应如下，使开口与其间的石作等宽，高为宽之两倍，尽管它们可以根据要求或谦虚的建筑师的意见做得大一点或小一点。相似的做法可以在罗马的圣科斯马和圣达米亚诺见到，它不仅非常古老而且还很强壮。[97]

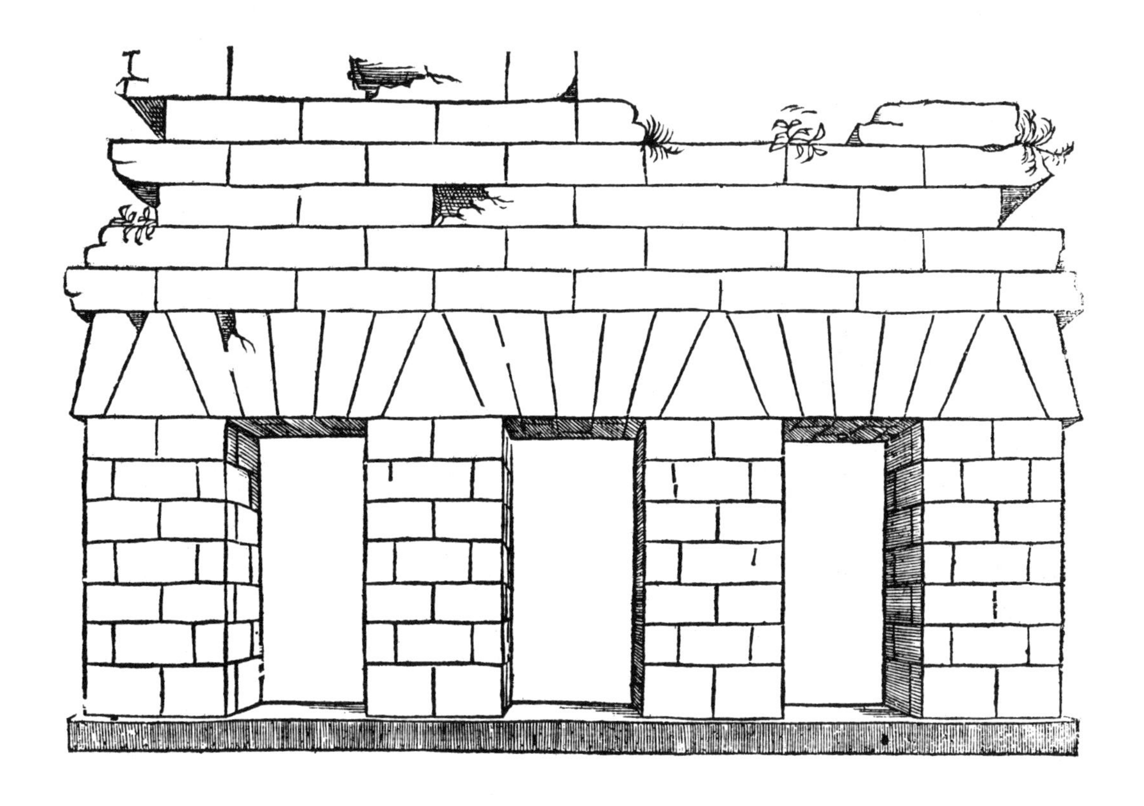

XV*r*　看不同的设计往往会激发创造那些可能未曾存在、未曾被看到过的事物。某些情况下您可能会遇到一个没有任何开口，但需以粗石风格装饰的立面（不管是在花园里、院子里或是其他地方），而这时建筑师可能就用得上这种设计了，而且还可以把塑像或者古代遗迹放在里。我不详述其比例或尺寸，因为其宽度或高度的增加取决于建筑师对具体情况的判断。

(137*r*)

XV*v*

至于大多数置于门上或者商店上整个开口跨度的楣线（supercilii，即我们说的楣梁 architraves），若石块厚度不足，不能支撑这个跨度，结果便会随着时间的流逝开裂，如同在许多地方所见到的那样。因此如下图所示的方法多块做法可以在任何跨度上建造——只需两侧的墩座足够坚固，兹画出其法二，无疑一件这样的作品会非常坚固，并且它上面的重量越重此做法保持的时间就越长。

(137*v*)

XVIr
(138r)

尽管在维特鲁威的写作和设计[98]中没有提到古人如何设计贵族居所的采暖，在他们的建筑中也没有找到任何壁炉的遗迹或者排烟出口，我也未能从我们的建筑师中学到这件事的真相——不管他曾经多么智慧，然而，因为多年以来很多国家已有此传统，即在男士所用的大厅或接待室中不仅用火，也在这样的地方有很多装饰，而因为本卷我所讨论的正是建筑师在建筑中可能需要的所有装饰，我不应忽视对各种壁炉式样的展示（camini，如他们通常在意大利本地所称的）。兹将其形式和类型与塔司干柱式相合，以配合此类柱式的建筑中需要这些设施。一个使用优雅的突出于墙壁的塔司干式样，另一个是在墙厚之内的粗石式样。

XVI*v*
(138*v*)

最早的粗石风格的雕刻是这样做的——即一些粗糙凿刻的石块。但是它们之间的连接却是精心处理的。

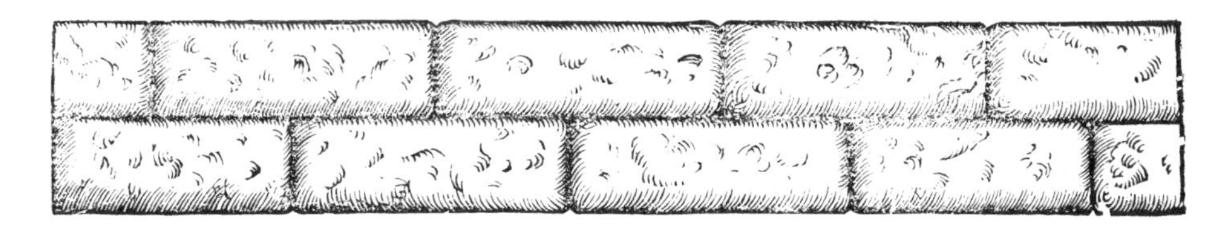

接下来，更加精细处理，用界限分隔成一个个长方形，使其加工得更仔细。之后再增加一些锐利的装饰边。另一些建筑师想模仿钻石，就用这种方法雕刻出锐角。

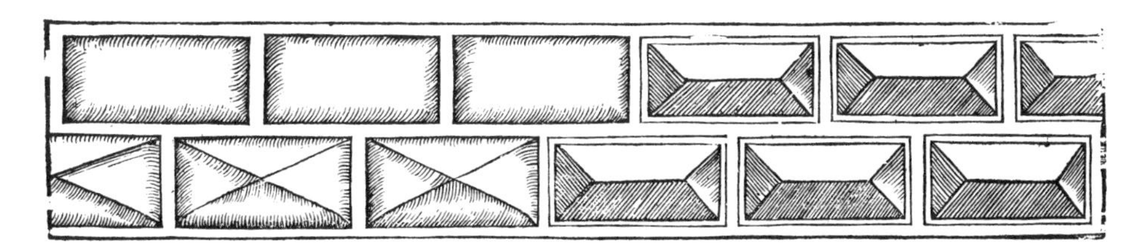

因此随着时代推移，此类做法不断变化：有时用平整的表面模仿钻石，有时呈现为突出一些的浮雕，如下图所示。

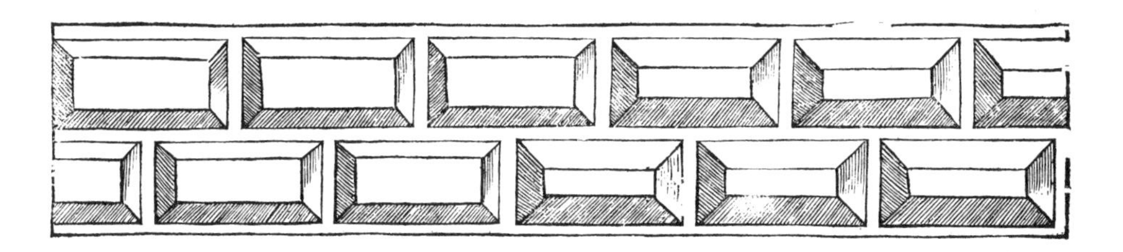

有些建筑师甚至想要更加精细，并且追求更有秩序的分割。[99] 然而所有这些作品都源于粗石风格做法，虽然它通常被称为“钻石棱角”（diamond edge）。

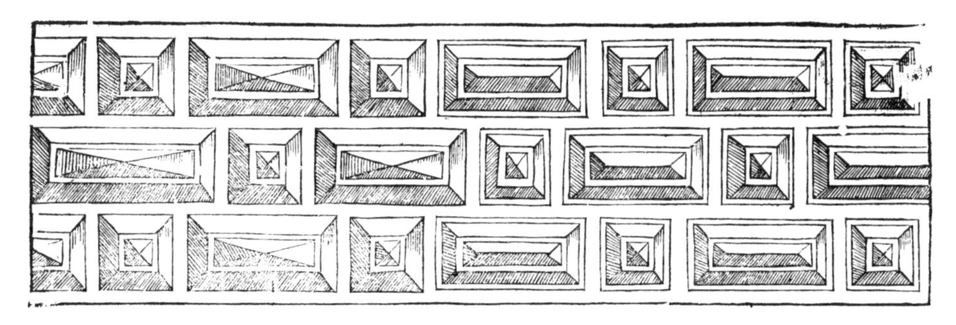

至此，塔司干柱式以及粗石风格完结。

下面开始多立克的部分。

XVIIr
(139r)

关于多立克柱式
第六章*

古人将多立克柱式献给朱庇特（Jupiter）、战神马尔斯（Mars）、大力神赫拉克勒斯（Hercules）和其他一些代表强健的神灵。[100]然而，在人类因为自我救赎创造基督教神学之后，作为基督徒的我们对于多立克柱式必须有新的阐释和发展。我们建造一座神庙，将它奉献给我们的救世主耶稣，或者圣保罗（St Paul），圣彼得（St Peter），圣乔治（St George）等其他一些圣徒，是因为他们不仅仅自称战士，并且是耶稣坚定忠实的信徒，因此多立克柱式也要献给这类圣徒，而不是仅仅献给众神。一座建筑（不管它是公共的还是私有的），如果它是为战士或那些强健坚定的人们建造的，不管他们在体格上是高矮胖瘦，多立克柱式都是一个合适的选择——因此要表现的性格越坚定，这样坚实的柱式就越合适。另一方面，如果，这个人集骁勇善战与优雅于一身，那么使用的柱式就可以雕饰一些精美的细节，有关这一点，在下面会具体谈到。现在让我们回到柱式本身的比例上来。维特鲁威在他第四书第三章中描述了多立克柱式，而关于柱础的讨论在第三书中已经提到[101]——尽管他的观点是这个柱础是科林斯式的，因为在实践中它被用于科林斯柱式和爱奥尼柱式。[102]另外，根据对一些古建的考察和研究，一些人认为多立克柱式没有柱础。举个例子来说，在那个精美的建筑——罗马马采鲁斯剧场中（Theatre of Marcellus），从中部以下使用的都是多立克柱式，这座剧场中的柱式没有柱础，柱身直接落在一个简单的台子上，除此之外，再没其他。[103]另外，在图利安监狱有一个多立克神庙的遗迹，那里的柱式也是没有柱础的。[104]同样的情况发生在维罗纳的一个凯旋门中的多立克柱式中。[105]然而，既然古罗马人以一种完全不同的方式雕刻科林斯柱础（关于这一点在后面科林斯的章节我会提到），那么我认为维特鲁威在他第三书中提到的那个“阿提克”柱础是多立克式的。[106]对此，建筑师伯拉孟特（Bramante）在罗马建造的建筑中已经表现出他的这一发现。从古典时代到伯拉孟特所在时代，中途是教皇尤利乌斯二世（Julius Ⅱ）执政时期，在这一时期，那些有价值的，真实的建筑被彻底埋没了，是伯拉孟特重新发现了它们，并将它们重新展示于世，也正是基于这样的原因，我们应该给予伯拉孟特充分的信任。因此，多立克柱础，高度上应该是柱身直径的一半，其中方形的基石（plinth），也叫台石（socle），其高度应该是柱础总高度的三分之一。除去基石剩下的部分应该被分成四份，四分之一是“上混”（upper torus），也被称作半圆环（tondino），剩下的四分之三被分成两等份，一个是“下混”（lower torus），也被称作凸圆线脚（bastone），另一个是枭（trochilus）或凹线脚（scotia），有人也叫它

* 原书如此。——译者注

凹弧饰（cavetto）。曾经有做法将枭分成七份，上下两个凸缘（collar）各占七分之一。柱础突出柱身的部分，也被称作出挑（sporto），是其高度的一半，按此推算基石的边长就是一个半柱径。如果柱础在人视线以下，在“上混”之下的凸缘因为被遮挡，在尺寸上就必须比另一个凸缘大一些；如果柱础在人视线以上，在“下混”之上的凸缘因为被遮挡，在尺寸上就必须比另一个凸缘大一些。同样，中间的枭，由于被混线遮挡，也需要做得比给的尺寸大。在类似的情况中，建筑师必须灵活且仔细地思考，因为维特鲁威假设学习他著作的都是在数学领域十分精通的人，这种数学方面的造诣保证了人在很多情况下的灵敏感觉。

(139*v*)

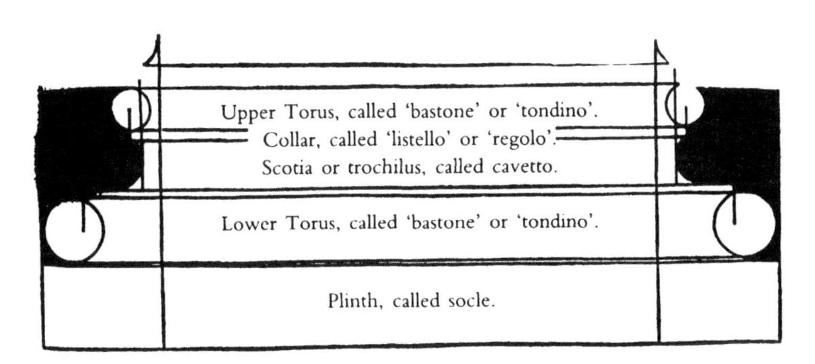

上混，亦称凸圆线脚半圆环凸缘

枭，亦称凹线或凹弧饰

下混，亦称凸图线脚或半圆环

基石，亦称台石

维特鲁威运用模数对多立克柱式的比例进行分析和控制，他将柱径定为两个模数，加上柱础和柱头的柱子总高度定为十四个模数[107]，其中包含了柱头和柱础各一个模数，柱身十二个模数。柱头在垂直高度上被分成三份：一份是上面的顶板，也被称作顶盘（abacus），波状线脚（cymatium）也是其中的一部分；一份是钟形圆饰（echinus），包括了下面的小环（annulets）；第三部分是柱颈转迹线（hypotrachelium），它的宽度比底部柱径少六分之一。柱头上面部分每边的宽度为二又六分之一个模数。以上就是维特鲁威书中提到的所有内容。然而，这里我更倾向于相信维特鲁威的文字出现了错误，因为他所提到的突出部分的尺寸，与我们看到的古代建筑中的尺寸相去甚远。基于这样的考虑，与维特鲁威的柱头不同，我需要创造一套属于我自己的柱头模数体系，在这套体系中，每一个独立的尺寸都会被精密地控制和描述[108]，因为，维特鲁威并没有给出这些单独的尺寸，很多时候只是简单地将其忽视。因此，我坚持，如上文所述，将柱头三分之后，有必要对顶盘继续三分处理：三分之一是波状线脚和它的平环线——但是，对波状线脚和平环线继续三分之后，三分之二是波状线脚，三分之一是平环线。钟形圆饰部分也有必要进行类似的三等分，三分之二是钟形圆饰本身，剩下的三分之一是下面的一组小环，小环组自身又被分成三份，每一段小环各占三分之一。有关柱颈转迹线要符合上面提到的规定。每一部分突出的长度要与其高度相等[109]，这样做之后可以形成一个可被证实的理论体系，同时也能让欣赏者体验到视觉上的美感。

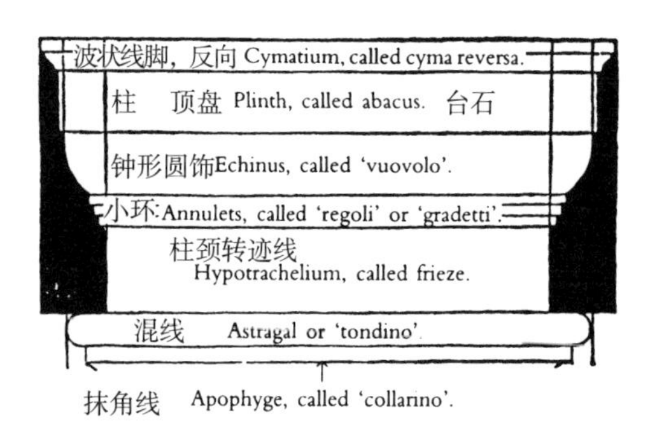

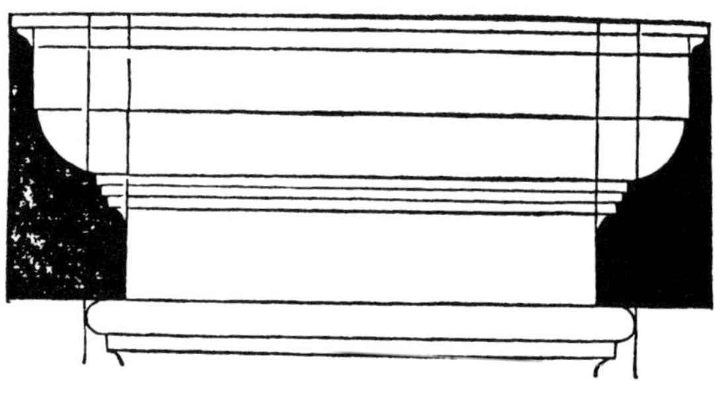

XVIIIr
(140v)

在柱头之上是柱顶过梁（epistyle），也称额枋，它的高度是一模，被分成七份,其中一份是上部的束带（tenia）,在束带下面,带有边条的圆锥饰（guttae）是 1/6 模。这 1/6 又被细分成四份，其中圆锥饰占了四分之三，而上面的边条占了四分之一——共有六个圆锥饰悬挂在三陇板（三陇板）下。上面的三陇板宽一模，高 1.5 模。三陇板被划分成十二份，两侧各留一份的半槽，剩下来的十份中有六份是与表面齐平的部分，剩下的四份是中间的两道凹槽。两块三陇板之间,是一个一模半宽的方形区域。维特鲁威称这部分空间为陇间壁（陇间壁）。[110] 如果要表现优雅的性格，在这部分会有装饰，在这些方形区域里，可以雕刻如图 B 和牛头的浮雕。这些浮雕往往有着很强的象征意义，举个例子来说，古人在屠牛时会用到盘子，因此他们习惯将这类事物作为母题装饰在神圣的寺庙中。三陇板的上方雕刻有板顶[111]，高度上是六分之一模。在三陇板之上的是顶冠（corona）和它的两个波状线脚，一个在上，一个在下。将这一部分分成五份，三份是顶冠，两份是波状线脚[112]，而总高度是半模。在顶冠之上的是波状线脚，其高度同样是半模，在其上部是高度为八分之一模的束带。顶冠的出挑为三分之二模，在其下，三陇板之上，是悬挂着的浅浮雕状的圆锥饰。类似的，在三陇板之间的区域要么打磨光滑，不做任何装饰，要么雕刻上横向的密集条纹。波状线脚的出挑长度与其高度相等。除了顶冠，其他部分出挑的长度都应该与高度相等。对顶冠而言，出挑的越多，其呈现的壮丽辉煌的感受就会越强烈，因为它表明单靠石头就能承受如此大的悬挑。有关这一点古罗马人早有发现，在下面有关的章节中，我会用详尽的图解和尺寸数据来阐述。

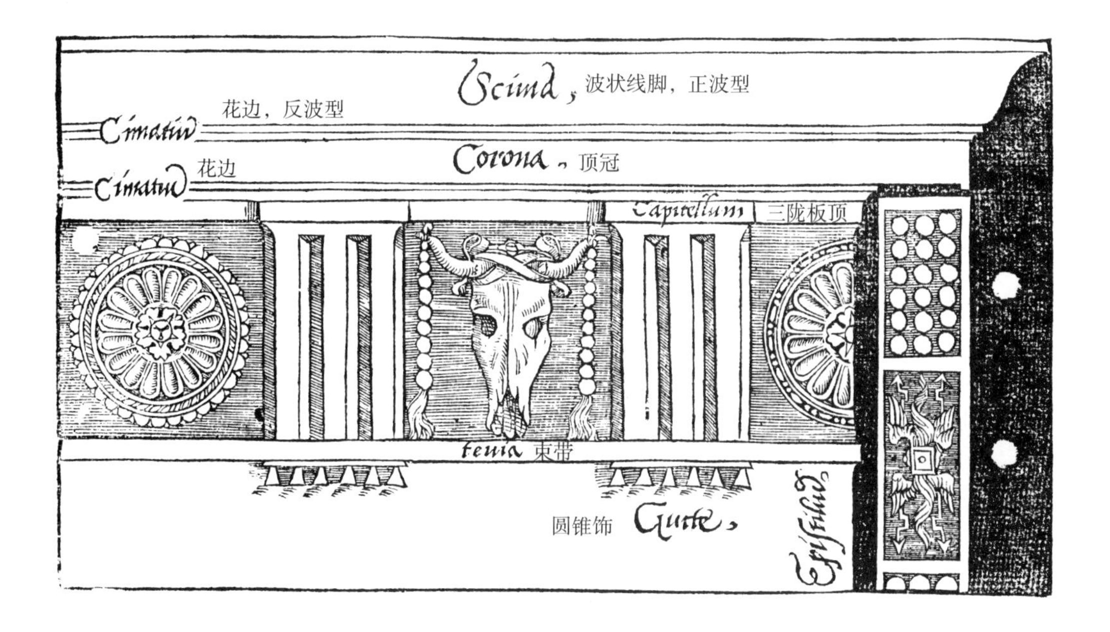

如果柱子必须是有纹理的，也就是刻有凹槽的，那么凹槽的数目应该是20。[113] 具体雕刻的操作方法如下：将凹槽两端用一条直线相连，以这条边为边长在一侧画一个正方形。正方形画好之后，将圆规一脚放在正方形中心，另一脚放在直线的一个端点上，在此情况下向着直线的另一个端点画线，形成的弧线就是我们需要的凹槽线，是四分之一圆弧。[114] 有关这个例子的图解，见下页柱式底部图示。

如果需要将柱子垫高，或者是其他的一些原因，有必要做一个基座（pedestal）。由于基座并没有一个固定的高度控制，因此基座的宽度应该等于柱础基石的宽度。而下面台座的高度应该按照下面所述的一些原则来控制：以基座的宽度为边长画一个正方形，连接对角线的两点——对角线的长度就是我们所要的高度。[115] 将这个高度五分之后，在上面和下面再各加上一份的波状线脚和底座。这样一来，与柱子本身一样，基座在高度上也被分成了七份，实现了在这一高度上的均衡。尽管这里对于柱头部分的出挑与维特鲁威书中的描述相去甚远（在维特鲁威的书中，柱头顶板的突出与基座的突出相等），然而我的确在一些古建筑中看到了相应的实例，并且我自己在建筑中也有一些实践，因此，我认为为那些可能会使用到这些数据的人们做这样一个数字化的分析和研究是一个很不错的想法。[116] 尽管如此，那些单纯研究维特鲁威并且完全依赖维特鲁威学说考察古典建筑的学者们 [117] 可能会说我的分析是错误的。但如果他们去考察科林斯柱头的顶盘，他们会发现顶板的突出与基座的突出相等，如果他们真正发现了这一点，他们也就不会如此轻易批判我的推测了。

XIX*r*
(141*r*)

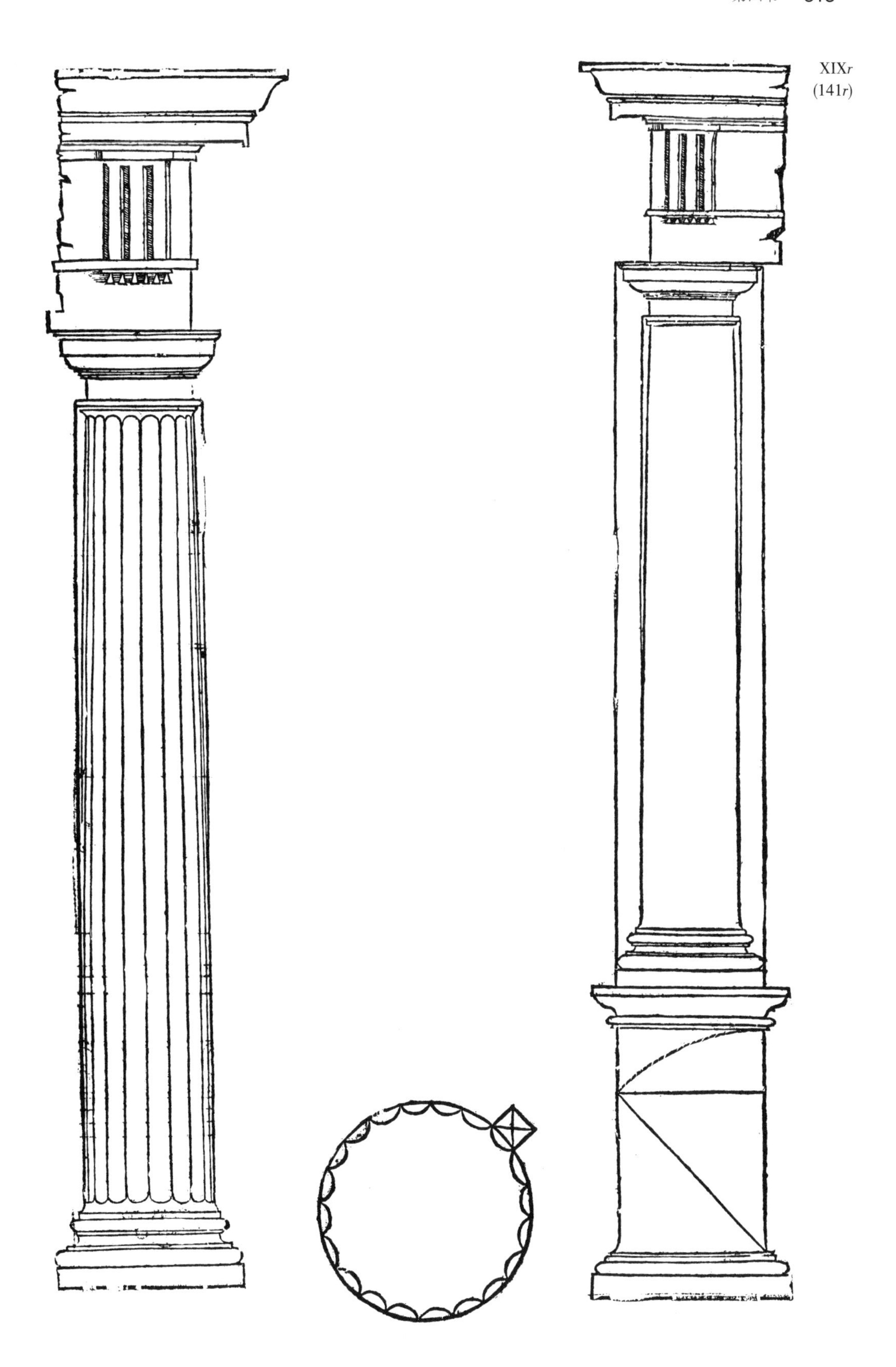

XIX*v*
(141*v*)

我在研究中发现罗马的建筑与意大利其他一些地方以及维特鲁威书中的描述之间有着很大的差异，这里我想展示一些至今建筑上还存在的要素，这对于建筑师来说，是一大幸事。尽管其很小，又没有相关的数量和尺寸，然而它们与原物成比例，并且仔细地从原型缩小而来。下图中的 R 柱头是在罗马城外，台伯河上的一座桥上发现的。V 柱头是在维罗纳的一座凯旋门上发现的。[118] T 柱头发现于罗马图利安监狱的一座多立克神庙。[119] P 柱头，和其他一些珍贵的文物一同发现于佩萨罗：虽然出挑很大，但是对于观者，它的比例和均衡还是十分具有美感的。另外墩座、柱础和柱头 A 是在罗马的牲口广场（Forum Boarium）上发现的。檐口、柱头和拱座 B 来自罗马马采鲁斯剧场。[120] 檐口，中楣和额枋 A 是在罗马的牲口广场上发现的。这里我展示所有这些构件组，为的是建筑师能够选择自己在多立克柱式中最喜欢的。下面，我会继续对多立克柱式中建筑师必须了解的一些特定尺寸做进一步分析和解释。

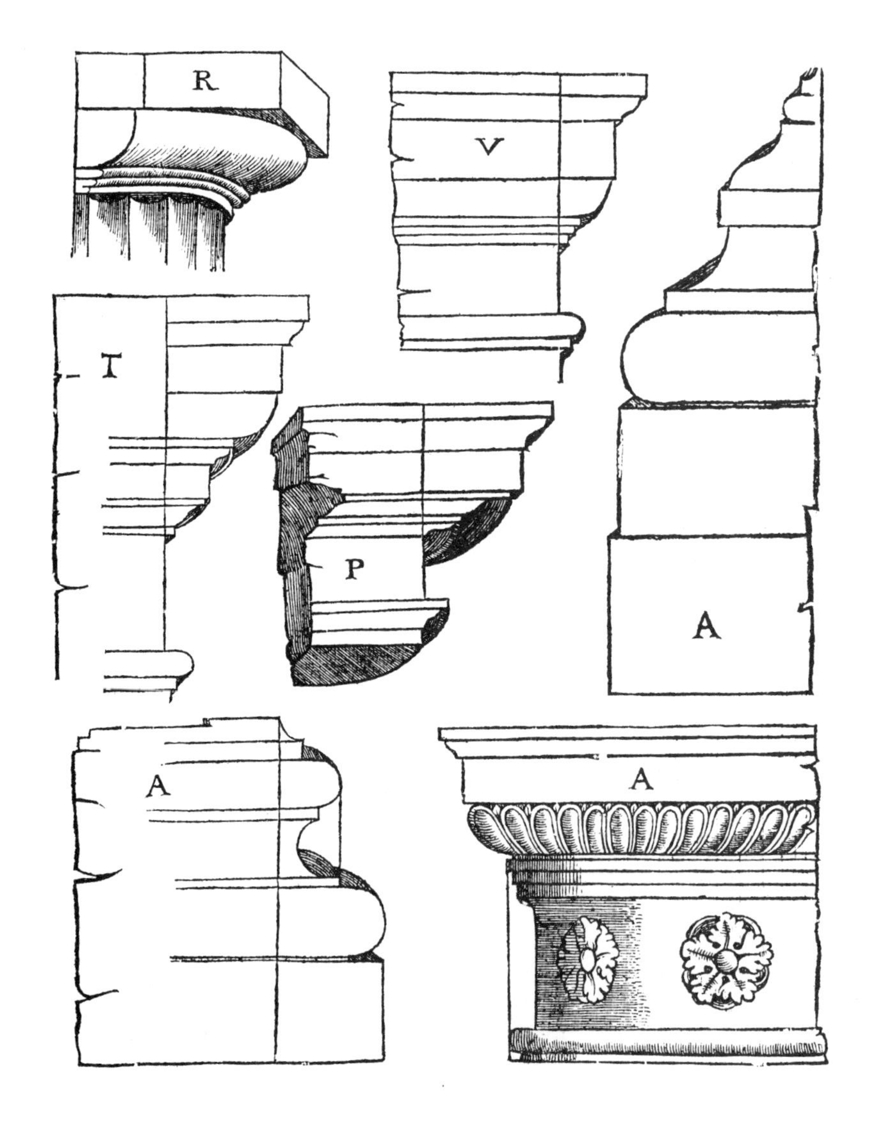

XXI(142*r*)

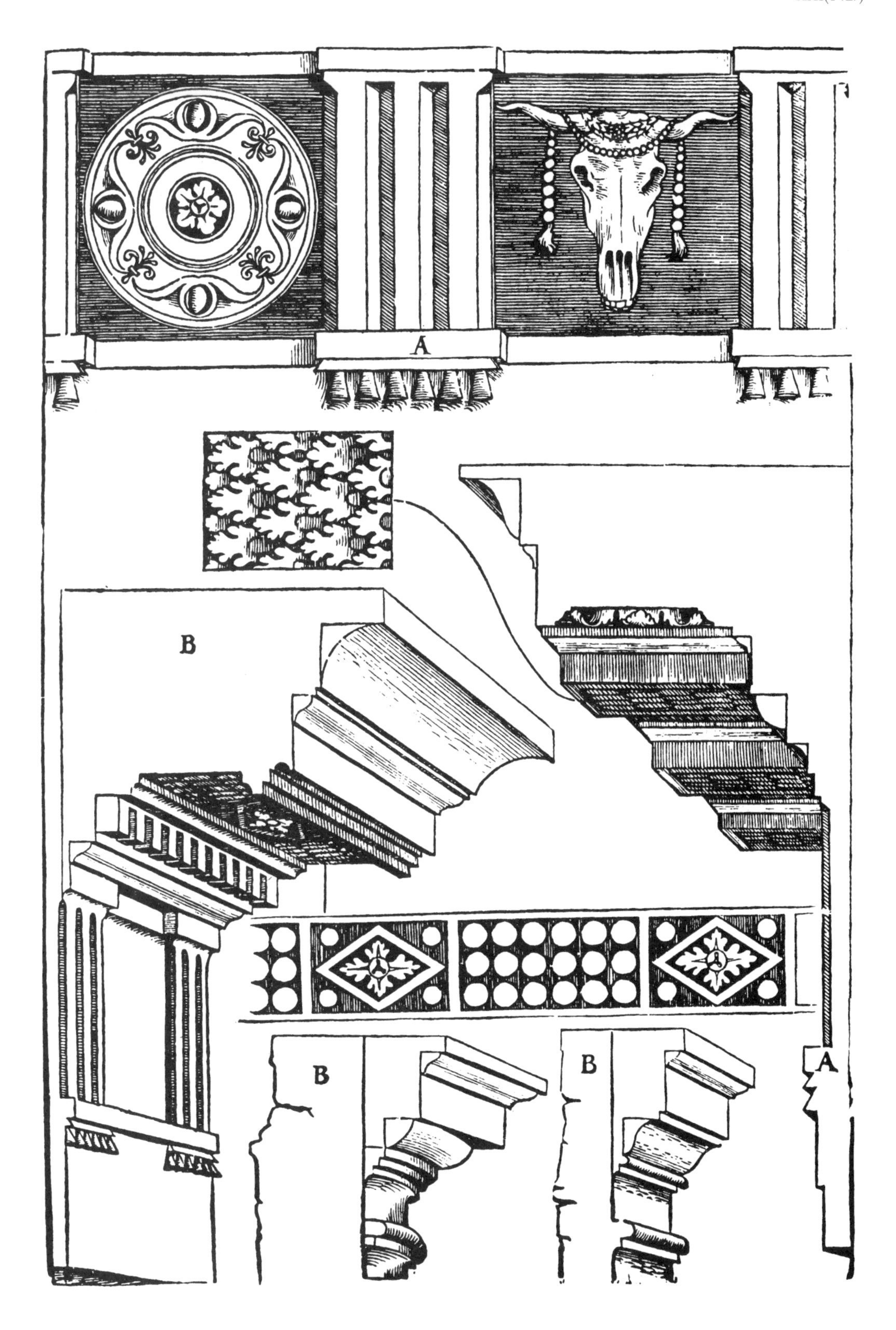

XXv
(142v)

在多立克柱式中三陇板和陇间壁的布置非常重要并且相当困难，基于这样的原因，在这里描述它的时候我会试图尽量表述得清楚易懂。首先我想明确的是，尽管在维特鲁威的文字中记载，对于六柱门廊（hexastyle）（也就是在门廊中有六根柱子）的模数总和应该是35[121]，然而，我认为这样的分配[122]是有问题的，因为，如果你在中间的两柱间配置四个陇间壁而在其他两端的柱间配置三个陇间壁，并不会得出上面所说的35的模数。而根据下面的图表计算和推断,我认为总模数应该是42。[123] 另外对于四柱门廊（tetrastyle）（即有四根柱子），维特鲁威书中表示其正面应该被分成23模[124]，然而如果你依然按照将中间的两柱间配置四个陇间壁而在其他两端的柱间配置三个陇间壁，也依然不会得出上面所说的23的模数。因此，根据下面的图示，很显然，我认为总模数被定为27更为合适。[125] 因此，如果神庙的正面被分成27份，那么柱子会占有两个模数，中间的两柱间会占有八个模数，而两端的两柱间是五个半模数。这就是这27个模数的分配方式。一旦每个柱子之上都会有与之对应的三陇板，并且三陇板和陇间壁的尺寸符合我们在讲多立克柱式之初所提到的原则，那么必然就会产生中间两柱间是四个陇间壁，而两边是三个陇间壁的情况。另外，对于柱子、柱础、柱头和其他一些部分的高度问题，也要遵守之前提出的一些原则。然而，山花的高度应该是在顶冠之上的波状线脚长度的九分之一[126]，这里的高度代表的是从字母A的底部到顶冠的波状线脚（这里我指的是顶冠下方的那个波状线脚）底部之间的距离。山花之上的雕像底座（acroteria），也被称作“柱形底座”（pilastrelli），其高度是山花墩身（dado）[127]的一半，另外它们在进深方向与柱顶齐平——中间的底座比两端的要高八分之一。多立克柱式非常难理解，因此这里我要用文字和图解结合的方式，努力将我所理解的内容清楚地表达出来。在维特鲁威的书中说，从地板到平顶镶板，也就是从门廊的地面到字母A下面的顶棚，应该被分成三份半，其中的两份是门的空间——这也是我所理解的维特鲁威的语义。[128] 然而，在这样一个小图示上很难清楚地表现每一部分的细致尺寸，因此我会在下面的章节中用更大的图解详细阐述有关的细节问题。

XXIr(143r)

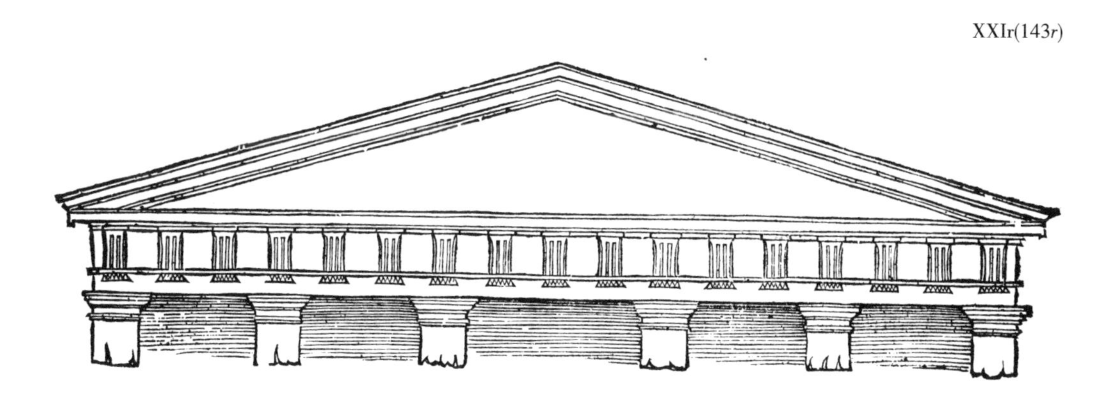

XXI*v*
(143*v*)

因此，正如我前面所提到的，已经将从地板到平顶镶板底部的空间分成三份半，这其中两份是门的空间，而更进一步细分，门的空间又可以被分成12个模数：一模是门框（antepagmenta）的正面[129]，也被称作“框缘”，门的宽度是五个半模数——如果门的高度等于或低于16英尺，那么上面的部分就需要减少框缘的三分之一，框缘自身上部需要减少十四分之一。而上面的楣线[130]，也称楣梁，还保持同样的高度。在楣梁中需要雕刻带有圈线（astragal）的勒斯波斯波状线脚（Lesbian cymatium）[131],波状线脚控制在框缘的六分之一。对于勒斯波斯圈线（Lesbian astragal）的描述见图示A。尽管在维特鲁威的书中似乎清楚地暗示了只在楣梁之上做波状线脚，然而根据我在古建筑中所见，我希望将其环绕框缘一圈布置。在楣梁之上需要设置一条与其高度一致的线条板（hyperthyrum），用于替代中楣（frieze）。其中，书中说，要在雕刻波状花边的地方雕刻多立克波状线脚和勒斯波斯圈线。[132]这一段十分费解，因此我更倾向于认为原文出错了，文中出现“scima sculpture”的部分应该想表达的实际是“sine sculpture”[133]——也就是说，没有雕刻的多立克波状线脚和勒斯波斯圈线，它们的形式和比例表示在图D和A中。文章似乎在表达平整的顶冠的上端波状线脚要与柱头上端齐平，然而，如果这真是文章所要表达的意思的话，那么顶冠就会非常巨大。书中说，顶冠的出挑与楣线的高度相等。尽管我在自己的设计中绝不会雕刻这样的一个顶冠，然而为了表达装饰，我还是希望能通过图示表达出我个人的见解。

对以上部分的修正[134]

在维特鲁威的一篇文章里提到：要以“sculpture of cyma”的形式雕刻多立克波状线脚和勒斯波斯圈线，对这篇文章我给予了很多的关注，另外我也与一些希腊学者商讨过相关的问题,最终的结论是“scima sculpture”意味着“浅浮雕”，也就是说这里的雕塑不应该像其他部分一样突出，因此雕塑本身也就没有那样的轮廓分明。我承认，在很多古建筑上看到这类浅浮雕的元素——也就是圈线,树叶,混线等其他浅浮雕之后,我所理解的维特鲁威所说的“scima sculpture”就是浅浮雕。

XXIIr(144r)

XXIIv
(144v)

尽管如今像古人那样缩减门的上部分已经不是我们的习惯做法[135]——对于这样的发展，基于很多的原因，我并不会对此谴责，尽管如此，还是有一些睿智的建筑师建造了遵循古典法则的门，虽然在现实中这样的门并不被绝大部分人所接受。因此，如果建筑师仍然希望能建造一座简洁少装饰的多立克门，他可以参考下面图表中的柱式[136]和比例：门的高度应该是其宽度的两倍。框缘的宽度应该是门开间的六分之一。在这周围是一圈混线的浅浮雕，其两侧边均有雕刻，宽度上是框缘的五分之一。尽管在前面的门中，这个数据是六分之一，然而我在一扇中等尺度的古代门中发现，这个数据就是五分之一，因此，我也坚持这样的五分之一的规定。正如我前面所提到的，这里的混线不应该是四分之一个圆，而应该要平一半。将维特鲁威的文字与古建筑对比，我们可以推断得出维特鲁威所指的勒斯波斯圈线就是这种线脚。[137]框缘剩下来的部分被分成九份，其中五份是较大的楣（frieze），四份是较小的楣。在框缘之上的是檐口，其高度与框缘相等。檐口被分成三等份，第一部分波状花边是混枭加上它的圈线和颈平环，第二部分是顶冠，（也被称为“檐”，gocciolatoio）和他较小的波状花边第三部分波状线脚，是枭混和外加的八分之一。对于檐口突出的尺寸，需要遵守在这章之初我们提到的一些原则。

XXIII*r* (145*r*)

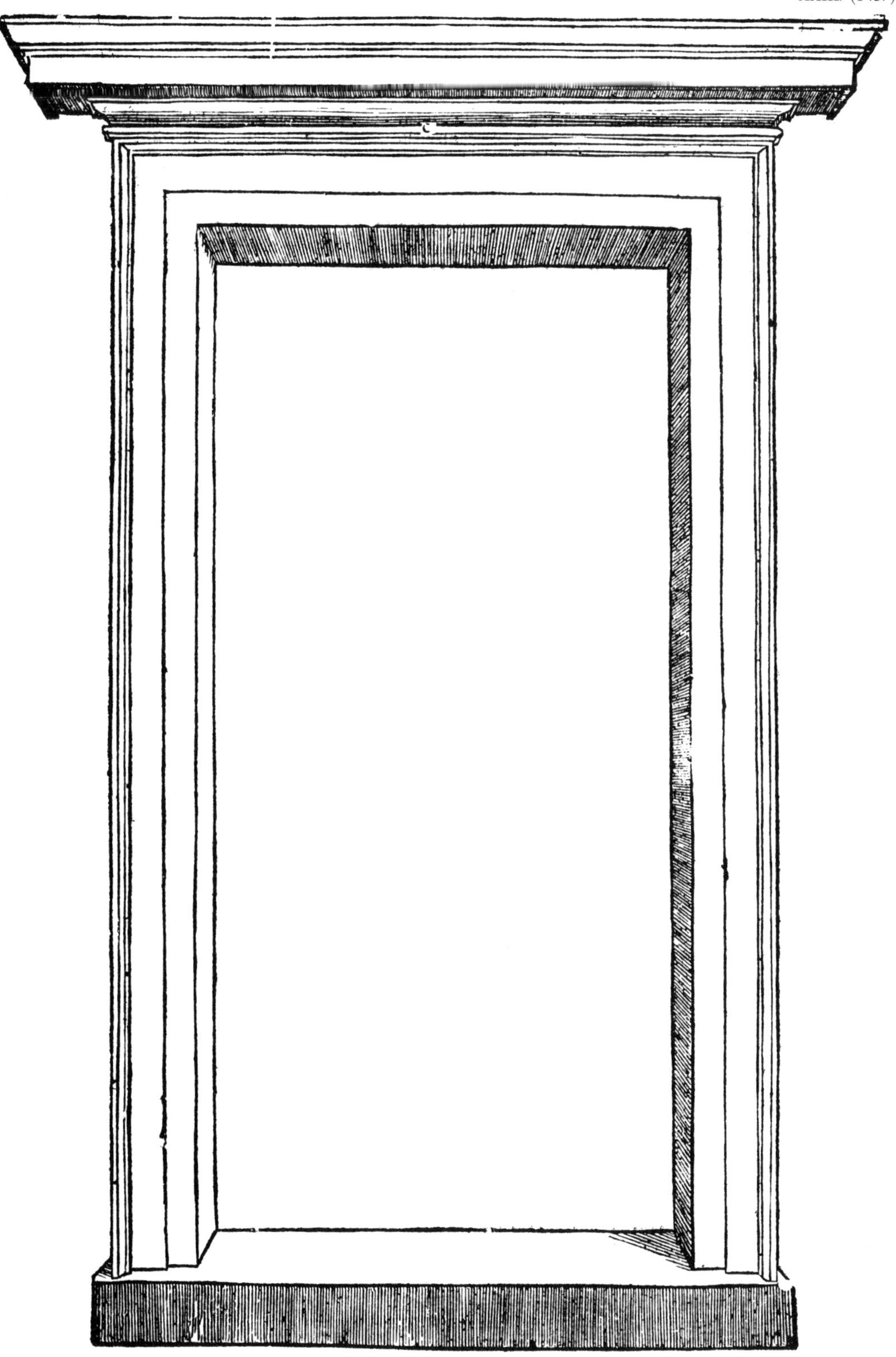

XXIIIv
(145v)

尽管在维特鲁威的书中，对于多立克柱式的门只提到了一种，并且——正如我之前指出的——阐述的方式让人十分费解，对我来说，基于建筑的装饰和满足不同目的的需要，似乎不应该仅仅只是一种门，而应该有多种形式的门。因此，如果一扇门需要满足一种特定的庄严的外观，在满足这种需要的前提下，它可以有如下的一些变体——也就是说，门开间的高度是宽度的两倍，框缘是宽度的八分之一，而柱子是宽度的四分之一。这样规定下的柱子会显得非常修长，因此，即使柱子的尺寸比规定的宽了一些，也不是错误，因为柱子局部埋在墙身中，并且这样的形制与古典的柱子是一致的，尽管在相似的情形中古典柱子会显得更修长一些。柱子之上放置的是额枋，其高度与框缘相等。中楣的高度是四分之三的柱径。每个柱子之上都对应着一块三陇板，两柱间的配置是[138]四块三陇板和五个陇间壁。对于柱础，柱头，中楣，三陇板和檐口这些独立元素的一些规定，同样要满足章节之初提到的一些原则。由于神庙正面的一些山花，也被称作“顶部”（fastigia）[139]，比维特鲁威书中描述的要高[140]，对它们的规定如下：画出檐口之后，将檐口上缘线 AB 中分，从中点向下画铅垂线到 C 点，长度是 AB 的一半，接着以 C 为圆心，A 为端点画弧到 B 点，由弧线的最高点就可以确定山花所需要的高度。根据这样的原则，还可以产生曲线形状的山花。[141]

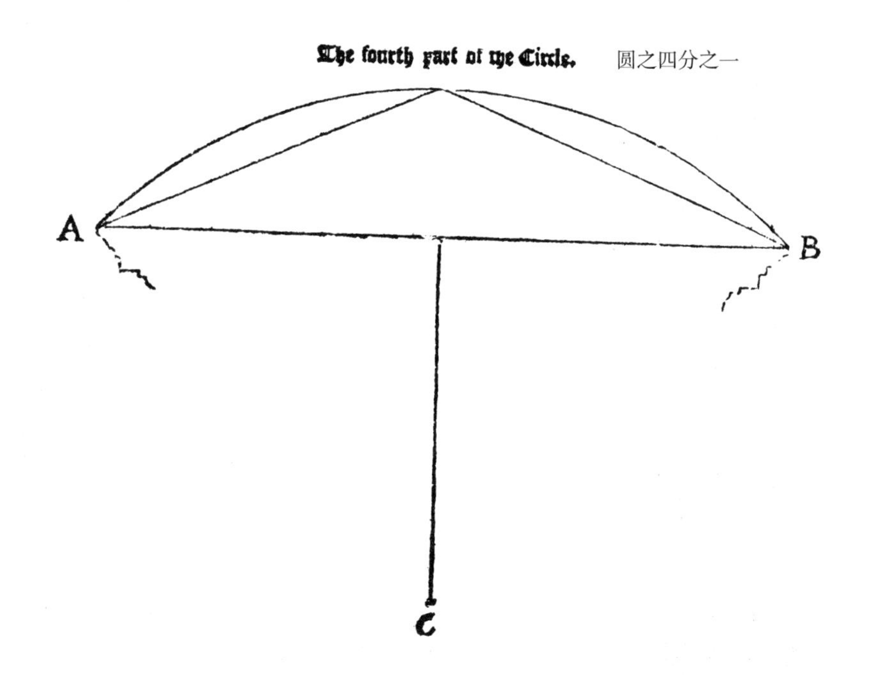

XXIIIIr
(146r)

XXIIIIv
(146v)

有时候，由于没有更好的表现方式，往往采取一种折中混合方法。因为对于观者来说，混合产生的多样性比单纯自然的纯粹简单更具吸引力。[142] 基于这样的原因，因此对于一个比例均衡的躯体来说，由基于同一秩序出发生成的不同组成部分构成的方式似乎更值得称道。下面的图示可以清楚地反映这一点，其中三陇板和托檐（corbel）用在相同的秩序中。对此，我从未在任何古建筑或者文字记载中发现类似的情况，但是锡耶纳的巴尔达萨雷——最博学于古的学者——可能看到过类似情况或者通过他高明的判断，发明了这样一种混合的方式，即将承受很少重量的三陇板放置在门口之上，而将承受整个山花重量的托檐放置在框缘的砖石构造之上。[143] 关于这样的做法，我认为在保证得体 [144] 的基础之上，也保证了视觉上的愉悦观感。同时克莱门特七世 [145]——他对所有高雅艺术有着很好的鉴赏力——也对这样的做法赞誉有加。对门的比例而言，开口应为“双倍比例”(double proportion) 的（即开口的高度是宽度的两倍）；框缘正面的宽度应该是高门的七分之一，而楣线的高度则是此宽度的一半。三陇板和托檐的宽度是楣线的一半，它们自身的高度是宽度的两倍。如果在每个框缘上建造两个托檐，在门洞开口之上布置四个三陇板，剩下来的空间平均划分 [146]，那么形成的陇间壁就是一个正方形的形状。在三陇板和托檐之上是柱头——也就是所谓的顶盘，在多立克檐口中这部分也常被称作飞檐托块。它们的高度是三陇板宽度的四分之三，其上的线脚是三陇板宽度的三分之一。再往上面的顶冠加其线脚的高度与三陇板的宽度相等，这里的波状线脚也被称作“枭混”。顶冠挑出的，也就是位于两块三陇板之间的顶冠之下的空间是一块正方形，而顶冠在左右两侧的挑出是这个正方形的一半。另外，波状线脚和花边的突出部分都应该与其高度保持一致。山花最高点的高度按照下面的规定执行：从顶冠上部线脚的一头向另一端头画直线，将这条直线等分五份，其中一份的长度就是山花的高度。对于建筑师来说，这个发明不仅仅可以用于门，还可以视情况而定，将其用于其他各种装饰中。

XXV*r* (147*r*)

XXV*v*
(147*v*)

尽管在多立克柱式中可以使用多种不同的门的形式，然而事实上，对于大多数人来说，似乎总是更喜欢那些新且独特的门，而今天这样一种现象也仍然在继续。门中使用的一些要素，尤其是那些人们最为满意的要素，在其混合折中的表象之下，往往有着内在强烈的连续和一致性，就如旁边的这扇门一样。尽管事实上，柱子，中楣和其他的一些构件都不是连续的，并且都以粗石覆面，然而通过各部分比例的控制，整体在形式上还是能达到良好的完整性。这些与我们上面提到的有关门洞的“双倍比例”问题类似。门的宽度被分成六份半，其中一份是环绕门一周的框缘——而旁边的柱身宽度是框缘宽度的两倍。[147] 根据前面给出的尺寸，加上柱头的部分，柱身共有 14 模。在柱头之下的柱身应被分成十三份半，环绕柱子的石材装饰带是一个半模数，装饰带在下方包裹柱础的部分是两个模数。包含柱身的五个部分，每部分各是一个模数。以上就是这 13 个半模数的分配方式。在柱子之上的是额枋、中楣、檐口和天花，这些都遵守前面所述的一系列原则。在这些元素之上的楔状石块（cunei）[148] 共有七个并且指向中心布置。建筑师，可以按照自己的处理方式，决定不要这些拱石，并遵循第 22 页正面 [149] 上门的三陇板和陇间壁的形制做法。尽管我在上面提到石构的形制适合建造堡垒般的建筑，然而我也只是建议将这种多样性反映在堡垒建筑的内部而不是外部，因为对于石构来说，明显的凹凸会使其很容易遭受炮火的破坏。我在前面还说，这样的一扇门很适合使用在一座军人宫殿中（我个人意见），无论这座宫殿是在城市还是乡村。

XXVI*r* (148*r*)

XXVI*v*
(148*v*)

我最初的想法是，在第四书中只讨论建筑的五种类型——柱子、山花、额枋、中楣和各种不同的门、窗户、壁龛和其他一些类似的独立类型的装饰——而在其他的一些书中探讨有关整座建筑和它们的秩序法则。然而后来，我决定通过展示不同建筑的正面——如庙宇、住宅和宫殿等，扩大这部分的容量——以便从同类做法中可以得到更大帮助。尽管在一开始，我说将柱子置于建筑的首层地面是比将柱子置于基座上更值得赞许的方式，但这样的做法有时候会导致柱子在尺寸上无法满足建筑师的需要[150]，在这样的情况下，就有必要将柱子置于柱基之上。这就是我制定下面这些规则（order）[151]的原因，这些原则对于建筑师各种不同的装饰下的创作可能有帮助。从比例上来说，门开间的高度应该是其宽度的两倍，框缘或拱的厚度应该是这一开间宽度的十二分之一，而柱子的宽度是这一开间宽度的六分之一；两柱之间的距离是开间宽度的二分之一；而壁龛的宽度应是柱子宽度的两倍，其高度是其宽度的两倍；基座的高度是柱身的三倍，它的宽度和其他一些尺寸也要符合这章之前提到的一些规定；根据前面的规定，柱子，加上柱础和柱头，高度上应该是九个模数；额枋的高度和三陇板正面的宽度均是柱身的一半，但三陇板的高度，加上其上面的顶板，是宽度的两倍；如果，三陇板正对下面的柱子放置，两侧的两柱之间有两块三陇板，中间的两柱之间是五块三陇板，所有三陇板均匀排布，这样，所有陇间的空间就会是正方形；顶冠和其他的一些元素同样要满足之前的一些规定。对于山花高度的规定与维特鲁威的观点有很大出入，然而在古建筑上我的确看到与此类似的更高的山花；在上部它的高度——也就是从顶冠的波状线脚到顶部的高度等于从檐口一端到另一端的距离的六分之一。[152]在山花上部的雕像底座——也就是我们所谓的柱形底座的宽度与柱顶宽度一致，他们彼此之间除了檐口之外的高度也一致。然而，中间的底座会比两侧的高出六分之一。此外，柱高九个模数并不是错误的，因为它们部分埋在建筑中，与其他的石头粘连在一起。[153]

XXVII*r*(149*r*)

A.A.A. 顶部雕像底座

XXVIIv
(149v)

对一名明智的建筑师来说，他会根据不同的情况，改变其中一些要素——尤其是面对今天意大利许多地方的习惯，在祭台上装饰一幅画的时候，对下面这张图进行修改。将中间的基座移走，它可以成为一个凯旋门。类似的，如果没有两翼，或者即使有这两翼，它也可以作为门的装饰，在一些特定的情况下，还可以作为窗户，壁龛，神龛之类装饰。它的比例规定如下：将门的开间分成5份，一份是柱子的宽度；饰带更确切地说是环绕在周边的一圈，（不管是上面的还是下面的）宽度上都是半个柱径；开口的高度是柱径的7倍，由于柱头和柱础加起来是一个柱径高，因此柱子总高为8个柱径；基座的高度为3个柱径，它正面的宽度与柱底基石的宽度相等；两侧的柱间（柱间）的宽度为一个柱宽，两侧角落各有一个四分之一柱；壁龛所在的两个侧翼为一个半柱径[154]——壁龛的宽度与柱径相等，高度是宽度的三倍；额枋的高度是柱径的一半，同样宽度的还有三陇板[155]，但其高度（不加上面的顶板）为宽度的$1^2/_3$倍。如果将两端的两块三陇板布置在相应柱子的垂直上方，在两柱间布置四块三陇板和五块陇间壁，那么这样形成的分配是正确的，并且，陇间壁的空间会是一个完整的正方。顶冠、山花和其他一些构件，不管是上方的还是下方的，都要符合前面提到的一些原则。图中两翼的三陇板的形制与维特鲁威书中的描述大相径庭，尽管如此，我仍在一些古建筑的角落处见过此做法，因此，还是应该由建筑师们自己决定是否要雕刻它们。尽管我本来并不准备在第四书中讨论这些内容，因为在其他书中讨论过，然而对于这些难于理解的立面形制，我还是有必要在这里做明确的阐述，只有这样，才能满足每个人理解上的需要。

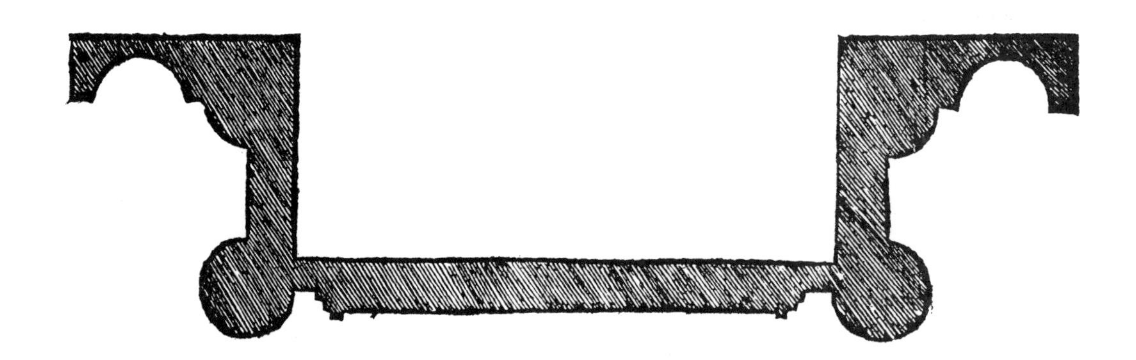

XXVIIIr (150r)

XXVIIIv
(150v)

就我们所知，古人在柱子之上放置额枋，其上除了顶棚不再增加任何的楼层，并且山花的做法也只在庙宇，而不在其他的建筑中使用。尽管这样，我希望能有机会在住宅中增加一些楼层，当然这些增加的楼层中是没有拱券的。这样做的原因是如果我们希望将以方柱支撑的拱券和为了追求更多装饰的圆柱一起建造，并且希望得到一个明亮的门廊，这样拱券和方柱就不得不填满很多的洞口空间；但另一方面，如果我们将拱券置于每个单个的柱子之上，我们就犯了严重的错误，因为在圆柱之上的拱券的四个角会落到柱身之外。[156] 因此，不仅仅针对多立克柱式，对于其他的柱式也一样，我在建造住宅和其他一些建筑的时候都倾向于不建造拱券。在这样的情况下，就需要建造宽为柱身四倍的大柱间和一倍半的小柱间。加上柱头和柱础，柱子总高九模。额枋、中楣、檐口，和其他一些构件的有关规定与前面所述一致。窗户的开口为两个柱径，高度为宽度的 $1^2/_3$。它们的框缘是洞口开间的 1/6，上面的檐口与旁边柱子的柱头齐平。中间的门洞开间为三个柱径，高度为七个柱径。这样，无论是门洞还是窗洞，洞口上缘都在一个高度上。有关三陇板和陇间壁的配置 [157] 与前面讲到的一致，这样就会达到一个正确的分配。第二层的高度比第一层要低四分之一。[158] 因此，额枋、中楣、檐口各部分的尺寸分别自己减缩四分之一。这一层的窗洞和框缘的尺寸与首层一致。壁龛的装饰与下面的柱子垂直对应，同时壁龛的开间与对应的下面两柱间尺寸一致，它们的高度是其开间的两倍半。第三层的尺寸比第二层又要少四分之一，同样的，额枋、中楣、檐口各部分的尺寸分别自己减缩四分之一。然而，一旦这几个构件被分成了三份，那么就分别对应额枋，带有飞檐托饰（modillion）的中楣，以及檐口。每一部分的自身尺寸会在下面的混合柱式中提到。[159] 这一层的窗洞与下面两层相等，但壁龛不同，壁龛的开口比中间层少四分之一，它们的高度同样是宽度的两倍半。至于其他一些装饰的尺寸，很容易通过圆规推演出来。

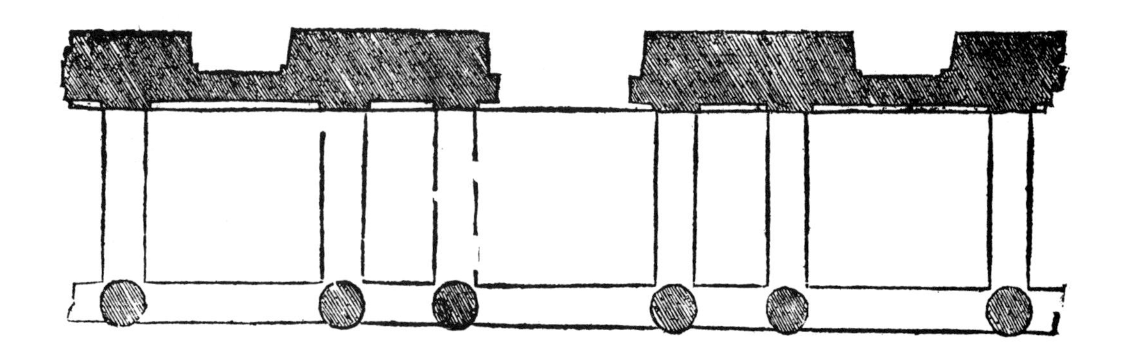

XXIX*r* (151*r*)

XXIXv
(151v)

尽管在第 13 页的第二面，讲到塔司干柱式的时候，我展示了一种相似但采用的是粗石加工方式的设计——但是这里讲到的与那个设计并不相同，因为我这里的门廊必须是筒形穹顶。不过，如下图所示，有拱顶者还必须做成十字拱。对于筒形穹顶和十字拱顶来说，柱子始终无法抵挡拱的侧推力，因此，有必要在每根柱子上方，拱侧边的位置增加一块铁制的加固物，尽管事实上青铜材质的支撑更耐久。然而，铁制的支撑也可以通过上釉的方法来防止生锈。对于在墙内的支撑，也可以通过包裹薄铅皮或铜皮的方式，使其长寿。对于这个立面的比例规定如下：较大的 柱间宽度为四个柱径，较小的为两个柱径；柱子，加上柱头和柱础的总高度为七个柱径；额枋的高度为四分之三个柱径，在其上方有一个半圆，其正面弧带的宽度是柱子上部宽度的一半；在拱之上的檐口高度与额枋相等；在两拱之间需要有一个窗户[160]，其宽度与相对应的下面的柱间宽度相等，其环绕束带的宽度与拱的弧带相等。窗户上面的枭线脚（cavetto）和混线脚（ovolo），是檐口的一部分，作为装饰，需要挑出一些；门的宽度为二又四分之一个柱径，其框缘的宽度是门洞开间的六分之一；对于门洞高度的规定如下：洞口上端的框缘作为楣线，其高度应该与柱子的圈线（astragal）的下端齐平——这些柱头形式的构造既是中间门洞，也是两侧窗户的檐口；这些窗洞的开间为两个柱径，这个尺寸是指窗户上端而不是下端的尺寸；在这种情况下，窗洞的高度是其宽度的一倍半，而旁边的壁龛的高度与它相同。上一层的尺寸比首层少四分之一，按如下原则划分：在檐口之上的胸墙（parapet）的宽度为一个柱径，高度为半个柱径；剩下来的部分被划分成五份，额枋，中楣和檐口各占其一；带有装饰的壁龛垂直位于拱之间的窗户的上方；将宽度分成五份，其中柱子占了两份；剩下来的部分就是壁龛和壁柱的部分；这些壁龛上面的檐口为一个柱径高，下面的基座为半个柱径高。在这些壁龛之间的窗户的开间比下面门的开间要少四分之一，并且是“双倍比例”的。因为这是个混合柱式，因此剩下的有关窗户的装饰细节可以在爱奥尼和科林斯柱式的章节中找到。在这种布置下的三陇板之间的空间不再是一个完整的正方，因为我仔细地在每个窗户和壁龛上面放置了三个三陇板，如图所示。如果有任何缺失的尺寸，参考前面所给出的规则。

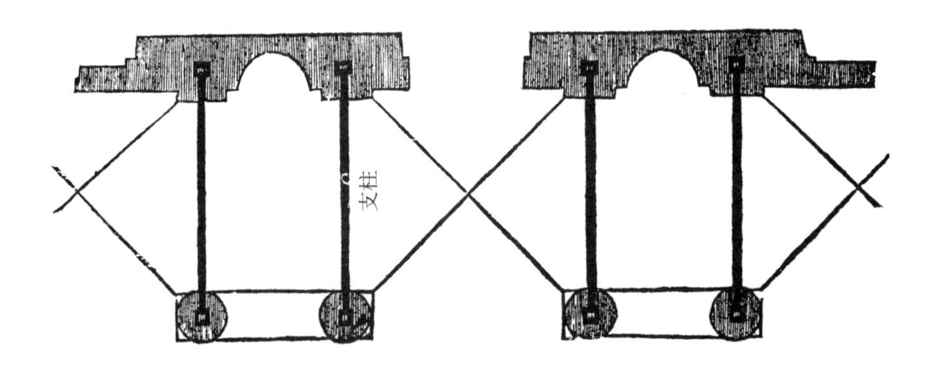

XXX*r* (152*r*)

XXXv
(152v)

在一些情况下，有人希望在拱下建筑一个门廊或者是凉廊，但又不希望因为它们的建造阻碍了建筑的采光，另外我们在这一章的第 28 页中提到[161]，在圆柱之上架拱的做法是错误的。因此，很自然的，你可以选择使用一些方柱子，包括其柱头和柱础，具体做法在下面会提到。[162] 尽管像这样的一个图示展示了在这三个拱之上的房子的所有形象——事实上从图示上来看，这个房子似乎很小，不足以作为一个住宅使用——然而，这的确是一个住宅，正是给那些土地不多的人建造的住宅。但是一旦有了更多的土地用于建造，原有的立面就会被分成五个拱或者是七个拱，因为只有这样设置，才会同样达到均衡。具体的划分[163] 如下：两柱间的距离为四个柱径；柱子，加上柱头和柱础的总高度为六个柱径；在此之上的拱带宽度为半个柱径，这样的结果是，开口是“双倍比例”的。在拱之上是额枋、中楣和檐口，它们的高度总和为两个柱径。将其分成三份半，一份是额枋，一份半是中楣，一份是檐口。对于其他的一些构件，要遵循前面给出一些规则。门洞开间为两个柱径，其框缘的宽度是门洞开间的六分之一。门的檐口与柱头齐平，其组成与柱头的檐口相同。这样一来，门与窗户协调起来，窗户的宽度为一个半柱径——它们的高度遵守“对角比例”（以对角线的长度为高度）。角上的柱子的宽度与其他柱子相同，只是高度上为柱径的八倍半。上面的第二层，比首层小四分之一。角柱、额枋、中楣和檐口都需要相应缩减，但拱上窗户的宽度与下面首层的窗户相等。它们的高度是宽度的两倍，有关其框缘的规定与其他构件相同。框缘之上的中楣和檐口的高度都与框缘相同。建造它们之上的小窗户的原因有两个：一个是如果房间与其外墙显示的一样高的话，房间的顶棚和房间本身就会被更好地照亮；另一个原因是，出于功能的考虑，你会希望在垂直方向上把房间分成两份，这样夹层同样能得到良好的采光。第三层比第二层又小了四分之一。将其分成五份之后，其一是额枋、中楣和檐口的部分；将这三者再分成三份，额枋、中楣和檐口各占其一。中楣上的飞檐托饰的形式如图所示。[164] 窗户的开口与其他相同，除了在高度上要比其他窗高出十二

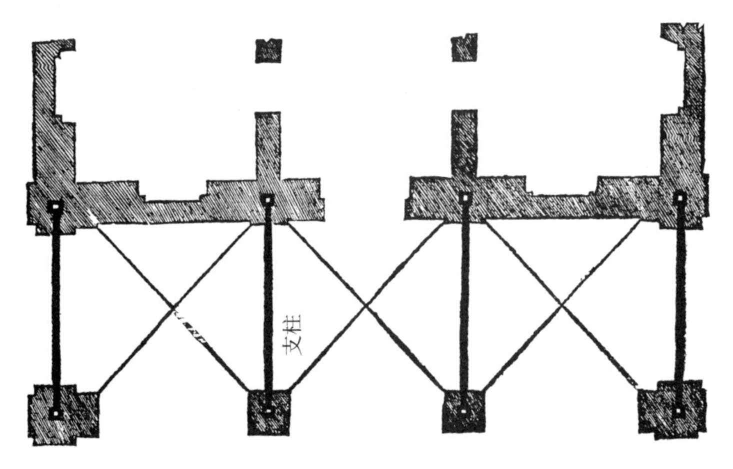

分之一外，它们距视点也较远。有关额枋、中楣和檐口的规定与其他楼层类似。三角和圆弧山花要符合前面叙述多立克门时的规定。[165] 出于装饰的考虑，同时为了与立面最顶端的另一构件连接，需要建造雕像底座，其分布方式如此立面图所示。出于对更好的功能追求，在这些位置，可以建造烟囱以利排烟。空出的窗户之间的空间，可以根据主人和建筑师的喜爱来进行墙体彩绘。另外出于住宅安全性的考虑，在十字拱的边上需要一定的支撑，这里的支撑至少要横跨门廊的部分，具体做法应遵循前面提到的原则。

XXXI*r*
(153*r*)

XXXIv
(153v)

威尼斯作为最壮丽的城市之一，其建筑活动与意大利的其他一些城市有很大不同，因为对于威尼斯来说，由于城市的密度非常高[166]，建筑的基地往往十分狭小，因此在规划分配[167]时需要更用心。但是，尽管场地经常很局限，建筑也没有足够的空间，包含大的庭院和很多的花园——当然这只是一般情况，因为尽管如此，在一些私人宫殿中这些大的庭院或者花园还是存在的——然而，如果能有更大的场地，那么住宅建筑一些窗户就可以更大一些，并且不仅仅只是出现在正面，与此相对应的通常情况是：在那些最狭窄，最受限制的场所，如广场上（也被称作 campi）、运河上，以及街道上、建筑开口上的一些构件，往往被缩小堆积在住宅立面上。在脑中形成这些想法之后，我认为这些立面上可以开出更多的洞口来，这是对古典建造的一种尊重的表现，具体的做法下面会介绍。做法是以拱的开间为两份半，柱墩正面宽一份——柱墩厚为半份，圆柱粗与此相同。拱高是其跨度的三分之二加上其跨度，共计一个正方形及其三分之二的关系——将柱子做得更细一些，将拱高延伸至额枋的下端，也可达到二个正方形的比例。关于柱础和柱头，要符合前面所述的规定。支撑拱的拱座为柱径的一半[168]，形制上可以利用上文提到的马切卢斯剧场柱头的组成。[169]门廊下的门为三个柱径宽，高度是宽度的 $1^2/_3$ 倍[170]，与拱成比例。其框缘的宽度是门洞开间的八分之一，其顶冠应该与旁边的柱头齐平，只不过增加了一个枭混线。有关山花的规定与前文所述一致，其上方开洞的大小根据建筑本身的需要而定。如果你的建筑位于一个广场，或者其他一些繁忙的地段上，那么通过这里展示的方式，商店就可以与周边的建筑达到协调。在柱子之上是额枋，其高度为柱径的一半。三陇板的规定与前文所述一致，但其高度应该按图示的方式建造，因为只有在这种配置[171]方式下，三陇板之间的空间才是一个完整的正方。在此之上的是檐口，其高度比额枋高六分之一。对于其他单个的一些构件，要满足前面提到的规则。上一层比首层小四分之一[172]，在柱子下方需要建造一块基石，高度上等于因檐口突出而损失的高度。[173]将剩下的部分分成五份之后，其一是额枋、中楣和檐口的部分；将这三者再分成三份，额枋，飞檐托饰，和檐口各占其一。支撑

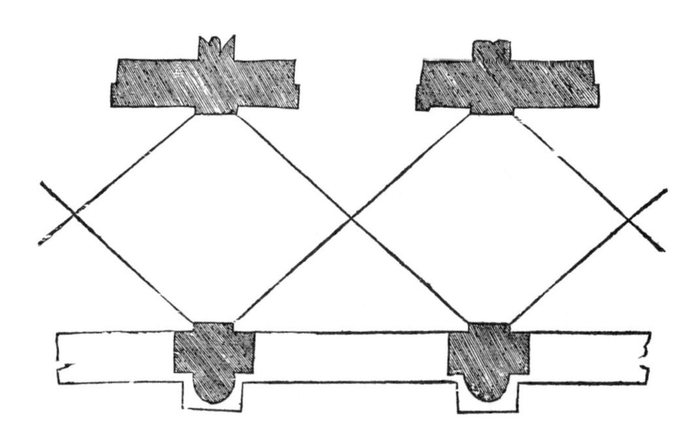

额枋的柱子高度为六份。支撑中心拱的柱子宽度上比其他的柱子小三分之一。当小的半柱紧靠着大柱子建起来之后，中间拱下的空间就会成为两边空间的两倍。在支撑柱上建造了拱的檐口，将半圆拱延伸到上面的额枋的底端，并在拱两边加上这些圆孔（oculi），所有这些做法为建筑内部提供了大量的采光并保证了立面效果的得体。[174]同样对于这一层，对于那些房间的部分的外立面，可以将中间的开洞封上，而将两侧的洞口保护下来作为窗户。这样这个楼层不仅仅在外部没有受到破坏，并且内部空间的使用也不会受到影响，因为原来中间开敞的部分封上后可以作为壁炉使用，事实上，壁炉也总是被布置在两窗之间，这样的方式是为了象征人脸的构造——窗户就像人眼一样捕捉光线，而壁炉就像鼻子一样吸进空气。

XXXII*r*
(154*r*)

XXXII*v*
(154*v*)

为了分配[175]下面的立面，需要将其分成二十四份。[176]以一个柱径为一份的距离。中间两柱间的距离为六个柱径。其他柱间的距离均为三个柱径；窗户的宽度为一个半柱径，高度为其宽度的两倍半[177]——壁柱的宽度为洞口开间的六分之一 。首层窗户的宽度都相同；那些在较低位置的，地面上的房间的窗户都是正方形的，但那些位于中间夹层的窗户，按照规定，高度应是其宽度的一倍半。门洞宽应该为五个柱径，这样是为了保证上面的柱子能有砖石作为支撑基础。其高度是其宽度的 $1^2/_3$ 倍。拱石和其他一些砖石的节点都可以在图示中看现并测量出来。从一层门洞的拱底到饰带的顶端的距离为两个柱径。就高度而言，所有的上层楼层都要比其下一层缩减四分之一；然而，对于这里情况而言，由于柱子的配置是在砖石砌筑之上开始的，因此第二层应该与首层同样高，因为如果底部的粗石层比中间的多立克层大出四分之一，且第二层又比第三层大四分之一，那么第三层缩减得就会太多，而与此相比的第一层就会显得太高。因此，一旦你建设了第一层和它的饰带，你就必须再建造一个基座，也被称作胸墙，一柱宽，半柱高。在此之上放置柱子，形制（order）[178]见前文。有关的高度规定如下：首先二层的高度与一层相同，将胸墙排除之后，剩下来的高度被分成了五份，这五份中四份是柱子，一份是包括了额枋、中楣和檐口的总高度。有关这些的配置如图所示，同样要遵守最初提出的一些原则。只有这样，柱子才会达到正确的比例。有关中间空间的分配要遵守如下规则：小柱子的直径是大柱子的一半，中间两柱间的宽度是侧边两柱间的二倍——这些空间的高度要与两侧窗户的高度齐平，另外如图所示，这些窗户的上面需要有圆孔，因为这样才能达到更好的采光。在中间的两个小空间的上面，你既可以建造一些在此建筑（图）上表现的做法，或者出于更庄重的考虑，以同一标准建造圆孔。如果还有一些独立的构件没有提到，同样可以遵循最初的规则。第三层相对于第二层来说，要缩减四分之一 ——也就是说，所有的构件都要相应减少四分之一——但是窗户的宽度和高度都与下面楼层相等。如果使用一副圆规仔细计算，那么其他一些构件的尺寸也可以被推算出来。中间高出的部分，不包括上面山花部分的高度是第三层的一半。正如我前面所说，对于其他剩下的一些构件，睿智的建筑师们大可以按自己的想法，相应扩大或缩小。但这里的这个立面是按照威尼斯的风格建造的。[179]

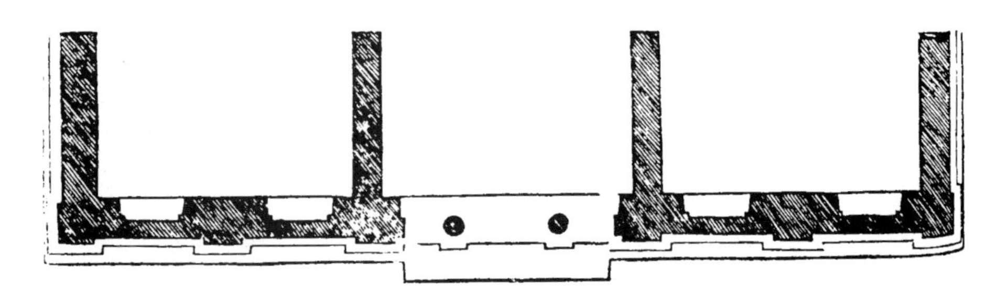

XXXIIIr
(155r)

XXXIII*v*
(155*v*)

在前面我展示了威尼斯风格的建筑外立面的两种形式。然而，在这些立面中，威尼斯人喜欢有多个阳台（在威尼斯也被称作藤架，pergoli），从窗户的位置伸出来。多数时候，威尼斯人喜欢把他们的房子正对着运河建造，由此可以看出他们建造这些阳台的目的是为了能更好地享受运河的水景和由此带来的凉爽感受。同时这些阳台也为观看军队凯旋和海军庆典（这些庆典往往在城市最繁华的地带进行）提供了良好的景观平台，另外阳台作为建筑立面的装饰也起到了很大的作用。然而,尽管它们对建筑有功能和装饰上的作用,但是将它们这样置于室外，几乎就是悬在半空中，并且除了梁托再无其他的支撑——这样的做法还是错误的。此外，由于这个构件自身没有稳定的支撑，因此对墙壁也是一种严重的损害——有关这一点古人早已预料到，因为除了由自身部件或飞檐托饰（modillion）支撑的檐口之外，他们从未在墙壁上做任何其他的突出物——我的想法是我们要想在一个建筑中建造类似突出的构件时，我们需要有自己的一套理论，第一层的墙体要达到这样一种厚度，以至于在第二层墙体向室内缩进之后，阳台能落在一层墙体突出于二层墙体的部分之上，如下图所示。另外由于中间的阳台比两边的都要大，因此中间部分的墙体必须要建造得更突出。然而，如果，你不想在中间建造如此厚实的墙体，你可以在室内建造一个有着很强支撑力的拱，这样在支撑中间阳台的同时，自身又保持了空且很轻的重量。这个平面图是从粗石构筑的饰带之上往下看的结果，这里的粗石构造大大地增强了水上建筑的庄严感。[180] 因此，如果你想以我们这里展示的方式建造首层，它上面的立面的分布 [181] 形式应该如下：如果中间部分是三份的话，那么两边的部分就是三份半——这里我指的距离都是墙间的距离。二层的高度应该与首层相同，相关的原因在前文已经提到。建造时，应该是先建造基座（也被称作胸墙）到一个适合上部依靠的高度。剩下来的部分被分成五份，一份是额枋、中楣和檐口的部分，分布方式遵循一开始所说的原则。中间部分的宽度也需要继续细分，中间的洞口包括上面的半圆拱的宽度是两边洞口的两倍，其高度是自身宽度的两倍。当你在柱子之上放置楣梁（architrave）作为拱的支撑时，周边的窗户的高度都要与这里的楣梁齐平。另外出于更好的采光，同时也是立面装饰的需要，你需

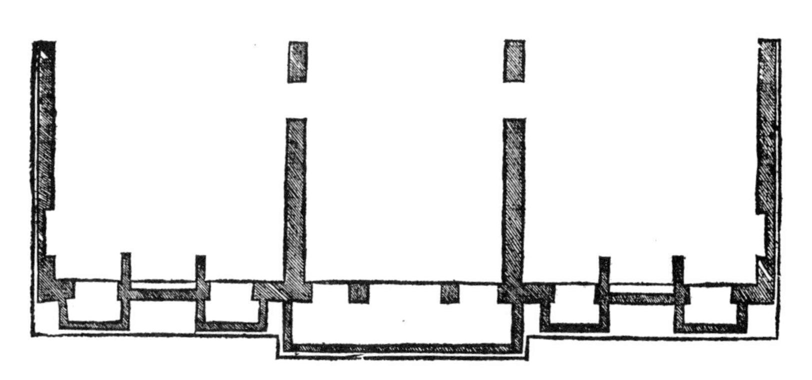

要建造一些圆孔和方窗，如图所示。如果出于费用的考虑，住宅的装饰不用大理石或者其他石材，可以简单地用彩绘来代替，当然也要是能纯熟地模拟真实的效果。第三层比第二层小四分之一，其他一些构件类似地缩减。同样遵守上面提到的一些规则。尽管爱奥尼柱子放置在多立克柱子上（这也是古人在很多建筑中的做法），然而人们从没有在爱奥尼柱式的介绍中发现有关它的比例和尺寸。

XXXIIII*r*
(156*r*)

XXXIIII*v*
(156*v*)

在前文的图示中展示了很多有关多立克柱式的发明，因此，作为一名睿智的建筑师，在需要使用到多立克柱式的时候，就会知道如何利用并根据壁炉的不同装饰修改这些发明，尽管如此，我还是需要建立两种不同情况下的柱式形式。其一是为了满足两个大尺度的房间[182]的需要，同时建造的还有从墙上突出的台架；另一种形式是针对中等或较小尺度的房间的，壁炉完全包裹在墙体厚度范围内：原因是突出的壁炉有时候会超出中等或较小尺度的房间的面积许可；并且在一个壁炉的上面可以建造第二个壁炉，这样两个壁炉就可以共用一个烟囱了——这样一来，下面的壁炉就不可避免地完全包裹在墙体范围内。因此一旦我们要建造一个多立克柱式，建筑师根据房间的高度判断，可以将其开洞的高度就固定下来。此高度应该被分成四份半，每一份长度等于立框正面的宽度，横框的高度是它的一半；包围立框缘的颈平环线或者直线脚的宽度是七分之一份——所有其他的颈平环也都是同样的宽度。托檐和三陇板正面的宽度是横框的一半。对他们的高度的规定如下：一旦根据房间的要求设定了壁炉的宽度，托檐也按照图示的方式放置在柱墩的上面，三陇板之间的空间需要按照图示的方式分配，只有这样，两个三陇板之间的距离和高度才能够都与横框的高度相等。这样一来，三陇板之间的空间很好地形成了一个正方，三陇板自身也满足了“双倍比例”，即高度是宽度的两倍。然而，在角部托檐之间的空间不可能是一个完美的正方。三陇板的和托檐的顶板高度——事实上也被称作飞檐托块（mutules）是托檐高度的一半。[183]顶冠加上其波状花边和波状线脚的总高度与横框的高度相等。将这部分的总高度分成两份，一份是顶冠的高度，剩下来的一份继续分成三份，一份是波状花边和其圆环线；另两份是波状线脚和其束带。关于顶冠的出挑要满足其底面在两个三陇板之间的空间是一个完整的正方，如果你想在下部进行雕刻，这样形成的空间可以满足你的需要。波状花边和波状线脚的突出部分，或即出挑，与其高度相等。檐口之上的装饰可以根据建筑师的意愿自行设计，甚至可以完全不要。对于中等或者较大尺度的房间这里给出的尺寸都是比较适用的。然而，如果是一个较小的房间，柱墩正面宽度需要是洞口高的七分之一，其他的一些构件需要根据前面的一些规则与柱墩成比例。

XXXVI*r* (158*r*)

XXXV*v*
(157*v*)

建造突出墙壁的壁炉时，需要根据房间的尺度制定如下合适的高度和宽度。从地面到额枋的下端的高度被分成四份，一份是额枋、中楣和檐口的部分，这些构件内部的划分要遵守前面提到的规则。因为视点较低的缘故这张图中显示出的这些构件较高。当我们以一个较低的视点向上观察时，眼睛会被欺骗，认知的高度比真实高度大。台架（console）正面的宽度是其高度的七分之一，柱头的高度是该正面宽度的一半，划分方法与前面提到的多立克柱式柱头的划分一样。有人把台架下部做小了四分之一，是因为最下面的脚部分向外扩大了四分之一，这样脚下面的基石的宽度就与上面的宽度相等了。另一方面，如果你希望台架从上而下，所有部分都是同一宽度，我建议将其使用在一个较大的建筑上，因为在墙体背后的部分事实上离景观更远了，看上去也缩小了。由于接受呈锥形升腾的烟雾的部分如果太高，视觉上的美感就不会很好，这一部分（order）[184]可放置在第一层檐口的上面，根据建筑师的判断和房间的高度，相应地调整。这些比例同样可以衍生到更大尺度的建筑中。然而，如果你的建筑是中小尺度的，那么从地面到额枋的下端的高度就应该被分成五份，一份是额枋、中楣和檐口的部分，同样遵守前面提到的规则。同样台架正面的宽度是其高度的九分之一[185]，柱头的高度是该正面宽度的一半。这样一来的结果使中小尺度显得更令人满意（gratiosa）[186]，我这样说纯粹是一种经验的积累，因为用一条原则建造的一些小尺度的作品显得十分笨拙。另一方面，用第二条规则建造出来的作品就显得更为亲切和精致。

XXXVI*r*
(157*r*)

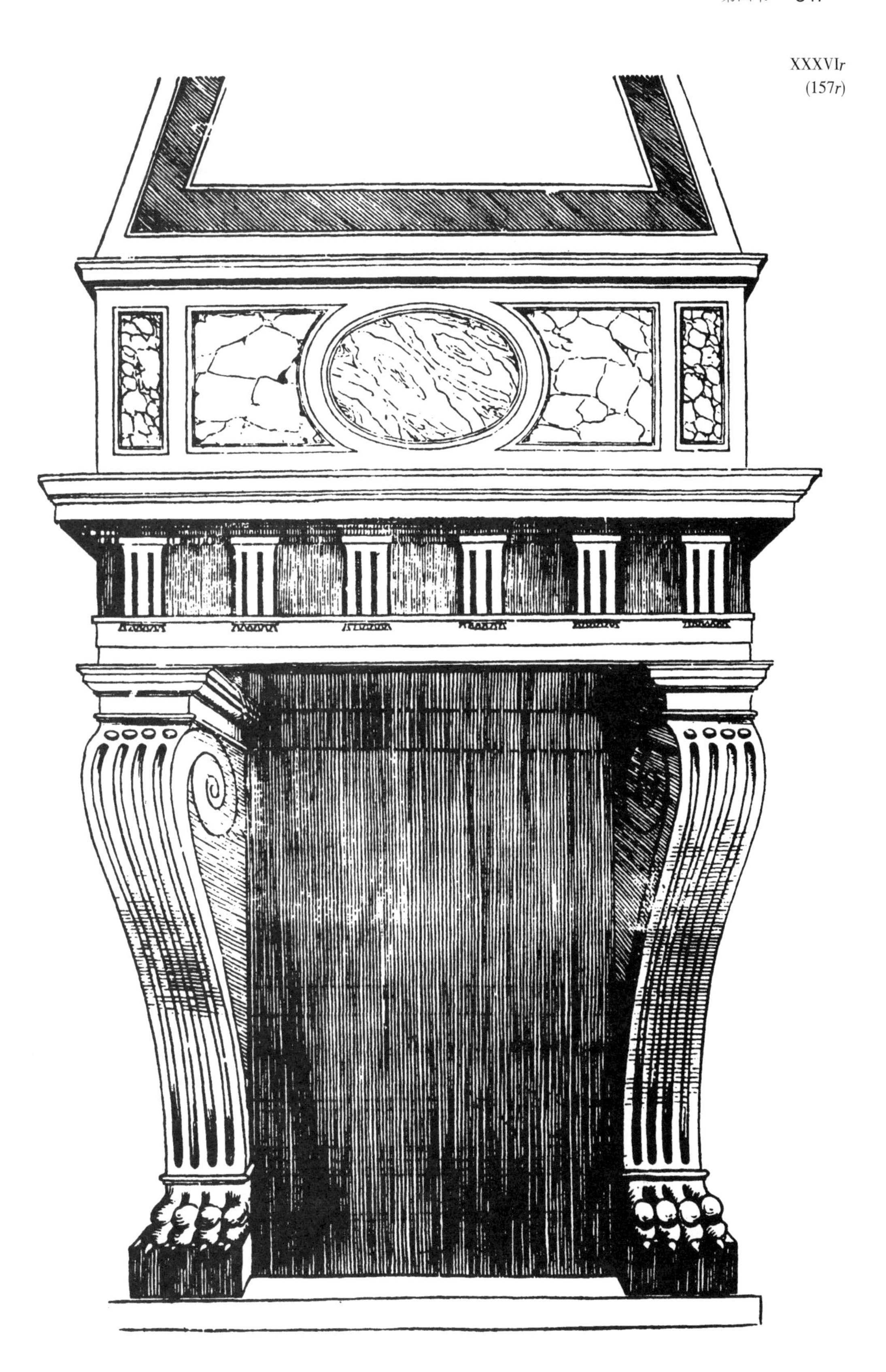

XXXVIv
(158v)

关于爱奥尼柱式及其装饰
第七章*

维特鲁威在第五书的第一章讨论这个柱式。古人从妇女[187]的形式中衍生出这一类型，并把它献给（正如此书开篇所言）阿波罗，黛安娜和巴克斯。而我们基督教徒如果必须以此柱式建造一个神庙，我们会把它献给其生活介于强健和精致之间的男圣徒，同样也可献给那些引领妇女生活的女圣徒。如果你要为文质彬彬、过着安静生活的男子——既不强壮，也不纤弱的——建立神庙，那么爱奥尼柱式对他们是合适的。这种风格也是合适于为妇女做的任何建筑。现在让我们来看这种类型的尺寸和比例。作为一个一般规律，爱奥尼式柱，包括柱础和柱头，应有八部分，尽管维特鲁威描述为八个半部分[188]，根据场地和建筑的组成，有时它可以是九部分或更多，但是这里，如我所言，应该是八部分。其中之一是底部的厚度，其柱础应为此厚度之半。维特鲁威在第三书中细致描述了这个柱础，在第三章[189]中是这样说的：该柱础应是柱径之半，基石（plinth）则应当为其三分之一。除开基石，剩下的部分可分为七部分。其中三部分应属于混线（torus）。其余四部分则应以如下方式属于两个枭线（scotia）及圈线（astragals）和附环（collars）：这四部分应划分为两个等份，每一份应有一个带着附环的圈线——这个圈线应为八分之一，而附环应为圈线之半。虽然两个混线高度相等，但底下的那个总会看上去大一点，因其凸出部分比另一个稍大——这个凸出部分，称为出挑（sporto），各面应为八分之一加上十六分之一。基石则在各个方向上应比柱厚多出四分之一加八分之一。因为混线之下的附环受混线的巨大厚度影响，我认为它应为其他附环的两倍厚，考虑到在多立克之柱础中提到的所有构件的自行调整。

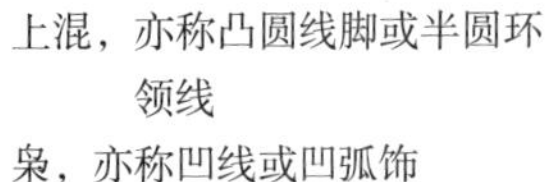

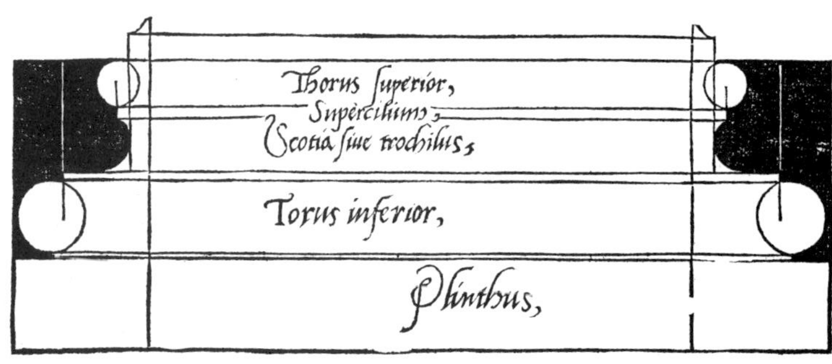

因为维特鲁威所描述的柱础并不使大部分人满意，而且很多对此有争论的学者认为[190]，混线很大，而圈线在如此大的一个部分之下又很小，出于对这位伟大作者的尊重，我会根据我的观点描述另一做法。当你以所描述的相同方式为另一个柱础制作基石，剩余部分应被分为三份。一份应属于混线。

* 原书如此。——译者注

混线下面的那一份应划分为六个部分；一个属于圈线——其附环应为该圈线之半，混线下的附环应为该圈线相等，其余的给枭线，被称为凹弧线（trochilus 或 cavetto）。第三份，也就是剩下的最后一份应划分为六部分：一个属于圈线，其附环应为该圈线之半；下面的柱础之上的附环也是如此；剩下的则属于下枭。凸出部分应如另一个柱础所述的那样，以相同方式和相同参考线雕成。如下图所示。

(159*r*)

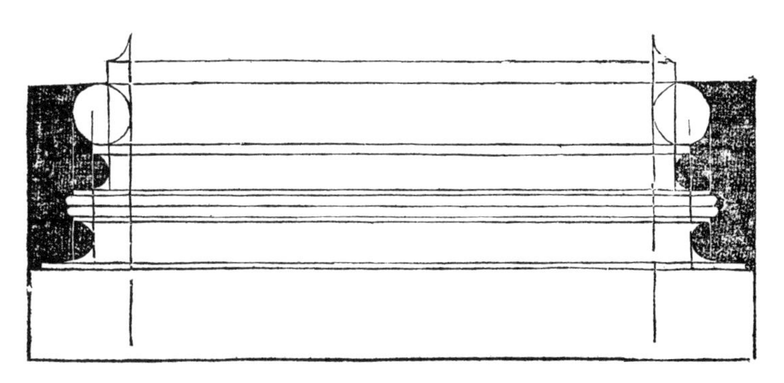

爱奥尼柱头应以如下方式雕刻：其高应为柱宽三分之一；顶盘的前面应与柱身底部等宽，但将它划分为十八份后，其中应有一份添加给两侧——即两侧各半份——于是总共有十九份。在两侧各向内一个半份处画被称为中直线（cathetus）[191] 的线。其高应为九份半，即柱头宽之半。当你将它划分为九份半时，其中一份半应当为顶盘，左右两侧的雕刻方式均可，两者皆古法，根据建筑师认为最佳者而定。顶盘之下的八部分应做涡卷，即托斯卡纳地区称为藤状卷（viticcio），其人称之为卷形（scroll）。[192] 因为在如此小的图上标注数字十分困难，尤其是在涡卷眼上面，在接下来的篇幅中我会通过文字和图像更详细地展示如何雕刻。我也会展示在柱上雕刻条纹的方式，即凹槽（fluting），并且你会在该柱头侧面图中看到。然而根据塔司干为所有柱式所规定的规范，长为 15 尺及以下的柱子应当将其上部减小六分之一。若它是 15 尺至 40 尺，可以阅读维特鲁威在第三书的第二章中对此的详细描述。[193]

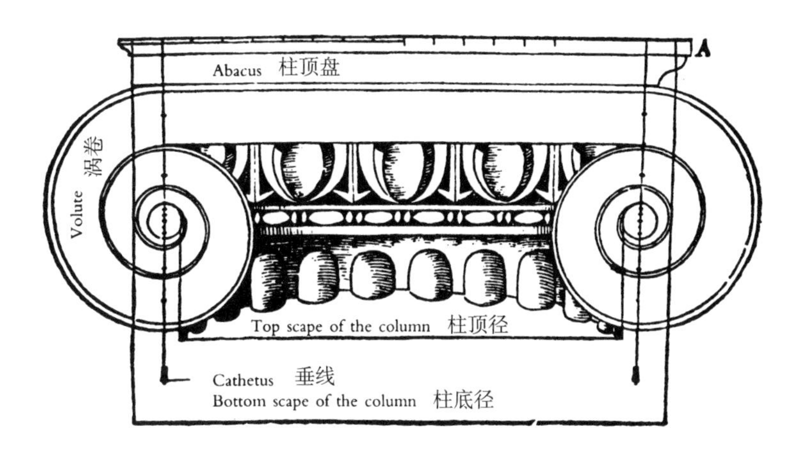

XXXVIIv
(159v)

若已如我所示制作爱奥尼柱头，就还剩涡卷未完成。应以此方式制作：[194] 顶盘之下线条，称为中直线，应自顶盘下分为八份，其中之一份为涡卷眼；四部分应在其上方，三份在下方，这样总共有八份；涡卷眼应分为六份，数字如图中所示；将圆规的一端置于数字 1 上，另一端置于顶盘下方，并向下画弧至中直线，将圆规此端停于该处；将另一端放在数字 2 上，向上画弧至中直线，将圆规此端停于该处；将另一端置于数字 3 上，向下画弧至中直线，将圆规此端停于该处；将另一端置于数字 4 上，向中直线画弧，将圆规此端停于该处；另一个置于数字 5 上，向下画弧至中直线，将圆规此端停于该处；然后通过将另一端放在数字 6 上，并向上画弧，就会与涡卷眼的圆线交圈。当你形成左侧和右侧的涡卷之后，你应该在涡卷眼中做一个圆花饰（rosette），以浅浮雕作为装饰。[195]［但此处读者请注意，这里有很多理论上描述起来很困难的东西，除非明智的建筑师亲自以理论为起点，以实践作辅助。[196] 因此，因为我已经向您展示如何按照理论画出涡卷，现在其边缘，标示为 B，仍然需要绘制，并且应随着涡卷逐渐减小。绘制这个边缘的方法如下：位于顶盘的该边缘，B 部分，应为涡卷眼宽度的三分之一；将圆规的一端置于数字 1 和数字 3 中间，将另一端置于边缘的下线，并向下画弧至中直线，将圆规此端停于该处；将圆规的一端置于数字 2 和数字 4 中间，并向下画弧至中直线，将圆规此端停于该处；将圆规的一端置于数字 1 上，并向下画弧至中直线，将圆规此端停于该处；将圆规的一端置于数字 4 上，并向下画弧至中直线，将圆规此端停于该处；将圆规的一端置于数字 5 上，并向下画弧至中直线，将圆规此端停于该处;然后通过把圆规的一端置于数字 6 上，并向上画弧，弧线会与涡卷的顶部交会。这件事（正如我所说的）更多靠实践而不靠技术决定，因为把它减小得多一点或者少一点决定于依靠建筑师的判断将圆规的点放高一点或放低一点。边缘的尺寸不应总是相同。若柱头很大，则边缘应为涡卷眼的四分之一大小。若柱头小，则边缘可以是涡卷眼的一半大小。若它中等尺寸，则边缘应为涡卷眼的三分之一大小。建筑师应时刻明晰地判断它，因为我所见过的所有古代的建筑物上的此物在尺寸和雕刻上都不同。］另一组成部分尺寸易于用手中一副圆规测量推算出来。柱上条纹，即凹槽，应为二十四份。[197] 其中一份应划为五份，四份属于凹槽，一份属于其平棱面（flat surface）。从此平棱到另一个画一条直线，线中点应在凹槽的中心。如果情况是您要使一根细柱子看上去粗壮一些，可使用二十八根条纹，视线因此分布在更多的凹槽之上，得到了扩张，就使物件看上去更大了。这个柱头的顶盘，如我所言，其侧面应与正面同宽——在对面页图中标记为 A，它与上一页的图在尺寸和比例上都一样。亲爱的读者，关于涡卷我已讲述了我贫乏的智力所及，因为维特鲁威的文本太难解读，尤其是因为作者承诺这个构件的图示与其他很多美丽之物都在他的最后一书中，然而那一书已经遗失［并且关于

XXXVIIIr (160r)

它有许多冲突的观点。[198] 许多人认为维特鲁威时代有一些无知的建筑师，有更好的运气而不是知识，正如我们的时代所有的——因为自大，愚昧的姊妹，在这大量的无知之徒中有巨大的威力，以致智者常常被他们压制并且不被尊重——因此维特鲁威并不愿意出版这些图去教他的敌手。其他人则说这些图样非常漂亮和令人喜爱，以致那些拥有他的写作的人隐瞒了它们。还有一些人主张这些构件难以描绘，因此作者在写作中避免涉及它们。我绝不会同意这最后一个观点，因为维特鲁威如此博学，正如他的写作承载着智慧，他绝不会写任何他自己不明白的东西，不管是写给自己还是教育别人。]

XXXVIIIv
(160v)

上文我已经按我的理解展示了如何根据维特鲁威的原文雕刻爱奥尼的柱头。现在我应展示一些古代罗马雕刻的样子。我将给出柱头 M 的一些基本测量数据，它现在还矗立于马采鲁斯剧场[199]中。顶盘的正面与柱子底径相等。涡卷凸出了顶盘的六分之一宽，并垂下该宽度的一半。柱头之高度是柱子底径之三分之一。因为某些建筑师认为这样的柱头缺乏装饰，他们增加了如柱头 P 所示的这个装饰带（frieze），使这个柱头为柱子底径的三分之二高。这个柱头，以及很多此类柱头，至今在罗马可以看到。

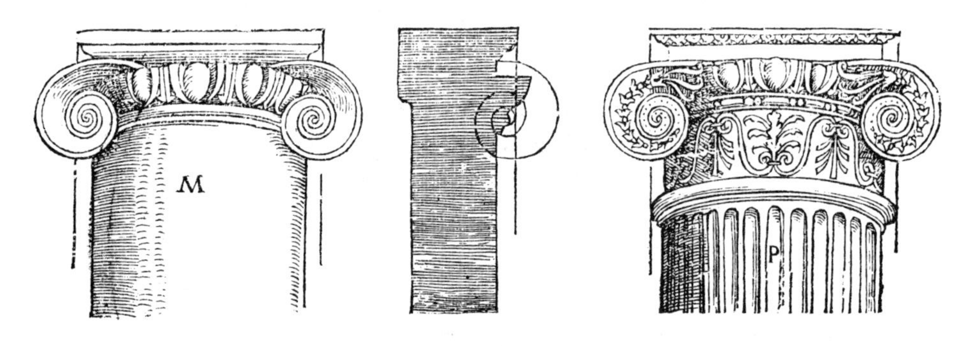

因为某些情况下建筑师可能需要用爱奥尼柱式修建方形的回廊，或者一个宫殿中的院子，如果他没有考虑到角柱，某些柱子会有正面面向院落的涡卷，而有一些则会有侧面面向院落的涡卷。一些当代建筑师已经遇到了这个问题。因而为了不掉进这个陷阱，他就必须雕出转角柱头，正如下图中的 A 处所示。这样类型的柱头 A 是在罗马看到的，很引人思考；因为不能理解它为何如此雕刻，因此他们称之为“混乱的柱式”。尽管有很多后来的争论，但结论如我所言，它被用在一个柱廊的阴角。另一方面，如果你不得不在阳角使用平柱，以使涡卷的正面在建筑物的两侧都可以看见，你可以如 B 图所示般建造。过梁（epistyle），所谓额枋（architrave），应按此建造。[200]若柱子为 12 至 15 英

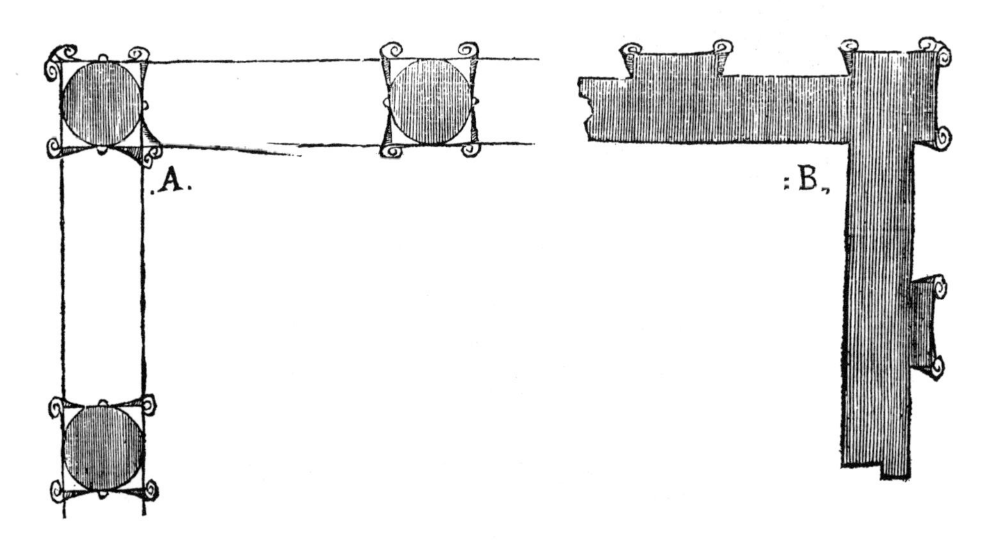

XXXIX*r*
(161*r*)

尺高，则额枋应为柱子底径之半；若柱子为 15 至 20 英尺高，则额枋应为柱高 $^1/_{13}$；同样，若柱子为 20 至 25 英尺高，则额枋应为柱高 $12^1/_2$；若柱高为 25 至 30 英尺，则额枋 e 应为柱高 $^1/_{12}$。柱子增高时，额枋亦相应按比例增高。因为此类物体在视野中后退得越多，它们就会因为它们周围的空气而显得尺寸越小。[201] 而后，当你按应有的高度制作额枋之后，它就应该被划分为七个部分：一份给波状线脚，称为混枭（cyma reversa）——其突出部分应与此相同；其余部分划为十二份，其三给第一层饰带，其四给第二层饰带，其五给第三个层饰带。额枋底面之厚应与柱子顶径同，但额枋顶部之厚应与柱子底径相同。[202] 中楣（zophorus），称为 frieze，若要在上面有雕刻，则应比额枋高四分之一。但若它素平而不加雕饰，则应比额枋少四分之一。中楣之上应是其混枭线，其高应为中楣之七分之一——混枭线的凸出部分应等于其高。混枭之上是齿状饰（*denticoli*），称为 dentils，应与中间的饰带等高——其凸出部分等于其高。顶冠，带混枭线而不算（上边的）波状线脚，应与中间的饰带等高。带着齿状饰的顶冠的凸出部分应与带着其波状线脚的中楣高度相等。称为枭混线的波状线脚，应为顶冠的一又八分之一；其束带（band）应为顶冠的六分之一，凸出部分应与其高度相等。于是檐口的组成部分，除顶冠之外，若其凸出部分与其高度相等，每一组成部分都会看上去比较好。[203]

图 A *denticoli*, 或称 dentils[204] 齿状饰

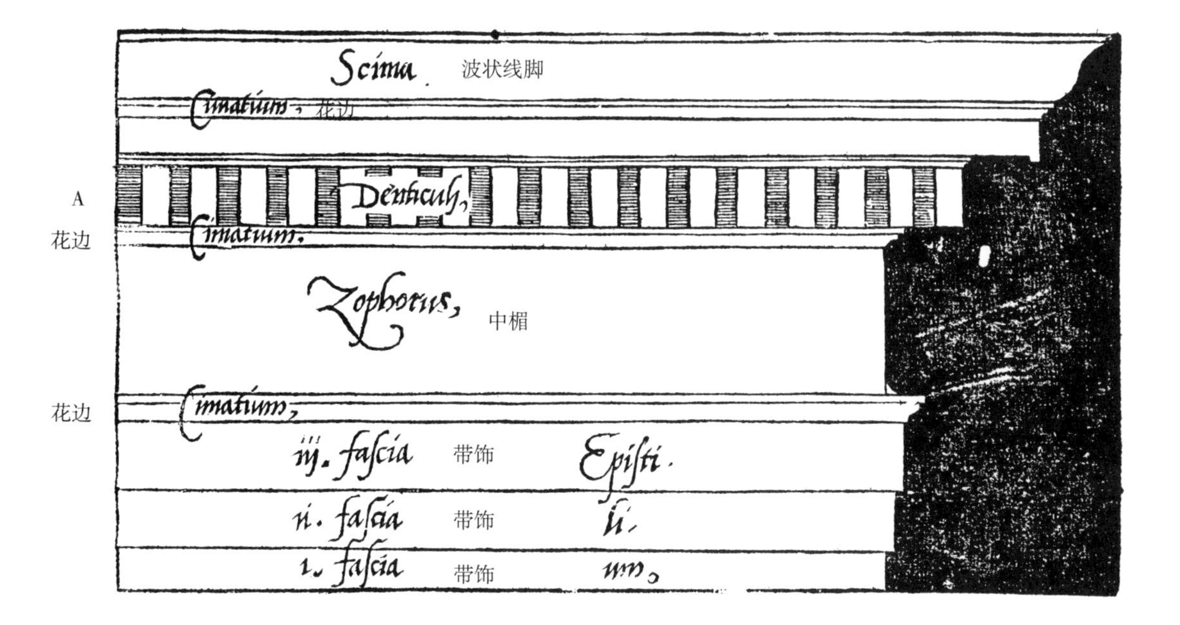

XXXIXv
(161v)

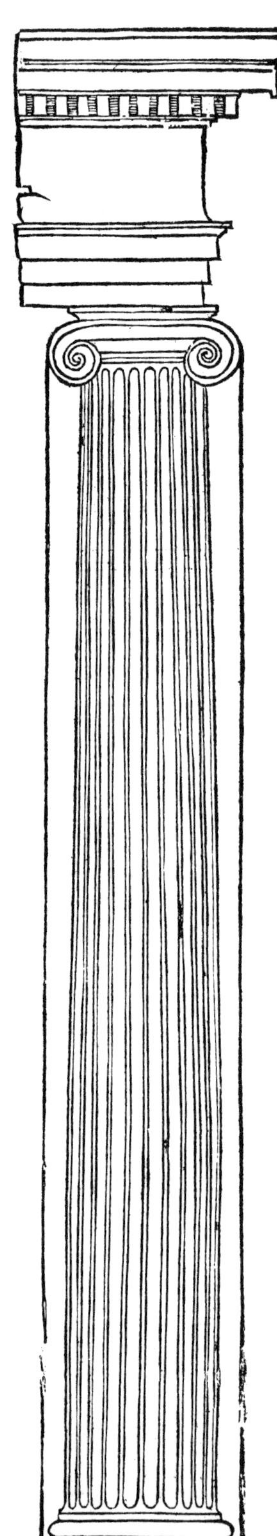

因为罗马的实物与维特鲁威所写的出入很大，所以我会再确定另一根柱子，其上建有额枋、中楣和檐口。柱楣（Entablature）总高是柱高的四分之一，可分为十份：三份为额枋，以已述方式划分之；三份给垫层（pulvinate），即凸出的中楣；四份给檐口。此檐口应被划分为六份：一份给齿状饰，一份给支撑飞檐托块的混枭，两份给飞檐托块，一份给顶冠，最后一份应给波状线脚。其凸出部分至少为其高。相似的檐口可以在罗马圣萨比纳的爱奥尼楼层[205]看到。

若柱子必须被抬高，如果你没有束缚于必须与某个相伴的构件协调的条件，则基座之比例应该这样，算上基石的前垂直面，束腰之高为一正方形加上它的四分之一。它应被划为六份：你需要增加一份给基座的基础，另一份给其上的檐口，于是总共有八份。于是基座与柱子一样有八份。所有这些是都在考虑到一般规则的理解，在所有情况下都须将很多问题留给敏锐建筑师的判断。

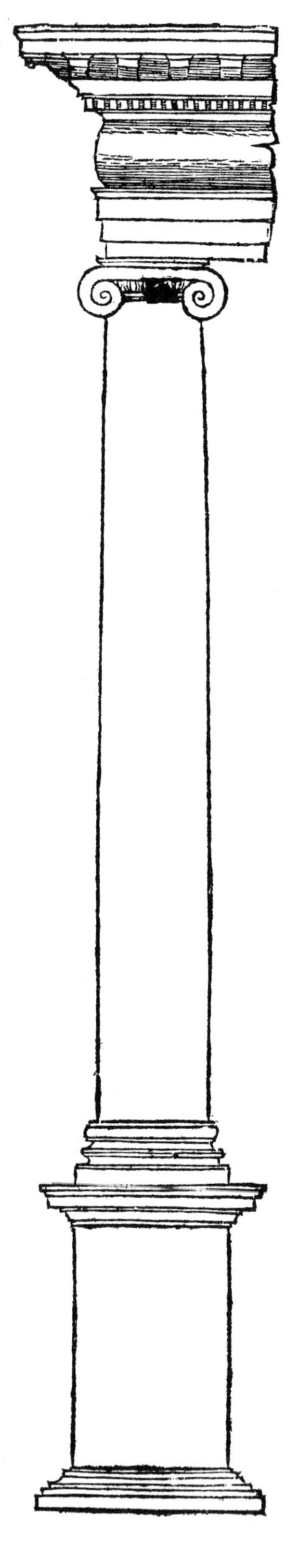

XLr
(162r)

因为我发现这些罗马的实物与维特鲁威描述的差异很大，因此我要展示一些广为人知的例子，其中很多现在还在罗马的建筑上。标记为T的檐口，中楣及额枋，即在马采鲁斯剧场中位于多立克柱式[206]之上的爱奥尼作品中。上面带有标记为T的柱础的小壁柱位于爱奥尼柱式之下的相同层中。这个标记为T的作为一个拱座的小檐口，也在所说的马采鲁斯剧场中——它支撑着爱奥尼层[207]的拱。标记为A的带飞檐托块的檐口在罗马的圣阿德里亚约（S. Adriano）和圣洛伦佐（S.Lorenzo）之间找到。标记F的额枋是在弗留利[208]的奥德尔佐发现的。因为这个额枋有三个饰带，而没有圈线，我判定它是爱奥尼。我没有以任何方式给出这些构件的尺寸，因为我仔细地把它们从原大缩小至此：其原大可用一对圆规求出。

XLv
(162v)

尽管我认为维特鲁威所描述的爱奥尼式门与建筑所要求的比例并不适合，我仍应该描述出我所理解的。我认为维特鲁威的文本[209]重复描述多立克式门的开口高度。即从地面到顶棚应分为三份半——十字标记处为顶棚，即假设为顶棚的位置——两份给门洞口的高度。这样一来顶冠[210]结果会很大，和多立克（部分的问题）的一样。但这里还有另一个错误。若门的下部为三份，高度为五份，如文本所说[211]，和多立克一样减小了上部，我发现其宽度——如果是按照维特鲁威在第三书[212]中所给的尺寸建造一个四柱的庙宇——会比当心的柱间宽。我绘制下图，可以清楚看到门和庙宇的对应关系。我认为这并不协调，因为如果柱子比爱奥尼短的多立克有一个两个比正方形还稍多[213]的大门高度，我坚持柱子更高的爱奥尼的门开口也应比多立克的[214]门高。然而根据原文它却不够，高五份、宽三份——对于所有这些，我们依然怀有对如此伟大的作者的深深敬意。然而，参考维特鲁威文本中的这些部分——它们将是恰当的，我来制定一个相反的做法，而不减小上部。而任何简单地乐于减小它的人，则应该遵守多立克门的规定（order）。[215]虽出此言，亦怀最高的敬意。

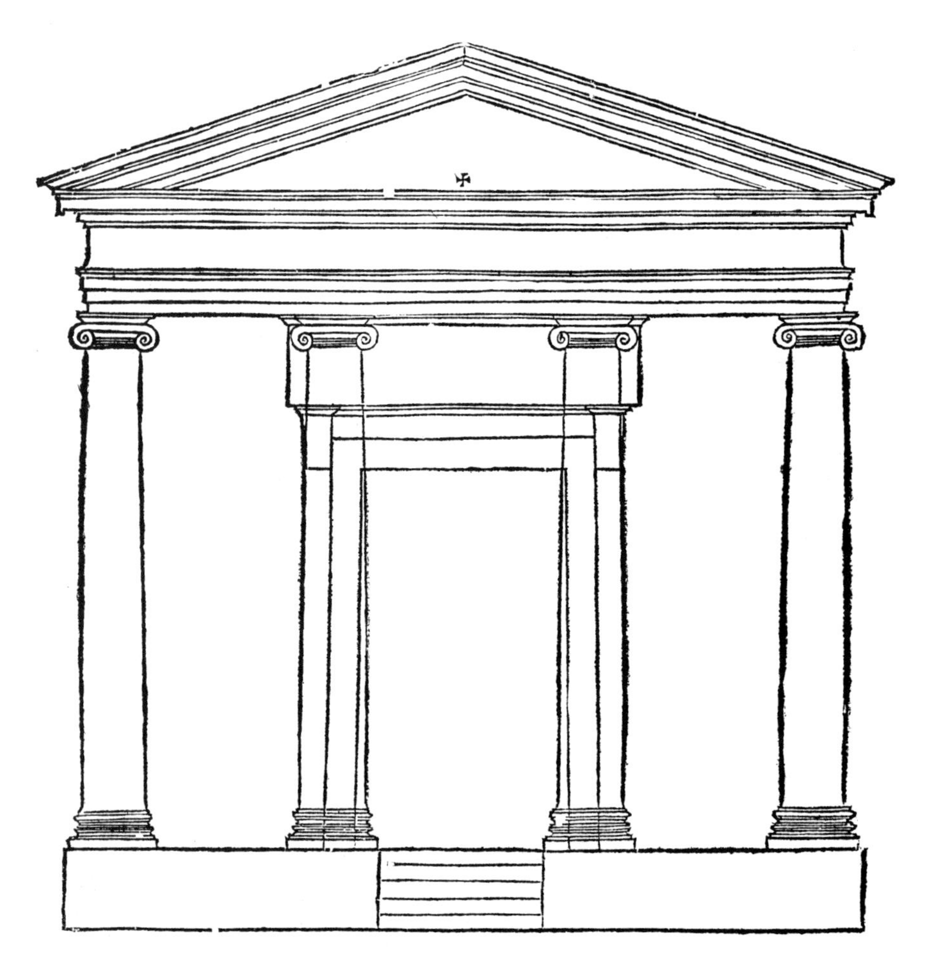

XLIr
(163r)

我认为此门洞口至少应为两个正方形。框缘应为开口高度的十二分之一，并以爱奥尼的额枋的方式雕刻。圈线（astragal）应如图 F 所示加给饰带。若想要加以雕刻，其上的中楣应比框缘高四分之一。但若没有雕刻[216]，则应小四分之一。顶冠及其他构件之高应与框缘相等，划分方式见于图 F。托梁（ancons）之正面，或说涡卷挑梁（*parotides*）[217]，即称为台架（consoles）——亦有称为牌匾（*cartelle*）者——应与框缘相同。然而，较低的部分，即与门开口之顶部齐平，并从此垂叶饰者，应减小四分之一，如图中所示。[218] 门上的圆弧部分之高，称为“*remenato*”者，应以如下方式制作：将圆规两端放在波状线脚两侧的顶部，并将一端向下落在十字标记处；另一点从波状线脚的一侧画弧至另一侧——这即其高。是不是做此门头往往取决于建筑师的判断。这个弯曲的山花也可用于窗户或其他装饰。

XLIv
(163v)

下面这个门之开口应为“双倍比例”，即两个正方形。框缘之正面应为开口宽度的八分之一，柱底径则为框缘两倍，顶径减少六分之一。遵照开头提到的那些尺寸可知，柱子之高，含柱础及柱头，应为九部分。尽管柱子比给定的规定多一份，然而并无大碍，因为它只是从墙壁伸出三分之二，并且不承受山花以外的重量。[219] 相反，若某些情况下这些柱子超过九份，也不值得批评，因为它们在那儿只是出于装饰目的，也因为它们是固定在墙上的。额枋之高应与框缘相等。中楣，不管带雕刻的还是平的，应按为其他所述方法制作。檐口之高与额枋相等。其他部分应按开头陈述的方式雕刻。山花或高或矮听由建筑师按多立克柱式给定的规定而定。[220] 敏锐的建筑师可对此设计的很多要素进行改造。同样，根据需要和其他协调要素，开口有时也可以做成一个半正方形，或者一又三分之二正方形。但如果建筑师没有被什么需求约束，我建议还是采用这个比例。

XLIIv
(164r)

因为我将粗石风格归于塔司干[221]——也在塔司干使用粗石风格——并且不仅在塔司干样式的许多地方，还在一个门上将其混合了多立克样式[222]，我也考虑把它与爱奥尼放在一起。然而它不应以此方式放在所有爱奥尼建筑中，除非有好的原因；例如，这样的[223]样式用于一个别墅不应得到批评。在城市中它也适于有强健生命力的学者或者商人的建筑。然而不管这个建筑建于何处，若你想要在其上建造另一层用作阳台，门就必须远离墙面以使墙厚足以支撑阳台地板，如下图所示。此做法应这样来确定比例，使达于拱之底部的开口为两个正方形，并且柱子侧面的框缘为开口宽度的八分之一。柱子应为开口的四分之一，而其高度，含柱础和柱头，应为九份。拱之半圆应划分为 13¼ 份。中心的拱石应为 1¼ 份，其他十二份等分给拱石。额枋、中楣及檐口应为柱子高度的五分之一 ：此部分应划分为十［九］份，四份给额枋，三份给中楣，四份给檐口。阳台的胸墙之高应为门宽之半，其各个组成部分之尺寸可以从这个柱式的基座推知。柱础、柱头、额枋、中楣和檐口等部分应按开头提到的方式雕刻。但要放在中间的拱石及那些包围柱子的石头应以下图所示的方式制作。

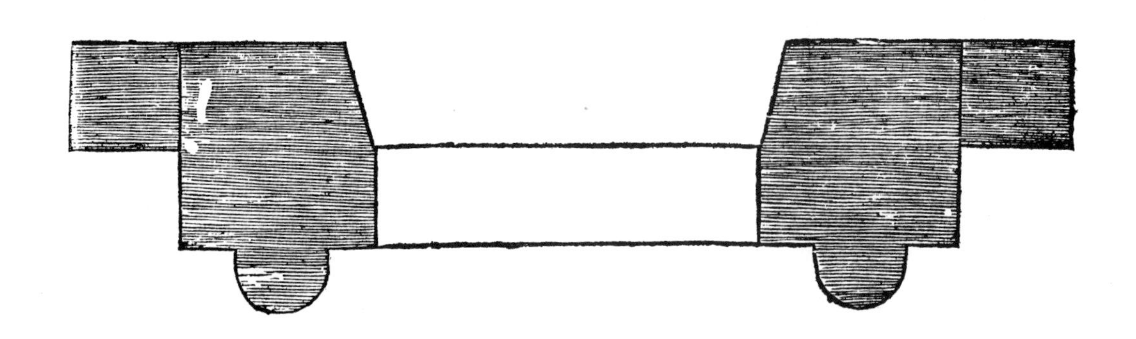

XLIIIr
(164v)

XLIIIv
(165r)

尽管这些拱的高度并非“双倍比例”；与其他我所展示的不同，但是这并不错。相反的，它由技巧而来，因为在某一立面的划分[224]中，经常会发生的事情是，为了符合要求的高度，也为了做出奇数数量的拱——往往会如此例为了使门居中——于是拱常常不足以满足高度。然而，如果我们不被任何需要束缚，我建议宽为高之二倍，而不是其他比例。柱墩之间的宽度应为三份，而高度则为五份。进而，将宽度划分为五份之后，柱墩正面应为两份而柱宽应为一份。因此，在柱子侧面的壁柱（*parastatae*）[225]，称为框缘，为柱宽之半，拱与此相同。支撑拱的拱座应为相同高度，并与第 90 页的标记为 T 的马采鲁斯剧场的以相同方式雕刻。柱子，包含柱础及柱头，应为九份，并按照此章开头所述规定建造。中间的门应为柱墩之间的开口之半。其高应以此方式确定，使其框缘为开口六分之一大小，门上檐口与拱之拱座水平，然后使中楣比框缘少四分之一，并添加其上的枭混线，这样它比两个正方形略小。山花应按照多立克柱式[226]给定的一个规定建造。额枋、中楣及檐口应为柱子高度四分之一，以上文提到方式雕刻。上面的层，即第二层，应比第一层短四分之一。相似地，额枋、中楣及檐口应为整体高度之五分之一，也就是柱高之四分之一。不过，考虑到单体构件的划分，你会看到对混合柱式的一个更完整的处理。带拱的窗户应与门同宽，它们的框缘及拱[227]也是同样。不过，它们的高度应为两个半正方形——这样可以给房间更多光线。科林斯柱应该是平的[228]，（如我所言）比起下面的部分，它应减少四分之一。柱子及窗户之间的壁龛之宽应为一个半柱子宽度，其高为四个柱子宽度。若还有什么组成部分，可以参考它们柱式的原始规定。因为这是一个科林斯柱式，尺寸可以在科林斯柱式找到。在这一层之上，任何人想要这么做就可以在此立面的顶部建立回廊，但要以仔细、精确地铺装的石板保护它不受雨的侵袭。胸墙的高度应使人能舒适地倚靠。这种东西对立面而言是很好的装饰，对居住者也很实用。

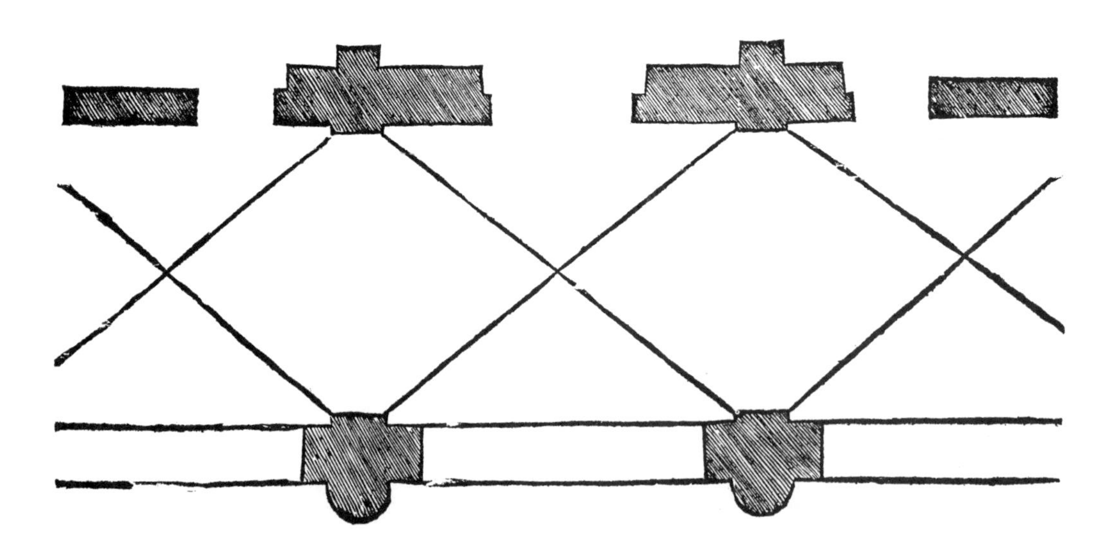

XLIIIIr
(165v)

XLIIII*v*
(166*r*)

某些情况下（如我上文所说）建筑师会有数量够用的柱子，但是非常短不能满足要求，除非他知道如何调整并使用这些构件，使之适合他要建造的房子。因此，如果门廊之高度比柱子高度高，可以在立面中间建造一个拱，以柱子之上的额枋支撑它。这个额枋就成了筒形拱的拱座，但在拱所在的地方应该放置一个十字拱。为了使那个拱强壮些，应按照我在多立克柱式所提到的相似安排的方式，在每个柱子之上一个放以铁或铜制造的加固。[229] 然而此面的划分 [230] 应使中心的柱间为六倍柱厚，而柱子，含柱础和柱头，应为八份高。额枋之厚度应与柱子顶径相等——与拱厚同。拱之上应该有一个檐口，其高除圈线及平环 [231] 高以外应该比柱子顶径大四分之一。一个柱子与其旁边柱子之间的空隙应为三倍柱厚。门高如下，使支撑筒形拱的额枋为该门形成一个檐口，如下图所示改变其中一些部分；在檐口下放置比额枋小四分之一的中楣；令框缘之高度与此相同；令门宽为框缘至台阶距离的一半；于是门之开口大小就会是两个正方形。窗户与门水平，为两个柱子之宽。高度应与对角线成比例。[232] 第二层应比第一层小四分之一，胸墙应建到舒适的高度。其余部分划分为五份，考虑到这个柱式应有的尺度，四份给柱子之高，最后一份给额枋、中楣及檐口。中央窗户，含其框缘，其宽应与门开口宽度相同——其高为其宽两倍。对于它上面的装饰，应遵守与其相似的门的规定。两侧的窗户应与下面的宽度相同，而与中间的高度持平。此之上中间举起的部分应比第二层减小四分之一，每一个部分按比例减小。至于此处的开口，则遵守下面一层的规则（order）[233]，分布完全相同。不过，建筑师有选择是否建造第三层的自由。

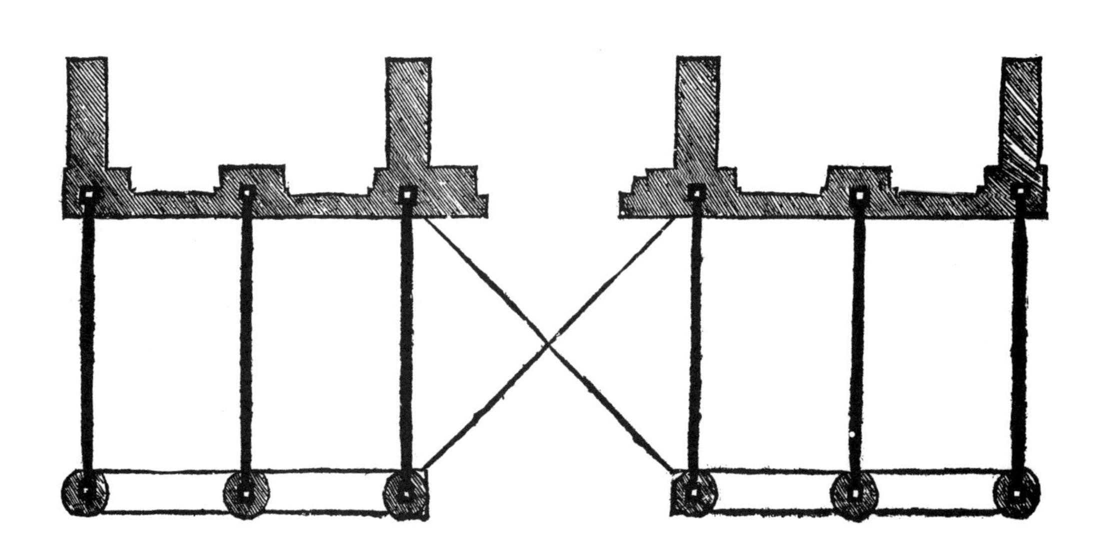

XLV*r*(166*v*)

XLV*v*
(167*r*)

因为（如同我在本书开头所说）爱奥尼柱式来自妇女，当你要建造一个这种柱式的壁炉尽可能模仿这个“类型”的话也是适合的，以便既保留了这个柱式的规则又保持了得体。[234] 下面的壁炉的比例应如此：建立一个壁炉开口的合适高度，从地板到楣梁划分为八份——这是模仿爱奥尼柱。以此开始，该制作这个怪异的，我的意思是与此风格一致的混合的形式，它被用作台架（console）。额枋、中楣和檐口应为台架高度的四分之一，以开头所提到的方式划分。尽管这些组成部分看上去更高，这（如其他时候所说）是因为在低视点看到组成部分的两个部分——即正面和凸出部分。一些古人使用柱头之上的匾额覆盖额枋中楣，我认为这是为了有更大的空间来题写铭文，也因为他们很喜欢新奇事物。到底要不要它都取决于建筑师。上部构件，即海豚所在之处，制作原因有二：一是为了排烟口更加开敞；二是为了在一个很高的房间中取代壁炉喉部的金字塔形状。建筑师有自由把它做得大点儿或者小点儿，也可以根本不建造它。

LXV*r*
(167*v*)

这种类型的壁炉对小地方很实用，并且通常比人脸低，这样对视力很有害的火就不会伤害眼睛，而可以温暖人——尤其是站着的人——其他所有部位。壁炉开口是一个正方形。框缘应为开口的六分之一；波状花边应为框缘的七分之一。剩下的分为十二份：三份给第一层饰带，四份给第二层饰带，剩下的五份给第三层饰带。为了装饰得更好，也应按照下图所示雕刻圈线。涡卷的高度应与三个不算波状花边的饰带相同，并划分为三部分：一份给凹槽所在的中楣；一份给带着其圈线及小镶边的混线；第三份给涡卷——它应在侧面降低与波状花边持平。树叶应降低至与框缘的底面水平。顶冠之高度，带着两个波状花边和一层波状线脚，应与第二个和第三个饰带加上波状花边相等。同时顶冠的凸出部分应与整个檐口的高度相等，波状线脚和波状花边的凸出部分应总是与其高度相等。我做了一个与此相似的形式，结果大家都很喜爱，看上去也很好。不过，因为这样比例的壁炉在两个侧面都扩展很多，占了很多空间，所以框缘可以做成开口的八分之一，以同样的比例你可以把其他组成部分都变小。因此整个作品的比例变化，并且自然会更苗条。建筑师可以按其喜好建造上部的用于装饰的部分，因为壁炉是打算全部放入墙内的。这样的装饰对于这种柱式的门或窗也会是合适的。

XLVI*v* (168*r*)

XLVII*r* (168*v*)

至此爱奥尼式样完毕

以下为科林斯柱式

XLVIIv
(169r)

关于科林斯柱式及其装饰
第八章*

关于科林斯柱式，维特鲁威在《建筑十书》第四书第一章仅仅讨论了柱头，他暗示了一旦把这种柱头放置在爱奥尼柱身上，就形成科林斯柱式。尽管事实上在第二章他记录了顶冠（coronas）下飞檐托饰（modillions）[235]的起源，他既没有给出它的规则，也没给出其他细部的度量。然而，古老的罗马人像喜欢其他柱式一样也热爱科林斯柱式，他们用许多构件制作出装饰精美的柱础。为了告诉大家这些柱础的规则，我从罗马最美丽的建筑中选择一个，万神庙，叫做“圆神殿”（la Ritonda），建立度量规律。

通常来讲，计入柱础和柱头的科林斯柱子应该是九份高。它的柱头高度应该和下端柱身宽度相同。但柱础高度是它的一半。把柱础高度分为四部分，一部分给基石，称作台石（socle）。余下之中的两部分再分成五份（未解释四份的最后一份——译者注），一份是上混（torus），下混会比它大四分之一。剩下的再二等分，其一给带有小圈线（astragal）和二平环的下枭（scotia）——小圈线占下枭的六分之一，平环占小圈线的一半。下混之上的平环是小圈线的三分之二。其二将把小圈线分为整体的六分之一，（下边的）平环是圈线的一半；在上混之下的（上边的）平环比另一个平环大三分之一。如果柱础在另一层柱子之上，伸出部分，成为出挑（*sporto*），应该像爱奥尼的相关做法一样。但如果它的位置在底层，它的出挑应同多立克，为柱础高度的一半。无论如何，建筑师必须谨慎的考虑柱础放置位置，因为当他们低于观察者视平线时这些尺度很合适，但若高于视平线，距离变大后所有这些细部会因其他细部的存在不再明显，它们应被制作得比给出的尺寸大一些。当柱础位于更高处，应减小细节的数量使其更匀称。在这方面设计万神庙的建筑师非常巧妙，他确实在第一层上面的平柱子[236]上雕刻出带有两个枭的柱础，但仅使用了一个小圈线而非两个。

科林斯柱头起源于一个科林斯的少女。[237]既然维特鲁威在第四书第一章讲解了柱头起源的故事，我不会再费笔墨赘述。我一定要讲，如果要建一座

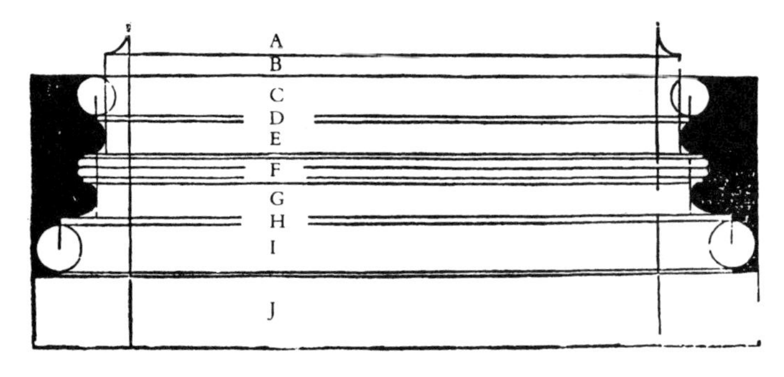

A. 柱底径 B. 领线 C. 上混 D. 环线 E. 枭 F. 圈线 G. 枭 H. 环线 I. 下混 J. 基石

* 原书如此。——译者注

神圣的科林斯柱式神庙，你应该把它奉献给救世主耶稣基督的母亲，圣母玛利亚，她不仅在赋予耶稣生命前是处女，之中和之后也一直是处女。基于这个特点，这种柱式也适合于所有纯洁无瑕的神，无论男神还是女神。同样，修道院、修女们表达对神的崇拜的女修道院，它应该按这种式样建造。另一方面如果为那些正直且贞洁的人建造公共或私人房子和陵墓，这种装饰也可以使建筑端庄得体。[238] 科林斯柱头的高度应等于底部柱宽，顶盘（abacus）是整个高度的七分之一。[239] 剩下的部分应分成三部分，一部分是底部叶子，接着是中部叶子,第三部分是茎梗饰（caulcoles）（我们指的是茎）。[240] 在茎和叶中间应给小叶留出一点空间，茎从那长出。B 这样无雕饰的柱头形成后[241]，它底部与柱顶同宽，顶盘下雕刻成顶盘一半高的环线或带。顶盘被分为三部分，其中一部分是带有环线的混枭线脚，其余两部分是顶盘。顶盘的四角下面雕刻着大的茎梗饰。顶盘的中心有一朵同样高度的花，下面是小茎梗饰（caulcole）。大的和小的茎梗饰（caulcole）下面雕刻着中部叶子。中部叶子里长出小叶,小叶里长出茎梗饰。中部叶子应有八个，如下面所述，布置成 C 图所示。顶盘的对角线长度应是柱子底部直径的两倍。将柱底放置在一个外切正方形中，过四个角围它画一个大圆；画好外面的大圆，另一个正方形被对角线切割出来[242]，它说明上述线的长度为两倍柱宽，正如维特鲁威书中所言。[243] 然而，画一个正三角形 BCX，这样就找到确定顶盘曲线的点，把它挖空。把大圆和小圆间的部分分为四部分。字母 A 标志的四分之一部分留下，其余三部分这样处理：将圆规一角放在 X 点，另一角放在 A, 从 B 向 C 画弧线；弧线与三角形两边相交的地方就是柱头角部的边。如图 D 所示。这样，顶盘和柱础竖直对齐，这里没有一根线是无目的地画出的，相反，所有的线条是由几何理论推导证明得出。

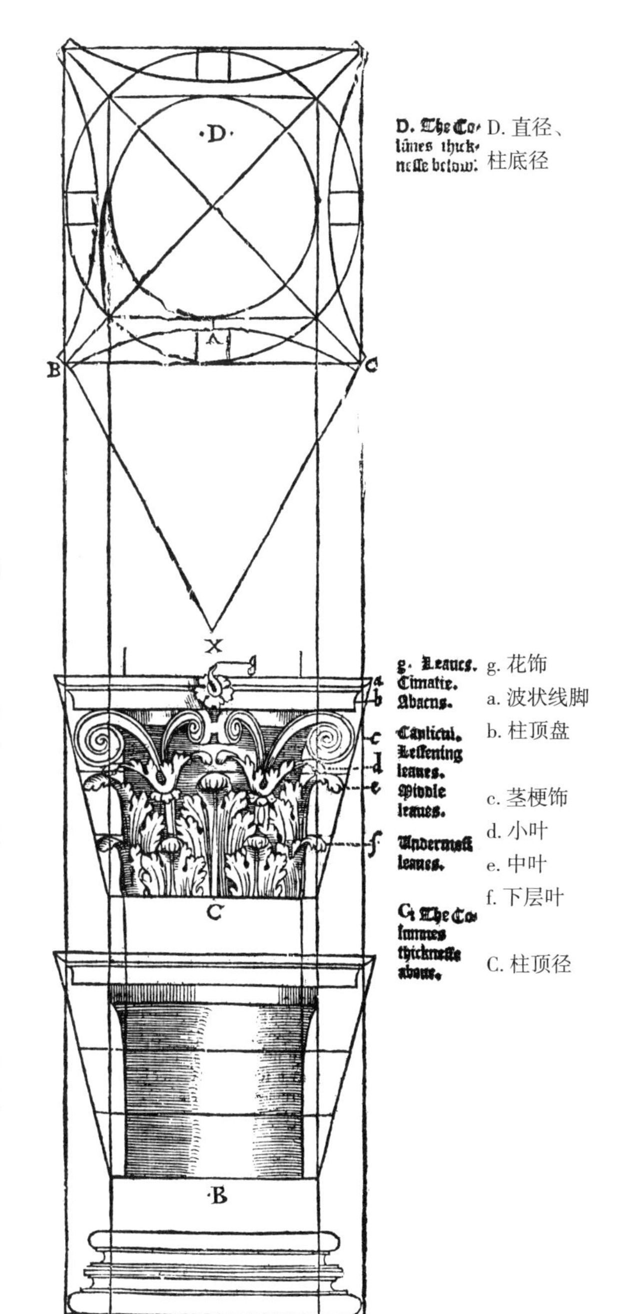

XLVIII*v*(170*r*)

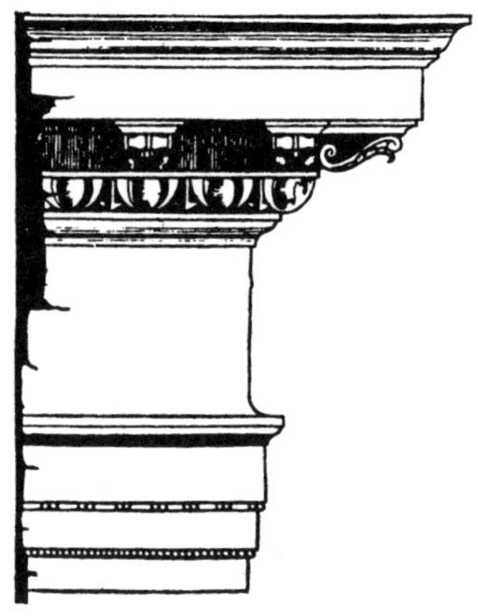

至于科林斯柱式的额枋、中楣和檐口，虽然维特鲁威提到了飞檐托饰的起源，古迹中可见它适用于各种檐口，但是他没有给出任何尺寸(如我在本章开头所述)。[244]然而，为了保持谦逊，不能对维特鲁威的言论置之不理，我将如罗马的谦逊的建筑师所做的，把爱奥尼装饰放到科林斯柱头上，在顶冠下增加些圈线并给额枋加一条混线（ovolo）。我认为当我们按照爱奥尼柱式制作额枋时，中饰带下应制作高度为其八分之一的一条圈线，并且上饰带下也做一条高度为其八分之一圈线，均雕刻成如下样子。然后制作带有波状花边的中楣和齿状饰（dentil），在上面放置与第一个额缘饰带同高的混线。它突起且有雕饰，因此看起来比中饰带还大。混线上面放顶冠和波状线脚（cymatium），正如在爱奥尼柱式中所述一样。

一些罗马建筑师，制作得极为破格，不仅雕刻齿状饰上面的混线，还在同一个檐口上雕刻飞檐托饰和齿状饰。维特鲁威在第四书的第二章严厉批评了这种做法，因为齿状饰代表一些小梁的端头——维特鲁威称为 asseres——飞檐托饰也模仿椽子的端头雕刻而成——他称为 cantherii。[245]在同样的地方不能出现一种椽子立在另一个之上的情况。我自己从不把飞檐托饰和齿状饰放在同一个檐口上，而这种情况在罗马和意大利其他地方却屡见不鲜。[246]谦恭地继续对这个柱式的研究，我发现一个普遍规律，包括柱础和柱头的柱高分成四部分后，把一部分的高度分给额枋，中楣、檐口，这种高度是符合的。这符合了多立克柱式的规律，上述构件等于柱高的四分之一。这四分之一再分为十部分，三份作额枋，如上面所述分布[247]，三份作中楣，用剩下的四份你可以这样做檐口：把这四部分划分为九份，一份做中楣上的波状花边（cyma），两部分作带环线的混线，两部分做带波状花边的飞檐托饰，两部分做顶冠，余下的两部分作带花边的波状线脚，花边是线脚的四分之一。所有构件的出挑如前面所述。你也可以把额枋、中楣、檐口设计为柱高的 1/5，正如维特鲁威在第四书第七章论剧场部分所说。[248]

XLIX*r* (170*v*)

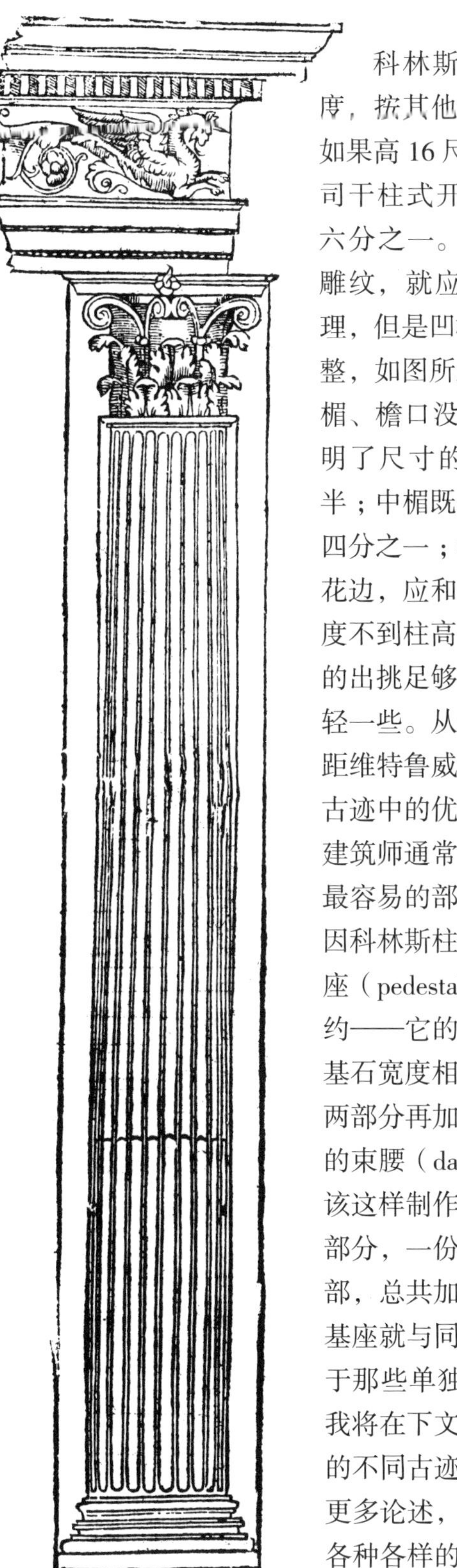

科林斯柱子的收分应该依据高度，按其他柱式所述方式计算得出。如果高16尺或不足16尺，它将按塔司干柱式开头部分描述的那样减小六分之一。如果它有凹槽的条纹状雕纹，就应该像爱奥尼柱式那样处理，但是凹槽只在下三分之一制作完整，如图所示。这幅图上的额枋、中楣、檐口没有飞檐托饰［如图］，说明了尺寸的差异：额枋是柱宽的一半；中楣既然有雕饰，就应比额缘大四分之一；檐口，不算中楣上的波状花边，应和额枋一样高。虽然整体高度不到柱高的五分之一，但如果顶冠的出挑足够，它会显得比实际高而且轻一些。从这可以看出，如果他没有距维特鲁威的描述和这位作者记录的古迹中的优秀案例偏差太远，明智的建筑师通常可以选择那些对他们来说最容易的部分表达。如果由于某些原因科林斯柱式需要一个合乎比例的基座（pedestal）——并无其他要素制约——它的比例应满足宽度与柱础的基石宽度相同。再把宽度分成三部分，两部分再加原来的三部分为不带檐口的束腰（dado）高。它的装饰线脚应该这样制作：将基座束腰高度分为七部分，一份加给底座，另一份加给顶部，总共加起来就有九份。这样这个基座就与同为九份的柱子呼应。但至于那些单独的构件比如柱础和檐口，我将在下文讲述明智的建筑师可参考的不同古迹。在第三书论遗迹中会有更多论述，在那章会介绍古人建造的各种各样的基座，它们得到了测量。

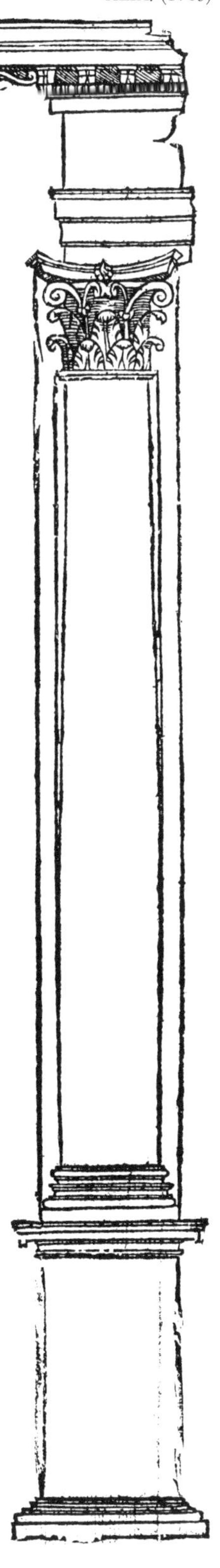

XLIXv
(171r)

在所有意大利的科林斯柱式遗存中，对我来说罗马的万神庙[249]和安科纳口岸的凯旋门是最美、构思最精巧的。[250]下图A所示的柱头是将原拱门上的柱头精心地等比缩小绘制的。虽然它比例完美，但它的高度与维特鲁威的叙述相去甚远。或者维特鲁威知道不带顶盘的柱头高度来自柱宽，但他对这部分的记录有所缺失，因为我发现了除此以外的许多其他柱头，它们不带顶盘的柱头高度也来自柱宽。[251]这个拱门柱身的凹槽如图所示，它们从柱身伸出半份多一点。[252]上面的基座（plinth）和柱础也是这个拱门上的构件的缩小图。旁边这种檐口在罗马过道广场也出现过。图A是一个不带下檐托饰（modillion）的普通科林斯檐口。图B的檐口略显随意因为同样的构件使用了两次。[253]图C的檐口极为随意因为顶冠下双倍的构件非常不恰当[254]，也因为在如此大的檐口上的顶冠出挑很小。在我看来，图D中基座的础座非常漂亮，图E的墩座墙也很美。虽然这不过是一个绕着建筑一圈的墩座墙，它一样可以作为基座的底座。所有这些细部都可以用到科林斯柱式上，并且我认为爱奥尼柱式也同理。图V表示的是维罗纳一个凯旋门上的额枋。[255]其饰带营造出与维特鲁威的描述相反的效果[256]，我想把它放在这里以示区别。虽然我不能给出所有这些古迹的测绘数据，但他们都遵循着原物按比例缩小绘制而成。

Lr(171v)

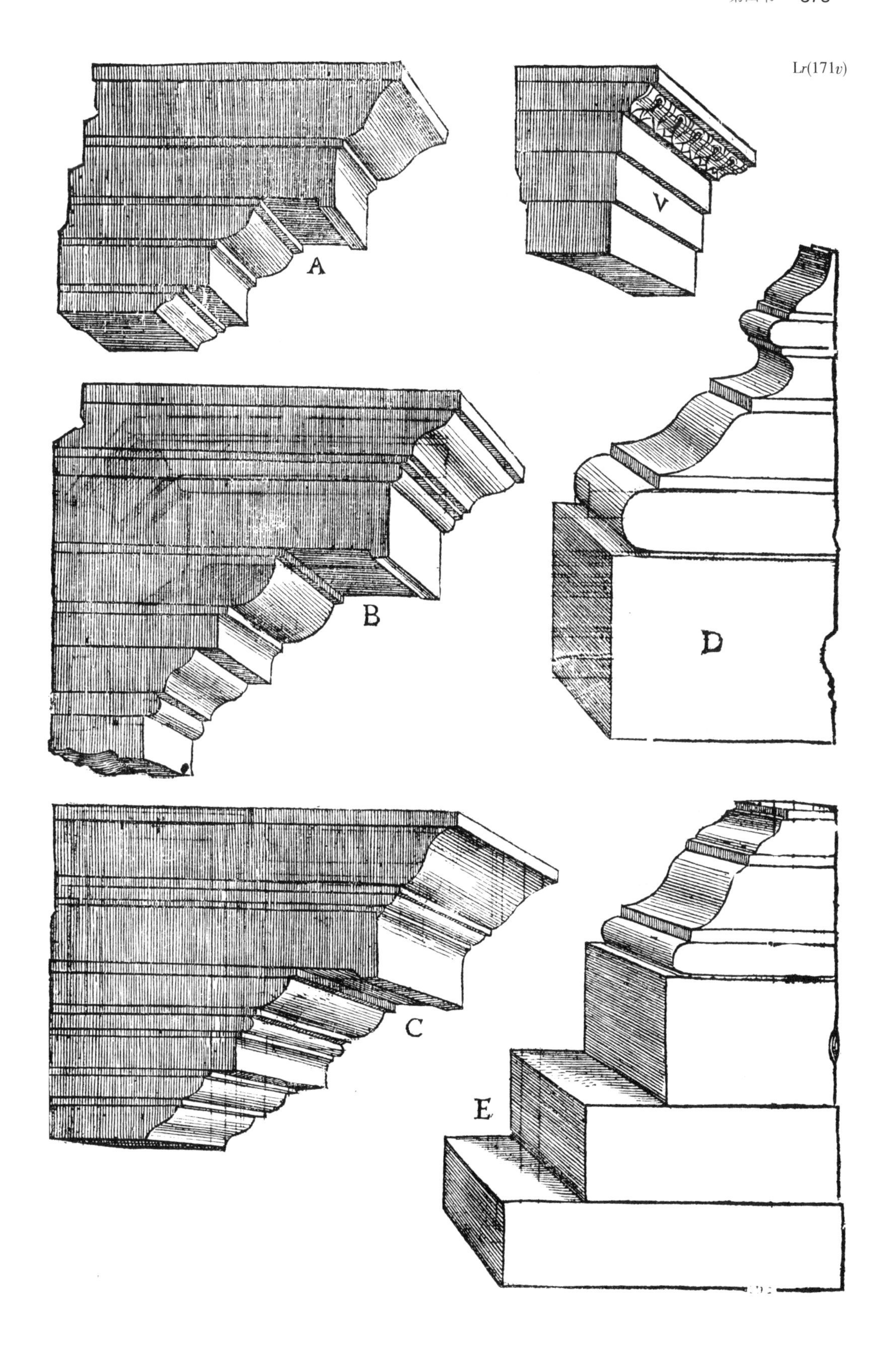

Lv(172r) 维特鲁威没有讨论过任何有关科林斯大门的构件，但我将参考那些至今还能见到的古代遗迹。标记为S和Y的门来自阿涅内河之上蒂沃利的一个科林斯式的圆形神庙。[257] 这个门在顶部减小十八分之一并且它高宽比为二比一。其余的构件也遵从门的比例。标记为T和X的窗也来自这个神庙，和门一样上部缩小。框缘和其他构件也与窗成比例，你只需要一个圆规和足够的耐心，就能自己发现窗中所有数字比例。[258]

下面的标记着P和Z的科林斯门来自万神庙，在罗马也称作圆神殿。[259] 它20掌尺宽、40掌尺高，据说它，即框缘构成的骨架，是一个整体。我自己在门上没见到任何结点。门的框缘宽度是开间的八分之一。这是因为这个框缘侧面很厚[260]，且不可能只看到前面而看不到侧面，这样前面看起来显得比实际更宽。因为它很高，这个门就做成竖直的而不像其他门那样上部缩小。所有其他构件都随这个门的比例缩小绘制。（图中）门上的柱础就像来自第一层之上的平柱，我在这章开始论述科林斯柱式底座的时候提到过它。

LIr(172v)

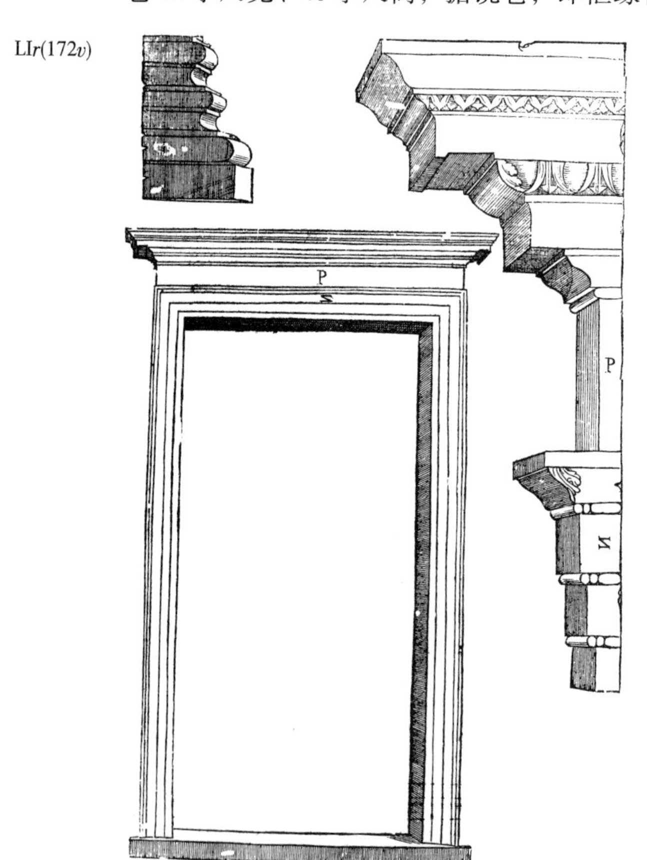

LI*v*(173*r*)

下图所示这个大门也是科林斯式，它来自巴勒斯蒂纳（Palestina），现在称作佩拉斯蒂纳（Pelastina）。[261] 其高宽比是二比一。框缘宽度是开间宽度的六分之一，分法如前所述。中楣比楣梁宽四分之一。顶冠和其他构件同框缘一样，分法同前。台架垂得很低，如图所示。并应该按第 xxiiir 页多立克柱式讲述的方法建造山花。

LII*v*(173*v*)

这个门虽然不同于所有其他我见过的古代案例，但却富丽堂皇让人赏心悦目。它在斯波莱多（Spoleto）外，离道路半哩*的一个古代科林斯神庙中。我不会再详述这个门的比例和特殊构件，因为如果你用着圆规和以足够的细心可以发现所有的比例和尺寸。

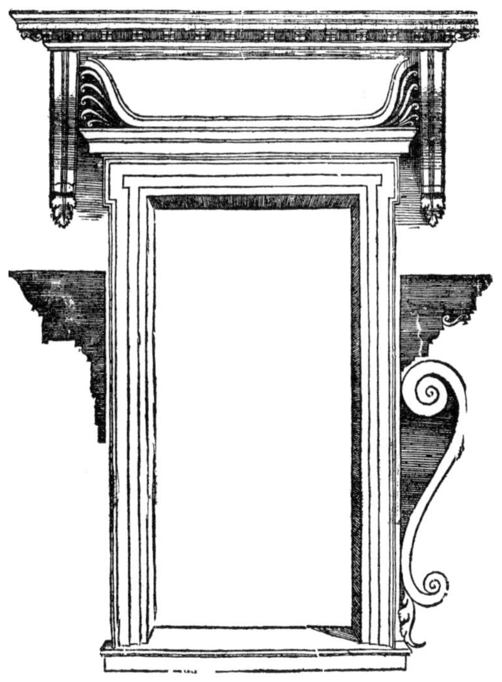

* 参见词汇表中“测量单位”，译者注

LIIv(174r) 尽管科林斯柱式有许多细节，它还是带给我们极大的美感。我将列出它的普遍规则以满足那些对我的工作感兴趣的人，并且我将创建这种柱式的几种建筑类型。因为那些希望他们的建筑永垂不朽的古代建筑师都把支撑拱券的柱墩做得很粗，所以从前面看，这个面的柱墩就与拱门开间一样宽。这可被用于不同的事物，由明智的建筑师决定。它的厚度是开间的四分之一。柱子宽度是柱墩正面的六分之一。两柱间的壁龛等于两个柱宽；高宽比略大于二比一。基座应该是三倍柱宽。拱券的高宽比为二比一。包括柱础和柱头的柱高应该是九倍半模数。拱券壁柱（pilastrade）应该是柱宽的一半。支撑拱的拱座的样式和雕刻方式应与爱奥尼柱式部分第 40 页的马采鲁斯剧场讲述的类似。拱座也用来制约门的檐口。[262] 门的高度这样确定：在该檐口下楣梁应做成相同的高度，从那向下到台阶处可被分为两部分，一部分长度等于门的宽度。门的檐口与窗的檐口位于同一高度，并且基座的波状花边与窗底在同一高度。窗的开间遵循对角线的比例[263]，它的框缘宽为开间的六分之一。基座、柱础和柱头这些个体构件，应当按照这种柱式在开头所讲那样雕刻。柱子上应放置额枋、中楣、檐口，分割方式如开头所述。第二层的高度应比第一层小四分之一，并且所有的构件尺寸也按比例减小，就像我们在图上看到并量取的样子。我不能把中间抬高的部分做成一个完整的层的高度，只能比层高矮，它的高度应与拱券下部宽度一样；承托额枋和中楣的檐口应为整个高度的五分之一，这个测量数据来自多立克柱头。此外，对较大的装饰你可以建一个尖顶（fastigium）或我们称之为山花的东西。如果在中间修建了山花，壁龛上修两个（尖）山花的做法就不对了——但是你应该修建两个圆形山花在上面，这样这个作品看上去就与众不同，赏心悦目。

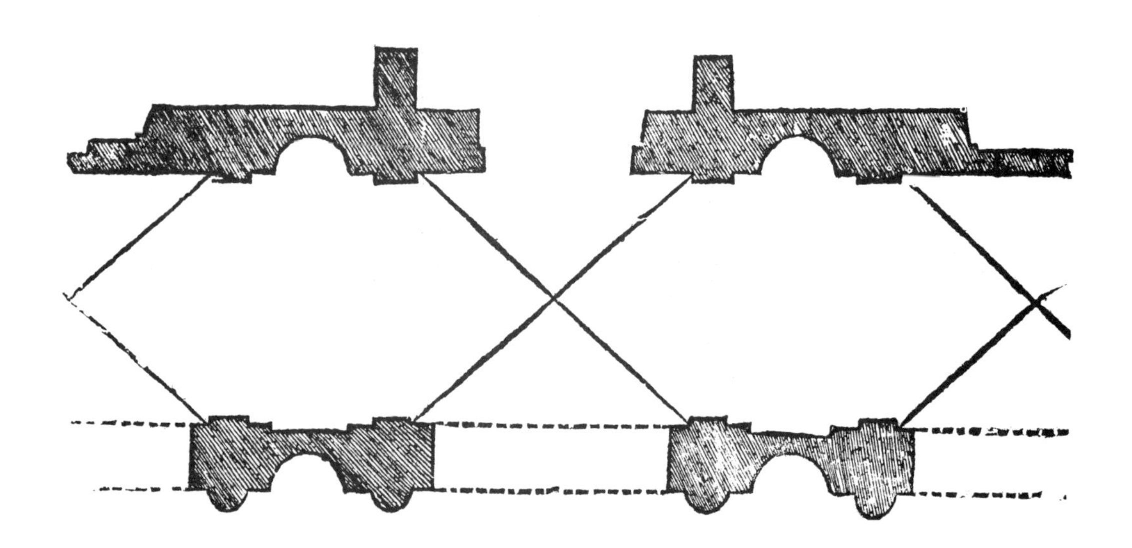

LIIIr (174v)

LIIIv
(175r)

每当建筑师修建神庙时，地平被抬得越高建筑越显得宏大，因为伟大的古人就是这样做的。然而，古人修建神庙的形式与我们迥异，因为他们习惯于仅仅修建一个体量[264]，而我们的大多数基督徒把神庙修建成三部分，中间一部分，旁边两部分。[265]而且，有时候礼拜堂需要两部分，有时候礼拜堂要修在两侧的外面，如下面的平面图所示。面宽应为三十二份，一份就是柱径，七份是中央柱间距，四份半是两侧柱间距。壁龛处两柱间距是两份。三十二份就是这样分配出来的。支撑拱券的壁柱是柱径一半宽。门的开间宽度是三份半，高度是七份。支撑拱券的拱座高度与壁柱相同[266]，并将帮助确定[267]门和窗的檐口。基座应是三份高。带柱础和柱头的柱子高度应是九份半。额枋、中楣、檐口是柱高的四分之一。对于剩下的其他单体构件应遵循第一条规则。我们可以从图中了解并量取窗户、壁龛和其他装饰的尺寸。第二层高度比第一层少四分之一，所有构件也按比例减小。然而，额枋、中楣、檐口可被分为三等分，一份是额枋，一份是带飞檐托饰的中楣，第三份给顶冠和波状线脚。我们应按照维特鲁威在多立克柱式[268]中描述的方法建造山花。边上的两个托架（bracket），装饰立面并起支撑作用，应是四分之一圆弧，它们的圆心是 AB 两点。每个分隔礼拜堂的拱上都可以放一个此构件，因为这样可以大大支撑中央部分，并且雨水能从上面的屋顶沿它们滑落到低处。[269]

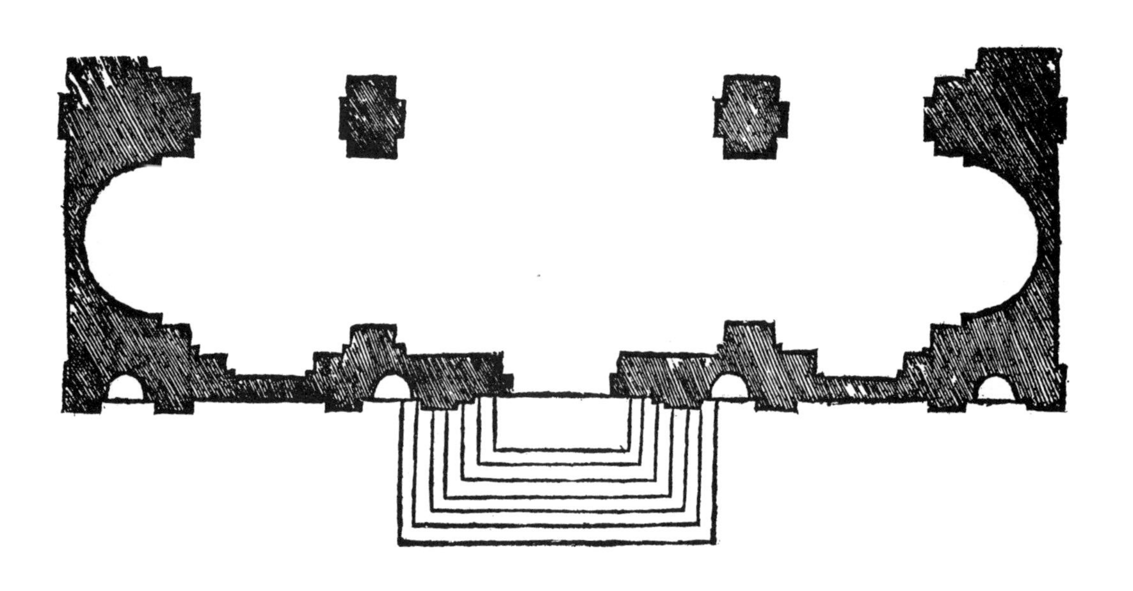

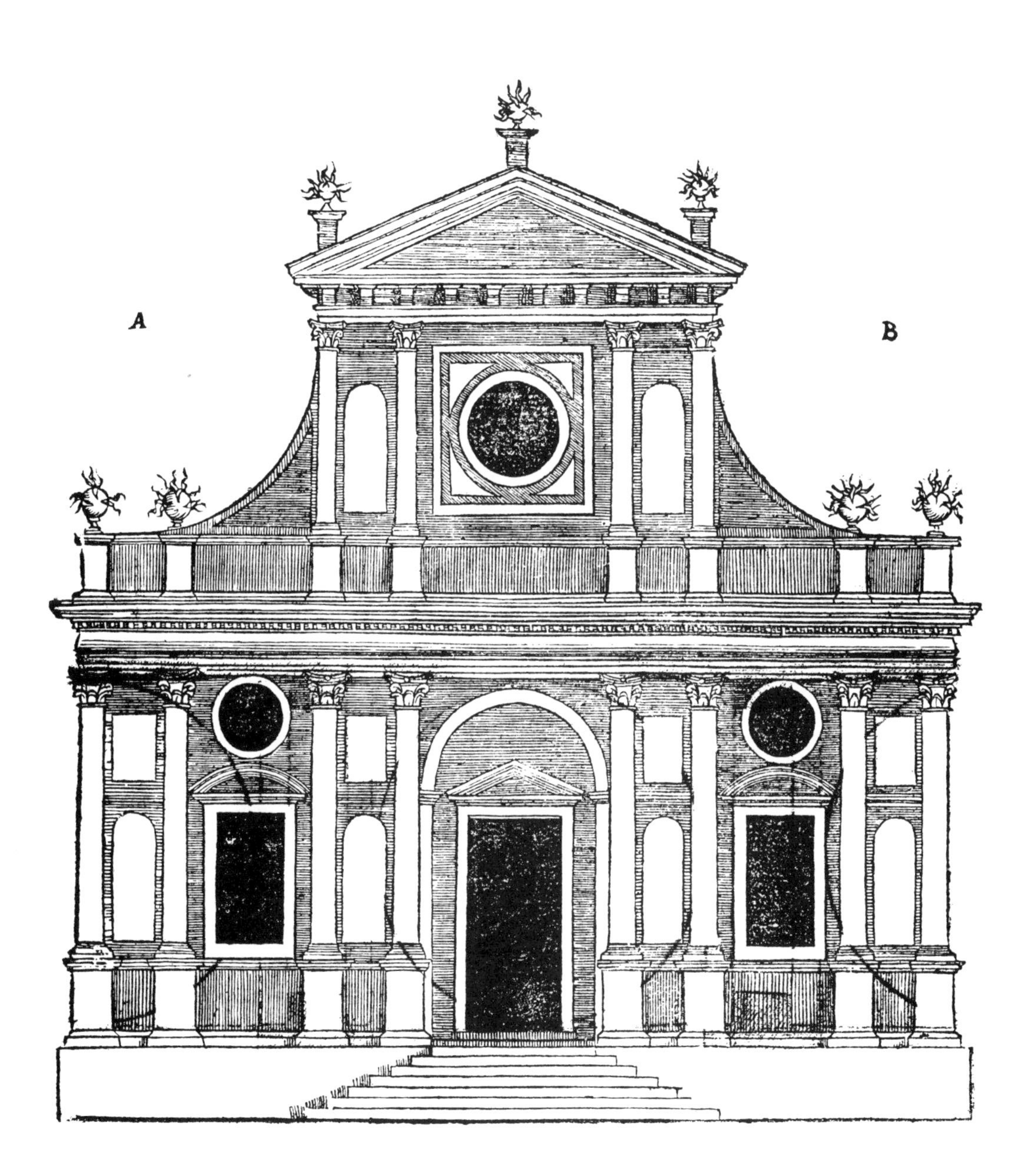
A
B

LIIIIv 下面的作品划分如下，两柱墩间开口三份，每一份等于柱墩宽[270]——厚度为宽度的一半。柱子宽度为前面柱墩的一半。计入底座和柱头的柱高应为五份半。支撑拱券的壁柱为半个柱宽。[271] 拱的拱座也一样[272]，虽然构件不同，它们的尺寸可以从多立克柱头中计算而来。这也帮助确定门上的檐口[273] 和商店上支撑窗户的过梁的尺寸。拱券[274] 应为三份宽，五份高，因为有时图示中一样短小的搭配构件将要与之相配。门也拥有同样的比例，它的框缘是宽度的六分之一。如果建筑师希望拱券的高度是宽度的二倍,门也要随此比例改变，但在柱础下面柱子需要一个方基石，即如古人那般做法。额枋、中楣、檐口的高度是两个柱宽，划分方式如前面所述规则或如先前几页讲过的古代遗迹。既然第二层的地平与第一层挑檐高度相同，从拱券底面到地板下就有很多空间用来制作十字拱。在这种情况下，我打算在每个垂直的柱子间建造一个拱券并在每个空间制造一个碗形的拱顶，也就是我们说的穹顶（cupola）。第二层的高度应比第一层少四分之一，具体分布为：墩座墙，也称作胸墙，高度是两倍底部柱宽；从这向上分为五份，一份是额枋、中楣、檐口，四份是柱高。支撑拱券的壁柱应为半个柱宽[275]，拱券上的框缘也如此。其他构件应遵循普遍规则。如果这个立面建在广场上，就像商店那样，最后一个檐口上的胸墙应该具有很强的实用性[276] 和装饰性。不过，除了许多其他小心的预防措施之外，为防止雨和冰的破坏，还应铺设石板地，连接处用优质灰泥密封[277]，它们中的大部分应该明显的起坡以防水集中。若能铺上一层优质的铅皮会更安全。虽然所有杰出的建筑师谴责并避免在开间中之上方放置柱子或柱墩——我也不愿赞美这种做法——然而，既然我已在罗马的庞贝柱廊看到相似的多立克柱式元素[278]，因此我列出这种作法，以防一些人要建造并使用这种样式。

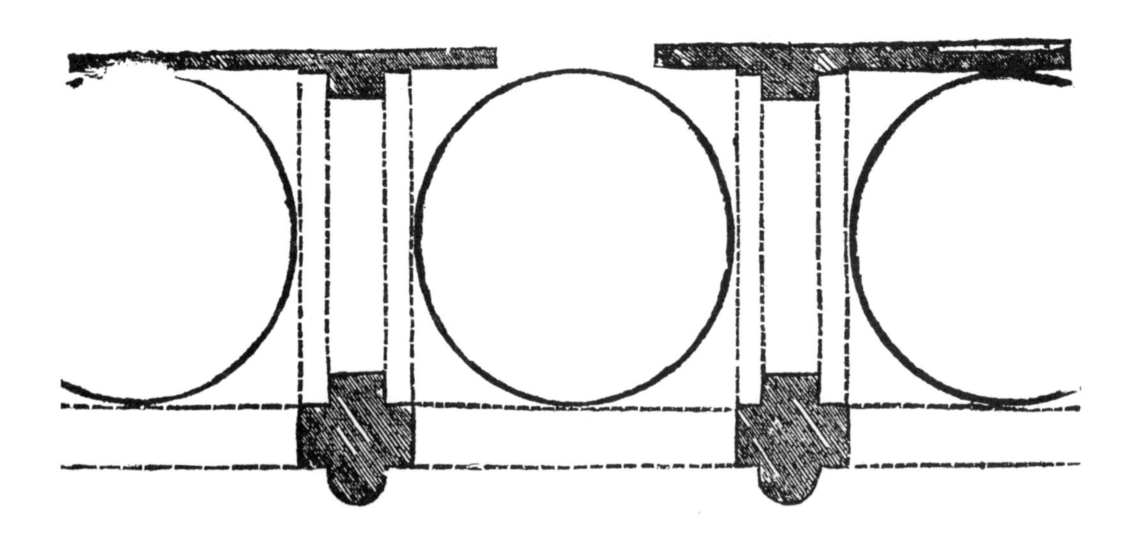

LV*r*(176*v*)

LV*v*(177*r*) 既然威尼斯人非常愿意在他们的建筑中使用充满窗户和阳台的科林斯风格，我将讲一个带有很多开间和许多阳台的例子。我也想在另一个上放置一个凉棚。这将提供比阳台更多的用途，并且建筑将更有气度因为视线可以延伸进内部，这样会给人极大的满足。[279]

下面的立面的划分[280]应该是这样，把宽度划分为三十份，一份就是柱径。中间的柱间应是四个柱径，但其余的都是三个。三十份就是这样分配的。带柱础和柱头的柱高是十份半。额枋、中楣、檐口高度为柱高的五分之一，划分方式如前所述。窗户的开间是一份半柱宽，从上到下垂直。但底层的第一种窗户应该是三份宽四份高。上面的夹层，遵从对角线的比例。[281]门宽两个柱径，高四个柱径。额枋、中楣、檐口均如其他。这样，门的檐口与窗户下底平持。第二层比第一层矮四分之一。进而，带扶手的胸墙高度等于窗户开间宽度，其余的高度可以被分为五份，一份是额枋、中楣、檐口，四份给带柱础和柱头的柱子。窗户高宽比是二比一。其余的装饰应该是对应着前面提到的事物的同种情况，按同样的方法制作。敞廊的大门应该像下面的一样，窗户亦然。第三层比第二层要再减小四分之一,除了窗户每个构件也成比减小。窗户高宽比为二比一，既然高度自身减小，仰视起来此比例应该看起来更大而非更小。[282]中间升起的部分高度也和其他一样缩小四分之一。额枋、中楣、檐口应是此高度的四分之一，并且山花应按照多立克神庙的方式修建。[283]如果还有其他尺寸，可以参照最初的规则。这个建筑不仅满足威尼斯风格，作为别墅也很合适，看起来庄严有度。如果建别墅，抬起越高它会更气派，并且地下室会更卫生。我将不会展示以下立面的平面图，因为敞廊的透视已经表达明白了。

LVIr(177v)

LVI*v*
(178*r*)

当一个建筑师希望根据功能和承担这些建筑装饰费用的人们所要求的主题建造建筑时，很有可能如我在其他时候讲过的那样，他有大量的柱子，但是细长比不适合这个建筑，那么他的应用技巧就要必须达到他知道如何活用这种柱式要素的水平。[284] 此立面的构成应是拱门开间高度是二倍的宽度。支撑拱的柱墩前部应是宽度的一半。把它分为三份半，一份是柱子宽度。两柱间的空间是半个柱宽，与壁柱相同。不算下部基石（称为 socle）的基座高度应与柱墩前部高度一致。它的细部的分割方式与科林斯基座中陈述的一样。带柱头和柱础的柱高应该被分为十一部分，此高度并不错，因为两个柱子如同孪生，且放置在那主要为了装饰而不是承担重量。 框缘、中楣、檐口的高度应该是柱高的四分之一，并且除了要保持连续的檐口及其波状线脚之外，所有的构件都应随柱子的垂直关系向外伸出。这是伟大的古人的传统，并且伯拉孟特，这个世纪优秀建筑之光，在罗马的望景楼也是这样建造的。[285] 大门是四个柱宽，且高为宽的两倍。它的壁柱和中楣应使支撑拱的檐口 [286] 与门的檐口水平，与窗近似。窗户的宽度是三个柱宽，高度是五个柱宽。第二层应比第一层小四分之一。整体高度被分为六份，一份是墩座墙，称作胸墙，四份给窗户和额枋、中楣、檐口的最后的部分，他们的分割方式你们将在混合柱式中找到。[287] 窗户的宽度应与下面垂直，并且高度是宽的两倍。至于窗户和龛上面其他的装饰，应该按照爱奥尼大门上的细部方式雕刻。当他们被雕刻的更加精致且装饰更加充实的时候，这些细部就成为科林斯做法。包含框缘的龛的宽度应与柱子上部竖直对齐。进而，把它分成七份，五份是龛，其余两份是框缘。它们的高度是宽度的三倍，因为他们很高，这距离看起来会变短。檐口的雕像底座应作为装饰，并具有功能，因为当建造烟囱时，它们可以满足此需要。

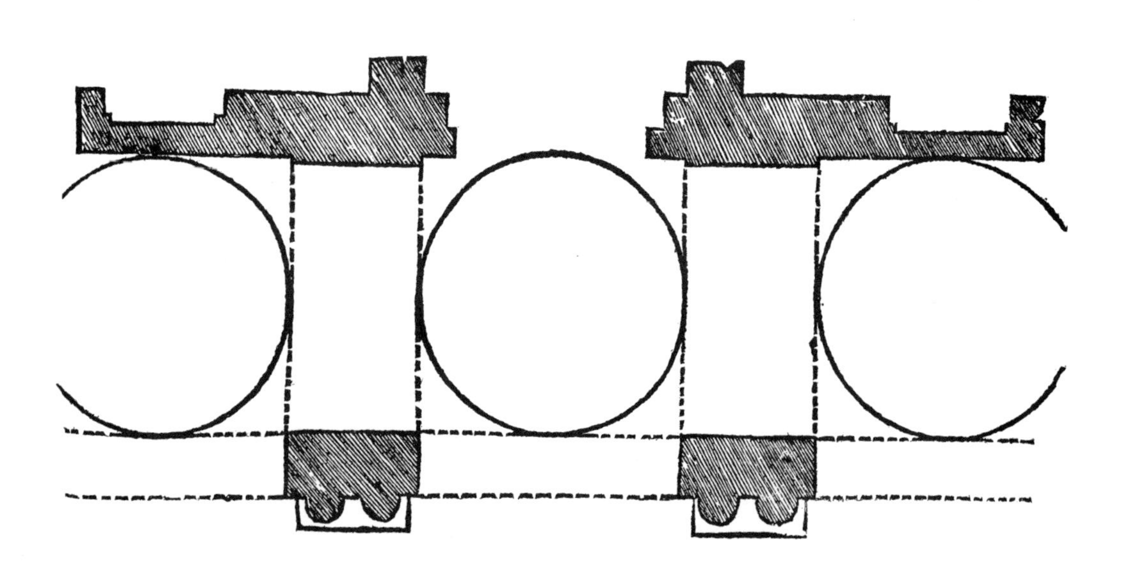

LVIIr(178v)

LVII*v*
(179*r*)

即使它们完全依照正确的比例和尺度建造，那些根据普通习惯建造的建筑当然应该被表扬，但不应被赞赏。另一方面，只要它们依照理论和良好的比例建造，那些不普通的建筑将不仅被大多数人表扬，也应被赞赏。这样，这个神庙形式的建筑应从图中的粗面石工开始；高度的制定取决于地点和基地，但不应低于两个人身高。地面上从位于入口处的台阶 A 开始上升，升到和 B 一样。在这个高度神庙被一个宽阔的建有墩座墙——称作胸墙——的回廊环绕着。神庙从这层升起比胸墙高三个台阶的高度，并且此升起从台阶 C 开始，升到 D 层。这层是胸墙的高度，比下面的胸墙高一点。从这层到神庙将有三个台阶。立面的宽度应分为二十四份，一份为柱宽，四份是中央柱间。那些边上的柱间——比如窗户所在的地方——应占三份。每个龛占一份半。这二十四份就是这样分配的。那些在外侧胸墙上相同的基座在立面上看也应在柱子下面。不算柱础下的基石它们的高度是两份。带柱础和柱头的柱高是 10 份半。额枋、中楣、檐口是高度的四分之一，正如我在第一种柱式中讲到的，所有构件都可以这样被细分出来。[288] 门的宽度是三份，高七份半，那样它高宽比是两个半正方形。这是因为它很高，对任何仰视的人来说看起来会较短。窗户的宽度是一份半，但是因为如上所示透视缩短的原因它的高宽比要大于两个正方形。[289] 龛的宽度是一份，且出于如上原因高度是三份。支持山花的楼层应与下面的基座同高，并且挑檐高为它的四分之一——在穹顶起拱点的檐口高度也相同。穹顶应该比半球大。在神庙的四个角，我们应建造方尖碑这样宏伟的装饰。它不带顶尖的高度应与山花水平，顶尖应与山花顶水平——山墙应依据多立克神庙讲述的规则建造。[290] 神庙下面较低的部分应该留给祈祷者使用，称作“忏悔室”（confessionaries）[291]，在意大利许多地方我都见过圣坛下这种空间。

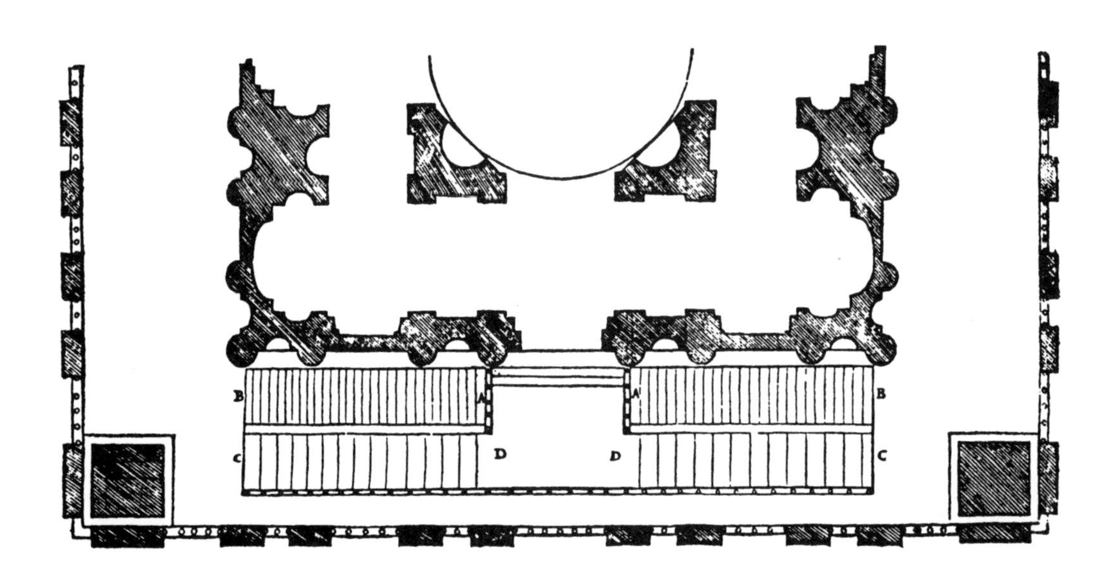

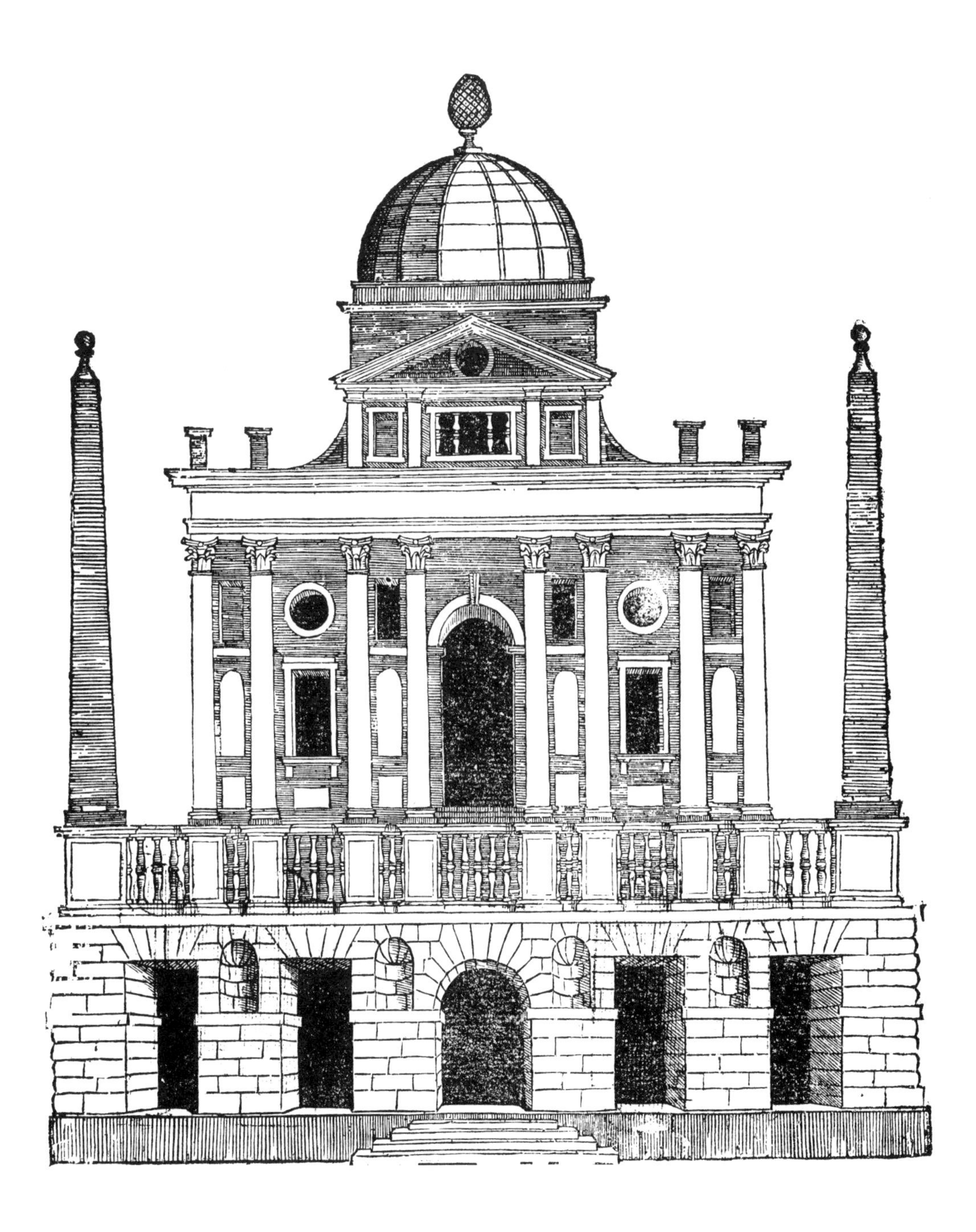

LVIII*v*
(180*r*)

即使在我们的时代不再建造大理石或其他石头的凯旋门，然而当一些重要的人进入城市去旅行或占领它的时候，我们依然会在城市最美丽的地方建造不同风格的带着彩绘装饰的凯旋门。[292] 因此，如果我们必须建造一个科林斯柱式的宏伟的拱门，它的比例和形式应该是这样的：其洞口为二又六分之一个正方形，柱子宽度是开间宽度的五分之一。基座的高度是三个柱宽。柱子高度可分为十份半。额枋、中楣、檐口，为柱高的四分之一。然后，从拱的底面到额枋底面应该有一个两倍柱宽高的台架，并且这些线应该画向拱心。对那些单独的构件，比如基座、柱础、柱头、中楣和檐口，可遵照在这个柱式开始所讲述的规则。然而，拱的壁柱应是半个柱宽。两个柱间的距离是一个半柱宽。龛宽一个柱径，高三个柱径，这样可以装下一个立像。第二层的高度应是当柱子高度分成四份时，一份的高度，柱高不计基座但上面一直算到檐口顶。它的细分 [293] 参考多立克柱头，但改变了一些构件。（顶楼的）底座应在檐口上再提高一倍柱底径，因为檐口的出挑 [294] 隐藏了底座的下部。挑檐伸出如图所示。我们应按照多立克规则 [295] 确定山花高度。这拱门有些地方很像安科纳 [296] 的那个，但出于对这样一个伟大的建筑师的尊敬，我已经把尺度简化为一个普遍的规则，这样每人都能很容易地理解它们。

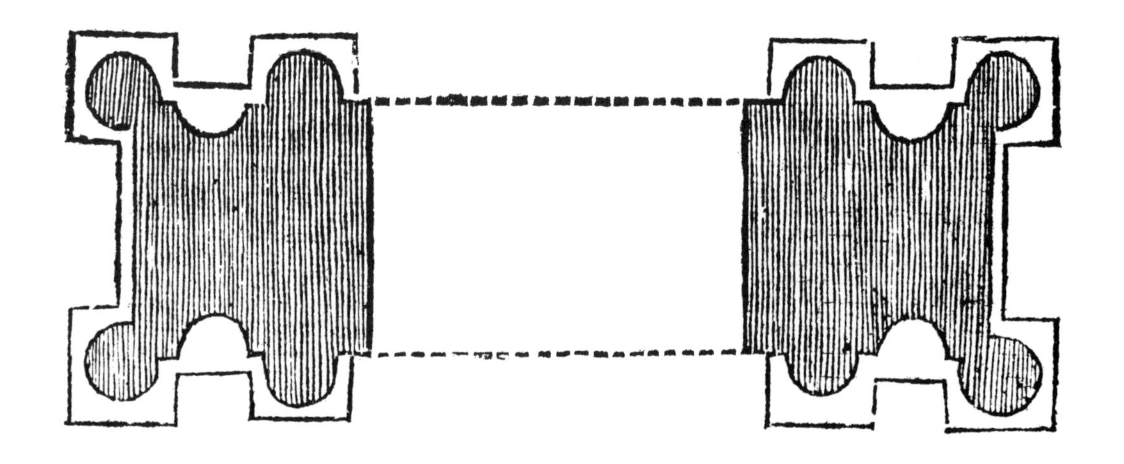

LIXr(180r)

LIX*v* (181*r*)

只要觉得有必要，我就应该论述一下科林斯风格。即使我们也可以讨论很多种装饰，然而，讨论壁炉的装饰却是完全必要的。由于人们对它持续不断的需求，生活中不可能失去它。实际上在每个房间甚至小房间放置火炉是一种习惯。在这些狭窄的地方，完全陷在墙内的壁炉非常普遍，它们被称作法国壁炉。我们可以在上面雕刻不同种的科林斯装饰。如果我们要制作这种形式的壁炉，它的开间应是这样一个尺寸，使得它能容纳下面的构件且构件能放置到它应放的位置。框缘（pilastrade）宽度是开间的六分之一，此外，若做成八分之一会使整个作品更为精细。我们可以按照在科林斯额枋中讲述的方法划分框缘。由于上面的中楣要被雕刻，它将比框缘大四分之一。带台架（console）伸出部分的整个檐口应与框缘大小一致，且它应按照科林斯檐口中讲述的方法分为三部分，尽管由于视点降低它会显得较高。台架的前部，也就是我们指的牌匾（cartelle），上部应与框缘相同，应与下面开间水平的下部将小四分之一，并像图示那样放置两片叶子。建筑师决定台架伸出多少。檐口上的装饰做不做并不重要。这个创造不仅对装饰壁炉有用，对大门和其他装饰也有帮助。当用于大门时上面的山花也很美观。

LX*r* (181*v*)

既然客厅（salotto）[297] 或大房间也需要一个适合于房间比例的壁炉，且这种房间需要较大壁炉开口，因此要建造满足这样出挑的台架，它们将占据边上（出挑）的两倍。然而，在这种布置中我的设计是用浅浮雕做一个平的框缘，并制作一个脱离它的圆柱，这样框缘和柱子间还留有一定的空间。既然（如我在本章开头所讲）科林斯风格来源于科林斯少女，我想通过在柱子上放置一个少女来表现它。当你已经根据场地确定了壁炉的宽度和高度，高度可分为九部分，一部分就是少女的头。当你如图为少女像定型或定样完毕，壁柱也遵照开头所讲的尺度建成同样的比例。柱子上放置额枋、中楣、檐口，它们整体的高度是柱高的四分之一，划分方式如开头所述。依据房间高度，檐口向上能被装饰成图式所示的样子。谁会怀疑这个设计不能恰好适合大门的装饰，在墙上安上这样的装饰柱，特别是适合那些花园大门和凯旋门呢？此外，明智的建筑师通常将知道如何使它适应其他装饰。

LX*v*
(182*r*)

LXI*r*
(182*v*)

至此科林斯式完毕
以下混合柱式开始

LXIv
(183r)

关于混合柱式
第九章*

尽管多立克式、爱奥尼式、科林斯式和塔司干式——维特鲁威提出的这四种柱式，已经似乎给出了全部关于建筑本身的纯净元素及其规则，但我认为应当再增加第五种柱式。这种柱式是上述四种纯净柱式的复合体，并且在至今可见的古罗马权威建筑作品中可以得到验证。实际上，匠人们的智慧一定是很伟大的，因为他们必须依照需求的不断提升和整体设计的特点，在四种纯净柱式的基础上创作出混合柱式。进一步想，对于要面对各种各样的总体设计方案的建筑师们来说，他们有时就会觉得被维特鲁威的指南抛弃了，因为这指南并没有涵盖所有情况。在我的印象中，维特鲁威从来没有探讨过混合柱式的问题，这使得建筑师从一开始，思路便受到了限制。有人称这种混合柱式为“拉丁做法”也有人叫它“意大利式”。[298] 古希腊人依据成年男子的形象创造了多立克式，依据成年女子的形象创造了爱奥尼式，还依据少女的形象创造了科林斯式。[299] 也许是因为古罗马人无法超越古希腊人的创造，他们把爱奥尼式和科林斯式混合在一起创造出混合柱式。他们将爱奥尼式的涡卷连同其混线置于科林斯式的柱头之上[300]，这种新的形式绝大部分都被用于凯旋门。同时，作为这些创造发源地的征服者，古罗马人绝对有权力有自由，以主导的身份将它们组合在一起，正如他们在罗马大角斗场中所做的那样。在该作品中，他们将一层设计为多立克式，二层为爱奥尼式，三层为科林斯式，而在最顶层他们选择了这种混合柱式。据我们今日可见的部分，这种混合柱式采用了科林斯的柱头。我认为，这种将复杂的混合柱式放在顶层的做法，即将其置于远离人们视点位置的做法所产生出的效果，是相当出色的。如果他们仅仅将爱奥尼式或科林斯式的额枋、中楣及檐口放在柱身上，因为视距非常远的关系，效果将很苍白。不过同时，尽管在中楣上加飞檐托可以使得檐口部分更加突出，视觉效果更加丰富，但这种做法会带来另一个问题。因为飞檐托占据了中楣的很大一部分，如果照比例去做，檐部整体看上去就会像一个巨大的檐口，而不是由额枋、中楣及檐口三部分组成的。这种混合柱式，其柱头、柱身和柱础的总高可以分为十份。柱础高是柱径的一半，并按科林斯的尺寸雕刻为科林斯式。这种柱础在罗马的提图斯·韦斯巴芗凯旋门中可以见到。[301] 柱身凹槽可以是爱奥尼式，偶尔也会是科林斯式，这要依据具体情况由建筑师斟酌。柱头的样式可根据科林斯式，并把涡卷做得略大于科林斯的茎梗饰。像这样的柱子我们可以在上述提到的拱门中见到，参见旁边的插图。额枋、中楣和檐口应当放在远离视点的位置上。额枋的高度等于柱身顶端的宽度。带飞檐托的中楣的高度等于额枋的高度。飞檐托的反曲线的高度相当于飞檐托总高

---

* 原书如此。——译者注

度的六分之一。飞檐托的出挑长度等于其高度。檐口及其装饰带的高度等于中楣的高度，其中装饰带的高度为总檐口高度的二分之一。而顶冠的出挑长度等于其高度。尽管图 C 所示的部件和尺寸是源于罗马大角斗场的，但以上所说的是一个通用规则。因为这里的柱身要比其他柱身细很多，所以它的基座也被设计得细了一些，这也是合适的做法，涉及另一个关于基座的通用规则。这个规则是，在比例上，其高度是宽度的两倍。具体来说，整个基座等分为十分，一份是波状线脚，一份是底座，束腰占八份。而你在旁边图中看到的柱式局部是上面提到的提图斯・韦斯巴芗凯旋门的测绘图，该基座在比例上符合上述的规则。这样，整个柱子可分为十份，其基座本身也根据柱子的尺度分为十份。尽管一般来说基座都要设计的敦实一些，但在一些早期古希腊遗迹中，一些上层的柱子基座被稍微削弱了，我认为也是可以的。

LXII*r*(183*v*)

LXIIv
(184r)

古罗马人创作了各种不同的混合柱式，我将从其中挑选一些广为人知的，同时较容易被掌握的柱式介绍给大家。这样，建筑师就可以凭自己良好的判断力，并根据具体条件，选择合适的柱式。图T所示的柱头是由多立克、爱奥尼和科林斯组成的：顶盘和波状线脚是多立克；混线和凹槽是爱奥尼；圈线和花叶是科林斯。类似的，在柱础中，两个混线表明了多立克的身份，而两个枭线、圈线和雕刻装饰纹样又具有科林斯的特征。这两个局部都在罗马的特拉斯特卫雷（Trastevere）中出现。图X所示的柱头和柱础也是由多立克和科林斯两种柱式复合而成。它们的顶盘是多立克式的，但柱础繁复的装饰纹样又是科林斯式的；同样，柱头也有许多科林斯式的特征，比如叶子，比如在其余均是圆形部件的情况下方形的顶盘。如下图所示，小花应当雕刻在枭线的四个角下面。图A所示柱头在过道广场的巴西利卡中[302]，它的涡卷部分被马头所代替，所以也是混合柱式。字母A下边的条纹也和其他的样式都不相同。图X所示的混合柱式柱础在罗马。图B所示的是纯粹的科林斯柱头，它存在于伟大杰作大角斗场旁边的三棵柱子上。图C柱头由爱奥尼和科林斯复合而成的，它取自于维罗纳的一处凯旋门上。同样是在这个凯旋门上，一些浮雕壁柱则采用的如图D所示的柱头。图Y中的柱础也是混合柱式的，因为在上混的上面有圈线，这个柱础是在古罗马。[303]

(184v)

A
X
B
y
C
D

LXIII*v*
(185*v*)

除了凯旋门，很少有建筑使用混合柱式，而其中大部分还是因采用了其他建筑的构件。尽管我已给出了通用规则，但我不想再做进一步的说明。因为敏锐的建筑师会根据具体情况，运用之前所阐述的设计，将它们改造成混合柱式。不过这里，我们想再来说明两类壁炉的形式，这两类壁炉采用两种柱式。一个是完全室内的，另一个是室外的。下图所示为室内壁炉。如果它建在一个小空间内，它应与人的肩膀同高，以使火光不致干扰人的脸部和眼睛，而壁炉的宽度则应依据空间的大小具体设计。在额枋之下，一个框缘正面应占额枋下总高的四分之一，其雕刻样式如图。我把这里的框缘做得与其他壁炉很不相同，这件壁炉比其他的作品更夸张些，更多些天马行空而非理性，希望有人愿意使用我的创造。需要说明的是，这件壁炉的局部取材于罗马拉特兰（Laterano）的圣乔万尼的一个古代宝座。额枋高是框缘宽的一半，其中波状花边占据其六分之一。剩下的六分之五又可再分为七等份，第一层饰带占三份，第二层占四份，中间的圈线横跨第一层和第二层，高度相当于二分之一份。中楣因为要雕刻的关系，其高度应比额枋略高四分之一。檐口与中楣等高，可分为七等份，顶冠下的波状花边为两份，顶冠为两份，顶冠上面的花边为一份，最上面的波状线脚占据剩余的两份。而檐口的出挑等于其高度。如果框缘宽是额枋下总高的六分之一，其他部件也相应减小，特别是尺度小时，作品会更加令人满意。檐部上方的装饰部分可有可无，取决于委托方的意愿。

LXIII*r*
(186*r*)

其他的装饰样式也可使用在这个混合柱式的作品上，使其成为最华丽的建筑样式。下面的壁炉，作为其他形态的一种变体，可采用如下的规则。额枋的位置有一人的高度，而大台架，即牌匾（cartella）为八分之一人的高度。基座的高度以使人坐着舒适为准。在大台架以上的部分没有什么明显的规则，其总高度大约为大台架的两倍半。也因为其没有规则，它的装饰，比如叶子等部分要靠建筑师的精心设计。同时，多立克、爱奥尼甚至科林斯都可以较容易地用在这部分上，具体的规则参见前面的介绍。为了使烟道更宽敞，这一部分应位于烟道收集部分的上面。这样做使烟道部分比通常直接升起的锥形外观更加漂亮。

LXIIII*v*
(186*r*)

XLVI*r*

LXVv
(187r)

对于建筑师来说，良好的对建筑构成及装饰多样性的判断力是非常重要的。因为尽管有些内容基本上可以给出确定的规则，但是柱子由其不同位置所呈现出的不同的尺寸形式，也是比比皆是。这种多样性主要有四种[304]：

第一种是独立承重的柱子，在各个方向都没有辅助的支撑。这种柱子荷载很大，其高度是不允许超出规定的，如下图 A 所示。

第二种后侧有辅助墙体，但柱子完全脱离墙面。这种柱子比上一种可高一个柱径，如图 B 所示。

第三种，柱子突出墙面三分之二。这种柱子可比上述的柱子高一个柱径甚至更多。因为一般采用这样做法的柱子大多有十一倍半柱径高，特别是如图 C 所示的罗马大角斗场中的多立克柱。当柱子的两侧有壁柱（parastatae），也就是方形壁柱时，他将得到更多的辅助承重，建筑师可将其处理得更为纤细，以至于其装饰作用远远大于其承重作用。

最后，突出墙面三分之二，两侧各有半个壁柱支撑的柱子可以再高出一个柱径或更多。在这种情况下，额枋、中楣和檐口可以向两边挑出，正如下图 D 所示。当然，如果没有两侧壁柱的支撑，檐部是不能延伸的。

对于柱间距正常的，没有任何辅助承重的柱子来说，其柱子决不允许超出规定。[305]特别是当它要承重多层时，更要处理的敦实一些，以延长建筑寿命。尽管基座对于承重和增高都有显著的作用，但是我建议，假如柱高本身可以满足建筑空间需求的话，就不要增加基座了，特别是在建筑的底层。而在第二、三层，由于墩座墙（也就是胸墙或栏杆）的存在，以及更高柱高的需要，带基座的柱子就常常显得更加成功。我们可以看到，古罗马人在它们的戏院和圆形剧场的设计中遵循了这一点。然而，对于将柱子置于柱子之上的指导原则和规定是不同的。有人会说，首要的原则就是，上面柱子的基座不得大于下面柱子的柱径，柱础的突出则取决于基座的座身（shaft）。这是一个有根据的很安全的规则。不过，因为第二层柱相对于第一层来说会缩减很多，如果之上再加一层柱，若按照规则继续进行较大的缩减，就会显得不太合适了。另一条，也许是更为恰当的规则是，上层柱子基座的正面与下层柱身面在同一铅垂线上[306]，上层的柱身在高度和柱径上都是下层柱身的四分之三，柱础的突出部分与基座平齐。这条规则与维特鲁伟在剧场说明中给出的规则是吻合的。[307]图 A 表明了这一规则。此外，若要柱子缩减的少些，就将上层柱的下端柱径设计得等同于下层柱的上端柱径。在这种情况下，基座的座身要突出于柱础的柱身。图 B 所示的马切卢斯剧场中的柱子有这种情况，并完美地证明了以上三点规则。然而，在古罗马人伟大的作品大角斗场中，三类柱子，多立克、爱奥尼和科林斯，除了位于底层的多立克柱径略宽了二十分之一之外，其他柱子的柱径和柱高都是相同的。我认为，他们这样做很明智，因为如果每一层的柱子都比下一层的柱子缩减四分之一，那么这样高大的建筑物中，顶层的柱子对于地面的人来说，就会显得过小。事实上，他们现在这样效果很好，如图 C。图 D 所示的是上层柱比下层柱缩减四分之一的做法。在中等尺度的三层建筑中，我推荐采用这种方式。但如果建筑物尺度巨大，我推荐遵循罗马大角斗场的设计方法。在这种方法里，多立克、爱奥尼和科林斯都采用相同的柱高，只是顶层比下面三层高出五分之一，以便满足远距离的视觉需要，使这部分看起来与其他层一样高。当然，虽然下图所示的都是以多立克柱式为例，对于其他柱式，依据其各自的比例，也都是适用的。

LXVI*r*
(188*r*)

LXVI*v*
(188*v*)

我曾经和各种各样的石材处理及其装饰雕刻打过交道，现在是我解决石材在建筑中的运用的时候，特别是需要与砖结合实施“活石做法”的时候了。[308] 这个问题需要投入大量的精力的同时也需要技巧。我们知道，砖是建筑的肉，而石材是建筑的骨架[309]，若这两者不能很好地结合，建筑就会经不起时间的考验而毁坏。因此，一旦建筑的基础已经根据场地的条件建好的时候，精明的建筑师就应当已经备好了所有需要的雕刻好的石材和砖料，并即时就可以展开建造工作了。石材要深入砖墙内部，以确保即使没有灰泥的粘接，它们自己也能保持稳定。这样的建筑构造就能维持很久。旁边图 A 表现的就是这种情况，它示意了在一层粗石墙的基础上向窗户外挑出的阳台的做法，这样做毫无破绽。也就是说，如果你要建造精美的建筑，就应当遵循这样的做法，让一层的墙足够厚以提供阳台所需的地板。要是墩墙或基座连同其上的柱子要设置在石材与砖墙交接的部位，如果不能做到像图 B 一样的，我在上面强调过的，紧密的连接，建筑的寿命就要受到影响了。如果柱子是由几个部件构成的，那么其中一些部件，主要是小部件，就要做到深入墙的内部，以更好的支撑柱子的其他部分。如果柱子是一个完整的构件，那么要保证它至少是有三分之一是在墙里的。另一方面，柱础和檐部要设计得能够深入墙体。最重要的是，像顶冠这样的突出墙面的线脚构件，要保证其有足够的部分深入墙体，而深入墙体的那部分的重量要比突出在外的雕刻部分大得多，这样这些构件就可以不需要其他支撑而独立稳定的存在了。然而，如果项目缺少石材，或使用的石材过于昂贵，如大理石，立面和其他墙面上只能采用贴面装饰，敏锐的建筑师也要在建筑出地面前和把“活石做法”砌入墙体并同时与砖体连接之前，准备好各种自然面的和加工好的石材，与之一起的还有其他材料。而且我要说的是，部件深入墙体的做法要恰当以承托其他更小的部件，比如像鸽尾榫（dove-tail）或鹊尾榫（magpie-tail）联结的做法，这样这些部件就不会脱离出来了。这样的连接方式，必须采用一边砌砖墙一边放置石材的方法。当然，若要砖墙不塌，特别是当中间的石材因承重问题而垮塌的时候砖墙仍然完好，就一定要选择高质量的，方正平整的砖以及厚灰泥。石材之间的灰泥要很少，它们应当被很契合的叠放起来。并且，重要的是，这种工作一定不能粗糙或者匆忙，在往上增加负载之前，要给出一定的停留时间。[310] 因为，如果过急的向上增加荷载，石材就会一点点下沉并最终破碎。然而，如果建造的时候给出停留的时间，这些构件就会保持在自己的承重极限之内。不管怎样，我觉得真正深入到墙的内部的石材构件比装饰贴面要好得多，特别是在外立面上。我认为，立面是不能这样简单贴面的。那样做的古罗马的建筑现在已经很少能见到了，而且还都处于表面的华丽饰面脱落后剩下的大块砖墙也已经被岁月腐蚀的状态。而另一方面，那些石材与砖墙很好的嵌构在一起的建筑至今仍然可见。如果你还是要坚持做饰面立面的话，我想以下是最保险的方法。在意大利，很多建筑师先建造平整的墙面，把石材的位置留出来，之后再将装饰面贴上去。不过因为这些构件是粘上去的，而非与墙体紧密连接，我们经常能见到这些部件脱落，甚至是其他更严重的损坏。

LXVII*r* (189*r*)

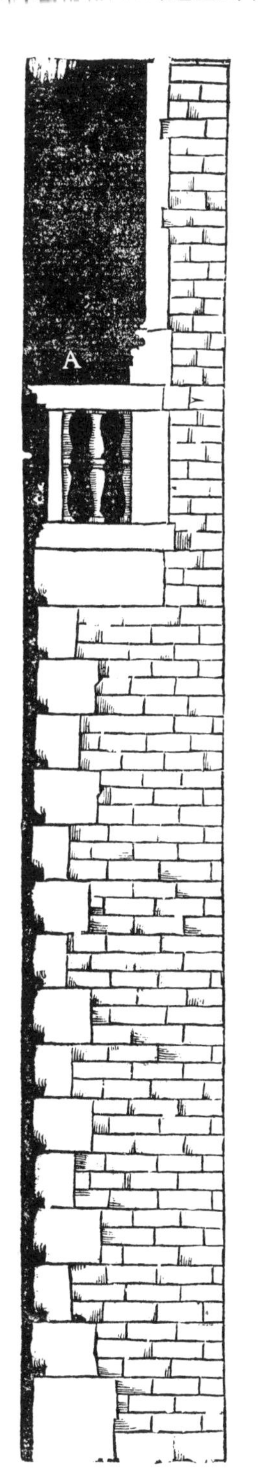

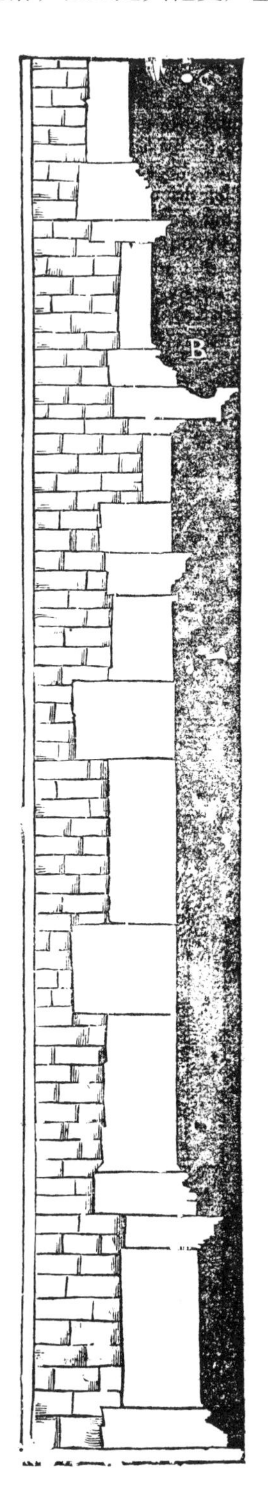

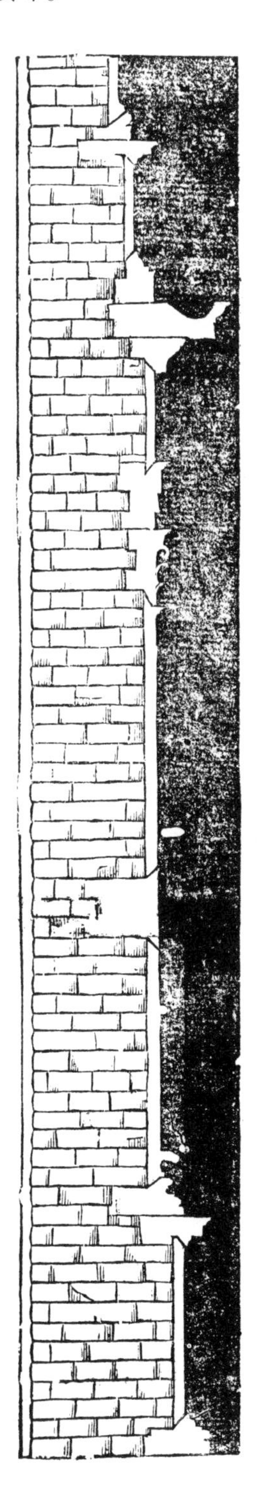

LXVIIv
(189v)

关于木门和青铜门
第十章*

我所认为有必要谈到的用于各种建筑风格的石材装饰都已讨论过了。现在，我将写一些封闭入口的木门和青铜门，并将展示它们的一些图样。我不会偏离我的领域去探讨支撑门的叫做 cancani 的合页，在世界各地和意大利每一个称职的铁匠都知道如何制作它们。尽管如此，像下图 A 所示的这种在古代用来连接大门的合页，对于建筑只产生少许阻力，比图 B 所示那种普遍用于今天意大利的合页更易启闭。无论这些门是铜是木，它们的装饰需遵循如下规则，即厚重的石工装饰应配以同样厚重的大门形式，这是相辅相成的。同样，如果石工装饰做得纤细，那么木门或铜门也就同样纤巧些。这些造型元素需要谨慎的建筑师慎重选择，在此类装饰的插图中你可以看到对面的五种设计，其中的大部分来自古代的大门。[311]

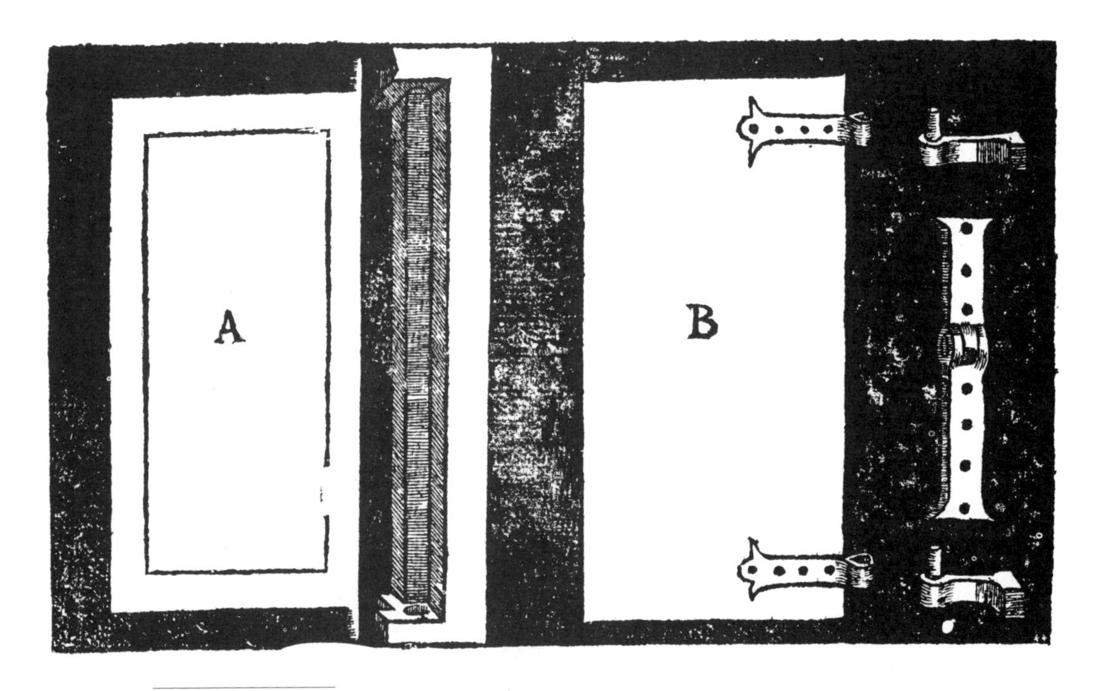

* 原书如此。——译者注

LXVIII*r*
(190*r*)

LXVIII*v*
(190*v*)

青铜的大门有时是一整块做成的，因为这种门既不需要木头也不需要金属来加固[312]，事实上，甚至合页本身也是和大门一体的。那些木头制造的门则需由适当厚度的青铜覆盖。如果这些门是用木板一块接一块的拼接的[313]，不管他们安装和加固得多好，木材的特点是总要随着天气的湿润和干燥膨胀或干缩的。如果你想制作一扇像这种包着青铜或别的金属的门，最好的方法就是显示对面页的图中的 A 和 B，因为木材从不会直线膨胀而是经常保持在其固有的限制之内。这些大门可以依据他们所要承受的重量而制作得更厚些或者更薄些，这个留给建筑师作决定。空的地方可以填充同种木材，但是经常在各个方向上交错垂直安置，以防木材膨胀不均。在古代除了城门和凯旋门，无论公共和私有的其他门道都是矩形的，然而，我们今天把很多门道都做成了拱形，可能源于更大的建筑荷载，同时也因为在某些时候拱门在建筑上更富表现力。我打算至少介绍一个这种类型的设计，虽然事实上他通常不可能涵盖所有的可能性，因为鉴于每天生活的不同，很多异乎寻常的事情都会发生，这些都将成为建筑师丰富其造型元素的源泉。

LXIX*r*
(191*r*)

LXIX*v*
(191*v*)

关于建筑室内外绘画形式的装饰 第十一章*

为了不忽视任何一种装饰，而对此并无规定，对于绘画正如我对于其他装饰元素一样，我以为，建筑师不仅必须对石头和大理石所涉及的装饰负起责任，而且也需对墙壁的绘画装饰同样负起责任。他必须是那个制定秩序的人，即所有在建筑上工作的人的主人。原因在此：有一些绘画匠人，他们的技术是十分优秀的，但是在另一些方面他们的判断力却很拙劣。比如，为了炫耀颜色的魅力而不顾全局，他们因不考虑图画恰当的位置而有损于、甚至毁掉了一些秩序（orders）。[314] 因此，如果你要用绘画来装饰一座建筑的立面，毫无疑问的是，任何画上模仿天空或风景的洞口都是不合适的。这些绘画将一座建筑稳固实体的形式打破，变成一种透明的状态，没有稳定感，像一座未建成或已毁的建筑。同样的，彩色的人像和动物像也是不合适的，除非就是要模仿一个有人站在那的窗户，当然即便如此也需采用一种平静的姿态而不是张扬的动作。同样，你也可以在某些适当的地方绘上动物，例如在窗户上（如我上文所述）或者檐口上方。尽管如此，如果工程的业主或者画匠十分喜欢绚丽的色彩，为了不至于打破或毁掉这个作品（如我上面所说），他可以模仿一些附于墙壁的题材，就像陈设品一样，有什么想法尽可画于其上。因为这么做不至于打乱柱式并模拟现实、维持了端庄得体。[315] 用来庆祝胜利和庆典题材的你可以借助迷人的幻象，配以枝叶的结彩（festoons）、水果、鲜花、盾牌、战利品和其他类似的模拟陈设物的彩色器物；他们的背景须是墙的真实颜色。在这种情况下，使用绘画用无可指摘。如果你要用绘画装饰一个立面并且运用良好的判断力，你可以模仿大理石或一些其他石材，在上面“雕刻”你想要的图案。你可以利用高浮雕甚至小历史画（istoriette）[316] 来模仿带有青铜装饰图案的壁龛，或直接模仿青铜，因为用这种方法去制作的装饰会使建筑作品更显稳固，并得到那些能辨其真伪的人的啧啧称道。在这方面，来自锡耶纳的巴尔达萨雷·佩鲁齐 [317] 拥有卓越的判断力（在他所有的作品中一贯如此）。在尤利乌斯二世任教皇期间，他用绘画为罗马的一些宫殿做立面装饰，他亲手绘制了一些模拟大理石的装饰，如献祭、战斗、历史题材画和建筑。[318] 这些特征不仅使得建筑更加稳固和富于装饰，而且赋予其伟岸的姿态。对于那些乐于用绘画装饰罗马建筑的人的高超技艺，还有那些同样条件下除了单色之外从不使用任何颜色的人，我将怎么评价呢？他们的作品如此优秀和迷人，使每个看到它的智者赞赏。例如达·卡拉瓦乔（Polidoro da Caravaggio）和他的伙伴（Maturino）[319]，他们被所有其他画师所尊敬，他们装点的罗马如此完美，以致其杰出的绘画在我们今天的时代无人能达到那

* 原书如此。——译者注

一高度。多索（Dosso）和他的兄弟[320]也有着卓越的远见。当他们为位于费拉拉的公爵宫的一些立面做绘画装饰时，他们仅仅用单色，借助其出众的智慧和惊人的技艺来，用图案来模拟建筑元素。我不想扩展到更多意大利画师的判断力，他们在这种地方从不用彩色而是用单色以免打破建筑的秩序。[321]然而，如果你想用绚丽的色彩装饰建筑室内，你可以遵循理论指导，模仿环绕庭院和花园的连廊墙上的洞口。在这些洞口内你可以绘上远近不同的风景画，天空、建筑、雕像、动物，尽你所想，全部着色，因为这是为了模仿现实，当你从建筑向外望去你就可以看到上面提到的那些景象。同样的，当有必要以绘画装饰大厅时、房间和其他底层的居室时，画师可以准许用一些建筑元素来模拟墙上那些开向天空和风景的洞口。不过这要依据这些洞口的高度，因为如果他们高于人的视线，你则只能看到天空、山顶或者建筑的屋顶。如果你想模仿一个屋子上部实墙上的洞口，除了天空你将看不到任何别的东西。如果在这些地方有人像，他们应设定在同一条线上[322]，因为在那种情形下是看不到地面的。在这个方面，安德烈亚·曼泰尼亚大师在他在曼图亚为极其慷慨的弗朗西斯·贡扎加（Francesco Gonzaga）侯爵所做的作品《凯旋的恺撒》中尤其敏锐并富于判断力。[323]因为此作品中人像的脚高于人眼的高度从而无法看到任何地面，但是这些人像（如我所说）站成一条线上并安排的十分恰当，发挥着完美的装饰功能。我所提到的这些绘画确实应该值得称赞并得到高度尊敬。你可以看到其深度的设计，娴熟的透视，精彩的创造力，对人像构图的天生的判断力和极其精心的完成处理。如果有时候一个画师想借助透视的艺术将一座大厅或者居室变的看上去更深远，他可以在面向入口的位置绘以透视关系的建筑秩序[324]使空间看上去比他真实的更为深远。巴尔达萨雷，本世纪在此艺术领域一位博学的人物，在他为一位罗马的商人绅士A·基吉（Agostino Chigi）[325]装饰一座大厅时所采取的手法既是如此。他娴熟的模仿一些柱子和其他建筑元素以恰如其分的实现他的目的，彼得罗·阿雷蒂诺[326]，不仅是一名诗人他还是一名绘画鉴赏家，曾评论说在他的屋子里没有比它更为完美的绘画了，即便有几件来自超人的乌尔比诺[327]的拉斐尔亲笔作品。对于巴尔达萨雷[328]在罗马所设计的巨大精湛的舞台布景我将如何评价呢？这有赖于他的学识和智慧，更加值得称颂的是这一作品空前绝后的节约。如果墙壁已经被装饰过，那么如果你要装饰那类型多样的拱状顶棚，你应当模仿古罗马的痕迹。他们惯于根据题材和拱顶的类型绘制不同的分格，他们惯于在上面绘制各种怪异的东西，它们被称之为“怪诞风”（grotesques）[329]（它们效果很好并很实用[330]，因为你有绘制你喜欢的东西的自由）例如混合的植物，叶茂的树枝、鲜花、动物、鸟类和各种类型的人像，但是动物和植物有时被分隔放置。他们一度在画中让人像拿着这些物件，有时也贴附于其他东西上，然后在这些物件上画上他们所钟情的任何东西。有时你可以绘制一个模拟的贝壳的雕像或者类似材质的其他东西，一些神庙或者其他类型的建筑可以与其混合，所有这些都可以画在顶棚上，无论是彩绘还是粉刷或单色，依据画师的意愿，这是完全无可指责的，因为那是古代的习俗，为古代罗马所独有。波佐利和巴亚（Baia）[331] 作为实物的见证，一些今天仍可看到。要不是一些深怀恶意的人为了别人无法欣赏这些曾经一度画得很多的作品而破坏和毁掉了它们，我们还会见到更多实例。然而对我国和那些人的名字，我将沉默并略过不提，他们不幸知名于那些在我们这个时代乐于此事的人当中[332]。现在，在那些明白如何绘制这类装饰的人当中，乔万尼·达·乌迪内[333]，曾经是并永远是一个模仿古人的天才——实际上他本身就是一个发明家——他完美地给我们复原了这种风格。确实，我竟可以说在某些方面他超过了古人；教皇在罗马望景楼花园里的一座敞廊就是极好的见证[334]，同样的还有克莱门特七世在马里奥山[335]的别墅和佛罗伦萨精巧漂亮的美第奇府邸[336]——几处都有他娴熟的装饰，不是贬低其他任何人——这个人不仅可以称其为少见，在这个专业上可谓独一无二。此外，他既是一位具备杰出判断力的聪明建筑师又是超凡的拉斐尔的一个极具天赋的学生。然而，如果画师想沉迷于在拱顶上绘制类似真实生物的图画，他便需要非常优秀的判断力去选择题材，哪一个放在那个位置合适，哪一个适合那个题材，例如，天国的、空中的、飞翔的东西，而非陆地凡物。他还须熟悉透视画法了解如何缩小人像，使之虽然他们所在位置使其极小且变形，然而在特定的距离看起来则是变长了，像一个成比例的活生生的东西。美罗佐·达·福尔利（Melozzoda Forli），过去一位优秀的画师，清楚洞悉这一点，这在意大利很多地方都可以看得到，尤其是圣玛丽亚·迪·洛雷托（Santa Maria di Loreto）的圣器收藏室里一些绘在室内拱顶里的天使。[337] 在曼图亚城堡的安德烈·曼泰尼亚大师也利用透视画法绘制了一些人像和其他题材，当你从下面往上看时，会感到极其逼真。[338] 然而，这种题材却很难使用历史题材画[339]，因其画着很多混淆重叠的人像——尽管如果把人像分开得足够远还是可以用的。不过，现在聪明的画师都不这么做了，因为事实上（如我所说）我所描述的大部分东西现在变得不受观者欢迎了。这在乌尔比诺的拉斐尔那里得到了证明，他在这个门类分支里即使与那些伟大的天才相比也极不寻常。他有着如此杰出的判断力，以致在这个分支中他竟无对手，更无出其右者。他作为一名画师，在这门艺术的诸多旁支里，我经常称其为“超凡”。当他用绘画装饰附属于上面谈到的那个A·基吉[340]的一座敞廊的拱顶时，他在弧窗起拱处画出了迷人的人物[341]，避免了透视变形，虽然他比别人更了解这个原理。然而当他要在拱顶的中心点绘制一幅上帝饮宴的场景时[342]——一个天国题材正适合这种情况——为了要使他让观者觉得十分得体，避免太多透视缩短的人像使画面过于突兀，他模拟了系在结彩上的一片淡蓝色的织物，如同陈设品一样，在这之上他绘制了上述的宴会。这就是他在图案布局

LXXr

LXXv

上的能力，如此多的人物动作，如此多的不同颜色（给你一个很强烈的真实感）作品和环境十分和谐，使你感觉敞廊的装饰充满了凯旋之情而非一张画在墙上的永久的图画。如果这个作品没有这么处理，而是简单地画在拱顶上，你会很容易地感觉到那些人物有将要从拱顶上倾覆而下的危险。由于这些原因，管理建筑上所有的工匠的建筑师——他们不应也不能不懂透视——必须确保一切都不能没有他的决策和建议。[343]

关于木制平顶棚及其装饰
第十二章*

很多地方的建筑都有必要建造木质的平屋顶。它们有很多不同的名字：古代人称之为花格平顶（lacunarii），现在的罗马人称之为“天花板”（palchi）；在佛罗伦萨、博洛尼亚和所有的艾米利亚罗马涅区，它们被称之为镶板（tasselli）；在威尼斯及其附近的地区，其名称为桁架（travamenti）或者顶棚（soffitadi）。于是，不同的地区，产生了不同的叫法。而就其木工和绘画，讨论一下还是有必要的。我认为如果大厅或者其他居室的顶棚非常高，其划分[344]必须是大块结实的平顶镶板装饰，这些镶板都饰以高浮雕，因此由于距离的原因，对于从下面观察，分块实际上会显得尺寸小些。同样的方法，如果打算绘制一些装饰，则需适当结实些的形体以适应这样一个高度和距离。这种绘画最好是用单色而非彩色，因为这样的装饰更显力度。所有在罗马一些华贵地方绘制类似装饰的画师都有这个习惯[345]，佛罗伦萨、博洛尼亚，尤其是这些华贵的城市，比其他意大利城市都要习惯于采用木结构。[346]因此，大多数华贵的顶棚被饰以单色。平顶镶板的中间不论是矩形还是其他指定的形状，你都需设置一个玫瑰花饰或者一个小型的镀金雕塑。如果你想增加一点颜色来使他更为生动，比如像顶板凹入背景的部分不妨饰以蓝色，好像透明一样，如同可以看到蓝天。然而，玫瑰装饰则需与植物或其他怪诞风的装饰相邻，以致不显得他们是被孤悬在空中的。如果围绕顶板的线脚或者其他东西大量饰以金色，不论他是矩形还是其他形状都会效果很好；如果饰以和其他部分同样的颜色其效果也会同样的不错。然而，如果某种情况下房间的屋顶比理论需要或实际需要的低，那么建筑师需要十分机敏，用他们的判断力和决断力去运用美术的透视效果。我说过，在透视画上唯一增加景深的方法就是连续的递减。[347]这就是为什么如果你想把离你眼睛很近的物体变得好像更远，就必须求助于美术，将那些离中心最远的处理成中型尺度，接近中心的处理成较小的尺度[348]，利用这种方法这些元素将比原有的位置退后我们视线更远。相似的，绘画的尺寸需与木工相配合，就是说，有中型尺寸的顶板配以中型

* 原书如此。——译者注

LXXIr

尺寸的绘画，越接近中央部分的绘画也需逐渐变小。这样做的结果是他们做成后从所有角度上看无须过多调整视线就能将整个作品一览无遗。装饰元素有各种各样的植物、不同种类的涡卷、多组的小型人像、植物和动物，统统混合在一起。最重要的，你需要正确的判断和决策从而不出现将同种的两个中楣靠在一起——挨着一片树叶你可以放置一个涡卷或组合，然后是一个人像的洞穴，然后是动物挨着树叶等等，让他们富于变化而不要使眼睛感到迷乱。如果我所谈论的这些东西是绘以单色，并在其自身的底色上亮暗分明，那么他们将比彩色的效果更加为聪明的欣赏者所高度赞扬，因为我们说过，彩色是用于拱形屋顶的怪诞风上的。在无上尊贵的安德烈亚·格里蒂（Andrea Gritti）老爷[349]统治时期，在知名城市威尼斯某宫殿的大型图书馆的顶棚装饰中我所遵从的法则即是如此。由于它的顶棚相对于那样长宽尺度的大厅实在是太矮了，区别用于有足够高度的顶棚装饰，我采用了小很多的装饰元素，原因正如我上面提到的一样。往往是这样，越低的顶棚越小的装饰才显合适。除了顶棚的设计，下面的章节还会看到更多的设计——不同种类的划分[350]，各式各样的中楣和其他东西，他们大多取材于古代建筑——以便弥补那些设计灵感的不足。

LXXI*v*(193*v*)

LXXII*r*[351](194*r*)

LXXII*v* (194*v*)

LXXIII*r*(195*r*–*v*)

LXXIIIv(196r–v)

LXXIIII*r* (197*r*)

LXXV*r*[352](198*v*–199*r*)

LXXIIIIv
(197v–198r)

花园也是建筑装饰的一部分。因此，下图所示的四个不同的图案用于花园的（平面）分割[353]——他们也可以为别的装饰所利用——包括上面的两个迷宫图案也都适用。

关于贵族和普通家庭的盾形纹章
第十三章*

LXXV*v*
(199*v*)

作为建筑师也应当对盾形纹章有一些大体的了解，从而避免将它们搞错并懂得如何合理布置，因为它们也是建筑装饰的一部分。如果建筑师由于缺乏这方面的知识将一位王室的盾形纹章搞错，例如盾牌被拆下并改变了其原有的位置，那么这对一个建筑先入为主的印象以至建筑师的名声都不会没有反面影响的。最初，将雕像授予有德者作为奖品是古代人的一种习俗，从而建筑的高贵也得到了表现。一个人没有雕像就不是贵族成员，他被叫做“泥土的儿子，自生自灭”。[354] 那之后，取而代之的便开始适用纹章，类似的将其授予军队的统帅和皇族，如同当初雕像的作用一样。这个优良的制度随后消失了,每一个人都冒昧地占有他最喜欢的纹章。因为后裔们十分赞许这个习俗，也就是说纹章的使用应该有条件的，而不是不假区别的随意使用；因为一个臣民是不允许使用他主人的纹章的，如果他这么做了就要受到处罚。一个低贱而没有名誉的人是不可以也不应该染指贵族的纹章的。同样的道理，一个商人或者工匠也不可以滥用任何其他已受法律保护并已被认可的商人或工匠的标记。结论可以阐释如下：每个人只能使用他自己的纹章而不能使用其主人的，除非被授予了特权，或者得到了它的主人的许可。工匠、农民和其他平民百姓是不可以使用诸如盾形或其他类似形状的纹章的。这些人的纹章应该和贵族纹章有标志和特征上的区别，无论如何，一个不是出身贵族的人是不可以在他的纹章上饰以那种只有贵族才可以拥有的冠饰（crest）的。建筑师也必须懂得这些，所以当他制作一个新的纹章时他才不会搞错；因为当他在制作对角条纹（bends sinister）[355]，带子（band）或者其他部分的时候，在金属上叠放金属是不合适的，颜色上叠加颜色也是不合适的，即银饰上再加金饰，蓝色上再加红色或黑色上再加绿色。因此，如果盾牌是金属的，则应该再饰以彩色，反面同样。凡是出现在纹章上的鸟、鱼和陆地上的动物都应按其自然属性来布置[356]：一只鸟并非水生，就不应该在水里，同样鱼也不能在树上或天上。把一只鹰放在花上也是不允许的——那不是它的位置——更恰当的是盘旋在其猎物上或伸展着翅膀。陆生动物放在火中也将不是一个正确的纹章图案，因为我们往往尽我们的可能去模拟自然界。纹章上的人和动物应该被布置在最高贵的位置并且其姿势应尽显活力。我们看到古人画的国王戴着王冠，主教穿着长袍，统帅全副武装，从而每个人的服装都适合其等级。我们看到比如狮子、熊、老虎、猎豹和其他类似的猛兽都做凶残状，凶残的样子符合它们的本性；马欢腾奔跑；小羊卧在地上或慢而轻地走着——他们的每一个动作都往往先迈出那显示高贵的右脚。因此，遵循自然是不可能制

* 原书如此。——译者注

作出不正确的纹章的。

要在纹章正确的位置饰以颜色是有必要了解其家族的高贵之处，因为优先的颜色需放置在更高贵的位置，最能模拟光的颜色就是最好的颜色。金色象征着太阳，太阳是天体中最明亮的；它将被置于最高贵的位置。红色象征火，它是仅次于太阳之后最高贵最明亮的元素；蓝色，表示天空；白色表示水。那么大地用什么颜色表示呢？绿色象征着肥沃的农田和草地、春天和人的青年时代。黑色，象征完全的黑暗，是最低级最不高贵的颜色，它比别的颜色更浓烈，因为它可以将所有其他颜色不假区分地弄黑或污染。建筑上用来饰以纹章的最高贵的地方有三个：朝向天空最高的地方；朝向右手的一边；正中央——在立面上，右手边是我们观看者的左侧。纹章置于室内则有不同的布置方式。王室皇族的纹章须置于房子主人纹章之上，接近顶棚，那是特权的标志。其他的纹章如置于中央或右手边则是很大荣誉。除了装饰建筑，纹章还有如下作用：他们证明着纹章所在那部分建筑建筑归纹章所有者拥有。有了这种常识，建筑师在此领域将不会犯任何错误。

LXXVI*r*(200*r*)

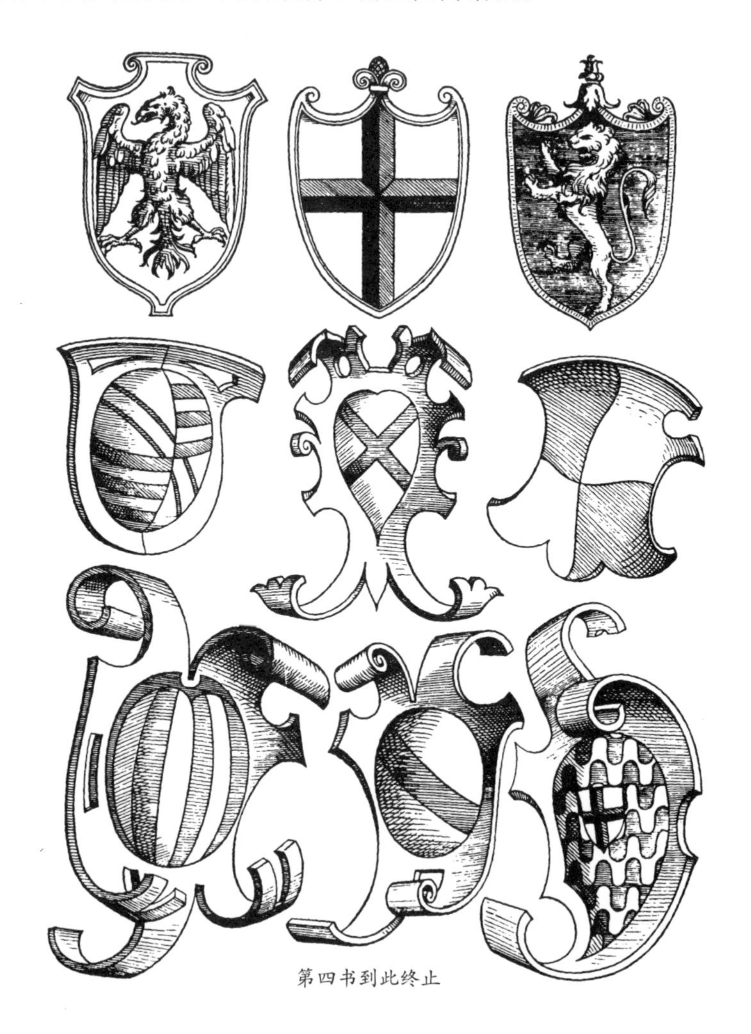

第四书到此终止

第五书
论建筑

博洛尼亚的

塞巴斯蒂亚诺·塞利奥　著

其中有根据基督教习俗和古

制确定的关于不同神庙形式

的专论。[1]

献给尊贵的

纳瓦尔女王陛下

由至为尊敬的勒农古红衣主教阁下之秘书

让·马丁翻译成法文[2]

Printed in Paris

At the printing house of Michel de Vascosan

M.D.XLVII.

With the King's privilege.

塞巴斯蒂亚诺·塞利奥致尊贵的纳瓦尔女王陛下[3]

最尊贵的陛下，许多年前，在我第一本关于建筑的书里，我让世人了解了我想发表更多关于这门艺术的作品的愿望。其中我提到了一本关于神庙的，也就是这一本——我系列书籍的第五卷。故而我认为现在应该出版此书了，这样我才不会食言。尽管真正的神庙是虔诚的基督徒的内心，我们信仰的伟大救赎者耶稣存在于那里（作为耶稣选中的肉身，圣保罗见证了他所有的门徒——这些对我们宗教而言最举足轻重的传教士[4]），然而，为了我们神圣的信仰崇拜，世俗的实体神庙也有必要存在。它们是作为上帝居所的象征出现的——能有一些固定的场所用于让我们谦服于他的神圣并与他交流，上帝会很欣慰的。基督耶稣在将犹太人赶出所罗门神庙时确证了这一点。有念于此，我就着手创造力十二种具有创造性和鲜明特点的新的神庙类型，以便在时光，这一切尘世繁华的吞没者将建筑物付与自然规律而使其倾圮之时，鼓励人们心怀憧憬的重建新神庙。另外，为了遵从艺匠们的优良传统，也就是，把自己的作品献给以为高贵而喜悦的人——而陛下您不仅有着无愧于精美作品的至高尊贵，并且具有对我们伟大时代的奉献和真诚信仰，更毋论对我的慷慨赞助,同时赞助我的还有您的兄弟——最虔诚的基督教徒弗朗索瓦国王。故而，我很希望您能允许拙作在您的庇护下出版发行。因为如果您以欣赏之情接受了您最卑微顺服的仆人呈现给您的这本书，它将因此受人瞩目。我祈求万能的主，我的女王，祈求他保佑您福寿延绵，荣华永继！

神庙之书[5]
第十四章

2r
[法文版]

虽然基督教世界的各处均能找到形式各异的古今神庙。但既然我在几年前已经承诺在其他作品之余书写一薄卷[6]，我便一定付践。用图幅来呈现至少十二种[7]各不相同的神庙可能样式。因为圆形是其中最完美的，所以让我们从完美的圆形神庙开始。[8]当今时代,要么由于投入不足,要么是人们的贪欲过重，从来未有宏大壮丽的神庙建成——那些已经开了工的也没有完工过。有鉴于此，我会尽可能将神庙的样式限制在中等适宜的尺度，以便经济快捷地完成修建。所以，这个神庙的直径应该是 60 尺*——其内部高度也是 60 尺。[9]墙厚应该是直径的四分之一，即 15 尺。这样，礼拜堂就正好放在其中，除去两边的神龛，礼拜堂宽 12 尺。其中含有圣坛的大神龛，其长度有 14 尺。然而，为了减少造墙的材料消耗，需要在礼拜堂之间的外部修建宽 15 尺的神龛。整个神庙要高于地平 5 步台阶，甚至可以更高。因为地面总是在不断升高，以至于我们今天看到的许多老教堂——更不用说古代教堂——过去是上行的地方现在已埋在地下了。关于神庙的朝向问题，古人习惯让圣坛正对太阳升起的方向[10]，而这一点我们基督徒已经不遵照了，无论神庙建在哪里，其正立面应正对广场或主要街道。而基础呢，当然是越宽越深越好，但其厚度下限应该是地上部分的墙厚；把它放在一个圆形中，进而再置于一（外接）正方形；过其角部再画一圆形，继续画出其外接正方形；此直径即为基础进深。这是我所理解的维特鲁威对地基的阐述。[11]在我论述塔司干柱础上的塔司干柱式的第四书中可以找到这些数字[12]，而关于材料以及土壤坚固地区、沼泽地区和潮湿地区的各种情况，请参见维特鲁威在他第一书第四、第五章中的论述。[13]

---

* 参见词汇表“测量单位”，下同，译者注

3*r*
[法文版]
3*v*

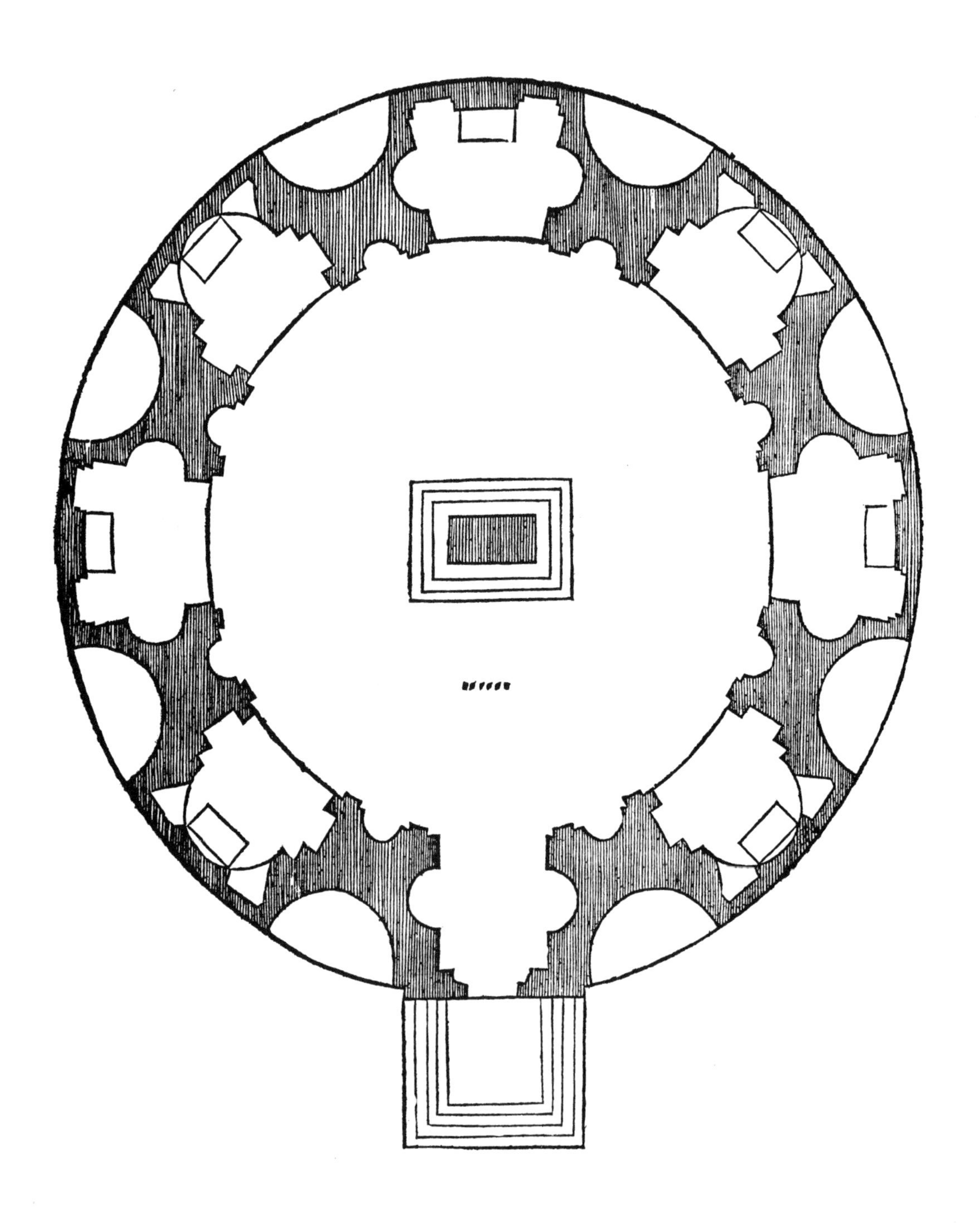

4r

上图是圆形神庙的平面，下图是将其剖开，可以看到内部和外立面。内部是科林斯式的，而从室内地平开始到穹顶下表面的高度是60英尺，穹顶有人叫圆顶（cupola），有人叫球顶（catino）。其中穹顶的高度占其一半，另一半分成五份半，其中一份是檐口、中楣和额枋。其余四份半是包括柱头和柱础在内的柱高。所有的数据都可以在我之前提到的讨论科林斯柱的第四书里找到。柱子之间的神龛宽4英尺，高10英尺。其他的神龛，包括入口两侧和三个小礼拜堂内部的都宽6.5英尺，高15英尺。采光洞的开口直径应为神庙的七分之一，并且设在拱顶处并于其上方设置安装玻璃的灯笼楼。这样得到的光线足以给神庙主体照明了。从平面和内外立面图上可见，小礼拜堂有独立的采光。覆盖神庙的顶板采用当地最适宜的材料，一般说来，铅是上选。台阶也要用当地最常用的石头修建。内外檐口要一致，但外檐口应具有更多形态优美的元素，这样才能更长久地抵御风雨的侵蚀。虽然一般情况下，正对入口大门的礼拜堂会用于主祭坛，但也可以在神庙中间再设一个如图所示的圣坛[14]，让人人可见。虽然这个神庙没有钟楼和圣器室、牧师房等，但在其旁边盖一幢钟楼为伴也很容易。钟楼之下是圣器室，周围是牧师住房，这些和神庙相距并不远，牧师可以经有遮蔽的道路由此及彼。门及其他装饰物的形式和尺寸可很容易推算出来。

4*v*(203*r*)

前面一页图中的圆形神庙有许多礼拜堂，下图显示的则是另一种圆形神庙，但在圆形之外有四个礼拜堂——确切地说，是三个礼拜堂和一个神庙的入口，但入口的作用也和礼拜堂差不多：四个礼拜堂之间是四个神龛，当需要七个圣坛的时候，它们也可以当成礼拜堂用。这个神庙的直径和高度都是48尺，墙厚是直径的七分之一。如果不算带圣坛的神龛，礼拜堂的各向宽度都是12尺。四个小礼拜堂宽为9尺。长方形礼拜堂侧面采光，神庙主要通过顶部[15]一个直径为主体直径五分之一的开口采光，其上设有灯笼楼，和前一个神庙一样。我要重申一个观点，那就是：每个建筑的室内地平要比地面升高几个台阶，越高越好。但台阶数一定要是奇数，这样才能让右脚开始踏上台阶的信徒仍然是右脚踏上室内地面。这一点维特鲁威在他的第三书论述神庙时做过要求。[16]之后，如果建设区不在潮湿的地方，便可以在神庙地下建祈祷室，但要严格禁止妇女进入，违者重罚——我很清楚我在说什么——这些空间只能提供给牧师和虔诚的老人。见于角落空间总会滋生邪恶，我要建议以一道与台阶同样高度的墙围起神庙，使人不容易跨入，而将其内部空地用作墓地。

5*r*

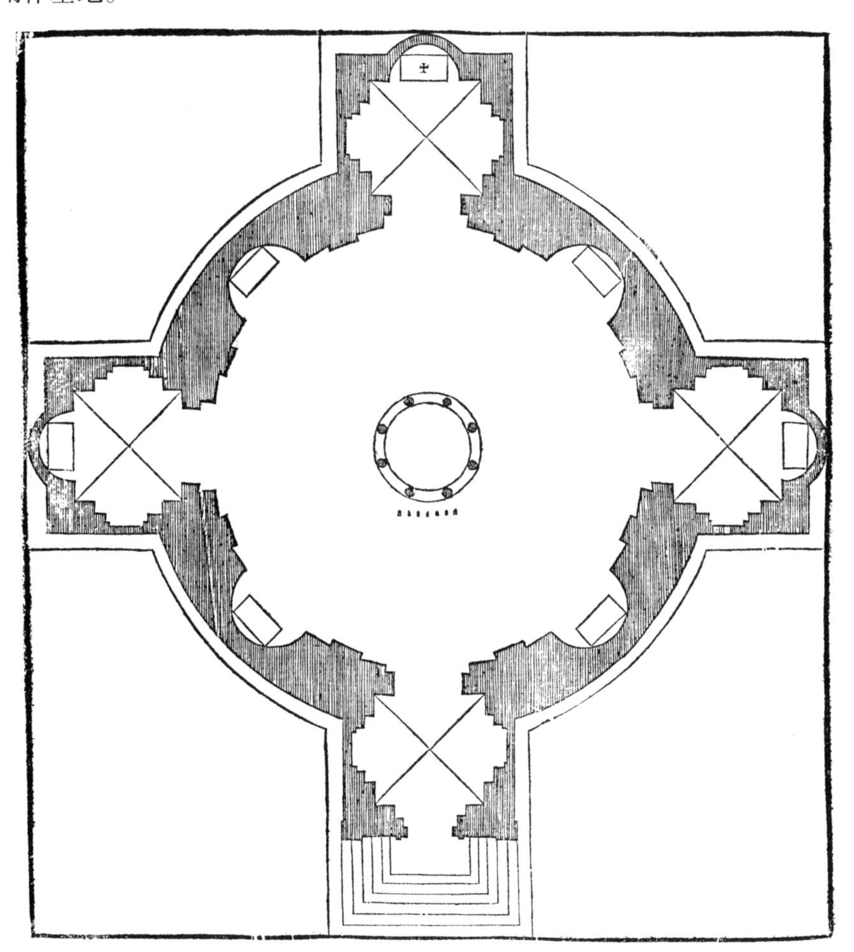

5*v*

6r 以下是上述圆形神庙的内外立面，有意分割（区分内外）。从室内地坪到穹顶底部的高度与其宽度相等，都为 48 尺，其中一半的高度是穹顶——它是个半球。顶部开洞给建筑采光，洞口直径是神庙直径的五分之一，洞上方设置灯笼楼并以玻璃密封，上面再盖铅皮或其他材料。如下图所示。檐口部分应在起拱点之下，形式与马采鲁斯剧场的爱奥尼拱廊的拱基一样。这在我第四书中的“爱奥尼柱式”[17]里面有讲过。这条檐口高 2.5 尺，并环绕神庙主体。但浅浮雕壁处，柱顶盘以下部分应该伸出，留做柱头。同时，柱顶盘和波状线脚不要伸出，虽然我不小心把它们画出挑了，但实际上它们应该是连续。壁柱宽 3.5 尺。较大的礼拜堂宽 12 尺，高 21 尺，且当（如我所说）不计带圣坛的神龛在内时，它是个标准的正方形。礼拜堂的窗户在两侧，内外图示都可看到。四个小礼拜堂都是 9 尺宽，13.5 尺高，且为半圆形。礼拜堂和入口之上——共四处——应该设较平缓的斜平台，并在墙内设小型螺旋梯联系。檐口上方的女儿墙可以是铁栏杆或者扶手。神庙顶盖应选择当地最适宜的材料，虽然一般大家都用铅做。如果哪些部分还有所遗漏，平面上的小尺可以用于补缺。

6v (204r)

正圆形之后，与其最接近的是椭圆形。因此，我想应该建一个这种形状的神庙。它宽 46 尺，长 66 尺，墙厚 8 尺并且礼拜堂就被容纳在其厚度中——虽然不甚宽敞，但由于并不封闭，所以依然好用。两个大礼拜堂的开口为 20.5 尺，其内部两侧各设一个宽 4 尺的神龛。两根圆柱把礼拜堂的开口分成三份，边上还有两根半圆壁柱——所有的柱径均为 1.5 尺，中间两柱的柱间是 7.5 尺，两边的柱间距是 4.25 尺。每个大礼拜堂有三扇窗，中间一扇 6 尺宽，两边两扇各 3 尺宽。正对着门的礼拜堂[18]宽 10 尺，深入墙体 6 尺，它具有与大礼拜堂相同的神龛，圣坛宽 6 尺，其顶上开窗。其余四个礼拜堂都是半圆形的，10 尺宽，有和前述神龛相同的神龛，顶部开窗，圣坛宽 4 尺。由于每个礼拜堂都各自有光源，故这些光线足以给整个神庙照明。但如果要求内部亮度很高，就要在各个礼拜堂顶部再多开些窗。这个神庙要高于地面至少五级台阶，越高会显得越美丽。门宽 6 尺，并以四个科林斯平壁柱装饰。门口设两个神龛，同前述，如下图所示。 *7r*

7v(204v)

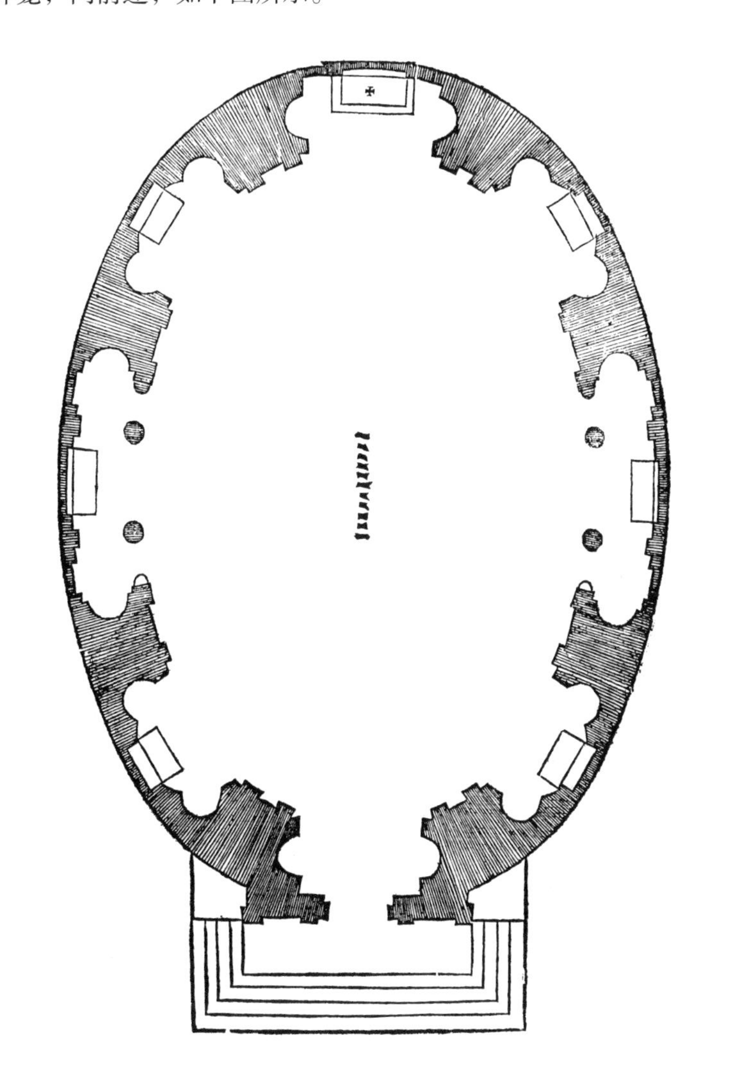

8r 如下是上述椭圆形神庙的内部情况。从室内地平到穹顶底部高 46 尺，与宽相同。从室内地平到檐口顶部高 23 尺，并被等分成五份：一份是檐口、中楣和额枋，其余四份是分隔礼拜堂的平柱高度。具体每个柱子的数据见于我的第四书科林斯柱式部分，这个神庙全是科林斯风格的。大礼拜堂的开口应该这样分割：中间的两柱间是 7.5 尺，两边的柱间距是 4.25 尺，所有的柱径都为 1.5 尺，半柱的柱径是其一半，这样加起来就总共有 20.5 尺。百密一疏，我竟然忘了在平面上画出半圆形的半柱。半柱高 12 尺，对应的额枋高 1 尺，而且它要支撑拱，拱顶上是环绕神庙的额枋，这种圆柱的形式和尺寸也可以从上述有关科林斯柱式的文献中找到。门，如我所述，要饰以尺寸样式都与内部柱子相同的四个壁柱，还有其上方的檐口。门的样式是由两个紧挨的壁柱支撑的一个拱券。神庙的顶棚应该如图装饰，或者通过在檐口上方开图示的采光窗让它内部更加丰富，并增添通过建筑师自身判断和他偏好的装饰。用铅皮给神庙覆顶。如此遮覆会比其他材料给予上述顶盖下的采光窗更好遮蔽和保护。

8v(205r)

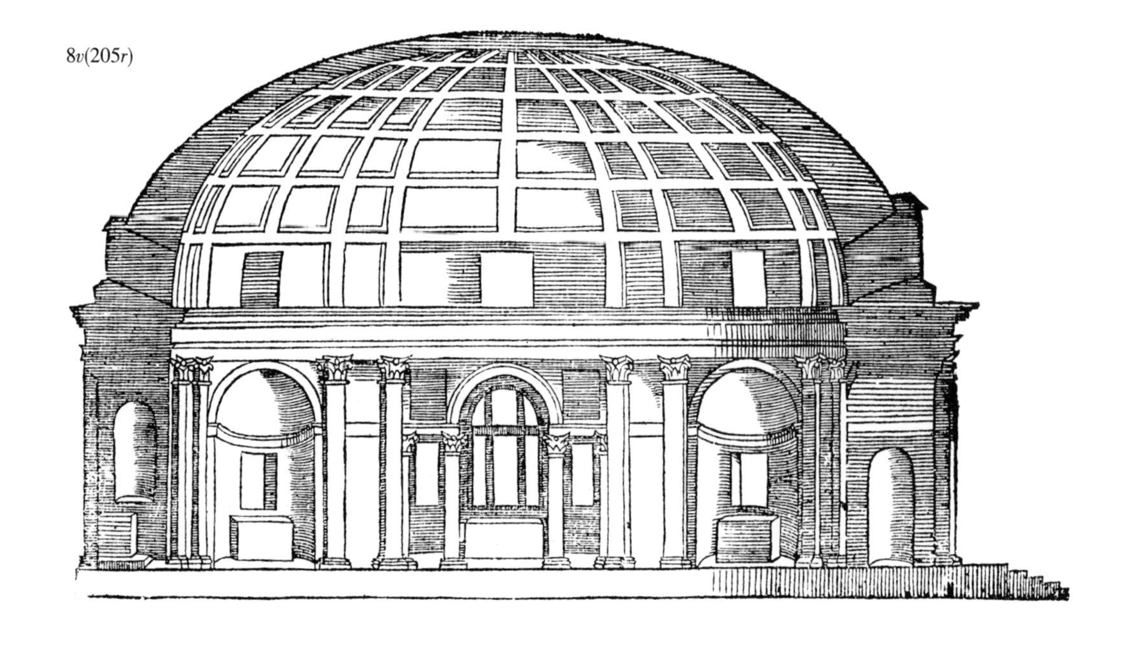

五角形——同时它也有五条边——是个很难做到完美的形状，因为如果在一条边上开门，那就必然会进门正对着一个角，庄严的建筑都不会这么做的。但我仍想用这个形式，所以让它从外面看起来是五条边，但实际上内部空间有十条边。这样就好多了，入口正对着的地方成了一个大礼拜堂。这个神庙的直径是 62 尺，不算三个神龛的话，大礼堂各边的宽度是 15 尺。龛宽 10 尺。小礼拜堂同之，并推进墙体 4 尺——其后为直径 13 尺的半圆。大礼拜堂有两扇窗，小礼拜堂只有一扇。门宽 7.5 尺，神庙外要建 10 尺宽，24 尺长的门廊。用四个 2 尺为直径的柱子支撑。当心柱间 10 尺，两边柱间距各为 3 尺。门廊两侧有可供凭依的扶栏。门道两侧各设一部螺旋楼梯，供人们爬上门廊顶部并环绕神庙顶。拱顶中心建一个内径为 7 尺，且里层十条边外层五条边的灯笼楼，一如神庙本身。庙基要高于地面九级台阶，其下（如不潮湿）设祈祷室——它会让整个神庙更健康。虽然（我说过这个问题了）这个神庙没有钟楼、圣器室或是住所，但完全可以在入口上方增建两个钟楼并在庙体外加装饰，和谐地容纳一切。 *9r*

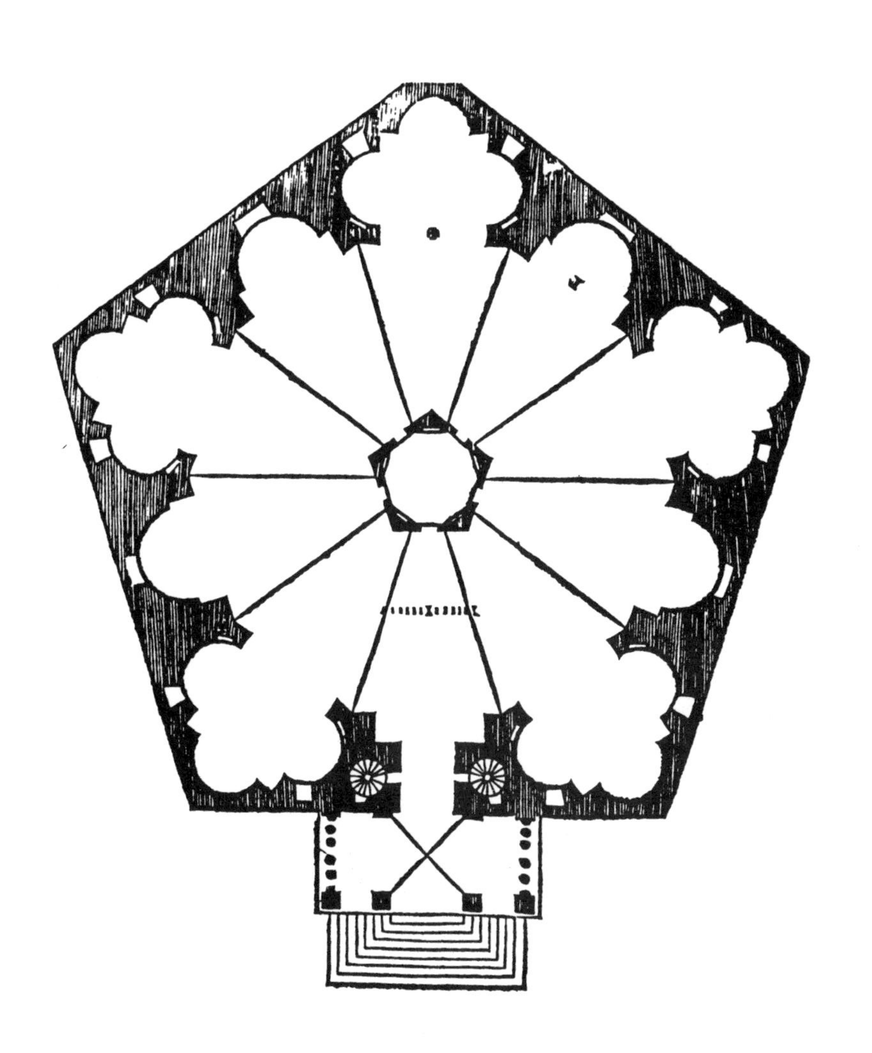

10*r*

以下是上述五边形神庙的内外立面——较大的是外立面。要指出的是，其高宽相等。同样，上方的灯笼高度与檐口宽度相同。庙顶盖是半圆形，且从室内地平到檐口的顶部高 31 尺，这正好是神庙高度的一半。这里的檐口没有伴有中楣和额枋，故高度应该是 2.5 尺，并如此分配：全高分成七份，一份用于圈线（astragal）和镶边（band），两份用于中楣（frieze），两份用于混线脚（ovolo）和颈平环（necking），还有两份用作柱顶盘（abacus）和波状花边（cymatium）。这样，这条檐口就同时具备了额枋、中楣和檐口的功能。它的形式和相关数据可以在我第四书论述爱奥尼柱式部分中讲马采鲁斯剧场的标注 T 的第二个拱座部分找到。[19] 这条檐口内外皆有用。门廊用方柱，包括柱础和柱头高 14 尺，宽 2.5 尺。其中额枋是柱（宽）之半，其上为拱券，拱券上面又是与主体檐口各元素完全一样的檐口，但缩减四分之一，其下方较小壁柱的柱头亦然。门廊柱头和柱础多为多立克式。檐口上表面有微倾的平台，外部至此讲完。而内部，有十字标记的大礼拜堂高度 25 尺，有 L 形标记的小礼拜堂也高 25 尺。分隔礼拜堂的壁柱 3 尺宽、19 尺高。环绕神庙有一条檐口，同时作为上述壁柱的柱头。它的样式与多立克柱头一样，但按其构件的不同，其中某些元素有些变化。[20]

10*v*(206*r*)

11*r*

六角形会产生六个立面，接近完美，因为直径的一半也是立面的宽度。这也是为什么意大利的许多地方人们把圆规叫做“六分规”。用圆规画一个圆，保持规脚之间距离不变，在圆上取点，正好六份[21]。这个神庙的平面有六个立面（或者说是六条边，如果我们这么叫它的话），其直径至少25尺，墙厚5尺。礼拜堂宽10尺，并退进墙身4尺，神龛2尺宽，门宽5尺，并饰以有对应壁柱（counter-column）的双柱，两柱各宽1.25尺。门口台阶为三级，如果场地允许可以更多。每个礼拜堂均有4.5尺宽的一个窗子，故而顶部无须灯笼楼照明也充足。外面的六个角上各有一根宽2.25尺的壁柱。虽然我写的教堂直径是25尺，但你也可以按照比例扩大它，没有什么限制。甚至可以将尺寸翻倍，它也仍然是完美的。如果由于尺度过大而造成柱子过宽，没有合适厚度的材料可以用，那么就改用科林斯柱式或者爱奥尼柱式吧。当然用多立克柱式也可以，那就要在柱子下面设台基，让它看起来更加修长。具体尺寸可以参见我第四书对相关柱式的论述都有详细的描述和图解。至于钟楼、圣器室和牧师住房，可以按照前面几个神庙的方法处理。

11*v*(206*v*)

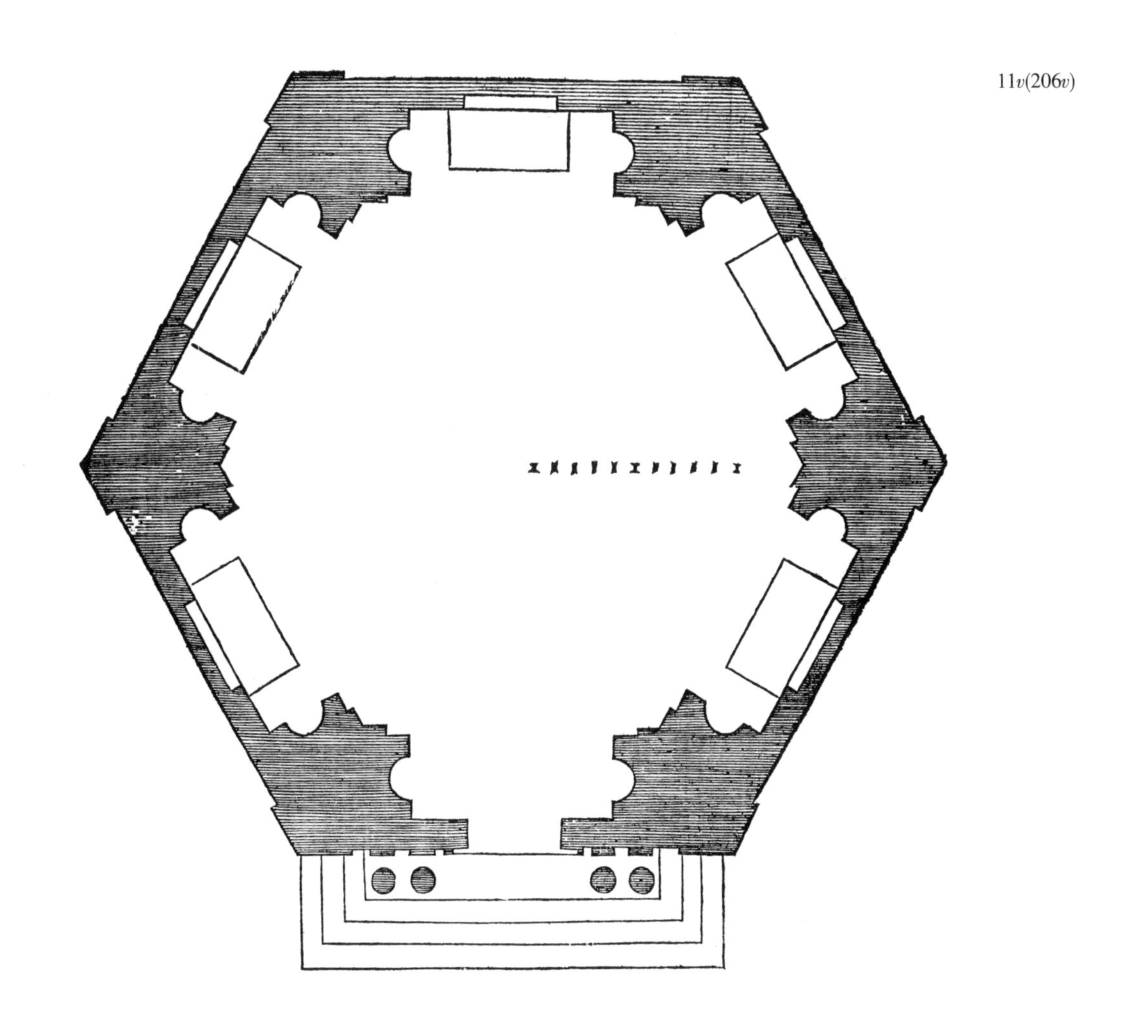

12*r*

上面是六角形神庙的平面，这里是其外立面和部分内立面——因为其余内立面与之相同。先说外立面吧，从室内地平到檐口顶部的高度上 18 尺，檐口本身高 1.5 尺，但其各部分元素要按照多立克柱头的方式分割[22]；因为要使它环绕神庙并在壁柱处伸出的话，它的作用就和柱头类似了，只要不让柱顶盘和波状线脚伸出就可以了，如图所示。角部壁柱宽 2.5 尺，前面饰以有对应壁柱的圆柱，当心柱间 7.5 尺，柱宽 1.25 尺，两个圆柱间相差半个柱径。这些柱子都高 8.75 尺，柱头为多立克柱式，柱础为塔司干样式。[23]左右这些基础也适用于外部壁柱，并环绕在外立面。额枋高 1 尺，其上为拱。门照图示装饰。神庙高于地基 5 尺，顶盖用铅或者当地适宜的其他材料覆盖。外立面就说到此。再说内立面，说清其中的一个礼拜堂就够了。如神庙立面上方的图所示，外檐口也用于内檐口，因其也环绕庙内，且在壁柱处伸出，礼拜堂宽 10 尺，高 18.5 尺，退进墙身 4 尺，两边各有一个神龛，中间开 7 尺高、4 尺宽的窗子。虽然上面讲过的几个神庙都是高宽相等的，但这一个，由于其体量较小，所以高大于宽。确切地说，高度是直径的 1.5 倍，即 37.5 尺。

12*v*
[法文版]
13*r*(207*v*)

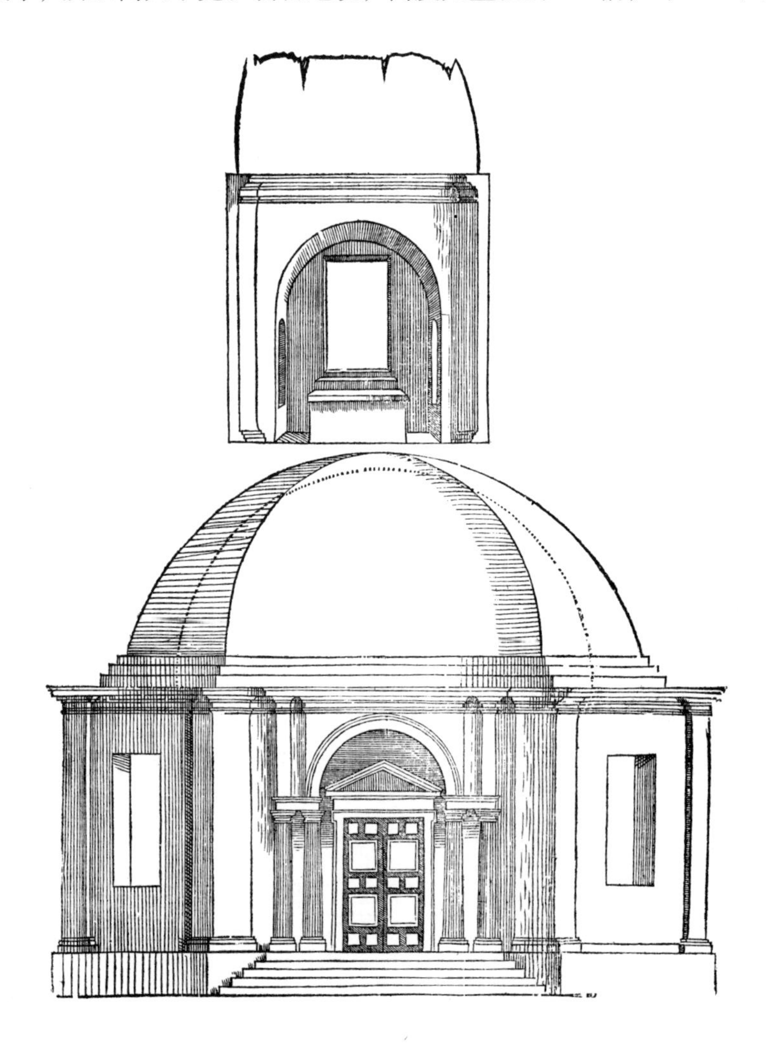

八角形对于建筑而言，尤其是神庙而言，是很实用[24]的形状。故此介绍一种内外一致的八角形神庙。其直径 43 尺——是内径。礼拜堂[25]宽 7 尺，退进墙身 5 尺——其中三个由拱券构成，其余四个呈半球状。每个设有 4 尺宽的两个神龛。那三个拱券做的礼拜堂有与本身同宽的柱间窗。四个半球形的神龛开 4 尺宽的长方窗，入口与和它正对的礼拜堂形制相同。门宽 5 尺，饰以壁柱，同样还有许多壁柱环绕神庙内外。由于没有主圣坛，我想在中央设一个主圣坛，用八根柱子及其上面的拱顶围合。拱顶宽 12 尺。虽然庙体高于地平 3 尺就够了，但如果场地允许的话，我还是建议再高一点。地下也可以对应地设八个祈祷室，从地上门口两侧的神龛处进入，经过墙体内部的螺旋楼梯而下。楼梯还可以升至神庙顶部，无论是否在墙身内都可以。这条通道可以有许多种方式伸向 2.5 尺宽的檐口。如果这个神庙想盖大一些，只要按需要成比例放大就可以了，或者墙身也可以加厚些，以扩大礼拜堂。说到钟楼，圣器室和牧师住所，可以参照前面几个神庙的处理方式。但我的其他书[26]里也不乏优美的设计和创造，可以提供给每个人进行组合。

13*v*
(207*r*)

14*r*(208*r*)

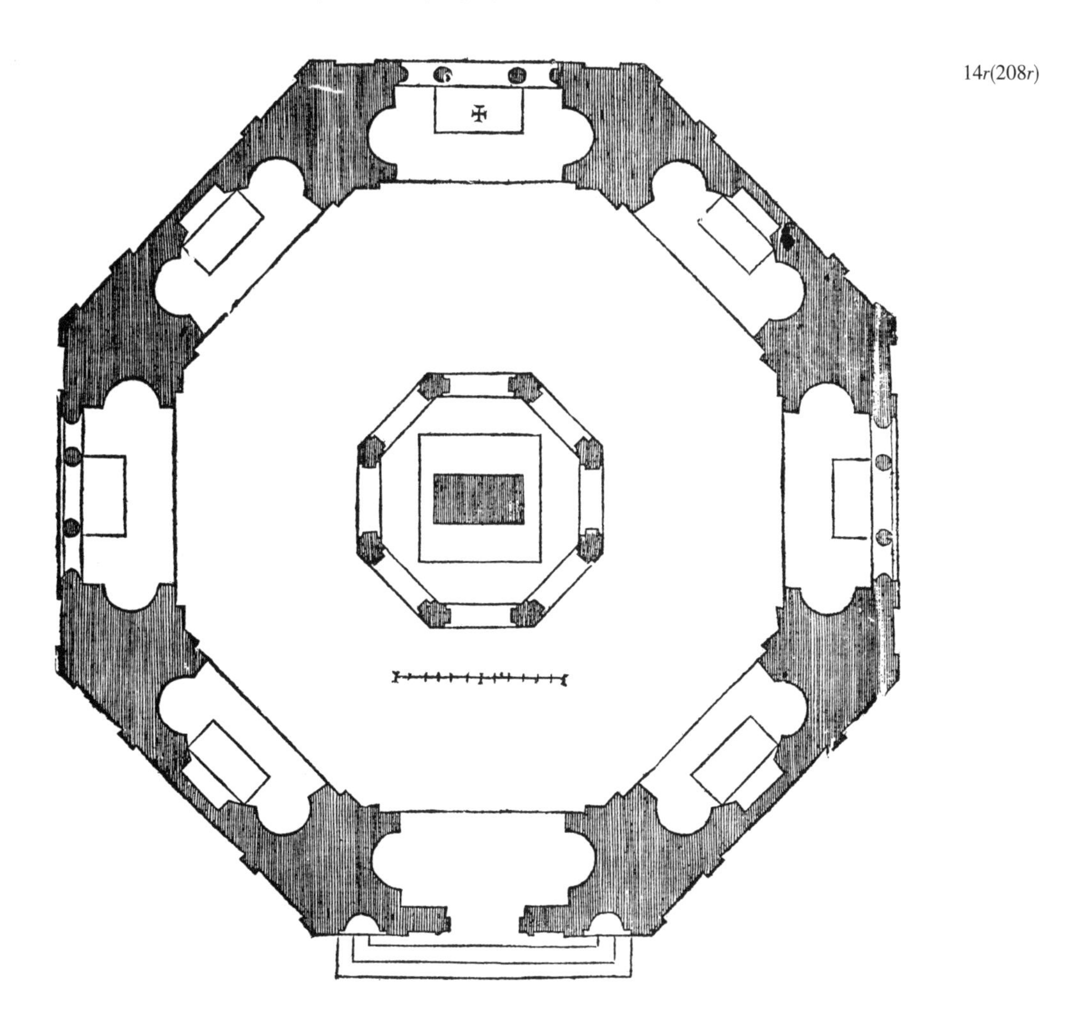

14*v*　以下是上述八角形神庙的外立面图，从室内地平到檐口顶部高 21.5 尺，是整个内部高度的一半，檐口高 2 尺，与多立克柱式的分割相同[27]，如图，在壁柱的地方伸出。同样，刻出高 0.75 尺的柱础，角柱宽 3 尺，中间的两柱宽 2 尺，门宽 5 尺，高 9.5 尺，其上沿和窗子上沿相平。在我的第四书爱奥尼柱式的论述[28]中可以找到门饰的图样。窗的样式很容易理解，考虑到神庙内部的光照，窗子是足够的，但要想让内部更亮就要在穹顶处开洞，罩以玻璃灯笼楼，将其造成金字塔状以防冰雪覆积。像之前说过的一样，神庙比地面高得越多越好。

15*r*(208*v*)

15*v*　八角形的神庙内部如下图所示，檐口和平壁柱与外部完全相同且高度一样，在檐口处穹顶开始起拱并呈半球形。故神庙直径与高度相同，礼拜堂 7 尺宽，8 尺高，较大的礼拜堂有带圆柱的窗子，柱径均为 3.25 尺，高 6.5 尺。额枋也是一样，其上方置拱，两边各有一个半柱。当心柱间 4.5 尺，两边柱间距 2.25 尺，半球形礼拜堂高度与大的礼拜堂一样，所有神龛高 10 尺，中间的拱顶[29]和其下面的圣坛如下页所示。从室内地平到檐口顶部是 18 尺，3 尺是檐口本身以及中楣和额枋，其余的是壁柱，当然有的是带拱的半柱。这一切均按照多立克柱式来做，如图所示。下图显示了拱券的内外立面，可参考平面图示。檐口上方是半球形的穹顶，文字描述未及的尺寸可以用图面的小图作为补充。

16r(209v)

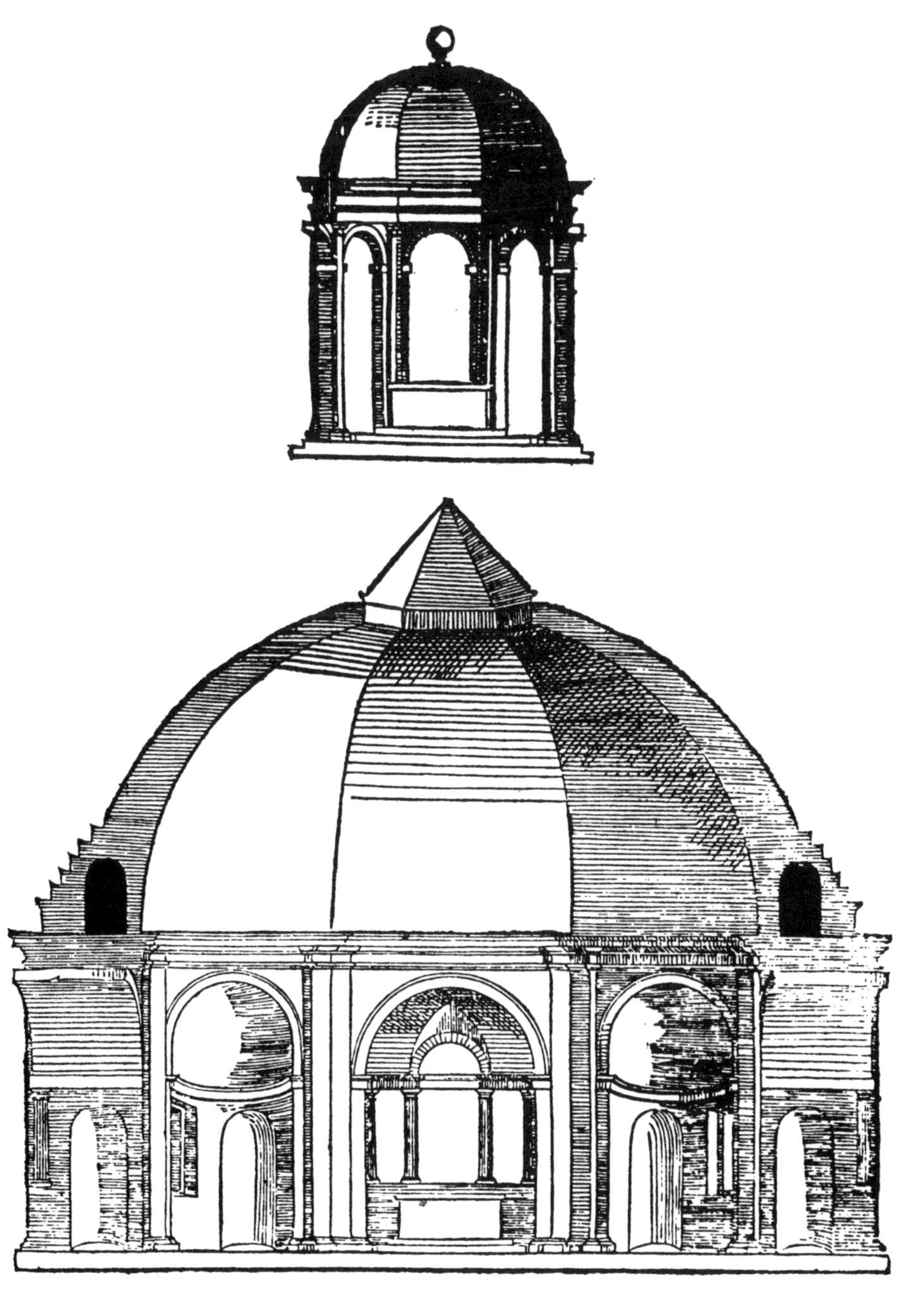

由于只是设在了墙厚度以内，所以上述八角形神庙的礼拜堂都没有一个正规明确的尺寸 。因此我想设计另一种内部八角形、外部方形的神庙，以便

16v
(209r)

给四个与神庙同比例的大礼拜堂寻求空间。它的直径 65 尺，墙厚 16 尺，所有的礼拜堂的开口均为 7 尺，且入口处有 3.5 尺厚的墙。四个角上的礼拜堂是边长为 16 尺的正方形，四角用柱子支撑十字拱。每个礼拜堂有三个带圣坛的神龛，神龛宽 12 尺，另外三个小礼拜堂宽 11 尺，并退进墙体 3.5 尺，不算神龛的话其长度 22 尺，宽 9 尺。这三个礼拜堂均有一个 6 尺宽的窗子，而大礼拜堂的每个神龛都有两个窗，除去两侧的神龛——其必有一边是盲窗——这些窗都宽 3.5 尺，有一个礼拜堂用作前厅。正立面用壁柱装饰，另外，中间还要有高 27 尺、宽 5 尺的门廊。此外门廊的四个圆柱要有收分。柱宽 1.75 尺，门宽 6 尺，入口台阶六级[30]，如果在干燥地区可以修得更高。由于没有大礼拜堂正对入口，应在中间设高于地面三步台阶[31]的圣坛，并上覆直径 20 尺的穹顶。柱宽 3 尺，取壁柱的一半——角上的壁柱也是 3 尺宽。这座神庙没有钟塔、圣器室和牧师住房，但可以按照前述其他神庙的方式修建之。

17*r*(210*r*)

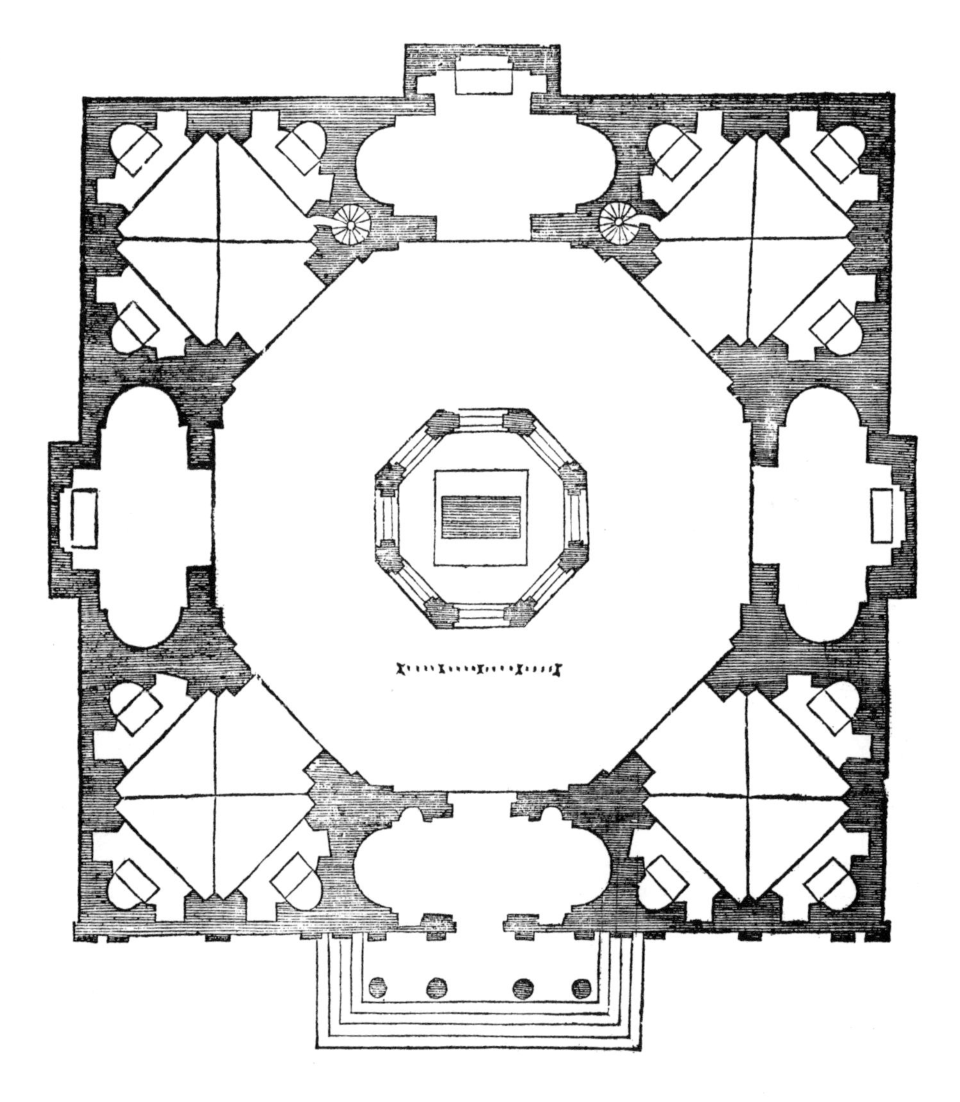

这是上述八角形神庙的外立面，从门廊地平到檐口顶部的高度是 32.5 尺，将其分作六份：一份是檐口、中楣和额枋，其余五份是壁柱的高度，壁柱 2 尺宽，由于它们成对出现且突出墙面较少，瘦一些是对的。在我的第四书中论述爱奥尼柱式时有详细的介绍，可以从中找到数据。檐口之上设置穹顶，或者说是拱顶，再上面是为神庙主体提供光线的灯笼楼，平面上有标出它的尺寸。门廊圆柱高 8 尺，柱上方是 1 尺高的额枋，再上面是拱，拱上方是一个高度与柱宽相同的檐口，按照多立克柱头的方式分割。柱子也选多立克式。下图标有 A 的地方显示的是一个伸出墙体 3 尺的礼拜堂——是它在一个半球覆盖下的外观形式。 17*v*

18*r*(210*v*)

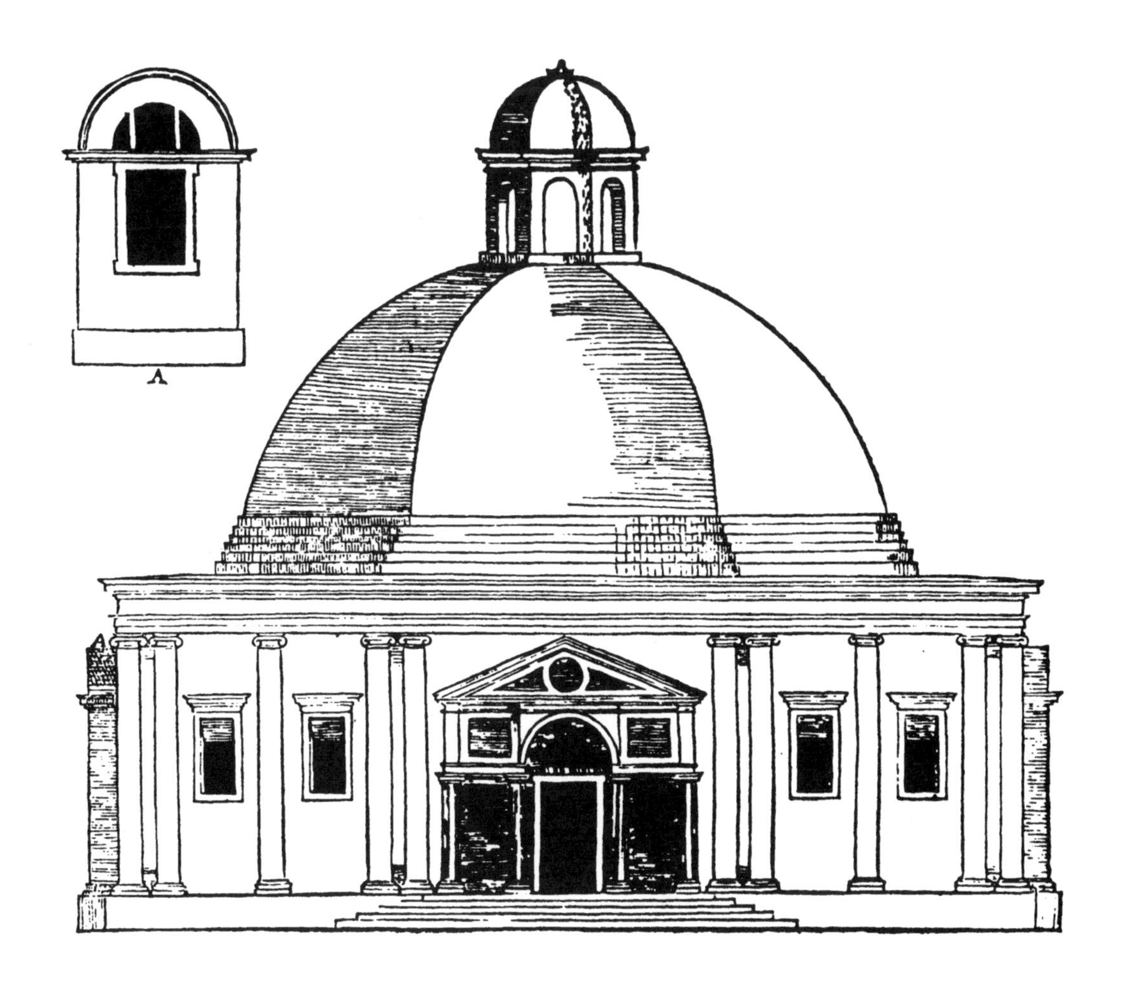

18*v*　上页是八角形神庙的外立面，以下是其内立面。这张图显示了神庙四个角上的檐口上方有一些空间，这些空间可以通过平面所示的螺旋楼梯到达。此神庙的高和直径相同，顶盖占其一半高度，另一半分成六份：一份用于檐口、中楣和额枋，其余是壁柱的高度。壁柱宽 2.5 尺且均为多立克柱式，具体尺寸可以参见我第四书对多立克柱式的论述。礼拜堂宽 7 尺，高 24 尺，壁龛为 15 尺，宽度在平面上有显示。灯笼楼洞口的直径是 8 尺。如果还需要其他数据，小比例尺（平面图上）可满足此需求。

(211*r*)

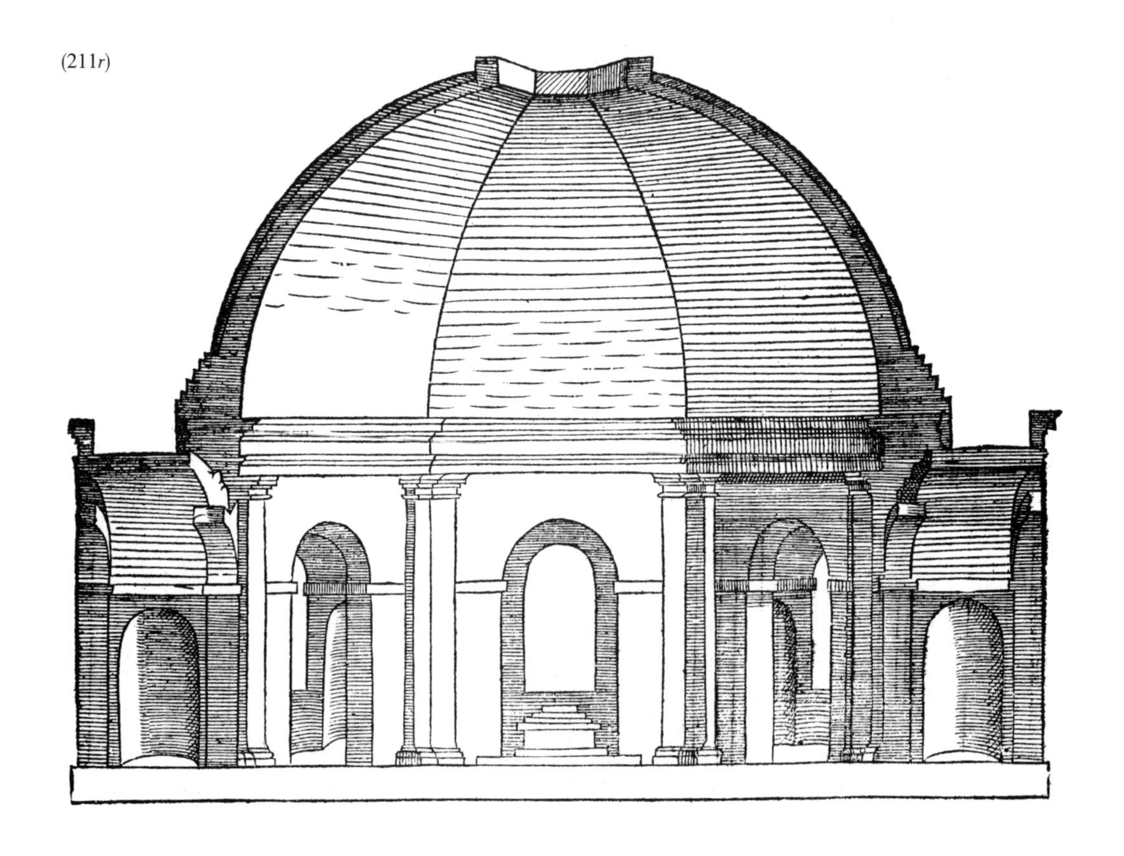

关于只有一个单一形体的神庙，我已经把能想到的都说了，现在来讲讲那些由各种形体组合，且每一部分都适用于基督教庙堂的建筑吧。首先，下图是一个十字形的平面[32]，中间的主体高38尺，它有四个10尺宽的神龛，以及四个同宽但15尺长的前厅。穿过它们到达四个直径36尺的坦比哀多，每个坦比哀多又各有四个神龛和两扇大窗——这六者均宽7尺，可以用于放置圣坛。这个神庙有三扇门，五个圆形的体量都各自有穹顶和灯笼楼。中间的一个直径10尺，其余四个直径8尺，外部套有的方形部分[33]，边长68尺。[34]四角的四个方形均14尺宽[35]，可以用作塔楼。由于它们之间被螺旋楼梯连通，可以用作牧师的住处，螺旋楼梯可以通往每一层。钟楼旁边的四个圆形体量可以用作圣器室，或其他必要的空间。正门宽7尺，附带九级台阶。这个建筑可以向下稍挖一些，留出空间既为创造足够的居住空间[36]考虑，也有利于居住者的健康。鉴于各种邪恶都在角落空间[37]里发生，最好用一道与台阶同高的矮墙把整个建筑围起来，只露出主、侧入口处的一段台阶[38]——由于整个教堂高于地平面，所以不会因此使外观形象受损。至于剩下的四角空地，前面两处可以用作墓地，后面两个可以给这里的居住者作花园。这样一来，神庙就应有尽有了(commodities)。[39]但如果它后面还有空地，仍然可以加建回廊、花园甚至住房，这要视使用者的需求而定。 19*r*

19*v*(211*v*)

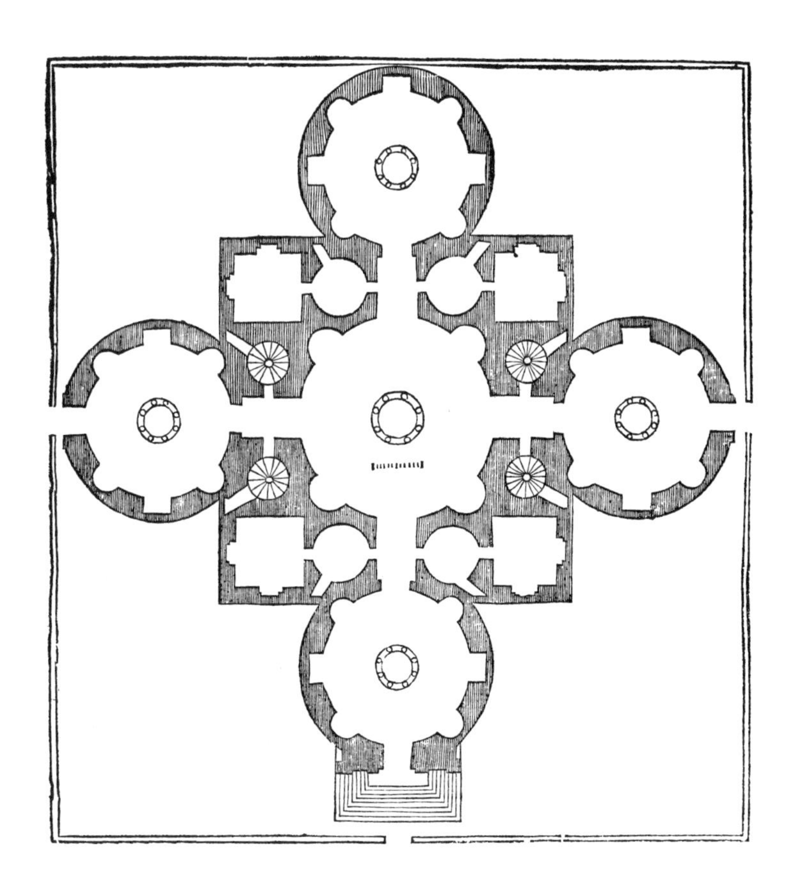

20*r* 这是上图所示神庙的正立面——尽管可能不是每个圆形体量都用这种方式来装饰。第一层的高度（从台阶紧挨的地面到檐口顶部）有 38 尺，分成六等份，其中一份是檐口、中楣和额枋，这一点环绕整个建筑都一样。从这一层檐口到上面那一层檐口有 13 尺，因为上面一层要支撑穹顶，且它的高度要与四个灯笼楼一致，这一高度被分成了五等份，檐口、中楣和额枋占一份；第三层在与穹顶相平的地方有一条饰带[40]，不算小圆顶的灯笼楼全高是 16 尺——钟楼的第四层与其檐口平齐，檐口自身高度是灯笼楼的五分之一，并且和柱子都是科林斯形式。从这一层檐口向下算的钟楼全高等于神庙主题建筑的高度。可能会有人认为这样不符合递减的审美规律。[41] 说实话，我承认是这样的，但这是一种和谐的不谐。[42] 钟楼的上部分已无高度参考限制，便可以与其宽度相等，并分成五份，一份用于檐口、中楣和额枋，其余的是柱高。同爱奥尼层意义，檐口上可以设置扶栏，扶栏上方又是穹顶。关于门和其他装饰请参考我的第四书以确定之。

20*v*(212*r*)

21*r*

以下是上述神庙的内立面，只显示了中央的部分。为了更好地采光，需要让外檐口高于内檐口以得到近于垂直的采光——喇叭口（tromba）。从室内地平到檐口高44尺。可以称之为“非纯种”的檐口（因为它没有柱身）[43]自身高2.5尺，但在半球形的穹顶前，它不应该喧宾夺主，这条檐口应该按照多立克柱头的方式划分，其由于它又兼任额枋和中楣，所以不要突出太多。各个神龛高度均为15尺，顶部冠以环绕礼拜堂和中央主体各部分的一条饰带。四个圆形礼拜堂的穹顶呈球形，位于饰带以上，礼拜堂顶部均有平面，用于铺装石板，即周边有女儿墙的微倾的平台。如果神庙的选址比较隐蔽，这些空间就可以任由居住者利用了。这个神庙十分坚固，因为其外部有为了升高内部空间的拱座和扶壁。整个建筑的整体性很强,除非上部平台搭建的很用心，牢固而且倾斜，否则很容易积留雨水。若逢冰雪天气，莫使雪积于顶，防止漏入室内导致严重破坏。

20*v*(212*v*)

下图是一个真正的十字形平面。所以我们先来讨论其主入口[44]，由于形式和尺寸都一样，所以主入口可以代表其他各部分了。它宽30尺，长37尺，两侧的中部各有一个宽10尺，内设圣坛的神龛，在神龛和靠里面的墙角之间设两扇门，和靠外面的墙角之间设两扇窗。再前面设8尺宽的门，这个入口到了靠近中央的地方应该变窄些，所以设一个4尺宽的壁柱，它的横截面的另一边为7尺，其内有一个4尺宽的神龛。如此一来，在四个入口角部相接的地方，上述的壁柱就组合成为坚固的支柱，可于其上安设穹顶。墙厚5尺，这样的话，支撑穹顶的柱子就更加结实有力了。在四个角上安置各有四个立面的小礼拜堂，直径均为18尺，其中神龛、窗子和入口宽均为5尺，墙厚4尺。并在柱内建通往顶部的螺旋楼梯。神庙有三个门，主入口正对着的地方是主圣坛。主入口用壁柱装饰，不仅如此，所有的转角处都饰以3尺宽的壁柱。

22*r* 前面，在大门的左、右两边各有一个神龛。台阶五级或者更多，由场地决定。虽然这里没画钟楼，但如果需要，可以在两个角上的礼拜堂上修建，底部用作圣器室，上部用于牧师住房。将整个建筑抬高，下面就可以放些必需的辅助用房[45]——其实地下的空间可以和楼上的一样多，螺旋楼梯可以解决一切。为了避免角落空间成为罪恶的温床（像之前讲过的一样）可以用和台阶等高的矮墙围起建筑，并同时保持其美观。圈起来的地方还可以满足必要的使用，如所述其他各例。

22*v*(213*v*)

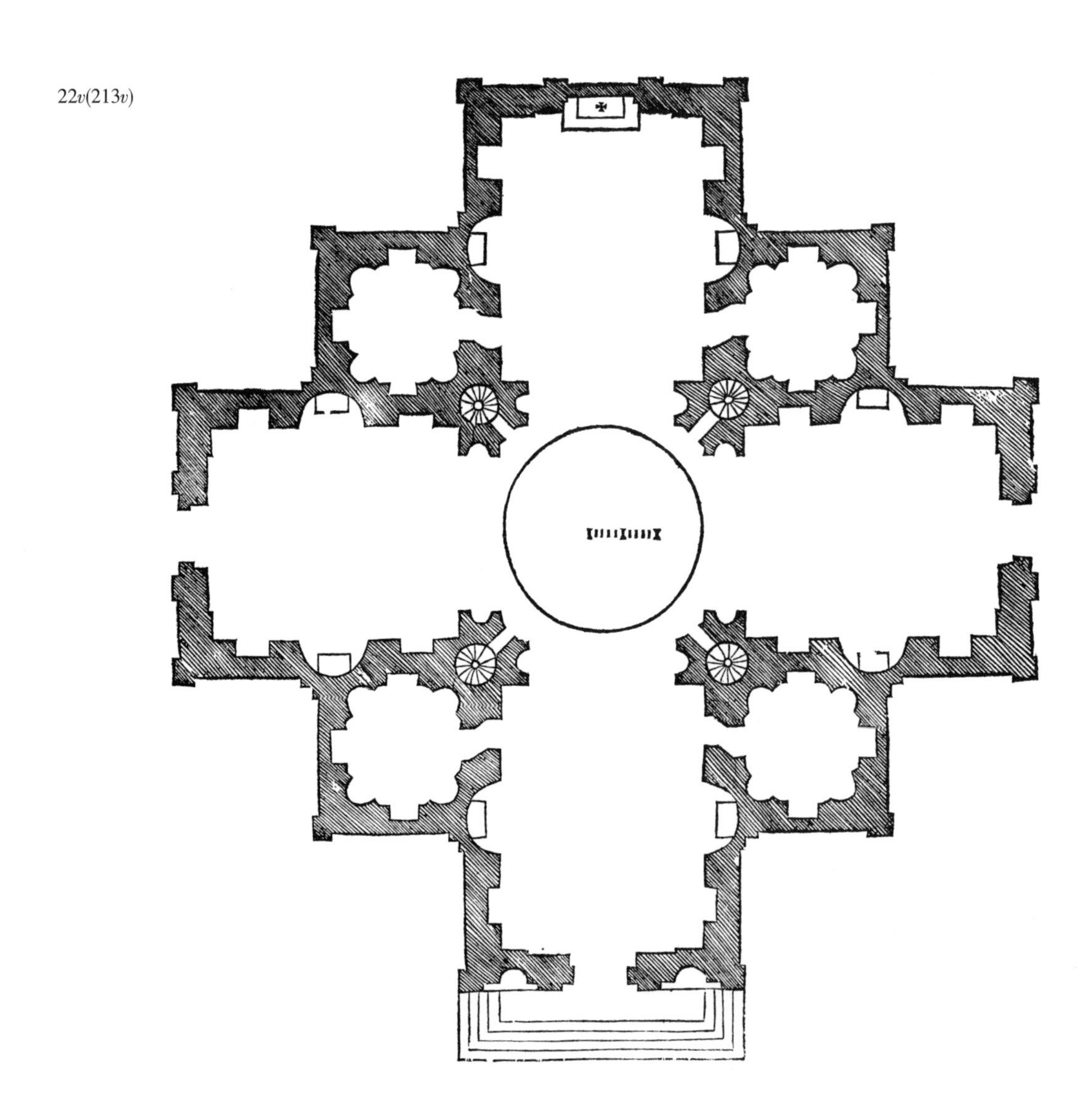

下图是十字平面方形神庙的外立面，正立面的宽度是42尺，从台阶到檐口顶部的高度是30尺。这条带有额枋和中楣的檐口高5尺，其余是如图所示的爱奥尼柱高。第二种样式有22尺，分成六份，其中一份是额枋、中楣和檐口，其余的都是科林斯柱的高度。这两个层级在整个神庙外立面都可以用，具体尺寸请参见我第四书中的相关样式。顶棚10尺高（如果当地没有大风的话），但若是在法国这样的地方，则要使其略呈金字塔状。[46] 山墙顶部冠以2尺高的檐口，其上是带灯笼楼的穹顶，不包括小圆顶的话一共10尺。左边标有C的小图显示的是屋顶，右边标有L的小图是八角形的礼拜堂。各项尺寸都可以在平面中找到细节和具体数据，门饰可以在我第四书中介绍爱奥尼柱式的部分找到。[47]

23*r*
(213*r*)

23*v*(214*r*)

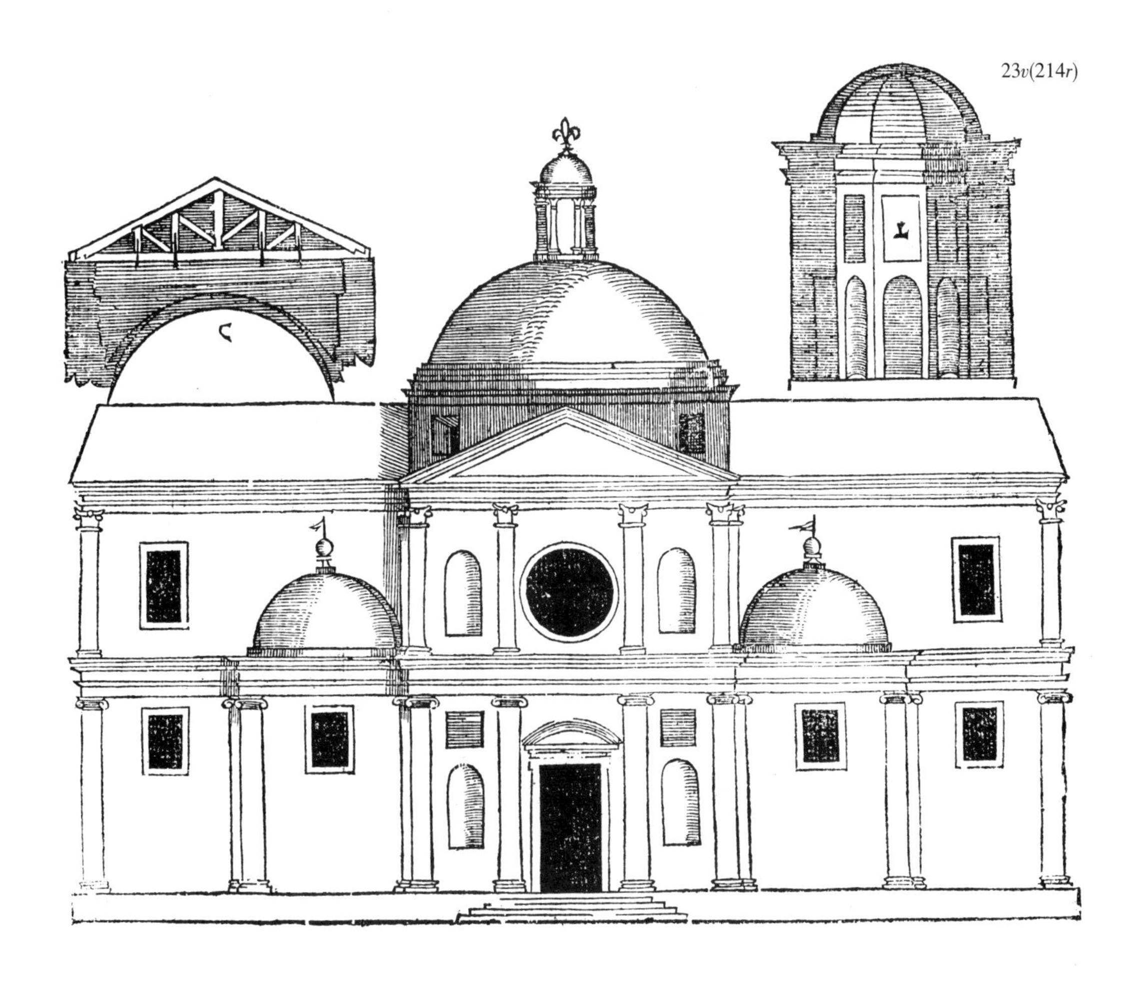

24*r* 以上是十字平面方向教堂的外立面，以下是其内立面。从它的一半处切开。首先谈谈中央穹顶的部分，两柱间距离有30尺，和室内地平与檐口顶部之间的距离相同，四拱穹顶下的檐口、额枋和中楣一共5尺高，并且它们环绕整个建筑。但由于这个神坛只能从侧面的顶棚上方采光，故需要在拱上方设一条饰带，并在饰带上方15尺处设一条2尺高的檐口，但不要太突出，以免使其上的拱顶黯然失色。在饰带与檐口之间要开如图的八扇窗，这样光线会大大改善，尤其再加上灯笼楼。整个穹顶到拱底部的高度是77尺。[48] 有挂板的圣坛部分表示的是正对门的部分，是放置主圣坛的平台。[49] 这部分上方要开洞口以增加采光——开口四个。十字形的四个翼很容易看懂，再说也有小图可供查阅，我就不赘述了。虽然看起来每边都有四扇窗，但其实只要两扇可以用，其余的都是作为陪衬的盲窗。

24*v*(214*v*)

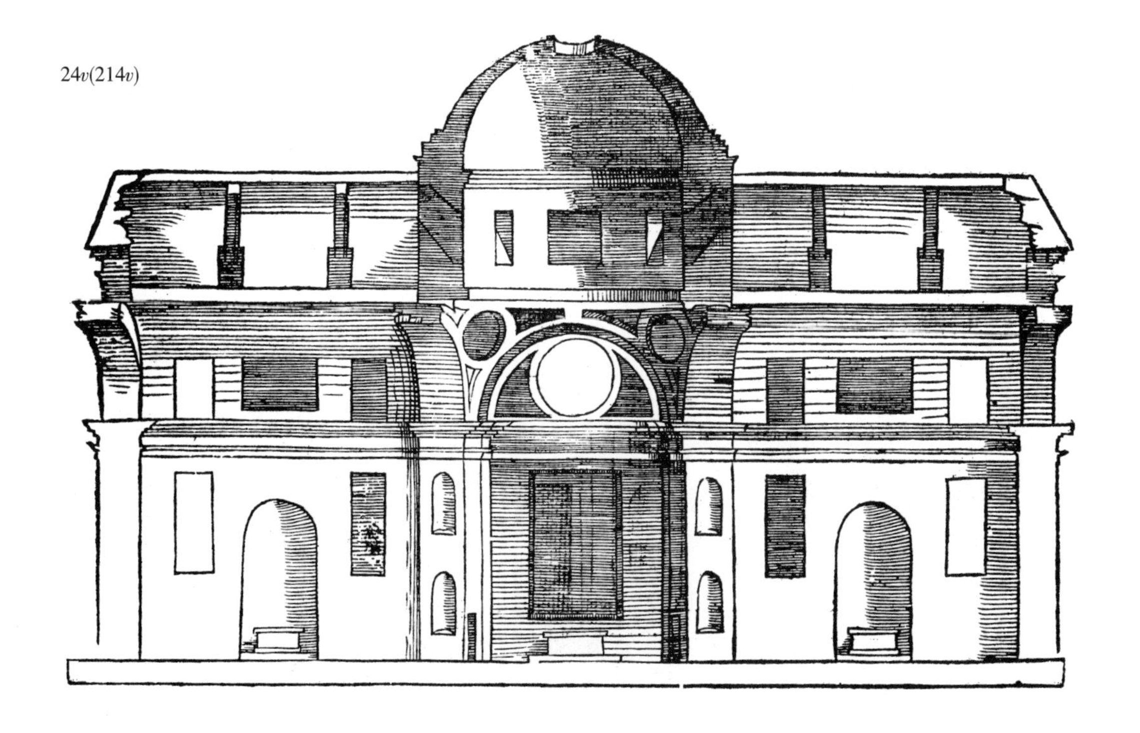

以上我介绍的是各种与基督教习俗相符并遵从古代形制的神庙，但它们万变不离方形和圆形。下面我要介绍些符合现世常规习俗[50]的神庙，当然，它们也仍然保留着古代的式样。[51]对面页的平面图应该这样分割[52]：首先，选择你所需要的中心环道的尺寸，也即主体的尺寸，它占两份，柱子也占两份，这样就有四份了；同样还有两侧的环道，那么总共是六份，再加上两侧的墙也要分成两份，总共有八份。让我们把它赋予数字，这样理解起来更加清晰。如果我们选中的中心环道有 30 尺，柱子——包括所有的壁柱——共 15 尺，且它们宽度都相同；两边的环道尺寸也一样，墙也是。整体画所有的元素时，柱与柱之间应该等距，以便让主体部分前面的空间正好容纳三个相同的十字拱。两边半球形的礼拜堂正对着十字拱，其宽度为 25 尺，并且略微突出墙体。在最里面的两根柱子后面靠近穹顶的地方间隔 15 尺再放两根柱，之后隔 30 尺再两柱，后面还有四根柱，每列两根，与前一根的间隔均为 15 尺。在大空间里面建直径 36 尺的穹顶，两边各有 3 尺伸到柱子上。这些柱子要构架 6 尺厚的拱券。在其上建一个被维特鲁威称为弓形屋顶（Testudo）的半筒形拱[53]，而这个半筒形拱四角上有四个直径 21 尺的圆顶。这些圆顶不突出于屋顶之外，而是从侧面采光，这样一来就能让两个十字拱突出墙立面，并且每个都附带两个完全一样的小礼拜堂。神庙两翼有两扇门，如图所示。另一边上，在神庙端头有一个十字拱，这部分用于唱诗班空间。这个空间近端是一个直径 31 尺的半球形空间，用作放置主圣坛。唱诗班两侧有两个八角形的圣器室，直径各为 21 尺。神庙正面有三个门，中间大门 7 尺宽，两边的 6 尺，正面两侧建两幢钟楼，既是为了坚固也起到了装饰的作用。它们各宽 27 尺，每个钟楼内有一个螺旋楼梯，楼梯井内可以拉敲钟绳，必要的时候还可以敲钟。走上去要很多级台阶，具体要看场地情况。

25*r*

25*v*
[法文版]

26*r*(215*r*)

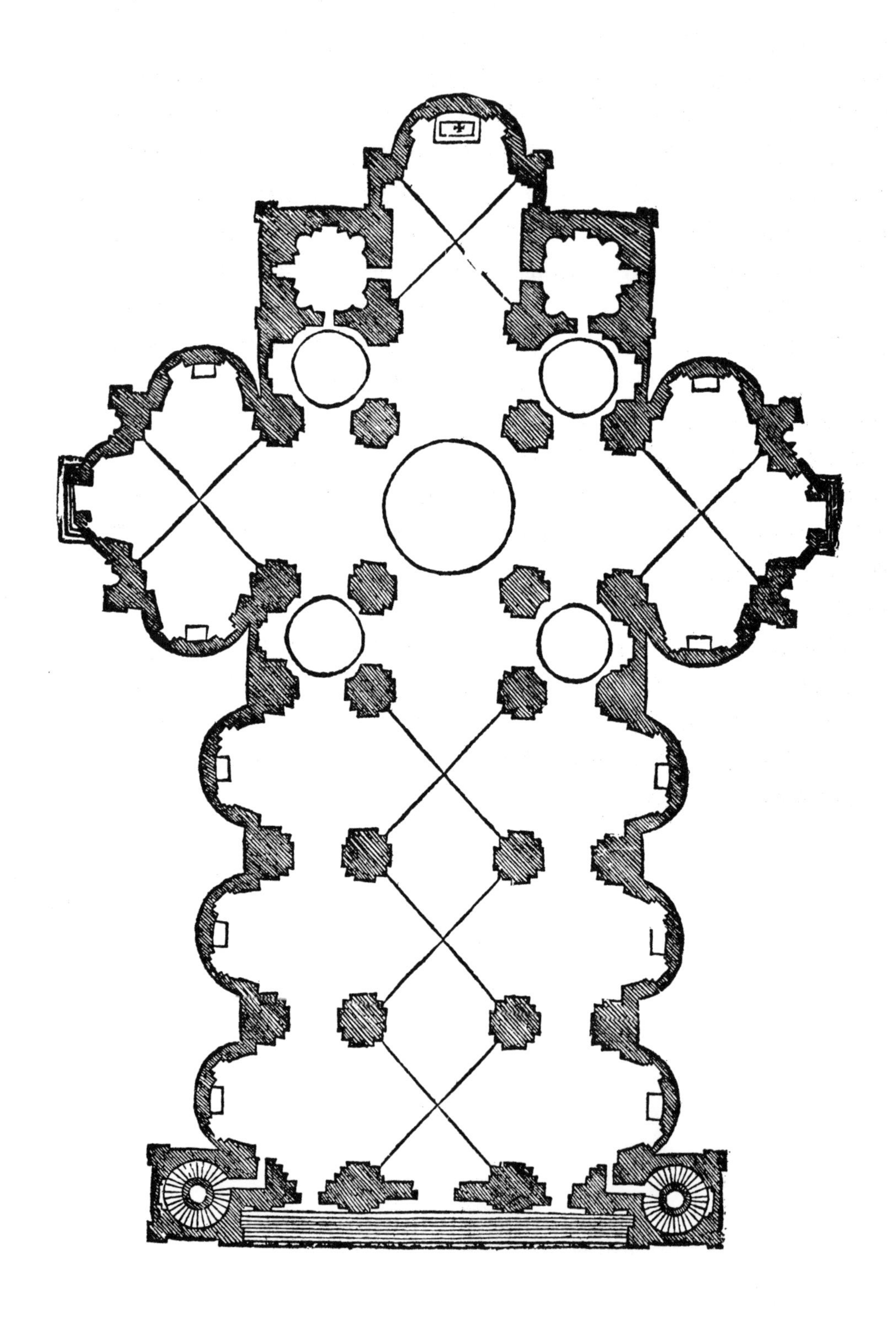

以下是上述神庙的立面，第一檐口的高度是 62 尺，将其分成六等份：一份是额枋，中楣和檐口的高度，其余是壁柱，壁柱正面宽 5 尺，用多立克柱式。中央正门高 24 尺，如图示装修，小门也是。小门高 12 尺，中间升起的部分到第二层檐口之间高 15 尺。[54] 这条檐口应该是第一条的四分之三宽度并如多立克柱头那样分割，以便让一些向下的挑檐板有不同的形式。从檐口到山墙顶角的距离是 10 尺 [55]，这里也就是整个神庙立面的最高点了。虽然在图上看起来穹顶要更高一些，但那是在教堂的内部了，这才是教堂的真正高度，从内立面上可以更清楚地看到这一点。在第一层檐口的上面建两个 5 尺高的圣坛，它的顶上再建两个高 32.5 尺 [56] 的钟楼，钟楼的檐口比第一层少四分之一高度，为多立克柱式。第三层是第二层的四分之三高，其檐口也是同样比例的。第四层又要比第三层低四分之一，檐口也同样减少。檐口上面的女儿墙 4 尺高，从女儿墙到金字塔形尖顶 [57] 的高度是 36 尺。其他的装饰可以在我第四书中介绍相关柱式的部分内找到参照。 *26v*

27r(215*v*)

27v 有三个回廊的方形神庙的立面如对面页所示。这里显示的是它的内立面，从中间切开。其中关于厚度和长度的尺寸已经在前面的平面和正立面中讨论过了。檐口的高度是整个高度的六分之一——这一点也提过了。壁柱都是爱奥尼柱式。同样，小壁柱也是爱奥尼柱式——其形式和尺寸都可以在我讨论爱奥尼柱式的第四书中找到。所有的礼拜堂都独立采光，如图所示，并且还兼为与筒形拱礼拜堂[58]同样高度的环廊提供光线。然而由于正面对着礼拜堂，所以这些筒形拱会被一个小天窗[59]打断。环廊的顶盖要足够高，好让如图所示的檐口上方的椭圆形小天窗能够从顶盖上方接收到光线。这样一来，中央穹顶的采光才有保证，顶部有带圆洞的中楣。在这条中楣上方修带灯笼楼的穹顶——其尺寸和前面介绍的那个一样。为了让读者更清楚地理解这里的柱子，我在神庙剖面图的上方画了两个比例尺较大的柱平面。剖面右上方的小图显示的是神庙两翼上的门——门高 20 尺，宽 10 尺。其余所有檐口的高度都和正立面以及内部的檐口一样。鉴于其他被隐藏的部分都没有在图上显示出来——其中包括两侧回廊的高度、小教堂是如何和筒形拱交接的、四个小圆顶的效果还有其他很多内容——所以，对于那些想要找出这座神庙结构的人来说，最好的办法就是给它建一个模型[60]，或者把所有部件的内外剖断面图都画出来。

28r (216v)

28*v*
(216*r*)

方形的神庙还可以用另一种方法盖出来，和上一个有所区别。首先，让它宽 30 尺，画两组等距线，一横一纵，这样就产生了一个十字。十字中心处是一个直径 30 尺的穹顶。内部的四根柱子向内延伸 3 尺，就可以使支撑穹顶的四个拱半径成为 24 尺。神龛所在部分的柱子厚度为 5 尺，和墙厚相同。然而，在“两臂”朝向神庙“头”的地方，为了容纳一些平壁柱，要宽一些，墙体每边缩进 1 尺，这样总宽为 32 尺。每一“臂”长都是 38 尺。朝向大圣坛的部分是一个标准正方形，边长 32 尺。通过在各边建带神龛的柱子——5 尺宽——再从各边向里 4 尺，从一根柱子到另一根的距离是 24 尺。余下柱子两边各有半尺用于形成礼拜堂的神龛，这个神龛 23 尺宽——其中要设置主圣坛。十字形的两个角上建两个 17 尺宽[61] 的圣器室。神庙的两边开两扇门。所有的部分都如图，有很好的采光照明。从穹顶到正门，总共五个礼拜堂——各宽 15 尺，且带一个 6 尺宽的窗子，因为之前要放圣坛。“头”部[62]（从里面上看）的墙厚为 5 尺，但中间部分是 4 尺。正面的前部要建一个 14 尺宽、18 尺长的门廊，并在门廊的端部和尾部有宽度都为 8 尺或方或圆的神龛。门廊侧面修钟塔，突出的程度要和“臂部”一样，其十字拱的尺度是 18 尺。它们都是八角形的，或者如果你想要让它成为方形的话也可以。它们的螺旋形楼梯应该设在侧面。这些就是关于平面的所有内容了。这座神庙的立面在右手边。第一檐口的高度是 47 尺。额枋、中楣和檐口总共 5 尺高并且环绕整个神庙。第二层有 37 尺，其檐口高度是第一层的四分之三，并且这个高度就是第二层钟塔的高度了。山墙的顶部高 5 尺，同时也是中部的顶廓线。钟塔的第三层又是第二层的四分之三，檐口也同比例缩小。再往上就是小圆顶了。右边神庙上方的图显示的是神庙的内部的五个小礼拜堂。从第一檐口到室内地平面的高度是 27 尺，檐口本身高 4 尺，并刻成多立克柱头状。其余更高的檐口都和外部的一样了，而在第一层和第二层之间有浅浮雕的爱奥尼柱——它们之间留出给内部采光用的窗户。关于门廊的设计[63]，平面和立面表达的是一样的，但其上方应该有一个平台。这不但没有破坏立面的任何开口，反而立面会提供良好的采光。右图标有 A 的部分代表了中间是穹顶的神庙的“两臂”。檐口的高度和其他部分一样。其上是穹顶的拱，再上面是一个“非纯种檐口”[64]，支撑着带灯笼楼的穹顶。破坏部分代表圣器室。顶上有十字架的小图是侧翼的一扇门，上面冠以圆形。门宽 9 尺、高 18 尺。

29*r–v*
[法文版]

30r (217v–218r)

30*v*
(217*r*)

对于这种十字平面的方形神庙而言，可以有许多的变型和新的创造。基督教世界里这种教堂随处可见，并且现代的居多，在意大利（多数这么认为），人们称之为“德国做法”。[65] 它们不光有三个回廊，独立的可关闭的礼拜堂，还有环绕唱诗班座位的连接礼拜堂的回廊。而在法国，更多是一时兴起修建的有五个环廊的现代神庙。但是（如我在本书开头所说）我想要研讨的是在我们这个时代可以被实现的东西。因此，我在这本薄卷里最后一个要介绍给大家的是这一个，因为还有其他对大多数人而言更为实用 [66] 和有趣的东西在等着我。让我们来看对面页所示神庙的平面。它的宽度是 36 尺，长 64 尺。两端各有两个直径为 24 尺的大神龛。较大礼拜堂的神龛应该有两扇窗，各宽 6 尺。其余相对的神龛有着相同的设计，除了门。门宽 8 尺。神庙两侧中部各有两个小礼拜堂，它们宽 18 尺，深入柱子后的墙内 12 尺，在中间各有一个 6 尺宽的窗子。这些小礼拜堂都被直径 2 尺度圆柱再次划分。当心柱间 6 尺，两边的柱间距 3.5 尺。在小礼拜堂和方形的四角之间有一个用圆柱装饰、宽 6 尺的神龛。四个角上有各有一个 3 尺宽的神龛。神庙外正立面有一个带半壁柱的方柱门廊。门廊宽 10 尺，长 52 尺，两侧柱墩不算半壁柱均宽 3 尺。不过转角柱墩的正面应当宽 6 尺，这是为了更加坚固——正如扶壁之于拱而言。柱间的墙壁上左右各有一个 6 尺宽的神龛。台阶六步。在墙厚内容纳两个螺旋楼梯。虽然图上没有显示钟塔，但可以在门廊上方左右两边各加一个同样宽度的钟楼，用它附近的螺旋楼梯连接。钟塔可以作为门廊里面的装饰，因为它们可以遮盖住两边礼拜堂突出的角。而其地下的宽裕空间 [67] 还可以给牧师提供住所。

31*r*
[法文版]

31*v*(218*v*)

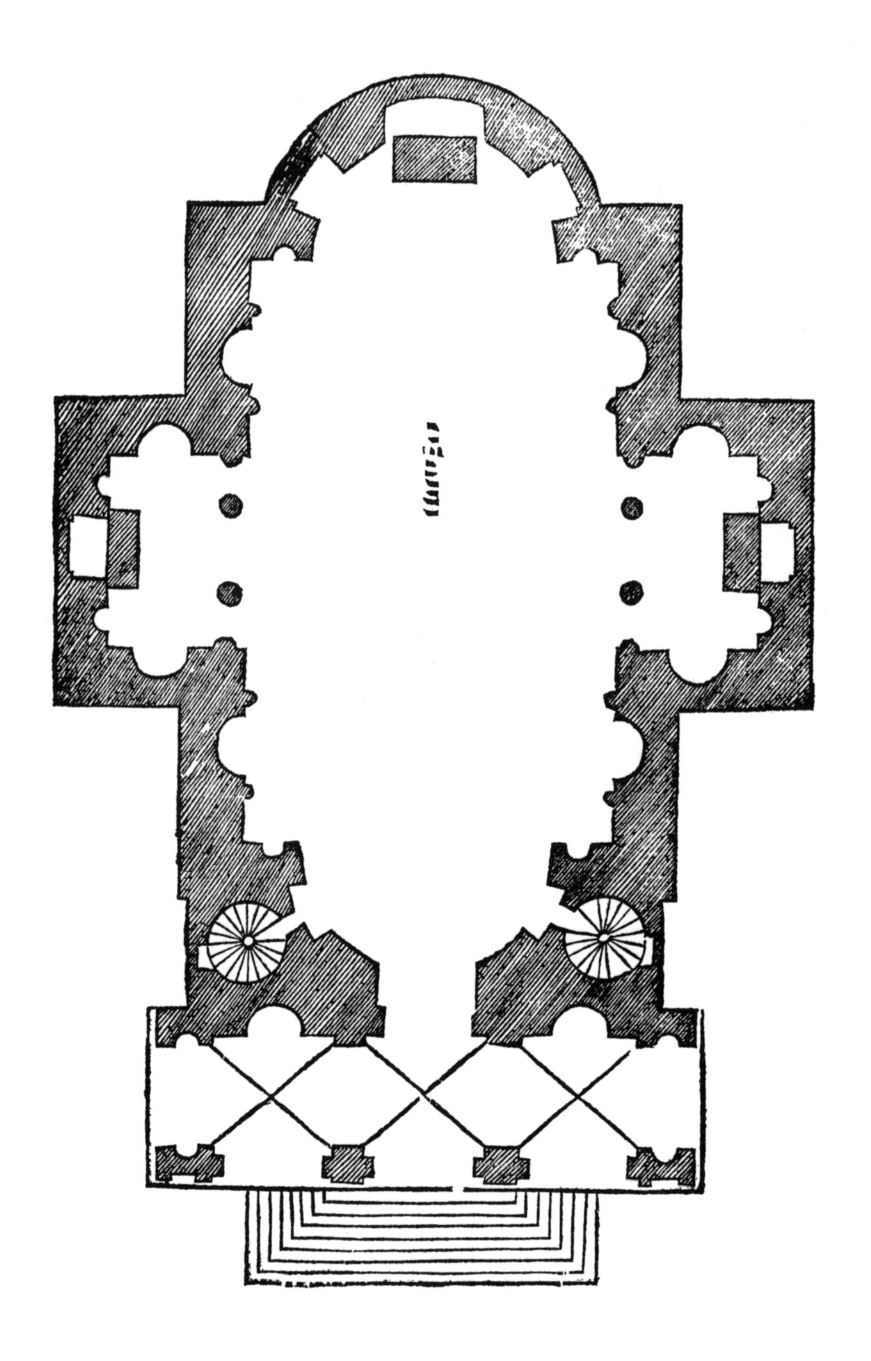

32*r*

下图显示的是神庙的内部和侧翼。各项尺寸分别是：从室内地平到第一檐口的顶部高 21 尺，等分成六份，其中一份是额枋、中楣和檐口，其下到室内地平的高度都是爱奥尼柱高。再说神龛和其基座——我们说的是占剩下长度的五分之一的神坛，其上为科林斯柱式。山墙在檐口上方 3 尺处，山墙上面的两个窗都是盲窗，只起到装饰的作用，但只要人们愿意，都可以修建它作为开口。礼拜堂里爱奥尼柱上面可以开一个开口，以更好采光。至于大礼拜堂的开口，从图上可以看出，平面上和立面上的是一样的。门廊上方建一个缓坡的平台，檐口本身作为它的女儿墙。这座神庙应该是筒形拱的，如图所示，但最好在外边缘修些神龛。外部按照前面所示的方式修建——尽管这样会剩余出很多死角空间，但效果也不错。

32*v*(219*r*)

33r 较大的礼拜堂的内立面如左下图显示。檐口的高度如上文所说。小神龛的形状也可以看到——3 尺宽，7.5 尺高。圣坛上方的挂板用于悬挂画，所以应该有光可以照射到才对——它 10 尺宽，12 尺高。正立面如右下图所示。而檐口的高度在内立面里已经提到了，它们都在同一个高度上。但是注意，门廊上面的第一层檐口本身是平台的女儿墙。这些檐口、额枋、中楣、柱头、柱础以及拱券的样式都是多立克式，并且可以在我讨论多立克柱式的第四书里找到。第二层的小壁柱部分在立面图上可以看到，如同一个从门廊的断面显示的那样。小壁柱宽 2 尺，它们的檐口高度一样，并且组成元素与马采鲁斯剧场的爱奥尼拱券一样，这个可以在我的第四书[68]中查到。从最后一个檐口到顶盖的起始部分之间有 3 尺空间，檐口上面的女儿墙可以当做扶栏，既是装饰又有实际作用。[69]上去这些空间必须通过螺旋楼梯才行。拱顶（不要用木头做）上的神庙的顶盖应该非铅即瓦，虽然在法国用的是很漂亮的板岩（arduosa），那种薄薄的蓝石片。[70]庙前台阶六级，庙体可以向地下有所挖掘。

32v(219v)

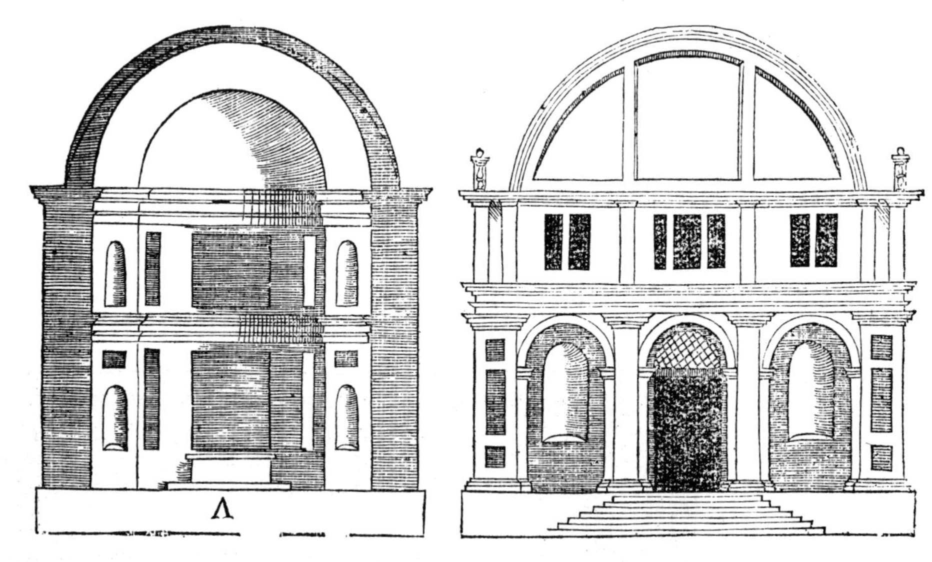

现在，到了我这本关于神庙之书的尾声，之后我还会继续写另外两本书—— 一本是关于住宅类型的，另一本讲建筑师可能遇到的多种情况。再之后，呵呵，如果上帝还让我健康活到那一天的话，我将出版各种不同类型的建筑著作——它们已经准备好破茧而出了——我要把它们与那些对建筑艺术感兴趣的人们一同分享。[71]

神庙之书终。[72]

注 释

第一书

1 此处和标题是法文的。让·马丁（Jean Martin）是 Maximilian Sforza 的秘书，退休后去了法国并放弃了他在米兰的公爵封地给了弗朗索瓦一世；在 Sforza 死去的 1530 年，马丁参加了红衣主教勒农古的军队。在他翻译完第一书的两年后，马丁出版了维特鲁威的译本：*Architecture, ou art de bien bastir, de Marc Vitruve Pollion:... mis de latin en francoys, par Jan Martin, Secretaire de Monseigneur le Cardinal de Lenoncourt*，Paris（1547）。

2 即法国的弗朗索瓦一世（1494—1547 年）。另参见塞利奥给第三书的献词。关于塞利奥在弗朗索瓦宫廷的工作，参见导言第 8 页。此信出现在 1545 年版的第一和第二书中。

3 作为弗朗索瓦的对抗神圣罗马皇帝战争的参考，哈普斯堡的查理五世（1536—1538 年和 1542—1544 年）此间与德国的新教诸王结成联盟。

4 即 Marguerite d' Angoulême，弗朗索瓦的妹妹。参见塞利奥为第五书写的献词。在与 Guillaume Pellicier 的一系列通信联系之后（参见第三书最后"致读者"第 104 页注释），她对安排塞利奥 1541 年来法和给他提供每年 100 金克朗退休金（1540 年 1 月 1 日起）起了很大作用。她死于 1549 年。

5 即欧几里得的定义。

6 此标题及随后的勘误表仅见于法文版。

7 即第 54 页。

8 即第二书第 18 页背面。

9 原文为"第 38 页第 4 行"。

10 原文为"第 13"。

11 即第二书第 47 页背面。

12 第一页未编页码，原文中使用了一法文页眉，当作本书标题。

13 塞利奥追随了欧几里得《几何原本》开创的定义。关于塞利奥和这些欧几里得原则关系的讨论，参见 G.Hersey 的《毕达哥拉斯的宫殿》（1976 年）。另参见 M.Lorber 的《塞巴斯蒂亚诺·塞利奥的第一、第二书：从假设和推论的结构到使用的结构》（I primi due libri di Sebastiano Serlio. Dalla struttura ipotectico-deduttiva alla struttura pragmatica），载于《塞巴斯蒂亚诺·塞利奥》（ed.C.Thoenes，1989），第 114-125 页。实际上，第一书不是一个理论课本，而是关于几何结构问题的书——包括其增加、减小和按比例划分——是一个打算为第二书透视表现问题做铺垫的前期研究。

14 一条垂线，参见第四书第 159 页正面关于爱奥尼柱头的雕刻部分，从一条铅垂线画线——铅垂线，一种建筑工具——第 160 页正面所示，此法贯穿第四书论及柱子雕刻的部分。

15 一种建筑工具，例如在第 10 页正面和第四书第 160 页正面关于雕刻凹槽的插图。Vitr. 第一书，第一章，第 4 页：

Geometria...plura praesidia praestar architecturae; et primum ex euthygrammis circini tradit usum, e quo maxime facilius aedificiorum in areis expediuntur descriptiones normarumque et librationnum et linearum directiones.

几何学……为建筑学提供了非常大的帮助。首先，在规则之后，它教授圆规的使用方法，用它可以想使用三角板画直线、水平线和垂直线那样更简单地在带地段中设计建筑。

对于石匠来说，三角板和铅垂反映了几何原理，成为他们技艺的象征，如塞利奥卷首页插图说明绘图规则时，圆规、三角板和铅垂和石匠的“四角法”（ad quadratum）构造放在了一起。

16 即哥特式做法。参见第五书第 217 页正面。

17 根据塞利奥此书第二版开始处（第 4 页正面）的“勘误表”，第一和第二书中常见的图纸和文中所述位置不对应的情况源于法国印刷问题。我们将页面按照塞利奥原文的指示进行了重新布置。

18 这是一张石匠和测量员称为“四角法”放样方法的图解；参见 J.Orrell 的《人类的舞台》[*The Human Stage*（1988）]，第 142 页。

19 Vitr. 第四书，第七章，第 3 页；参见塞利奥，第四书，第 128 正面。

20 Vitr. 第三书，第四章，第 1 页。

21 丢勒，《测量指导》（*Unterweysung der Messung*），纽伦堡（1527 年版），第二书，比例 32。此书将文字和图搭配形成一种技术手册，如塞利奥自己要做的那样。参见“导言”，第 18 至 20 页。

22 原文有字母 E。

23 参见词汇表。

24 参见词汇表。

25 为“隐蔽辅助线”（*Linea occulta*）的反义词。

26 原文误作“E、F”。

27 欧几里得，《几何原本》，第二书，props. 4–8。中世纪的建造者对欧几里得进行过广泛地研究，奥格斯堡的 Erhart Ratdolt 曾经于 1482 年在威尼斯印制过《著作：几何技法要素》的“第一版”（*editio princeps of Opus. elementum in artem geometricae*），参见 J. Rykwert 的《关于建筑理论的口头传授》，载于《文艺复兴的建筑论著》（*Les traités d'architecture de la Renais–sance*，ed. J. Guillaume，1988），第 31–48。

28 原文中在此及下面用单数形式的“三角形”。

29 原文（毫无意义地）有“且底线至同样的距离 E，自 C 点向下画垂线，取等于 DE 线段的长度，成 EF”。

30 原文误作“G 面”。

33 即，参照前边的例子进行预设，在后来的版本中解释清楚了。

34 关于分类讨论柱式，参见第四书第 126 页正面注释。

35 对于 Virt. 第三书，第五章，第 9 页的一种解释：

Quo altius enim scandit oculi species, non facile persecat aeris crebritatem: dilapsa itaque altitudinis spatio et viribus exuta [extructam mss.], incertam modulorum renuntiat sensibus quantitatem.

对于视线所及的更高部分，它无法轻易穿透稠密的空气；一旦因此而发散，并因高度距离大而失去它的力量，就会给感官一种关于模数大小的混乱的报告。

另参见塞利奥第四书第 161 页正面就此的进一步讨论。

36 原文是混乱的。马丁的翻译更加清楚，带有如下对此表述的补充（斜体字）：

Toute forme qui en est plus esloignée: nonobstant qu'elle soit de mesme grandeur que la prochaine, *se vient a monstrer beaucoup plus petite*. A caste cause si nous voulons...

每一个更远的部分，尽管它与近处的具有同样高度，看上去更小。因此，如果我们想……

37 关于这一点，参见 A. Dürer 的已引用著作，第三书，比例 7, 9, 28。

38 即与 A、B 同样大小的部分。

39 即周长使用同样长度。

40 关于这一点，参见 A. Dürer 的已引用著作，第一书，比例 23。

41 参见 F.Liverani 的《笔记、艺术、文学、故事》（*Quaderni Arte Letteratura Storia*），卷十（1900 年），第 49–58 页。关于一幅圣彼得堡冬宫博物馆收藏的认为是塞利奥画的花瓶（和其他图形），参见 A. Jelmini 的《塞巴斯蒂亚诺·塞利奥，建筑论著》（*Sebastiano Serlio, il trattato d' architettura*，1986），第 272–280 页。

42 丢勒，已引用著作，比例 22。

43 原文误将“低处”（*inferiore*）写成“内部”（*interiore*）。

44 第一版中误编号为“20”。

45 关于这个方法的一种使用方式，参见第五书第 206 页正面。

46 与铅垂和三角板一起（参见上文注释），圆规作为建造器具反映了几何原理。

47 这种方法来自于 A. Dürer 的已引用著作，第二书，比例 15。

48 原文误写成了“左”——这个错误源于刻制木版与印刷结果相反。

49 原文误做“成一十字”。

50 随后的冒号出现在意大利文版中，但是让・马丁翻译为“从十字画下来的曲线落在直径上的地方”（et ou la ligne courbe yssue de la croix, posera sur la diametrale, merquez 2）：看上去应是遗漏了原文中的“即点 2”（sarà2）。

51 也来自 A. Dürer 的已引用著作，第二书，比例 15。

52 关于塞利奥把这些比例运用在基座中，参见第四书，第 126 页背面；关于他把这些比例在房间中的运用，参见 G. Hersey 的已引用著作，第 51 页及后面内容。

53 即 1 ： 1。

54 即 4 ： 5。这里和下面使用的是音乐和音名。参见 Vitr. 第五书，第四章，第 7 页，阿尔伯蒂（Alberti, L. B.），《论建筑》（里克沃特等译，1988 年）第九书，第 5 节。[第 305 页和第 409 页，注释 81–94]，Wittkower, R.，《建筑原则》（1988 版），特别是第 113 页及以下内容，以及赫西的已引用著作。塞利奥参加了弗朗西斯·乔治的《备忘录》（*Memorandum*）列出的关于毕达哥拉斯和谐比例的讨论，因此熟知音乐的和谐与建筑的关系（参见“导言”第 27 页）。

55 即 3 ： 4。

56 即 1 ：$\sqrt{2}$，黄金比例；参见第四书第 126 页背面将其用于多立克基座和第 166 页正面用此比例的窗户。

57 即 2 ： 3；关于塞利奥把它用于塔司干大门，参见第四书，第 130 页正面。

58 即 3 ： 5。关于塞利奥把它用于塔司干大门，参见第四书，第 130 页正面。

59 即 1 ： 2，一个完整的八度音。

60 参见第四书第 192 页背面。关于下文所用的“布拉乔”尺，参见词汇表“测量”。

61 关于下面的方法，参见 A. Dürer 的已引用著作，第二书，比例 29。

62 实际上略小一些，因为只有三份的十分之三加到了短边，因此非三分之一（九分之三）。

63 这是前文所说的“四角法”另一种说法；关于这个大门，参见 J.Orrell 的已引用著作，第 144–146 页，R.Wittkower 的已引用著作，第 120 页。

第二书

1 此标题为法文，关于勒农古红衣主教的注释，参见第一书标题。

2 此书的第二章根据第四书第 126 页背面（末尾）开头部分所列大纲；第一版中省略了这个号码。

3 关于此书与第一书关系的讨论，参见 M.Lorber 的《塞巴斯蒂亚诺·塞利奥的第一、第二书：从假设和推论的结构到使用的结构》，载于《塞巴斯蒂亚诺·塞利奥》(特奥尼斯主编，1989 年)，第 114–125 页；D.Gioseffi 的《关于塞巴斯蒂亚诺·塞利奥的透视法的介绍》(*Introduzione alla prospettiva di Sebastiano Serlio*)，出处同上，第 126–131 页。关于塞利奥和透视法，参见《巴尔达萨雷·佩鲁齐：15 世纪的绘画、舞台和建筑》(*Baldassare Peruzzi: Pittura, Scena e Architettura nel Cinquecento*，ed.，M. Fagiolo，1987)。关于阿尔伯蒂的透视理论，参见阿尔伯蒂，《论绘画和雕塑》(ed.，C. Grayson，1972)，总体上参见 M.Kemp 的《艺术之科学》(1990 年)。

4 塞利奥参照欧几里得的《视学》(*Optica*)中的视觉定理定义了透视。

5 Virt. 第一书，第二章，第 2 段。其拼写方式与第三书第 50 页背面和第四书第 126 页正面的不同。它与切萨里亚诺 1521 年版的《维特鲁威》中看到的相同。关于不同的拼写方法及关于在剧院透视布景中特殊的 *Scenographia* 的定义，参见 A.Pérez-Gómez 的《场所：建筑表现的空间》(*Chora: The Space of Architectural Representation*)，载于《场所：建筑哲学的间隔》(*Chora I: Intervals in the Philosophy of Architecture*，1994)，第 16–18 页。

6 塞利奥再次把直线透视知识归于罗马人；维特鲁威写下了一段有广泛讨论的文字（同上）：“Item Scaenographia est frontis et laterum abscedentium adumbratio ad circinique centrum omnium linearum responsus”——“*Scaenographia* 就是画出正面和后退的两侧的轮廓线，所有相应的线都汇聚在一个圆的中心”。尽管维特鲁威的编辑者们都说成这段文字指的是透视表现，但是一般认为透视法是 15 世纪菲利波·伯鲁乃列斯基发明的，参见 M.Kemp 的已引用著作，第 9–21 页，以及 R.Strong 的《艺术和力量》(1984 年)，第 32–35 页，第 86 页。

7 原文有“水平线”(*l' Orizonte*)：暗示“水平”的概念，而后来在讨论舞台的时候塞利奥确定了点“O”，如在“*l' Orizonte*”一词中，为灭点。在两个翻译版本中的这个含混不清之处出现，每个案例都是加了注释说明，因而在本译本中得到了解决。实际上，灭点位于水平线上，而水平线是一条由无数个灭点组成的直线。

8 即视点。

9 塞利奥曾经在威尼斯为 Giovanni de'Busi Cariani 给 Andrea di Oddoni 住宅绘制的图拉真历史壁画设计了一个建筑背景，马尔坎托尼奥·米希尔在 1532 年前某时间目睹过此物——参见 W.B.Dinsmoor 的《塞巴斯蒂亚诺·塞利奥写作残本》(*The Literary Remains of Sebastiano Serlio*)，《艺术会刊》(Art *Bulletin*)，卷 24(1942 年)，第 64 页。

10 参见词汇表。

11 关于曼泰尼亚的“恺撒凯旋”，在第四书第 192 页正面有更详细的讨论。

12 参见词汇表。

13 即拉斐尔（1483—1520 年）。G.Vasari 的《最著名的画家、雕刻家和建筑师的生平》(*Lives of the Most Eminent Painters, Sculptors and Architects*，trans，G. Du C. De Vere，1912 ed.)，卷四，第 209–250 页。塞利奥对拉菲罗的主要参考是第三书第 120 页背面至第 121 页正面关于马达马别墅的参考和第四书第 192 页正反面对壁画的参考。

14 参见法乔罗主编，已引用著作。关于佩鲁齐，参见第三书第 65 页背面注释。

15 即弗朗西斯·马亚·德拉·罗韦雷，乌尔比诺公爵。吉罗拉莫·真加（约1476—1551年）在1523—1525年之间为公爵设计了一个婚礼庆典的装饰，及乌尔比诺公爵宫的加建和装饰工程；关于真加和罗马诺这个工程的其他参考，参见第47页背面和第四书第4页的导言和第131页正面。另参见G.Vasari的已引用著作，卷七，第199-206页。

16 关于塞利奥对罗马诺的看法，参见第三书第120页背面和第四书第133页背面。

17 以下为“平面交会”法。

18 原文误作“I”。

19 此法实际是错误的；应当从基准线引出而确定尺寸。参见M. Kemp的已引用著作，第66页。

20 以下为“视距点”法。

21 此法实际也是错误的，因为视距不是G、K而是F、I。参见M. Kemp的已引用著作，第66页。

22 在透视中的正方形铺地，参见阿尔伯蒂，已引用著作，第56-57页；J. Orrell有所讨论，《人类的舞台》（1988），第253页。

23 在此塞利奥用平面定义直线。

24 原文有“水平线”（*l' Orizonte*）。

25 显然如果画在立面中，这将占据该面积之半。

26 即，在这些十字线和“正方形”的交点处。

27 即，中间正好确定的三个正方形。

28 参见词汇表；另参见第一书，第5页背面。

29 此处和下面参见词汇表。

30 G.Hersey对此段进行了讨论，《毕达哥拉斯的宫殿》（1976年），第84页；关于解剖学和透视技法，参见M.Kemp的已引用著作，特别是第51-52页。

31 即第一书为第二书的准备阶段，二书连读。

32 参见词汇表。

33 参见词汇表。

34 即，透视中的柱础平面。

35 该线实际上先前已经画过了。

36 参见词汇表。

37 Benvenuto Cellini记载塞利奥利用了达·芬奇关于透视法的著作（已佚失），并带有贬义地加上一句，塞利奥“尽可能出版了他的智力所能搜罗到的东西”——《建筑学教程》（*Discorso dell' architettura*）[in *Opere*（ed. G.G. Ferrero，1971），pp.819-820]。进一步，Lorber提出第一书与达·芬奇拥有的意大利文版的《几何原本》前三书之间存在联系——见C. Thoenes主编，已引用著作，第114页。关于达·芬奇为弗朗索瓦一世所做的工作，参见L.Heydenreich的《达·芬奇，弗郎索瓦一世的建筑师》（Leonardo da Vinci, *Architect to Francis* I），《伯灵顿杂志》（*Burlington Maga-zine*），卷94（1952年），第277-285页。

38 即第四书第4页塞利奥的导言中。

39 此段应当联系当时批评第三书（第55页背面及其注释）以及塞利奥在第三书后附加的“致读者”部分（第155页）。

40 参见词汇表。

41 即基石“模板”，在立面中画点虚线隐蔽线。

42 原文作“上述”各角，然而因为高度已经确定，塞利奥很清楚地指的是上角。

43 即从基石角部至柱身底部的斜线。

44 不过，图中表现的是柱子位于一个正方形之内，即其侧面长 2 英尺。

45 即在两拱券之间。

46 原文误作“尺”。

47 此处和下面参见词汇表。

48 即上文已述的“平面交会”法。

49 此处和下面参见词汇表。

50 参见词汇表。

51 即正方形之间的肋。这种方法反映出第四书第 159 页背面为爱奥尼涡卷加镶边的做法。

52 关于 Piero della Francesca［在《透视画》（*De Prospectiva pingendi*）中，图 43］的在透视中构筑多间拱券的方法，参见 M. Kemp 的已引用著作，第 29 页。

53 原文误作“左”——此错误源于制版过程中木版与印刷结果相反。

54 原文此处和下面有“景色”（view）一词。

55 参见词汇表“柱式”（order）。

56 参见词汇表。

57 参见词汇表。

58 参见词汇表。

59 参见词汇表。

60 即屋檐。

61 参见词汇表。

62 参见词汇表。

63 即从地平线指向灭点的方向。

64 即指向灭点的线。

65 大概在此和下面使用粗石风格（与任何其他式样相反）的原因在于这种式样经常使用室外楼梯，就此从粗石式的墙脚部分登上至尊贵的首层（piano nobile）。

66 参见词汇表。

67 原文误作“左”——此错误源于制版过程中木版与印刷结果相反。

68 “设计图面”原文为“*Modello*”，含义是用图纸或模型表现的设计；参见第三书第 64 页背面和第五书第 215 页背面。

69 即从“第一层”（平面）起向上量至中间垂线的左（或右）侧。

70 参见词汇表。

71 即从地平线上从侧面向内量 1 尺。

72 即“第三点”法，参见 M. Kemp 的已引用著作，第 65–67 页。

73 原文有“它”；这是含混不清的，但是原文暗示加宽边线的方法是把它的边界沿着地平线向 A 移动。这个说法在法文文本中得到确认：“et tant plus il aura envie de faire la liziere large qui environne ce quarré, face que *sa limite* soit terminée depuis l' angle C iusques a celuy de A”。

74 即画出的这些线脚。塞利奥在第 18 页正面用“view”指灭点。

75 在这里和下面平面被误用作指代长度。

76 点“D”位置错误；参见上图。

77 即，不要把立方体的各个边均加倍而得到一个“双倍立方体”。事实上，不应像塞利奥一开始那样用“形体”定义一个“平面”。

78 参见词汇表。

79 A.Dürer 的《测量指导》（*Unterweysung der Messung*），纽伦堡（1527 年）年版——1538 年版有两种进一步的新方法。最后两个图版［未编号］展示了使用窥视孔、直线、正方形的纸和画框（地形玻璃板，the'topographical glass'）等从物体生成透视的研究。在此视线由一个孔或一个点指示着，穿过一个中间格网在落到目标上，而视线落在格网上的位置可以转换成纸面上同样格网的相应位置。关于丢勒和达·芬奇的透视机，参见 M.kemp 的已引用著作，第 167–220 页。

80 参见 A.Dürer 绘制一琵琶的方法，同上。

81 这是因为塞利奥在此不再是描绘空间而是在小空间内通过把各面和地面倾斜来创造一种视觉幻觉；参见下面塞利奥的剧院图纸。

82 关于塞利奥剧场平面和剖面的算术分析，参见 J.Orrell 的已引用著作，第 130–149 页，第 207–224 页；及关于视野，附录第 253–257 页。另参见 A.Nicoll 的《文艺复兴舞台》（*The Renaissance Stage*，1958），第 1–36 页，及 V. Hart，A.Day 的《塞巴斯蒂亚诺·塞利奥的文艺复兴剧场，约 1545 年》（*The Renaissance Theatre of Sebastiano Serlio*, c. 1545），《计算机和艺术史》（*Computers and the History of Art*），考陶学院（1995 年），卷 5，, vol. 5.i，第 41–52 页。

83 即舞台从前到后尺度的九分之一——参见第 44 页正面。

84 此处和下面即指“平舞台”（无景深）。

85 指的是古代剧场，Virt. 第五书，第六章，第 1 段。参见导言（第 28 页）。

86 同上。

87 Vitr. 第五书，第六章，第 2 段记载，乐队演奏处周围的座位是元老院议员的。参见塞利奥第三书第 82 页背面就此的介绍。

88 此处和下面即指“罗马剧场的梯形座位”（*cavea*）。

89 此建筑于 1539 年建在维琴察的波尔图宫殿群的一座之中。

90 即把剧场看成一月牙形，一尖至另一尖的距离（因此间距为乐队演奏处的直径加上每侧座席侧面宽度）。这里反映出塞利奥的观点，即剧场应当尽可能地接近古代罗马剧场的梯形座席。

91 关于把庭院作为庆典和戏剧演出的场所及其对于文艺复兴宫殿建筑的影响，参见 A.Chastel 的《庭院与剧场》（Cortile et Théâ tre），《文艺复兴的剧场空间》（*Le lieu théâ traleà la Renaissance*，1964），第 41–47 页。

92 在 Aristotile（Sebastiano）da Sangallo（1481—1551 年）为佛罗伦萨宫廷给 Antonio Landi 的《康茂德》（五幕喜剧 Il Commodo，1539 年）制作的配景中，演出从日出开始；将一个水晶球充满了水后放在装有两把点燃的火炬的灯笼前，通过贯穿舞台的一个绞盘沿一巨大弧线缓缓拉动。“太阳”落下时表演也正好结束。

93 关于此类文艺复兴宫廷剧场，参见斯特朗，已引用著作，第 133–141 页。

94 一种起源于西班牙 – 阿拉伯的舞蹈，有快速的动作和粗犷的风格，在 15 世纪的意大利很常见。

95 即从后向前。

96 此处和下面参见词汇表。

97 如平面图所示，宽度指的是从后向前的尺度而长度指的是从一侧到另一侧的尺度。

98 参照 Vitr. 第五书，第六章，第 9 段。

99 在塞利奥的布景中，维特鲁威的舞台也用文艺复兴术语描述，布景成为由符号组成的透视原理图解。它们反映塞利奥对他的威尼斯“小广场”图纸的修改［佛罗伦萨乌菲齐美术馆，“乌菲齐设计与印刷室”（Gabinetto dei Disegni e Stampe degli Uffizi）ref. Arch. 5282］。关于这些舞台布景的背景问题，参见 R. Krautheimer 的《早期基督教、中世纪和文艺复兴艺术研究》（*Studies in Early Christian, Medieval and Renaissance Art*，1969），第 345–360 页；也参见 R. Krautheimer 的《乌尔比诺、巴尔的摩和柏林的镶嵌板再研究》（The Panels in Urbino, Baltimore and Berlin Reconsidered），载于 H. A. Millon 主编，《文艺复兴，从伯鲁乃列斯基到米开朗琪罗》（*The Renaissance from Brunelleschi to Michelangelo*），伦敦（1994 年），第 232–257 页。关于佩鲁齐的舞台图纸［乌菲齐 Arch. 291，复制于 A. Bartoli 的《佛罗伦萨乌菲奇设计图中的罗马古代纪念建筑》（*I monumenti antichi di Roma nei disegni degli Uffizi di Firenze*，1914–1922，卷 2，图 327），以及 Battista da Sangallo，参见 M. Rosci 的《论著》（1966 年），第 23–25 页；关于伯拉孟特的图纸（约 1501 年），参见法乔罗主编，已引用著作，第 328 页，图 8，以及 M. W. Casotti 的《佩鲁齐的绘画和透视图：背景、写实和铺陈》（Pittura e Scenografia in Peruzzi: le fonti, le realizzazioni, gli sviluppi），出处同上，第 339–361 页。另参见 J. Onians 的《意义的载体》（1988 年），第 282–286 页。

100 在剖面上，线是实线，不是点虚线。

101 即确定这个灭点“O”。

102 在此“*modello*”明确指的是模型；关于术语“*modello*”，参见第四书第 215 页注释。

103 即使长方形的院落条件与古代剧场（塞利奥引用它的一些部分来描述自己的剧场）梯形座席的标准半圆形完美结合在一起。

104 即一完整半圆。

105 一种被人看不起的寄生虫，是罗马喜剧中常见角色。

106 在图上标注“Ruffi［ano］”处。

107 即哥特拱券的 S 形拱（洋葱头拱）或尖拱。

108 维特鲁威特指喜剧布景，Vitr. 第五书，第六章，第 9 段。

109 第一版未编页码。

110 反映 Vitr. 第五书,第六章,第 9 段提到的“皇家环境”;然而此部分开头更多地反映出文艺复兴戏剧的先例。

111 原文为“左”——此错误源于木刻制版是与印刷结果是相反的。因此塞利奥明显地是按相反方向考虑的这个场景。

112 参见词汇表；关于塞利奥对于绘画的讨论，参见第四书，第 191 背面至第 192 背面。

113 参考了 Juvenal 的讽刺剧。J. Onians 曾就这部分展开了讨论，参见已引用著作，第 282 页。

114 Vitr. 第五书，第六章，第 9 段。

115 实际上，维特鲁威（同上）没提到过这种棚屋：

satyricae vero ornantur arboribus, spèluncis, montibus reliquisque agrestibus.

不过，讽刺剧布景用树木、洞窟、山和其他乡村特征来装饰。

塞利奥从第二书第一章第2段推测着画出了维特鲁威棚屋。

116 此处和下面参见词汇表。

117 即弗朗西斯·马里亚·德拉·罗韦雷，在第18页背面也有提及。真加在乌尔比诺宫廷为Bibbiena红衣主教的《卡兰德里亚》（*La Calandria*，1513）制作了一个城市布景。佩鲁齐，塞利奥的老师，为《卡兰德里亚》接下来1514年在罗马上演设计了一个新的透视布景。

118 关于这些文艺复兴娱乐，参见R. Strong的已引用著作，特别是第39页。

119 一种豆科植物，茎用作红色染料。

120 一种大幅面、高质量的纸张。

121 即Pieter Coecke van Aelst在1542年出版的第四书。关于塞利奥进一步提到的未授权的出版物，参见他写给Alfonso d'Avalos的信，附件二（第2页背面）。关于Pieter Coecke van Aelst出版的不同版本，参见附件三，和J. B.Bury的《塞利奥：一些文献学注释》（Serlio. *Some Bibliographical Notes*），载于特奥尼斯主编，已引用著作，第92-101页。关于Pieter Coecke van Aelst，参见H.De La Fontaine Verwey的Pieter Coecke van Aelst en de uitgaven van Serlio's architecturboek，《书》（Het Boek），卷31（1952—1954），第251-270页［译于《求知》，*Quaerendo*，卷六，2（1976），第166-194页］；M. N. Rosenfeld的《塞巴斯蒂亚诺·塞利奥：论居住建筑》（Sebastiano Serlio: *On Domestic Architecture*），纽约（1978年），第35-41页；J.Offerhaus的Pieter Coecke et l' introduction de traités d'architecture aux Pays-Bas，载于《文艺复兴时代的建筑论著》（*Les traités d' architecture de la Renaissance*，ed，J. Guillaume，1988），第443-452页。

122 即法文版的1545年（安特卫普）的第四书和1550年（安特卫普）的第三书，都是Pieter Coecke van Aelst出版的。

123 Jean Martin对这个警告的翻译更加精确：

Consideré que i'ay quelque advertissement que oultre celuy qui à esté imprimée en Allemaigne, aucuns se meflent de traduire en Francoys iceulx miens livres tiers et quart et ie n'entens point quant a moy que ceulx la foient mis a lumiere soubz mon nom. Et s'ils le font a mon desceu, ie les feray saisir et mectre en mains de iustice, par vertue de mon privilege du Roy.

第三书

1 关于第三书的讨论，参见H.-G.Dittscheid的《塞利奥，罗马和维特鲁威》（Serlio, *Roma e Vitruvio*），载于《塞巴斯蒂亚诺·塞利奥》（*Sebastiano Serlio*）（ed. C. Thoenes，1989），第132-148页；A. Moneti的《塞巴斯蒂亚诺·塞利奥和古代"巴洛克"：关于第三书中描绘的一座大厦》（Sebastiano Serlio e il "Barocco" antico. A proposito di un edificio raffigurato nel Terzo Libro），出处同前，第149-153页；A. Jelmini的《塞巴斯蒂亚诺·塞利奥，论建筑》（*Sebastiano Serlio, il trattato d' architettura*）（1986）。

2 前一页的标题行写着："罗马多么伟大，遗址自己揭示"；这些文字出现在《阿尔贝蒂尼的小品》（Albertini's Opusculum）第三书第一段，罗马（1510年）；关于此，参见Onians，J.，《意义的载体》（Bearers of Meaning）（1988），第303页。

3 即法国弗朗索瓦一世（1494—1547年）。关于塞利奥在弗朗索瓦宫廷的作品，参见"导言"第8页。此信笺出现在1540年和1544年两个最早的版本中。

4 关于 Georges d'Armagnac，参见第三书末尾“致读者”注释。

5 关于 Guillaume Pellicier，同上。

6 安东尼·“庇护”（AD 86—161 年）事实上生于罗马附近的 Lanuvium，但出身于一个来自尼姆的执政官家庭。在他继承哈德良当上皇帝后，元老院授予安东尼·“庇护”（虔诚之意）的称号，他被演说家 Aristides 赞美为道德规范和虔诚的象征。他死的时候，为尊崇安东尼而建了一座纪功柱和一座位于献给他自己和他妻子 Faustina 的广场中的神庙。

7 参见词汇表。

8 公元 1 世纪晚期。参见弗莱彻，《一部建筑的历史》（*A History of Architecture*，1987），第 243 页，关于此建筑，及 Arles 的；另，《古代艺术》（*Arte Antica*），第一册，第 378 页 a–b。

9 估计是号称尼姆黛安娜神庙，约公元 130 年。下文的“宫殿”无疑是加雷大厦（Maison Carrée），一座罗马神庙，15 世纪后有人居住。

10 关于罗马人“宽阔的心胸”的概念，参见第三书第 88 页正面注释。

11 加尔桥（Pont du Gard），公元前 1 世纪晚期，由 Agrippa 建造，参见已引用弗莱彻著作，第 231 页。

12 普罗旺斯地区的圣雷米城的朱利墓；参见同上，第 228，247 页。

13 此短语无意义，事实上第一层为科林斯式。

14 原文为“球形的”。

15 弗雷瑞斯在戛纳附近，古老的朱利广场曾经是一海港但现在被大陆包围，这里保留有相当多的罗马遗迹。圆形剧场建于公元 210 年。

16 由于塞利奥关于这些地方的所有信息都来源于 Guillaume Pellicier，在此他可能指的是著名的“阿维尼翁桥”。不过他把“非常引人”当成了这个地方的名称！

17 即里昂以南，沿洪纳山谷而下的罗马城镇 Vienna Senatoria。塞利奥指的可能是奥古斯都和利维亚（Livia）的科林斯神庙（约公元 41 年）。

18 关于塞利奥论万神庙，参见上文已引的 A. Jelmini 著作，第 106–116 页。塞利奥的支持者，Pietro Aretino 在一封 1537 年 6 月写给 Sperone Speroni 的信中用类似的词汇描述万神庙［参见 *Lettere sull'arte di Pietro Aretino*（ed. F. Pertile，C. Cordie 49–50）］——转述自 J. Onians 已引用著作，第 300 页。关于文艺复兴时期把万神庙作为古迹的代表，参见 P. Davies 等《万神庙：罗马的胜利还是折中的胜利？》（The Pantheon: Triumph of Rome or Triumph of Compromise?），《艺术史》（*Art History*）卷十（1987 年 6 月），第 133–136 页；对于一般文献，参见 E. Nash《古罗马图解词典》（1968 年版）卷二，第 170–171 页。

19 溯源这一点，反映出欧几里得的理论，而圣保罗把基督看作“头”，把教堂看作“身体”的观点见于《科林西安书》（*I Corinthians*）第十二章，第 12–19 节和《歌罗西书》（*Colossians*）第一章，第 18 节。关于塞利奥直接引用圣保罗的地方，参见第五书的开篇信。

20 参见词汇表。

21 即 Tiziano Vecellio，约 1488/1490—1576 年。和 Fortunio Spira 一道，提香和塞利奥两人连署了给 Francesco Giorgi 的关于改造威尼斯的 San Francesco della Vigna 的 1534 年备忘录，参见“导言”第 27 页。塞利奥和提香共同将 Alfonso d'Avalos 作为赞助人，参见塞利奥为第四书第二版所写的介绍文字，附件二。另见第四书第 142 页反面注释。关于塞利奥对提香的影响，参见 J. Onians 已引用著作，第 287–309 页。

22 参见词汇表。

23 《自然历史》(*Nat Hist*)卷三十四第13页，卷三十六第38页。另见卷九第121页。

24 此处因循了Andrea Fulvio在《罗马城古迹》(*De Urbis Romae Antiquitatibus*)，罗马(第二版，1545年)的说法，判断万神庙的建造年代与奥古斯都之死相同，因此把这座建筑范本肯定地与奥古斯都"黄金时代"和维特鲁威时代联系在一起。事实上它是哈德良约于公元118—128年建造的。

25 铭文写的是：M AGRIPPA L F COS TERTIUM FECIT。

26 参见词汇表。

27 参见Vitr.第一书第二章2段。在拉斐尔写给里奥十世的著名的关于罗马古迹的信笺(1519年)中，他表达一种愿望，希望使用三类图纸图解这座城市的古代纪念建筑——即平面图、立面图和剖面图——参见Raffaello Sanzio，《写作全集》[Tutti gli scritti(ed.E. Camesasca，1956)]。丢勒在他1527年在纽伦堡出版的《城市、宫殿、村庄加固之若干课程》(Etliche Underricht zu Befestigung der Stett, Schloss, und Flecken)中一致地使用了地盘平面图、立面图和剖面图。另参见C.L.Frommel、N.Adams主编，《小安东尼奥·达·桑迦洛和他的圈子之建筑图》(The Architectural Drawings of Antonio da Sangallo the Younger and his Circle)，1994年，特别是第30-31页。

28 塞利奥定义为"垂直图"(il diritto)，参照了维特鲁威的定义：

正视图是正面的垂直图像(Orthographia autem est erecta frontis imago)[同上.]。

29 维特鲁威的透视图(同上)：在第二书第18页正面，塞利奥进一步把它翻译成透视表现并使用术语*scenografia*。这个差别暗示出塞利奥使用了不同的原始资料——Cesariano和Fra Giocondo——参见A.Jelmini已引用著作，第6-14页。另参见此书第52页正面和第四书第126页正面。关于万神庙，塞利奥事实上在此使用了一张剖面插图。关于佩鲁齐和透视图，参见《巴尔达萨雷·佩鲁齐：16世纪的绘画、舞台和建筑》[*Baldassare Peruzzi: Pittura, Scena e Architettura nel Cinquecento*(ed. M. Fagiolo，1987)]，第311页及以下部分。

30 塞利奥插图说明的正立面调整了原有比例，且省略了上部两层三角山花。参见P.Davies等已引用著作，第133-153页。塞利奥的平面图遵循了佛罗伦萨乌菲齐美术馆(Gabinetto dei Disegni e Stampe degli Uffizi，ref. Arch. 462r)收藏的佩鲁齐带有尺寸的平面图。此图在A. Bartoli的《佛罗伦萨乌菲奇的罗马古代纪念建筑设计图》(*I monumenti antichi di Roma nei disegni degli Uffizi di Firenze*，1914-1922，vol.2，fig.308)中进行了复制。下文中所有提及佩鲁齐图纸的参考文献均用引作"Arch"。乌菲齐的目录号码及以下参考的图纸均来自A. Bartoli著作的第二卷。关于塞利奥在万神庙问题上借用佩鲁齐的成果，参见H.Burns《费拉拉的一幅佩鲁齐的图纸》，《佛罗伦萨艺术史学院月刊》(*Mitteilungen des kunsthistorischen Institutes in Florenz*)，11-12卷，第245-270页。

31 即为通风而设；古代一般认为地震是由地下空气急流和点燃的地下可燃物导致的；普林尼，《自然历史》卷二，第191页，第207页，Lucretius，*De Rerum Natura*，VI，第535-607页。

32 图中表现的楼梯间在右侧——这个与文字矛盾的现象发生在木刻制版时忽略了应与印刷结果相反。

33 此平面图参见W.B.Dinsmoor《塞巴斯蒂亚诺·塞利奥写作残本》(The Literary Remains of Sebastiano Serlio)，《艺术会刊》(*Art Bulletin*)，卷24(1942年)，第63页。

34 参见词汇表"测量单位"部分。

35 采用奇数步台阶，符合塞利奥在第五书第203页正面中的建议。

36 即万神庙的基础延伸至周边房屋的边缘。

37 原文有"山花中间的空间"等语。

38 曾经认为万神庙的屋顶覆盖着一层金属板。执事保罗（Paul the Deacon）提到的是一青铜屋面——《伦巴第历史》（*Historia Langobardorum*，ed.R. Cassanelli，1985）第五书，第 11 章——及《主教祭服之书：正文，介绍和评述》（*Le'Liber Pontificalis':Text, Introduction et Commentaire*，ed.，L. Duchesne，1886–1892）卷一，第 246 页；然而，银制屋面的说法则有，Andrea Fulvio 的已引用著作，卷五，第 360–361 页，Pomponio Leto 的 *Excerpta a Pomponio dum inter ambulandum cuidam domino ultramontano reliquias ac ruinas urbis ostenderet* 手稿，收藏于威尼斯玛尔齐亚纳图书馆（classe lat. x, 第 195 页及以后，15–31），以及在《城市景观》（*De vetustate urbis*）中，罗马（1510, –15, –23）,还有阿尔贝蒂尼的弗朗切斯科的《奇观小记》（*Opusculum de mirabilibus*）,罗马（1510 年）[全部见于《罗马城地形图抄本》（*Codice Topografico della Città di Roma*），R.Valentini、G.Zucchetti 主编（1950—1954 年）]。反对青铜装饰、支持银制说法这方面，塞利奥反映出了上述传统。

39 即，因为青铜保留了下来，所以这些雕像一定不会是青铜做的，而哥特人和汪达尔人“自行取用”了其他金属，包括更高处的银：关于塞利奥对 Andrea Fulvio 反映（同上），参见 A. Jelmini 的已引用著作，第 67 页。阿尔伯蒂做出这样的陈述“在阿格里帕的门廊中由 40 尺长的青铜大梁的梁架保留至今”,《建筑十书》（*On the Art of Building in Ten Books*，里克沃特等翻译，1988）卷一，第 11 章 [第 179 页]。这些结构后来在乌尔班八世时期换成了木制梁架。

40 阿尔伯蒂警告在建筑表现中使用透视图会抑制再现尺度的准确度，同上，第二书，第 1 节，第 34 页。这一点在拉斐尔写给里奥十世的著名信笺的 A 版中得到了附和，而 B 版则通过承认在某些场合透视图的作用限定了这个观点——参见《致里奥十世的信笺》，R. Bonelli 主编，载于《关于建筑学的文艺复兴时期书信》（*Scritti Rinascimentali di Architettura*，ed.A. Bruschi，et al.，1978），第 459–484 页（带有参考书目），及 E. Camesasca 的已引用著作，第 51 页。

41 随后，指第二书的出版在 1545 年，是第三书的五年后。

42 在此，塞利奥绘制了贯穿万神庙的一张剖面图；不过他还是在第三书中到处使用透视表现法，包括万神庙此图的开口部分；参见 A. Jelmin 的已引用著作，第 40–41 页。

43 即，遵循 Vitr. 第三书，第五章，第 9 段。

44 一类壁柱（经常置于一座神庙门廊的伸出墙体的端头）。在第四书第 169 页正面也有提及。

45 另参见第四书 172 页正面；该处插图与此处相同。

46 Vitr. 第四书，第六章，第 3 段；关于六分之一，维特鲁威规定的是 $^{5}/_{28}$。

47 关于一幅佩鲁齐描绘这个的图纸，参见 Arch. 591, fig. 300。

48 参见词汇表。

49 原文还有“混线”（torus）和“凸缘”（collar）。

50 可能是装饰丰富的内尔瓦广场（the Forum of Nerva）上的米内尔瓦神庙（Temple of Minerva），被保罗五世拆毁，参见 E.Nash 的已引用著作，卷一，第 433 页；参见第 88 页反面及第四书第 184 页正面参考文献。

51 关于一幅佩鲁齐室内柱础的图纸，参见 Arch. 533, fig. 271。

52 原文有“天花上的正方形”。

53 原文误作“B”。

54 在之前的第四书第 170 页正面，塞利奥曾经讨论过。

55 参见词汇表。

56 参见词汇表。

57 关于佩鲁齐就此所绘图纸，参见 Arch. 630, fig. 299。

58 即 A 部分的整体楣部（entablature）的出挑并不超出两边壁柱。

59 参见词汇表“柱式”（order）一词。

60 即标注 D 的部分。

61 1540 年维特鲁威学会（the Vitruvian Academy）在已有的古玩学会（Accademia della Virtù）的基础上，在 Cardinals Marcello Cervino 和 Bernardino Maffei 的赞助下在罗马成立，成员有 Claudio Tolomei、Paolo Municio、Francisco de Hollanda 和 Guillaume Philandrier（Philander）。这个团体立即出版了费兰德（Philander）版的维特鲁威《建筑十书》（Vitruvius *In decem libros M. Vitruvii Pollionis de architectura annotationes*），完成于 1541 年，第一版在罗马面世（1544 年）[第二版巴黎，1545 年，由 Fezendat and Kerver 出版]。此书中费兰德把塞利奥作为先行者进行引用（第三书，第三章，第 81 页，1545 年版）。维特鲁威学者们并未得到第三书，如费兰德的记载［1545 年费岑达（Fezendat）版］：“[那一书] 已经出版了，我不能说不完美，但是当然不如它能够达到的好。如果作者没有被迫急于出版，而且写出更多关于他看到的且不是仅仅记录别人曾经画过图的大厦，对于建筑和绘画艺术完全无知的人们将不会在一些场合如此激烈地批评他笨拙的材料堆砌。他的本意是值得赞赏的，因为他的目标是实用性，而尽管他的错误不可忽视反而应当由专于这些问题的人们指出来，但是他们还是应当更温和地对待这个好人。”关于 Torello Sarayna 对第三书的批评（1540 年），参见第 82 页背面注释。关于塞利奥对此书的辩解，参见他为此书做的附录“致读者”，第 155 页。其他关于“维特鲁威学者”的参考文献，参见第四书第 141 页正面和第 158 页背面。关于其他问题，参见 H. Günther 的《庞贝柱廊》（Porticus Pompei），《艺术史时报》（*Zeitschrift für Kunstgeschichte*），卷 44（1981 年），第 396–397 页，D. Wiebenson 的《吉劳姆·费兰达的维特鲁威注释》（Guillaume Philander's Annotationes to Vitruvius），载于《文艺复兴的建筑论著》（*Les traités d'architecture de la Renaissance*），（J. Guillaume 主编，1988 年），第 67–74 页。关于维特鲁威学会，参见 D. Wiebenson 的《从阿尔伯蒂到勒杜的建筑理论与实践》（*Architectural Theory and Practice from Alberti to Ledoux*，1982），C. Tolomei 的条目。关于 16 世纪中叶维特鲁威学会对塞利奥的评价的前后情况，参见（M.Rosci），《论著》（*Il Trattato*，1966），第 82–83 页。

62 参见第 110 页背面。

63 参见词汇表中“order”一词。

64 S. Costanza，约建于公元 320 年。对于文艺复兴建筑师们来说这一座圆形的早期基督教堂的重要范例；原来是君士坦丁大帝的两个女儿 Costanza 和 Elena 的陵墓，不久改为一座洗礼堂而后于 13 世纪改造成一座教堂。4 世纪的马赛克使用在穹顶中，带有葡萄丰收的场景和酒神的母题，导致塞利奥使用了这个名称。关于它对文艺复兴的影响，参见维尔森（M. Wilson-Jones）的《坦比哀多及与之相同的屋顶》（The Tempietto and the Roots of Coincidence），《建筑历史》（*Architectural History*），卷 33（1990 年），第 1–28 页；R.Krautheimer 的《早期基督教、中世纪和文艺复兴艺术研究》（*Studies in Early Christian, Medieval and Renaissance Art*，1969）。

65 原文不连贯。此处加上了塞利奥对没有记录微小细节尺寸的一贯解释。

66 在这座教堂附近可以看到 S. Agnese 巴西利卡的遗迹（也是 Costanza 所建），4 世纪的地下墓葬也是如此（S. Agnese 旁还有一座教堂），但塞利奥描述的是 S. Costanza。

67 塞利奥在第四书末尾第 194 页背面（左上）和第 195 页正面（右下）他的木制顶棚中重复了这个设计；关于佩鲁齐关于这个式样的研究，参见 Arch. 406, fig. 226。

68 和平庙（Templum Pacis）事实上在古代就完全毁坏了。文艺复兴时期，把它当做广场上的实际上是 Maxentius/Constantine 巴西利卡的遗址，Maxentius 始建于公元 306–312 年，完成于君士坦丁时期。文艺复兴时期把和平庙看成所罗门神庙战利品的仓库；关于这个问题，参见 J. Rykwert、R. Tavernor 的《曼图亚的圣安德烈》（Sant'Andrea in Mantua），《建筑师期刊》（*Architects' Journal*），卷 183，21 期（1986 年 5 月 21 日），第 36–57 页。关于佩鲁齐画的此平面草图，参见 Arch. 156, fig. 244 和 Arch. 543v, fig. 262，带尺寸的平面图参见 Arch. 3978, fig. 303。

69 《自然历史》（*Nat*，*Hist*），卷三十六，第 58，102 页。

70 君士坦丁巨型雕像（公元 313 年）的残片，包括一个头、手和脚，于 1487 年在君士坦丁西侧后殿发现。它们现在在文物保护宫庭院中（Palazzo dei Conservatori）。

71 参见词汇表“测量单位”（measure）一词。

72 原文误将“身体”（*corpo*）写作“头”（*capo*）。关于神庙与身体的象征，参见第五书第 216 页正面。

73 此为一长向剖面。关于一幅佩鲁齐的草图，参见 Arch. 539v, fig. 276。

74 “虔诚神庙”即“多立克小教堂”（Doric Tempietto），位于胡里托里乌姆广场（Forum Holitorium）之中，比邻卡切雷的圣尼古拉教堂（临近马采鲁斯剧场）。这里保留有三座小教堂，这座在圣尼古拉教堂以南。图利安监狱实际位于卡皮多丘的对面，但是中世纪期间产生和混乱，“图利安监狱”之名给了位于牲口广场（Forum Boarium）“多立克小教堂”旁边的一座拜占庭时期的监狱。因此，卡切雷的圣尼古拉教堂又有了“图利安”之名（即位于图利安建筑之中）。关于参考文献，参见 A.Jelmini 的已引用著作，第 72 页。乌菲齐有佩鲁齐画的“多立克小教堂”图纸——Arch. 536r–v, figs. 234–235 和 Arch. 477r, fig. 321，平面、带有后退一侧的里面和多幅详图，均标注尺寸——及 Antonio da Sangallo the Younger 和 Giovanni Battista da Sangallo 画的图纸。

75 一种灰白色石灰石加热形成的大理石。来自拉丁词汇 tiburtinus (lapis)，意为来自台伯河的石材。

76 原文有“山花的台座”（the dado of the pediment）。

77 “Anio”河发源于蒂沃里（Tivoli），流向东方。

78 所谓蒂沃利的灶神庙，建于公元前 1 世纪：参见《古代艺术》（*Arte Antica*）卷三，第 695a 页。关于整体蒂沃利，参见《古代艺术》卷七，第 887–892 页。

79 参见词汇表中“order”一词。

80 在第四书第 172 页正面也有论述，附同样的图纸。

81 Vitr. 卷四，第六章，第 1 段，关于多立克；第四书第 172 页正面塞利奥宣称此门上部收分十八分之一，高度大于两个正方形。

82 此神庙无法确认。

83 根据文艺复兴建筑理论，平面作为建筑的开始，包含了建筑的比例设计并统领建筑整体；因此它表达最重要的建筑设计构思。

84 未标出。图中 A、B 指示小神庙的细部。

85 此神庙无法确认。

86 卡尔文奇（Calvenzi）墓，约建于公元 250 年。位于罗马城阿皮亚（Appia）路靠近 S. Giovanni al Battistero。乌菲齐藏有佩鲁齐绘制的这座建筑和塞尔塞尼（Cercenni）墓，塞利奥的下一幅图——Arch. 426, fig. 223,Arch. 1651, fig. 302。参见《古代艺术》，卷六，第 872a–b 页。

87 即，70（总高）减去 40（至额枋高度）减 9（额枋高度）等于 21 减 1（塞利奥所加的尺寸）得到半径 20

（穹顶高度），因此平面直径 40；塞利奥说过门廊长 40。塞利奥加的一分是考虑到檐口出挑遮挡了的作为穹顶基础的一段。

88 塞尔塞尼墓，约公元 250 年。位于罗马城阿皮亚路靠近 S.Giovanni al Battistero。关于佩鲁齐绘制的这座建筑和卡尔文奇墓，参见 *Arte Antica* VI, p. 872 a–b。

89 一座“西比尔神庙”（Temple of the Sibyl）的重建作品：参见《古代艺术》卷七，第 704 a 页。

90 即第 59 页背面。原文误作“15”（XV）。

91 尤利乌斯二世（Giuliano della Rovere）自 1503 年 11 月 1 日至 1513 年 2 月 21 日担任罗马教皇。作为慷慨的艺术赞助人，他为圣彼得大教堂奠基（1506 年 4 月），创建了梵蒂冈博物馆，并是拉斐尔、伯拉孟特和米开朗琪罗的朋友和赞助人。

92 关于伯拉孟特，参见 A. Bruschi 的《伯拉孟特》（1973 年版）。另见第 117 页背面至第 120 页正面的教皇花园中的伯拉孟特作品望景楼（Belvedere）。

93 “*Modello*”可以表示用图纸或模型表现的设计方案。此例中，尽管文艺复兴时代经常制作模型，但没有证据表明伯拉孟特在圣彼得教堂早期工程中制作了模型；后来小安东尼奥・达・桑迦洛做了一个新形式的穹顶模型。阿尔伯蒂推荐过制作模型，已引用著作，第二书，第 1–3 节，第 33–37 页和第四书，第 8 节，第 313 页。关于文艺复兴时期使用模型进行设计，参见 H.Klotz 的《菲利波・伯鲁乃列斯基》（1990），第 90–95 页；及 H.A. Millon 主编的《文艺复兴，从伯鲁乃列斯基到米开朗琪罗》（1994 年），第 19–74 页。

94 没有执行按照伯拉孟特的指示的部分为距十字交叉最远的部分：特别是通道、钟塔、圣器收藏室和正立面。集中式平面和纵向平面当时也没有选定。参见 A.Bruschi 的已引用著作，第 157 页。

95 参见 G.Vasari 的《最杰出的画家、雕刻家和建筑师的生平》（*Lives of the Most Eminent Painters, Sculptors and Architects*）G. Du C. De Vere，译本，1912 年版卷五，第 63–74 页。参见 M.Fagiolo 主编已引用著作；关于塞利奥和佩鲁齐，参见 W. B. Dinsmoor 的已引用著作；另参见“导言”，第 54–56 页。

96 关于佩鲁齐所画圣彼得大教堂设计草图，参见 Arch. 11r–v, figs 293–294；关于柱子研究，参见 Arch. 108r–v, figs 295–296。塞利奥的平面可能反映了 Jacopo Sansovino 的设计。瓦萨里为 1518 年罗马的 San Giovanni dei Fiorentini 的设计参考了 Sansovino 的平面，在此建筑师“在教堂四角各做了一个大穹顶”并且说这个“类似于塞巴斯蒂亚诺・塞利奥在他论建筑的第二书中的内容”（瓦萨里，同上，卷四，第 196 页）。要知道瓦萨里把第二书和第三书搞混了（参见“导言”第 14 页），此平面与这里的描述最为相近。

97 关于圣彼得大教堂的穹顶和四座柱墩的加固，参见 W.B.Parsons 的《文艺复兴时期的工程师和工程学》（*Engineers and Engineering in the Renaissance*，1968），第 611–617 页。

98 参见第 118 页背面同样段落，也涉及伯拉孟特。

99 伯拉孟特的“坦比哀多”（Tempietto，小圣堂），建于 1502 年，位于罗马蒙特里奥的圣彼得教堂；参见 A.Bruschi 的已引用著作，第 129–143 页。

100 关于此尺度，参见 M. Wilson–Jones 的已引用著作，第 1–28 页。另参见 H. Günther 的《伯拉孟特的有关坦比哀多的宫廷项目及其在塞利奥第三书中的描写》（Bramantes Hofprojekt um den Tempietto und seine Darstellung in Serlios dritten Buch），《伯拉孟特研究》（*Studi Bramanteschi*，1974），第 483–501 页。

101 参见词汇表“测量单位”（ measure ）一词。

102 即天花镶板。

103 罗慕路斯陵，在阿皮亚路上；参见《古代艺术》，卷六，第 873b–874a 页。中央部分与它追仿的伯拉孟特的“坦比哀多”显然存在相似性；参见 A.Jelmini 的已引用著作，第 33 页。关于佩鲁齐绘制的中央圆形建筑的平面（带尺寸），参见 Arch. 488v, fig. 284。关于 Giuliano da Sangallo 绘制的这座建筑，参见 C.Hülsen 的 *Il Libro di G. da Sangallo Codice Vaticano Barberiniano Latino*，4424（1910），fol. 8, a., p. 15。

104 原文误作“B”。

105 也是他的女婿，一位奥古斯都中意的人，死于 20 岁。

106 建于公元前 23—前 13 年。罗马的第一座永久剧场；参见 B. Fletcher 的已引用著作，第 227–228 页；《古代艺术》卷六，第 837a 页；E. Nash 的《古罗马图解词典》卷二，第 418–422 页。

107 在第四书第 139 页正面也有引用。

108 实际是 Savelli 家族，大概塞利奥也曾知道；他们统治阿文蒂内（Aventine）地区，它脚下的台伯河沿岸和马采鲁斯剧场所在的里帕（Ripa）地区，参见 R. Krautheimer 的《罗马》（1980），第 157 页。

109 即佩鲁齐；Savelli 宫，1519 年，在剧场之内。佩鲁齐为马西米家族做的设计实际是著名的 Massimo alle Colonne（1532–1536）。

110 关于佩鲁齐所做的马采鲁斯剧场平面部分的研究，参见 Arch. 478v and 631r, fig. 320［复制于 M. Fagiolo 主编的已引用著作，第 406 页，图 3］；关于佩鲁齐绘制的构件详图（带尺寸），参见 Arch. 527, fig. 266；关于佩鲁齐设计的剧场局部剖面，参见 Arch. 603–604, figs 305–306。

111 Vitr. 第四书第三章。

112 关于塞利奥为维特鲁威方法所做的辩护，参见 A. Jelmini 的已引用著作，第 6–30 页；M. Tafuri 的《威尼斯和文艺复兴》（1989 年版），第 70 页。另参见第 99 页背面和“导言”第 21–22 页。

113 参见词汇表。

114 参见第二书第 43 页背面和注释。

115 维特鲁威所说的“前台”（*proscaenii pulpitum*），塞利奥称为“讲坛”（*pulpito*）；在普拉剧场（the theatre in Pula）平面图上的平台（*pulpitum*），第 72 页正面，看上去类似讲道坛（*pulpit*）。关于维特鲁威对剧场这些部分的论述，参见 Vitr. 第五书，第六章；另参见阿尔伯蒂的已引用著作，第七书，第 7 节，第 270–278 页。

116 参见 Vitr. 第五书，第六章，第 3 段。

117 此术语参见同上。

118 关于塞利奥的观众席，参见第二书第 43 页背面。

119 即其宽度。

120 参见第四书第 142 页正面。

121 即第一层。

122 即包括混枭线脚。

123 即第二层。

124 参照维特鲁威，檐口应与额枋中饰带相等，Vitr. 第三书，第五章，第 11 段。

125 参见第四书，第 162 页正面。

126 参见第四书，第 160 页背面。

127 普拉，在现在的克罗地亚境内，在塞利奥时代被威尼斯人占据。

128 关于这座剧场，参见《古代艺术》，卷七，第 647a 页。

129 参见词汇表“测量单位”（measure）一词。

130 即宽度，从前向后。

131 即从前向后。

132 参见第四书第 188 页背面。

133 原文有‘cornice’。

134 关于塞利奥欠法尔孔内托测绘普拉古代纪念建筑的情（还有维罗纳），参见：A. Jelmini 的已引用著作，第 95—100 页。

135 伊特鲁里亚城镇“费伦提乌姆”（Ferentium）遗迹。参见《古代艺术》卷七，第 647a 页；P. Romanelli 的《费伦托的剧场》（Il teatro di Ferento），《酒神》（*Dioniso*），卷 2（1929），第 260ff 页。

136 这个意大利文词汇在此意为拱石（voussoir）或楔子（wedge），为一在拉丁文和英文中描述放射形通道留下的形状的技术术语。

137 即从前向后。

138 原文有“乐队演奏处”（*Orchestra*）。

139 即舞台后的柱廊，参见 Vitr. 第五书，第四章，第 1–5 段。

140 两城都在拉齐奥，罗马以南的海滨。建筑已毁。

141 建筑已毁。斯波莱托在罗马以北去福利尼奥（Foligno）的路上，下文引述。关于佩鲁齐的图纸，参见 Arch. 634r, fig. 315。

142 建筑已毁。

143 巴尔布斯地下室（Crypta Balbi），罗马，又叫“庞贝柱廊”（Portico di Pompeo）。作为一个双层用柱式的古代建筑的稀有实例，对于文艺复兴建筑师非常重要：关于佩鲁齐绘制的此建筑图纸，参见 Arch. 484r, fig. 323。关于 Giuliano da Sangallo 绘制的一幅这座建筑的图纸，参见 C. Hülsen 的已引用著作，第 4 页背面。另参见 G. Lugli 的《罗马及其郊区的古代纪念建筑》（*I monumenti antichi di Roma e suburbio*，1930–1940）卷 3，第 87–90 页。不过，塞利奥的鉴定实际上站不住脚，参见 G.Gatti 的 Dove erano situati il teatro di Balbo e il circo Flaminio 和 *Capitolium*，XXXV（1960 年），卷 7，第 3–8 页，和 E.Nash 的已引用著作，卷 1，第 297–300 页。现在认为“巴尔布斯地下室”位于“无名小店路”（via delle Botteghe Oscure）。关于塞利奥和庞贝柱廊，参见 H. Günther 的《庞贝柱廊》，已引用作品，第 358–398 页。

144 在此塞利奥指的是“佩拉·曼泰利路”（via Pela Mantelli），据 Leonardo Bufalini（1551），通往罗马“脚底”（La planta di Roma）上的吉乌迪广场（pza. Giudea）[复制于书系：《梵蒂冈图书馆出版物》，罗马，1911 年]。

145 “耶路撒冷的圣克罗切（S. Croce）”；关于宗教基金会的房屋，参见 R. Krautheimer 的已引用著作，第 232，289–310，312 页。

146 实际上在第 78 页正面。

147 这在次页的柱墩平面上很清楚。

148 参见第四书第 188 页背面。

149 参见词汇表。

150 “M · A · 安东尼尼纪功柱”（Columna Marci Aurelii Antonini）仿照图拉真纪功柱，公元 193 年完工，参

见 E.Nash 的已引用著作，卷 1，第 276–279 页。

151 图拉真纪功柱立于图拉真广场，建于公元 113 年。参见 B.Fletcher 已引用著作，第 246 页；《古代艺术》，卷二，第 756–760 页，及《古代艺术》，《复杂图像表现图册》(Atlante dei complessi figurati)，图版 75–107；E.Nash 的《古罗马图解词典》卷 1，第 283–286 页。

152 关于佩鲁齐绘制的这个檐口的图纸，参见 Arch. 388r, fig. 206，Arch. 412, fig. 227；完整的柱础侧面参见 Arch. 482, fig. 285，和 Arch. 484v, fig. 324。

153 这里显然存在用建筑语言描述这个“柱子”的困难。

154 原文有“铭文”(*epitafio*) 一词。

155 参见词汇表“测量单位”。

156 《自然历史》，卷三六，第 64–74 页。

157 这是马克西姆竞技场的两座方尖碑中小的一座，位于跑马场东侧。它现在在“波波洛广场”，是 1589 年 Domenico Fontana 为 Sixtus 五世安置在那里的，作为他规整罗马的一部分：关于该工程参见 S. Giedion 的《空间、时间和建筑》(*Space, Time and Architecture*，1967)，第 91–106 页；T. Magnuson 的《伯尔尼尼时代的罗马》(*Rome in the Age of Bernini*，1986)，卷 1，《城市发展》(Urban Development)，第 16–25 页;关于方尖碑，参见 E.Nash 的《古罗马图解词典》卷 2，第 137–138 页。

158 即象形文字。

159 参见词汇表“测量单位”。

160 这个方尖碑是卡利古拉 (Caligula) 时期从 Heliopolis 拿来的，放在圣彼得巴西利卡南边的卡利古拉跑马场 (后来的尼禄跑马场) 的中心。1586 年 Sixtus 五世下令将其从此移到巴西利卡前的今址，由 D. Fontana 在 1586 年 9 月 18 日树立的。参见 D. Fontana 的《梵蒂冈方尖碑的运输及我们的 Sisto 教皇阁下的建造》(*Della transportatione dell' obelisco Vaticano et delle fabriche di Nostro Signore Papa Sisto V*)，罗马 (1590 年) 另参见 E. Nash 的《古罗马图解词典》，卷 2，第 161–162 页。关于佩鲁齐绘制的这一个和马克西姆跑马场的方尖碑的图纸参见 Arch. 631v, fig. 319。

161 即尤利乌斯・恺撒。

162 原文有“铭文”(*epitafio*)。

163 即奥古斯都陵。前面立有两座方尖碑。它们都是 1527 年之前不久在圣洛科教堂附近发现的 [参见 A. Fulvio 的《古代城市》(Antiquitates Urbis)，罗马 (1527 年)，第 71 页背面]。1586 年，塞利奥所画的曾倒在现在里佩塔路上的教堂前的方尖碑被移到了 Esquilino 广场，在那里 D. Fontana 为 Sixtus 五世把它立在了大圣玛利亚圆殿之前。第二座方尖碑埋在圣洛科后面，但在 1782 年它被重新挖出来并立在了 Quirinale 广场。参见 E. Nash 的《古罗马图解词典》卷 2，第 155–156 页。关于佩鲁齐绘制的一幅这些方尖碑的图纸，参见 Arch. 436v, fig. 241 和 Arch. 631v, fig. 319。

164 即 Martius 竞技场。这座方尖碑是献给 Psammetichus 二世(公元前 6 世纪)后来成了奥古斯都日晷的指针，如普林尼所说，《自然历史》，卷 36，第 63–73 页。它于 1792 年移至 Montecitorio 广场的今址。参见 E. Nash 的《古罗马图解词典》卷 2，第 134–136 页。关于佩鲁齐的图，参见 Arch. 631v, fig. 319。

165 克劳西乌姆，或 Flavian 圆形剧场，由韦斯帕芗在公元 70 年开始而由提图斯在 80 年开工的；关于参考书目，参见 E.Nash 的《古罗马图解词典》，卷 1，第 17ff 页。与万神庙相同，塞利奥追随 Andrea Fulvio (已引用著作，1545年版，卷四，第26页），把这个古代建筑的起源归功于奥古斯都。

166 原文误作“2”。正确尺寸见于第80页背面的下文。

167 参见词汇表。

168 原文作“上部有孔的一小一大两个拱券，是给它们带来光线的一些开口”。

169 最早的已知实例是罗马的提图斯凯旋门（约公元81年）（塞利奥在第98页背面进行了描绘）；混合柱式在哈德良统治（公元117—138年）之后变得普通了。塞利奥的重要性很大程度上在于他在没有维特鲁威样板的情况下在第四书中“规范”了这种柱式。

170 阿尔伯蒂把这种式样称作“意大利式”，已引用著作，第七书，第6章［第201页］，且把它用于马拉斯蒂亚诺庙中（Tempio Malatestiano）。另参见G. Philandrier的已引用著作（1544版），第91–93页。

171 关于维罗纳的圆形剧场，参见第82页背面，普拉剧场参见第85页正面。

172 即踏步长。

173 即像上文的额枋、中楣和顶冠一样，不是多立克式的。

174 原文有“第三”，但是描述的却是第四层，混合柱式层；第三层的论述被遗漏了。

175 原文误作“第八章”。实际在第九章，第183页正面。

176 天幕（velarium）。这种天幕在罗马绘画中有所记录；F. Sear讨论过在尼姆和奥兰治使用的天幕，参见F. Sear的《罗马建筑》（1982年），第143–144页，图83。

177 Vitr. 第五书，第六章，第6段。

178 即第四书第187页正反面。

179 关于佩鲁齐对罗马圆形剧场立面和剖面的类似研究（Arch. 480, fig. 286），参见M.Fagiolo主编的已引用著作，第415页。

180 关于斯佩罗（在佩鲁贾旁边的翁布里亚）及其大门，参见《古代艺术》，卷五，第263a页；卷七，第438b–439a页。塔是用来检查来访者和他们的货物；另外同样形式的奥古斯坦和帝国大门在奥斯蒂亚和米兰。关于佩鲁齐绘制的一张这座大门的图纸（Arch. 634v, fig. 316），参见M. Rosci的已引用著作，第17页。

181 事实上“现代尺”出现在此页。“古尺”在第96页正面。

182 约建于公元100年;参见《古代艺术》，卷一，第383b，581a页和卷六第959a页。此圆形剧场的木版画，由Giovanni Caroto绘制，随后收录于Torello Sarayna的《关于原来的伟大的维罗纳城市》（*De origine et amplitudine civitatis Veronae*），维罗纳（1540年），第11页正面和第16页正面。著作中包含以下警告［第4页］：

致读者。我们想最好提醒您，读者，在我们的这一版之前，有一位博洛尼亚的Sebastianus Sergius［原文如此］出版了一卷书，在书中他把很多地方的古迹放在了一起。他宣称也是一些维罗纳纪念建筑的古物研究者。不过，因为他没有见过它们但却不明智地从一些其他不可靠的来源获得信息，他既没有正确地把它们画出来，也没有因为他不了解而安静地略去它们。因此，如果在我们的书中有任何与这本书不符，您可以肯定，无论您是维罗纳的居民还是一位陌生人并在将来某时来此观赏维罗纳古迹，真实和准确的材料都在此书中。再会。

183 关于佩鲁齐的平面（Biblioteca Ariostea Comunale, Ferrara MS. Classe I, n. 217）和剖面（乌菲齐Arch. 605），参见H. Burns的已出引用著作。

184 第一版的页码的阿拉伯数字有误。

185 即沙子。

186 即，表演水战剧；关于这个节日艺术形式，参见 R.Strong 的《艺术和力量》(1984 年)，第 144 页。

187 彼得拉桥（Ponte Pietra），参见 P. Marconi 的《罗马的维罗纳》(*Verona Romana*，1937)，第 27–31 页，图 14–19。

188 参见《古代艺术》，卷五，第 270b 页，卷七，第 647a 页。Giovanni Caroto 的木版画在 T. Sarayna 的已引用著作，第 9 页正反面。另参见 S. Ricci《维罗纳的罗马剧场》(*Il teatro romano di Verona*，1895)。

189 在 60 页背面也有引用。

190 罗马的"诺门塔诺桥"（Ponte Nomentano）重建于公元 552 年。

191 关于佩鲁齐的一幅图纸，参见 Arch. 1699, fig. 301。

192 关于佩鲁齐的一幅图纸，参见 Arch. 633r, fig. 318。早期教堂可能由 Mark 教皇建于罗马（公元 336 年）。

193 关于佩鲁齐的一幅图纸，参见 Arch. 633v, fig. 317。此广场位于蒙太齐托利奥（Montecitorio）和万神庙之间；有人假定这里是哈德良的"马蒂达神庙"（Templum Matidia），参见 E. Nash 的已引用著作，卷 2，第 36 页。

194 参见第四书第 184 页正面（标注 Y 的柱础）。

195 这座圆形剧场可能是奥古斯都在公元 1 世纪初修建的，在韦斯帕芗时期的公元 79 年形成现在的样子。参见《古代艺术》，卷六，第 263a–b 页。中世纪建筑室内几乎完全清空，大部分移到了威尼斯。另参见 S. Mlakar 的《普拉的圆形剧场》(*The Amphitheatre in Pula*，1957 年版)。

196 参见词汇表"测量单位"。

197 在第一和第二版中，图中丢掉了字母"P"、"Q"和"I"。

198 即，关于第 81 页正面的克劳西乌姆。

199 参见词汇表。

200 即哥特。关于"德国式"也参见第四书第 217 正面。拉斐尔在他写给里奥十世的著名信中及瓦萨里《生平》一书的前言中批评了德国式。关于塞利奥对德国式的接受，参见罗森 M. N. Rosenfeld 的《在艾弗里图书馆版的第六书论民房建筑中的塞巴斯蒂亚诺·塞利奥的晚期风格》,《建筑史家学会会刊》(JSAH) 卷 28 (1969 年),第 170 页，及《塞巴斯蒂亚诺·塞利奥：论民房建筑》(1978 年)，第 66–68 页，M. Carpo 的《有节制的古典主义》(Temperate Classicism) 特藏,卷 22 (1993 年),第 135–151 页。关于文艺复兴时期对于哥特的总体态度,参见 E. Panofsky 的《乔尔吉奥·瓦萨里著作的第一页》(The First Page of Giorgio Vasari's Libro)，载于《视觉艺术的意义》(1955 年)，第 169–225 页；R. Burnheimer 的《博洛尼亚的哥特残存与复兴》,《艺术会刊》，卷 36 (1954 年)，第 262–285 页。

201 在中世纪和文艺复兴时期,这对古代雕像,长期称为"驯马者"(Horsetamers) 或"狄俄斯库里双子"(The Dioscuri)，给予奎里纳尔（Quirinal）丘"卡瓦洛山"（马丘）之名；现在在奎里纳尔广场，参见 D. Coffin 的《罗马文艺复兴生活中的别墅》(*The Villa in the Life of Renaissance Rome*，1979)，第 181 页及以后内容，E. Nash 的已引用著作，卷 2，第 444 页。菲迪亚斯（Pheidias，前 5 世纪）和普拉克西特列斯（Praxiteles，公元前 4 世纪）是著名的希腊雕刻家。

202 卡瓦洛山宫殿，被安德烈·弗尔维定名为"索里斯神庙"(Templum Solis)；参见 M. Santangelo 的《古典时代的奎里纳尔丘》,（*Il Quirinale nell'antichità classica*），罗马（1941）——《罗马教皇考古学院文书汇编》(Atti della Pontificia Accademia Romana di Archeologia)，S. III Memorie，卷 5，第 II 页。塞利奥复原了他认为是罗马郊区别墅的建筑，但是后来帕拉第奥发现这是奥雷良神庙遗址。关于罗马郊区别墅与塞利奥第四书的关系，参见 M. N. Rosenfeld 的《关于民房建筑》，第 55 页；M. Rosci 的已引用著作，第 77–78 页，第 82–88 页。

203 关于 Francesco da Sangallo（Uffizi Arch. 1681）、Giuliano da Sangallo 和佩鲁齐（楼梯剖面和平面——Arch. 564v, fig. 304；檐口细部——Arch. 444v, fig. 225）所画的图纸，参见 M. Rosci 的已引用著作，第 18–19 页。

204 即在望景楼雕像庭院中著名的河神像，是里奥十世在 1513 年放在那里的；参见 D. Coffin 的已引用著作，第 85 页；E. Nash《古罗马图解词典》，卷 2，第 446–447 页。

205 原文有"也不包括敞廊"等语，但是图纸表明山花位于科林斯立柱（F）之上，形成前廊。

206 即圆柱会使一部分额枋转角没有支撑，不像方柱那样与额枋有很好的配合；参见塞利奥在第四书第 150 页背面关于在圆柱上用拱券的讨论。

207 原文在此处和下面有"中楣"（frieze）。

208 原文有"高度"；然而，参见第四书第 148 页背面。

209 塞维鲁"七区"（Septizonium），位于帕拉丁丘（Palatine）的东南角，为三层列柱的形式，落成于公元 203 年，拆除于 1588—1589 年；参见 E. Nash 的《古罗马图解词典》，卷 2，第 302–305 页；T. Dombart 的《在罗马的帕拉丁七区》（*Das palatinische Septizonium Zu Rom*，1922）；和 C. Hülsen 的《七区》,《建筑历史期刊》（*Zeitschrift für Geschichte der Architektur*），卷 5，（1911–1912），第 1–24 页。

210 Vitr. 第五书，第六章，第 6 段。

211 参照亚里士多德在他的《伦理学》（*Nichomachean Ethics*，Ⅱ. vii. 7, IV. iii. ）所说，心胸宽阔（*megalopsuchia*）是作为一位哲学家的领导者的最高美德。关于塞利奥关于心胸宽阔的概念（称为 *grandezza dell' anima* 意为"心灵的伟大"）在此处及在第 88 页背面，参见第三书和第四书的引言。追随柏拉图，阿尔伯蒂曾经比较社会构造和心灵构造，已引用著作，第六书，第 1 章［p. 93；另参见第 425 页］。

212 参见《古代艺术》卷一，第 479a, 685b 页；卷三，第 738b 页；卷五，第 792b 页；卷七，第 508b 页。

213 可能是内尔瓦（Nerva）广场中装饰丰富的米内瓦（Minerva）神庙，保罗五世拆毁；参见 M. Rosci 的已引用著作，17–18，n. 18，关于一幅佩鲁齐绘制的与此相同的图（Arch. 632, fig. 317）。佩鲁齐研究也在 Arch. 398v, fig. 212。它也被认为是奥古斯都广场上的马尔斯神庙（Temple of Mars Ultor，参见《古代艺术》中的佩鲁齐图纸标题卷六，第 765 页，图 888。A. Jelmini 已引用著作，第 35 页），不过，判断它为前者因为过渡广场就是内尔瓦广场，也因为塞利奥清楚地引用了"柱子和金柱"，同意 G. Lugli 在《古代艺术》的注释，卷六，第 822 页，即米内瓦神庙提供了"反映柱子从墙体分离出来而带有建造和装饰功能的最早的实例之一"。关于其他参考书目，参见第 53 页背面和第四书第 184 页正面。

214 参见第 78 页正面。

215 第四书第 185 页正面。

216 在第一和第二版中，页码次序反了。

217 即埃利乌斯桥（Pons Aelius）。此桥由哈德良于公元 134 年建造，以通往他的陵墓；参见 E. Nash 的《古罗马图解词典》卷 2，第 178–181 页。关于佩鲁齐绘制的此桥图纸，参见 Arch. 590, fig. 328。

218 即塔尔皮亚（Tarpeian）桥。

219 即法布里丘斯（Fabricius）桥。

220 即四头桥，得名于古桥栏杆的青铜墩柱上的四个头的赫耳墨斯像。法布里丘斯桥连接台伯河左岸与台伯岛，公元前 62 年由"路政长官"（curator viarum）法布里丘斯所建；参见 B. Fletcher 的已引用著作，第 232–233 页；E. Nash 的《古罗马图解词典》，卷 2，第 189–190 页，和《古代艺术》，卷六，第 805 页，图 924。

221 即元老院议员之桥。

222 即埃米琉斯（Aemilius）桥。又名圣玛丽桥或西斯廷（Sistine）桥，第一个名字得于桥上小礼拜堂的一幅圣母像；1598 年此桥只剩河中央的一座拱券，名为岛下的“断桥”（Ponte Rotto）。这是台伯河的第一座石桥；桥墩上溯至公元前 179 年，拱券，公元前 142 年，由监察官 M. Fulvius Nobilior 和 M. Aemilius Lepidus 修建。参见 E. Nash 的《古罗马图解词典》，卷 2，第 182–183 页。

223 或穆尔维乌斯（Mulvius）桥，由监察官 M. Aemilius Scaurus 建于公元前 109 年，以承担弗拉米尼亚（Flaminia）路；为进入罗马城的主要入口；参见同上，第 191–192 页。

224 自 14 世纪起如此称呼，参见同上。

225 卡拉卡拉浴场，罗马，建于公元 212—116 年：参见 B. Fletcher 的已引用著作，第 259–260 页；E. Nash 的《古罗马图解词典》卷 2，第 434–441 页；《古代艺术》，卷一，第 546a 页；卷二，第 125a 页；卷三，第 438b 页；卷六，第 792a，841b 页；卷七，第 718a 页。关于佩鲁齐的一张图纸，参见 Arch. 476r, fig. 315。

226 参见词汇表。

227 此建筑与下面的建筑 G 标注在平面详图上（次页），并未在第一版的总平面上标出。

228 参见以上注释。

229 建于公元 80 年，位于欧匹昂丘（Oppian Hill）。塞利奥的复原多少与遗址本身和帕拉第奥的研究不同，很可能错误地基于君士坦丁浴场（参见 H. C. Dittscheid 的已引用著作，第 141 页）。关于蒂图斯浴场，参见 E. Nash 的《古罗马图解词典》卷 2，第 469–471 页，及《古代艺术》，卷一，第 478a 页；卷三，第 438b 页；卷四，第 791a，841，907b 页。

230 此页参考添加在第二版，但错误地写成“上”和“90”。

231 佩鲁齐在他的一座迷宫设计之后画有它的草图，见于 Arch. 477v, fig. 322。

232 是吉萨（Gizeh）金字塔的一座；普林尼曾经描述过，《自然历史》卷三六，第 78–82 页。

233 作为杰出的威尼斯家族的一员，马尔科·格里马尼（1494—1544 年）是安东尼奥·格里马尼总督的长侄和红衣主教多米尼哥·格里马尼的侄子。1527 年，就在洗劫之前，他在罗马并可能第一次遇见塞利奥。他 1529 年继其兄马里诺之后成为教区主教，并于 1531 年和 1534 年两赴耶路撒冷。马尔科对古迹的兴趣可能得到了他的叔父多米尼克的鼓励，后者在 1523 年临终前把构成“威尼斯宫”中著名的格里马尼古罗马雕刻收藏留给了他。关于格里马尼家族和阿奎拉教区主教，参见 P. J. Laven 的《格里马尼家族及其政治寓意》，《宗教历史期刊》（*Journal of Religious History*），卷 4（1966—1967），第 51–52 页。此处和下面的“现在是红衣主教”等语是塞利奥在第二版中添加的。

234 参见第四书第 188 页背面注释。

235 参见同上。

236 看上去像斯芬克斯。

237 即象形文字。

238 根据塞利奥下文中的参考文献，这里打算描述的是以色列王陵中的一座。现在还不清楚这到底是耶路撒冷东南山脊上古城中的一座，还是汲沦谷中纪念碑式的墓葬（包括约沙、押沙龙、撒迦利亚三王）。

239 或（*scalpello*），凿子或截石机。

240 由马克西米安，戴克利先的并肩皇，于公元 298 年创建，以二人的名义落成于约 305—306 年：参见 E.

Nash 的《古罗马图解词典》卷 2，第 448–453 页，及《古代艺术》，卷一，第 478a, 587b 页；卷二，第 125a, 976b 页；卷三，第 438a–b 页。关于佩鲁齐的图纸，参见 Arch. 476v, fig. 316；Arch. 622, fig. 307（中部详图）；Arch. 574, fig. 287（周边详图）。

241 参见词汇表。

242 参见词汇表“测量”。

243 参见词汇表“测量”。

244 塞利奥提到的唯一一座希腊建筑。G. Hersey 的《古希腊议事厅（公元前 5 世纪早期）》中确定此建筑为雅典议事厅，《毕达哥拉斯的宫殿》（1976 年），第 57–58 页。根据 A. Jelmini 的（已引用著作第 35 页）所说这段文字来自帕萨尼亚斯（Pausanias）(I, xviii, 9) 关于哈德良图书馆的描述——如雅典市场的议事厅——使用了 100 根大理石柱，尽管本文中没有给出细节。波斯宫殿也曾有过一个广场叫做“百柱大厅”（前 460 年）。

245 参见第四书第 150 页背面注释。

246 罗马人经常重新利用柱子；例如，普林尼记载了苏拉从雅典未建成的朱庇特奥林匹斯神庙的柱子拿来建造卡比多丘上的神庙，《自然历史》，卷三六，第 45 页。改造现有的柱子以适应某种情况是塞利奥在第四书中提出建议的问题之一。关于万神庙柱子的难题，参见 Davies 等的已引用著作，第 133–135 页。

247 四头两面神（Janus Quadrifrons）立于马克西姆排水道（Cloaca Maxima）之上，建于公元 4 世纪前半叶；参见 E. Nash 的《古罗马图解词典》卷 1，第 504–505 页。关于佩鲁齐绘制的一张草图，参见 Arch. 565r, fig. 290。

248 一种瞄准装置，一般是一把两端带瞄准镜的尺子，例如 Giovanni Pomodoro 图解的那样，《实用几何学》（*Geometria Prattica*），罗马（1603 年），第 AI 页。关于总体上的文艺复兴测量仪器，参见 M. Folkerts 编《度量衡》（*Mass, Zahl und Gewicht*，1989），特别是第 145 页，和 M. Kemp 的《艺术之科学》（1990 年），第 167ff 页。

249 在罗马，建于公元 81 年，位于维利亚之巅，即连接帕拉丁丘和欧匹昂丘的狭窄山脊，萨克拉路的尽头。这是最早的混合柱式实例；参见 B. Fletcher 的已引用作品，第 243, 245 页；《古代艺术》，卷六，第 826a–b, 828a–b 页；E. Nash 的《古罗马图解词典》，卷 1，第 133–135 页。关于佩鲁齐带有尺寸的立面图，参见 Arch. 532r, fig. 281 和 Arch. 478r, fig. 319。

250 原文误作“90”。参见词汇表“测量”。

251 即第四书第 183 页正反面。以柱子柱础为尺度标准，文中记载的基座柱础和柱头高度显然与图中不符。

252 原文有“*epitafio*”。

253 实际上表现的“神圣提图斯”的赞文。

254 关于佩鲁齐绘制的额枋图，参见 Arch. 381, fig. 195，即 Arch. 393v, fig. 196。

255 原文有“*epitafio*”。关于佩鲁齐关于此凯旋门文字的研究，参见 Arch. 539v. fig. 276。

256 参见第 54 页正面和第四书第 170 页正面。

257 参见词汇表。

258 此处和下文均参见词汇表。

259 参见词汇表。

260 关于这一点，另参见第 69 页背面。

261 “银行拱门”（Arcus Argentariorum，或称牲口市场拱门 Arco Boario）在维拉布罗的圣乔治教堂旁，建于公元 204 年，献给塞普提米乌斯·塞维鲁。参见 E. Nash 的《古罗马图解词典》，卷 1，第 88–91 页，及《古代艺术》

卷六，第 829b–830a–b 页。关于佩鲁齐画的草图，参见 Arch. 442, fig. 265，Arch. 565r, fig. 290[无尺寸]。

262 参见词汇表。

263 第一版原文用“xv”(15)，第二版本用“*quindici*”(15)。

264 塞普提米乌斯·塞维鲁凯旋门，位于罗马努姆广场西端，建于公元 203 年 ：参见 B. Fletcher 的已引用著作，第 245，259 页 ;《古代艺术》，卷六，第 828b–829a–b 页 ; E. Nash 的《古罗马图解词典》，卷 1，第 126–130 页。关于佩鲁齐绘制的此建筑平面图，参见 Arch. 487r, fig. 232，及 Arch. 630, fig. 299。

265 上面记载的是 30 分。

266 关于佩鲁齐所绘此底座，参见 Arch. 487v, fig. 233。

267 Vitr. 第三书，第五章，第 10 段。

268 原文遗漏了“中楣”一词。

269 即正方形，或方形比例，构件出挑等于其高度 ; 参见塔司干基座，第四书，第 127 页正面。

270 参见词汇表。

271 原文第一、第二版遗漏了“如果”一词。

272 图拉真凯旋门，贝内文托，约公元 115 年 : 参见 B. Fletcher 的已引用著作，第 244，246 页;《古代艺术》，卷三，第 814a–b 页 ; 卷六，第 305b，589a 页。

273 即那不勒斯以北。

274 在这里和下面用了一种古怪的测量单位，应为现代布拉乔尺的 1 寸有 5 分 (如塞利奥在此页说明的) ; 参见词汇表“测量”单位。

275 原文有“铭文”(*epitafio*)。

276 参见词汇表“测量”单位。

277 原文误作“72”。

278 Vitr. 第三书，第五章，第 11 段 :

Corona cum suo cymatio, praeter simam, quantum media fascia epistylii.

279 参见第 54 页正面，第 99 页背面，及第四书第 170 页正面。

280 参见第 54 页背面。

281 原文此处和下面有“铭文”(*epitafio*)。

282 参见词汇表。

283 参见词汇表。

284 参见词汇表。

285 君士坦丁凯旋门，公元 312—315 年。不过，雕像和浮雕都取自图拉真、哈德良和马库斯·奥雷里乌斯时代的纪念建筑 : 参见弗莱彻，已引用著作，第 259，261 页 ; 纳什，《古罗马图解词典》卷 1，第 104–112 页 ;《古代艺术》，卷六，第 830b，987 页，图 1084。关于历史题材或“哈德良圆盘”(Tondi Adrianei)，参见 M. T. Boatwright，《哈德良和罗马城》(1987)，第 190–202 页。关于佩鲁齐的一张平面图，参见 Arch. 487r, fig. 232。

286 在此使用这个比例形容高度是不正确的。

287 原文误作“曾经记录了下来”和“90”。参见词汇表之“测量”。

288 原文误作“feet”。

289 即这些柱子可能损坏了，因此高度不足。

290 参见词汇表。

291 参见第 69 页背面塞利奥对于马采鲁斯剧场的赞美。

292 参见第 102 页背面注释。

293 关于爱奥尼，Vitr. 第三书，第五章，第 11 段。关于多立克，Vitr. 第四书，第三章，第 6 段。

294 即亚得里亚海。

295 图拉真凯旋门，安科纳，由阿波罗道鲁斯于公元 115 年建造；参见《古代艺术》，卷一，第 354b，355a 页，图 497。关于这个拱门，参见 Onians 的已引用著作，第 277 页。

296 此处和下面参见词汇表。

297 即建造的艺术。

298 原文误作“102”。

299 此比例错误地用于此处来说明高度。

300 即第四书第 171 页正面。

301 原文多用了“在高度上”一语。

302 原文有“铭文”（*epitafio*）。

303 之前引用为 3 尺 15 分半。

304 参见 Vitr. 第四书，第一章，第 11 段。第 110 页背面有进一步讨论。

305 原文误作“103”。

306 塞尔吉拱门，约公元前 30 年；参见《古代艺术》，卷六，第 263a, figs 271 和 274 页。参见第 71 页背面之普拉剧场和第 85 页正面之圆形剧场。

307 在混枭线之下檐口的上部；檐口自身在 Vitr. 第三书，第四章，第 11 段中称为顶冠（corona）。

308 参见词汇表“测量”。

309 基座的底座是一反向的带圈线（astragal）的混枭线脚（cyma）。

310 参见词汇表。

311 Vitr. 第四书，第一章，第 1 段。

312 例如参见第 108 页背面。

313 根据 Vitr. 第四书，第五章，第 9 段，科林斯柱头的形式和比例来自一个花篮，其中没有水果，只有一只大杯——这位死去少女的最心爱之物。但是，如果科林斯柱式如维特鲁威所说代表“少女的幽雅”，那么也就暗示着柱头代表少女的头。爱奥尼当然也一样，其涡卷代表女士的头发，暗示女士的脸。另参见第四书，第 169 正面。关于科林斯柱式的神话，参见 J. Rykwert 的《科林斯柱式》，载于《技巧的必要性》（*The Necessity of Artifice*，1982），第 32–42 页。

314 参见词汇表。

315 即上面的一层。

316 参加词汇表。

317 参见第 109 页背面注释。

318 第一版误作“131”。

319 加维拱门，维罗纳，为纪念加维家族而建于公元1世纪（毁于1805年，重建于1932年）；参见《古代艺术》卷一，第595a页；卷五，第196b页；卷七，第1143a页。关于佩鲁齐绘制的一幅图，参见Arch. 478r, fig. 319。Giovanni Caroto做的此门木版画参见T. Sarayna的已引用著作，第20页背面至第22页正面。

320 即参照维特鲁威关于剧场的部分，Vitr. 第五书，第六章，第6段。

321 原文有“墩座束腰”。

322 即两个正方形构成的比例。

323 关于此拱门的建筑师，参见H. Burns的已引用著作，第258页，注释33。关于Antonio da Sangallo和Giovanni Battista do Sangallo画的草图——二人都认为它是维特鲁威设计的——参见Uffizi Arch. 815和Arch. 1382。

324 参见第54页正面，第99页背面，以及第四书第170页正面。

325 原文有“的”（of）。

326 参见第109页背面注释。

327 即第四书，第185页正面。

328 参见第54页正面。

329 原文有“科学工作者”（*scientifico*）。

330 莱昂尼门，建于公元1世纪；参见《古代艺术》，卷五，第263a–b页；卷七，第1143b页。Giovanni Caroto做的此门木版画参见T. Sarayna的已引用著作，第30页背面至第31页正面。

331 参见第109页背面注释。

332 第一版误作“138”。

333 关于把齿状饰和飞檐托饰放在同一檐口中的“错误”，参见第54正面，第99页背面和第四书第170页正面。

334 第一版中误作“135”。

335 参见词汇表。

336 参见第54页正面。

337 此处和下面参见词汇表。

338 此处和下面参见词汇表。

339 Giovanni Caroto做的此门木版画参见T. Sarayna的已引用著作，第32页背面至第33页正面。第一和第二版中字母C错误地放在了第一层之上的墩座墙上。

340 另参照第四书第139页正面。

341 即上述墩座墙。

342 一种下边细的支撑半身像的基座，在第四书卷首进行了描绘。

343 即镶边。

344 即飞檐托块。

345 伯萨里的凯旋门比其公元265年的铭文还古老。关于次门，参见《古代艺术》卷五，第263b页；卷七，第1143–1144a页，图1276。Pieter Coecke van Aelst，在其未授权的第三书的荷兰文版中（安特卫普，1546年）的最后图解了此拱门代替埃及古迹，复制了在T. Sarayna的已引用著作中的Giovanni Caroto做木版画，第24页背面至第25页正面。Robert Peake在1611年的自这个版本而翻译的英文版中得以重复。参见“导言”第33页。

346 参见第66页正反面的圣彼得大教堂，和第67页正反面和第68页正反面的坦比哀多。

347 “望景楼庭院”,“上院”,伯拉孟特为尤利乌斯二世所做的部分设计在梵蒂冈花园,开始于1505年;参见J. Ackerman的《望景楼庭院》(*The Cortile del Belvedere*),《梵蒂冈使徒宫庭院的研究与文献》(Studi e documenti per la storia del Palazzo Apostolico Vaticano),卷三(1954);A. Bruschi已引用著作,第87–113页;D. Coffin已引用著作,第69ff页;A. Jelmini已引用著作,第36页。

348 参见词汇表“测量”。

349 在此塞利奥是用如同建议如何画一幅图(或让建筑自己重现)的口气来指示怎么来做的,而按照第四书的方式,对于实际建筑的描述不是这样的。

350 参见词汇表。

351 “望景楼庭院”,“下院”一部分,开始于1505年;关于塞利奥与一张图纸相关的肖像(约1520年),佚名,Uffizi Arch. 1735,参见M. Rosci的已引用著作,第20–21页。J. Ackerman的已引用著作,图版8[第198页],图9;关于塞利奥的画像,参见图版15,a,b,c,[第203–204页]图8, 16。

352 这是古代以来第一次如此使用柱式。

353 即佩鲁齐。

354 此为砖体砌筑于1535年和1541年;关于这个工程,参见J. Ackerman的已引用著作,第60–61页。关于Antonio da Sangallo工作室所做的此形式的图纸(约1541年),参见同上,图版21,22[第211–212页],图4,10[Uffizi Arch. 1355, 1408]。

355 参见词汇表。

356 参见Vitr.第六书,第八章,第10段。1619年版的旁注引用了这一行:

Et a fabris et ab idiotis patiatur accipere se consilia.

你应当让自己接受工匠和外行的建议。

关于建筑师和工匠区别,参见阿尔伯蒂的已引用著作,序言[第3页]。关于塞利奥关于建筑师的在现场的角色,参见第四书,第191背面和第192页背面。

357 1619年版的意大利旁注有:“参见维特鲁威第五书中关于广场、巴西利卡和剧场的部分。”(即,第五书第六章,第6段)。

358 例如,参见第四书,第156页正面。

359 原文误作“之上”。

360 望景楼雕像庭院:参见J. Ackerman的已引用著作及《古典别墅望景楼》,*J. W. C. I.*,卷14(1951年),第70–91页;H. H. Brummer的《梵蒂冈望景楼雕像庭院》(1970年);D. Coffin的已引用著作,第82–85页。

361 Polydorus作品,约公元前50年(现在梵蒂冈博物馆);参见D. Coffin的已引用著作,第83页,图50。

362 参见词汇表。

363 即“上庭院”,第117页背面有图解。

364 建于直接通往雕像庭院的圆形台阶背后;参见A. Bruschi的已引用著作,第108–111页。

365 原文误列入了实际不存在的科林斯。与“下庭院”一起,这座楼梯(1511年)是第一个按照特定次序在垂直方向上安置柱式的实例。关于这一点,参见J. Onians已引用著作,第229–231页。

366 原文漏掉了塔司干而误将科林斯列入了。

367 即沿着旋转楼梯攀登。

368　马达马（Madama）别墅（1516 年），红衣主教 Giulio de' Medici 的别墅（后来的克莱门特七世）；塞利奥在第四书第 131 页正面也引用了拉斐尔在马里奥山的作品。关于这个别墅的讨论，参见 D. Coffin 的已引用著作，第 245–257 页，及 G. Dewez 的《马达马别墅：拉斐尔设计论文集》（1993 年）。关于拉斐尔，参见第二书第 18 页背面注释。

369　参见词汇表。

370　即 Giovanni Nanni（约 1487—1564 年），拉斐尔的学生。参见瓦萨里的已引用著作，卷八，第 73–85 页。关于这个作品，参见 D. Coffin 的已引用著作，第 249–252 页。关于他的怪诞风作品，参见第四书，第 192 页正面。

371　参见塞利奥在第四书第 192 页正面的论怪诞风。

372　朱利奥·罗马诺（1499—1546 年）曾经是拉斐尔的学生，1514 年和他一起在梵蒂冈工作；关于这个作品，参见瓦萨里的已引用著作，卷六，第 145–169 页。关于塞利奥对“特宫”（palazzo del Te）的参考，参见第四书，第 133 页背面。

373　即克莱门特七世，Giuliano de' Medici 之子，后者 1532—1534 年任教皇。

374　在第一、二版中是这段之后实际是平面图。立面图出现在次页详图之后。

375　Giuliano da Maiano（1432—1490 年）在 1487 年设计的，得到了 Lorenzo de' Medici 的建议，毁于 19 世纪。其他建筑师，特别是 Francesco di Giorgio Martini 和 Fra Giocondo 也作出了贡献。其设计元素曾被佩鲁齐使用在法尔内斯别墅中（1509—1511 年）并明显影响了塞利奥自己在勃艮第地区为 Antoine de Clermont–Tonnerre 的 Ancy–le–Franc 设计（1541—1550 年），在第四书（慕尼黑版第 16 页背面至第 17 页正面）有图解。关于塞利奥的波焦·雷亚莱平面图，参见 D. Coffin 的已引用著作，第 44–45 页；F. Schrieber 的《法兰西文艺复兴——建筑和塞巴斯蒂亚诺·塞利奥的波焦·雷亚莱变体》（*Die französische Renaissance – Architectur und die Poggio Reale Variationen des Sebastiano Serlio*, 1938）。另参见 G. Hersey 的《阿方索二世和那不勒斯艺术复兴，1485—1495 年》（1969 年），及《波焦·雷亚莱：关于重建与早期复制品的注解》，《建筑学》（*Architectura*），卷 1（1973 年），第 13–21 页。

376　作为所谓“意大利战争”的参考，此间那不勒斯割让给查理五世：他的雇佣军在 1527 年洗劫了罗马。传统的说法是战争导致塞利奥逃离罗马，但是他当时在这座城市的出现遭到了 L. Olivato 的怀疑，《当塞利奥位列威尼斯 500 名建筑爱好者前半的时候：马坎托尼奥·米希尔的名录》（Con il Serlio tra i “dilettanti di architettura” veneziani della prima metà del' 500. II ruolo di Marcantonio Michiel），载于 J. Guillaume 主编已引用著作，第 247–254 页。

377　参见词汇表。

378　关于佩鲁齐（Arch. 614）和达·芬奇（cod. Atl. 231r–b）画的类似平面，参见 M. Rosci 的已引用著作，第 22 页。

379　即威尼斯。

380　此信笺已佚失，在第四书第一版第 3 页的“导言”文字中，塞利奥把米希尔称作“具有天才的伟大人物”，而且在第三书结尾第 155 页“致读者”部分，把他说成是将会来为他辩护的人。关于塞利奥和米希尔可能的早期关系，及塞利奥从他那里取得波焦·雷亚莱宫平面的情况，参见 L. Olivato《当塞利奥……》（Con il Serlio），已引用著作。关于米希尔提到的塞利奥，参见米希尔的《制图工作知识》（*Notizia d' opere di disegno*, ed.，G. Frizzoni, 1884），第 160–161 页。

381　关于塞利奥收录这个设计的问题，参见“导言”第 29 页。

382 第一版误作“152”。

383 原文误作“66”。

384 关于敞廊之上建敞廊，参见第四书第177页正反面。

385 大概为一种“石路面”（*selciato*），一种铺装或路面。

386 常见做法可能不是用灰泥（stucco）作抹灰，而是用灰浆/膏（mortar）；另参见第四书，第176页正面。

387 即这些房间得到更好的日光，因为屋顶只从中央大厅挑出，并不做二层楼面上的敞廊屋面，因此需要很好的地面处理。

388 迪奥多·西库鲁斯（Diodorus Siculus）的《历史图书馆》（*The Library of History*，trans.，C. H. Oldfather，et al. 1933-），卷一，第47-52，61-66页［第166-231页］。塞利奥的原文是迪奥多·西库鲁斯的译文。塞利奥并未翻译希腊文本而是采用了Poggio Bracciolini的拉丁文译本——*Diodori Siculi Bibliotheca seu Historiarum priscae libri VI e graeco in Latinum traducti per Fr. Poggium*，博洛尼亚（1472年）——表现在塞利奥文中有“门农的作品”，此语出现在拉丁文版中而在希腊文版中没有。一个Baldelli的意大利文译本（依据Poggio Bracciolini版本），迪奥多·西库鲁斯，*Delle antique historie fabulose, novamente fatto vulgare &…stampato*，佛罗伦萨（1526年）——也未被塞利奥使用，可通过两版本之间的差异证实。普林尼也曾描述埃及纪念建筑，《自然历史》，卷三六，第64-70页，第75-89页。

389 大避难所，拉美西厄姆（The Ramesseum），拉美西斯二世为其下葬而建，在底比斯。参见B. Fletcher的已引用著作第51、57页；另参见K. H. Dannenfeldt的《文艺复兴时期的埃及古迹》，《文艺复兴研究》，卷6（1959），第7-27页，经A. Jelmini修订，已引用著作，第51页。

390 此处塞利奥误译了Poggio Bracciolini的拉丁译文。迪奥多实际上说金字塔距离最近的皇家墓地10里。

391 一尤格拉相当于160布拉乔尺。第一版此处少10。

392 原文误作440。

393 为公元前1288年拉美西斯二世对抗赫梯人的战争。

394 Poggio Bracciolini的拉丁译文为27。

395 原文误作220。

396 阿尔伯蒂也曾引用此例，已引用著作，第七书，第16节，第240页。

397 即孟菲斯北门。

398 尼罗河谷西侧，湖泊现在叫做Birket el-Qârûn。

399 即英寻（fathoms）。

400 拉丁文版误作“1尤格拉宽”。

401 即在迪奥多时代。

402 即Herodotus的Cheops的《历史》（*Histories*），卷2，第124页。

403 Cheops大金字塔，吉萨；参见B. Fletcher的已引用著作，第45-46页。

404 即顶端的平面部分。

405 即Shabaka，传说约公元前712—前700年，第二十五王朝的第一位皇帝。

406 参见词汇表。

407 下文的辩护暗示在第一版出版前第三书已经流传了，因为此文出现在第一版中——批评塞利奥依赖其他材料来源，参见第 55 页背面注释和第 82 页背面注释。关于这个致辞“致读者”和第四书第 126 页正面的致辞，参见 S. Wilinski 的《塞巴斯蒂亚诺·塞利奥论建筑第三书和第四书中的致读者》(Sebastiano Serlio ai lettori del Ⅲ e Ⅳ libro sull' Architettura),《帕拉第奥建筑国际研究中心简报》(*Bollettino del Centro internazionale di Studi d'architettura A. Palladio*)，卷 3 (1961)，第 57–69 页。

408　奥古斯都的朋友、顾问和外交人员，梅塞纳斯是 Virgil 和 Horace 的赞助人，并后来在文艺复兴时代作为赞助人的模范而非常著名。有钱人，如 Agostino，热衷于按照他的样子铸造自己的肖像。

409　参见词汇表。

410　加布里埃莱·文德拉明(–1552 年)是一位威尼斯贵族，他的住宅和艺术、古玩收藏，即著名的“古物化妆间”(camerino delle anticaglie)，经常被包括米希尔和珊索维诺在内的文人和艺术家拜访。文德拉明因其对乔吉奥内的委任而特别重要。关于他的影响和收藏参见佛朗佐利 (Franzoni, L.),《500 年来的古玩业和收藏家》(Antiquari e Collezionisti nel' '500'),载于《威尼斯文化史》(*Storia Cultura Veneta*),卷 3 (1981),第 216–220 页；D. Battilotti, M. T. Franco 的《乔吉奥内的早期收藏者和定购人文件集》(Regesti di committenti e dei primi collezionisti di Giorgione),《古董万岁》(*Antichità Viva*)，卷 17 (1978)，第 4–5，286 和 289 页。关于塞利奥和文德拉明，参见 M. Tafuri 的已引用著作，第 70 页。关于塞利奥引用文德拉明的进一步内容，参见第四书第一版第 3 页的导言。

411　参见第 121 页背面注释。

412　A·博 (Achille Bocchi，1488—1562 年) 是一为人文主义者，教师和史家。1520 年博基被授予帕拉丁伯爵和镀金骑士 (*cavaliere aurato*)。他和 Pietro Valeriano 的友谊记载在给 Pietro Valeriano 的《象形文字》一书 (*Hieroglyphica*，威尼斯，1604 年) 的献词中所谓的“博基圈子”，是一群带有浓厚新柏拉图主义色彩的、有宗教信仰教养的人，其中包括塞利奥、Giulio Camillo Delminio，Marcantonio Flaminio 和亚历山德罗·曼佐利 (塞利奥在下文有引述)。博基创建了“博基宫”，建于 1546 年，按照的是一个维尼奥拉的设计。关于它是基于塞利奥的设计并经过“博基圈子”的讨论的说法，参见 M. Tafuri 的已引用著作。关于更多细节，参见 A. M. Ghisalberti 和 F. Bartoccini 主编，《意大利人传记词典》(*Dizionario Biografico degli Italiani*，1960–)，卷 11，第 67–70 页，和 M. Tafuri 的《关于塞巴斯蒂亚诺·塞利奥宗教热情的假说》(Ipotesi sulla religiosità di Sebastiano Serlio)，载于 C. Thoenes 主编的已引用著作，第 62 页。

413　亚里历山罗·曼佐利是教皇保罗三世在博洛尼亚的财务员和保罗孙子们的家庭教师。曼佐利是“博基圈子”的一员 (参见上文注释) 也是 Claudio Tolomei 的“美德学院”的一员，参见 M. Tafuri 的载于 C. Thoenes 主编的已引用著作第 62 页，及 A. Pastore 的《马坎托尼奥·弗拉米尼奥：16 世纪意大利一位神职人员的幸运与不幸》(*Marcantonio Flaminio. Fortune e sfortune di un chierico dell'Italia de Cinquecento*，1981)，第 69–89 页。

414　切塞雷·切萨里亚诺是意大利文维特鲁威著作的作者 (科莫，1512 年)，参见瓦萨里的已引用著作，卷四，第 138 页；卷九，第 190 页。关于切萨里亚诺，参见里克沃特，《关于建筑理论的口头传授》，载于 J. Guillaume 主编，已引用著作，第 31–48 页。

415　波尔卡罗兄弟在他们的罗马同时代人中很著名，在红衣主教 Bibbiena 的剧本《加热器》滑稽模仿了他们非常相似的外貌。安东尼奥出现在卡斯蒂列奥尼 (Castiglione) 的《朝臣》(*Il Cortigiano*),卷二，第 62 页。参见 A. Jelmini 已引用著作，第 17 页。

416　即维特鲁威；这个用语反映了中世纪手工艺团体的说法，参见里克沃特，已引用著作。

417　拉扎雷·巴伊夫 (—1547 年) 是 1529—1534 年间法国驻威尼斯的大使。他的继任者是下文提到的罗德斯主教。

418 Georges d'Armagnac（1501—1585 年）曾担任罗德斯主教和 1536 年起法国驻威尼斯的大使。其秘书是 Guillaume Philandrier，塞利奥的学生之一——参见第 55 页背面注释。

419 蒙彼利埃主教 Guillaume Pellicier（1490—1568 年）任 1539—1542 年间法国驻威尼斯大使。

第四书

1 彼得罗·阿雷蒂诺（1492—1556 年），威尼斯人文主义诗人和学者的领袖，塞利奥的密友。塞利奥把这封信作为推荐书收录在第一版中，并刊于卷首标题页的背面。关于塞利奥和阿雷蒂诺，参见 J. Onians 的《意义的载体》（1988），第 299-301 页；关于阿雷蒂诺，参见 C. Cairns 的《彼得罗·阿雷蒂诺和威尼斯共和国：关于威尼斯阿雷蒂诺和他的圈子的研究，1527—1556 年》（1985）。此信的文字与彼得罗·阿雷蒂诺书信集微有差别，这些差别在下文中进行了注释；参见 F. Pertile 和 C. Cordié 主编的《彼得罗·阿雷蒂诺论艺术的书信》（*Lettere sull' arte di Pietro Aretino*, 1957—1958），卷一，第 67-69 页；书信第四十，译本于 G. Bull 的《阿雷蒂诺书信选集》（*Selected letters of Aretino*, 1976），书信第三十二，第 112-113 页。

2 弗朗西斯·马尔科利尼·达·福尔利（Francesco Marcolini da Forlì）是阿雷蒂诺的一位密友，也是威尼斯的著名印刷商，专于印刷意大利文书籍（胜于拉丁文）。他印刷了一些阿雷蒂诺和他朋友们著作的头一版。阿雷蒂诺揭示了由于出版塞利奥的著作而延误了他的书信第一书的出版，因为马尔科利尼未能使设备同时将二者印制出来。关于马尔科利尼，参见 W. B. Dinsmoor《塞巴斯蒂亚诺·塞利奥写作残本》，《艺术会刊》，卷 24（1942），第 153-154 页。

3 阿雷蒂诺书信集的第一版（巴黎，1609 年，卷一，第 150-151 页）中有"我亲爱的兄弟"之语。

4 反映阿尔伯蒂对于美和装饰本质的定义："美就是形体所有部分的合理的协调，以至于无可增加、减少或改变，否则只会使之恶化"，载于《论建筑艺术的十书》（里克沃特等译，1988 年），第六书，第 2 节，第 156 页。

5 即埃尔科莱·德斯特，参见下文中塞利奥致大公的信。

6 指的是"大力神加建"（Herculean Addition），系建筑师比亚焦·罗塞蒂（Biagio Rossetti）为埃尔科莱一世所做的费拉拉防御和民用改造，是有据可查的最早的文艺复兴城镇规划实例；参见 B. Zevi 的《比亚焦·罗塞蒂》（1960 年），第 133-298 页，第 241-215 页插图。

7 阿雷蒂诺书信集的第一版中有"大师塞巴斯蒂亚诺的"之语。

8 阿雷蒂诺书信集的第一版中有"按照上帝的样子做成的"之语。

9 参见第三书第 64 页背面注释。

10 阿雷蒂诺书信集的第一版中作"如果不是在残存的柱子、雕塑和大理石中仍然清晰可辨的非凡技艺和能力反映出的令人敬畏的特质，尽管它们已经被时间腐蚀"（were it not that their awesomeness appeared in the marvellous skill and ability which can still be discerned amongst the remains of the columns, statues and marbles, although they have been brought low by time）。

11 阿雷蒂诺书信集的第一版中作"在他表达的维特鲁威和他自己的……"（in his expositions both of Vitruvius and of himself）。

12 阿雷蒂诺书信集的第一版中给出的日期是 9 月 18 日。

13 书名被更改了。第一版中作《关于五中类型建筑的建筑学一般规则》，并没有出现塞利奥的名字。

14 原文误作"66"。

15 埃尔科莱·德斯特,阿方索·德斯特一世(引用在第二版的书信序言中,译文见附录2)和Lucrezia Borgia之子,任 1534—1539 年的费拉拉大公。他于 1528 年娶了法王路易十二之女 Reana de Valois 为妻。费拉拉的红衣主教伊波利托·德斯特,塞利奥后来的赞助人,就是他的弟弟,参见“导言”,第 13 页。在 1537 年第一版中,塞利奥致埃尔科莱·德斯特的信跟在上面阿雷蒂诺信笺之后。关于三年后出版的第二版中塞利奥致阿方索·达瓦洛斯的作为前言的书信,参见附录 2。

16 Alessandro Farnese,在 1534—1549 年间继克莱门特七世担任教皇。

17 小桑迦洛(1484—1546 年),参见 G. Vasari 的《最著名的画家、雕刻家和建筑师的生平》(G. Du C. Ce Vere 翻译,1912 年版),卷六,第 123-141 页。另参见 C. L. Frommel、N. Adams 主编的《小安东尼奥·达·桑迦洛和他的圈子之建筑图》(1994 年)。塞利奥在下文提到了桑迦洛的 Farnese 府邸。

18 雅各布·梅雷基诺是保罗三世的教皇建筑师,参见 D. Coffin《罗马文艺复兴生活中的别墅》(1979 年),第 31,42,89,189-190 页。

19 关于在格里蒂领导下的工程,参见 M. Tafuri 主编的《“城市复兴”:安德烈亚·格里蒂时代(1523—1538 年)的威尼斯》[‘Renovatio Urbis’: Venezia nell’età di Andrea Gritti(1523—1538),1984],以及《威尼斯和文艺复兴》(1989 年版),尤其是第 108-113 页。

20 关于安东尼奥·阿邦迪(Scarpagnino),参见同上(1989 年版),第 87-97 页。

21 关于雅各布·圣索维诺(1486—1570 年),参见 G. Vasari 的已引用著作,卷九,第 187-202,215-225 页。另参见 D. Howard 的《雅各布·圣索维诺》(1975 年)。

22 关于米凯莱·圣米凯利(1484/5—1559 年),参见 G. Vasari 的已引用著作,卷九,第 217-235 页。作为军事和民用建筑师,圣米凯利的赞助人是克莱门特七世,他在维罗那的作品包括城市的大门,新大门和锦标门,参见 E. Concinna 的《领土的机械》(La Macchina Territoriale, 1983)。

23 即弗朗西斯·马里亚·德拉·罗韦雷。关于德拉·罗韦雷对于军事建筑的考虑,参见 E. Concinna,同上。

24 关于 Tiziano Vecellio(提香),参见第三书第 50 页正面注释。

25 韦托尔·福斯托是一位对数学和建筑学感兴趣的人文主义者。1518 年 Musurus 死后,福斯托被威尼斯政府选为“圣马可学院”希腊语教授。1526 年他尝试通过在兵工厂建造五段帆船(塞利奥在下文提到)重建威尼斯海军;这种船只得到了 Pietro Bembo 的高度赞扬。参见 M. Tafuri 已引用著作(1989 年版),第 108-111,113-136 页,和已引用著作(1984 年),第 22、25、49 页,注释 68。

26 福斯托的五段甲板的罗马战船是格里蒂城市复兴政策的直接成果和标志,与 Cristoforo da Canal 的相似的战船一起改造了威尼斯海军。关于福斯托的成功的参考文献,参见 P. Aretino 的《书信》,已引用著作,卷一,第 80-81 页(致福斯托,1537 年),以及 M. Sanudo 的《日记》(R. Fulin 等编,1879—1902 年),卷 42,第 766-768 栏。

27 关于加布里埃尔·文德拉明,参见第三书末尾第 155 页“致读者”注释。

28 关于马尔坎托尼奥·米希尔,参见第三书第 121 页背面注释。

29 关于弗朗西斯·泽恩和塞利奥,参见 L. Olivato 的《塞利奥为此去威尼斯:新文献和文献回顾》(Per il Serlio a Venezia: Documenti Nuovi e Documenti Rivisitati),《威尼斯艺术》,卷 25(1971 年),第 284-291 页。关于泽恩家族,参见 M. Tafrui 的已引用著作(1989 年版),第 1-2 页。

30 阿尔维斯·科尔纳罗(1475—1572 年),非常富有的威尼斯建筑师,曾师从 Giovanni Maria Falconetto。科尔纳罗写了一篇城市建筑的论著(1520 年,第二版 1550 年)。第七书第 218-223 页图解了他在帕多瓦的音乐厅。参见《论著》(1966), 第 26–27 页, 以及《塞巴斯蒂亚诺·塞利奥:论居住建筑》(1978), 第 44 页。第四书第三版中还收入了一封 Marcolini 写给科尔纳罗的关于科尔纳罗的建筑和他在帕多瓦的房子(下文中塞利奥也提到了)的书信(1544 年)。

31 关于美第奇红衣主教亚历山德罗·斯特罗齐, 参见 D. Coffin 的已引用著作, 第 256 页。

32 关于米开朗琪罗(1475—1564 年), 参见 G. Vasar 的已引用著作, 卷九, 第 3–141 页。

33 即弗朗西斯·德拉·罗韦雷, Guidubaldo di Montefeltro 的养子, Guidubaldo 在 1508 年死后成为乌尔比诺公爵。1516 年, 教皇里奥十世剥夺了弗朗西斯的公爵身份, 并将其转赐予他的侄子 Lorenzo di Piero de' Medici。1521 年教皇死后, 弗朗西斯重新获得了他的头衔并保持到 1538 年他死的时候。关于他的军事建筑, 参见 E. Concinna 的已引用著作。

34 关于真加为德拉·罗韦雷所做的工作, 参见第二书第 18 页背面和第 47 页背面。

35 费代里戈二世, 贡扎加(死于 1540 年)在 1530 年升至曼图亚公爵。Baldassare Castiglione,《朝臣》的作者, 曾在 1520 年为他服务。

36 关于塞利奥提到的朱利奥·罗马诺, 参见第二书第 18 页背面, 第三书第 120 页背面, 第四书第 133 页背面。

37 关于塞利奥提到的拉斐尔, 参见第四书第 192 页背面。

38 即莱昂·巴蒂斯塔·阿尔伯蒂(1404—1472 年), 这里是塞利奥前五书中的一种独特的应用方式。关于阿尔伯蒂, 参见 G. Vasari, 已引用著作, 卷三, 第 43–48 页, 及里克沃特的已引用著作, 第 9–21 页。关于塞利奥对阿尔伯蒂的依靠及其他方面, 参见 A. Jelmini 的《塞巴斯蒂亚诺·塞利奥, 建筑论著》(Sebastiano Serlio, il trattato d' architettura), (1986), 第 144–152 页。

39 Vitr. 第三书, 前言, 第 2 段。

40 这里呼应第四书的标题, 在本套第四书的第 126 页正面进行了略述, 描述为"居住环境, 按照今天的习惯, 从最低的村舍或我们所说的棚屋, 一级一级地升至为王公使用的最华丽的宫殿, 包括别墅和城市住宅"。

41 切利奥·卡尔卡尼尼(1479—1541 年)是一位多产的作家, 包括古典文学和自然科学的著作。在关于使用拉丁文还是意大利文的大争论中, 他是本土语言的支持者。1519 年在罗马的时候, 卡尔卡尼尼结交了拉斐尔, 并写作赞扬他。诗人阿里奥斯托的一位朋友在《疯狂的奥兰多》(*Orlando Furioso*)中提及(四二, 90), 卡尔卡尼尼为在 1531 年费拉拉宫廷上演而翻译了罗马喜剧《士兵荣誉》。由于他对埃及古物学感兴趣, Piero Valeriano 献给他《象形文字》一书, 威尼斯(1604)。参见 A. M. Ghisalberti 和 F. Bartoccini 主编,《意大利人名词典》(*Dizionario Biografico degli Italiani*, 1960–), 卷 16, 第 498 页。

42 未确定。关于纳塞洛家族, 参见 G. Scalabrini 的《费拉拉及其郊区教会回忆录史》(Memorie istoriche delle chiese di Ferrara e de' suoi borghi, 1989), 第 79–80 页。

43 即佩鲁齐, 参见第三书第 65 页背面注释和"导言", 第 14–16 页。

44 参见 S. Wilinski 的《塞巴斯蒂亚诺·塞利奥论建筑第三书和第四书中的致读者》,《帕拉第奥建筑国际研究中心简报》, 卷 3(1961), 第 57–69 页。

45 关于第四书的讨论, 参见 H. Günther 的《塞利奥和建筑柱式》, 载于《塞巴斯蒂亚诺·塞利奥》(C. Thoenes, 主编, 1989 年), 第 154–168 页, A. Jelmini 的已引用著作, 第 6–30 页, 以及 J. Onians 的已引用著作第 271–276 页, 第 304–309 页。

46 在此处和其他地方使用的术语"形式"(maniere)或"类型"(style)也出现在标题中, 其现代用语(指文艺复兴及以后的时代)为"柱式"(Order), 塞利奥也使用这个词, 而直到他的第四书, 才用来专指柱的形式或类型。阿尔伯蒂使用“类型”一词，例如在已引用著作中，卷九，第 7 节，第 309 页：参见词汇表“柱式”一词。

47 参见第三书第 65 页背面注释。关于佩鲁齐，参见“导言”第 14–16 页。

48 即塞利奥为第一版而写的前言书信，见前文。

49 参见第二书第 18 页正面和第三书第 50 页背面。

50 关于柱子的男性、女性特征，参见 Vitr. 第四书，第一章，第 1–9 段。另参见 J. Onians 的已引用著作，第 33–40 页，及塞利奥试图采用绘画的传统，通过建筑来表达资助人的特征，参见第 266–269 页。

51 Vitr. 第一书，第二章，第 9 段。关于“经济”。

52 参见词汇表“得体”（decorum）一词。

53 Vitr. 第一书，第二章，第 5 段。关于“得体”。参见词汇表。

54 基座中间部分，不包括上部和下部的线脚。

55 即方形或 1 ∶ 1；关于这个术语的使用，另参见第 128 页背面和第三书第 102 页背面。这里文字所指的下图与 Cesariano 在《建筑十书译本由拉丁文至普通图像转义》（De Architectura libri decem traducti de latino in vulgare affigurati），Como（1521 年），卷四，第 63 页正面中的相近——塞利奥在第三书第 155 页“致读者”中提到了 Cesariano；关于此，参见 M. Rosci 的已引用著作，第 26 页。

56 即多立克基座为一长方形，其一边系一标准正方形之边长，而其高度为这个正方形对角线长。塞利奥在描述“黄金分割”的构造。

57 即 2 ∶ 3。

58 即 3 ∶ 5。

59 即 1 ∶ 2。

60 关于塞利奥和塔司干柱式，参见 J. Ackerman 的《塔司干 / 粗石柱式，建筑隐喻语言研究》，载于《视点》（*Distance Points*, 1992），第 495–541 页；J. Onians 的已引用著作，第 271 页及后文。关于此柱式的托斯卡纳 – 伊特洛里亚 – 特洛伊神话，参见 G. Morolli 的《古伊特鲁里亚》（Vetus Etruria, 1985）。

61 这里指的是维特鲁威的“模数”，相当于一个柱底宽度。模数统治着柱式里每一部件的比例。参见 Vitr. 第一书，第二章，第 4 段；第三书，第三章，第 7 段；第四书，第一章，第 1 段；第五书，第九章，第 3 段。

62 Vitr. 第四书，第七章，第 3 段。

63 即“梭柱身”（entasis），参见 Vitr. 第三书，第三章，第 11–13 段；阿尔伯蒂的已引用著作，第六书，第 13 节，第 186–188 页。一种关于梭柱的方法参见 A. Dürer 的《圆规垂线测量指导》（Unterweysung der Messung, mit dem Zirckel und Richtscheyt，Nuremberg，1527 ed.），第三书，比例七。

64 原文误作“VII”。

65 波状线脚（cymatium）是位于环绕柱头、额枋或檐口顶部的构件。虽然塞利奥在这里使用了术语 cimatio (cyma) 来表示 cymatium，但大多数情况他会使用术语 scima (或者 cimasa)。波状线脚 cymatium 经常以 cyma 的形式出现，因此偶尔混淆这种区别并不意外。

66 即其正方形关系，突出部分等于构件的高；参见第三书第 120 页背面。

67 这两个术语参见词汇表。同时参见第五书第 211 页正面。

68 Vitr. 第六书，第一章，第 6 段。

69 此术语参见第 128 页背面。

70 即不可以有任何波状线脚。

71 对比下一种门，“曼图亚山谷大门”（Porta a Valle a Mantova，一座位于曼图亚的城门），由朱利奥·罗马诺建造，参见 M. Rosci 的已引用著作，第 34 页。

72 Vitr. 第一书，第二章，第 3–4 段。

73 参见词汇表。

74 即第 146 页正面，第 147 页正面和第 148 页正面，完整山花和断山花。

75 比例“sesquialtera”原本是作为和弦序列出现的：五分之一（diapente，3 ∶ 2），一倍半（sesquialtera，2 ∶ 3），四分之一（diatesseron，1 ∶ 4），全八度音（diapason，1 ∶ 2）；参见第一书第 15 页正面。另参见 Vitr. 第五书，第四章，第 7 段；阿尔伯蒂的已引用著作，第九书，第 5 节，第 305，409 页，注释 81–94，以及 R. Wittkower 的《人文时代的建筑原则》（*Architectural Principles*，1988 ed.），特别是第 113 页以后；G. Hersey 的《毕达哥拉斯的宫殿》（1976 年）。

76 此比例参见第一书第 15 页正面。

77 参见词汇表。

78 原文将 porte（门）误写为 parte（部分）。

79 马达马别墅（Villa Madama, 1516），参见第三书第 120 背面至第 121 正面。

80 位于佩萨罗皇帝别墅（1530 年），属于德拉·罗韦雷家族，是一处夏季住所。房间装修由 Agnolo Bronzino、Dosso Dossi 和 Perin del Vaga 完成。

81 即粗面石工。

82 即和平广场（Forum Pacis）。该遗存被认为是罗马城行政长官的观演大厅，由君士坦丁完成。参见 R. Krautheimer 的《罗马》（1980 年），第 28 页；J. Ackerman 的已引用著作，第 529 页。

83 原文为 latitudine，即宽度，但这里明显意味着体积（grossezza），或是壁柱的厚度。

84 即第 146 页正面，第 147 页正面和第 148 页正面，完整山花和断山花。

85 讨论参见 J. Ackerman 的已引用著作，第 521 页。

86 参见词汇表。

87 这种“混合物”被塞利奥用于大费拉拉（依然存在）的大门中，由此被首先塑造出版在《关于大门的非常之书》中。参见 W. B. Dinsmoor 的已引用著作，图 11 和 12[第 77–78 页之间]。

88 朱利奥·罗马诺在曼图亚为公爵费代里戈·贡扎加做的“特宫”（Palazzo del Te），约 1526—1534 年；参见 E. Gombrich 的《走向朱利奥·罗马诺的作品》（Zum Werke Giulio Romanos），《维也纳艺术史文集年刊》（Jahrbuch der kunsthistorischen Sammlungen in Wien），卷 8（1934 年），第 79–104 页，及卷 9（1935），第 121–150 页；F. Hartt 的《特宫中的贡扎加符号》（Gonzaga symbols in the Palazzo del Te），J. W. C. I. 卷 13（1950），第 151–188 页。关于它对于塞利奥的影响，参见 M. Rosci 的已引用著作，第 39 和 47 页；欧尼昂，已引用著作，第 282 页。第 129 页背面和第 132 页背面说明的设计显然受到了朱利奥·罗马诺“特宫”的影响。

89 参见第 145 页背面。

90 参见词汇表。

91 见词汇表关于“适用”（commodity）。

92 参见词汇表。

93 参照实际案例，文艺复兴时期常有重新使用残存的古代建筑的柱子的情况。

94 即覆盖拱顶部分。

95 即它的连续拱座（impost）。

96 “order”存在两个含义，一是遵照 Tuscan 柱式的规则，一是这里图式的整个作品的形式。参见词汇表。

97 参见第 131 页正面注释。

98 大概是指维特鲁威上下文中提到的图纸，塞利奥在第 159 页背面有所引用。

99 参见词汇表。

100 重复前文的有关多立克柱式的描述，见第 126 页正面，参照的是维特鲁威“得体”（decorum，Vitr. 第一书，第二章，第 5 段）中的说法。参见词汇表。

101 Vitr. 第三书，第五章，第 1–2 段，“阿提克”（雅典的，attic）柱础。

102 切萨里亚诺指出这里的“Attic”，也被称为雅典的，是科林斯式的，已引用著作，卷三，第 57 页背面。

103 参见第三书，第 70 页背面至第 71 页正面。

104 也就是虔诚神庙（Templ of Pietatis）或者“多立克小教堂”，图示见第三书，第 59 页背面至第 60 页正面。

105 参见第三书，第 116 页背面。

106 Vitr. 第三书，第五章，第 1–2 段，这里是追随了阿尔伯蒂将“Attic”视为多立克柱式的看法，已引用著作，第七书，第 7 节，第 202 页，注释 78。

107 Vitr. 第四书，第三章，第 4 段。

108 下面提到的情况在切萨里亚诺那里同样发生了，已引用著作，卷四，第 64 页背面。

109 Vitr. 第三书，第五章，第 11 段。

110 Vitr. 第四书，第二章，第 4 段。

111 即飞檐托块（mutules）。

112 也有把“cyma”表述为“cymatium”。

113 Vitr. 第四书，第三章，第 9 段，对于下面提到的方法，见阿尔伯蒂的已引用著作，第七书，第 9 节，第 216–217 页。

114 依此制作模板。

115 即“黄金分割”，见第 126 页背面注释。

116 延续第 140 页正面的讨论。

117 关于维特鲁威学者见第三书第 55 页背面注释。

118 参见第三书第 116 页背面。

119 参见第三书第 59 页背面至第 60 页正面。

120 参见第三书第 70 页背面至第 71 页正面。

121 参见 Vitr. 第四书，第三章，第 3 段，切萨里亚诺讨论过此处由于维特鲁威原文有损而导致的错误（卷四，第 64 页正面）。然而，他仍引用的是 35 模。即使“H”本（最为权威的维特鲁威手稿）在这里也是错误的。

122 参见词汇表。

123 即三陇板为一模，陇间壁为 1.5 模，两端各是半模，总计 42 模。

124 Vitr. 第四书，第三章，第 3 段。

125 事实上，追随了阿尔伯蒂，已引用著作，第三书，第 9 节，第 218 页。和上面提到的单位一样，总和是 27 模。

在 Francesco Giorgi（Zorzi）的《备忘录》——由提香、Fortunio Spira of Viterbo（也就是雅各布·扎纳贝利）和塞利奥署名——关于对圣索维诺在威尼斯的教堂圣弗朗西斯·德拉·维尼亚设计做出的改动，文中指出“如果我们遵循相同的比例（像马赛克礼拜堂那样），我们需要将教堂正厅的长度控制在 27，也就是宽度的 3 倍，这样一个我们自己满意的立方数；另外帕拉图在描述世界的时候也不会超出这个数字的范畴，亚里士多德在其第一本著作《论装饰》（De Caelo）中同样不会超出这个范畴”；译文见 R. Wittkower 的已引用著作，附录 1，第 138–140 页。另参见 D. Howard 的已引用著作，第 64–74 页和 A. Foscari，M. Tafuri 的《和谐与冲突，16 世纪的威尼斯圣弗朗西斯·德拉·维尼亚教会》（L'armonia e i conflitti. La chiesa di San Francesco della Vigna nella Venezia del Cinquecento，1983）。

126 Vitr. 第三书，第五章，第 12 段。

127 即鼓室（tympanum）。

128 关于下面的方法参见 Vitr. 第四书，第六章，第 1 段。

129 Vitr. 第四书，第六章，第 1 和 2 段。

130 Vitr. 第四书，第六章，第 1 和 4 段。即门上的水平过梁，图中“A”的部分

131 同上，在第 144 背面有进一步的定义。

132 对于这种波状花边雕刻的解释见切萨里亚诺的已引用著作，卷四，第 68 页正面。

133 也就是没有雕刻。塞利奥推测维特鲁威的文字出现了错误，所谓的 scima 应该写作 sine，拉丁语中“没有”的意思，这里的错误源于这两个词语拼写上的相似。

134 在 1540 年第二版中新增的部分。当下对于这个注解的讨论参见 G. Philandrier 的《建筑十书》，（In decem libros M. Vitruvii Pollionis de architectura annotationes，巴黎，1545 年版），第四书，第六章，第 132 页。费兰德版本被认为是对维特鲁威正确的解释而被广泛接受。

135 即维特鲁威描述的多立克柱子，参见 Vitr. 第四书，第六章，第 2 段。

136 参见词汇表。

137 Vitr. 第四书，第六章，第 2 段。

138 参见词汇表。

139 Vitr. 第三书，第二章，第 4 段。

140 Vitr. 第三书，第五章，第 12 段，在那里提到的柱础是 9 模，高度 1 模，见第 142 页背面。

141 事实上，这与第 141 页正面给出的雕刻凹槽的规则相同，是对“黄金分割”的一种调整，见第 126 页背面注释。

142 文中提到的 natura，也就是自然，或者自然秩序。这里塞利奥宣扬混用同一柱式的各个要素，譬如三陇板和托檐不常被放在同一层，因为它们都表示梁的结束。因此二者都被从传统的位置和象征性的角色处移开。见词汇表中的“nature”和“licence”。

143 参见佩鲁齐设计的已毁的福斯康尼宫（Palazzo Fusconi），C. Frommel 有所讨论，《使用列柱的最大的宫殿》（Palazzo Massimo alle Colonne），载于《佩鲁齐》（M. Fagiolo 主编，1987 年），第 254–256 页和图 9；另参见 D. Lenzi 的《范图齐宫：一个未决的问题和一些关于塞利奥在博洛尼亚住所的新材料》（Palazzo Fantuzzi:un problema aperto e nuovi dati sulla residenza del Serlio a Bologna），载于《巴斯蒂亚诺·塞利奥著》（C. Thoenes 主编，1998 年），第 35 页。

144 参见词汇表。

145 对教皇克莱门特七世的描述参见第三书第120页背面。

146 参见词汇表。

147 即厚度。

148 即拱石。

149 原文误作“六”。

150 即重新利用古代柱子，见第135页正面注释。

151 参见词汇表。

152 维特鲁威1/9规则的变体（Vitr.第三书，第五章，第12段）；参见第142页背面。

153 即部分砌在墙内的柱子（engaged columns），见第187页正面。

154 即宽度。

155 原文误作单数“三陇板”。

156 他的叫做“塞利奥母题”（Serlian motif，或Serliana）的发明解决了这些问题，因为它创造了一个有很多空缺的周边，就像在拱廊的设计中，通过将额枋作为拱座使用避免了拱凸出圆柱的问题。有关“塞利奥母题”的图示见第152页正面和第154页正面。对于“塞利奥母题”，见S. Wilinski的《塞利奥母题》（La Serliana），《帕拉第奥建筑国际研究中心简报》，卷7（1965年），第115–125页；卷11（1969），第399–429页；K. De Jonge的《塞巴斯蒂亚诺·塞利奥的塞利奥母题》（La Serliana di Sebastiano Serlio），载于C. Theones主编，已引用著作，第50–56页。塞利奥的威尼斯宫殿外墙，见下图，反映了Mauro Codussi在考尔内·斯皮内利宫（Palazzo Corner Spinelli，1490）和文德拉明-卡雷基宫（Palazzo Vendramin-Calerghi，1502–1504）中的看法，参见G. C. Argan的《塞巴斯蒂亚诺·塞利奥》，《艺术》，卷35（1932年），第183–199页。

157 参见词汇表。

158 这是追随了Vitr.第五书，第六章，第6段中描述的罗马剧场的做法，塞利奥在第187页正面中参考了这个做法。塞利奥将这个剧场作为一个范本，他自己指出对于这个设计的开洞方式，尤其是对两层或更多层的居住建筑来说，并没有其他明显更早的建筑先例。因此，像马采鲁斯这样的剧院，因其相对完整的状态，在文艺复兴时期发挥了巨大的作用。

159 即参见第183页正面。

160 原文作窗户“finestra”，但很显然这是一块镶板，可能是一个假的窗户。

161 原文误作“二九”。

162 塞利奥在第150页背面介绍了这个问题：柱墩，如果宽度上比柱子大很多的话，会对门廊的光线造成阻挡。解决方法是用柱子替换柱墩，并且他给出了三种办法：第一，在过梁下放置柱子（第150页背面）；第二，用过梁和拱结合的方式（也就是塞利奥母题，第151页背面）；第三，也就是这里提到的，将过梁一起移走，使得拱直接落在柱子的上面。这样的话柱子就必须是方柱（不像前面提到的一些情况，可以使用圆柱），也有这样，拱才不会凸出于柱身。

163 参见词汇表。

164 参见词汇表。

165 参见第145页背面。

166 1539年，塞利奥和米凯莱·圣米凯利和朱利奥·罗马诺一同参加了著名的维琴察巴西利卡改造的设计竞赛，而当时的获奖者是安德烈亚・帕拉第奥。帕拉第奥的设计与塞利奥的图相似。见 M. Rosci 的已引用著作，第 34 页和 M. N. Rosenfeld 的已引用著作，第 19 页。M. N. Rosenfeld 的“塞利奥”词条，《麦克米兰建筑师百科全书》(Macmillan Encyclopedia of Architects，1982)，第 37–39 页称塞利奥自己的方案图见第四书第 24 页。不过，那一页上的图并非这个方案，而是一个门的设计。

167 参见词汇表。

168 即高度上用柱径作为模数。

169 即第 141 页背面。

170 在这里错误地用平面来确定长度，同样的错误出现在第一书中。

171 参见词汇表。

172 即比下面的小。

173 即从下面观察时无法看到。

174 参见词汇表。

175 这里和下面提到的内容均参见词汇表。

176 原文误作“XIIII”。

177 从比例的角度来说此高度定义不正确。

178 参见词汇表。

179 参见第 150 页背面注释。

180 参见词汇表。

181 参见词汇表。

182 即背靠背共用一个烟囱。

183 即托檐宽度的一半。

184 参见词汇表。

185 原文为“台座正面的高度应该是九分之一”，这样的表述与想要表达的意思完全相反。

186 参见词汇表。

187 Vitr. 第四书，第一章，第 7 段，原文陈述如下：

Item postea Dianae constituere aedem,quaerentes novi generis speciem isdem vestigiis ad muliebrem transtulerunt gracilitatem. . . capitulo volutas uti capillamento concrispatos cincinnos praependentes dextra ac sinistra conlocaverunt et cymatiis et encarpis pro crinibus dispositis fronts ornaverunt truncoque toto strias uti stolarum rugas matronali more dmiserunt. . . unam virili. . . speciem,alteram muliebri.

而后，他们同样计划为黛安娜建造神庙。在寻找一种新样式的过程中，他们改变了它 [多立克柱]，使之具有女性的优雅……在柱头部分他们放置涡卷，如同优雅卷曲的头发，垂在左右。他们在正面头发的位置用波状线脚和结彩进行，在柱身的部分他们垂下了凹槽，如同妇女长袍的衣褶……一个是男性的外表 [多立克] ……另一个是妇女的 [爱奥尼]。

188 Vitr. 第四书，第一章，第 8 段。

189 实际上是 Vitr. 第三书 III，第五章，第 3 段。

190 特别是切萨里亚诺，已引用著作，卷三，第 57 页背面。关于塞利奥论维特鲁威学者，参见第三书第 55

页背面及第 141 正面。

191 Vitr. 第三书，卷五，第 5 段，其中这是一条铅垂线，如塞利奥插图所示；从第一书第 3 页正面，中直线是垂直的雕刻线条，源于铅垂线;关于爱奥尼柱头，参考阿尔伯蒂，已引用著作，第七书，第 8 节，第 206–208 页。

192 阿尔伯蒂，同上，第七书，第 8 节，第 206 页。

193 实际上 Vitr. 第三书，第三章，第 12 段，并且达到 50 英尺。

194 A. Dürer 的已引用著作，第一书，比例 6 ： 10，19 ： 20，演示了这个的方法。

195 符号 ">"、"<" 表示塞利奥在第二版（以及第三版）的文本中插入的内容,如他在本书开头（标题页反面）印刷的重要修正清单中预告的。两个后来版本的这一页,原文都复制在页首,同时下面出现"对上面增加部分的重写"这个 "重写" 由重复原始文本以及在我们标记的点插入的内容构成。

196 特别是对维特鲁威理论的辩护，此为第四书更广的目标，并且澄清文艺复兴对于理论和实践的一般区别；关于塞利奥对于维特鲁威的辩护，如此处下文，参见 A. Jelmini 的已引用著作，第 6–30 页。

197 这个插图表现的使用三角板的方法与第 141 页正面描述的不同，并且产生更深的凹槽；关于这个方法参见阿尔伯蒂，已引用著作，第七书，第 9 节，第 217 页："凹槽应掏空至三角板的角能够刚好舒服地放进去。"

198 Vitr. 第三书，第五章，第 8 段。如塞利奥所说，维特鲁威的图没有留下来。

199 参见第三书第 70 页背面。

200 Vitr. 第三书，第五章，第 8 段；以下文字是对此的阐释。

201 Vitr. 第三书，第五章，第 9 段；也见于第一书，第 8 页背面。

202 Vitr. 第三书，第五章，第 9 段；也见于塞利奥关于万神庙的文字，第三书，第 52 页背面。

203 Vitr. 第三书，第五章，第 11 段。

204 第二版中齿状饰的说明被不正确地放在 "zophorus" 中。

205 即阿文蒂内丘（Aventine）上的圣萨比纳（S. Sabina）。

206 参见第三书，第 71 页正面。

207 这句话出现在第一版和第二版中，但第三版中没有。

208 威尼斯以北的区域。

209 Vitr. 第四书，第六章，第 3 段。

210 即门上的镶嵌板。

211 Vitr. 第四书，第六章，第 3 段。塞利奥用了错误的文本，可能出于 Fra Giovanni Giocondo [M. Vitruvius per Iocundum solito castigatior factus,Venice（1511）]，定高宽比为 5 ： 3。塞利奥的问题是实际上在维特鲁威更好的抄本中得到了解决，那个是 5 ： 2。塞利奥在下一页的解决方案即 2 ： 1 的比例更接近维特鲁威。

212 Vitr. 第三书，第三章，第 7 段。

213 参见第 143 页背面，该处门之高宽比为 24 ： 11。

214 根据正确的维特鲁威尺寸，以下其实是它们的关系：即爱奥尼的高宽比为 55 ： 22，多立克是 48 ： 22。

215 参见词汇表。

216 原文中作 "朴素"（schietto，plain），塞利奥在第七书中使用，形容一种特质，见 J. Onians 的已引用著作，第 266，300 页。

217 Vitr. 第四书，第六章，第 4 段。原文有维特鲁威的各种涡卷挑梁。

218 参见同上。

219 参见第 187 页正面。

220 即在第 142 页背面（平缓）及第 145 页背面（高）。

221 即粗石风格与塔司干注释混合，参见第 134 页正面。

222 参见第 148 页正面。

223 参见词汇表。

224 参见词汇表。

225 Vitr. 第五书，第一章，第 6 和 7 段，该处 *parastatica* 意为壁柱（pilaster）。

226 即在第 142 页背面（平缓）及第 145 页背面（高）。

227 即门上的框缘之宽决定其上的窗户框的宽度。

228 即平壁柱（flat pilasters）。

229 即在第 151 页背面。

230 参见词汇表。

231 一个有圈线及平环的檐口是不常见的，然而这里这样做的原因是檐口需要与壁柱的柱头相配。

232 即根据“黄金分割”确定比例，参见第 126 背面注释及第一书第 15 页正面。

233 参见词汇表。

234 参见词汇表。

235 在塞利奥所指的那一页（Vitr. 第四书，第二章，第 3–5 段）维特鲁威只讨论了多立克飞檐托块（mutuli）和爱奥尼齿状饰（denticuli），没提到科林斯。塞利奥在维特鲁威著作中寻找科林斯的内容，因齿状饰也用于科林斯而引用此页，他还把飞檐托块（mutuli）翻译成了飞檐托饰（modillions）而不是“mutules”，接下来还在第 170 页正面宣称飞檐托饰（modillions）可以用于任何形式的檐口。

236 即万神庙（Pantheon）的壁柱（pilasters），见第三书第 54 页背面。

237 Vitr. 第四书，第一章，第 8 段。另参见本书第三书第 110 页背面。

238 参见词汇表。

239 Vitr. 第四书，第一章，第 11 段。可看出塞利奥在第 171 页正面和第三书第 110 页背面的观点与之相异。

240 Vitr. 第四书，第一章，第 12 段。

241 即没雕刻过的。

242 其几何法则参见第一书第 4 页背面。

243 Vitr. 第四书，第一章，第 12 段。

244 Vitr. 第四书，第二章，第 5 段，把 modillions 读成 mutuli，如上。

245 同上，把 modillions 读成 mutuli，如上。

246 如参见第三书第 54 页正面。

247 参见词汇表。

248 事实上在 Vitr. 第五书，第六章，第 6 段。

249 参见第三书第 50–56 页正面。

250 参见第三书第 107 页背面至第 109 页正面。

251 另参见第三书第 110 页正面。

252 即宽度之半。

253 即两个混枭线脚（cyma reversas）。

254 参见词汇表。

255 参见第三书第 116 页正面莱昂尼门（Porta dei Leoni）。

256 当额缘饰带随上升逐渐增大时，Vitr. 第五书，第 10 段（第 116 页正面）；从下面看他们是均等的。

257 即塞利奥的“灶神庙”（Temple of Vesta，Tivoli）第三书第 60 页背面；第 61 页正面的图与此同。

258 即所有尺度。

259 参见第三书第 53 页正面，图与此相同。

260 即侧壁。

261 可能不是巴勒斯坦而是巴勒斯特里纳（Palestrina），城在罗马以东 20 英里，有重要罗马遗迹。

262 即在尺寸上。

263 遵循黄金分割线，参见第 126 页背面注释。

264 即内堂（cella）。

265 即带回廊（ambulatory），在巴西利卡中、希腊罗马的十字的平面中。

266 即其高度与壁柱宽度相同。

267 即帮助确定其尺寸。

268 Vitr. 第三书，第五卷，第 12 段。此图示事实上并非来自维特鲁威，所言底边的九分之一定高度，而是来自塞利奥自己在第 145 页背面的方法。

269 这些托架一般沿教堂长向布置。

270 在定义柱宽前不正确地先确定了柱间。

271 即半个柱宽。

272 即高度。

273 即帮助确定其尺寸。

274 原文误作“拱券之高”。

275 即宽度。

276 参见词汇表。

277 stucco 在这里不是用于表面抹灰的普通做法，而是用作灰泥；另参见见第三书第 123 页正面。

278 也称作巴尔布斯地下室（Crypta Balbi），参见第三书第 75 页正面到第 76 页背面。

279 这个论题预示着塞利奥在第二书关于舞台的讨论。

280 参见词汇表。

281 即黄金分割间见第 126 页背面。

282 即从下往上看时。

283 Vitr. 第三书，第五卷，第 12 段，参见第 142 页背面，高度为九分之一底边。

284 指通常的重新使用古代柱子并相应需要使用基座（pedestal）增加其高度。

285 望景楼庭院上院，参见第三书第 117 页背面到第 118 页正面。

286 即拱座。

287 即第 183 页正面。

288 参见词汇表。

289 即大于三份，错误使用比例制定高度。

290 即高度是底边九分之一，根据 Vitr. 第三书，五卷，第 12 段，参见第 142 页背面。

291 教堂的一个场所，通常在主要的圣坛之下，在此放置圣徒、殉难者、忏悔者遗体。

292 关于占领和胜利的艺术，和塞利奥对此的影响，参见 R. Strong 的《艺术和力量》(1984 年)。

293 参见词汇表。

294 原文误作“柱子”。

295 即第 142 页背面 (平缓) 或者第 145 页背面 (高)。

296 参见第三书第 108 页正面。

297 大会客室。

298 阿尔伯蒂称这种风格为意大利式，已引用著作，第七卷，第六节，第 201 页，且把它用于马拉斯蒂亚诺庙中 (Tempio Malatestiano)。参见第三书第 80 页背面，另参见 Philandrier 的已引用著作 (1544 年版)，第 91–93 页。

299 Vitr. 第四书，一卷，第 6 段至第 8 段。

300 关于塞利奥制造混合柱式的需要，见 J. Onians 的已引用著作，第 274 页。

301 参见第三书第 98 页背面。

302 内尔瓦广场 (the Forum of Nerva) 上的密涅瓦神庙 (Temple of Minerva)，见第三书第 53 页背面，第 88 页背面。关于佩鲁齐就此所绘图纸，参见 Arch. 633r, fig. 318。

303 参见第三书第 84 页背面末尾。

304 关于嵌入墙体的和分开的柱子，见阿尔伯蒂，已引用著作，第六书，第 12 节，第 182 页。

305 即高度。

306 不突出下面的柱身；第二个原则把基座的束腰向前移了，作为前面问题的解决方案，当从下看时明显的缩减使构件看上去向后退。

307 Vitr. 第五卷，第六章，第 6 段。

308 阿尔伯蒂的 redivivus，一个用于展示某种生命和活力的术语，参见阿尔伯蒂，已引用著作，第十书，第 4 节，第 328 页，另参见第 425–426 页的“硬石做法”(Tough stone)。

309 阿尔伯蒂的骨骼和填充物 (os et complementum)，描写了建筑的骨骼和中间的镶嵌，参见同上，第三书，第 4 节，第 41 页和第三书，第 8 节，第 71–73 页；另参见骨骼和镶板 (Bones and Panelling)，第 421 页。在文艺复兴建筑普遍拟人化的语境中，塞利奥这样对人体解剖学的参考还是罕见的。他创造了另外四种对身体的参考：在第二书 (第 25 页正面) 关于透视理论的讨论中；在他对 “member” 这个词的使用中 (第三书第 50 页正面及各处)；在他对维特鲁威关于柱子男女比例的引用中 (第四书第 158 页背面)；以人的脚作为模数 (第四书第 129 页正面)。这方面讨论见 G. Hersey 的已引用著作。

310 关于这一点参见阿尔伯蒂，已引用著作，第三书，第 10 节，第 76 页。

311 古代大门在 Vitr. 第四书，第六章，第 4–6 段有介绍。

312 意大利文艺复兴时期的教堂通常是青铜大门，可能 15 世纪最著名的青铜门是在佛罗伦萨洗礼堂的东大门，由 Lorenzo Ghiberti 设计。

313 此处反映在第二书末尾关于剧场雕塑的描述。

314 参见词汇表。

315 参见词汇表。

316 一种小的历史题材画，参见词汇表。

317 参见第三书第 65 页背面注释，和“导言”第 14 至 16 页。

318 例如罗马特拉斯特卫雷的法尔内斯别墅壁画，绘于 1511—1518 年；室外装饰现已毁坏。

319 达·卡拉瓦乔（约 1495—1543 年）和 Francesco Maturino da Firenze（1490—1527/8 年），载于 G. Vasari 的已引用著作，卷五，第 175-185 页。二者都完成了大量的装饰工程，如罗马里奇宫立面。

320 乔万尼·多索·多西（约 1479—1542 年），载于 G. Vasari 的已引用著作，卷五，第 139-141 页。乔万尼也曾为阿方索一世在“石膏化妆间”（1518—1521 年）中绘制了《埃涅伊得》（Aeneid）长诗中的场景，1530 年在塞利奥于第 131 页正面提到的皇帝山别墅工作巴蒂斯塔·多西（故于 1548 年），乔万尼的弟弟（参见 G. Vasari，同上）。

321 参见词汇表。

322 即在底边上，与画平面持平。

323 安德烈亚·曼泰尼亚（1431—1506 年）载于 G. Vasari 的已引用著作，卷三，第 278-286 页。《凯旋的恺撒》由约绘于 1492 年九块的拼板组成;后来被 Charles Stuart 购买收藏，现为皇家收藏。另参见第二书第 18 页背面，关于曼泰尼亚和透视部分。

324 参见词汇表。

325 原文作“Ghisi”，即锡耶纳的银行家 A·基吉，也提到了法尔内斯别墅（1508—1511 年），由佩鲁齐设计。另参见塞利奥接下来提到的基吉，第 192 页背面。

326 关于阿雷蒂诺更多的细节，参见他给出版人 Marcolini 的关于该书主题的信件，引言书信，第 2 页注释。

327 参见第二书第 18 页背面注释。

328 例如，佩鲁齐曾为教皇莱奥十世（1513 年）和克莱门特七世（1524）的加冕礼提供装饰。关于佩鲁齐作为透视画家，参见《巴尔达萨雷·佩鲁齐：16 世纪的绘画、舞台和建筑》（M. Fagiolo 主编，1987 年），特别是第二部分。

329 一种新样式的装饰，模仿发现于罗马、被认为是“Domus Aurea”（尼禄的金屋）的一个洞穴中的古罗马墙壁装饰，因此名为“alla grottesca”，洞穴中的风格。文艺复兴时期这种装饰经常在洞窟和敞廊中出现。马达马别墅室内敞廊即是一例，参见第三书第 121 页正面。塞利奥在枫丹白露的大费拉拉（1544—1546 年）的一部分便由 Primaticcio 成了怪诞风，参见 W. B. Dinsmoor 的已引用著作，第 142 页注释 100，第 143 页。

330 参见词汇表。

331 波佐利和巴亚，靠近那不勒斯的两小镇，有罗马别墅。巴亚别墅有一八角的房间，顶棚饰以植物。

332 可能暗示着罗马浩劫。不过 Jelmini 认为这指的是那些占据着并“破坏着”古迹的艺术家，暗示 Pinturicchio，即 Bernadino di Betto 和 Morto da Feltre，即 Lorenzo Luzzi，因为他们没有在塞利奥的伟大艺术家名录中提到（已引用著作，第 166 页及其后）。

333 关于乔万尼·达·乌迪内（乔万尼·南尼），参见第三书，第 120 页背面注释。

334 即梵蒂冈小敞廊中的怪诞风（1517—1519 年）。另参见第三书，第 120 页背面。

335 即马达马别墅（1516 年）。参见第三书，第 120 页背面至第 121 页正面；另参见 D. Coffin 的已引用著作，第 250–251 页。

336 即美第奇府邸（里卡尔迪宫）。乔万尼 · 达 · 乌迪内的装饰的描述见于 G. Vasari 的已引用著作，卷八，第 79–80 页。

337 圣屋的圣器收藏室（Santuario della Santa Casa），洛雷托，始于 1468 年。在右侧通道的尽端圣马可圣器收藏室（Sagrestia di S. Marco）中，穹顶采用了年美罗佐·达·福尔利（1438—1494 年）和马可·帕尔梅扎诺（Marco Palmezzano，约 1455—1539 年）在 1477 年绘制的壁画作装饰。

338 在 1459 年受雇于贡扎加家族之后，曼泰尼亚从事于他们在哥伊托城堡的工作，今已毁。这里提到的作品是曼图亚公爵宫的洞房（Camera degli Sposi），其中包括多幅不同的贡扎加家族肖像画。

339 参见词汇。

340 “丘比特和普塞姬敞廊”(Loggia of Cupid and Psyche，1518 年)的顶棚，法尔内斯别墅，罗马。参见以上注释。

341 例如在帆拱处的“丘比特和格雷斯三女神”。

342 “众神会议”（Council of the Gods）和“丘比特和普塞姬婚礼”；这部分和之前的部分，参见 D. Coffin 的已引用著作，第 105–107 页，第 331 页。

343 参见阿尔伯蒂对建筑师在匠师之上的角色的定义，已引用著作，序言，第 3 页；关于工匠和建筑师的区别，参见 J. Rykwert 的《关于建筑理论的口头传授》，载于《文艺复兴的建筑论著》（J. Guillaume 主编，1988 年），第 31–48 页。

344 参见词汇表。

345 例如佩鲁齐在“小公寓”（Small Apartment）、“挂毯之屋”（Room of Tapestries）和罗马大彼得宫“小敞廊”（loggetta）第三层的顶棚。

346 即威尼斯；参见 J. Schultz 的《文艺复兴时期威尼斯的顶棚画》（1968 年）。

347 参见第二书，尤其关于塞利奥的舞台设计部分。

348 塞利奥是在描述具有大型肋的顶板的绘画技巧：参见下文他自己设计的顶棚。此处“中心”也是视线；塞利奥的第二书中在其设计剧场的段落中有所描述，他利用透视的错觉使顶棚显得比他实际高度要高。

349 关于安德烈亚 · 格里蒂参见塞利奥此书第一版的前言书信（第 3 页注释）。所指的顶棚指在公爵宫中前身是“藏书厅”（Sala della Libreria）。在 1527—1531 年之间，塞利奥设计了一平板的顶棚，并于 1531 年拆除。参见 J. Schultz 的已引著作，第 139–141 页。塞利奥受雇为圣洛柯学校（Scuola di S. Rocco）新木制顶棚设计的顾问，参见 W. Timofiewitsch 的《塞巴斯蒂亚诺 · 塞利奥为圣洛柯学校的一则建议》（Ein Gutachten Sebastiano Serlios für die “Scuola di S. Rocco”），《威尼斯艺术》（Arte Veneta），卷 17（1963），第 158–160 页；S. Rosci 的已引用著作，第 24 页，图 28 [Uffizi Arch. 5282]。

350 参见词汇表。

351 原文误作“七十四”。

352 虽然下文暗示出迷宫图是先于花园图的，但实际上在第二、三版中迷宫是印在花园后面的。

353 参见词汇表。

354 即没有祖先。

355 纹章学术语：一个反“条纹”，即从右上（sinister chief）向左下（dexter base）斜；有时是不合法的标志。

356 宗谱纹章在文艺复兴时期成为徽章学的一个分支，徽章学图画的形象都被认为代表其主题本身。

第五书

1 遵照“古制”表现在神庙使用了维特鲁威在 Vitr. 第三书和第四书所描述过的柱式。关于第五书的讨论，参见 A. Bruschi 的《塞利奥的教堂》(Le chiese de Serlio)，载于《塞巴斯蒂亚诺·塞利奥》(C. Thoenes 主编，1989 年)，第 169–186 页，及 P. Zampa 的《塞利奥教堂的比例和样式》，同上，第 187–189 页。

2 标题为法语。关于勒农古红衣主教的注释，参见第一书标题页。

3 即 Marguerite d' Angoulême，弗朗索瓦的姐姐。按照 Guillaume Pellicier 的说法（参见第三书末第 160 页“致读者”的注释），她在安排塞利奥 1541 年去法国的行程时起到了很大的作用，并且从 1540 年 1 月开始给他提供每年 100 克朗。这封信出现于 1547 年的第一版

4 关于塞利奥所指的圣保罗，请参见 M. Tafuri 的《威尼斯和文艺复兴》(1989 年版)，第 64–65 页。

5 抬头，在此作为书的标题，原文中为法语。

6 在第四书的开头，首次发表于 1537 年。

7 十二个神庙，可能是对文艺复兴时期常说的十二个“天堂房屋”（或者说是十二宫住宅）的反映——参见阿尔伯蒂的《建筑十书》(里克沃特等译，1988 年)，第八书，第 8 节，第 278 页；塞利奥给埃尔科莱的第二封信中介绍第四书时提到了七大行星和星座等体现新柏拉图主义的内容。

8 关于圆形神庙的完美之处，参见阿尔伯蒂，同上，第七书，第 4 节，第 196 页；R. Wittkower 的《建筑原则》(1988 年版）中也有讨论，《向心性教堂和文艺复兴》，第 15–40 页（尤其关于塞利奥第 26–28 页）。

9 塞利奥的第一个神庙照搬了万神庙——古典时代的经典建筑，因为二者都有一样的球状剖面、同样多的神龛、拱顶处的开洞，并且都是由同样的科林斯柱式组成的。

10 参见 Vitr. 第四书，第九章。

11 参见 Vitr. 第三书，第四章，第 1 段。这是对第一书第 4 页背面的应用。

12 第四书第 128 页。

13 即第四章（Vitr. 第一书，第四章，第 1–12 段）中讨论对最健康的场地的选择，第五章（Vitr. 第一书，第四章，第 3 段，第 8 段）中讨论建筑基础的制作方法。

14 关于向心性教堂中的墙和中央圣坛之间的冲突，请参见 R. Wittkower 的已引用著作，第 22 页。

15 原文是 Testudine，通常指发券的拱顶。塞利奥个人对它的定义是半筒形拱，参见第 214 页背面。

16 参见 Vitr. 第三书，第四章，第 4 段。

17 即第四书第 162 页正面。

18 原文作“圣坛”。

19 即第四书第 162 页正面。

20 即门廊的多立克柱头。

21 同样的评论参见第一书第 14 页背面。

22 参见词汇表。

23 关于多立克柱础的问题，参见第四书第 139 页正面。

24 参见词汇表。

25 原文误作“10 尺”，正确的应为第 208 页所写的“12 尺”。

26 即第六书、第七书。

27 参见词汇表。

28 第四书第 163 页正面。

29 即祭坛华盖（baldacchino），此处及以下相同。

30 一个偶数，与第 203 页正面的建议自相矛盾。

31 祭坛华盖。

32 达·芬奇的一幅图中有一个同样的希腊十字形平面，参见 M. Rosci 的《论著》（1966 年），第 13 页。关于达·芬奇对塞利奥平面的影响，参见 M. N. Rosenfeld 的《在埃弗里图书馆版的第六书论民房建筑中的塞巴斯蒂亚诺·塞利奥的晚期风格》，《建筑史家学会会刊》（JSAH），第 28 卷（1969 年版）第 160–161 页。另参见第二书第 27 页正面塞利奥对达·芬奇的引用。

33 即方形的立面围合着中央的圆厅，“套方”（quadratura）一语在平面上是对新毕达哥拉斯学派中“化圆为方”主题的暗示。塞利奥自己在第一书的第 7 页正面提到了化圆为方的问题。

34 原文误作九八。

35 原文误作“直径”和“一六”。

36 参见词汇表。

37 参见第 203 页正面和第 212 页背面的类似表述。米开朗琪罗在 1547 年一封给 Bartolomeo Ferratini 的信中说了几乎同样的话：“黑暗的，潜藏的空间给无数的恶劣行为，诸如隐匿流亡者，牟取黑钱或是强暴修女……”参见《米开朗琪罗书信》（G. Poggi，P. Barocchi，R. Ristori 主编，1979 年），卷四，书信 1071 封（第 251 页）。

38 算上这堵墙外面的踏步（与图示不符），那么不规则的周长就被分解为一个正方形，像第一书说的那样，不规则平面变成了完美的形式。

39 参见词汇表。

40 即饰带决定了钟塔的第三层。

41 按照第四书中所提出的规则，每一层都要减少相邻下一层的四分之一尺寸。如参见第 151 页背面。

42 这与 Franchino Gaffurio 1508 年在他的《天使与神圣的作品》（Angelicum ac divinum opus）中著名的句子“和谐就是协调的不谐”（Harmonia est discordia concors）异曲同工［在 1518 年发表的《器乐之和谐》（De harmonia musicorum instrumentorum）中又用了这句话］。在塞利奥第七书第 168 页对此还有进一步阐述。另参见阿尔伯蒂，已引用著作，第一书，第 9 节，第 24 页。关于音乐与视觉艺术和谐的关系，参见 R. Wittkower 的已引用著作，尤其是第四部分，第 104 页及以后。

43 即“不合法的”，因为它没有遵照一般法则，故而“非正常”。这也暗示构件一家之首柱子，即如“父亲”。

44 希腊十字平面的两翼包括门。

45 参见词汇表。

46 1539 年的时候，塞利奥已经十分有名了，所以弗朗索瓦一世会邀请他去法国。这段文字可断为在他去法国和 1547 年在巴黎此书出版之间。关于塞利奥对于法国的影响，请参见 J. Gloton 的《塞利奥论著及其对法国的影响》，载于《文艺复兴时代的建筑论著》（J. Guillaume 主编，1988 年），第 407–423 页。

47 即第四书第 163 页正面。

48 即从室内地平开始。

49 在后一页中这个区域被称为“唱诗班区”，更为明确。

50 即中世纪使用巴西利卡和罗马十字平面教堂的做法。

51 这种将中世纪做法和古典柱式混合使用的表达也可以见诸26年前切萨里亚诺的《维特鲁威》，其中米兰的哥特教堂被用于阐述维特鲁威的原则。参见R. Wittkower的《哥特对视古典》(1974年)。

52 参见词汇表，此处及以下。

53 Vitr.第五书，第十章，第1段。塞利奥在此处指的是尖拱，在剖断面上可见，环绕中央穹顶。

54 原文误作“二五”。

55 原文误作“一五”。

56 原文误作“四二”。

57 在第213页正面指代的意思是法国做法。

58 环廊的引入使得剖面变得很复杂。显然，环廊的顶部必须与礼拜堂拱券尖部及弦月窗的底部契合。这个顶部被塞利奥剖断面中的檐口给弄模糊了，他在这页末尾也指出了这一点。

59 中央筒形拱被小天窗打断，从而形成一个之前提过的“十字拱”。

60 “模型”可以是图也可以是立体模型。塞利奥在第二书第44页提到他做演示模型的方法了。1539年他在维琴察做了一个巴西利卡的木头模型，之后又为自己给枫丹白露宫设计的“松之洞穴”也做了一个(在埃弗里版第六书的图版第32页，第10-12行有所引述)。阿尔伯蒂推荐制作模型，已引用著作，第二书，第1-3节，第33-37页和第四书，第8节，第90-95页。关于文艺复兴时期设计中模型的使用，参见H. Klotz的《菲利波·伯鲁乃列斯基》(1990年)，第90-95页；及H. A. Millon主编的《文艺复兴，从伯鲁乃列斯基到米开朗琪罗》(1994年)，第19-74页。

61 (英译本注释61)臂，头，脸；关于神庙和人身体之间的比喻，参见R. Wittkower的《建筑原则》，已引用著作，尤其是第20-21页关于Francesco di Giorgio。

62 (英译本注释62)原文误作“直径”。

63 参见词汇表。

64 塞利奥在第212页正面有所定义。

65 即哥特做法。关于在斗兽场中的“德国风”，参见第三书第85页背面。关于意大利的哥特式教堂，参见R. Wittkower的《哥特对视古典》，已引用著作，及C. Wilson的《哥特式教堂》(1990年)，尤其是第258-276页。

66 参见词汇表。

67 参见词汇表。

68 即第四书第162页正面。

69 参见词汇表。

70 即板岩(slate)。是一种对屋顶形状特殊的定义。

71 关于塞利奥之后的作品参见“导言”第14、25和31页。

72 原文是法语。

术语表

commodity, commodita **实用性**：指有用的东西。同时也反映了维特鲁威建筑三原则——坚固，实用，美观（Vitr. 第一书，第三章，第 2 段）——之中“实用”的意思。阿尔伯蒂认为永远都不能忽视这三种特征……建筑的各个部位都应很好地承担设计赋予它们的使命，首先必须做到非常实用；例如强度和耐性，各个部位必须良好、坚固并相当耐久；就优美和雅致而言，这些部位应如其所应有地，关照得当、式样得体、装饰完好——《建筑艺术十书》（由 J.Rykwert 等人于 1988 年翻译）I.2［第 9 页］。塞利奥在第四书（如 fol.128v）和第五书（如 fol.211v）中经常用“实用性”这个词。

Compartitioned, compartito **划分**：本术语是塞利奥 (Serlio) 在把一个立面或平面分成小块和便于度量的单元时用的。阿尔伯蒂把它定义为：“分开指把一件东西分成更小的部分的过程，因此，建筑就是把许多紧贴着的小建筑合在一起，如身体整体及其组成部位。”［参见注释 I.2（第 8 页）］阿尔伯蒂给了一个更维特鲁威风格的定义，他指出分开“是把一个建筑的每个部分通过所有的线和角合成一个和谐整体，反映出实用，高贵和愉悦”［参见注释 I.9（第 23-24 页）］。因此，分开或分配可翻译成立面或平面的“器官组织”。

Conceived, inteso **构思**：本术语反映维特鲁威式设计中所暗示的“柱式”的概念（见下文）。例如当他介绍万神庙（第 50 页正面）时，塞利奥利用这个术语，并指出“作为一个单一的建筑体”，它在罗马古建筑中“确实是最漂亮的、最完美和构思最合理的”。在这种情况下，每一部分成就了建筑的完整性。如塞利奥在第三书第 94 页中提到的：“真正的问题是，建筑最美之处在于其各个组成部分之间的和谐，而且建筑不应受到任何影响视觉效果的因素的羁绊。”这也反映了阿尔伯蒂的观点：“建筑的美就是部分和整体的完美协调，所以，无法添加或取掉一些东西，否则适得其反。”［参见 ibid, Vi.2（第 156 页）和 Concinnitas. Ix.5（第 302 页）］

Decorum, decoro **得体（参见 Vitr. I. ii.5-7）**：有关“得体”的理论是指建筑物，特别是神庙的装饰设计应当同时满足它的功能和建筑柱式通常的用法。否则，就是塞利奥所说的“破格”（见下文）。若把柱式比赋成建筑的功能或敬献对象的象征，这个术语和文艺复兴时期的象征（性）理论有相似之处。塞利奥将“得体”应用在民用建筑方面的内容，请参看 Carpo，M.,《有节制的古典主义》（Temperate Classicism），卷 22（1993），第 135-151 页。有关塞利奥的“得体”部分，请参看第三书 Fol.110v 和第四书 fols 126r-v 和 128v。

gratia, disgratia and gratioso **光影效果**：本术语指一件东西外观的质量。外表受光线或明暗对比影响。如在万神庙的介绍中，塞利奥指出建筑的外观质量会受到顶光均匀性的影响：“不仅建筑的材料部分会有如此的光影效果（gratia），也包括那些在室内见到的人；即使他们生得普通、外表平平，通过光线，他们也能在某种程度上在体量和容颜上有所增色。”同时，塞利奥认为各部分之间的平衡也能产生这种效果：因此，他发现万神庙檐部各部分“因为这些平实的体块置于繁复雕刻之间，所以，它们有自己的光影特征”（fol. 54r）。塞利奥看到的那些非平衡部分，他认为它们有非光影特征（disgratia）。例如，他建议，“所有的檐口顶冠都没有适当的出挑，一般都会有特别缺乏光影效果（disgratia）”（第三书 fol. 102v）。塞利奥还有一些有关建筑定义和质量术语的讨论，如第七书 fol.120 中的坚固、朴实和精美。塞利奥在表示传统绘画时也在用这些术语，参看欧尼昂（Onians, J.），1988 年所著的《意义的载体》（Bearers of Meaning）一书中第 266-269 页。

Invention, inventione 创造：它和现在我们所说的“设计”意思相同；其中涵盖柱式应用到构件制作，从房屋立面到壁炉，这一点无直接古代先例。贯穿第四书，塞利奥用此术语说明他的插图。有关塞利奥对“创造”的本意介绍，请参看 Tafuri, M., 1989 年版的《威尼斯和文艺复兴》，第 68 页。

Istoria 历史画：阿尔伯蒂《论建筑》和《论绘画》书中提到过历史画。在这里阿尔伯蒂认为历史画就是来自文学或传奇故事中的场景，其中包括了人类的各种姿态，参看《建筑艺术》，前文已引用，第 VIII 书第 6 段（第 268 页）和 1972 年版的《论绘画》和《论雕塑》，特别是第 II 书第 33 段（第 71 页）、第 35 段（第 73 页）、第 40–41 段（第 79–81 页）。作为一种艺术形式，历史画被认为是从阿尔伯蒂时代到 19 世纪绘画界的巅峰之作。在第三书（fol. 76v）中，塞利奥认为图拉真 (Trajan) 记功柱雕刻的场景就是历史画；在第四书（fol.191v）中，他把历史画置于描绘牺牲、战争和传说的绘画的文脉中。塞利奥自己也根据图拉真的历史设计了一幅历史画的背景，参见第二书 fol.18r 注和第七书 fol.126。

Licentious, licentioso 破格的：塞利奥关于“破格”的概念包括所有超越了建筑拟态的建筑要素，即维特鲁威所说通过列举参考与自然、木结构来确定建筑细部的原则（Vitr. IV. ii. 5–6）。因此，对塞利奥来说，齿状装饰和飞檐托装饰同时用在檐口上的现象就是一种普通的“破格”细部，因为这两种装饰都是在木头建筑横梁的末端刻上装饰物，而且只需要一组梁［这样的组合在维特鲁威时期就显得不“得体”（请看以下内容）］。这个概念在第三书 fol.54r 和第四书 fol. 170r 中提到，并在提图斯（Titus）拱门（fol. 99v）和君士坦丁拱门（fol.106v）两个例子中继续进行批判。同时请参看塞利奥在马采鲁斯剧院多立克式檐口的评论（第三书 fol.69v）。在第二书中，当塞利奥讨论讽刺剧时，会把放纵的、混乱无序的农村生活联系在一起（fol. 47r）。有关“破格”的概念，可参看 Carpo, M., L idée de superflu dans le traite d’architecture de Sebastiano Serlio’, Revue de Synthese, vol. CXIII, nos 1–2 (1992), 第 134–162 页，和卡波（Carpo, M.），《表面装饰和模型：塞巴斯蒂亚诺·塞利奥特别之书（1551）中的建筑学理论与福音派学说》［La maschera e il modello. Teoria architetonica ed evangelismo nell’Extraordinario Libro di sebastiano Serlio (1551)］，米兰（1993）；欧尼昂（Onians, J.），已引用著作第 208–282 页。

Linee occulte 隐蔽线：本术语由塞利奥创造，在第一书、第二书中出现。隐蔽线在绘制各种各样的几何平面中被当作实用指南。在新柏拉图主义哲学中那些代表秘密联系的连线，一旦发觉便可显示隐藏的分离元素之间的几何关系，如塞利奥所展示的，成为绘制完美形状的向导。因此隐藏线被认为是一种无形的连续的网络结构，建筑平面、立面及其周围空间都由之而定。为了“解释”这些隐藏起来的内在帘子，这些线条通过影响力的联系链接不同的柏拉图式世界。在第二书 fol.25r 中，这些透明线像隐形的组织或骨架一样，与人体解剖联系在一起。塞利奥对这些隐蔽线的理解，请参看赫西（Hersey, G. L.）的《毕达哥拉斯宫殿》（1976），第 81–87 页。关于阿尔伯蒂对建筑外观相似的线构概念或建筑线形构造的描述，请看阿尔伯蒂的《论建筑艺术》，op.cit., 1 和第 422–423 页。

Measures 度量单位：这是塞利奥在勘察损毁的古迹时用到的，在大多数案例中，他认定所使用的度量单位和古代建造者所用的原始单位一致。因此，能准确地表现出建筑的比例和原构的整数比例关系。在第三本建筑书中用得最广的度量单位是“古罗马掌尺”——在 fol.50v 处。它由 48 分组成，并划分成 12 寸每 4 分 1 寸。以下几个最常用的单位是“现代尺”、“普通尺”或“佛罗伦萨布拉乔尺” (pl, braccia)，由 60 分组成，并划分成 12 寸每 5 分 1 寸 (fol. 59v)。“古罗马尺” (fol.96r) 由 64 分组成，细分为每 4 分组成的 16 个子单位，用来测量遗迹，其中还有伯拉孟特坦比哀多小教堂 (Bramante’s Tempietto)。所有的在普拉 (Pula) 和维罗纳 (Verona) 的遗迹都是用 12 寸（fols 71v 和 85r）的“现代（维罗纳的）尺”。红衣主教格里马尼 (Cardinal Grimani) 向塞利奥描述金字塔时，他所采用的是人类步伐的平均值，叫瓦尺（Varco，相当于三个不伸开的手掌）。引用 Diodorus Siculus 对埃及古迹的描述，塞利奥也提到了“里”（stade）（为阅读便利起见，译文中作“里”，10斯塔德等于1.25英里，译文中作“哩”——译者注），“iugerum”（等于160 braccia）和“ulna”（意思是英寻）。文艺复兴时期，意大利不同地区主要使用“braccio”作为度量单位，请参看阿尔伯蒂，已引用著作，第423–424页；帕尔森（Parsons, W. B.），《文艺复兴时期的工程师和工程》（1968），附件B: Lotz, W., “Sull unita di misura nei disegni di architettura del Cinquecento”, Bollettion…A. Palladio, Vol. 21 (1979) 第223–232页。

natura versus artificio 自然与人工：塞利奥清楚地区分了那些为了看上去表现自然的和故意用来表现人工的建筑工程。在第四书中的门道一例中，“人工的”表现为光滑的柱身，而乡村“打破”光滑柱身的乡村式带状构造则被认为是自然的（fol.133v）。这暗示了乡村式的粗糙做法使建筑更加接近自然，即原始石块的形象，同时那些精细雕刻加工者则定然归于人工的范畴。然而在强调人工的时候，构件不能脱离其材料原本自然性质而“破格”（参见上文）。阿尔伯蒂认为建筑应当形成与自然造物属性之对比（参看阿尔伯蒂对“自然”的定义，已引用著作，第424页）。在对自然的改造中人造因素，请看第二书fols 44r和47v对于文艺复兴时期人文主义（文明地）和自然主义（野蛮地）的概念性区别，请参看《自然模型的复制》，欧尼昂（Onians, J.），已引用著作，第282–286页。

Order, ordine 柱式：本术语主要指在整个结构中立柱和它在等级体系中地位，从塔斯干柱式到混合柱式，都是由其装饰及与其基本宽度或“模数”相应的比例关系确定的。柱式决定了其他次要部件的细节，如墩座和檐部。因此，各个柱式可以指立柱本身也可以指与立柱比例相关的那些部件（参看以上的“构思”）。这个可以解释如第三书上fol.69v的批注，塞利奥观察到罗马人“已从希腊人那里学到了真正的建筑柱式”。术语柱式也用到建筑各层、各部分、壁炉的上层部分，以及其他部分的比例划分上（如第二书fol. 32v）。但是，塞利奥是第一个把“柱式”应用到立柱上的人。

Pilastrade, pilastrata 壁柱：这一术语是塞利奥应用在门边或框架的，就是我们常说的框缘。在第四书中（fol.143v），塞利奥把“壁柱”等同于维特鲁威“门口”（antepagmenta，Vitr.iv.vi2）。

译后记

在外语如此普及的今天为什么还翻译呢？这是在领到译介“西方建筑理论经典文库”任务时的第一个反应。在快餐式学习盛行的今天还有读者能体会翻译工作的深意吗？这是合上校对后的译稿时心里长久不能释怀的问题。

对于上述两个疑问，我大致有了自己的答案。

翻译的必要性问题，其核心在于你翻译的是什么和你怎么翻译。在中国对于西方建筑理论的介绍，从第一辈经历西方教育的建筑师算起来，约略百年。从事教育并有机会把自己浸泡在西文原著、文献中的老师也不是很多。所以此类的翻译工作与其说是在转译语言，不如说是在逐段、逐句、逐字地“添加”自己的专业理解。不必说翻译中案头堆积如山的参考书，也不必说在意大利文、法文、德文、拉丁文之间辛苦地跳跃，只说说本书中一个毫不起眼的细节，就是比起现有的各种版本的《塞巴斯蒂亚诺·塞利奥论建筑》，本书中的插图可以说是更清晰的。要知道本书翻译所依照的版本已经是在参考了塞利奥指导下修订、改正、刊印的最后那些版本——更换了扉页和勘误表的第一书和第二书的1545年的第一版、第三书1544年的第二版、1544年第四书的第三版、1547年第五书的第一版——之后确定使用的第一、二、三、五书的第一版和第四书的第二版。即便是如此精心挑选之后的图版，也存在局部描绘不清的现象。因此本书进而斗胆借鉴了一些1611年印行的英语版本中的插图。尽管对于翻译工作来说，这似乎不够严谨，但是此举经过了编者、译者的反复讨论，全然出于阅读效果的考虑，其用心自是良苦。

对于读者群的担忧本来算是杞人忧天。我从来不怀疑勇于抛弃浮躁的人们的决心——他们睿智而广博，是二十多年前的自己难望项背的。但是“有志”的读者不一定都是“有心”的读者。如何“凭吊”塞利奥那些“过时”的观点和陈述？如何了解西方好几代学者从他们的角度对于塞利奥和文艺复兴时代的解读？这是跨入建筑历史专业领域的门槛。跨入的方法就是仔细阅读注释，并抓紧一切机会以注释为线索拓展自己的阅读视野，并一步一步地步入自如的原文阅读殿堂。

翻译本不是为了翻译——仿佛专门拿件任务来折磨自己；拓展了阅读视野的翻译其实是个享受——外人看来是在“打毛衣”，自己知道是在练内功；拿来出版的拓展了阅读视野的翻译则真正是为了孩子——在我有了自己女儿之后的切身感受，惟愿他们比我们少走一些弯路。

刘　畅

2014年10月